U0260077

NSP
新起点
NEW STARTING POINT
Panasonic
LUMIX
凌川家具城

入场券
2020年青山市旅游美食购物节
QIANGSHANSHILUYOUMEISHIGOUWUJIE
■会展时间：2020年11月1日-11月23日
■会展地点：青山市青青庙街
同期会展
青山市旅游美食购物节
青山市旅游服装购物节
青山市旅游文化节
青山市工艺品节
美食展区
工艺品展区
服装展区
土特产展区
文化展区
旅游展区
青山市XXX广告公司 联系电话：XXXXXX

LOVE..

筝乐堂古筝艺术专业培训中心
国乐悠扬　传承精粹
招生火热报名中……

Love is...

能源
WATER ENERGY

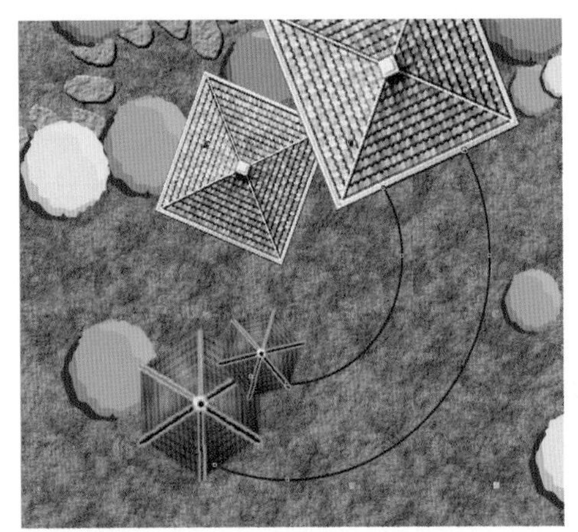

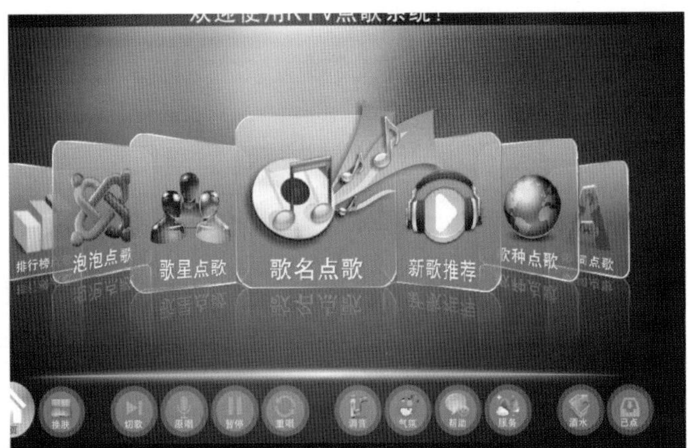
歌星点歌
歌名点歌
新歌推荐

Movement force

清凉一夏

平面设计与制作

突破平面

邵保国 / 编著

CorelDRAW X6 平面设计与制作深度剖析

清华大学出版社
北京

内 容 简 介

本书详细解读了CorelDRAW X6的各种功能和使用技巧，剖析了使用CorelDRAW进行设计和创作的全过程，案例类型涵盖基本绘图、图案设计、特效字、艺术字、插画、写实绘画、产品设计、广告设计、包装设计、VI设计、装修与小区规划设计等众多应用领域。光盘中包含了主要案例的视频教学文件。

本书基本包含了所有CorelDRAW的重要功能和主要应用领域，是初学者通过实例学习CorelDRAW的最佳教程，也适合从事平面设计、网页设计、包装设计、插画设计、动画设计的人员学习使用，还可以作为高等院校相关设计专业的教材或参考用书。

图书在版编目（CIP）数据

突破平面CorelDRAW X6平面设计与制作深度剖析 / 邵保国编著.--北京：清华大学出版社，2014（2016.2重印）
（平面设计与制作）
ISBN 978-7-302-35673-8

Ⅰ.①突… Ⅱ.①邵… Ⅲ.①图形软件 Ⅳ.①TP391.41

中国版本图书馆CIP数据核字（2014）第052980号

责任编辑： 陈绿春
封面设计： 潘国文
版式设计： 北京水木华旦数字文化发展有限责任公司
责任校对： 徐俊伟
责任印制： 何 芊

出版发行： 清华大学出版社
网　　址： http://www.tup.com.cn，http://www.wqbook.com
地　　址： 北京清华大学学研大厦A座　　**邮　　编：** 100084
社 总 机： 010-62770175　　**邮　　购：** 010-62786544
投稿与读者服务： 010-62776969, c-service@tup.tsinghua.edu.cn
质量反馈： 010-62772015, zhiliang@tup.tsinghua.edu.cn
印 刷 者： 北京鑫丰华彩印有限公司
装 订 者： 三河溧源装订厂
经　　销： 全国新华书店
开　　本： 203mm×260mm　　**印　　张：** 16.75　　**插　　页：** 2　　**字　　数：** 486千字
版　　次： 2014年10月第1版　　**印　　次：** 2016年2月第2次印刷
（附光盘1张）
印　　数： 3501～5500
定　　价： 69.00元

产品编号：054269-01

前　言
QIANYAN

Corel 软件具有自己独特的品牌特色：

富创造力：Corel 鼓励个人追求新观念以及不同的思考、创作和沟通方式。

自由精神：Corel 提供不同的选择与支援。让您用自己的方式抓住机会。迎向新挑战。

独立自主：Corel 鼓励个人自我发挥。从工具选择到最终作品。逐步带您表达自我。

灵活多元：Corel 提供最完整的产品、工具与技术选择。满足您多样需求。

表现能力强：Corel 产品就是要让您轻松捕捉灵感。与人分享交流。

有效率：Corel 产品范围广泛。每项软体的设计都为了要协助您提升工作效率。

自信：Corel 产品屡屡获奖肯定。深受使用者信赖，各项功能同时适用子初学者与专业人士。无论程度高低。都能创作出可引以为傲的作品。

本书是一本深入剖析 CorelDRAW 软件各项功能的实力著作。涵盖了各种图形、图像、文字等制作方法，几十个精彩案例被精心分布到各个章节。每章的内容由浅入深延展思维。循序渐进。软件的各种工具操作技巧其实非常简单，但是如何创作出各种各样精彩的效果。就值得读者在练习本书提供的案例的同时，延伸思考。如何绘制简单的草莓造型，那么这个造型中的草莓的轮廓是如何绘制出来的，如何通过为图形填充不同的颜色从而达到草莓的质感。只要在练习的同时思考做这步的目的是什么，自然就会获得必要的软件知识以及自我的创造能力。

读者读懂本书中各种精彩案例的操作技法，并分解其中的奥妙，自然可以重新组合，并可以将这些效果直接运用到合适的平面设计中，充实自己的创意作品。

本书的案例具有很强的代表性，内容丰富多彩，深入浅出并通俗易懂，希望能够对读者朋友有一定的帮助。本书适合各平面的设计人员、广告设计人员、艺术院校学生、计算机爱好者、以及有志于深入学习图像处理的人士自学，也可以作为各计算机培训机构与大中专院校的培训教材使用。

本书由邵保国主笔，参加编写工作的还包括郑爱华、秦雪、郑爱连、宋玉远、郑福丁、王红卫、郑福木、王永国、郑桂华、吴毓、郑桂英、吴剑、郑海红、朱传岭、郑开利、王刚、郑玉英、向小平、郑庆臣、郑珍庆、潘瑞兴、林金浪、刘爱华、刘强、刘志珍、马双、唐红连、谢良鹏、郑元君。

编 者

目 录

第01章 介绍CorelDRAW X6

1.1 CorelDRAW X6的家族历史......2

1.1.1 什么是矢量软件CorelDRAW......2

1.1.2 CorelDRAW的发展历史......2

1.2 熟悉CorelDRAW X6十大新功能......3

1.2.1 新功能一：先进的OpenType®支持......3

1.2.2 新功能二：定制的色彩和谐......4

1.2.3 新功能三：Corel CONNECT X6上的多盘......4

1.2.4 新功能四：创意载体塑造工具......4

1.2.5 新功能五：“对象属性”泊坞窗......5

1.2.6 新功能六：布局工具......5

1.2.7 新功能七：复杂的脚本支持......5

1.2.8 新功能八：专业网站设计软件......5

1.2.9 新功能九：位图和矢量图案填充......5

1.2.10 新功能十：原生64位的速度和多核处理功能......6

1.3 CorelDRAW X6的安装......6

1.4 CorelDRAW X6的工作......8

1.4.1 软件的启动和退出......8

1.4.2 软件的操作界面......9

1.5 五分钟学会第一个操作案例——绘制气球......10

第02章 CorelDRAW的融合与价值

2.1 CorelDRAW与其他软件的配合......13

2.2 CorelDRAW的市场应用领域......13

第03章 CorelDRAW X6基础知识

3.1 图形和图像的基础知识......17

3.1.1 什么是图形与图像?......17

3.1.2 色彩模式......17

3.1.3 文件格式......20

3.2 文件的基本操作......20

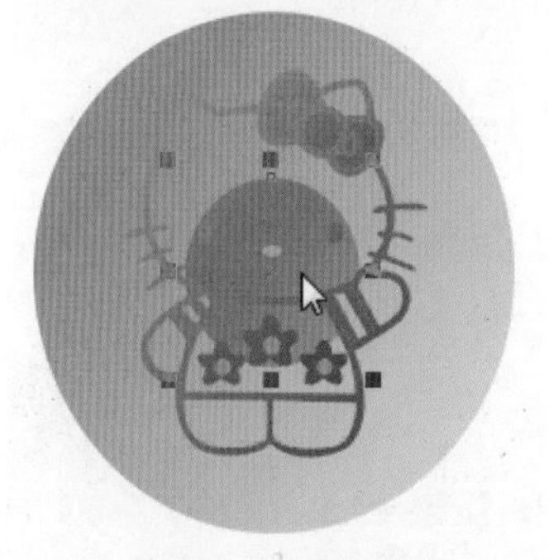

3.2.1 新建文件 20

3.2.2 打开文件 21

3.2.3 导入与导出文件 22

3.2.4 保存文件 22

3.3 视图的显示方式与窗口显示 23

3.3.1 视图的显示方式 23

3.3.2 缩放与窗口排列 24

3.4 页面布局 26

3.4.1 设置页面大小 26

3.4.2 设置版面样式 27

3.4.3 设置页面标签与背景 27

3.4.4 插入、删除、重命名与跳转页面 29

3.5 辅助工具的设置 30

3.5.1 标尺的应用与设置 30

3.5.2 辅助线的应用 30

3.5.3 网格的设置 31

3.6 浮动面板的控制 31

3.6.1 对象管理器 31

3.6.2 属性管理器 32

3.6.3 符号管理器 33

3.7 综合基础知识——排版设计 33

第04章 绘制和编辑图形

4.1 基本图形工具 38

4.1.1 绘制矩形 38

4.1.2 绘制椭圆形 40

4.1.3 绘制各种形状 41

4.1.4 绘制多边形和星形 42

4.1.5 绘制螺纹图形 43

4.1.6 绘制图纸 44

4.2 选择工具编辑对象 44

4.2.1 使用选择工具选取、取消、删除对象 44

4.2.2 使用选择工具移动、复制、镜像对象 46

4.2.3 使用选择工具缩放、旋转、倾斜对象 47

4.3 修整图形......47
4.3.1 焊接、修剪、相交......47
4.3.2 简化、移除、边界......48
4.3.3 结合与拆分......49
4.4 图形综合训练——门票设计......49

第05章 曲线和颜色填充

5.1 绘制直线与曲线......55
5.1.1 【手绘工具】的使用......55
5.1.2 【两点线工具】的使用......56
5.1.3 【贝塞尔工具】的使用......56
5.1.4 【艺术笔工具】的使用......57
5.1.5 【钢笔工具】的使用......61
5.1.6 B样条工具......62
5.1.7 折线工具......62
5.1.8 3点曲线工具......62
5.2 编辑曲线......63
5.2.1 编辑曲线的节点......63
5.2.2 编辑和修改几何图形......66
5.3 编辑轮廓线......68
5.3.1 使用【轮廓工具】......68
5.3.2 设置轮廓线的颜色......69
5.3.3 设置轮廓线的粗细及样式......70
5.3.4 设置轮廓线角的样式及端头样式......70
5.4 均匀填充......70
5.4.1 调色板填充......70
5.4.2 【均匀填充】对话框......71
5.5 渐变填充......71
5.5.1 双色渐变填充......72
5.5.2 自定义填充......72
5.6 图样填充、底纹填充、PostScript填充......72

第06章 图像关系与文本编辑

6.1 图像的分布与标注......75

6.1.1 对齐与分布......75
6.1.2 标注工具......78
6.2 创建和编辑文本......78
6.2.1 创建文本......78
6.2.2 导入文本......80
6.2.3 调整字距和行距......80
6.2.4 设置制表位......81
6.2.5 设置首字下沉和项目符......82
6.2.6 路径文字......83
6.2.7 对齐文本......84
6.2.8 段落文字的链接......85
6.2.9 段落分栏......85
6.2.10 文本围绕......86
6.2.11 插入特殊字符......86
6.3 应用表格......87

第07章 位图与特殊效果

7.1 导入并调整位图......94
7.1.1 导入位图......94
7.1.2 转换为位图......94
7.1.3 裁剪位图......94
7.2 使用滤镜......95
7.2.1 三维效果......95
7.2.2 艺术笔触......98
7.2.3 模糊......100
7.2.4 颜色转换......101
7.2.5 轮廓图......102
7.2.6 创造性......103
7.2.7 扭曲......105
7.2.8 杂点......106
7.3 图框精确裁剪对象......107
7.3.1 创建图框精确裁剪对象......107
7.3.2 编辑图框精确裁剪对象内容......108
7.4 特殊效果......108

7.4.1 制作立体效果 108
7.4.2 制作透视效果 108
7.4.3 使用调和效果 109
7.4.4 制作阴影效果 110
7.4.5 设置透明效果 111
7.4.6 使用变形效果 112

第08章 生活中的常见图案

8.1 绘制汽车标志图案 114
8.2 绘制奥运会五环图案 117
8.3 绘制体育图标图案 118

第09章 广告中常见的图案

9.1 制作礼品盒 122
9.2 绘制广告中的火焰 128
9.3 绘制广告中的洁面乳图案 133

第10章 插画中常用的图案

10.1 绘制卡通太阳 141
10.2 绘制卡通插画 144
10.3 绘制风景插画 149

第11章 常用文字的表现形式

11.1 制作变形文字 162
11.2 绘制包装标语 164
11.3 制作海洋文字 167

第12章 抽象与写实插画

12.1 儿童教育读物插画 171
12.2 儿童服装设计 177
12.3 抽象相机广告 181

第13章 实用广告与包装

13.1 清爽美容广告 191

13.2 古筝培训机构广告 197

13.3 香脆饼干包装 206

第14章 时尚UI与VI设计

14.1 UI–精致图标设计 220

14.2 UI–点歌系统界面设计 229

14.3 VI–名片设计 235

第15章 装修与小区规划设计

15.2 家装平面图 242

15.2 小区平面图 251

第01章

介绍CorelDRAW X6

本章将向读者介绍 CorelDRAW 的家族历史、十大新功能、工作界面等内容。最后一节，为新手朋友设计一个入门案例，让读者勤于动手“做”。运用行为认知教育，不仅可以激发出读者的创作热情，还能让读者直接感知 CorelDRAW 那便捷且丰富的功能，从而获得新手入门的第一次实践经验。

1.1 CorelDRAW X6的家族历史

CorelDRAW 软件是做什么的？ CorelDRAW 是从哪里诞生的？ 它又是怎么发展的？ 本节将向读者简述这些问题的答案。

1.1.1 什么是矢量软件CorelDRAW

CorelDRAW 最基本、最优越的功能是矢量图的绘制。什么是矢量图?

与矢量图相并列的是位图。那么什么又是位图呢?

如果用语言的形式来描述，位图又称：Bitmap Image，是指由大量的包含色彩描述和位置的点来构成的图像。而且位图的图形中每一点的关系都是分离的，不具备任何几何形状。这种点分离的方式导致了图形在缩放状态下失真的现象。而矢量图又称：Vector Image，是指计算机通过特定的计算方式来定义图形中每一个对象的色彩、形状、位置和关系，由于矢量图是经过计算的方式来定义图形的，使得矢量图的修改变得更加灵活，任何方式的缩放都不会降低图形的品质。

读者只需仔细对比一下图 1-1-1 和图 1-1-2 所示的位图与矢量图，即可明白位图与矢量图的区别了。

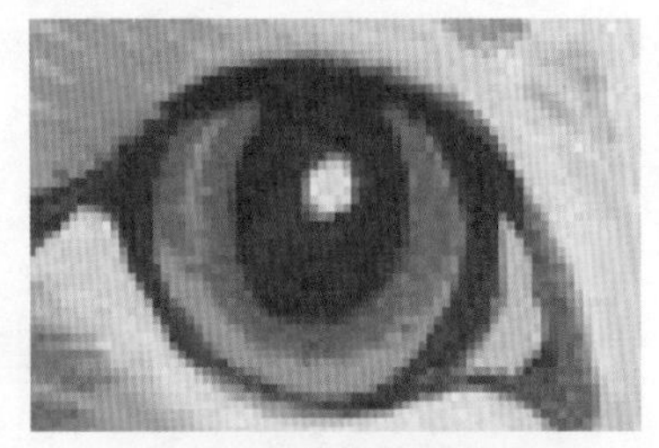

图1-1-1 点构成的像素位图

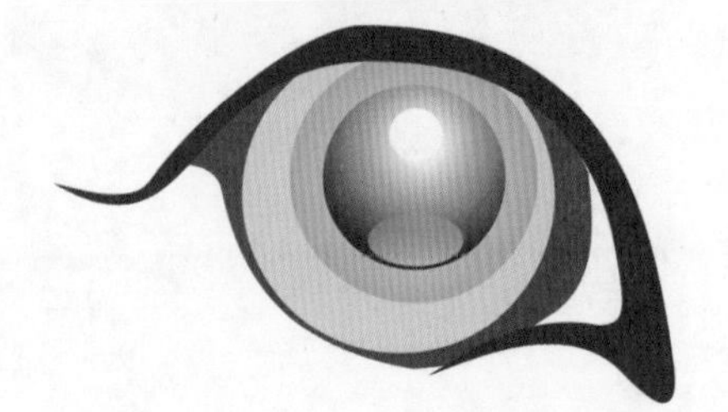

图1-1-2 计算的清晰矢量图

提示：

大家在户外看到的广告一般都是位图格式的，但图形却很清晰。这是因为距离比较远，透视的关系让像素的点变得小而密集，所以远远地就会很清晰地看到图形的全貌。如果你很细心，近距离地进行观察，将会看到广告本身是由像素点组成的。

提示：

矢量软件的使用方法便捷，尤其是如何缩放都不会改变其品质这个特点让广告人永远都不会放弃对它的喜爱。所以绘制广告图画或文字，就会采用CorelDRAW或Illustrator等矢量软件进行处理。但是打印的时候却一定要将其转化为.JPG格式或.TIF格式。因为打印机需要这种格式才能进行印刷。

1.1.2 CorelDRAW的发展历史

CorelDRAW Graphics Suite 是由世界顶尖软件公司之一的加拿大 Corel 公司开发的一款图形图像软件。

1989 年 CorelDRAW 横空出世，它引入了全色矢量插图和版面设计程序，填补了该领域的空白。

1991 年推出 CorelDRAW 3。它是第一款一体化图形套件，使计算机图形发生革命性剧变。它将矢量插图、版面设计、照片编辑等众多功能融于一个软件中。

1993 年更新推出 CorelDRAW 4。它通过引入多页面版式简化了小册子的创建过程。

CorelDRAW 6 和 Microsoft Windows95 在同一天发布，是首个用于 PC 机的 32 位图形软件包。

CorelDRAW 8 持续创新，并于 1998 年推出了第一组交互式工具，从而可以对设计更改提供实时反馈。

CorelDRAW 9 在颜色、灵活性和速度方面都有重大改进，并以此作为 CorelDRAW 的 10 周年献礼。

2002 年发布的 CorelDRAW 11 增强了许多功能，简化了工作流程，故而提高了设计作品的创建速度。

2003 年发布的 CorelDRAW 12 确立了新的文本引擎，使创建多语言文档成为可能。

2005 年发布的 CorelDRAW X3 增加和增强了非常多的功能，透明效果的色彩模式可为 CMYK 色彩。

2008 年发布的套件 CorelDRAW X4 增加了新实时文本格式、以及便于实时协作的联机服务集成。该版本针对 Microsoft 操作系统 Windows Vista 进行了优化，延续了它作为 PC 专业图形套件的传统。

现在 CorelDRAW X6 终于面世，如图 1-1-3 所示。该软件更简单，更好用，更强大，作为宣传点。该软件新增了十大功能，如先进的 OpenType® 支持、定制的色彩和谐。其中一些以前只能在位图软件中看到的手法，在这款矢量软件中也得以实现，如矢量变形、矢量模糊等。

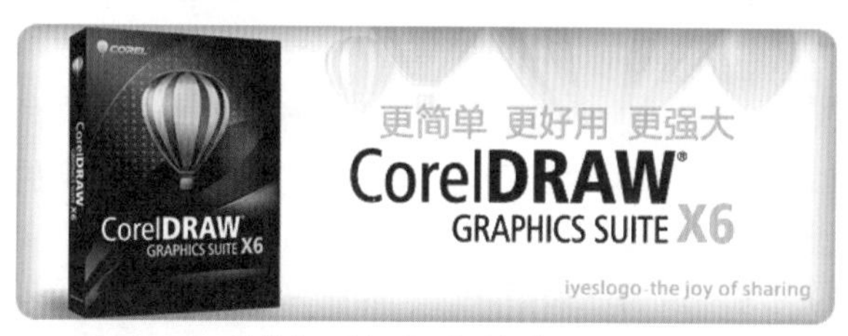

图1-1-3 更简单、更好用、更强大的CorelDRAW X6

1.2 熟悉CorelDRAW X6十大新功能

本节将为读者介绍 CorelDRAW X6 十大新功能，让读者在第一时间接触并全面了解新版 CorelDRAW 的强大功能。

1.2.1 新功能一：先进的OpenType®支持

CorelDRAW Graphics Suite X6 重新设计的文本引擎，让读者能够更多地利用高级 OpenType 印刷功能，例如上下文和样式替代、分数、连字、序号、装饰、小型大写字母、花饰等。OpenType 字体基于 Unicode，非常适合在跨平台设计工作中使用。此外，经过扩充的字符集能够提供出色的语言支持。

OpenType 功能可从“对象属性”泊坞窗中访问，让读者能够为个别字符或字形选择其他外观来满足样式偏好，前提是字体支持高级 OpenType。例如，用户可以应用不同的数字、分数或连字字形，让文本获得特定外观，如图 1-2-1 所示。

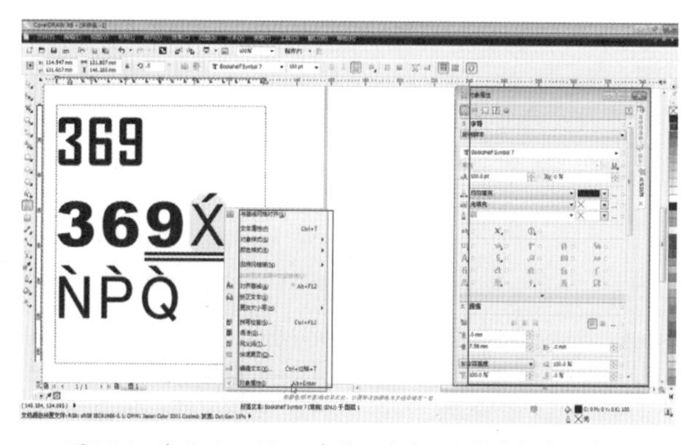

图1-2-1 使用 OpenType 字体可为选定字符选择其他外观

提示：

在要改变的文字上单击鼠标右键，即可出现“对象属性”命令，单击该命令便出现泊坞窗。泊坞窗里包含了印刷功能的所有命令。如果是显示为灰色，表示此文字状态不能使用该命令。

1.2.2 新功能二：定制的色彩和谐

使用全新的颜色和谐功能能够聚合文档的颜色样式，如图 1-2-2 所示。可快速轻松地制作各种颜色方案的迭代设计。在【工具】菜单中选择【颜色样式】|【颜色样式】命令，即可打开泊坞窗。然后通过【新建颜色样式】按钮和【新建颜色和谐】按钮，将两种或多种颜色样式合并成为和谐，可将颜色组合成基于色度的关系。这样，用户可以同时修改所有颜色、一步改变作品的颜色构成，以快速准备多个替代颜色方案。用户还可以编辑和谐中的各个颜色样式。

此外，用户可以创建一种名为渐变的特殊颜色和谐，该和谐包括一种主颜色样式和多个该颜色的渐变色。修改主颜色时，渐变色将按照主颜色改变的同等程度自动调整。这一点在制作同一设计的多种颜色版本时非常重要。

【文档调色板】在软件界面的左下角。绘制文档时，该调色板会自动存储色彩文档中所包含的颜色样式。而单击【三角形】按钮，即可出现颜色管理菜单。

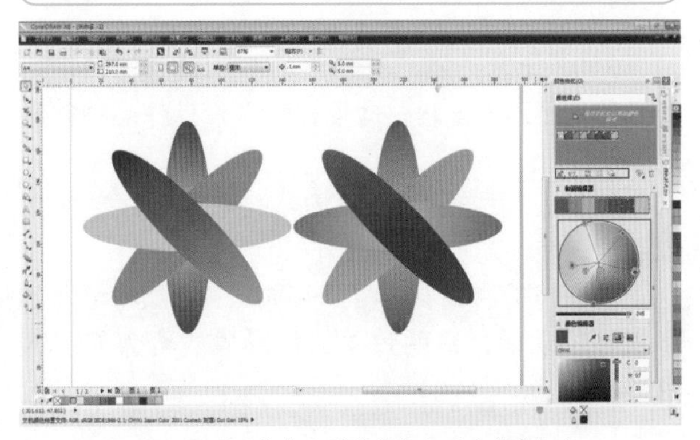

图1-2-2 利用颜色和谐能够轻松更改颜色组合

1.2.3 新功能三：Corel CONNECT X6上的多盘

Corel CONNECT X6 软件可以为用户迅速找到本地网络，并利用 Fotolia 和 Flickr 搜索 iStockphoto 网站上的图像，如图 1-2-3 所示。现已在 Corel 的连接多个托盘。并组织 CorelDRAW 的 Corel PHOTO-PAINT 中和 Corel 之间共享连接的最大效率的托盘类型或项目的内容。

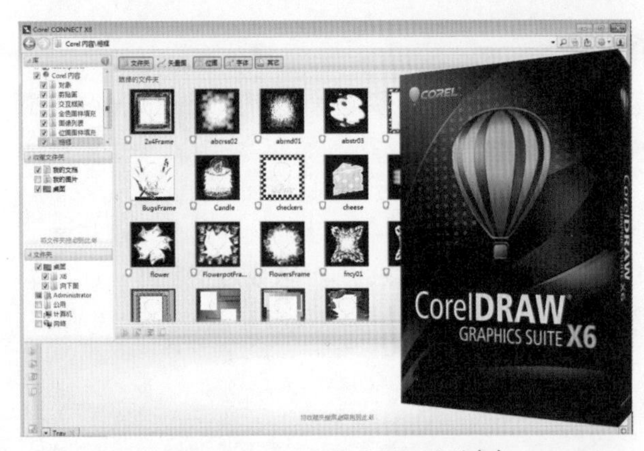

图1-2-3 Corel CONNECT X6上的多盘

1.2.4 新功能四：创意载体塑造工具

该功能将创造性效果添加到用户的矢量插图，如图 1-2-4 所示。CorelDRAW X6 具有 4 个额外的提供改善矢量对象的新创新选项的形状工具。新增的涂抹工具可让用户沿对象的轮廓延长或缩进来绘制对象形状。笔刷笔尖大小和压力设置可让用户控制效果的强度，而且用户可以从平滑曲线和具有尖角的曲线中选择。或者，用户可以使用数字笔的压力来确定涂抹效果的强度。

使用新增的转动工具，用户可以向对象应用转动效果。笔刷笔尖的大小决定了转动的幅度，而速度设置可以控制效果的速度。用户还以选择逆时针转动还是顺时针转动。

此外，用户可以使用新增的吸引和排斥工具，通过吸引节点或将节点与邻近的其他节点分离来绘制对象形状。要控制造型效果，可以改变笔刷笔尖的大小和吸引或排斥节点的速度。

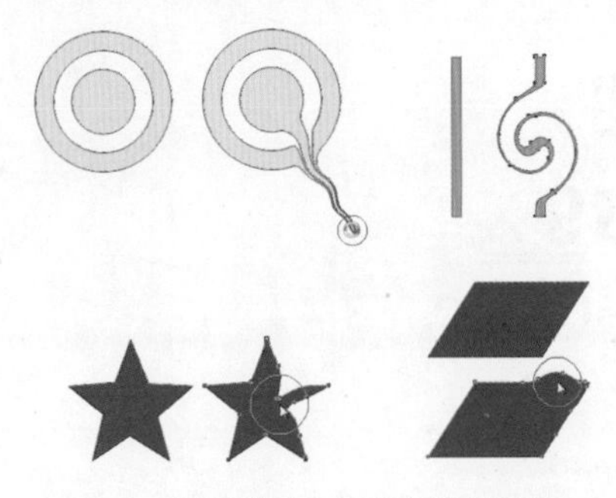

图1-2-4 新增造型工具具有创造性效果

1.2.5 新功能五："对象属性"泊坞窗

在 CorelDRAW X6 中，现在重新设计的"对象属性"泊坞窗仅显示依赖对象的格式化选项和属性，如：填充、段落、字符和文本框样式等，如图 1-2-5 所示。本泊坞窗将所有对象设置集中放置在一个位置，可让用户比以往更快捷、更省时地精确调整设计。

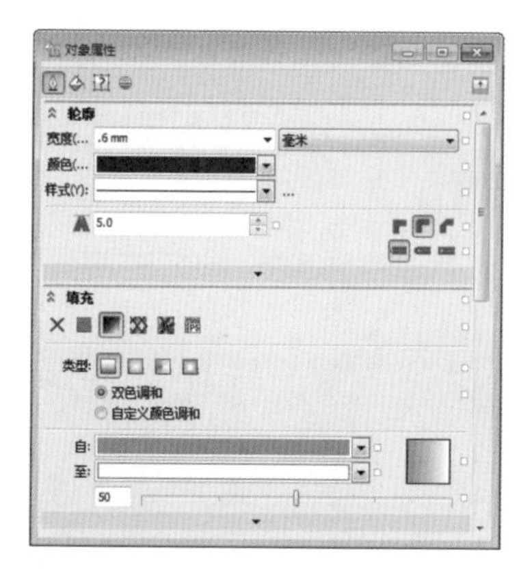

图1-2-5 "对象属性"泊坞窗

1.2.6 新功能六：布局工具

CorelDRAW Graphics Suite X6 具备新增和经过改进的主图层功能、新增临时对齐辅助线、新增高级 OpenType 支持，以及增强的复杂脚本支持以处理外文文本，让设计项目布局比以往更简单，并获得良好的文本效果，如图 1-2-6 所示。此外，还有插入页码命令，让用户轻松地添加页码。

图1-2-6 布局工具使文本获得良好的观感

1.2.7 新功能七：复杂的脚本支持

该功能保证了适当的排版、亚洲和中东语言以及外观。"复杂脚本支持"以同样的方式充当 OpenType 字体，提供上下文的准确性，如图 1-2-7 所示。

1.2.8 新功能八：专业网站设计软件

Corel Website Creator 软件让用户毫不费力地建立专业外观的网站、设计网页和管理网站内容，如图 1-2-8 所示。用户可以利用网站的向导、模板、拖动和拖放功能，使用 XHTML、CSS、JavaScript 和 XML 的无缝集成，使网站的设计更容易。

Welcome
أهلاً وسهلاً
欢迎
歡迎
ברוך הבא
환영합니다

图1-2-7 复杂的脚本支持

图1-2-8 Corel Website Creator专业网站设计软件

1.2.9 新功能九：位图和矢量图案填充

支持填充为透明背景矢量模式的新功能。在 Corel PHOTO-PAINT X6 中，新增的 SmartCarver 工具可轻松删除照片中不需要的区域，同时调整照片的纵横比。例如，用户可能需要定义照片中想要保留或删除的区域，例如照片中的人物。使用多用途"对象删除"笔刷，用户可以选择绘制照片中想要保留或删除的区域，如图 1-2-9 所示。

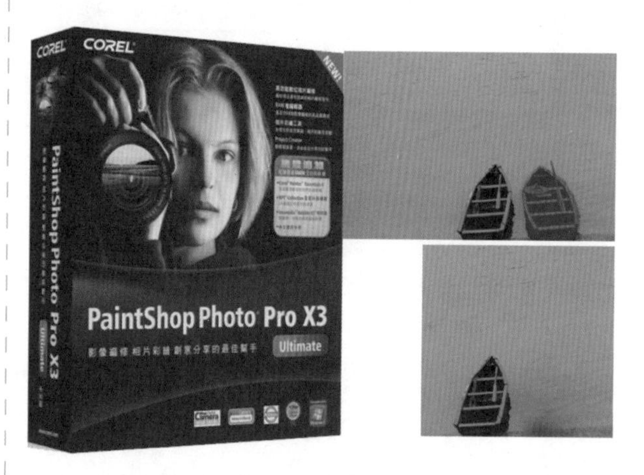

图1-2-9 使用 Smart Carver 能够轻松删除不需要的区域和调整照片的纵横比

提示：

用户还可以使用 Smart Carver 更改照片的纵横比，而不会导致照片中的其他对象变形。例如，如果想要调整照片大小，以固定的大小打印照片，可绘制照片中的主要对象，然后使用 Smart Carver 预设沿水平和垂直方向收缩或展开照片的背景。

1.2.10 新功能十：原生64位的速度和多核处理功能

CorelDRAW X6 享受多核处理能力，原生支持 64 位的速度。用户可以快速地处理更大的文件和图像。另外用户的系统将更加敏感，如图 1-2-10 所示。

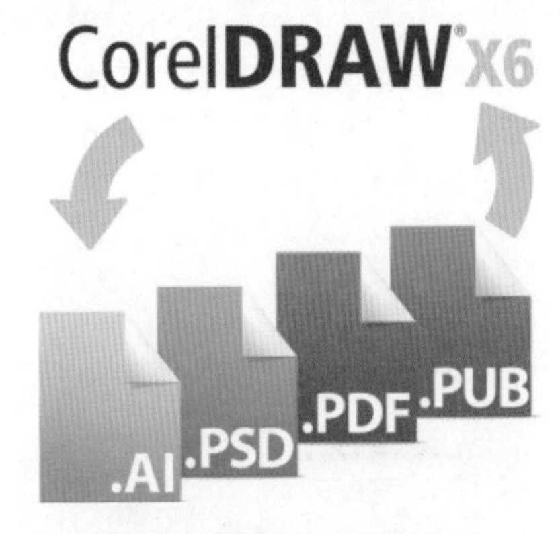

图1-2-10 高速的CorelDRAW X6

1.3 CorelDRAW X6的安装

本节将详解介绍 CorelDRAW X6 的安装过程，逐步引导新手成功地安装软件到 PC 机上。具体安装步骤如下所述。

01 双击安装文件包中的 Setup 应用程序，出现图 1-3-1 所示的安装界面，单击【继续】按钮 继续(O)，进入到下一个对话框。

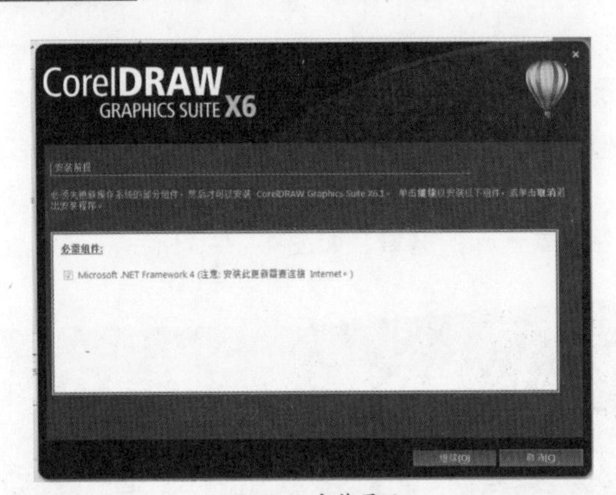

图1-3-1 安装界面

02 等待计算机寻找相应的安装程序，如图 1-3-2 所示。

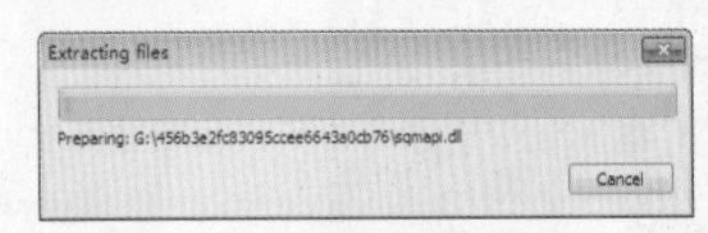

图1-3-2 寻找安装程序

03 自动下载并安装必备组件到相应的目录，如图 1-3-3 所示。

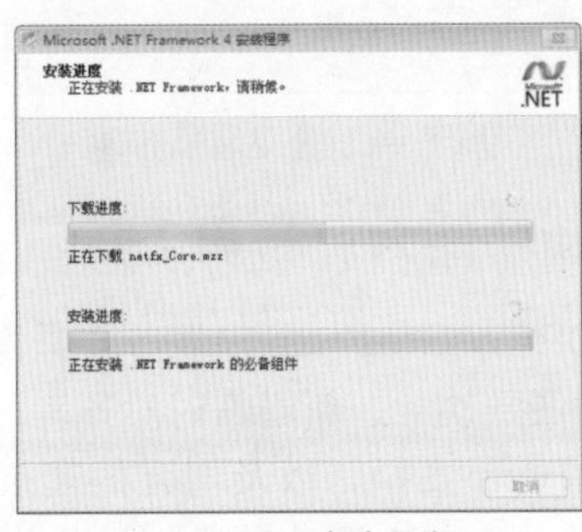

图1-3-3 下载并安装

04 出现阅读条款，此时的【我接受】按钮 我接受 为灰色，处于不可用状态，如图 1-3-4 所示。

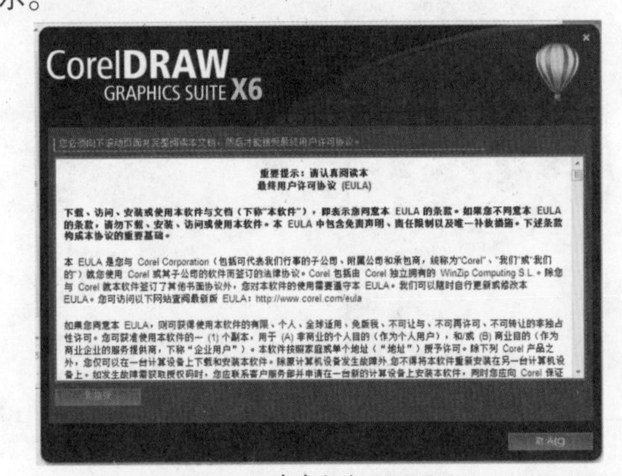

图1-3-4 灰色按钮不可用

05 拖动到文档最下方，此时按钮为白色可单击状态。单击【我接受】按钮 我接受(A)，如图 1-3-5 所示。

图1-3-5 阅读完结单击按钮

06 单击图 1-3-6 所示的第一个单选项，将购买的序列号填入文本框，如图 1-3-6 所示。

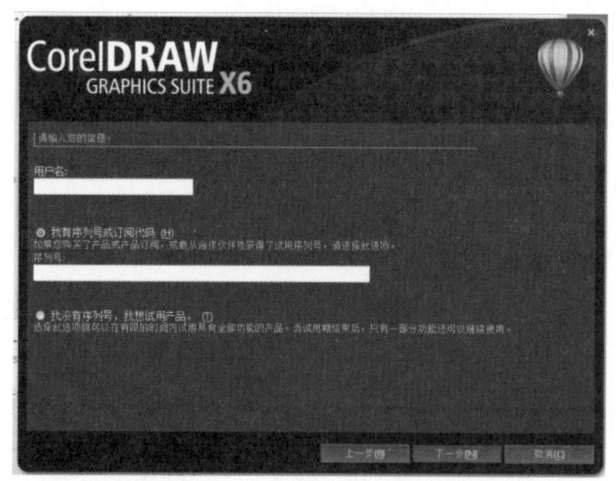

图1-3-6 将序列号填入文本框

07 单击【典型安装】选项，将必备的标准型安装程序载入，如图 1-3-7 所示。

图1-3-7 典型安装

如果不想安装到C盘，而想安装到其他硬盘，就选择【自定义安装】选项。

08 此时出现程序选择界面，CorelDRAW Graphics Suite X6 包含了 5 个软件，单击勾选需要安装的软件，如图 1-3-8 所示。

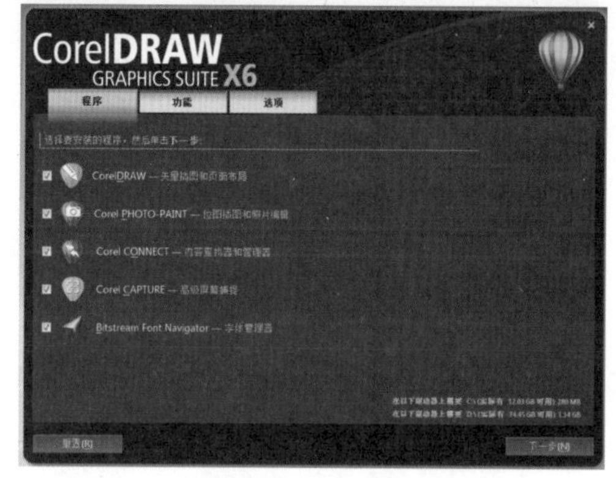

图1-3-8 选择子软件

09 单击功能界面，勾选所需的功能，如图 1-3-9 所示。

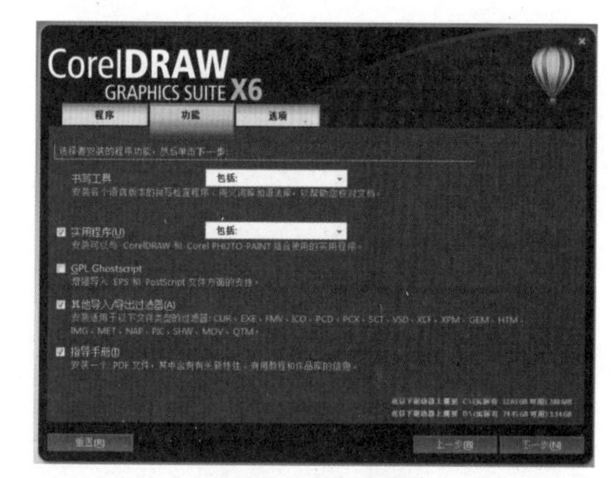

图1-3-9 勾选所需功能

10 打开选项界面，可以更改路径为其他路径，如 D 盘的某个新建文件夹，如图 1-3-10 所示。

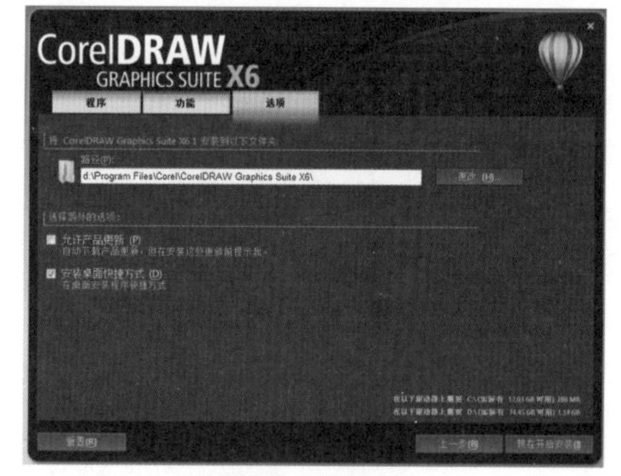

图1-3-10 更改路径

11 欣赏作品并等待子程序安装到计算机上，如图 1-3-11 所示。

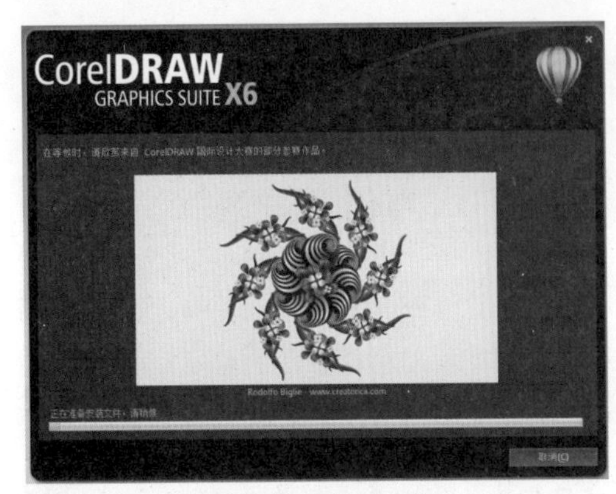

图1-3-11 安装各程序

12 安装完成后，单击【完成】按钮 ，软件即可使用了，如图 1-3-12 和图 1-3-13 所示。

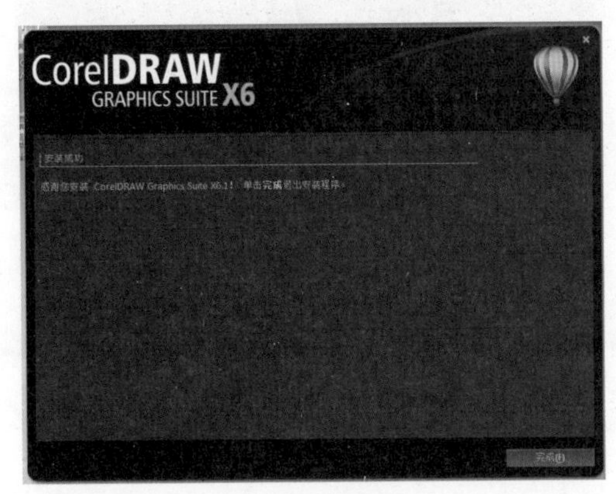

图1-3-12 安装完成

图1-3-13 即可使用子程序软件

1.4 CorelDRAW X6 的工作

CorelDRAW X6 的程序标志是一个绿色气球，上面有一只笔的图案。通过单击该标志，就可以启动软件。软件启动后，将进入到 CorelDRAW X6 的工作界面。下面的小节将为读者介绍软件的启动、退出、保存等方法，希望读者能快速熟悉并了解软件界面的安排与模式。

1.4.1 软件的启动和退出

当用户进入到 Windows 系统后，可以通过以下两种方式启动 CorelDRAW X6 软件。

- 用鼠标双击桌面的 CorelDRAW X6 气球图标 。
- 单击【开始】按钮，然后依次选择【程序】|【CorelDRAW Graphics Suite X6】|【CorelDRAW X6】命令，如图 1-4-1 所示。

图1-4-1 选择程序

正确退出软件很重要，切忌不能直接关闭计算机，因为这样做很可能损坏系统，导致程序无法正常工作。

常用的关闭当前文件窗口的方法如下所述。

- 选择【文件】菜单中的【关闭】命令。
- 单击文件窗口黑色栏中的【关闭】按钮 。
- 或者直接按快捷键【Ctrl+F4】或【Alt+F4】。

提示：

这里是指关闭单个文件窗口，如果是关闭多个文件窗口，可以选择【文件】菜单中的【关闭全部】命令。

常用的退出 CorelDRAW X6 软件的方法如下所述。

- 选择【文件】菜单中的【退出】命令。
- 单击软件界面右上角的红色【关闭】按钮 。

在退出 CorelDRAW X6 时，如果没有保存文件，软件会弹出保存文件询问框，如图 1-4-2 所示。

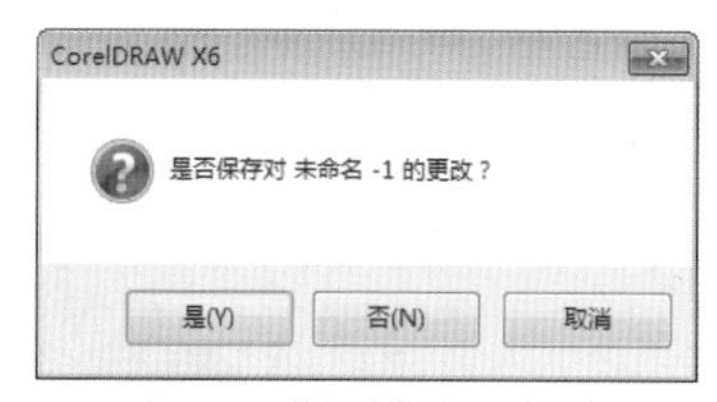

图1-4-2 【保存】询问对话框

- 单击【是】按钮即可存储当前文件窗口的内容。
- 单击【否】按钮则不存储当前文件窗口，并直接退出当前文件，此时信息将会丢失。
- 单击【取消】按钮，则重新回到当前文件窗口中。

提示：

做完所有的工作以后，可以按【Ctrl+S】快捷键保存，也可以按 【Ctrl+Alt+S】快捷组合键另存，或者选择【文件】菜单下的【保存】命令，即可自主保存文件窗口中的内容。这样就不用等到软件的询问框来询问。而且读者在绘制作品的过程中，要每隔一段时间就按【Ctrl+S】快捷键对文件进行保存，以确保所制作的文件不会丢失，这也是一种良好的工作习惯。

1.4.2 软件的操作界面

良好的工作界面有利于用户提高工作效率。尤其是工具、信息、常规命令的合理安排，可以让用户顺利地展开工作，如图 1-4-3 所示。

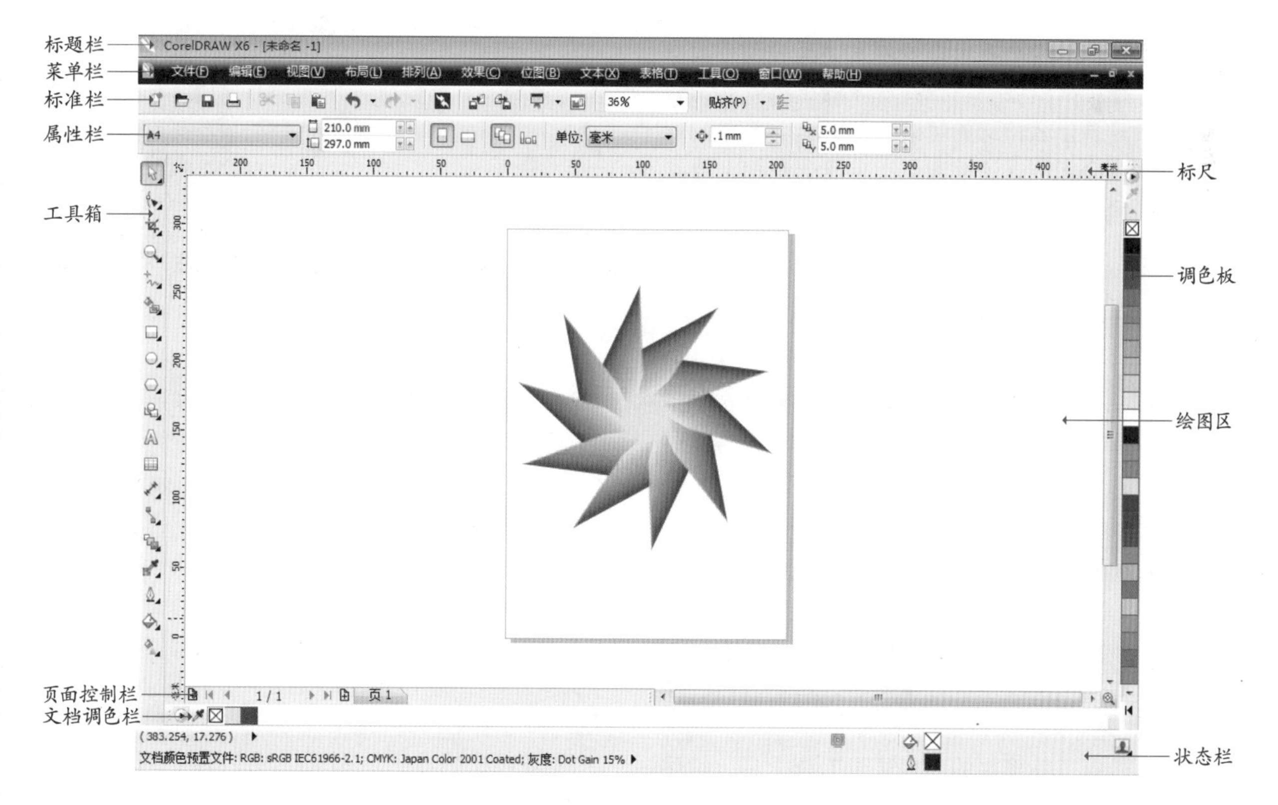

图1-4-3 工作界面

1.5 五分钟学会第一个操作案例——绘制气球

本节将使用 CorelDRAW X6 软件的常用工具绘制一个简单的矢量作品。希望本案例能起到抛砖引玉的作用，激发读者深入研究的兴趣。

案例过程赏析

本案例的最终效果如图 1–5–1 所示。

图1-5-1 最终效果图

案例技术思路

气球主要是由圆形和一根线组成。但是打结之后的尾部，可以简化成三角形。所以制作思路为先找到软件中能绘制圆形、三角形和线条的工具，才能实现绘制气球的计划。那么读者朋友可以细心观察一下，在工具箱能不能找到现成的工具呢？用到这些工具需要什么特殊的辅助方法呢？下面我们就仔细讲解这个案例，让读者对比自己的思路，看看和自己的思考一样吗？

案例制作过程

01 启动软件。在欢迎窗口中选择【新建空白文档】选项。选择工具箱中的【椭圆形工具】，按住【Ctrl】键拖移，在页面内绘制正圆，如图 1–5–2 所示。

提示：

如果不按【Ctrl】键，则可以绘制任意的椭圆形。

02 单击调色板中的红色按钮，填充红色，如图 1–5–3 所示。

03 选择工具箱中的【多边形工具】，按住【Ctrl】键拖移，在页面内绘制正五边形，如图 1–5–4 所示。

04 更改属性栏上的边数为 3，按【Enter】键确定，于是五边形改变为三角形。填充红色后的效果如图 1–5–5 所示。

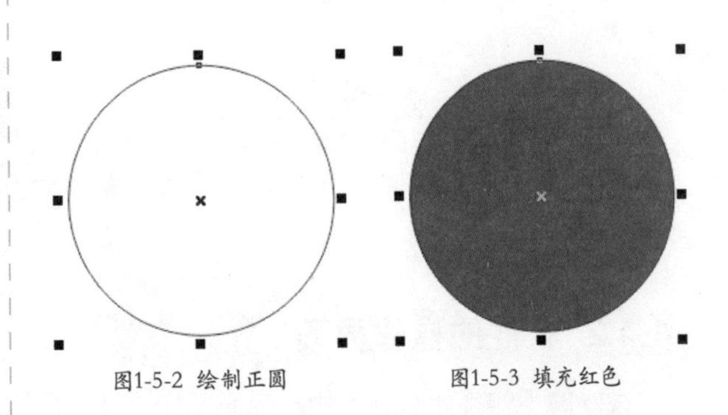

图1-5-2 绘制正圆　　图1-5-3 填充红色

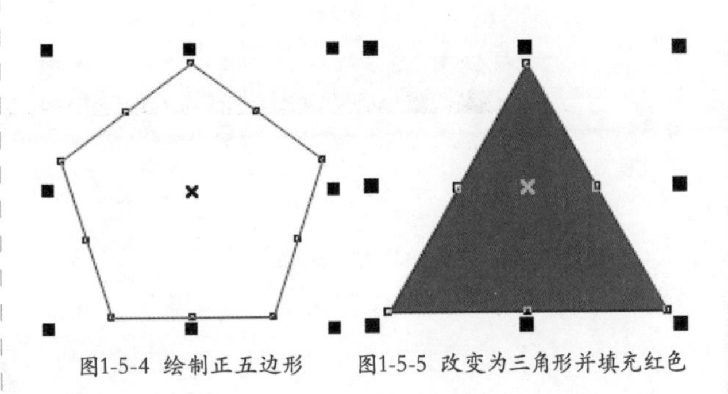

图1-5-4 绘制正五边形　　图1-5-5 改变为三角形并填充红色

05 单击【选择工具】，将鼠标放置到黑色控制点上，改变为斜线的模式，向斜上方拖移变小，并放置到圆形的下方作为气球的尾部，如图 1–5–6 所示。

06 单击【手绘工具】，按住鼠标左键不放，拖移绘制一条曲线绳，如图 1–5–7 所示。

07 单击【选择工具】，框选全部的气球组件，单击属性栏上的【群组】按钮或按【Ctrl+G】快捷键，将所有组件群组成一个整体，如图 1–5–8 所示。

08 单击标准栏上的【导入】按钮或按【Ctrl+I】快捷键导入素材“气球背景 .jpg”，如图 1–5–9 所示。

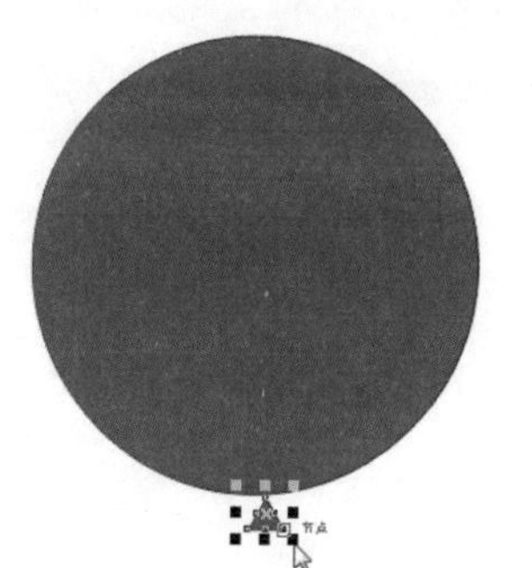

图1-5-6 绘制并缩放三角形

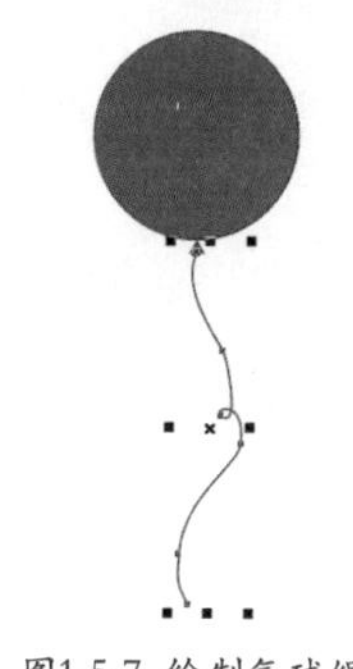

图1-5-7 绘制气球绳

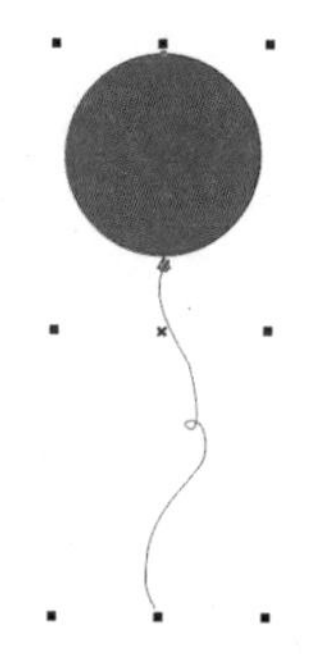

图1-5-8 群组

图1-5-9 导入素材

09 此时素材将覆盖在气球上面，按【Shift + Page Down】快捷键，移动素材到下一层，这样气球就在素材的上面一层了，如图 1-5-10 所示。

10 本案例的最终效果如图 1-5-11 所示。按【Ctrl+S】快捷键保存文档名称为“绘制气球”，进行保存即可。

图1-5-10 移动素材到底层

图1-5-11 最终效果

提示：

如果是选择移动气球，则选择气球组合以后，按【Shift + Page Up】快捷键移动气球到上一层。但是一定要注意，只有在工作页面中才能顺利使用快捷方式。在工具页面以外，有时候快捷键就不那么好用了。

案例小结

通过学习本案例，读者应该对软件的基本使用有了一定的了解。同时读者应该能感受到特殊用法的特定性和快捷方式的便捷形。比如只有按住某个键，才能绘制特殊的正方形。如果深入研究其他的案例，大家积累的实战经验会越来越多，并且将 Corel DRAW 软件运用得挥洒自如。

本章小结

通过本章的学习，读者可以了解到 CorelDRAW X6 的发展史、新功能、软件安装以及工作界面。最后的小案例是特意为初学者设计的，是为了激发大家的兴趣，希望新手朋友积极尝试，并深入思考：还有没有别的方法能达到这样的效果?

第02章

CorelDRAW的融合与价值

本章将向读者简单介绍 CorelDRAW 与其他软件的相互配合，也就是运用各家之长提升软件的实用性，使得软件的市场价值更高。了解了软件的价值，才能更好地激发我们学习软件的动力，提升我们的创造力，使用 CorelDRAW 创作出更多更优秀的作品。

2.1 CorelDRAW与其他软件的配合

由于 CorelDRAW 软件能将制作的作品导出为图 2-1-1 所示的很多格式，这就使得软件与其他软件兼容，便于其他图形图像软件的操作。如存储为 AI 格式，该格式后面写出了相应的软件名称 Adobe Illustrator，也就是说将 CorelDRAW 软件绘制的文件另存为 AI 格式，在软件 Adobe Illustrator 中也可以打开该文件。然后获得 Adobe Illustrator 软件的特色工具，继续制作与加工。

提示：

将文件另存，只需要执行【文件】菜单下的【另存为】命令，或按【Ctrl+Shift+S】快捷键或【Ctrl+位移键+S】快捷组合键即可。

CDR - CorelDRAW
CDT - CorelDRAW Template
PDF - Adobe 可移植文档格式
AI - Adobe Illustrator
CMX - Corel Presentation Exchange Legacy

AI - Adobe Illustrator
CLK - Corel R.A.V.E.
CDR - CorelDRAW
CDT - CorelDRAW Template
CGM - 计算机图形图元文件
CMX - Corel Presentation Exchange
CMX - Corel Presentation Exchange Legacy
CMX - Corel Presentation Exchange 5.0
CSL - Corel Symbol Library
DES - Corel DESIGNER
DWG - AutoCAD
DXF - AutoCAD
EMF - Enhanced Windows Metafile
FMV - Frame Vector Metafile
GEM - GEM File
PAT - Pattern File
PDF - Adobe 可移植文档格式
PCT - Macintosh PICT
PLT - HPGL Plotter File
SVG - Scalable Vector Graphics
SVGZ - Compressed SVG
WMF - Windows Metafile
WPG - Corel WordPerfect Graphic

图2-1-1 另存为其他格式

2.2 CorelDRAW的市场应用领域

由于 CorelDRAW Graphics Suite 的设计能力非凡，所以商业设计与美术设计的设计师们常常用它为各行各业绘制设计图，将它应用在商标设计、标志制作、模型绘制、插图描画、排版及分色输出等诸多领域，如图 2-2-1 所示。CorelDRAW 被众多设计者接受，由此可见这个出色的软件是多么地深入设计者的心。

图2-2-1 各种领域的设计

CorelDRAW 软件具有很高的兼容性，这更加强了它应对各种创意设计项目的能力。它能将你头脑中的想法转变为真实的专业作品。不管是小标志，还是大网站，它都能从容应对。所以可以说该软件具有极高的市场价值。

另外，CorelDRAW 界面设计友好，空间广阔，操作精微细致。它提供给设计者一整套的绘图工具，包括圆形、矩形、多边形、方格、螺旋线，等等，并配合塑形工具，对各种基本图形做出更多的变化，如圆角矩形、弧、扇形、星形等。同时它也提供了特殊笔刷，如压力笔、书写笔、喷洒器等，以便充分地利用电脑处理信息量大、随机控制能力高的特点。

为便于设计需要，CorelDRAW 提供了一整套的图形精确定位和变形控制方案。这给商标、标志等需要准确尺寸的设计带来极大的便利。

颜色是美术设计的视觉传达重点；CorelDRAW 的实色填充提供了各种模式的调色方案，以及专色的应用、渐变、图纹、材质、网格的填充，颜色变化与操作方式更是别的软件都不能及的。而 CorelDRAW 的颜色匹配管理方案让显示、打印和印刷达到颜色的一致，如图 2-2-2 所示。

图2-2-2 CorelDRAW是优秀且高效的设计软件

CorelDRAW 的文字处理与图像的输出输入构成了排版功能。它的文字处理技能是迄今所有软件中最为优秀的，支持了绝大部分图像格式的输入与输出，几乎与其他软件可畅行无阻地交换共享文件。所以大部分用 PC 机作美术设计的都直接在 CorelDRAW 中排版，然后分色输出。

可以说 CorelDRAW 是具有亲和力的，能极大提高工作速度的一款高效率设计软件。

CorelDRAW 深受全球各地使用者与企业的信赖，它以专业的效果完美地展现用户的构思，从而提升商业效益。常见的 CorelDRAW 应用领域包括如下几项。

1. 营销文宣

无论是对于初级还是专业级设计师，CorelDRAW 都是理想的工具，能协助设计师制作营销文宣。从标志、产品与企业品牌的识别图样，到宣传手册、平面广告与电子报等特定项目，CorelDRAW 都能让用户自行建立宣传文宣，设计宣传活动数据，既能节省时间和成本，又能展现高度创意，如图 2-2-3 所示。

2. 服饰设计

CorelDRAW 是服饰业的理想解决方案，具有多种强大的工具和功能，准确性高且使用简便，能够协助用户实现服饰设计，将服装发表上市，深受设计师与打版师的信赖。已经有愈来愈多的主要服装设计公司采用 CorelDRAW 作为打样和设计的首选解决方案，如图 2-2-4 所示。

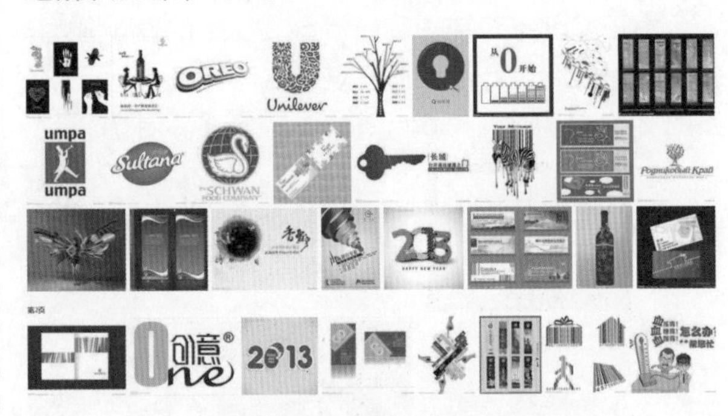

图2-2-3 营销文宣领域

图2-2-4 服装设计领域

3. 招牌制作

CorelDRAW 具有建立各式各样招牌所需的功能。其中包含超过 100 种的滤镜，可用于汇入和汇出美工图案与工具，轻松建立自订的图形并配置文字。它包含招牌设计人员长久以来需求的多项全新功能与增强功能。因此，CorelDRAW 是招牌制作人员首选的图形软件包，如图 2-2-5 所示。

图2-2-5 招牌制作领域

4. 雕刻与计算机割字

CorelDRAW 是雕刻、奖杯、奖牌制作与计算机割字等业界首选的绘图解决方案。CorelDRAW 的易用性、兼容性与价值性一直是业界专业人员的最爱，如图 2-2-6 所示。

图2-2-6 雕刻与计算机割字领域

本章小结

本章主要用简单的文字描述的形式，介绍了 CorelDRAW 的一些兼容性与市场应用领域。希望读者能在学习本章的内容之后，对 CorelDRAW 的商业性价值有一定的了解。

第03章

CorelDRAW X6基础知识

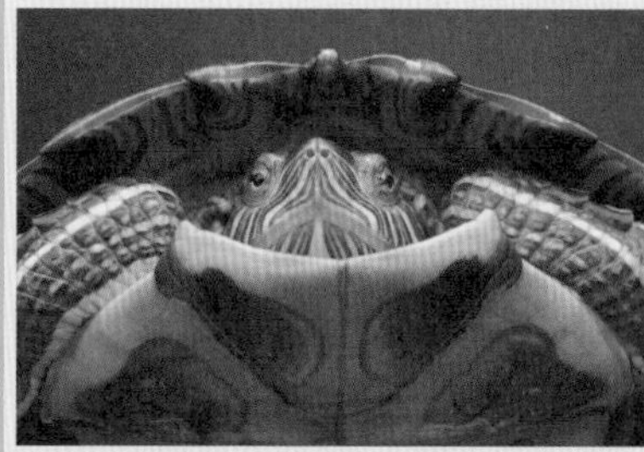

本章重点讲解CorelDRAW X6的基础知识，其中包括图形图像的基础知识、文件的基本操作、视图的显示方式、页面布局等。万事成功都需要迈出第一步，本章就算是读者正式进入软件知识学习的第一步。希望读者能熟练掌握文件的基本操作，因为这是必须要奠定的基本操作步骤。

3.1 图形和图像的基础知识

本小节通过叙述图形图像的基础知识，希望新手读者能够从中理解到图像图像形成的原理，从而在大脑中形成一个特定的理念。本小节的知识虽然不需要记忆，但也是迈向设计领域的必备步骤，所以达到大致能理解的程度即可。

3.1.1 什么是图形与图像?

在计算机科学中，图形和图像这两个概念是有区别的，具体如下所述。

图形一般是指用计算机绘制的画面，直线、圆、圆弧、任意曲线和图表等，画出物体的轮廓、形状或外部的界限，这也是CorelDRAW最引以为傲的功能，如图3-1-1所示。

图像则是指由输入设备捕捉的实际场景画面或以数字化形式存储的任意画面，即是指绘制、摄制或印制的形象，如图3-1-2所示。CorelDRAW也增加了一些处理图像的子软件，如Corel PHOTO-PAINT X6。既然CorelDRAW Graphics Suite X6软件能将图形图像处理得很出色，且功能强大，当然值得设计者为之倾心了。

图3-1-1 图形

图3-1-2 图像

3.1.2 色彩模式

色彩模式是把色彩用数据来表示的一种方法。CorelDRAW提供了多种色彩模式，这些色彩模式提供了把色彩协调一致地用数值表示的方法，这些色彩模式正是我们的作品能够在屏幕和印刷品上成功表现的重要保障。在这些色彩模式中，经常使用到的有CMYK模式、RGB模式以及灰度模式等。

这些模式都可以在【位图】菜单的【模式】子菜单下选取，如图3-1-3所示。每种色彩模式都有不同的色域，用户可以根据需要选择合适的色彩模式，并且各个模式之间可以转换。

图3-1-3 模式

提示：

可以随意选择一张彩色图片，然后通过更换其模式来感觉不同模式变化后的细微差别。

1. 黑白模式

黑白模式，就是一个像素的颜色用一位元来表达，也就是黑和白，如图 3-1-4 所示。

图3-1-4 黑白模式

2. 灰度模式

灰度模式，又叫 8 比特深度图。每个像素用 8 个二进制位表示，能产生 2 的 8 次方即 256 色阶的灰度调（含黑和白），如图 3-1-5 所示。

图3-1-5 灰度模式

当一个彩色文件被转换为灰度模式文件时，所有的颜色信息都将从文件中丢失。尽管 CorelDRAW 允许将一个灰度文件转换为彩色模式文件，但不可能将原来的颜色完全还原。所以，当要转换灰度模式时，请先做好一个图像的备份。

3. 双色模式

双色调模式用一种灰色油墨或彩色油墨来渲染一个灰度图像。该模式最多可向灰度图像添加 4 种颜色，从而可以打印出比单纯灰度更有趣的图像，如图 3-1-6 所示。

图3-1-6 双色模式

双色调模式采用 2 ~ 4 种彩色油墨混合其色阶来创建双色调（2 种颜色）、三色调（3 种颜色）、四色调（4 种颜色）的图像，在将灰度图像转换为双色调模式的图像过程中，可以对色调进行编辑，产生特殊的效果。使用双色调的重要用途之一是使用尽量少的颜色表现尽量多的颜色层次，减少印刷成本。

4. 调色板颜色模式

调色板颜色模式也称为索引颜色模式，有时用于在万维网上显示的图像。将图像转换为调色板颜色模式时，会给每个像素分配一个固定的颜色值。这些颜色值存储在简洁的颜色表中，或包含多达 256 色的调色板中。因此，调色板颜色模式的图像包含的数据比 24 位颜色模式的图像少，文件大小也较小。对于颜色范围有限的图像，将其转换为调色板颜色模式时效果最佳，如图 3-1-7 所示。

图3-1-7 调色板颜色模式

5.RGB 模式

RGB 模式是我们在工作中使用最广泛的一种色彩模式。RGB 模式是一种加色模式，它通过红、绿、蓝 3 种色光相叠加而形成更多的颜色。同时 RGB 也是色光的彩色模式，一幅 24bit 的 RGB 图像有 3 个色彩信息的通道：即红色（R）、绿色（G）和蓝色（B）。

每个通道都有 8 位的色彩信息——0 ~ 255 的亮度值色域。RGB 3 种色彩的数值越大，颜色就越浅，如 3 种色彩的数值都为 255 时，颜色被调整为白色。RGB 3 种色彩的数值越小，颜色就越深，如果 3 种色彩的数值都为 0 时，颜色被调整为黑色。

3 种色彩的每一种色彩都有 256 个亮度水平级。3 种色彩相叠加，可以有 256×256×256=1670 万种可能的颜色。这 670 万种颜色足以表现出这个绚丽多彩的世界。我们用户使用的显示器就是 RGB 模式的。

在编辑图像时，RGB 色彩模式应是最佳的选择，因为它可以提供全屏幕的多达 24 位的色彩范围，一些计算机领域的色彩专家称之为"True Color"真彩显示，如图 3-1-8 所示。

6.Lab 模式

Lab 是一种国际色彩标准模式，它由 3 个通道组成：一个通道是透明度，即 L；其他两个是色彩通道，即色相和饱和度，用 a 和 b 表示。A 通道包括的颜色值从深绿到灰，再到亮粉红色;b 通道是从亮蓝色到灰，再到焦黄色。这些色彩混合后将产生明亮的色彩，如图 3-1-9 所示。

Lab 模式在理论上包括了人眼可见的所有色彩，它弥补了 CMYK 模式和 RGB 模式的不足。这种模式下图像的处理速度比在 CMYK 模式下快数倍，与 RGB 模式的速度相仿，而在把 Lab 模式转换成 CMYK 模式的过程中，所有的色彩不会丢失或被替换。事实上，将 RGB 模式转换成 CMYK 模式时，Lab 模式一直扮演着中介者的角色。也就是说，RGB 模式先转成 Lab 模式，再转成 CMYK 模式。

7.CMYK 模式

CMYK 模式在印刷时应用了色彩学中的减法混合原理，它通过反射某些颜色的光，并吸收另外一些颜色的光，来产生不同的颜色，是一种颜色色彩模式，如图 3-1-10 所示。CMYK 代表了印刷上用的 4 种油墨色：C 代表青色，M 代表洋红色，Y 代表黄色，K 代表黑色。CorelDRAW10 默认状态下使用的就是 CMYK 模式。

CMYK 模式是图片和其他作品中最常用的一种印刷方式。这是因为在印刷中通常都要进行四色分色，出四色胶片，然后再进行印刷。

图3-1-8 RGB模式

图3-1-9 Lab模式

图3-1-10 CMYK模式

提示：

将彩色模式转换为双色调模式或位图模式时，必须先转换为灰度模式，然后由灰度转换为双色调模式或位图模式。我们在进行黑白印刷时会经常使用灰度模式。

提示：

Lab模式、RGB模式、CMYK模式在显示器上区别不大，只在局部有很细微的区别，如鹦鹉身体黑色的细节表现，RGB显然要丰富得多。但是印刷成品的颜色色差区别就比较大了。

3.1.3 文件格式

丰富的文件格式可以使各软件之间互相兼容转换。在第2章的2.1节中已经简单介绍了文件格式的用途。这里重点介绍如何将CorelDRAW的默认文件格式cdr，存储为其他格式。这里举例说明另存为JPG位图压缩格式。

绘制好了矢量作品以后，选择【文件】窗口的【另存为】命令，如图3-1-11所示。

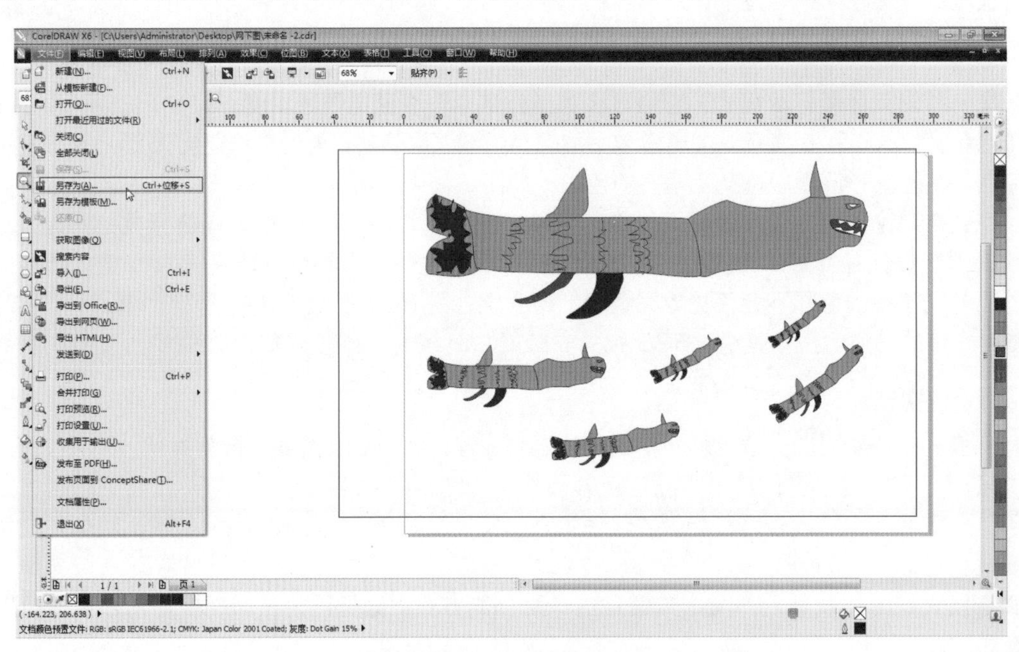

图3-1-11 绘制好作品后另存文件

此时将打开【保存绘图】对话框。设置【文件名】为鲨鱼。选择【保存类型】为DWG格式，单击【保存】按钮，即可将该文件保存为其他格式，但是源文件又不会被破坏，如图3-1-12所示。

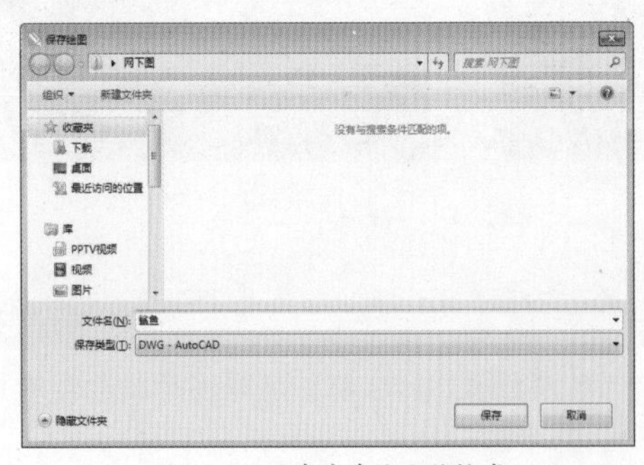

图3-1-12 另存为其他文件格式

3.2 文件的基本操作

本小节是本章的重点，需要读者练习并记忆。通过练习才能有效地掌握基本操作命令，就像初生婴儿首先要有耐心学会爬行一样。新手朋友在充满新鲜感之余，一定能快速掌握本小节的简单操作内容，如新建文件、打开文件、导出文件等。

3.2.1 新建文件

新建文件有几种方式，读者朋友只需要习惯和重点掌握其中一种你觉得顺手的方法即可。其余方法在软件偶尔出现问题时备用。至于喜欢哪种方式，通过了解请读者自行选择。下面介绍3种常用的新建文件的方法。

- 在启动时，会弹出欢迎窗口，其中就有新建空白文档选项。如图3-2-1所示。

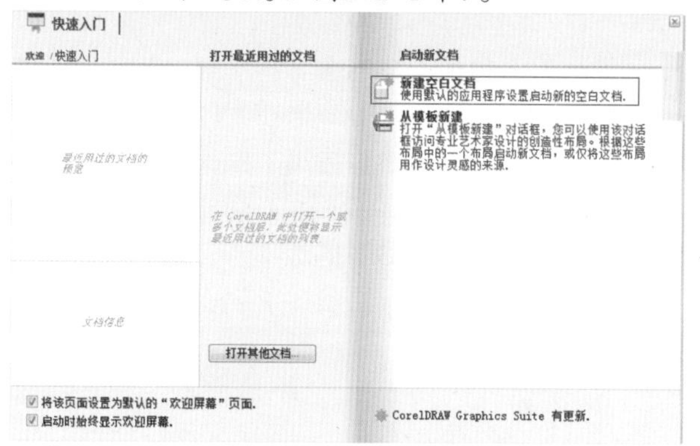

图3-2-1 欢迎窗口新建

- 通过命令新建文件，即执行【文件】|【新建】命令，创建一个新的图形文件，如图3-2-2所示。

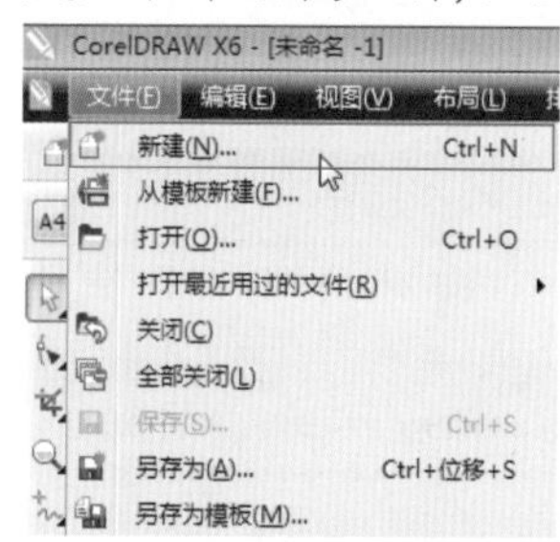

图3-2-2 文件菜单新建

- 使用快捷键创建新建文件，按【Ctrl+N】快捷键。
- 新建自带模板的文件，可以通过欢迎窗口创建，如图3-2-3所示。也可以通过文件菜单中的【文件】|【从模板新建】命令，创建模板图形文件，如图3-2-4所示。

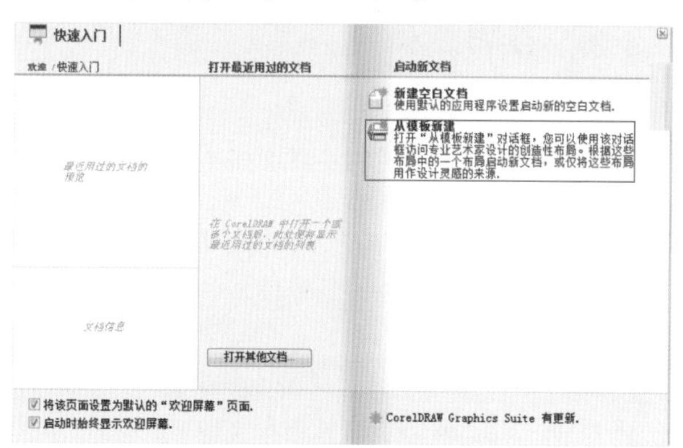

图3-2-3 欢迎窗口新建模板文件

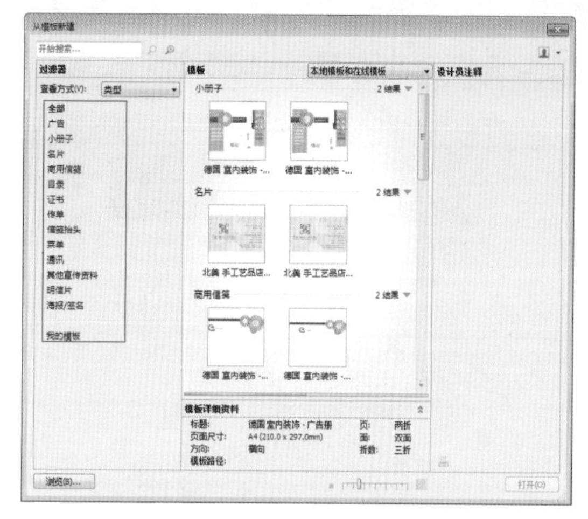

图3-2-4 文件菜单新建模板文件

提示：

模板文件中自带了很多实用的模板图形文件，如广告、小册子、名片等本地模板。也可以在网络中下载。

3.2.2 打开文件

已经存在的文件该如何打开呢？也有几种方法，和新建文件一样，大家只需要熟悉使用一种方法即可，其他方法备用。至于选择哪种方法，因人而异，自行选择即可。

- 启动欢迎窗口的时候，单击【打开已经用过的文档】或【打开其他文档】选项，如图3-2-5所示。

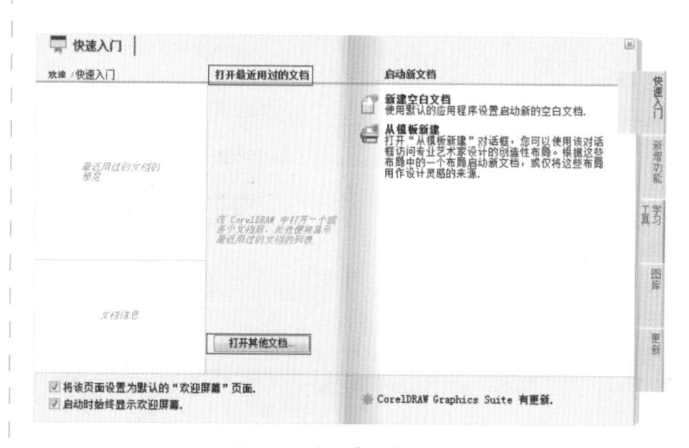

图3-2-5 欢迎窗口打开文件

● 通过菜单命令打开文件，执行【文件】|【打开】命令或【打开最近用过的文件】命令，打开已经存在的图形文件。如图3-2-6所示。

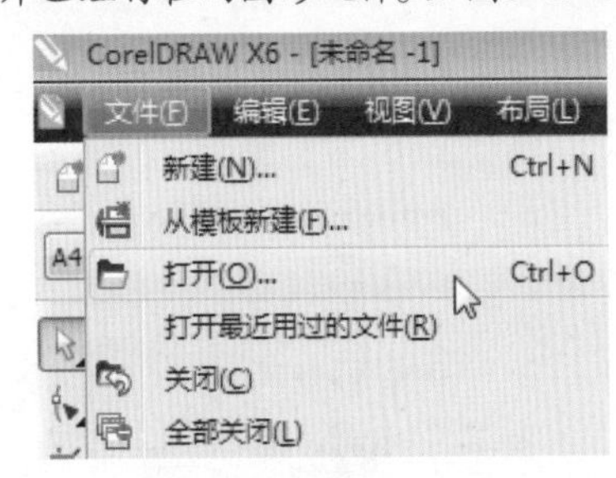

图3-2-6 用命令打开命令

● 通过快捷方式打开文件。按【Ctrl+O】快捷键，也可打开文件。

3.2.3 导入与导出文件

导入与导出命令便于软件之间的格式兼容。因为使用这两个命令的时候，可以让我们任意选择不同的文件格式。第2章的2.1节和本章的3.1.3节中已经介绍了不同文件格式对于软件兼容的重要性与使用方法。这里再介绍一种将CorelDRAW图形转换为其他文件格式的方法。

与新建文件一样，也是有几种方法。其一是执行【文件】|【导入】命令。其二是按【Ctrl+I】快捷键。其三是常用的也不会忘记的方法，即在标准栏上单击【导入】图标。这3种方法都将把【导入】对话框打开，如图3-2-7所示。单击【隐藏预览窗格】按钮即可预览到图片内容。【导入】对话框中还有【检查水印】选项，单击【导入】旁的三角形按钮，还有很多其他导入方式，根据读者的特殊需要选择，如裁剪后再导入等不同的选项，如图3-2-8所示。

图3-2-7 【导入】对话框

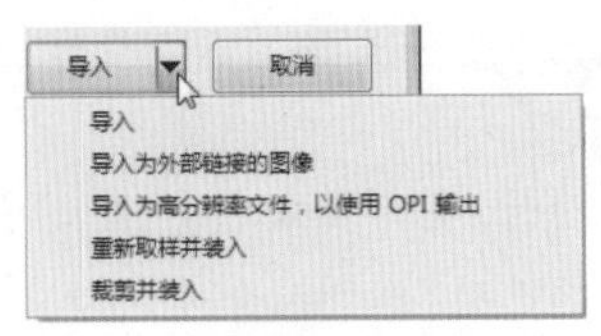

图3-2-8 【导入】命令的其他选项

导出方法也是一样的有3种：其一是执行【文件】|【导出】命令；其二是按【Ctrl+E】快捷键。其三是在标准栏上单击【导出】图标，打开【导出】对话框，如图3-2-9所示。单击【导出】按钮，还可以选择各种细分命令的选项卡，如常规、颜色模式、文档、对象等，如图3-2-10所示。

图3-2-9 导出命令对话框

图3-2-10 导出文件的属性设置

3.2.4 保存文件

保存文件有如下4种方法.

● 选择菜单栏中的【文件】|【保存】命令，可以保存文件。

● 选择菜单栏中的【文件】|【另存为】命令，可以为文件起一个新的文件名或用新的格式保存。

● 在工具栏中单击【保存】按钮。

● 使用【Ctrl+S】快捷键和【Ctrl+Shift+S】快捷键也可以储存。

提示：

【Ctrl+S】快捷键保存时是覆盖原有文件的保存方式，而【Ctrl+Shift+S】快捷组合键是另存一个文件的保存方式。

提示：

关于关闭文件在第1章中的1.4.1节中已经讲过，需要复习的读者可以返回学习。

3.3 视图的显示方式与窗口显示

本小节重点讲解视图的显示方式与窗口显示方法。其中显示方式关系到操作的速度和精细程度，而窗口显示则可以方便同时处理几个文件。

3.3.1 视图的显示方式

当用户绘图时，CorelDRAW 允许选择其他的显示模式显示绘图。只需要打开【视图】菜单就会有 8 种视图显示方式：简单线框、线框、草稿、正常、增强、像素，如图 3-3-1 所示。另外还有两个模拟效果，可以配合模式勾选：即模拟叠印、光栅化复合效果。

图3-3-1 6种视图显示方式

- 简单线框：通过隐藏填充、立体模型、轮廓图、阴影以及中间调和形状来显示绘图的轮廓；也以单色显示位图。使用此模式可以快速预览绘图的基本元素，如图 3-3-2 所示。
- 线框：在简单的线框模式下显示绘图及中间调和形状，如图 3-3-3 所示。
- 草稿：显示低分辨率的填充和位图。使用此模式可以消除某些细节，使用户能够关注绘图中的颜色均衡问题，如图 3-3-4 所示。
- 普通：显示绘图时不显示 PostScript 填充或高分辨率位图。使用此模式时，刷新及打开速度比“增强”模式稍快，如图 3-3-5 所示。
- 增强：显示绘图时显示 PostScript 填充、高分辨率位图及光滑处理的矢量图形，如图 3-3-6 所示。
- 像素：显示了基于像素的绘图，允许用户放大对象的某个区域来更准确地确定对象的位置和大小。此视图还可让用户查看导出为位图文件格式的绘图，如图 3-3-7 所示。
- 模拟叠印：模拟重叠对象设置为叠印的区域颜色，并显示 PostScript 填充、高分辨率位图和光滑处理的矢量图形。
- 光栅化复合效果：光栅化复合效果的显示，如“增强”视图中的透明、斜角和阴影。该选项对于预览复合效果的打印情况是非常有用的。为确保成功打印复合效果，大多数打印机都需要光栅化复合效果。

提示：

选择的查看模式会影响打开绘图或在显示器上显示绘图所需的时间。例如，在“简单线框”视图中显示的绘图，其刷新或打开所需的时间比“模拟叠印”视图中显示的绘图少。

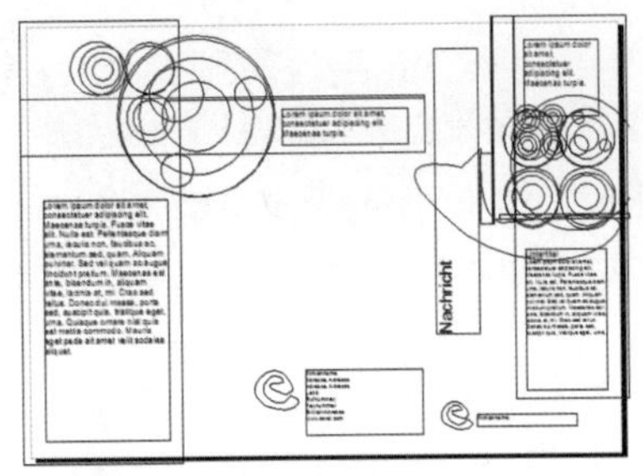
图3-3-2 简单线框

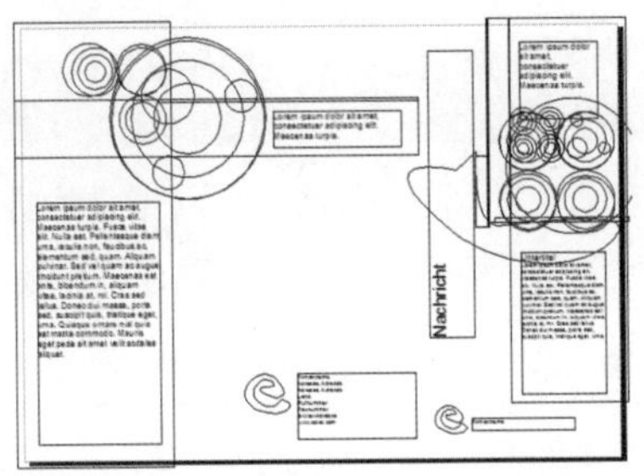
图3-3-3 线框

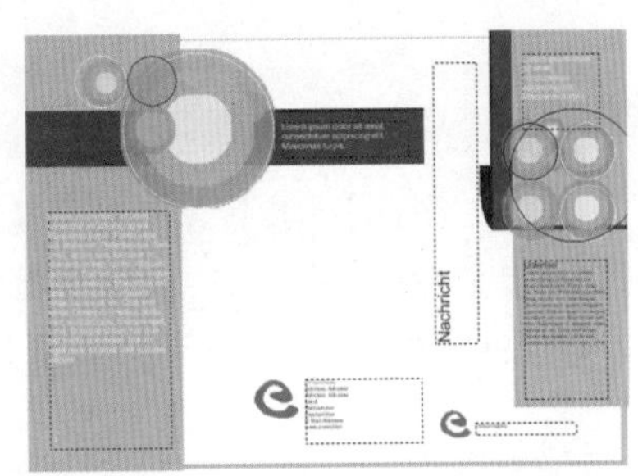
图3-3-4 草稿

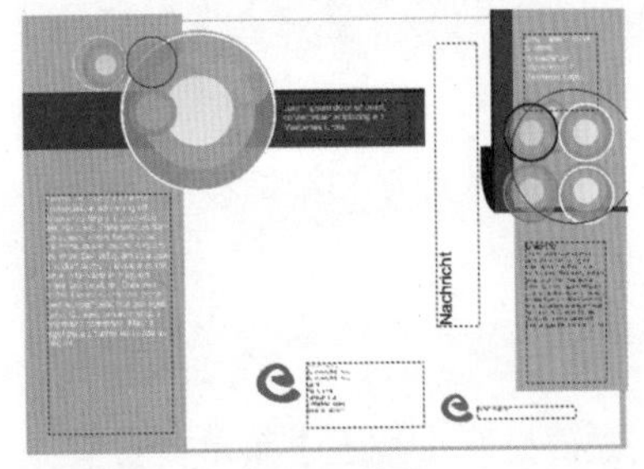
图3-3-5 普通

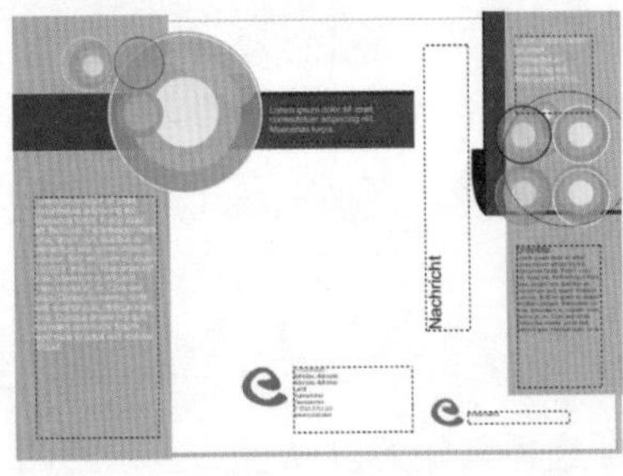
图3-3-6 增强

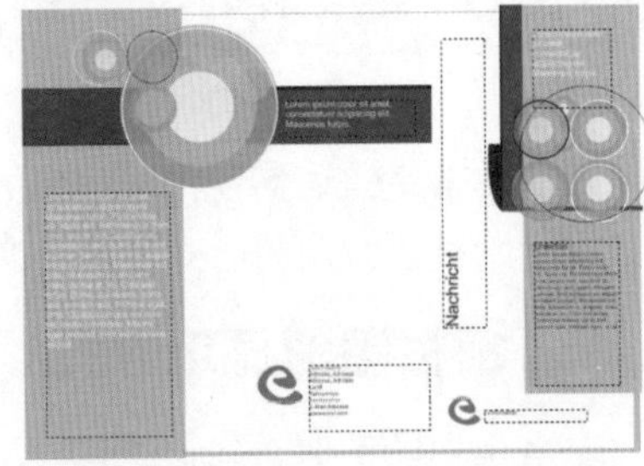
图3-3-7 像素

还有一种选择视图模式的方法：选择【工具】|【选项】命令，打开【选项】对话框，在左边的列表中选择【文档】选项，再选择【常规】选项打开右边的列表，然后从【视图模式】列表框中选择一个选项来设计显示模式，如图3–3–8所示。

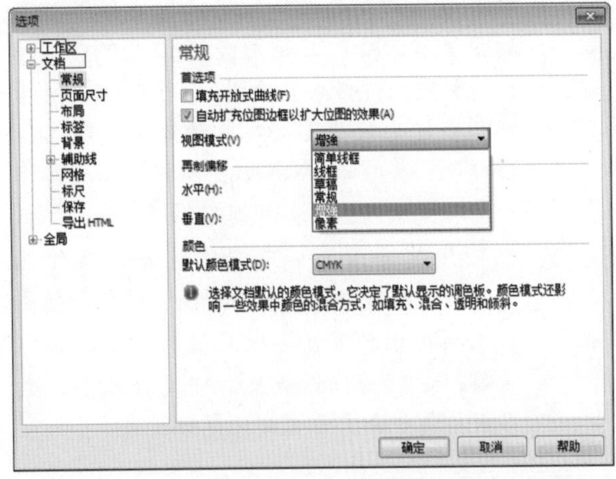

图3-3-8 视图模式的另外一种选择方式

提示：

通过按【Shift + F9】快捷键，可以在选定查看模式和先前的查看模式之间快速地切换。

3.3.2 缩放与窗口排列

关于缩放与文件排列主要包括两个方面，其一是缩放与平移，用户可以利用工具箱中的【缩放工具】及其属性栏来放大或缩小页面的显示，如图3–3–9所示。【平移工具】可以自由地移动页面。可以在缩放级别列表框中输入数值来设定缩放比例。

图3-3-9【缩放工具】的属性栏

单击【放大】按钮或【缩小】按钮，可以用来放大或缩小页面显示。用鼠标在页面上单击，可以以单击点为中心放大，按住【Shift】键可以切换为缩小。按住鼠标左键不放，在图像上拖移出虚线范围，如图3–3–10所示，则会放大拖移出来的虚线区域，如图3–3–11所示。反之如果处于【缩小】按钮时，按住鼠标左键不放，在图像上拖移，则会缩小相应的显示区域。

图3-3-10 拖移放大局部区域

图3-3-11 放大后的局部区域

单击【缩放选定对象】按钮，可以使被选中的对象以合适的窗口大小显示，如图 3-3-12 和 3-3-13 所示。

图3-3-12 选择对像　　图3-3-13 放大对象

提示：

前提条件是使用【选择工具】选择了对象，才能使用【缩放选定对象】按钮。

其他按钮：【缩放全部对象】按钮、【页面显示】按钮、【按页宽度显示】按钮、【按页高度显示】按钮，可以分别使全部对象以合适窗口的大小显示，包括按照页面大小显示、按页面宽度显示，或按页面高度显示，读者自行单击试试就很清楚了，如图 3-3-14 至图 3-3-17 所示。

提示：

一般情况下，常用的缩放工具是【放大】按钮和【缩小】按钮。因为除了单击放大或缩小，拖移放大或缩小，还可以用鼠标中间滚动放大或缩小。键盘上的快捷方式是按【F2】键启用放大工具，按【F3】键则按一次图像缩小一倍，按【F4】键则显示页面中的全部图像。熟练掌握这几个快捷方式足以让用户操作速度大幅提高。

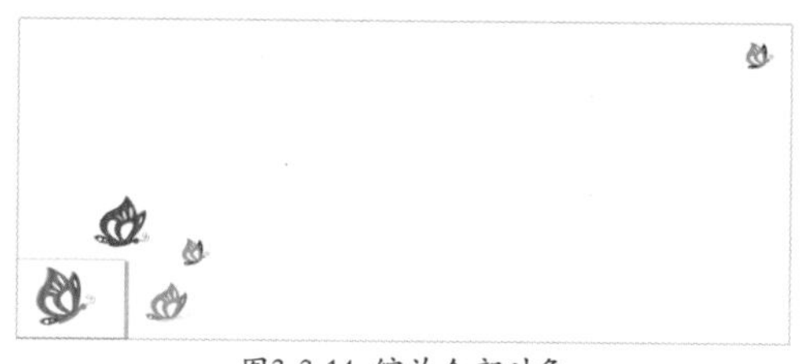

图3-3-14 缩放全部对象

图3-3-15 按页面显示

图3-3-16 按页面宽度显示

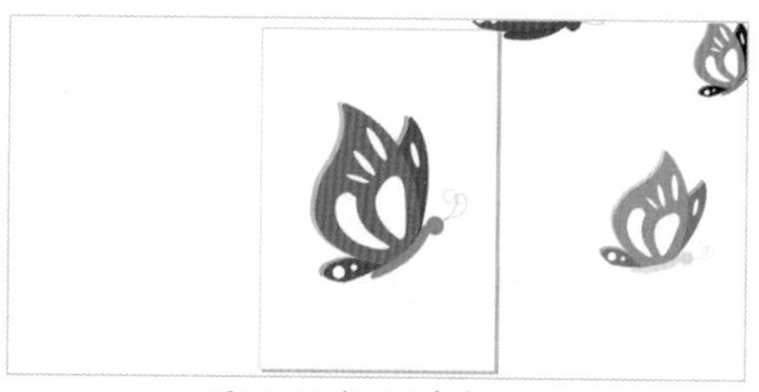

图3-3-17 按页面高度显示

关于缩放与文件的排列，其二是讲解窗口中的文件排列方式。如果用户打开了多个文件显示窗口，想要在窗口之间随意切换，那就需要在菜单栏上单击【窗口】，选择最下面的文件名称，即可显示为当前画面，如图 3-3-18 所示。

图3-3-18 窗口菜单

选择【窗口】|【新建窗口】命令，可以新建一个和当前一模一样的当前文件。选择【水平平铺】命令，则可以水平平铺显示多个窗口。选择【垂直平铺】命令，可以以垂直平铺方式显示多个窗口，如图 3-3-19 所示。选择【关闭】命令可以关闭当前窗口，选择【全部关闭】命令可以关闭所有打开的窗口。

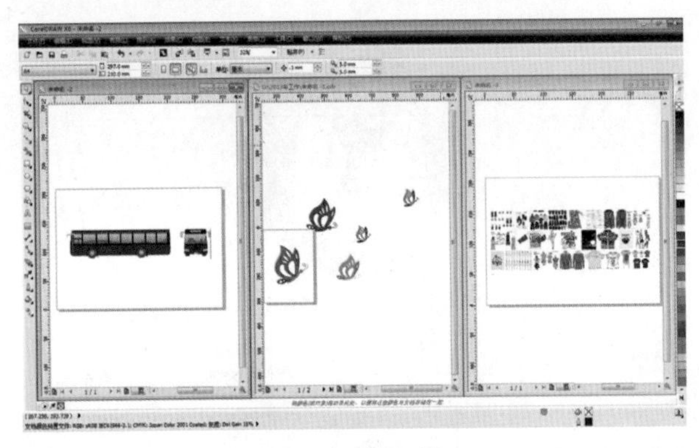

图3-3-19 垂直排列窗口

图3-4-2 【选项】对话框

3.4 页面布局

本小节重点讲解页面布局的内容，包括设置页面大小页面标签以及页面背景，还有插入删除与重命名页面。这些内容与平面设计的实际工作相关。

3.4.1 设置页面大小

选择【布局】|【页面设置】命令，如图 3-4-1 所示，打开【选项】对话框，单击【纵向】或【横向】单选按钮，可以将页面设定为竖向或横向的布局。在【大小】下拉列表中选择需要的页面尺寸，下方的【宽度】及【高度】增量框中显示的是当前页面的实际尺寸，并可根据需要设定度量单位，如图 3-4-2 所示。

图3-4-1 【布局】菜单

提示：

在生活中是需要按实际尺寸进行设计的。比如我们买的相框是6寸的，但是我们设计的是随意大小的，那么打印成品后，一定不能与相框刚好搭配。所以设置准确的页面大小也是设计的细节之一。

读者可以根据自己需要设置自定义尺寸，即在【大小】列表中选择【自定义】选项，并设置想要的宽度与高度，还可以单击【保存】按钮永久保存自定义页面，以方便下次新建文件时使用，如图 3-4-3 所示。

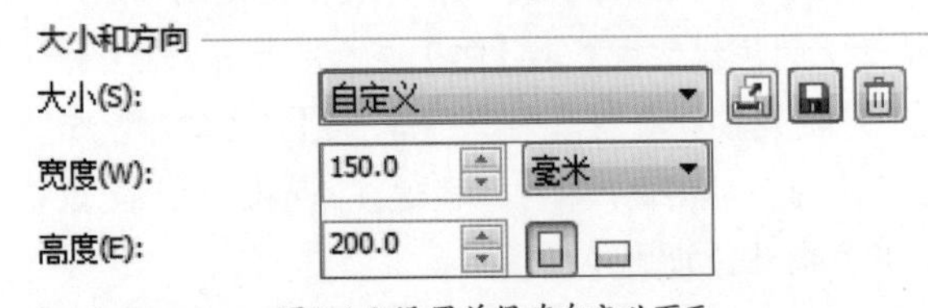

图3-4-3 设置并保存自定义页面

还有一种快速的设置方法，就是在属性栏中设置页面大小、页面尺寸，以及页面的方向，这也是生活中我们常用的方法，如图 3-4-4 所示。但是如果在一个文件有很多页面的情况下，改变当前页面的大小，只需要单击属性栏上的【大小】栏，在下拉列表的最下方单击【编辑该列表】选项，就会出来选项对话框，如图 3-4-5 所示。再勾选【只将大小应用到当前页面】复选项，如图 3-4-6 所示。

图3-4-4 在属性栏上设置页面属性

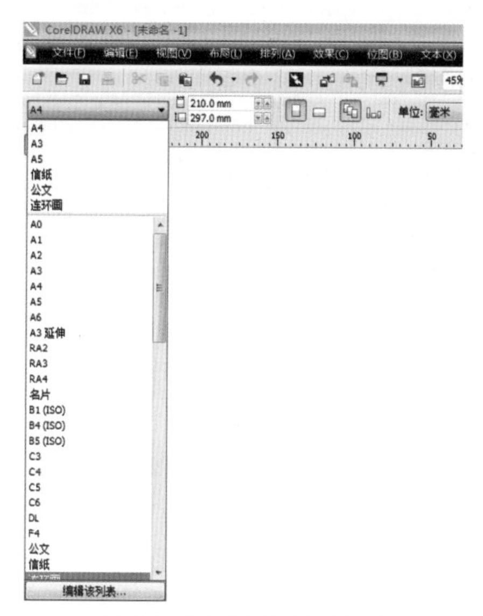

图3-4-5 单击列表最下面的选项

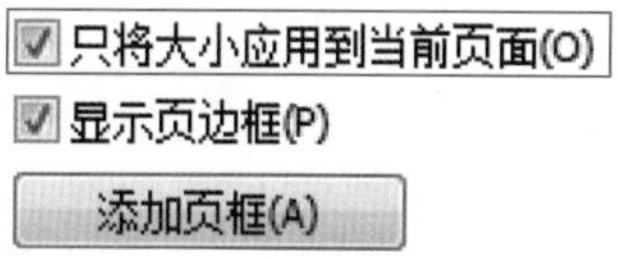

☑ 只将大小应用到当前页面(O)

☑ 显示页边框(P)

添加页框(A)

图3-4-6 只改变当前页面

3.4.2 设置版面样式

前面的章节提到过，Corel 提供了很多标准的版面样式，如小册子、传单、书籍等。这里将介绍在【选项】对话框中设置版面，这里的版面设置项目更为丰富。操作方法为执行【布局】|【页面设置】命令，打开对话框，单击左侧列表中的【布局】选项，如图 3–4–7 所示。选择【布局】选项组中的选项，如【三折小册子】，则版面改变为如图 3–4–8 所示的样子。单击【确定】按钮即可完成选择。

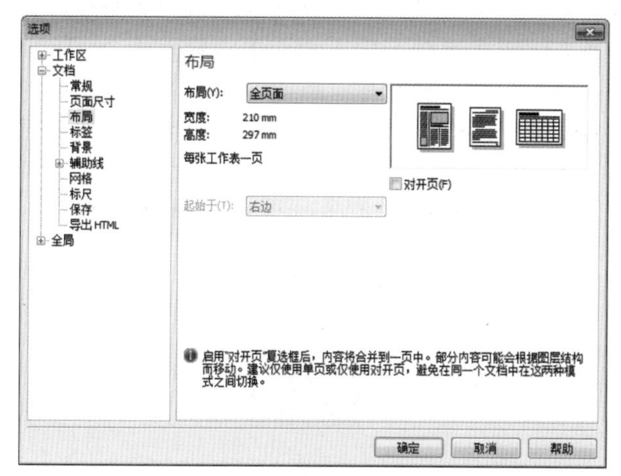

图3-4-7 【布局】选项

图3-4-8 选择需要的版式

如果是要设置成对开页，具体操作步骤如下所述。选择【选项】对话框中的【布局】选项，再选择【全页面】选项，再勾选【对开页】复选项，选择【起始于】为【右边】，即表示多页文档的第一页从右边开始。如果选择【左边】，即表示多页文档的第一页从左边开始。单击【确定】按钮即可完成设置，如图 3–4–9 所示。

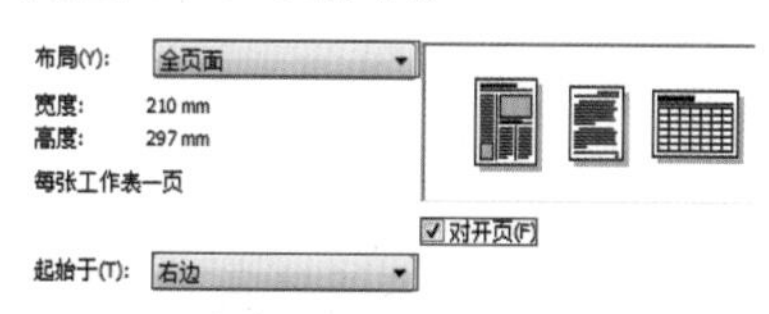

图3-4-9 设置对开页

3.4.3 设置页面标签与背景

1. 预设标签

在“选项”对话框中的“标签”页中包含了几十家标签制造商提供的几百种预设的标签样式可供访问。通过预览窗口，用户可以查看标签的尺寸以及标签在页面上的排列方式。

标签选择的方法为选择菜单栏中的【布局】|【页面设置】命令。在【选项】对话框左边的列表中选择【标签】选项，此时对话框的内容如图 3–4–10 所示。单击📁前面的减号，即可变成很多📁供读者选择，如图 3–4–11 所示。打开文件夹，即可选择需要的标签样式。

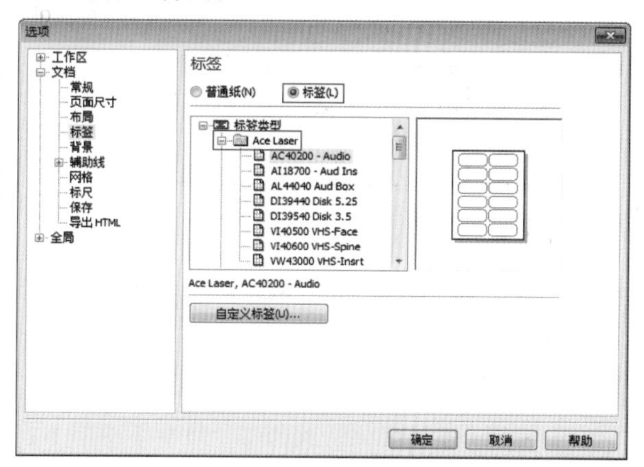

图3-4-10 标签布局

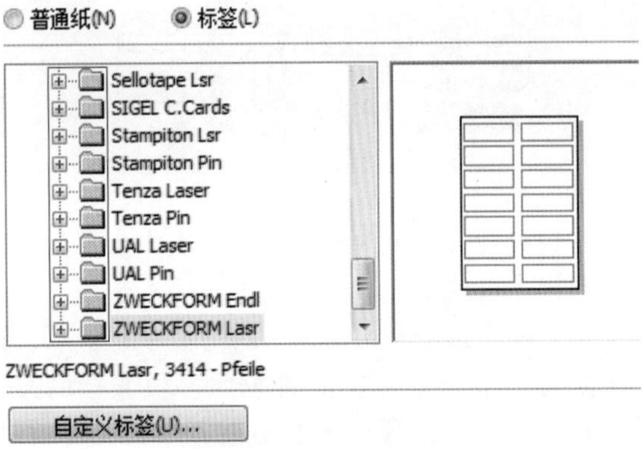

图3-4-11 换标签样式

2. 自定义标签

如果预设标签中找不到需要的标签样式，可以选择比较接近的标签样式进行更改并保存自定义标签样式。首选选择接近于用户需要的一款标签样式，单击【自定标签】按钮 自定义标签(U)... ，打开对话框，修改参数，这样就可以修改得到满意的标签样式，如图 3-4-12 所示。单击 + 可以把自定义样式另存为其他的名字，单击【确定】按钮即可，如图 3-4-13 所示。

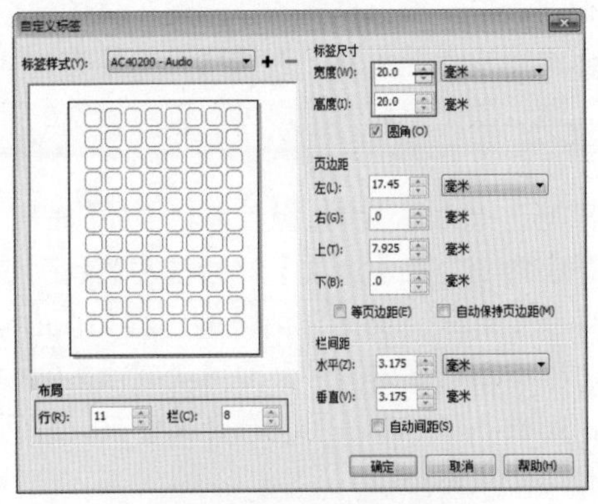

图3-4-12 自定义标签

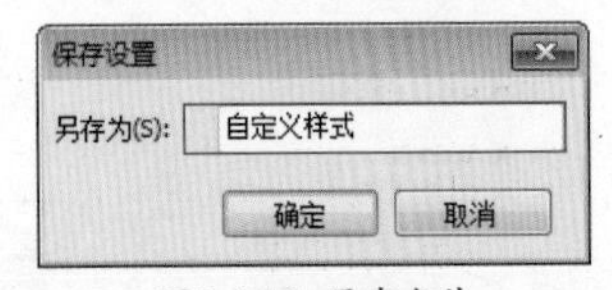

图3-4-13 另存名称

接着介绍页面背景的设置，分为 3 种形式：一是无背景设置，二是纯色背景设置，三是设置位图为页面背景。

1. 无背景

无背景设置的操作步骤如下，打开【选项】对话框之后，选择左边列表的【背景】选项。再选择【无背景】选项，单击【确定】按钮即可设置用户的页面为无背景，如图 3-4-14 所示。

图3-4-14 选择背景设置方式

2. 纯色背景

单击【纯色】旁的白色，弹出色彩对话框，选择自己喜欢的颜色并确定即可，如图 3-4-15 所示。

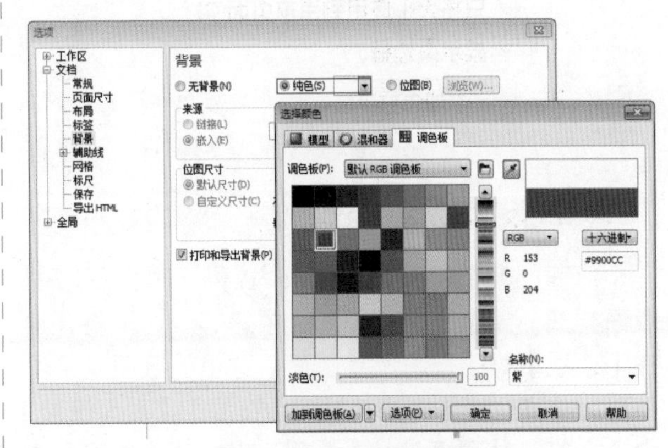

图3-4-15 选择喜欢的纯色

3. 位图背景

设置纯色背景后，文件窗口中的页面效果如图 3-4-16 所示。最后一种方式为位图作为背景。选择【位图】选项旁的【浏览】按钮 浏览(W)... ，随意选择一幅位图为背景。单击【确定】按钮即可完成，如图 3-4-17 所示。最终的页面背景效果如图 3-4-18 所示。

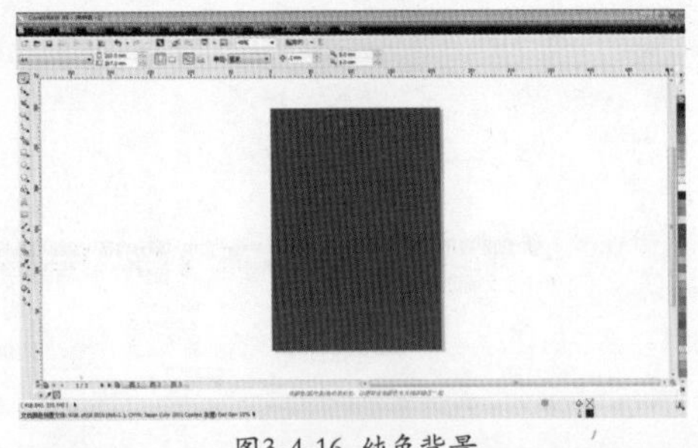

图3-4-16 纯色背景

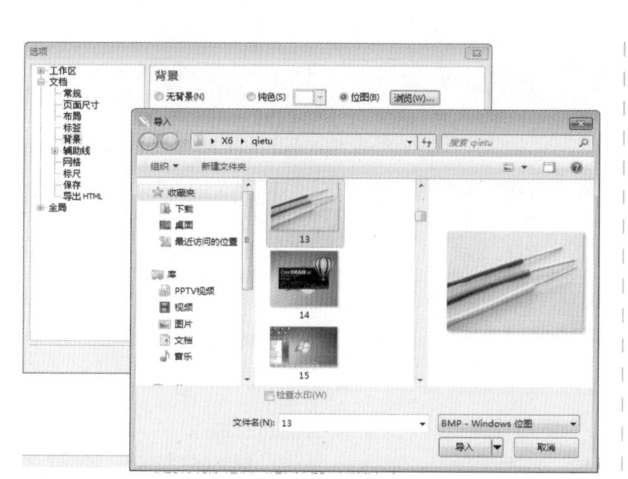

图3-4-17 选择位图作为背景

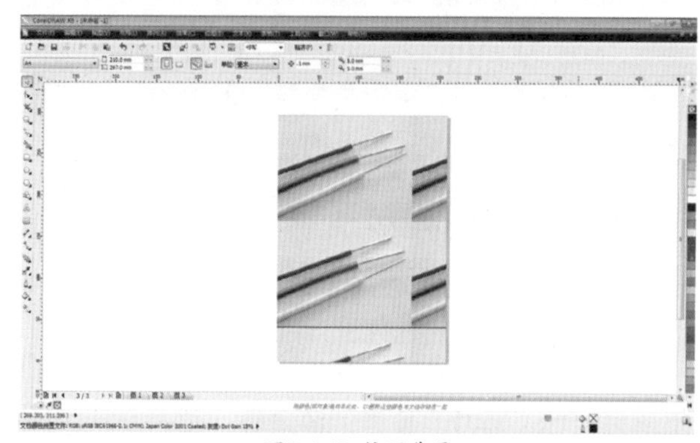

图3-4-18 位图背景

提示：

要选择【自定义尺寸】选项，即可勾选☑保持纵横比(M)项目，这样导入的位图就不会改变尺寸比例。

3.4.4 插入、删除、重命名与跳转页面

1. 插入、删除、重命名页面

单击绘图页面左下方的【+】按钮，可以在当前页面后添加新的页面，如图 3-4-19 所示。在页面标签上如单击鼠标右键，在弹出的快捷菜单中选择【在后面插入页面】或【在前面插入页面】选项，即可在当前页面的前面或后面添加一个新的页面，如图 3-4-20 所示。

图3-4-19 添加页面

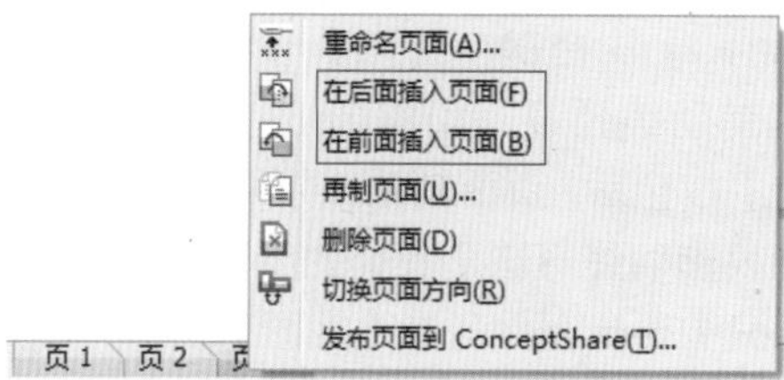

图3-4-20 插入页面

在多页面图形文件的绘图页面左下方的页面标签上单击鼠标右键，在弹出的菜单中选择【删除页面】选项，即可删除当前页面。选择菜单中的【重命名页面】选项，即可在弹出的对话框中重新命名当前页面，如图 3-4-21 所示。

2. 跳转页面

单击绘图页面左下方的【前面】或【后面】按钮，可以快速将页面跳转到前一页或后一页。使用菜单下的【布局】|【转到某页】命令，打开定位页面的对话框，如图 3-4-22 和图 3-4-23 所示。

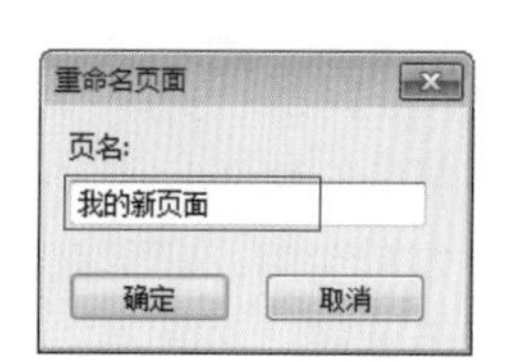

图3-4-21 【重命名页面】对话框

图3-4-22 【转到某页】命令

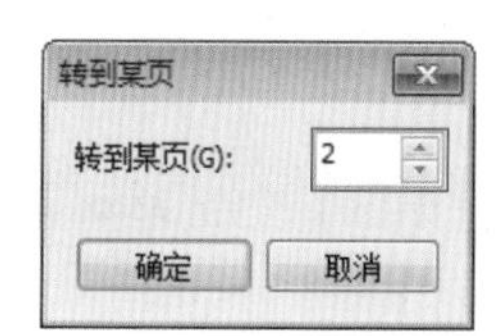

图3-4-23 【转到某页】对话框

3.5 辅助工具的设置

这里的辅助工具主要是指标尺和网格。它们可以使图形精确且精致，所以这两样辅助工具对于图形设计的标准性来说是尤其重要的。

3.5.1 标尺的应用与设置

选择【视图】|【标尺】命令，即可在绘图页面中显示标尺，标尺宽度及高度上的 0 刻度都是以页面的左上角为起始点的，如图 3-5-1 所示。

标尺默认的单位是毫米，用户也可以在属性栏中的【单位】下拉列表框 单位: 毫米 中选择其他的计量单位，如：英寸、像素、厘米等。单击标尺左上角的，按住鼠标左键进行拖动，释放鼠标后，标尺会以释放的位置作为起点，即 0 的起始位，如图 3-5-2 所示。

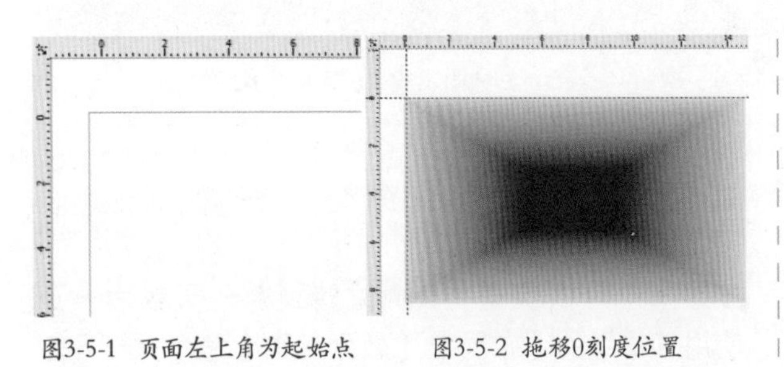

图3-5-1 页面左上角为起始点　　图3-5-2 拖移0刻度位置

3.5.2 辅助线的应用

辅助线可以精确绘制图形于某个范围内，尤其是对于包装设计非常实用，它可以将折痕、出血线等位置精确地标示出来。在水平或垂直的标尺中拖出辅助线，即可出现一根无尽头的直虚线，这就是辅助线，如图 3-5-3 所示。辅助线操作方便，所以使用得比较频繁。

那么可以设置倾斜的导线吗？当然是没问题的。单击已有的辅助线，此时辅助线以红色显示，再单击此时两端的显示符号，将鼠标放置于该符号之上进行旋转，如图 3-5-4 所示。

另外双击辅助线，还可以在【选项】对话框中精确设置旋转的角度，如图 3-5-5 所示。

删除辅助线有几种情况：①单击辅助线，按键盘上的【Delete】键删除该线。②【选项】对话框如图 3-5-6 所示，从中选择【水平】、【垂直】或【辅助线】,单击【删除】按钮 删除(D) 就是删除一根线。单击【清除】按钮 清除(L) 就是清除全部水平的辅助线或全部垂直全部的辅助线。

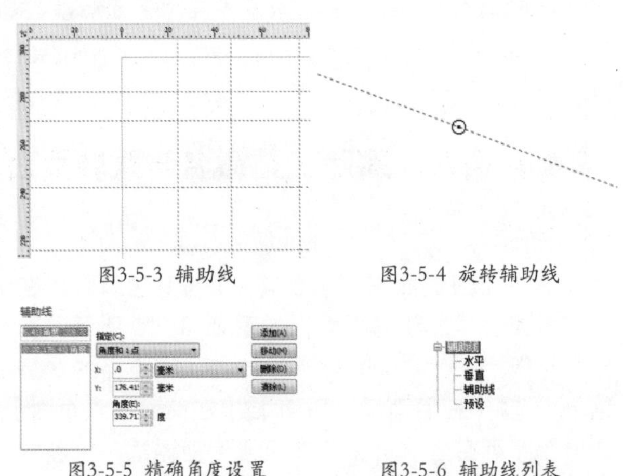

图3-5-3 辅助线　　图3-5-4 旋转辅助线

图3-5-5 精确角度设置　　图3-5-6 辅助线列表

预设辅助线就是对已经保存好的辅助线样式，直接调用，不用读者再次设置，节约了很多时间。按【Ctrl+J】快捷键，打开【选项】对话框，选择想要的辅助线预设，如图 3-5-7 所示。单击【应用预设】按钮后，页面辅助线效果如图 3-5-8 所示。

如果辅助线影响了我们的绘图操作，可以暂时隐藏。只需要执行并勾选【视图】|【辅助线】命令，即可隐藏或显示辅助线，如图 3-5-9 所示。

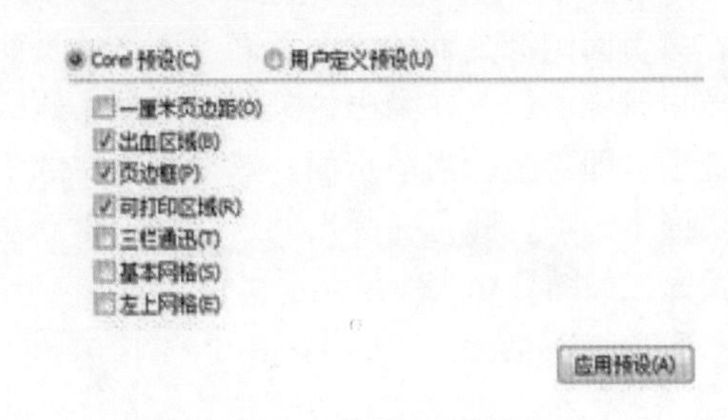

图3-5-7 选择预设辅助线

图3-5-8 辅助线效果　　图3-5-9 显示或隐藏辅助线命令

3.5.3 网格的设置

在绘制图形的时候网格可以提供有规律的、等距的参考点或者线。当【挑选工具】没有选择任何对象的时候，在【标准栏】中有 贴齐(P)，单击三角形，可以选择贴齐像素、贴齐网格、贴齐基线网格、贴齐辅助线、贴齐对象、贴齐页面。当选择【对齐网格】功能，图形对象接近网格时，将自动与网格对齐。选择【布局】|【页面设置】命令，打开对话框，选择左边列表的【网格】选项，如图 3-5-10 所示。

图3-5-10 网格布局

当绘制的图形移动的时候，图形对象会自动向距离最近的网格线靠拢并对齐，如图 3-5-11 所示。

提示：

如果想取消网格的显示，只需要执行【视图】|【网格】命令下的一个命令，即可隐藏网格的显示。

图3-5-11 贴齐网格

3.6 浮动面板的控制

Corel 的很多功能都包含在泊坞窗里面，它们以浮动面板的形式出现，可以方便地调用和关闭。执行【窗口】|【泊坞窗】菜单命令，可以看到有很多【泊坞窗】供我们选择，善于使用它们，可以让我们的工作效率有所提高。下面我们就讲解几个常用的泊坞窗。

3.6.1 对象管理器

选择【窗口】|【泊坞窗】菜单命令或者【工具】|【对象管理器】命令，都可以打开对象管理器泊坞窗，如图 3-6-1 所示。在对象管理器的窗口中，有一系列按钮及图标，用户可以利用它们方便地对页面中的图层、对象进行编辑和操作，也可以在图层间方便地移动和复制对象。

如图 3-6-2 所示，首先绘制了蓝色，然后绘制了红色，再绘制了黄色，此时【图层 1】下面就会多三层。这个图层就和 Photoshop 相似，当拖移【泊坞窗】中【图层 1】下的黄色矩形到红色矩形下方后，窗口中的图像如图 3-6-3 所示。

单击【新建图层】按钮，再绘制三个重叠的圆形。此时这 3 个图形处于“图层 2”之下，如图 3-6-4 所示，也就是说现在这个“图层 2”可以与“图层 1”互相交换位置，相当于“图层 1”是一个小组，“图层 2”是另一个小组。另外，每个图层内部的图形又可以交换位置，这样对于多个图层重叠的图形来说，控制每个图形之间的前后关系就非常方便了。

提示：

很多图形都会有多图形重叠的问题，我们常常会为选择并编辑下面的图形而苦恼。如果不用泊坞窗，只用操作技巧来选择，也是有方法了。但是这要求我们头脑要清晰，明白每个图层之间的重叠关系。而有了这个【对象管理器】就不一样了，它更像管家把家里的图形管理得有条不紊。不管经历了多久的时间，你再拿出来看，还是很清楚图层之间是如何重叠的。

图3-6-1 对象管理器

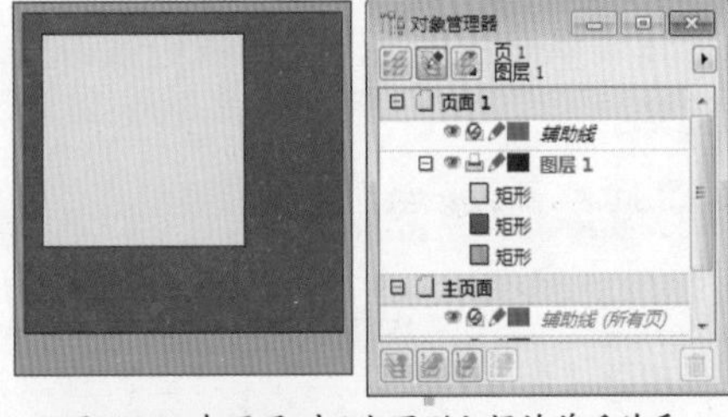

图3-6-2 在图层1中3个图形之间的前后关系

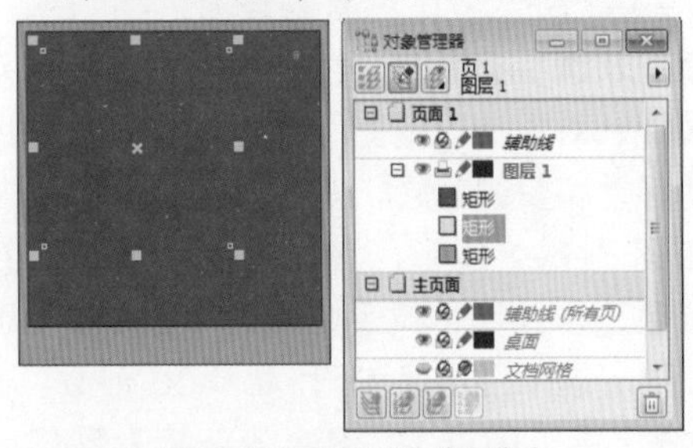

图3-6-3 交换图形的前后关系

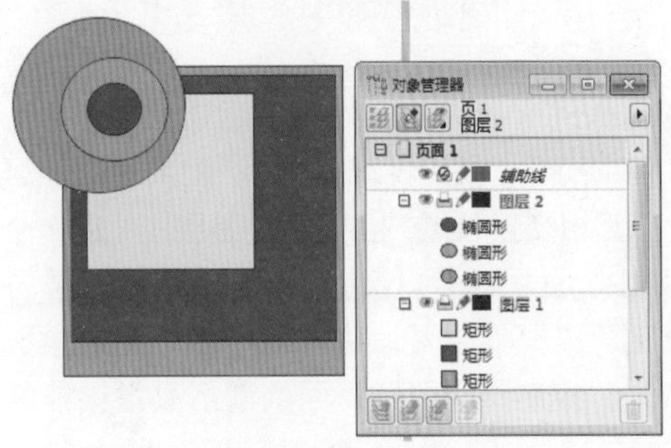

图3-6-4 新建图层

3.6.2 属性管理器

选择【窗口】|【泊坞窗】|【属性管理器】命令，或按【Ctrl+Enter】快捷键，打开【对象属性】泊坞窗，在这个窗口用户可以对单个对象的属性进行编辑，如图 3-6-5 所示。如改变对象的填充、轮廓等的设定与编辑。编辑完成后，单击【应用】按钮即可将改变的属性应用到对象上，如图 3-6-6 所示。

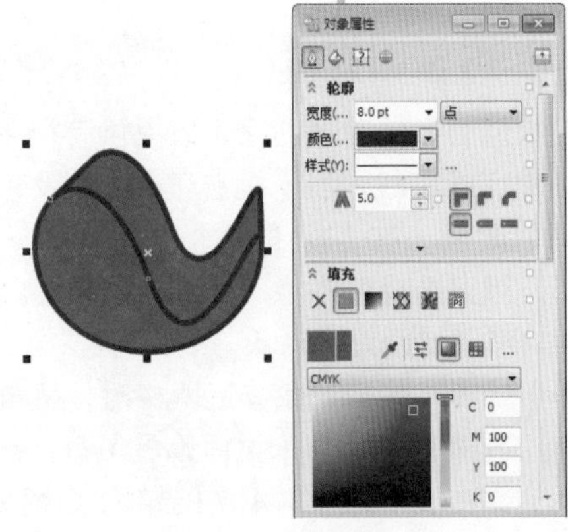

图3-6-5 对象属性

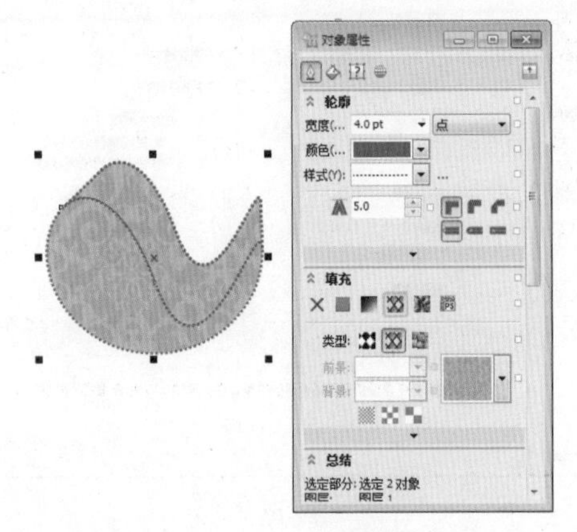

图3-6-6 改变对象属性

提示：

通过对象属性可以查询单个图形所包含的信息。选择多个图形的时候，是不能显示所有图层的信息的只能同时改变选中图形的属性。

3.6.3 符号管理器

用于设计作品时经常会使用到的图形，我们可以将其设置为【符号】，保存在【符号库】中。这样便可以降低我们寻找以前作品、等待原有作品打开的时间、再寻找需要的图形、再复制粘贴的过程与时间。

如何保存图形为符号呢?

选择【编辑】|【符号】|【符号管理器】命令，或按【Ctrl+F3】快捷键，打开【符号管理器】泊坞窗，然后将要保存的图形直接拖入到符号库、【名称】下方的空白处，即可将图形保存为符号，如图3-6-7所示。

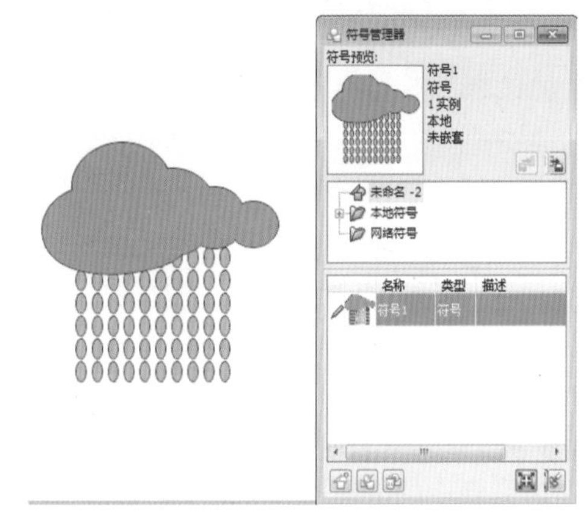

图3-6-7 【符号管理器】泊坞窗

3.7 综合基础知识——排版设计

本节将尽量采用本章所学的知识，设计一个排版作品，用以巩固读者所学。本章的知识在排版中的确是很实用的，希望通过本案例的学习，能让读者记住常用的、典型的一些基本操作技巧。

案例过程赏析

本案例的最终效果如图 3-7-1 所示。

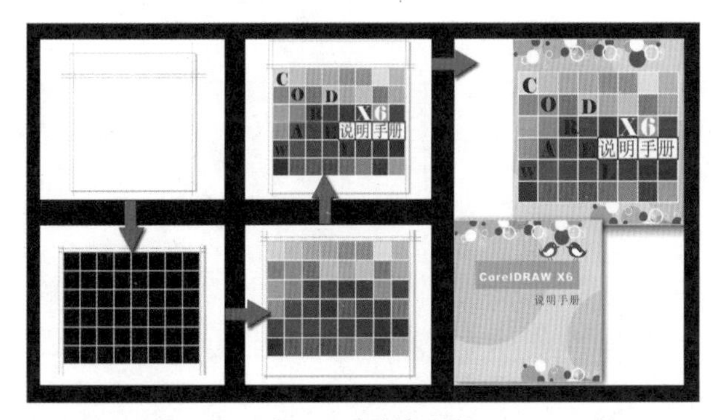

图3-7-1 最终效果图

案例技术思路

版面设计的页面大小一定是有特定的尺寸的，所以页面设置的知识在本案例中就将运用到。而精确分割版面又刚好是辅助线命令的强项，所以本案例中也会重点复习辅助线的各种使用方法。总之本案例的设计思路，就是希望大家能通过案例复习本章所学内容，另外在制作过程中，最好能熟悉和清理出常用的基础知识有哪些。是页面增加，还是显示网格？是页面背景，还是对象属性？下面跟着做一做再做总结吧。

案例制作过程

01 启动软件。在欢迎窗口中选择【新建空白文档】选项。在什么都没制作的情况下，属性栏上会有页面默认的尺寸，更改尺寸大小【宽度】为200mm,【高度】为200mm。此时页面变成正方形，如图 3-7-2 所示。

提示：

改变页面大小，用属性栏设置是最便捷、最经常的方法。另外改变所有页面的尺寸，还是改变当前页面的尺寸，可以通过选择尺寸旁边的两个按钮来设定。

02 拖移标尺左上角的到页面的左上角后放开，此时水平与垂直的 0 刻度都在页面左上角开始，如图 3-7-3 所示。

提示：

如果不把0刻度设置好，那么下一步的辅助线就没办法精确设置到页面中了。

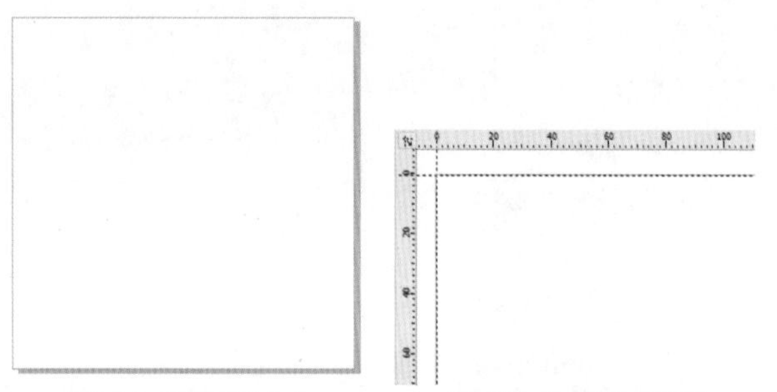

图3-7-2 设置页面大小　　图3-7-3 设置0刻度位置

03 按【Ctrl+J】快捷键，把【选项】对话框打开，双击左边列表中的【辅助线】选项，选择【水平】选项，此时右边的内容如图3-7-4所示。在数字栏填入"-30毫米"，单击【添加】按钮 添加(A)，再单击【确定】按钮即可。

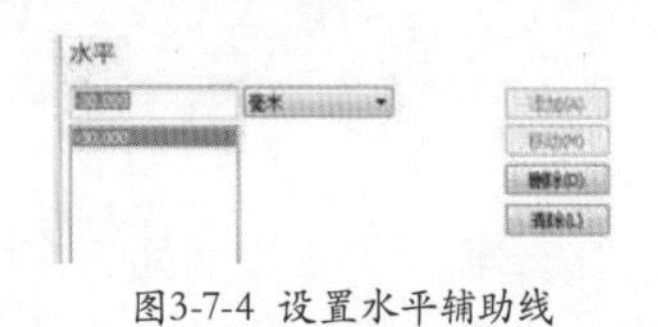

图3-7-4 设置水平辅助线

提示：

将鼠标放置到水平标尺上，按住鼠标左键不放，向下拖移出辅助线，此时的辅助线并不像标准设置的辅助线那样在页面中有自己精确的位置。

04 单击【确定】按钮后，窗口中的标尺为30的位置出现一条水平辅助线，效果如图3-7-5所示。

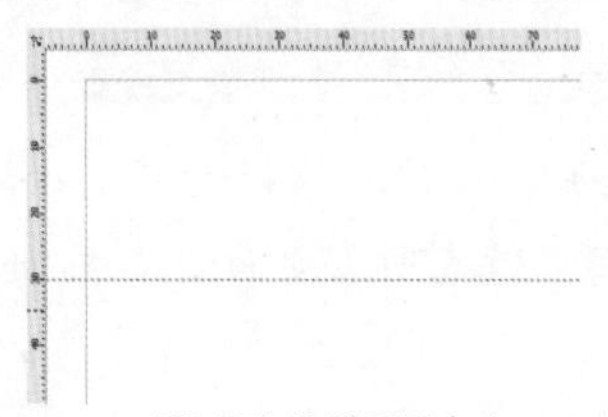

图3-7-5 设置页面大小

05 用同样的方法：选择【选项】中的【垂直】选项，设置距离为"5毫米"。再添加一条水平辅助线为"-35毫米"。添加垂直辅助线为"195毫米"，如图3-7-6~图3-7-8所示。

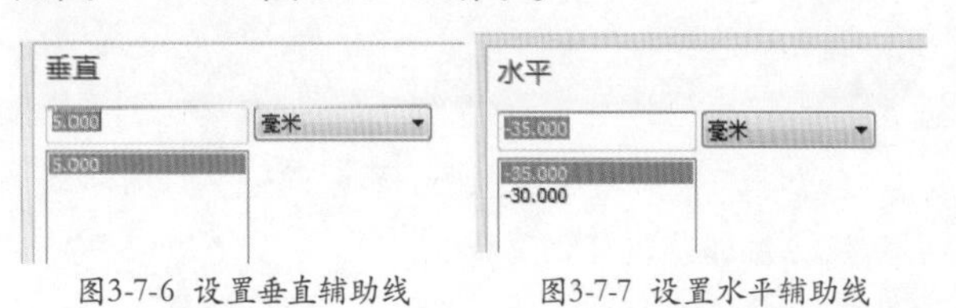

图3-7-6 设置垂直辅助线　　图3-7-7 设置水平辅助线

06 加设的3条辅助线的精确位置如图3-7-9所示。

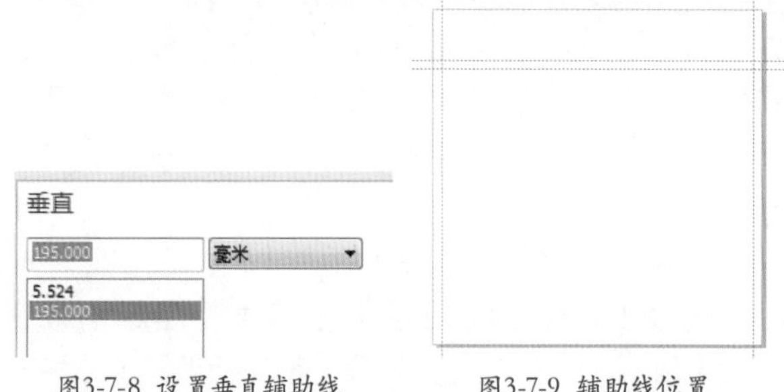

图3-7-8 设置垂直辅助线　　图3-7-9 辅助线位置

07 执行【文件】|【打开】命令，选择素材文件"格子"。框选所有的格子，按【Ctrl+C】快捷键复制，然后选择【窗口】菜单中最下方的【未命名-1】文件。按【Ctrl+V】快捷键粘贴到源文件窗口中，如图3-7-10所示。

08 此时所有格子仍是处于被选中状态的。按【Alt+Enter】快捷键打开【对象属性】对话框，设置【轮廓】的【宽度】为4点，【颜色】为白色，【填充】的纯色填充为黑色，如图3-7-11所示。

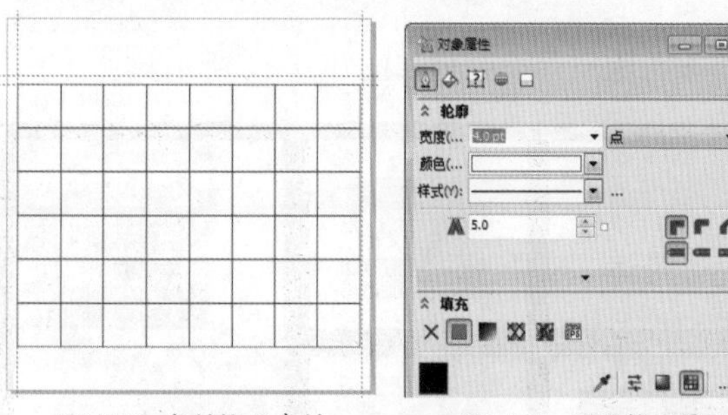

图3-7-10 复制格子素材　　图3-7-11 设置格子属性

09 此时格子效果如图3-7-12所示，单击空白处，取消总体选择。

10 分别单击各个矩形，随意填充不一样的颜色，效果如图3-7-13所示。

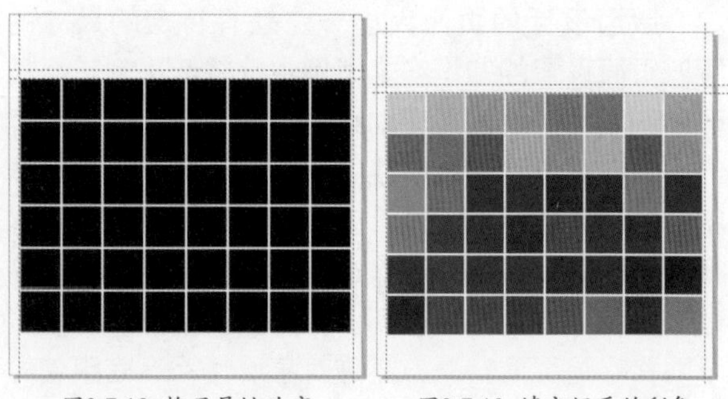

图3-7-12 格子属性改变　　图3-7-13 填充好看的彩色

提示：

按住颜色箱中的某一个颜色不放，会出现相邻颜色的渐变色框，有很多和谐色的渐变色供大家选择，单击即可为单个矩形选中颜色。

11 使用【选择工具】框选4个格子。改变其【轮廓】的【颜色】为黑色，纯色填充为白色，效果如图3-7-14所示。

提示：

完全框住的格子就会被选中，只框中了部分的格子是不会被选中的。

12 打开素材：文字，将文字复制粘贴到图3-7-15所示的位置。

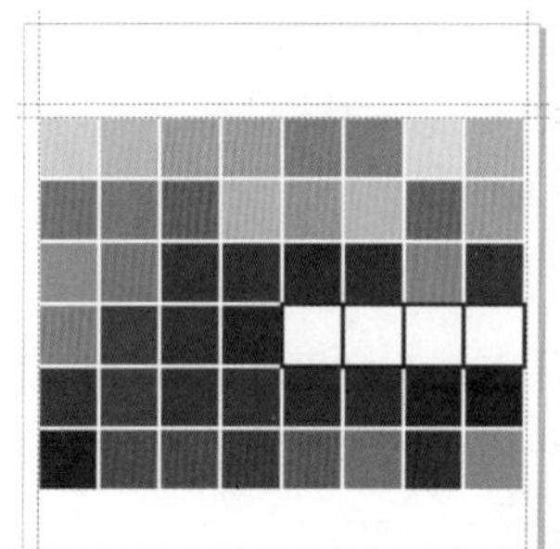

图3-7-14 改变4个格子

图3-7-15 将文字放入格子

提示：

本案例只要求复习前面学习过的内容，所以绘画或输入文字等操作就暂不做练习。这里复制粘贴文字和绘画只是为了版式的完整性和观赏性。

13 执行【布局】|【页面背景】命令，如图3-7-16所示。打开【选项】对话框后，选择【位图】并单击其旁边的【浏览】按钮，找到素材jpg文件"背景"，如图3-7-17所示。单击【导入】按钮后回到【选项】对话框，设置自定义尺寸为（200，200），并保持纵横比，如图3-7-18所示。

图3-7-16 【页面背景】命令

图3-7-17 选择背景文件

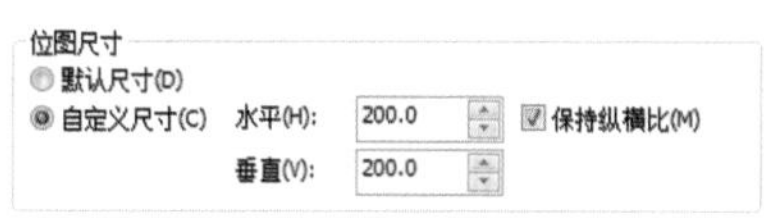

图3-7-18 改变背景尺寸

14 被导入背景图片后，窗口内的页面效果如图3-7-19所示。

图3-7-19 页面背景效果

15 此时如果想观察到整体效果，就需要将辅助线隐藏，执行【视图】|【辅助线】命令，即可隐藏辅助线。如图3-7-20和图3-7-21所示。

提示：

【选项】单击左边列表的【辅助线】选项，列表右边 显示辅助线(S) 选项被勾选，即显示辅助线，反之隐藏。

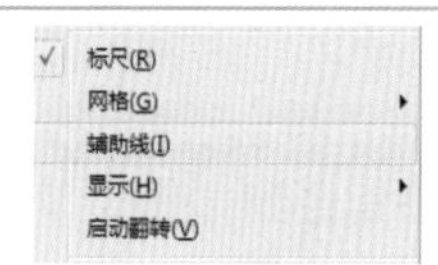

图3-7-20 隐藏辅助线

图3-7-21 页面1最终效果

16 单击窗口下方【页面 1】旁边的，增加“页面 2”。此时的页面中仍然有页面背景，如图 3-7-22 所示。

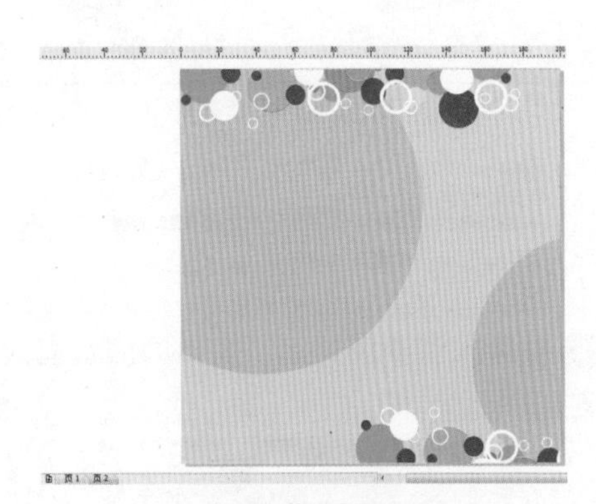
图3-7-22 新建【页面2】

17 接着绘制页面 2 的内容。首先显示网格，执行【视图】|【网格】|【文档网格】命令，如图 3-7-23 所示。

图3-7-23 显示网格

提示：

一定要打开窗口中标准栏上的贴齐(P)按钮，并选择☑贴齐网格(P)选项，才会有吸附作用。如果不勾选，则不会有吸附能力。辅助线等也是一样的。

18 选择【矩形工具】，绘制长条矩形。选择【选择工具】，拖移矩形到如图所示的位置，在移动过程中会感觉到吸附作用力。如图 3-7-24 所示。

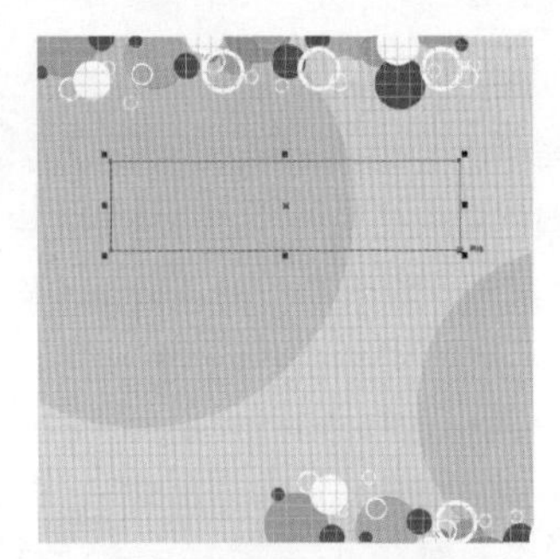
图3-7-24 绘制并拖移矩形

19 选择填充：5% 的灰度颜色，打开素材“页面 2”，复制粘贴文字和图形到图 3-7-25 所示的位置。

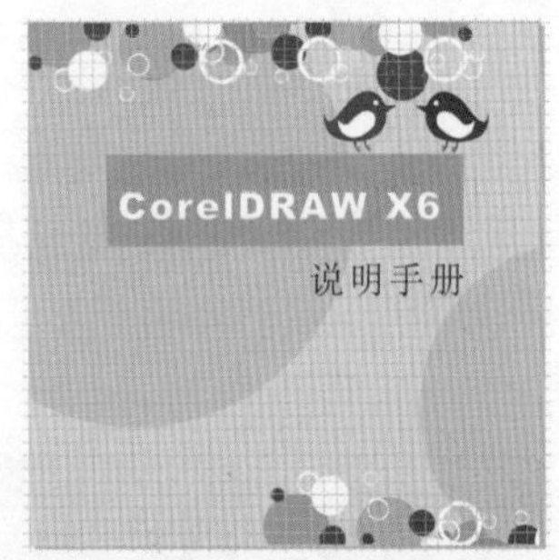

图3-7-25 复制素材到图示位置

20 隐藏文档网格只需取消【视图】|【网格】|【文档网格】命令，如图 3-7-26 所示。

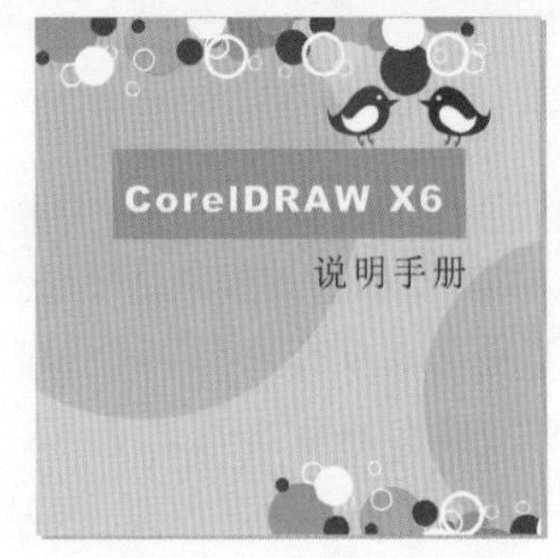

图3-7-26 页面2最终效果

本章小结

通过本章的学习，读者可以了解到软件的一些基本操作要点。虽然刚开始接触软件很有新鲜感和满足感，但是这只是 CorelDRAW 软件的冰山一角，后面还有很多功能更待读者耐心学习。

第04章

绘制和编辑图形

从本章开始，读者将逐步接触各种图形图像设计的操作技术，如绘制图形的技术、编辑图形的技术与修正图形的技术。学会了本章的知识，读者就将掌握各种常用绘图工具的使用方法，可以说本章是绘制精美图形的前提条件。为了让读者轻松吸收软件知识的重点及难点，本章内容设置了更多的小示范，需要大家经常练习并熟练掌握。

4.1 基本图形工具

很多广告图形或标志都是由基本图形变形而来的。掌握基本图形的绘制并不难，更多的是需要读者深层次地了解和记住各种基本图形工具延展性的功能。比如矩形工具如何绘制出正方形，又或者如何改变矩形图形的直角为圆角等。希望大家认真重点地学习本章的内容，这将是万丈高楼平地起的第一层。

4.1.1 绘制矩形

矩形工具可以创建矩形和正方形，利用【挑选工具】或【形状工具】在属性栏上设置参数，都可以对矩形进行倒角。

1. 绘制矩形

在工具箱中单击鼠标左键选择【矩形工具】，在绘图页面单击鼠标不放，确定矩形起始位置，沿矩形对角拖移，绘制理想大小的矩形后放开鼠标，完成矩形的绘制，如图 4-1-1 所示。

提示：

按住【Shift】键不放，可绘出从中心扩散的矩形。另外用鼠标左键双击【矩形工具】，可绘制出与页面相同大小的矩形。

2. 正方形的绘制

用鼠标左键单击【矩形工具】，在绘图页面单击鼠标，确定创建正方形的开始位置。按住【Ctrl】键不放，沿对角线拖移到理想大小。放开鼠标键后，松开【Ctrl】键，完成正方形的绘制，如图 4-1-2 所示。

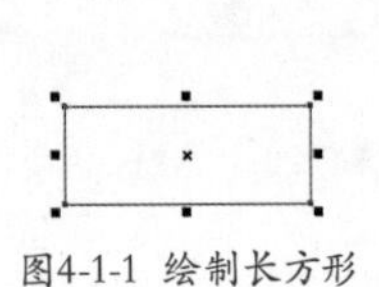

图4-1-1 绘制长方形

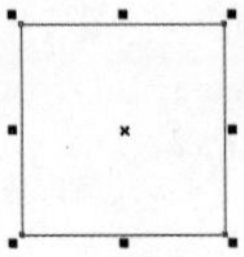

图4-1-2 绘制正方形

提示：

同时按住【Ctrl+Shift】快捷键，将绘制出从中心点拉出来的正方形。

如果想要绘制精确的矩形尺寸，通过设置属性栏中的对象尺寸数值即可达到目的。

比如要精确绘制一个 100mm×100mm 的矩形。那么，首先随意绘制一个矩形，然后在属性栏上的上输入数值 100mm，在输入数值 100mm，按【Enter】键确定。

默认状态黑点在中心的情况下，如果想精确放置矩形的位置，则在属性栏上的旁输入数值，如输入 0，表示矩形水平线的中点对齐水平标尺的 0 刻度。输入 50，表示矩形垂直线的中点对齐垂直标尺的刻度 50 处，如图 4-1-3 所示。

如果单击的点改变为左上角，输入的数值仍然是 0 与 50，则矩形水平线的左上角对齐 0 刻度，矩形垂直线的左上点对齐垂直标尺的刻度 50 处，如图 4-1-4 所示。

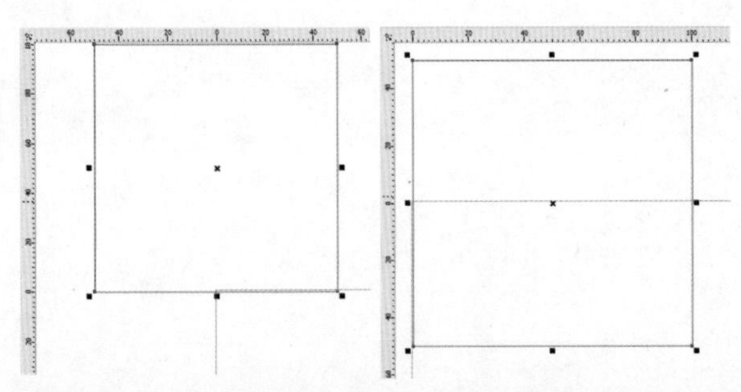

图4-1-3 以中心点为准精确位置　图4-1-4 以左上角点为准精确位置

提示：

按照以上介绍的方法，随意更换位置的角点，试试精确确定位置。

3. 矩形倒角的绘制

有时候读者会需要矩形倒角变成圆形，或需要矩形变成凹状，或需要矩形变成直角。

绘制任意矩形，选择【挑选工具】，此时属性栏上会出现 ，第一个按钮表示倒圆角，第二个按钮表示扇形角，第三个按钮表示倒菱角。选择任意一个按钮，在数值栏输入半径值，即可倒出相应的圆角效果，如图 4–1–5 所示。

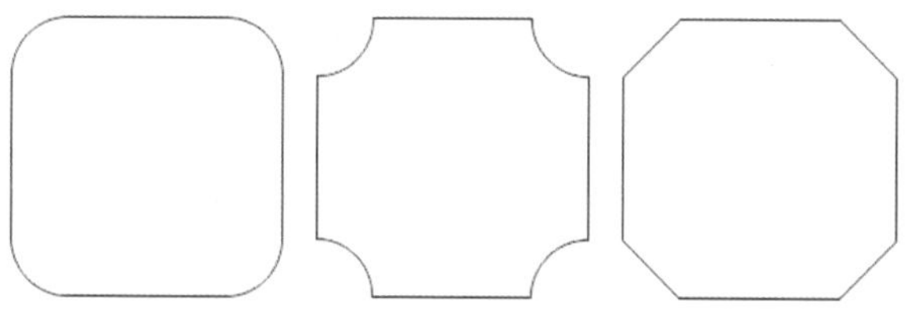

图4-1-5 属性栏设置圆角、扇形角、倒菱角

提示：

默认状态下锁按钮是锁定状态的，那么改变一个数值栏，其余几个都同时改变。但是如果锁按钮时打开状态，那么数值栏4个，分别表示4个角的数值。如输入第一个数值栏，则改变的是矩形的左上角。

角度的数值在不同的按钮情况下有不同的含义。圆角的时候，数值填充的是图 4–1–6 所示的 r 值。如果是扇形角，数值填充的是图 4–1–7 所示的 r 值。如果是倒菱角，则数值填充的是图 4–1–8 所示的距离值。

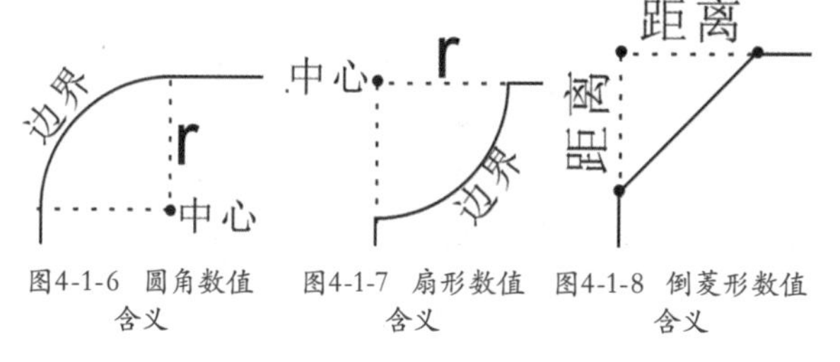

图4-1-6 圆角数值含义　图4-1-7 扇形数值含义　图4-1-8 倒菱形数值含义

绘制任意矩形，选择【形状工具】，将鼠标放在任意角点上拖移，绘制出相应的圆角效果，如图 4–1–9 所示。

如果要改变单角，则需要单击矩形的其中一个角点。此时其他黑点都消失了，只有当前的黑点受控，如图 4–1–10 所示。拖移该点，则单角变圆滑，如图 4–1–11 所示。

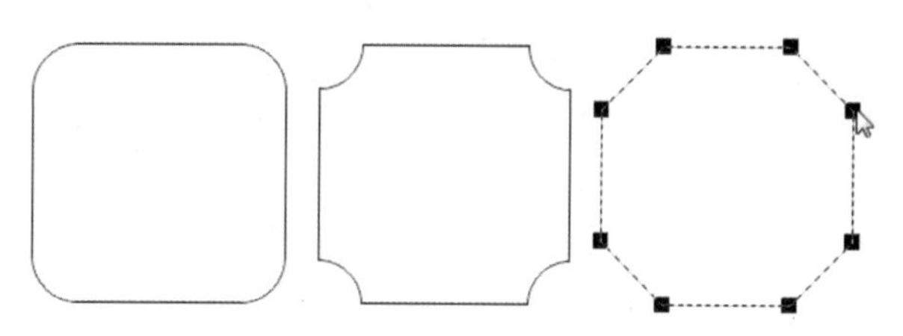

图4-1-9 【形状工具】制作圆角、扇形角、倒菱角

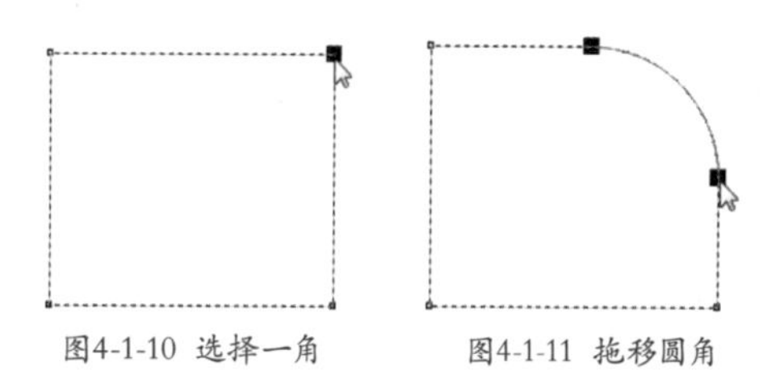

图4-1-10 选择一角　图4-1-11 拖移圆角

提示：

按住【Ctrl】键不放，拖移矩形的某一角点，即可改变单角形状。

4. 默认矩形为圆角

在任何对象都没被选择的情况下，按【Ctrl+J】快捷键，打开【选项】对话框，单击左边列表的【工作区】，找到【工具箱】选项，再选择【矩形工具】后，设置参数为【圆角】按钮，直角全部为 10mm，单击【确定】按钮，如图 4–1–12 所示。此时在窗口中选择【矩形工具】，绘制矩形，此时绘制出来的矩形直接就是圆角矩形。如图 4–1–13 所示。

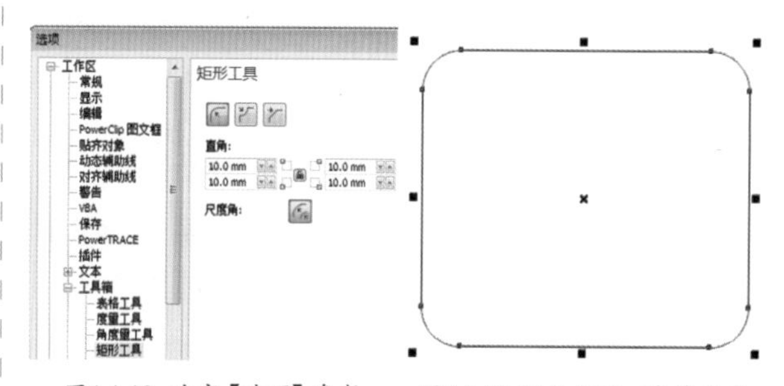

图4-1-12 改变【选项】参数　图4-1-13 默认矩形四角被改变

提示：

要恢复成直角矩形，只需要再次打开选择工具，并更改直角为0mm即可。也可以在没有对象被选择的情况下，选择【矩形工具】后，改变属性上的数值为0，也可以让默认值恢复为直角。

5. 相对的角缩放

在属性栏上有一个按钮是【相对的角缩放】，即选择它，就表示相对于矩形对象本身的角进行缩放，如图 4-1-14 所示，圆角矩形的角度会越来越小。而取消选择该选项，就是图中右边的缩放效果，是针对对象整体进行缩放，图形越来越小，角度却越来越大。

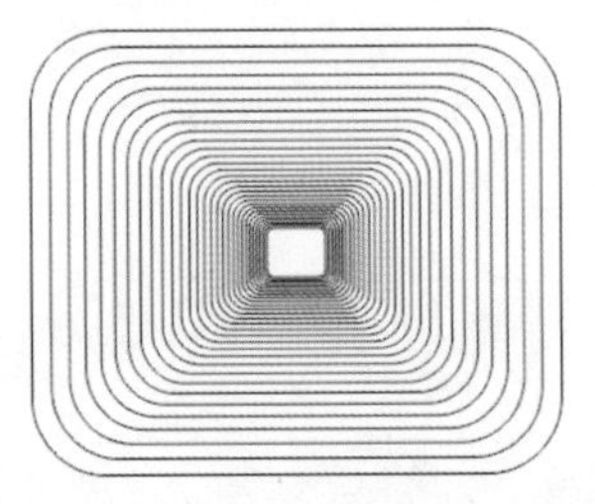
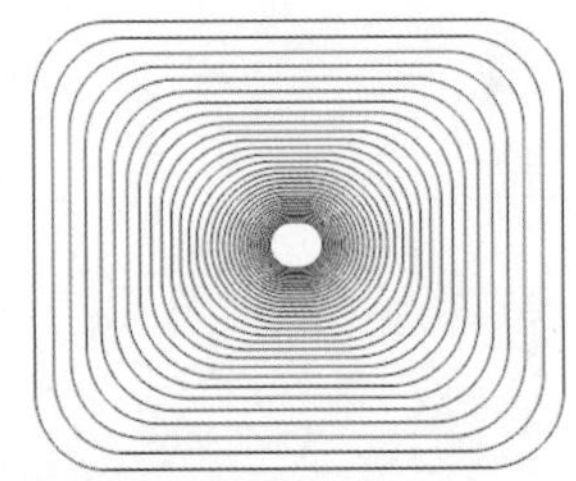

图4-1-14 相对的角缩放

6. 绘制三点矩形

按住【矩形工具】不放，可以选择该组的其他工具。

选择并使用【3 点矩形工具】指定宽度和高度，可以绘制矩形或方形。它可以以一个角度快速绘制矩形。使用鼠标先绘制基线，再绘制高度，产生有角度的矩形，如图 4-1-15 和图 4-1-16 所示。

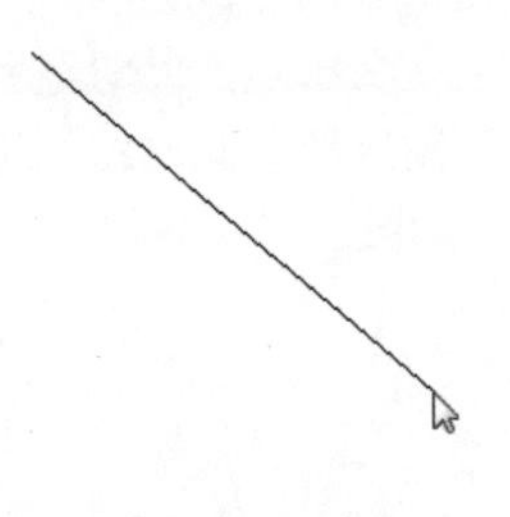

图4-1-15 绘制基线

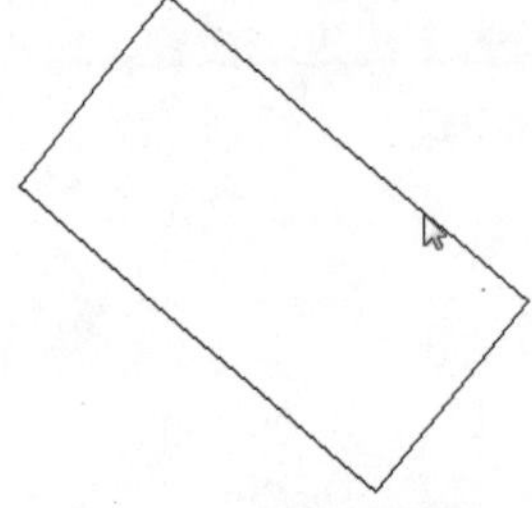

图4-1-16 有角度的矩形

【3 点矩形工具】绘制的矩形，也像矩形工具绘制的矩形一样，可以改变 4 个角的属性为圆角、倒角、倒菱角等，如图 4-1-17 所示。

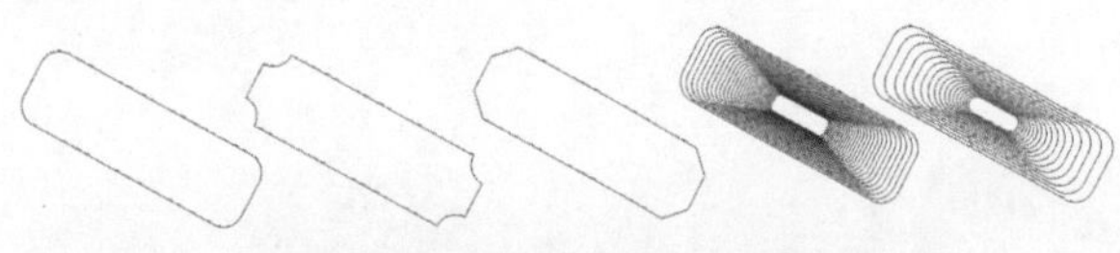

图4-1-17 改变有角度的矩形属性

4.1.2 绘制椭圆形

椭圆形工具和三点椭圆形工具可创建椭圆和正圆，利用挑选工具、形状工具或改变属性栏上的对象文字设置框中的选项，可创建饼形和圆弧形。

1. 椭圆形的绘制

在工具箱中单击鼠标左键，选择【椭圆形工具】，在绘图页面单击鼠标不放，确定椭圆形的起始位置，沿直径方向拖移至理想大小的椭圆形后放开鼠标。完成椭圆形的绘制，如图 4-1-18 所示。

提示：

按住【Shift】键不放，可绘出从中心扩散的椭圆形。双击图标，可将【选项】面板中的椭圆形工具选项的参数打开，并可以任意修改。

2. 正圆的绘制

用鼠标左键单击【椭圆形工具】，在绘图页面单击鼠标，确定创建正圆形的开始位置。按住【Ctrl】键不放，沿半径拖移到理想大小。放开鼠标键后，松开【Ctrl】键，完成正圆形的绘制，如图 4-1-19 所示。

提示：

按住【Ctrl+ Shift】快捷键绘制圆，是从中心点出发绘制的正圆。

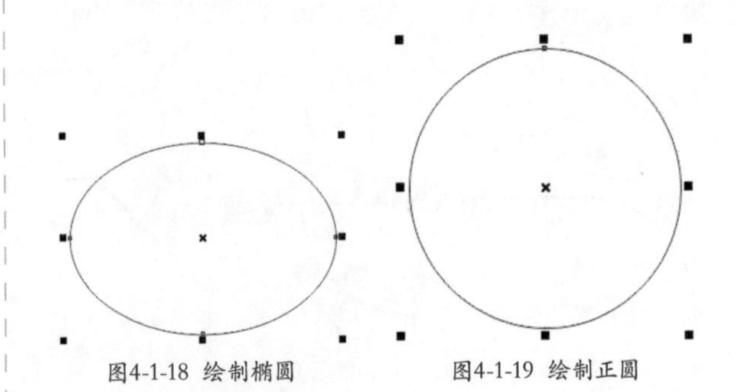

图4-1-18 绘制椭圆　　图4-1-19 绘制正圆

3. 饼形、弧形的绘制

饼形的绘制，方法有 3 种：一是，最简单实用的方法，即单击属性栏上的【饼图】按钮，设置参数后，绘制饼形，如图 4-1-20 和图 4-1-21 所示。角度参数表示饼形的起始位置和结束位置。如果单击，则显示的是相反的部分，参数也随之交换，如图 4-1-22 和图 4-1-23 所示。

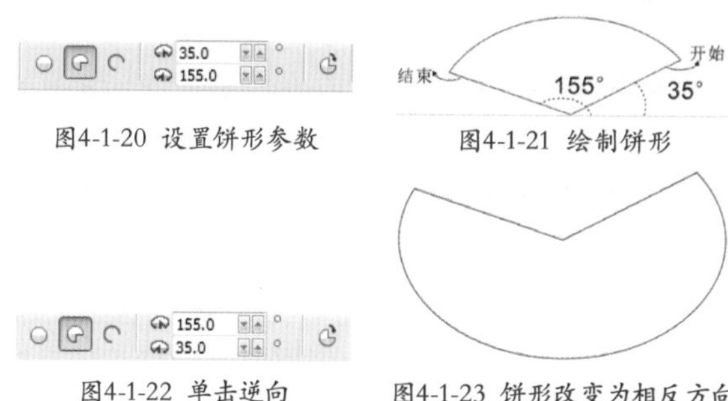

图4-1-20 设置饼形参数　图4-1-21 绘制饼形

图4-1-22 单击逆向　图4-1-23 饼形改变为相反方向

提示：

逆向之前与逆向之后的饼形，合起来刚好是一个完整的圆形。这种方法的好处是角度精确。

第二种方法：选择已经绘制好的椭圆形，然后单击【形状工具】，将鼠标放置到节点上，按住鼠标不放，如图 4-1-24 所示，拖移到一定的位置，如图 4-1-25 所示，松开鼠标形成饼形，4-1-26 所示。

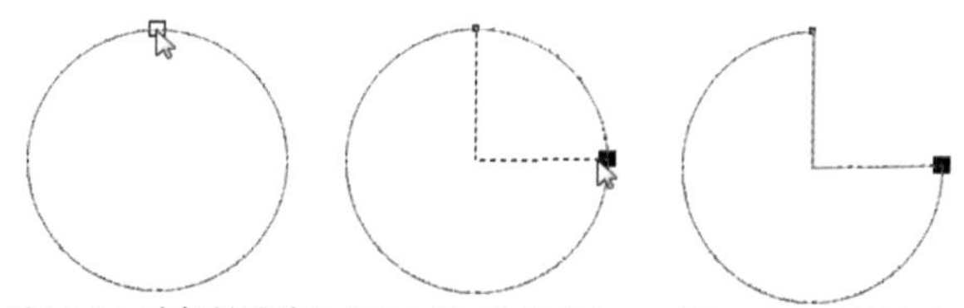

图4-1-24 选择椭圆节点 图4-1-25 拖移节点　图4-1-26 形成饼形

提示：

这种方法具有随意性，在不需要精确角度的情况下可以选用。

第三种方法通过【选项】对话框进行改变。双击【椭圆形工具】，即可打开【选项】对话框，即可改变系统默认的参数设置，如图 4-1-27 所示。

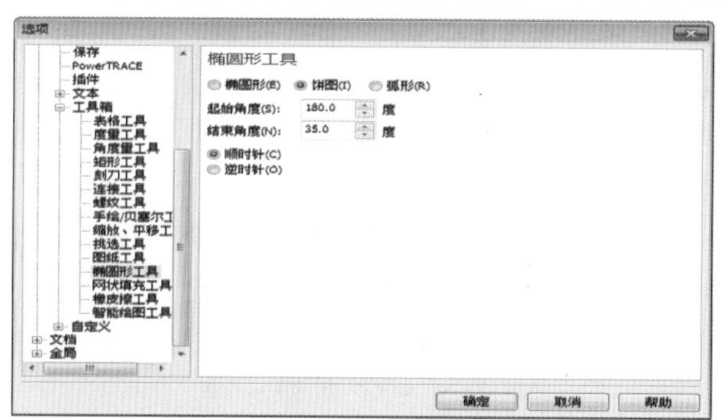

图4-1-27 【选项】对话框

弧形的制作方法除了选择的是【弧形】按钮，其他操作步骤都与饼形的操作方法一致。

4. 绘制三点椭圆形

【3 点椭圆形工具】可以以一定的角度绘制椭圆形。选择该工具后，先按住鼠标不放，拖移出直径长度和角度，如图 4-1-28 所示。再拖移出宽度直径，效果如图 4-1-29 所示。

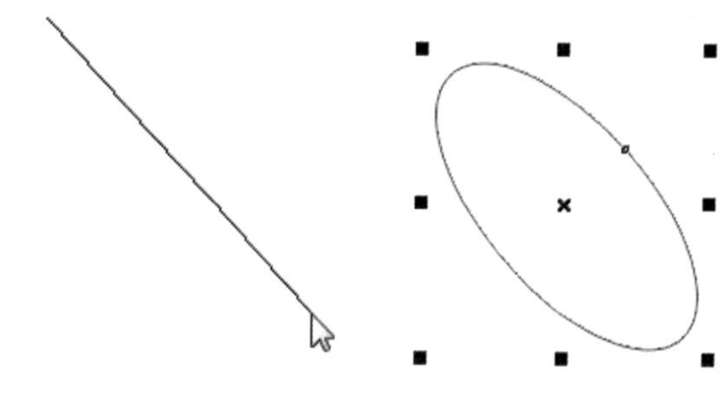

图4-1-28 一定的角度　图4-1-29 有角度的椭圆形

此时若需要改变椭圆的精确角度，就在属性栏上 200.0 ° 输入数值，如图 4-1-30 所示。按【Enter】键确定，椭圆形即可改变位置，如图 4-1-31 所示。

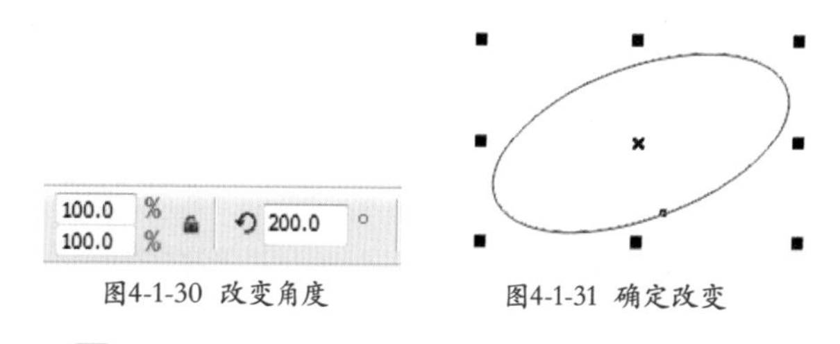

图4-1-30 改变角度　图4-1-31 确定改变

提示：

也可以选择【选择工具】，再次单击已经被选中的椭圆形状，形成旋转状态后，按住鼠标左键不放任意拖移，从而改变椭圆形的角度，只是这种方法角度旋转得不精确。

4.1.3 绘制各种形状

1. 绘制基本形状

【基本形状工具】包括多种形状如：笑脸、心形、停止等。单击工具箱中的【基本形状工具】，属性栏上将会有形状选择按钮，单击该按钮即可弹出基本形状面板，如图 4-1-32 所示。只需要任意选择形状，在页面的空白处拖移合适大小的基本形状即可，如图 4-1-33 所示。如形状工具，可以绘制公益广告中的某些警示形状，如图 4-1-34 所示。

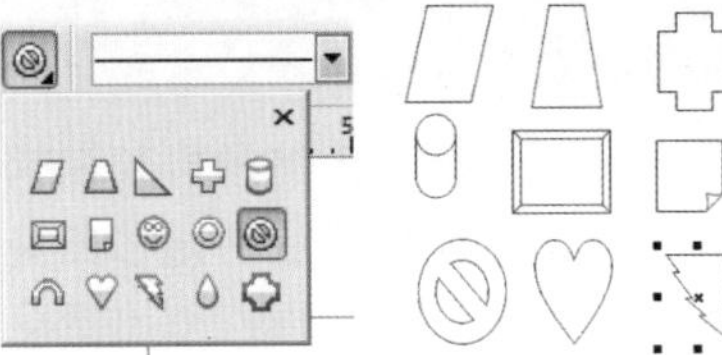
图4-1-32 基本形状面板

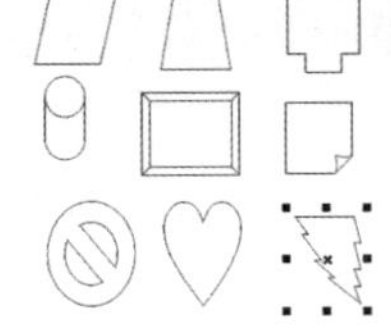
图4-1-33 任意绘制基本形状

图4-1-34 效果示范

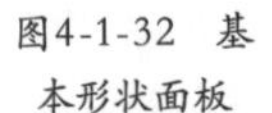
提示：

有的形状绘制好以后，有一个红色的菱形小点，拖移它即可调节形状的宽窄或大小。

2. 绘制箭头形状

【箭头形状工具】可以绘制各种形状、方向以及不同端头数的箭头。单击工具箱中的【箭头形状工具】，属性栏上将会有形状选择按钮，单击该按钮，即可弹基本形状面板，如图 4-1-35 所示。只需要任意选择形状，在页面的空白处拖移合适大小的基本形状即可，如图 4-1-36 所示。运用箭头制作出的设计效果如图 4-1-37 所示。

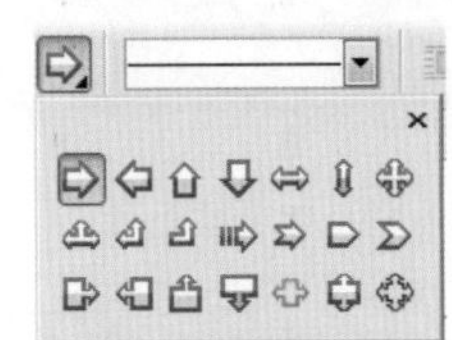
图4-1-35 箭头面板

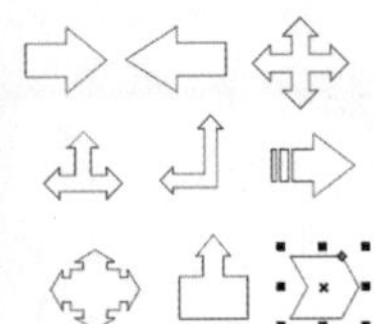
图4-1-36 绘制箭头

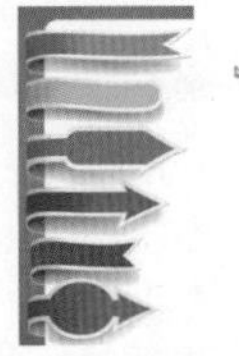
图4-1-37 效果示范

3. 流程图形状

【流程图形状工具】可以绘制出各种流程图符号。单击工具箱中的【流程图形状工具】，属性栏上将会有形状选择按钮，单击该按钮，即可弹出基本形状面板，如图 4-1-38 所示。只需要任意选择形状，在页面的空白处拖移合适大小的基本形状即可，如图 4-1-39 所示。运用流程图形状制作出的设计效果，如图 4-1-40 所示。

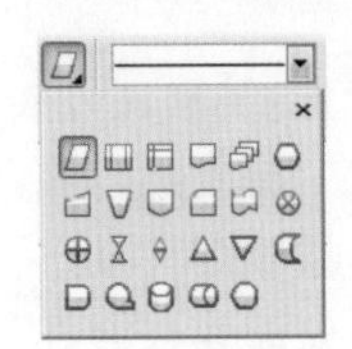
图4-1-38 流程图形状面板

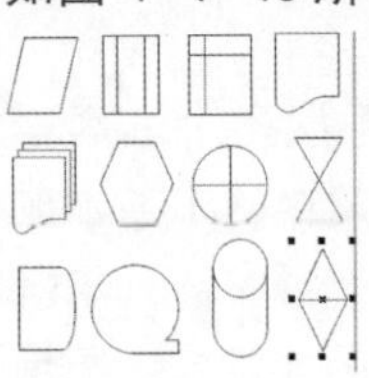
图4-1-39 绘制流程图形状

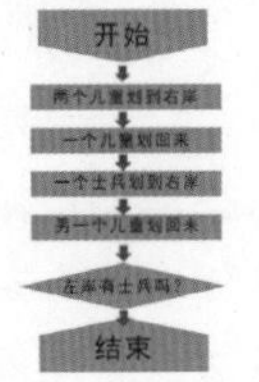

图4-1-40 效果示范

4. 标题形状

【标题形状工具】可以绘制丝带对象和爆炸形状。单击工具箱中的【标题形状工具】，属性栏上将会有形状选择按钮，单击该按钮，即可弹出基本形状面板，如图 4-1-41 所示。只需要任意选择形状，在页面的空白处拖移合适大小的基本形状即可，如图 4-1-42 所示。运用标题形状制作出的设计效果如图 4-1-43 所示。

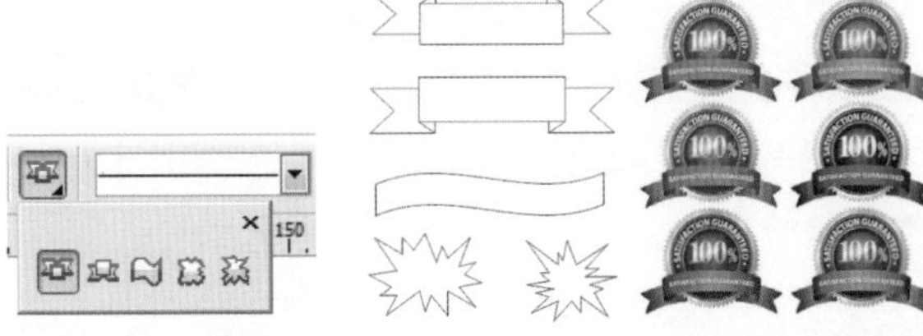
图4-1-41 标题形状面板 图4-1-42 绘制标题形状 图4-1-43 示范效果

5. 标注形状

【标注形状工具】，可以绘制各种标注和标签形状。单击工具箱中的【标注形状工具】，属性栏上将会有形状选择按钮，单击该按钮，即可弹出基本形状面板，如图 4-1-44 所示。只需要任意选择形状，在页面的空白处拖移合适大小的基本形状即可，如图 4-1-45 所示。运用标注形状制作出的设计效果如图 4-1-46 所示。

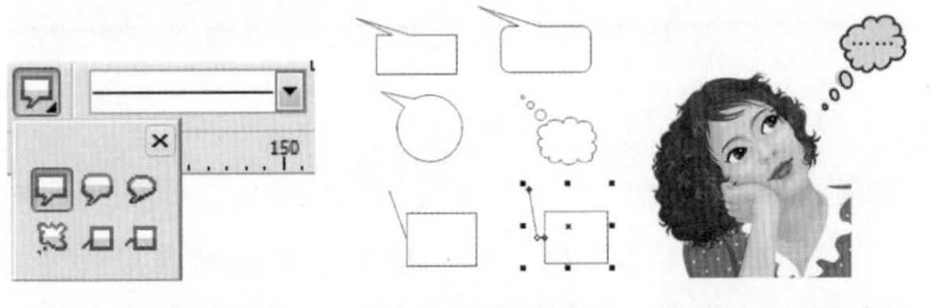
图4-1-44 标注形状 图4-1-45 绘制形状 图4-1-46 示范效果

4.1.4 绘制多边形和星形

多边形工具组可创建多边形、星形、复杂星形、图纸、螺纹等形状。绘制好任意的多边形之后，在属性栏上可更改多边形的边数：最少为 3 条边，最多为 500 条边。只需要稍加修改，不同边数的图形就可以衍生出其他的形状，所以这一功能极大地丰富了图像形状的多样性，如图 4-1-47 所示。

图4-1-47 示范效果

1. 多边形的绘制

单击工具箱中的【多边形工具】，在软件页面上单击确定起始点，然后沿着对角线拖移至理想大小。松开鼠标键，即可完成绘制多边形的整套操作，如图 4-1-48 所示。如果按住【Ctrl】键不放，则可以绘制出正多边形，如图 4-1-49 所示。

提示：

如果按住【Ctrl+Shift】快捷键绘制多边形，可以从中心扩散至四周绘制多边形。

2. 星形的绘制

按住【多边形工具】不放，可以选择该组的其他工具。选择【星形工具】，并设定属性栏上的边数和锐度 4 53，即可绘制出理想的星形图形，如图 4-1-50 所示。这里的锐度决定了星形凹进去的深度。

提示：

与多边形一样，按住【Ctrl+Shift】快捷键绘制多边形，可以从中心扩散，且绘制出的图形宽与高相同。

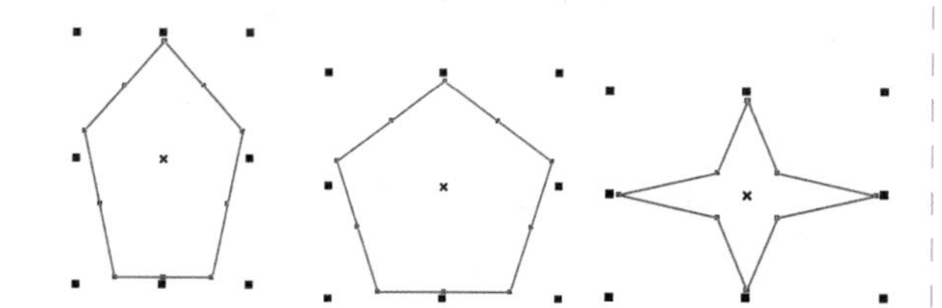

图4-1-48 绘制多边形 图4-1-49 绘制正多边形 图4-1-50 绘制星形

3. 复杂星形工具

与普通的星形的不同之处在于，复杂星形能绘制出带有交叉边的星形。选择【复杂星形工具】，并设定属性栏上的边数和锐度，即可绘制出理想的复杂星形图形，如图 4-1-51 所示。

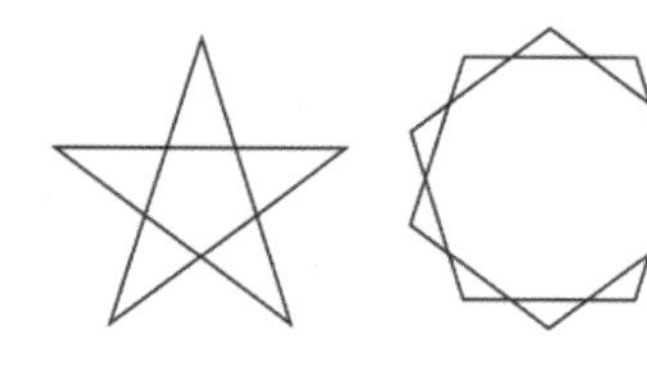

图4-1-51 交叉星形

提示：

使用其他工具时，按【Y】键可以再次切换成多边形工具。有的工具或命令都是有快捷键的，一般在该按钮上停留一段时间，就会显示该工具的快捷方式。

4. 任意改变多边形或星形

选择【形状工具】，对已经绘制的图形节点，拖移变换，即可衍生出多种多样的其他图形效果，如图 4-1-52 所示。

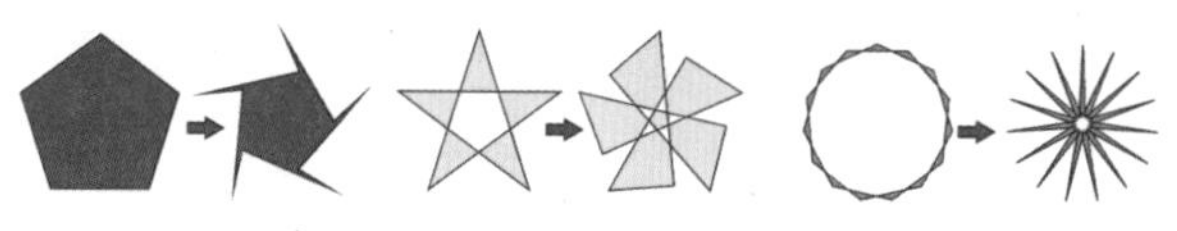

图4-1-52 运用【形状工具】修改出多种形状

如果不想全部的边都改变，只想改变多边形的任意一条边，那就选择图形后，单击属性栏上的【转换为曲线】按钮，将图形转化为曲线。这样再使用【形状工具】，就可以单独选择某一条边进行改变了。这个方法很常用，所以熟练操作很重要，图 4-1-53 所示。

图4-1-53 转化为曲线后进行改变

提示：

为什么说转化为曲线很重要呢？因为有很多时候，我们都不会选择千篇一律的默认形状。而想设计出一些具有独特形状的图形，就需要进行局部调整或改变。当然调整的时候，就不局限于调节节点的位置，还可以采用调节弧度，或者修剪等方法。

4.1.5 绘制螺纹图形

在多边形工具组中，选择【螺纹工具】，快捷键是【A】，在页面中绘制螺纹。此时属性栏上可以选择【对称式螺纹】，这种螺纹的特点是间距相同、均匀，如图 4-1-54 所示。而属性栏上的【对数螺纹】按钮绘制出的螺纹特点是递增的间距效果，如图 4–1–55 所示。

螺纹图形可以不用转化为曲线，直接使用【形状工具】就可以调节螺纹形状，如图 4–1–56 所示。

图4-1-54 对称式螺纹　图4-1-55 对数式螺纹　图4-1-56调节螺纹形状

另外，设置属性栏上的 10 螺纹圈数，螺纹扩展的参数 38，即可绘制出理想的螺纹圈数和渐开距离，如图 4–1–57 所示。

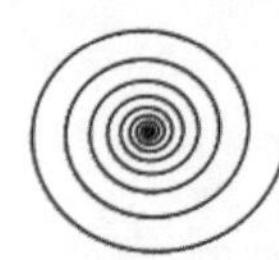
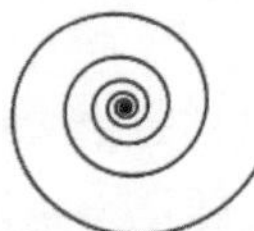
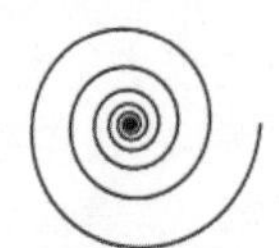
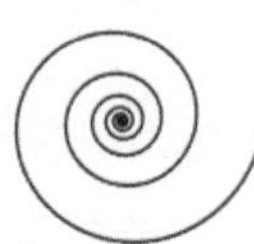

图4-1-57 不同圈数与渐开距离的螺纹示范

双击螺纹工具，打开【选项】对话框，则可以修改螺纹参数，如图 4–1–58 所示。

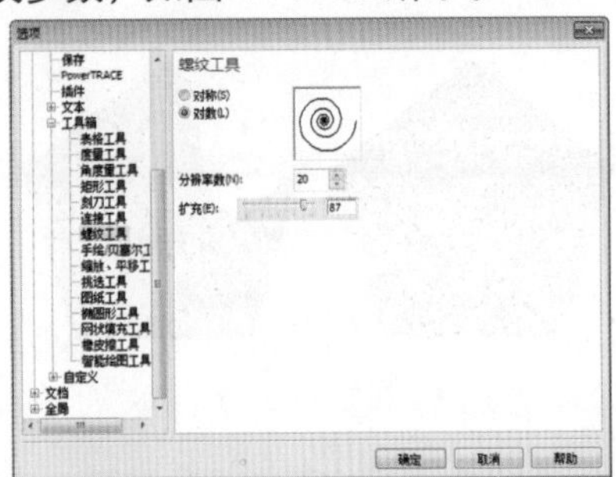

图4-1-58 【选项】对话框修改螺纹参数

提示：

若希望螺纹的水平与垂直距离相同，仍然按住【Ctrl】键不放进行绘制。若希望从中心位置，则按【Shift】键不放进行绘制。若想同时满足等距和中心绘制的条件，则要同时按住【Ctrl+Shift】键绘制螺纹图案。

4.1.6 绘制图纸

选择多边形工具组中的【图纸工具】，快捷方式为【D】键。该工具绘制出的图形为群组的方格图形。选择工具后设置属性栏上的方格纵横数，例如：，然后在页面上单击鼠标确定起始位置后，拖移至理想大小，松开鼠标左键，完成绘制，如图 4–1–59 所示。

既然是群组的图形，则可以单击【选择工具】后，单击属性栏上的【取消群组】或【取消全部群组】按钮，可将图纸图形分解成一个一个的小方格。每个小方格具有独立的属性，可以单独填充图形或颜色，如图 4–1–60 所示。

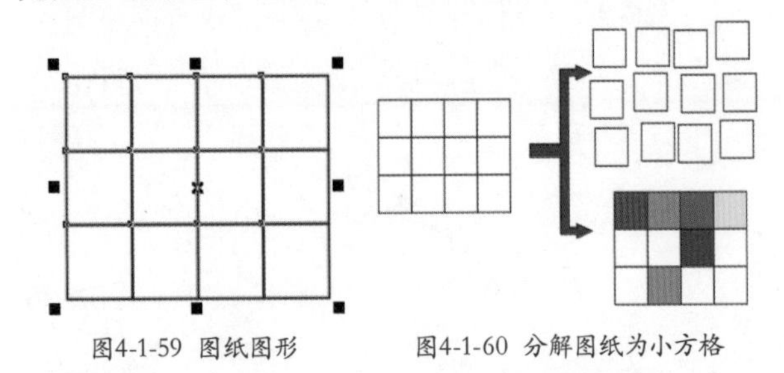

图4-1-59 图纸图形　图4-1-60 分解图纸为小方格

4.2 选择工具编辑对象

在 CorelDRAW 中【选择工具】是极其常用并特别重要的工具，通过该工具可以快速地变换对象。【选择工具】可对对象进行选取、移动、复制、缩放、反向、旋转和倾斜等操作。

提示：

使用其他工具时，按空格键可快速切换成【选择工具】。另外，每次使用完其他工具，就单击【选择工具】也是避免出错的一种好习惯。

4.2.1 使用选择工具选取、取消、删除对象

通过【选择工具】可以选取单一对象、多个对象、群组对象或群组内对象。若要取消对象选取，可将鼠标拖动至空白处单击，选取即取消。

选择单一对象方法：一种是单击对象，使该对象处于被选中状态。这是最常用的方法。单击【选择工具】，完全框选到的图形就会被选中，半框或没有被框选的图形就不会被选中。这也是经常选

中的方法，因为只需要单击起始点和对角点，即可确定范围，快速又准确，如图 4-2-1 所示。

而另外一种是单击选择【手绘选择工具】，在完全框选所需图形，却没有办法完全避开其他图形时选用。如选择猫身体上的某一朵花，如果用【选择工具】框选，则很可能选中其他的东西。此时采用【手绘选择工具】，拖移选中一朵花，就很精确了。当然因为操作时仍然要小心谨慎，所以速度上相对就慢一些。即精确选时，才选择这种方法。如图 4-2-2 所示。

图4-2-1 加选另外一只眼睛　　图4-2-2 框选另外一只眼睛

提示：

这种方法仍然是，只要不完全包围住其他某个图形，稍微接触了其他图形也是没有问题的。

接着介绍选择多个对象的方法。当我们选择完一个图形以后，还想选择其他图形，如选择了一只眼睛，我们还想选择另外一只眼睛，则按住【Shift】键不放，单击或框选另外的眼睛图形即可，如图 4-2-3 和图 4-2-4 所示。

图4-2-3 框选对象　　图4-2-4 精确框选对象

提示：

即按住【Shift】键单击，就是加选图形的意思。

已经被选中的图形，如果想取消，则需要按住【Shift】键再单击一次即可。

提示：

按住【Shift】键单击一次是加选的意思，但是同一图形被单击过两次，注意，不一定是连续单击两次，只要是两次都是减选的意思。

如果一个图形在另外一个图形之下，又完全遮盖了，那么该如何选择呢？这就需要用到【Alt】键。如图 4-2-5 所示的顺序，将 3 个图形：红色圆形、猫、绿色圆形互相覆盖，如图 4-2-6 所示。第一次单击选中的是绿色图形。如果按住【Alt】键不放，再次单击，则选中的是猫。按住【Alt】键不放，再次单击选中的则是最下层的红色圆形，如图 4-2-7 ~ 图 4-2-9 所示。

图4-2-5 顺序

图4-2-6 覆盖

图4-2-7 单击一次

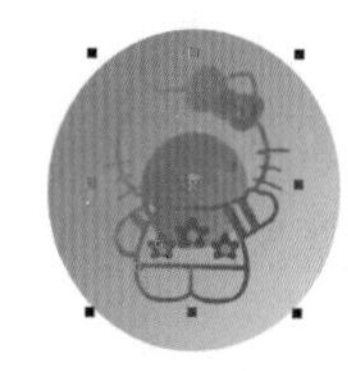

图4-2-8 选择猫

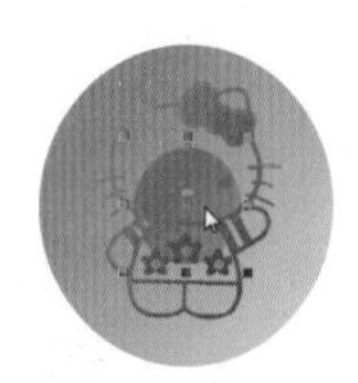

图4-2-9 选择最下层

提示：

通过空心节点，可以看出我们选中了什么图形，也可以拖移出来看一看是不是自己所需的图形，不管选对了，还是选错了，都要归回原位，则拖移出来之后什么其他的动作都不要做，要马上按【Ctrl+Z】键返回上一步操作。

最后介绍群组对象和选择群组内的某一对象：框选所需群组的所有图形。单击属性栏上的【群组】按钮，即可将所有图形捆绑在一起，如图 4-2-10 所示。按住【Ctrl】键，即可选中群组后的某一对象，此时的控制点为黑色小圆点，如图 4-2-11 所示。

放开【Ctrl】键拖移到其他位置，如图 4–2–12 所示，此时仍然是绑定状态。

图4-2-10 群组对象　图4-2-11 选择群组内对象　图4-2-12 拖移并改变位置

提示：

也可以加选群组内对象，只需要按【Ctrl+Shift】快捷键选择对象即可。另外，既然可以群组绑定，也可以取消群组，群组后该按钮即变为【取消群组】按钮。另外【取消全部群组】按钮可以将一个或多个组分为单个对象。

删除对象很简单，只需要选中不需要的对象，按【Delete】键删除。当然【编辑】菜单下，还有个【删除】命令也是为了删除对象所准备的。只是该命令一般是不使用的，因为这种选择命令的方式降低了工作效率。但是读者也必须有所了解，因为快捷方式在某些特殊的情况下失灵了，此时多掌握的这种删除对象的后备方法也是不错的替代选择。

4.2.2 使用选择工具移动、复制、镜像对象

选择【选择工具】，选中对象，按住鼠标不放进行拖移，即可拖移对象到其他位置，如图 4–2–13 所示。松开鼠标，对像即在当前位置，如图 4–2–14 所示。

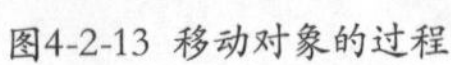

图4-2-13 移动对象的过程

图4-2-14 移动到当前位置

还有一种复制对象的方法：通过执行【编辑】|【再制】命令，可以不用通过剪贴板，而直接从页面上复制对象副本，复制的对象与原对象也是完全一样的。

选择【挑选工具】，选中某个对象。执行【编辑】|【再制】命令，按【Ctrl+D】快捷键，是【再制】命令的快捷键，这个只能使用一次，所以不常用。如果希望随时设置其步长，则选择【步长与重复】命令，如图 4–2–15 所示，打开泊坞窗，设置距离参数，表示复制出的图形距离上一个图形有多远，设置份数，表示复制多少个图形，如图 4–2–16 所示。按对话框的设置单击【应用】按钮后，效果如图 4–2–17 所示。

图4-2-15 执行命令

图4-2-16 【步长和重复】对话框

图4-2-17 复制效果

以上为精确复制的方法。更多的时候，我们不需要精确复制，所以只需要掌握以下方法即可：拖移目标图形到满意的位置后，同时按下鼠标右键，复制。此时不要做任何其他动作，按【Ctrl+R】快捷键，重复上一步操作，即可重复刚才的复制动作，如图 4–2–18 所示。这个方法很常用，也很方便快捷，适合高效率的工作。

图4-2-18 快速复制对象

提示：

在复制的时候，按下【Ctrl】键后再执行复制的快捷方式即可保持水平复制或垂直复制。

单击属性栏上的【水平镜像】或【垂直镜像】按钮，即可获得当前对象的从左至右或从上至下翻转对象，如复制一个卡通图形，左边的保持不变，右边的图形进行翻转做对比，如图 4–2–19 和图 4–2–20 所示。

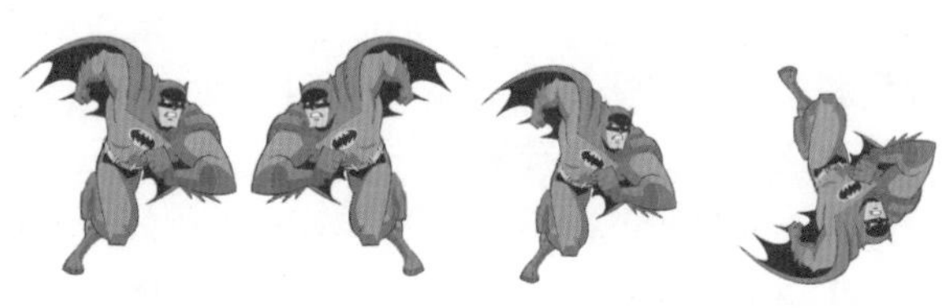

图4-2-19 水平翻转　　图4-2-20 垂直翻转

提示：

按住【Ctrl】键不放，选择工具拖移控制点将图形翻转，同时单击右键复制，在保持原有图形的基础上，还获得了翻转后的镜像图形，所以这种方法其实更为常用。

4.2.3 使用选择工具缩放、旋转、倾斜对象

选择【选择工具】，单击对象，选框上会出现 8 个小黑控制点，拖移四个角上的任意小黑点，都可以等比例缩放图像。缩放前后对比如图 4-2-21 所示。

图4-2-21 缩放图形

提示：

缩放的过程中也是可以同时按住鼠标右键执行复制操作的。

选择【选择工具】，双击对象，选框上的控制手柄会变为旋转和倾斜状态，如图 4-2-22 所示。

单击控制手柄的旋转符，如图 4-2-23 所示。按住鼠标不放进行旋转，如图 4-2-24 所示。

图4-2-22 双击对象　图4-2-23 选中旋转符号　图4-2-24 进行旋转

单击控制手柄中的倾斜符，如图 4-2-25 所示。按住鼠标不放进行倾斜，如图 4-2-26 所示。

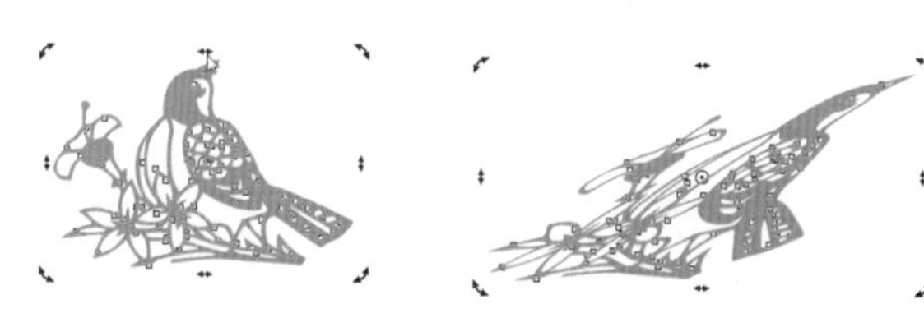

图4-2-25 选中倾斜符号　　图4-2-26 倾斜对象

提示：

既然可以拖移复制，旋转复制，镜像复制，缩放复制，此时读者应当发现复制图像的快捷方法在很多情况下都可以配合其他动作使用。

4.3 修整图形

在绘制不规则图形时，可以使用焊接、修剪、相交、简化、前减后、后减前等命令，快速地对图形进行处理，使工作效率得以提高。下面将对这些功能进行详细介绍。

4.3.1 焊接、修剪、相交

【焊接】命令用于将两个或多个重叠或分离的对象焊接在一起，从而形成一个单独的对象。焊接功能不能应用于段落文本、尺度线、再制的原对象，但可以焊接再制对象。

将需要焊接的图形全部选取，执行【排列】|【造形】|【焊接】命令，如图 4-3-1 所示。或执行【窗口】|【泊坞窗】|【造型】命令，打开【造型】泊坞窗，单击窗口中的下拉式按钮，选择【焊接】选项，在如图 4-3-2 所示。

图4-3-1 菜单命令

图4-3-2 【造型】泊坞窗

- 来源对象：选择该复选项，可以保留焊接对象的副本。
- 目标对象：选择该复选项，可以在焊接后保留目标对象的副本。

单击【焊接到】按钮，将鼠标移动到目标对象上单击，所选焊接对象将与目标对象合并成为一个新的对象，新对象边线与填充属性与目标对象相同，其效果如图 4-3-3 所示。

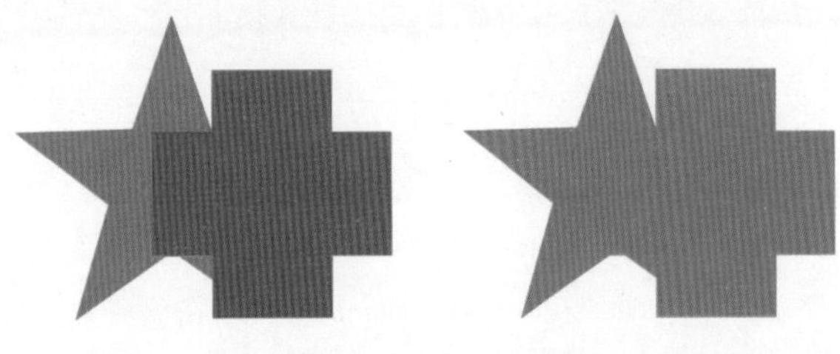

图4-3-3 焊接前后对比

最为常用的焊接方法，莫过于直接单击属性栏中的【焊接】按钮，也可以快速地焊接对象，但使用此种方式焊接对象，焊接对象和目标对象不能被保留。

接着介绍修剪功能。该功能可以去掉与其他对象的相交部分，从而达到更改形状的目的。对象被修剪后，填充和轮廓属性保持不变。修剪功能不能应用于段落文本、尺度线、再制的原对象，但可以修剪再制对象。

新对象用焊接对象的边界作为其轮廓，并采用目标对象的填充和轮廓属性，所有交叉线都将消失。不管对象是否相互重叠，都可以将它们焊接起来。如果焊接不重叠的对象，则形成起单一对象作用的焊接群组。在上述两种情况下，焊接的对象都具有目标对象的填充和轮廓属性。

将需要修剪的图形全部选中，执行【排列】|【造形】|【造形】命令，或执行【窗口】|【泊坞窗】|【造形】命令，打开【造形】泊坞窗，选择【修剪】面板，如图 4-3-4 所示。

- 保留原始源对象：选择该复选项，可以在修剪后保留源对象的副本。
- 保留原目标对象：选择该复选项，可以在修剪后保留目标对象的副本。

单击【修剪】按钮，将鼠标移动到目标对象上单击，即可将两个对象进行修剪操作，其效果如图 4-3-5 所示。

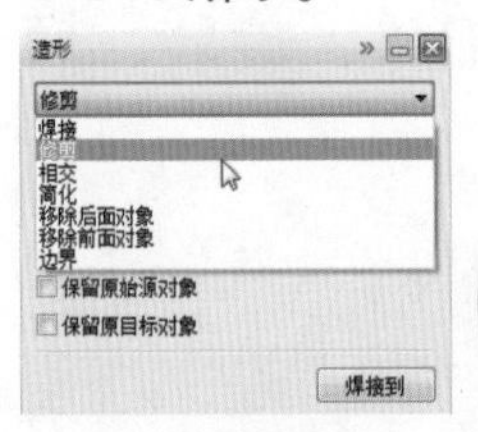

图4-3-4 【修剪】面板

图4-3-5 修剪前后的对比

另外还有一种常用的修整命令是相交。相交是将 2 个或 2 个以上对象的重叠部分创建成 1 个新对象。新对象的大小和形状取决于重叠部分的大小和形状，其属性则取决于目标对象。若对象间没有重叠部分，则不能使用该命令。

选取需要相交的对象，单击属性栏上的【相交】按钮，让对象相交，创建生成新的对象。由于生成的图像夹于两个图像之间相交的位置，这里将其放置到最上层，并填充成蓝色便于读者观察，如图 4-3-6 所示。

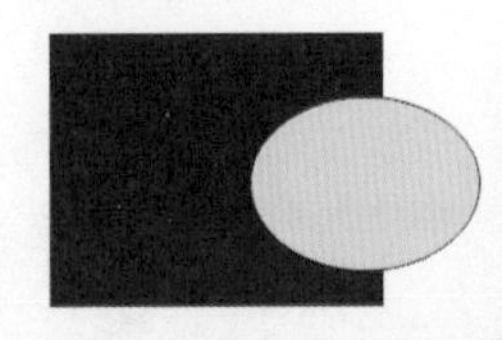

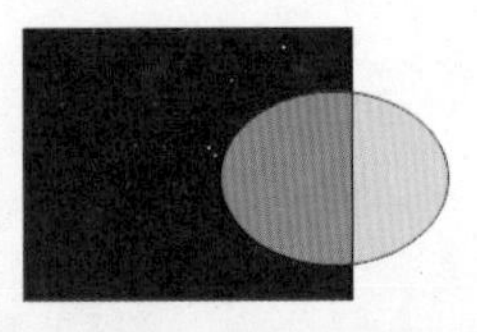

图4-3-6 相交前后的对比

4.3.2 简化、移除、边界

这 3 个修正图形的方法，功能分别是【简化】，修剪对象重叠的区域。而【移除后面对象】的功能是移除后面对象中的前面对象。【移除前面对象】则是移除后面对象中的前面对象。【创建边界】是创建一个围绕在所选对象前的新对象，如图 4–3–7 ~图 4–3–10 所示。

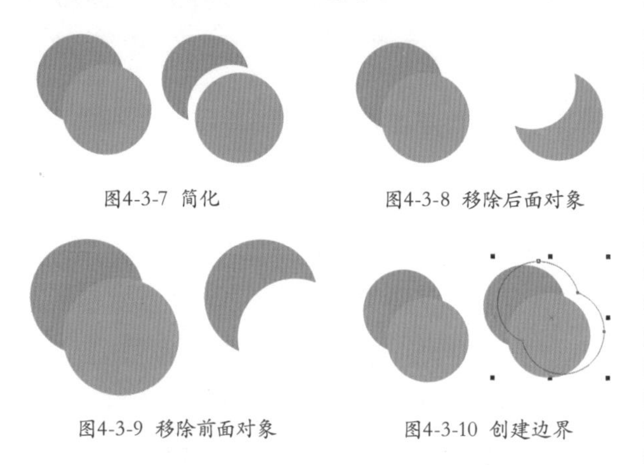

图4-3-7 简化　　图4-3-8 移除后面对象

图4-3-9 移除前面对象　　图4-3-10 创建边界

> **提示：**
>
> 一定要前后对象相互覆盖才有效果。

4.3.3 结合与拆分

结合与群组的功能相似，不同的是对象在结合前有颜色填充的情况下，在结合后将变成最后选中对象的颜色。选中对象心形后，如图 4–3–11 所示。单击属性栏上的【结合】按钮，或执行【排列】|【结合】命令，或按【Ctrl+L】快捷键，都可以执行该命令，如图 4–3–12 所示。此时若是执行【拆分】命令或单击【拆分】按钮，则可以将已经结合的图形分离开，如图 4–3–13 所示。

图4-3-11 重叠图形 图4-3-12 结合后的效果 图4-3-13 拆分后还原图形

4.4 图形综合训练——门票设计

本案例与上一章一样，为了让读者对设计有一个全面的认识，精心设计一个成品案例作为读者的训练。但是在读者的实际操作中，只需要重点练习本章所学知识，如矩形工具、多边形工具的使用，以及改变图形的各种技巧。将软件操作手法应用到实际的设计操作中，使该案例做到易于理解，加深对本章内容的印象。

案例过程赏析

本案例的最终效果如图 4–4–1 所示。

图4-4-1 最终效果图

案例技术思路

既然本案例是门票设计，那么在加强巩固图形技术的同时，希望读者顺便了解一些关于门票设计的常识。本案例模拟真实设计案例，将门票设计的细节融入其中，读者在制作过程中除了了解各种图形是怎么制作的，还要注意了解制作过程中的设计常识提示。如多种门票规格、制作材料、注意事项等。争取学习软件知识的同时，补充了解一些专业知识。

> **提示：**
>
> 设计作品前，要了解该作品的用途，并选择适用的纸张材料。如不同重量的铜版纸、杂志纸。如果用心的话，可以收集一些常用纸张，以便给非专业客户以直观的展示。

每一种类不同的纸张，规格都不同。那么国际标准的纸张和我国的标准纸张是如何的呢？

这种最基本的常识，作为初学者入门，是必须要了解和掌握的基础知识。

在默认情况下，CorelDRAW 软件的页面窗口显示的纸张规格都是 ISO 国际标准。其全开纸张分为 3 类，A 类大小 A0，即全开纸张大小为 841 × 1189 mm，B 类全开为 1000 × 1414 mm，C

类全开为 917×1297 mm。那 A1、A2、A3、A4 等规格如何计算呢?

以A类A0:841×1189 mm为例,计算A1的规格。首先将其最长边对折,即 1189 mm÷2=594.5 mm,然后取其整数 594mm,那么此时全开纸的最长边对折后即为 A1,规格为 594×841 mm。

用这个方法,继续找最长边对折,就会得到 A2 的尺寸为 420×594 mm,A3 的尺寸为 297×420 mm,A4 的尺寸为 210×297 mm……

除了国际标准,我国还有国家标准(GB)。我国的标准比国际标准纸张大一些,全开纸常用的分为两类,一是大度纸,二是正度纸。大度纸的全开为:1194×889 mm,正度纸的全开为 1092×787 mm。另外,我国是以对分为相同面积来作为纸张规格的长宽标准。如把大度全开纸分为两份面积相同的纸,叫"对开"。889×597 mm,两个对开的面积刚好等于全开纸的面积。

案例制作过程

01 启动软件。选择【椭圆形工具】,绘制小椭圆形,如图 4-4-2 所示。选择【选择工具】,再次单击,形成旋转状态,将中心点移动到左边的中心位置,如图4-4-3所示。将鼠标放在右上角,按住鼠标左键不放,旋转到 60.0° 时候,同时按下鼠标右键,复制出椭圆形。同时放开鼠标左键和右键,如图 4-4-4 所示。

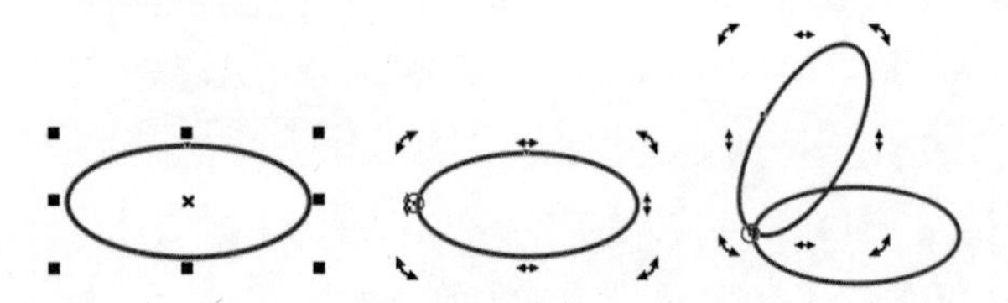

图4-4-2 绘制椭圆 图4-4-3 移动旋转点 图4-4-4 拖移复制椭圆

提示:

这种复制的方法经常会用到,希望读者能熟练操作。另外还有一种复制方法:即按"+"键,按一次就复制一个重叠在图形上的图形,按两次就复制出两个。但是注意复制的图形与原图形是重叠的。

02 按【Ctrl+R】快捷键重复上一步操作,旋转到图 4-4-5 所示状态。

提示:

复制完后,不要做其他操作动作。因为做了其他操作动作,就不能完成【Ctrl+R】快捷键重复上一步操作命令了。

03 分别单击选择椭圆,填充颜色为:紫色、蓝色、黄色、灰色、橘红色、蓝白色。在选择颜色的同时,在右边的颜色工具箱中,在白色处,单击鼠标右键,将轮廓线变为白色,如图 4-4-6 所示。

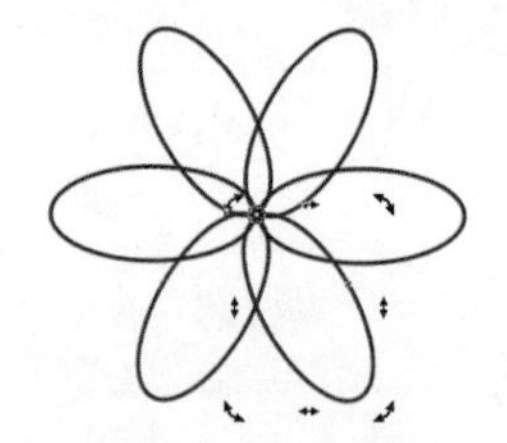

图4-4-5 复制椭圆

图4-4-6 填充颜色与轮廓

04 分别选择椭圆,按住小黑控制点向内拖移,将一个个椭圆逐一变小,形成渐变的效果。最后框选所有的椭圆,单击属性栏上的【群组】按钮,将所有的椭圆捆绑在一起,如图 4-4-7 所示。

提示:

根据个人的操作习惯,还可以选择按【Ctrl+G】快捷键,群组椭圆。

05 选择【复杂星形】,设置属性栏上的参数为 12 4,绘制星形,效果如图 4-4-8 所示。

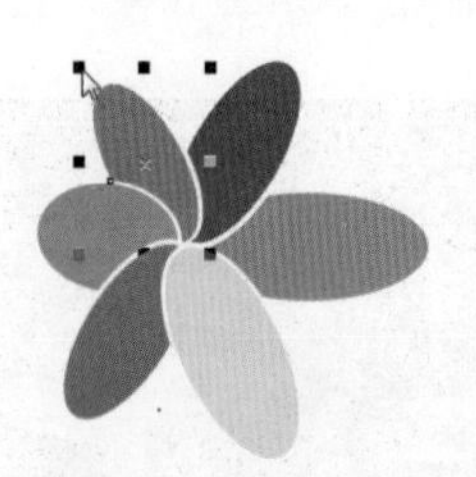

图4-4-7 调节椭圆大小

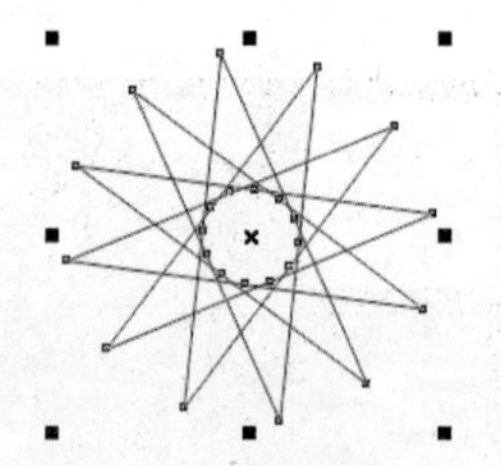

图4-4-8 绘制复杂星形

06 按【F11】键,打开【渐变填充】对话框,选择【类型】为辐射。单击渐变条上的矩形点,设置颜色为暗红色 - 红色,如图 4-4-9 所示。单击【确定【按钮后,效果如图 4-4-10 所示。

提示：

也可以选择工具箱中的 渐变填充 工具打开【渐变填充】对话框。但是该工具隐藏于填充工具组之下，所以采用快捷方式会加快工作效率。

07 将星形放到群组的椭圆组上重叠，此时由于椭圆组先绘制，顺序上处于上层。按【Shift+PageDown】快捷键置星形于最下方。再次单击【选择工具】框选所有图形，并群组，效果如图 4-4-11 所示。

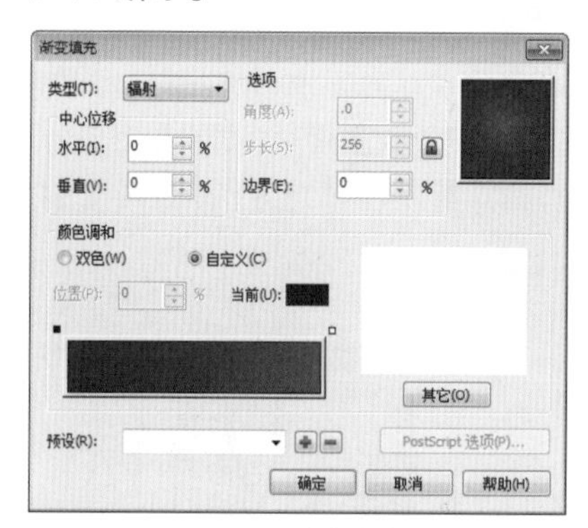

图4-4-9 填充渐变

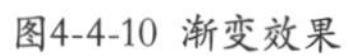

图4-4-10 渐变效果

图4-4-11 重置顺序

提示：

按【Shift+PageDown】组合键置当前选择的图形于最下方。而【Shift+PageUp】组合键则置当前选择的图形于最上方。

08 选择【矩形工具】，绘制小矩形，如图 4-4-12 所示。然后选择【形状工具】拖移其中一个角点直到圆角形成，如图 4-4-13 所示。按住【Shift】键不放，单击【选择工具】，然后将鼠标放在右上角，按住鼠标左键不放，向内拖移，同时按下鼠标右键，复制出椭圆形。同时放开鼠标左键和右键，如图 4-4-14 所示。

提示：

此复制与STEP01本质是一样的，只是前者是旋转并复制，后者是向内缩小并复制。

09 分别选择圆角矩形，填充底层的圆角矩形为橘红色，用鼠标右键单击颜色工具箱中的【无轮廓】按钮☒，取消外轮廓。上面一层为黄色，也取消外轮廓，如图 4-4-15 所示。

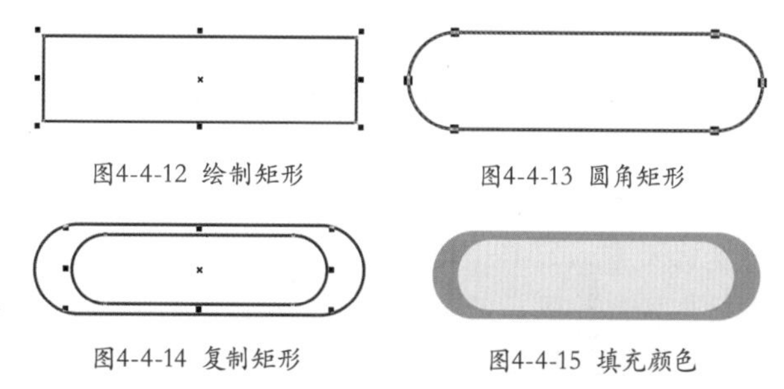

图4-4-12 绘制矩形

图4-4-13 圆角矩形

图4-4-14 复制矩形

图4-4-15 填充颜色

提示：

填充的颜色准确与否并不重要，只要大致相同即可，因为本案例重点要掌握图形的变形操作。填充颜色仅仅是为了美观、符合市场上的商品特点而已，千万不要本末倒置。

10 分别选择圆角矩形，并单击属性栏上的【扇形角】按钮，向外的圆角即变得向内了，效果如图 4-4-16 所示。

11 选择【椭圆形工具】，按住【Ctrl】键，绘制正圆，填充颜色为橘红色，用鼠标右键单击颜色工具箱中的【无轮廓】按钮☒，取消外轮廓。单击【选择工具】，按住【Ctrl】键，水平拖移并复制效果，如图 4-4-17 所示。框选圆角矩形与圆形群组待用。

提示：

复制方法与STEP01和STEP08方法一样。只是这里按住【Ctrl】键不放，在拖移的过程中可以保证图形是水平移动的。另外，复制完一个，可以按【Ctrl+R】快捷键重复上一步操作，这样间距就是一样的了。

图4-4-16 圆角向内　　图4-4-17 绘制并复制圆形

12 选择【图纸工具】，随意绘制一个图形，如图 4-4-18 所示。

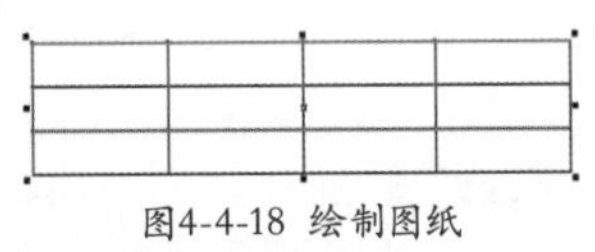

图4-4-18 绘制图纸

13 单击【选择工具】，拖移上方中心的小黑点，使之变窄，如图 4-4-19 所示。

图4-4-19 压扁图纸表格

14 单击【星形工具】，设置属性栏上的参数为 5 53，绘制五角星形并填充颜色为红色，取消外轮廓，如图 4-4-20 所示。

15 单击【矩形工具】，按住【Ctrl】键不放，绘制正方形，并填充颜色为黑色。取消外轮廓，如图 4-4-21 所示。以上小图形都绘制待用。

图4-4-20 红色五角星

图4-4-21 绘制正方形

16 单击【矩形工具】绘制小矩形，如图 4-4-22 所示。然后设置参数为倒菱角：.0 mm .0 mm 30.0 mm 30.0 mm，此时矩形的右边为三角形，如图 4-4-23 所示。填充渐变色为白色到绿色的【线性】渐变，设置属性栏上的宽度为 2.0 pt，如图 4-4-24 所示。

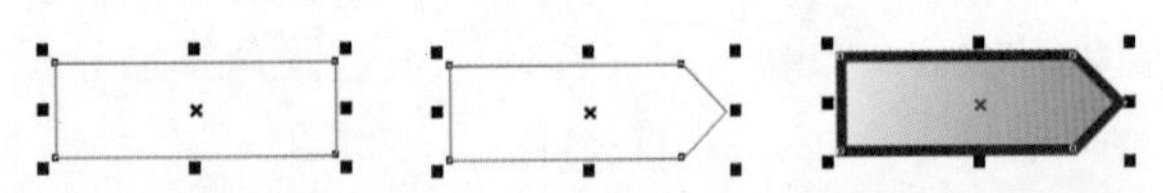

图4-4-22 绘制矩形　　图4-4-23 形成三角　　图4-4-24 改变属性

17 单击【螺纹工具】，设置属性栏上的参数为 4，绘制螺纹，并单击色彩工具箱中的红色，如图 4-4-25 所示。

18 绘制矩形并改变为圆角矩形，填充为白色后，复制多个白 – 绿色的渐变三角矩形，分别改变其渐变为其他的渐变色彩后，用鼠标右键在色彩工具箱中单击白色，使之轮廓改变为白色，形成标杆效果，位置如图 4-4-26 所示。

提示：

位置如果不对，请用快捷键调整图形前后顺序。

19 复制螺纹到白色圆角矩形条中，框选全部的图形，群组，如图 4-4-27 所示。

提示：

由于在白色背景中不容易显示出效果，这里配置了灰色背景让大家看得更清楚。实际绘制过程中，可以先不管颜色对错，只注意图形的形状角度、前后顺序的正确性即可。最后放置到灰色背景中再改变颜色也是可以的。

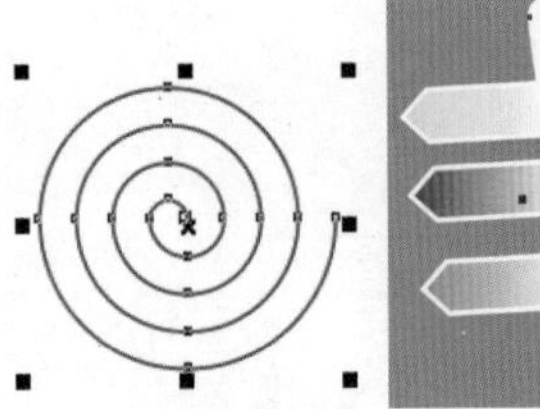

图4-4-25 绘制螺纹

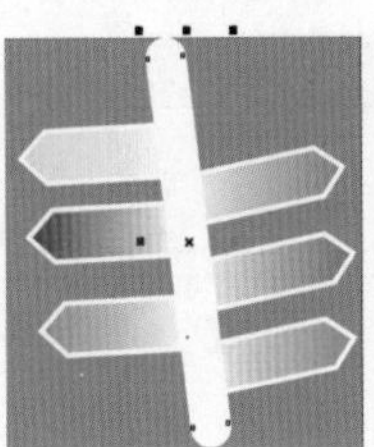

图4-4-26 绘制并组合标杆效果

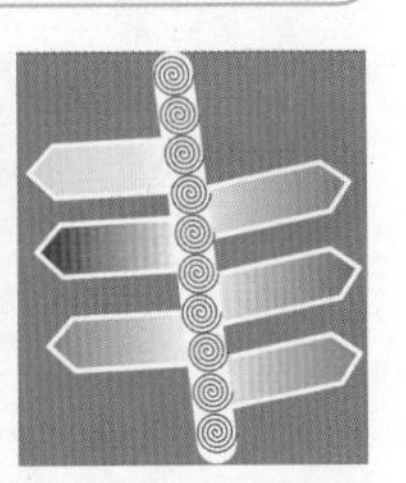

图4-4-27 复制螺纹

20 绘制任意的浅灰色矩形，并置于最下方。拖移并压扁矩形，填充颜色为黑色。其余的图形由之前绘制的小图形组成。其中黑色小矩形，改变为白色。注意调节图形的大小、角度。也可以等下一步做好，再返回调整本步骤中的这些图形，如图 4-4-28 所示。

21 打开素材：文字。将它们放置于画面中。注意文字都是处于最上层的，如图 4-4-29 所示。

提示：

操作错误的时候，记得马上按【Ctrl+Z】快捷键返回上一步。这也是设计人经常要使用的快捷方式。人非圣贤，总会有按错或操作某个步骤，遇到这种情况，一定要不接着做其他动作，而要马上按【Ctrl+Z】快捷键。如果中间又操作了很多其他步骤，就回不到你想要的那个步骤了。

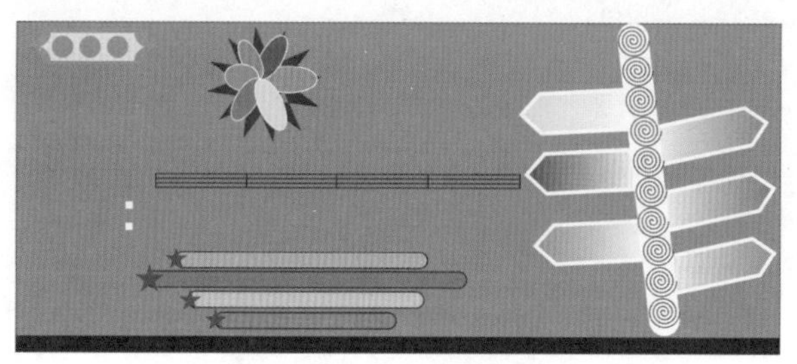
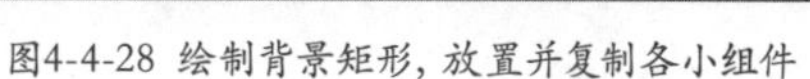

图4-4-28 绘制背景矩形，放置并复制各小组件

图4-4-29 将素材文件放置其中

22 学会了制作方法，再增加一些案例的美观性，选择背景矩形，按【F11】键，填充渐变色为射线的暗红到红色的圆形渐变，而小黑色矩形更改为线性的黄色到金黄色渐变，最终效果如图 4-4-30 所示。

图4-4-30 最终效果

本章小结

本章重点讲解了如何绘制和编辑图形。本章已经属于技巧阶段，所以对于读者的能力提升效果明显。本章重点在于抛砖引玉，尽量详尽地叙述各种工具的使用情况和技巧。读者在学习过程中要熟记其中的重点、要点，常用方法以及快捷方式。当然最后还是要提醒读者朋友勤加练习，积极思考如何将简单的技能融合在一起，创造出千千万万的形状组合，这才是设计之路更上一层楼的关键之处。

第05章

曲线和颜色填充

本章将向读者介绍如何绘制与编辑曲线，以及如何填充封闭的图形。本章的内容重点在于“变”，即变通。本章将教大家，如何用线条绘制图形，像手中有一只铅笔一样，想怎么画就怎么画。但既然是软件绘制，自然比纯手绘效率高，其中必定含有很多操作技巧。希望读者在阅读完本章的基本变形原理基础上，能举一反三。而另一重点在于“美”，即美化、填色。本章教的是填充的基本原理。如何让绘制的图形能更美丽，颜色搭配和谐或突出，都需要今后大家深入设计生活，多观察，多积累。

5.1 绘制直线与曲线

线条是组成任何图形的基础，只有勾勒出完整的图形，才能分别对其局部编辑填充颜色。本节将介绍很多绘制直线的工具，每样工具都具有自己的特殊性。在绘制的时候，根据所需情况，选用合适的画笔，更能提高工作效率。下面我们将逐一介绍绘制直线和曲线的工具：手绘工具、贝塞尔工具、艺术笔工具、钢笔工具、B 样条工具、折线工具、3 点曲线工具、智能绘图工具等线条工具。

5.1.1 【手绘工具】的使用

1. 绘制单条直线

位于工具箱中的【手绘工具】，按【F5】即可获得，该工具将运用鼠标在页面上任意绘制直线，或曲线。

首先列举绘制直线的几种情况：选择【手绘工具】后，在页面上单击起始点，拖移到任意的终点处再次单击，即可绘制出一条任意直线。这就是我们常说的两点之间确定一条直线，如图 5-1-1 所示。

如果是按住【Ctrl】或【Shift】键后，再执行刚刚的动作，则绘制出的是水平或垂直的，或有固定角度的直线。绘制图形的过程中，我们经常会采用这种方法绘制水平直线，如图 5-1-2 所示。

提示：

当然线条旋转角度的问题，还有其他的方式实现，比如绘制一条水平直线后，设置属性栏上的旋转角度 30.0 。从这里我们可以得出结论，要实现一个目标，方法有很多种，只是有的方法更适合我们的思维，我们工作起来就会很顺手，心情愉快。

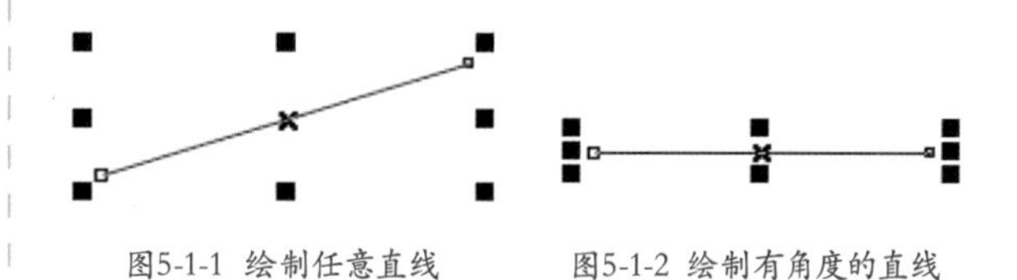

图5-1-1 绘制任意直线　　图5-1-2 绘制有角度的直线

2. 绘制连续直线

那么如何连续绘制很多条相连的直线呢？很简单，只需重复第一个步骤即可。即单击起始点，拖向终点后，鼠标不要移动，在该终点处再次单击，即第二条线的起始点与第一条线的终点重合。再拖移到第二条线的终点处单击结束。如果要接着绘制第三、第四、第五……条线，方法是一样的，都是在前面一条线结束的点上单击下一条线的起点，依次类推。绘制完成的最后一个点，只单击一次即可完成，如图 5-1-3 所示。同样的方法，我们还可以绘制由多条线段形成一个封闭的图形，首尾相接，每个顶点都被单击了两次，如图 5-1-4 所示。

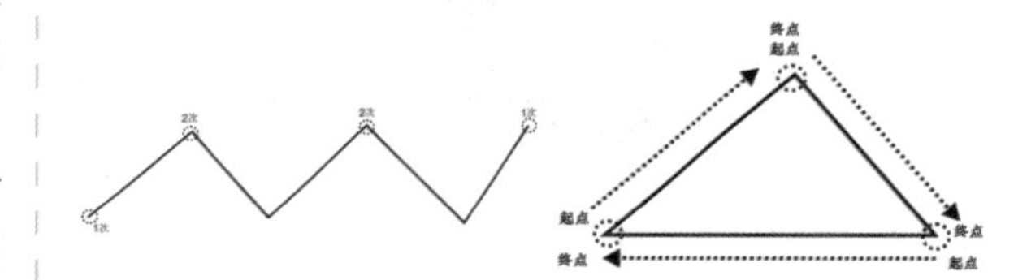

图5-1-3 多条相连的直线　　图5-1-4 首尾相接的封闭直线图形

3. 绘制曲线

接着讲一讲，如何运用【手绘工具】绘制曲线。第一种，按住鼠标左键不放，在页面上任意拖移绘制，绘制完成后，松开鼠标即可，如图 5-1-5 所示。如果觉得控制节点挡住我们的视线，不方便观察，还可以单击属性栏上的【边框】按钮，这样控制点就可以隐藏起来，如图 5-1-6 所示。运用这种方法，我们就可以绘制一些自己喜欢的图案了，如图 5-1-7 所示。

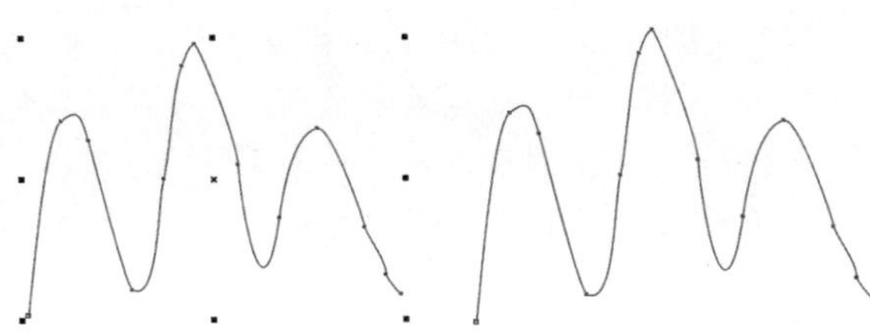

图5-1-5 绘制任意曲线　图5-1-6 隐藏边框后的任意曲线

图5-1-7 绘制线条

提示：

只有选中了【手绘工具】，属性栏上才会出现【边框】按钮。

如果是要绘制出封闭的曲线图形，则将头尾节点相接即可，相接的时候会有一个小箭头出现，说明两个节点首尾对接成功，封闭图形形成，如图5–1–8所示。既然是封闭图形，那就可以填充颜色，如图5–1–9所示。用这种方法，我们就可以绘制色彩丰富的手绘图形了，如图5–1–10所示。

图5-1-8 封闭图形　图5-1-9 填充图形　图5-1-10 色彩丰富的图形

提示：

只有封闭的图形才能填充颜色。没有封闭的线条是不能填充图形颜色的。有时候我们会用这个方法，反向检查该图形是否封闭好了，如果没封闭好，则需要用到【形状工具】将两个节点拖移并粘合在一起。属性栏上的【闭合节点】按钮，单击即可智能闭合节点。弊端就是不管节点隔得远还是隔得近，它都直接用直线连接两节点。

这种方法适合随意勾勒，如果要绘制出精确而美观的图形，则需要配合【形状工具】才能制作。这涉及到节点的编辑，后面5.2~5.4节将详细介绍。

5.1.2 【两点线工具】的使用

【两点线工具】位于工具组的第二位，它主要用于绘制两点间的直线。但是与其他工具不同，它单击起点后，要按住鼠标不放拖移至终点，如图5–1–11所示。如果要接着绘制，则出现小箭头后，再次重复该动作，单击并按住鼠标左键不放，拖移至下一终点，如图5–1–12所示。

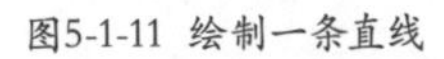

图5-1-11 绘制一条直线　图5-1-12 绘制两条直线

该工具有两个特别的功能：单击属性栏上的【垂直2点线】按钮可以绘制当前线条的垂直线段，如图5–1–13所示。另外还有一个【相切的两点线】按钮，可以会与现有线条或对象相切的2点线，如图5–1–14所示。

图5-1-1 3 垂直线段　图5-1-14 切线线段

提示：

单击的时候要首先击准当前线条，才能自动贴附出垂直或切线效果。

5.1.3 【贝塞尔工具】的使用

1. 绘制一段曲线、连续曲线

下面将介绍【贝塞尔工具】，该工具一次绘制一段曲线，且曲线圆滑。如果读者能将该工具使用习惯，将有助于提高图形绘制的效率，且曲线精确而美观。

选择工具箱中【手绘工具】下的【贝塞尔工具】，在绘图页面中单击起始点，再单击重点，拖移鼠标并调节角度，此时终点处会出现两个蓝色虚线控制的摇柄，如图5–1–15所示。移动到下一节点处再拖移，绘制第二条曲线，此时也会出现蓝色虚线控制摇柄，如图 5-1-16 所示。

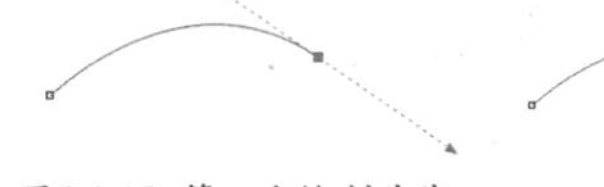

图5-1-15 第一次绘制曲线　　图5-1-1 6 连续绘制曲线

提示：

按住【手绘工具】的图标不放，即可出现该工具组。

2. 调节曲线、封闭曲线、直线

使用【形状工具】框选某一节点，会出现该节点的蓝色控制点，通过调节蓝色控制摇柄，可以精细调节曲线的弯曲程度和角度，如图 5-1-17 所示。用【贝塞尔工具】曲线首尾相接，或单击【闭合节点】按钮，也可以形成封闭图形，如图 5-1-18 所示。

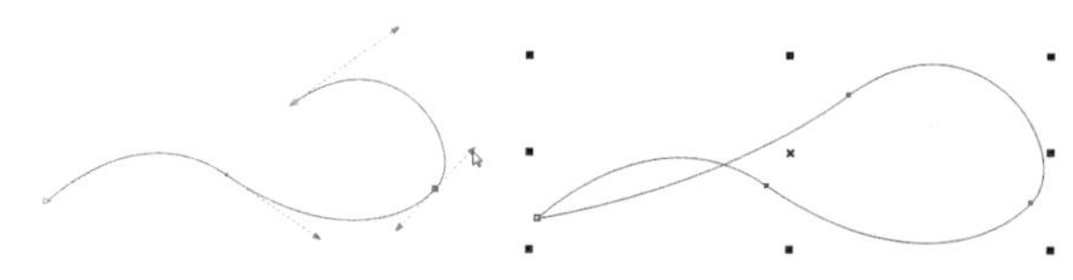

图5-1-1 7 控制节点　　图5-1-18 封闭曲线

当然，【贝塞尔工具】只要不拖移，只是点击起始点和终点，也是可以绘制直线的，如图 5-1-19 所示。

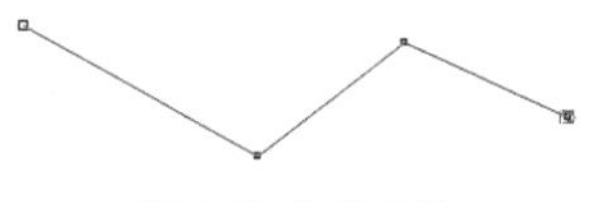

图5-1-19 绘制直线

既然可以绘制封闭且精确的图形，加上封闭图形可以填充颜色，那么该工具在工作中就可以绘制实用而精美的设计图形了，如图 5-1-20 所示。

图5-1-20 曲线绘制示范图形

提示：

读者掌握【贝塞尔工具】的使用，将为将来的工作起到事半功倍的作用。所以大家可以想办法多加练习，如从勾绘文字，或简单的卡通素材开始，练习控制曲线的角度和方向。只有多练，才能遇到更多的实际问题，然后才能增加对该工具的理解。

5.1.4 【艺术笔工具】的使用

1. 默认艺术笔

【艺术笔工具】也是在手绘工具组中。读者可以使用该工具绘制出艺术曲线或是图案。选择该工具后，鼠标会变成一只毛笔的形状。首先感受下该工具的艺术气息。按住鼠标不放，任意绘制一条艺术曲线后，松开鼠标。此时将出现默认毛笔笔触所绘制的图形，如图 5-1-21 所示。此时我们可以观察属性栏上有 5 个笔形按钮。选择每一个按钮后，都会有不同的笔触组供读者选择，如图 5-1-22 所示，即为默认条件下的笔触列表。另外在属性栏上还可以设置笔触的平滑程度 100 和宽度 10.0 mm 等。

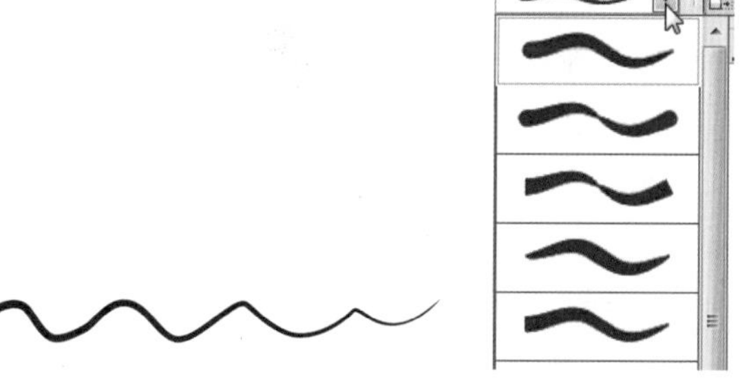

图5-1-21 艺术笔绘制的曲线　　图5-1-22 笔触列表

属性栏上其中有一个按钮是【随对象一起缩放笔触】，选择了它，笔触的大小会随着大小变换而等比例改变。如果不选它，则绘制的艺术曲线越缩小，越粗。图 5-1-23 所示第一个是原图。复制两个该图形，第二个图为选择该按钮后缩小的效果，是等比例缩放的，效果很好。而第三个图形是没有选择该按钮的情况下，缩小后的效果，线条明显变粗，如果继续变小，就会变成一个小黑球了。所以该按钮在大小变换的时候，一定记得选用。

图5-1-23 变换对比

2. 笔刷艺术笔

第二个笔形按钮是属性栏上的【笔刷】按钮，则画笔列表改变为图 5-1-24 所示的列表。此时属性栏上会多一个【艺术】按钮，单击小三角形，如图 5-1-25 所示。选择不同的栏目，则列表就会改变，如图 5-1-26 所示。

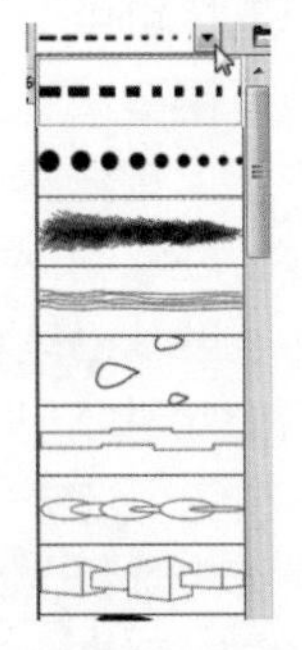

图5-1-24 列表

图5-1-25 艺术按钮组

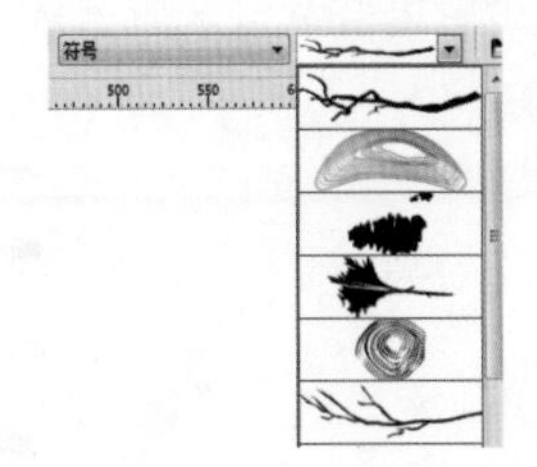

图5-1-26 不同按钮不同画笔列表

3. 喷涂艺术笔

第三个笔形按钮是属性栏上的：【喷涂】按钮，该按钮可以在画笔拖移过的路径上绘制图案，如图 5-1-27 所示。单击属性栏上的三角形按钮，会有很多新的喷涂选项，如图 5-1-28 所示。选择其他的选项，列表选项将会改变，如图 5-1-29 所示。

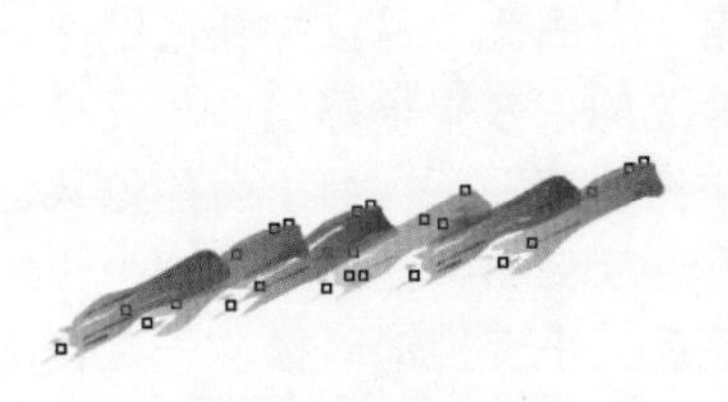

图5-1-27 喷涂图案

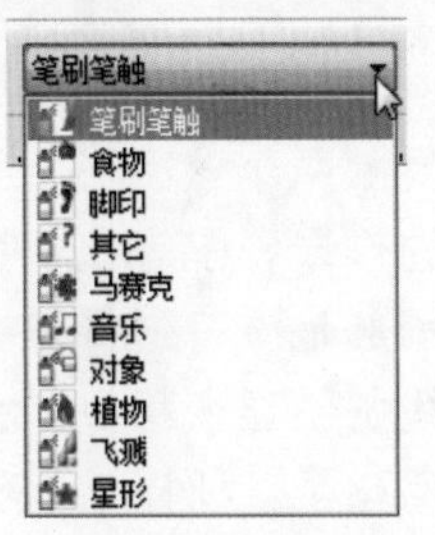

图5-1-28 喷涂选项

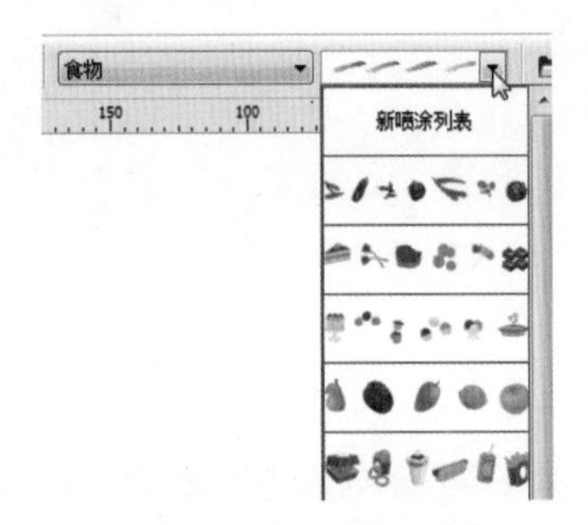

图5-1-29 其他喷涂列表

选择【喷涂】按钮后，属性栏上将会出现很多参数设置，如，上面的参数 100%，可以随意修改，如 50% 或 200%，修改确定后，它将可以将图案对象按原始大小的百分比缩放，如图 5-1-30 所示。

图5-1-30 原始大小，50%大小，200%大小

此时下面的参数是灰色，不可用状态。单击小锁以后，下面的参数也可以使用更改：。该参数表示按上一步操作中对象大小的百分比来缩放。即两参数都是缩放图形的，只是前面一个参数缩放的标准是按原始大小，而这里是按前一对象大小。标准不同，自然结果就不同。

下面将介绍一个很方便大家工作的功能。即时添加当前绘制的图形为艺术笔图案。首先绘制一个任意图形，如三角形，如图 5-1-31 所示。单击属性栏上的【添加到喷涂列表】按钮，此时添加三角形到属性栏上的当前列表中，如图 5-1-32 所示。

图5-1-31 绘制任意图形　　图5-1-32 将图形改变为笔触

单击【喷涂列表选项】按钮，打开列表图形排列面板，如图 5-1-33 所示。单击 Clear 按钮，可以清除当前列表的排列顺序，重新排序，如更改为图 5-1-34 所示的顺序。刚绘制三角形笔触就改变为图 5-1-35 所示的排列。若此时重新绘制，却又会恢复为全部都是三角形的笔触类型，故而这是临时的改变。

图5-1-33 创建播放列表

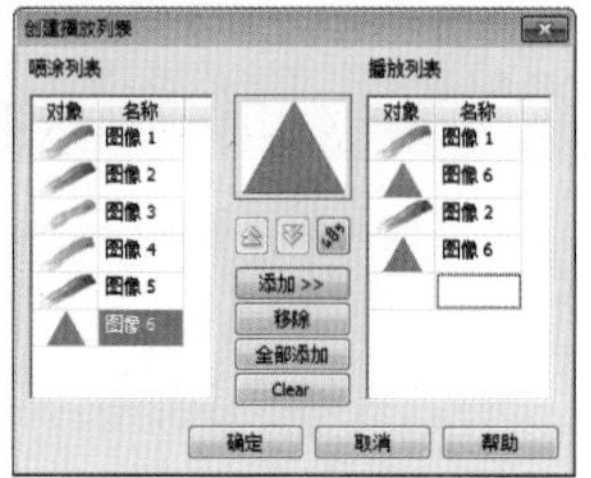

图5-1-34 改变播放列表

图5-1-35 笔触改变

提示：

面板中的这3个按钮，可以分别让图形向上移动一位，或向下移动一位，或与相邻图像互相交换顺序。其余的【添加】按钮是将左边的图像添加到右边。【移除】按钮是将右边选中的图像删除。【全部添加】按钮是把左边的图像全部添加到右边，而【Clear】按钮是删除右边全部的图像。建议大家动手试一试就明白了。

既然可以临时储存图像。那么又如何永久保存图像为笔触呢?

首先，找到安装 Corel 的路径，如安装在 D 盘的读者，就可以寻找路径：桌面 |【计算机】|【硬盘 D】| 文件夹【Program Files】| 文件夹【Corel】| 文件夹【CorelDRAW Graphics Suite X6】|【Draw】|【CustomMediaStrokes】，如图 5–1–36 所示。

图5-1-36 艺术笔触的保存路径

提示：

若安装在默认条件下C盘下的读者，路径可以为【C:\Program Files\Corel\CorelDRAW Graphics Suite X6\Draw\CustomMediaStrokes】。

在【CustomMediaStrokes】下还有很多文件包。其中一些是属于默认笔触的文件包，有一些是笔刷笔触的文件包，还有一些是喷涂的文件包。任意打开一个文件包，如第一个文件包【Artistic】，这个是艺术笔触，再看里面的文件，有一个是这样的图形，说明更改或添加这个文件包的文件，即会改变艺术笔触。再用同样的方法寻找【CustomMediaStrokes】下的喷涂文件包，任意打开一个文件包，如【Food】，此时我们可以看到里面有一个喷涂标志的图标，说明更改或添加这个文件包的文件，就会改变喷涂文件包。那么我们试试看。

在【Food】里的文件 spray_1 处，单击鼠标右键选择【复制】命令，在空白处单击右键选择【粘贴】命令，复制出【spray_1 – 副本】文件，如图 5–1–37 所示。打开该文件，更改图像效果如图 5–1–38 所示。按【Ctrl+S】快捷键保存，弹出对话框，单击【确定】按钮，如图 5–1–39 所示。

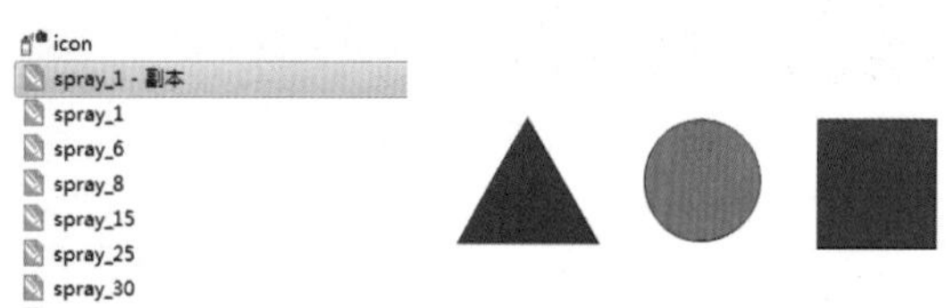

图5-1-37 复制副本文件　　图5-1-38 绘制新的笔触

图5-1-39 保存笔触

提示：

【复制】命令的快捷方式为【Ctrl+C】快捷键，【粘贴】命令的快捷方式为【Ctrl+V】快捷键。在大部分软件的操作中，复制、粘贴都是这两组快捷键，所以很常用，希望大家能记牢。

此时的喷涂列表中，并不会出现刚刚设置的喷涂新画笔，如图 5–1–40 所示。因为软件已经打开，还保存的是原来载入的数据。关闭 Corel 软件，再次打开该软件，即可载入新数据，此时单击【喷涂】按钮，找到图标，打开列表，就会出现我们新定义的喷涂画笔了，如图 5-1-41 所示。随意绘制画笔，效果如图 5-1-42 所示。

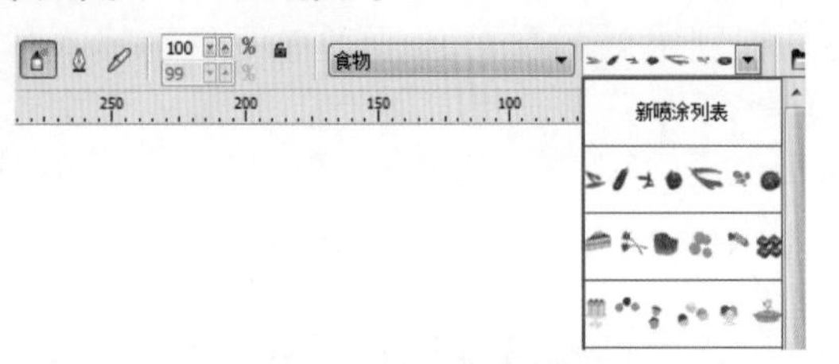

图5-1-40 喷涂列表没有载入

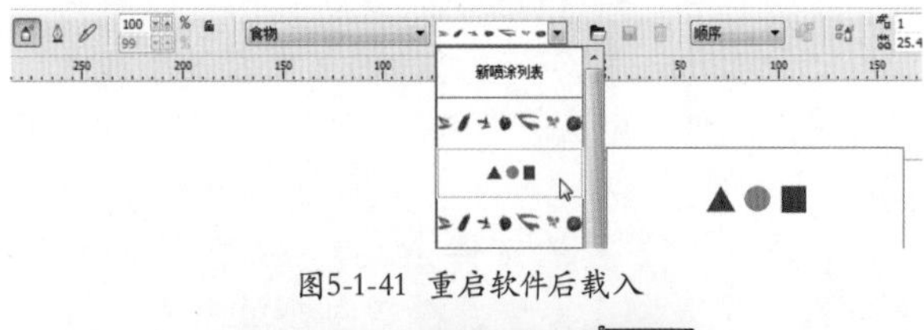

图5-1-41 重启软件后载入

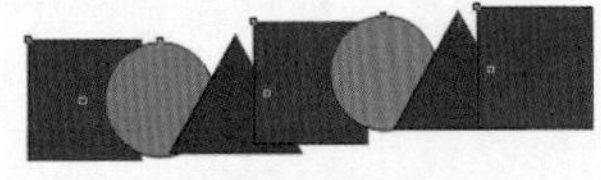

图5-1-42 画笔效果

提示：

排列位置跟名字有关，如果想让新画笔处于第一位，可以更改名字为“1”。

属性栏上的参数 1 表示图像数。数字越大，图像数越多。 25.4mm 这个参数则表示图像之间的距离。数字越大，距离越大。这个按钮可以设置喷绘对象的旋转角度，其设置面板如图 5-1-43 所示。是表示对象的偏移，面板设置如图 5-1-44 所示。假设对新设置的对象随意改变参数，如对象数为 2，距离为 50，角度为 30，偏移为 10，如图 5-1-45 所示，此时与默认效果就很不一样了。

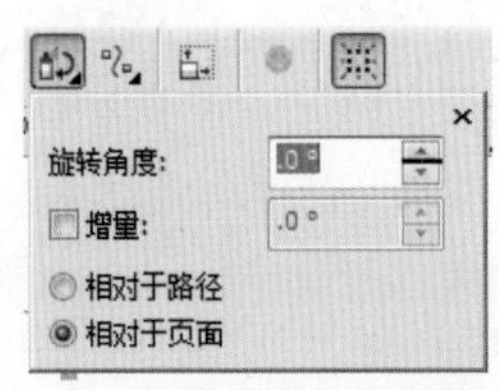

图5-1-43 对象旋转角度

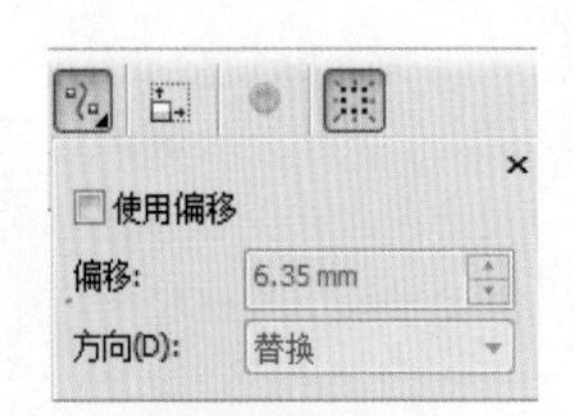

图5-1-44 偏移距离

图5-1-45 随意设置一组数据后默认效果改变

提示：

单独一个参数一个参数地更改观察图像的变化，更容易明白其含义。另外，如果设置的图形不满意，想删除该文件，则进入保存路径，选择该文件，单击【Delete】键删除即可。最后要提示创建画笔的关键之处在于：文件格式一定要为“.CMX”。所以不管是另存文件也好，复制文件也好，只要保持其文件格式为“.CMX”格式，都是可以成功创建新的画笔样式的。

通过以上思路的启发，大家有没有想过，文件可以复制，文件夹其实也是可以复制的。比如复制【Food】文件为副本，如图 5-1-46 所示。则重新启动软件后，也会重新载入该文件夹，如图 5-1-47 所示。所以，要想熟练使用某个软件，在做完一个操作后，延伸自己的思维，想想可以不可以这样，可以不可以那样，用于尝试，学习到的东西一定比教条主义学习到的多得多。

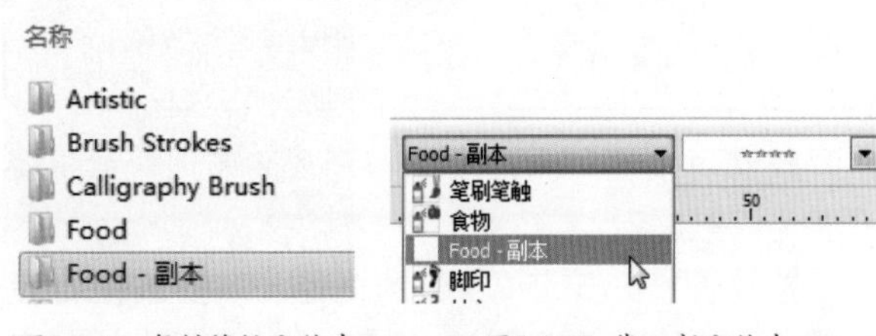

图5-1-46 复制笔触文件夹

图5-1-47 载入新文件夹

提示：

每次进入该路径都会选择很多文件夹，有没有更为便捷的方法呢？如何将硬盘中的某个文件夹放置到桌面上，创建出快捷方式呢？这里提示大家，在该文件夹上，单击鼠标右键，选择【桌面快捷方式】，即可将该文件夹永久放置于桌面上。那么这个命令在什么位置，希望大家主动学习，找一找。

4. 书法和压力艺术笔

第四个笔形按钮是属性栏上的【书法】按钮，该按钮绘制出与书法笔触相似的按钮，如图 5-1-48 所示。属性栏上的参数可以改变笔触的效果。100 则可以改变笔触的平滑度。如改变平滑度为 20，宽度改变为 10.0 mm，角度改变为 50.0，最终效果为图 5-1-49 所示。

第五个笔形按钮是属性栏上的【压力】按钮，该画笔是模拟使用压感笔绘制出的画笔效果。同样它也可以改变平滑度和宽度，如图 5-1-50 所示。

图5-1-48 书法笔触　图5-1-49 更改参数后的书法笔触　图5-1-50 压感笔效果

5.1.5 【钢笔工具】的使用

【钢笔工具】是一个功能强大的工具。它甚至比贝塞尔曲线工具更强大。因为它像贝塞尔工具一样，可以绘制直线，也可以绘制曲线。但是却不用借助其他工具来调节节点。可以用该工具直接删除或添加节点，还可以预览新线条的位置，对于新手来说更容易上手。

1. 绘制直线、曲线线段

绘制直线：单击起点，再单击终点，形成一条线段，再重复这个动作，即可形成连续的线段。双击最后一个节点，即可结束线段的绘制，如图 5-1-51 所示。如果要封闭线段，则需要首尾相接，相接对准的时候会出现一个小圆圈，单击下去即可首尾准确相接，如图 5-1-52 所示。

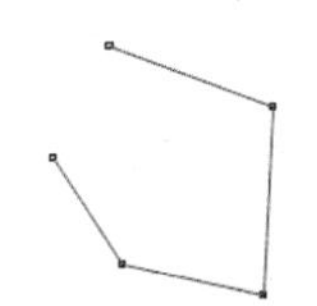

图5-1-51 多条线段

图5-1-52 封闭图形

提示：

若是已有一条线段，继续接着绘制，则将鼠标放在结束点上，再次单击，然后继续绘制，在最后一个结束点双击即可。

绘制曲线：单击起点，再按住终点拖移，即可形成弧线，并出现蓝色控制摇柄，如图 5-1-53 所示。若是接着绘制曲线，效果如图 5-1-54 所示。此时下一条曲线将受制于蓝色控制摇柄，这条曲线与摇柄之间是相切的关系。

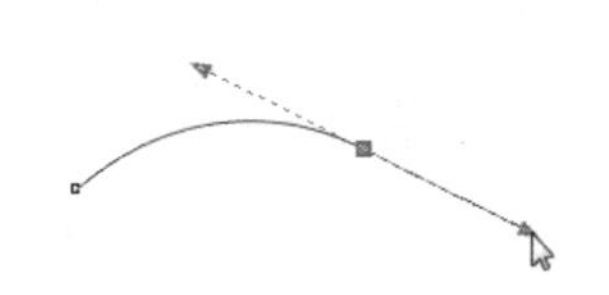

图5-1-53 绘制曲线

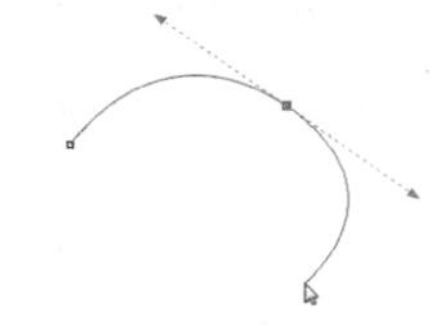

图5-1-54 接着绘制曲线

在设计绘画的时候讲究的是天马行空。绘画的过程中，应该想绘制直线就直线，想怎么弯曲就怎么弯曲，如果有了约束，绘画时就会有所顾忌。而按住【Alt】键，单击结束点，则蓝色控制摇柄就取消了一半，如图 5-1-55 所示。这样再单击下一条曲线的终点拖移，此时的曲线就可以随心所欲地弯曲，如图 5-1-56 所示。同样的方法继续绘制下去，直到双击节点或按【Esc】键结束，如图 5-1-57 所示。如果不是随意绘制，而是临摹一些作品，没有这个方法就不能做到，如图 5-1-58 所示。

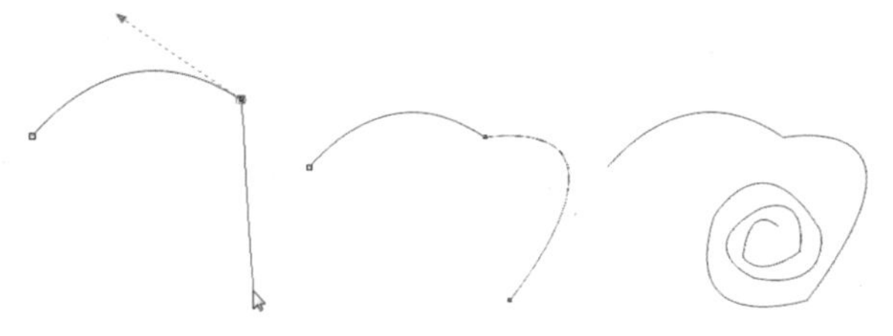

图5-1-55 取消摇柄　图5-1-56 不受约束　图5-1-57 任意绘制到结束

图5-1-58 精确临摹作品

提示：

按住【Ctrl】键不放，可以在绘制的过程中调节节点的位置。此时钢笔标志的小图标消失。在下一节点位置按住鼠标不放拖移，该标志又会再次显示。总之，【钢笔工具】、【Ctrl】键和【Alt】键要互相配合。而要练习该工具的最佳途径，就是找大量的曲线卡通图片，或者中国汉字等，沿着它们的边进行勾勒。当然，既然是勾勒，最好把原图锁定起来，即在图片上单击鼠标右键，选择 锁定对象(L) 锁定图像。等勾勒完了，再单击鼠标右键，选择 解锁对象(K)，解开锁定，则又可以对其进行其他操作了。

2. 删除多余节点

选择【自动添加或删除节点】按钮，则在已有的节点上，会自动变为删除节点。单击即可删除该节点，如图 5-1-59 所示。反之，在没有节点的位置，则会变为添加节点，单击即可添加该节点，如图 5-1-60 所示。

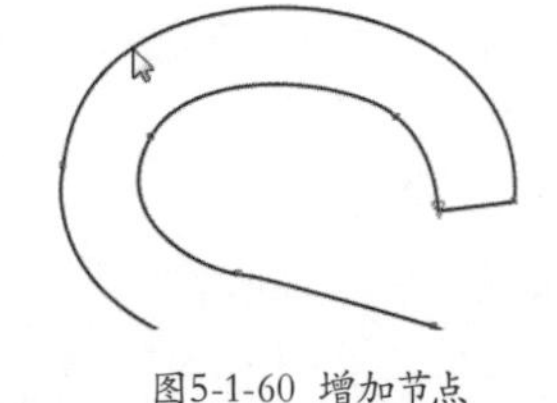

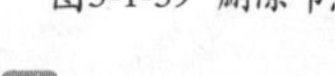

图5-1-59 删除节点　　图5-1-60 增加节点

> **提示：**
>
> 【钢笔工具】也可以配合【形状工具】一起使用。和其他绘制线条的工具一样，绘制好图形以后，再用【形状工具】调节其节点，也就是说【形状工具】是专业的管理节点的工具。下一节将会详细讲解该工具的妙用。

5.1.6 B样条工具

在线条工具组中有一个【B 样条工具】，这个工具是运用线段来控制曲线。如果有一定美术基础的读者，一定会记得画圆的时候，要画很多条辅助的线条作为参考，然后通过绘制这些线条的内切圆，制作一个比较圆的图形。没有学过的同学，通过看下面的图，也能明白这个画圆的原理。如图 5-1-61 所示，虚线表示绘制的辅助线，里面的实线圆就是通过这些虚线的切线制作的内切圆。

那么使用【B 样条工具】能不能达到同样的效果呢？首先单击虚线辅助线的一个角顶点，再单击相邻的角顶点，注意是两条线相交形成的顶点。依次类推，逐一单击这些角顶点到结束。此时形成的效果如图 5-1-62 所示。

虽然仍然是一个圆，只是前者由铅笔控制与每一条线相切，而后者则是电脑控制，虽与相邻两条辅助线相切形成弧形，但是成型后又与辅助线有一定的距离。弄清楚原理之后，大家就可以多加练习，手绘任意图形了，如图 5-1-63 所示。

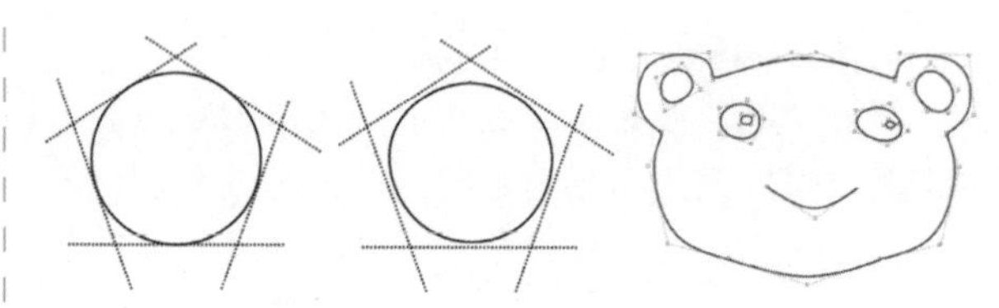

图5-1-61 手绘原理　图5-1-62 B样工具原理　图5-1-63 用B样条工具绘制图形

> **提示：**
>
> 结束绘制，仍是双击节点，或按【Esc】键。另外，选择什么样的线条工具，是根据个人习惯而定，并不一定非要使用某一工具才能达到某一效果。只是每个线条工具都有自己的使用习惯和特别之处，根据个人的喜好，也可以决定选择某一线条工具为自己所用，但是该工具的技术一定要用到炉火纯青的程度，即绘制任意曲线都没问题，才能达到提高工作效率的目的。

5.1.7 折线工具

工具组中的【折线工具】和【手绘工具】很类似。唯一的区别在于【手绘工具】绘制相连的两条线就需要双击节点，才能粘连。如果不双击粘连，那么绘制的线段是分开的。而【折线工具】想画直线就画直线，想画曲线就画曲线，而且一直是连接的，也不用双击，如图 5-1-64 所示。

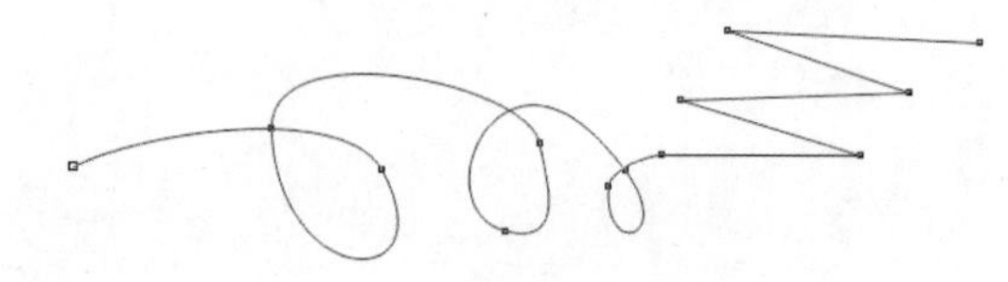

图5-1-64 折线工具

> **提示：**
>
> 仍然是双击结束操作。但不能使用【Esc】键结束。

5.1.8 3点曲线工具

工具组中的【3 点曲线工具】也可以绘制直线，起点需按住鼠标不放，拖移到终点后不能动，要马上单击，才能得到一条线段。所以这个工具绘制直线，需要小心翼翼，故而不是特别方便。既然叫【3点曲线工具】，那么专长一定是绘制曲线了。该工具曲线绘制原理是，首先确定两个端点，再确定顶点，即为三点，如图 5–1–65 所示。如果要绘制相连的线条，则需在当前线条被选中的状态下，注意贴近结束点，出现小箭头后方可粘连，如图 5–1–66 所示。

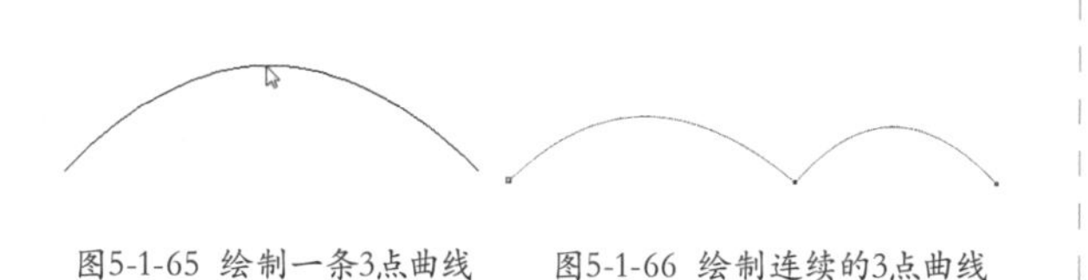

图5-1-65 绘制一条3点曲线　　图5-1-66 绘制连续的3点曲线

提示：

每次绘制前面两个端点时，一定要记住是按住鼠标左键不放，拖移到第二个端点后松开鼠标。这一点与之前的线条工具的单击起始点的方法是有区别的。

5.2 编辑曲线

改变对象的形状，即编辑曲线，这属于图形操作中的高级操作。既然高级，那么一定是需要勤加苦练才能达到的境界。本节涵盖的内容有助于读者实现千变万化的图形效果。所以，如果说之前学习的是基本功，那么这里所介绍的就是大家梦寐以求的设计重心之一了。

提示：

设计作品的重中之重有两个方面，一方面是本节介绍的随心绘制出任意图形的方法，另一方面是下一节要介绍的颜色填充。至于什么样的图形才算精致，什么样的图形颜色搭配才算完美，这就没有统一的标准了，一切以市场需求为准。

5.2.1 编辑曲线的节点

编辑曲线的法宝，其实就是【形状工具】。前面章节曾一笔带过该工具的妙用，本小节将详细讲解其使用方法。我们都知道形状的变化是通过改变节点的控制来进行的。节点如何添加，如何删除，如何改变属性，如何连接与断开？下面将详细介绍。

使用手绘工具，随意绘制一段曲线，单击工具箱中的【形状工具】，框选任意节点，属性栏上就会出现一系列的工具选项，如图 5–2–1 所示。

提示：

如果只选择【形状工具】，属性栏上是不会出现节点编辑工具的，而是标准栏。如果不框选节点，只选择【形状工具】，那么属性栏上的节点编辑按钮是不可用状态的。由此说明，节点被选中很重要。

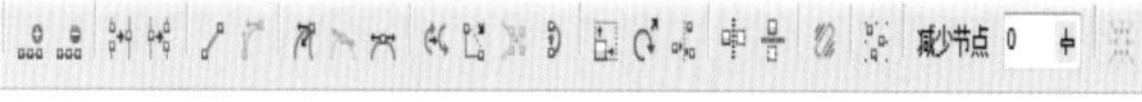

图5-2-1 属性栏

1. 添加节点

选择【形状工具】，单击要添加节点的位置，如图 5–2–2 所示。单击属性栏中左侧的第一个工具按钮【添加节点】按钮，就完成了节点的添加，如图 5–2–3 所示。

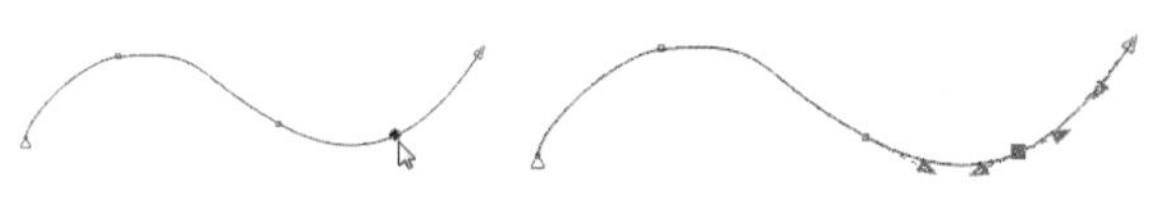

图5-2-2 单击位置　　图5-2-3 添加节点

添加节点最常用的方法是：选择【形状工具】后，在要添加节点的位置双击，添加节点。

2. 删除节点

选择【形状工具】，单击要删除的节点的位置，如图 5–2–4 所示。单击属性栏中左侧的第二个工具按钮【删除节点】按钮，就完成了节点的删除，如图 5–2–5 所示。

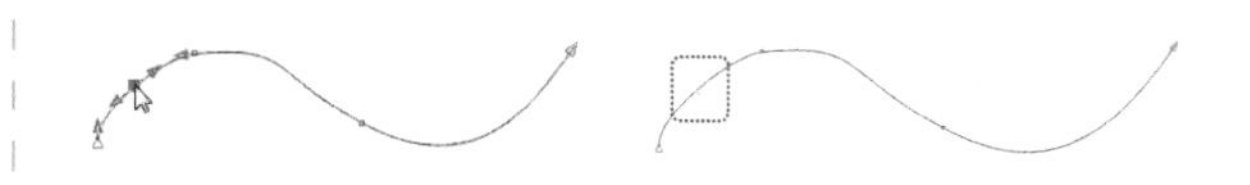

图5-2-4 双击添加节点　　图5-2-5 取消节点

提示：

更为常用的删除节点的方法，仍然是双击该节点。

3. 连接与断开节点

情况一：同一曲直线中，首尾未相接，则选择【形状工具】，拖移一个节点到另一个节点上。可以达到连接节点的效果，如图 5-2-6 所示。另外，框选两个没有被封闭的末端节点，如图 5-2-7 所示，再单击属性栏上的【连接两个节点】按钮，也能将未封闭的路径封闭，如图 5-2-8 所示。

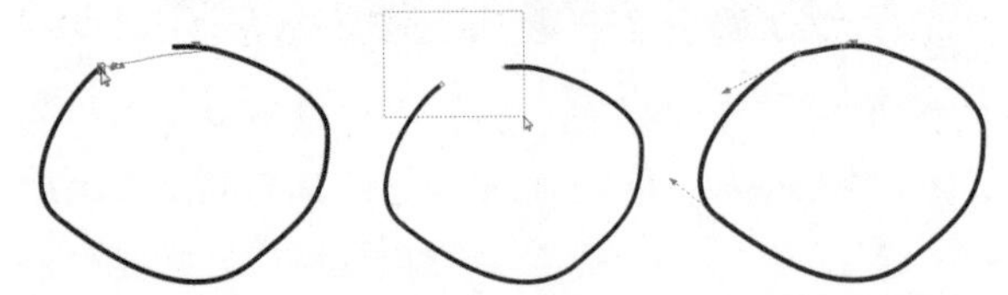

图5-2-6 拖移节点封闭　图5-2-7 框选节点　图5-2-8 自动连接

提示：

比较之下，第一种方法更为快捷，并具有可控性。因为第一种方法是我们主动将一点拖向另外一个点，我们知道其路径和改变的过程。而后者是智能连接，线条如何改变、节点如何封闭都是计算机计算的结果，不受人为控制。所以第一种方法更为直接。

情况二：两条不相干的曲线互相连接节点，如图 5-2-9 所示。这种情况我们经常会遇到，在绘图过程中不小心没有双击节点，导致两个节点没有首尾相连，所以造成了绘制出两条不相干的线段。遇到这种情况没有必要重新绘制。只需要学会以下方法，就可以改正错误，节约时间。

单击【选择工具】将两条不相干的线段框选，并单击属性栏上的【结合】按钮，将两条线段合成一体。此时，即便颜色不同，也会统一成统一的颜色，如图 5-2-10 所示。然后用情况一的方法，选择【形状工具】，拖移一个节点到另一个节点上，即可将两个缺口封闭，如图 5-2-11 所示。

提示：

框选节点后，单击鼠标右键选择 连接(J) 命令，也可以自动封闭。

检查是否封闭，可以通过颜色来检验，能填充颜色说明已经封闭完好，反之则点与点之间还没有粘合好，如图 5-2-12 所示。

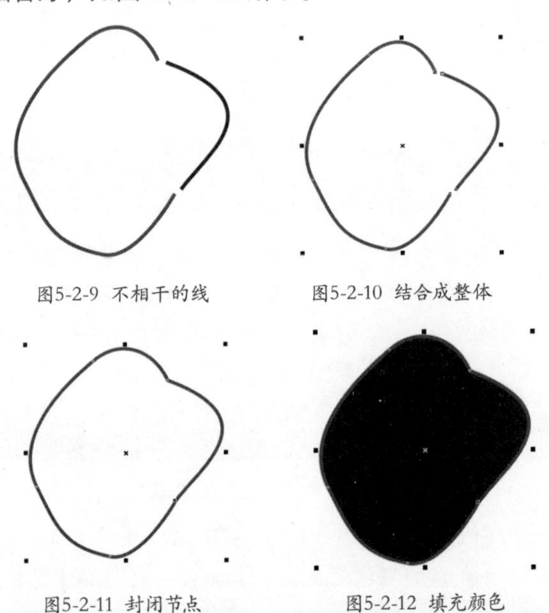

图5-2-9 不相干的线　图5-2-10 结合成整体

图5-2-11 封闭节点　图5-2-12 填充颜色

提示：

有时候没有封闭的节点很隐蔽，这就需要使用【放大镜工具】将图像放大，看看哪个节点有异常，通常该节点会和其他节点显示得不一样，比如多一个控制符号、稍微显得大一点等。

4. 封闭曲线

除了使用连接节点的方法封闭曲线，还有两种方法，一种是之前曾略提过的【闭合曲线】按钮，还有一种是【延长封闭曲线】按钮，前者是智能连接一条曲线的开始点和结尾点，所以如果该曲线只有两个端点，就只连接一次，有 4 个端点就会连接两次，如图 5-2-13 所示。后者【延长封闭曲线】按钮是使用【形状工具】框选哪条线段的两个节点就封闭哪条线段，多框选就多连接。所以该工具的前提条件是要框选，如图 5-2-14 所示。

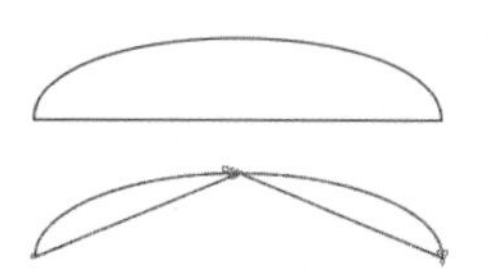

图5-2-13 自动闭合曲线

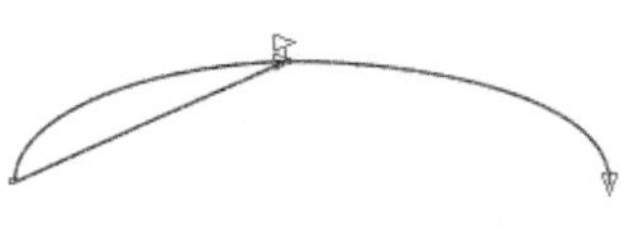

图5-2-14 框选延长封闭曲线

下面介绍如何将曲线的节点断开：方法很简单，选择【形状工具】，单击曲线中要断开的位置，然后单击属性栏上的【断开曲线】按钮，即可将该节点断开。拖移其中一个节点即可验证，如图 5-2-15 ~图 5-2-17 所示。

当然也可以选中某个已有的节点，单击鼠标右键，选择【拆分】命令，也可以实现断开效果，如图 5-2-18 所示。

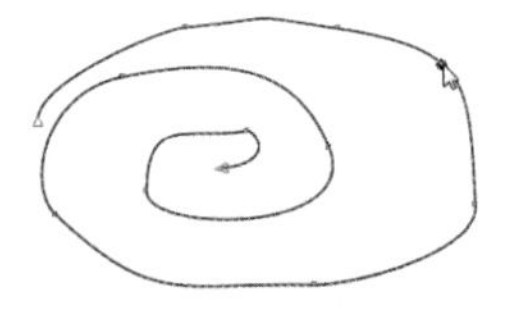

图5-2-15 单击断开点

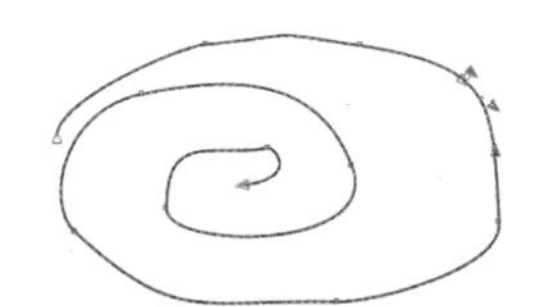

图5-2-16 单击断开按钮

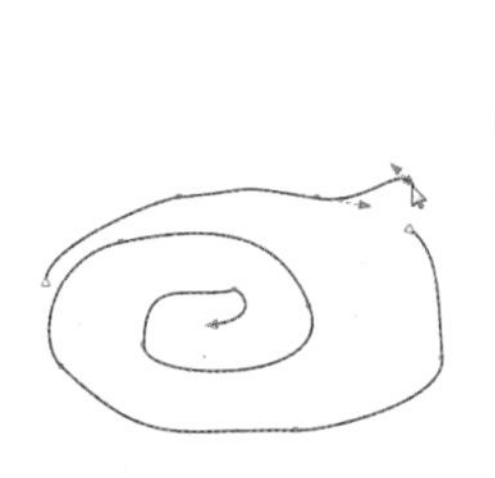

图5-2-17 拖移验证

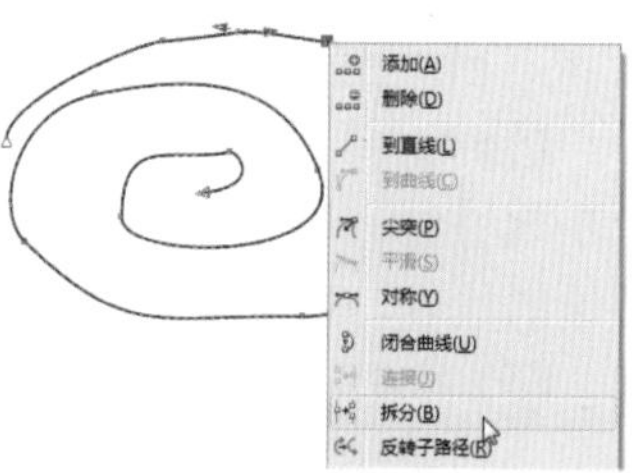

图5-2-18 选择快捷命令

那么如何将断开的线段取出呢？如图 5-2-19 所示，任意断开两个节点。选择【形状工具】，单击任意一个断开的节点，如图 5-2-20 所示。接着单击属性栏上的【提取子路径】按钮，此时摇柄颜色变红。单击【选择工具】后在空白处单击取消选择状态。再单击分离后的路径，即可将断开的路径分离开，如图 5-2-21 所示。

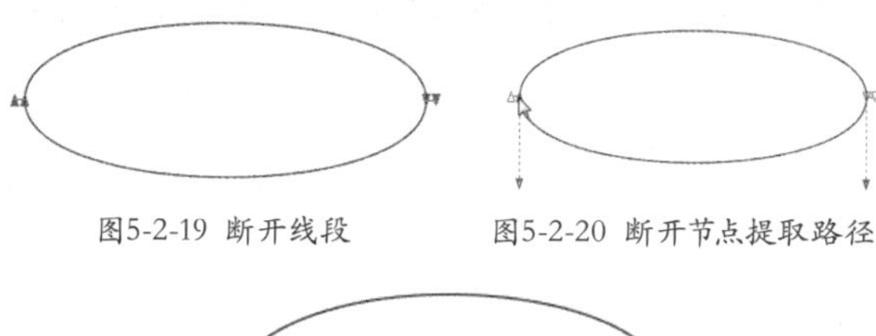

图5-2-19 断开线段　　图5-2-20 断开节点提取路径

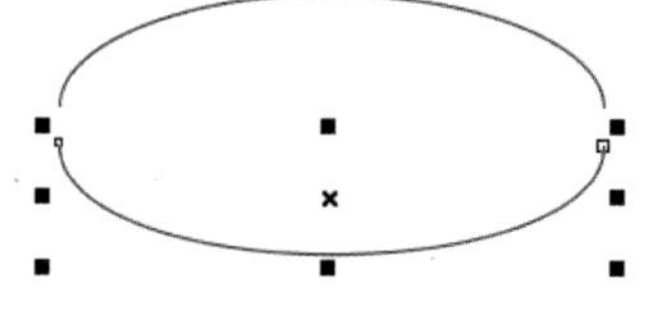

图5-2-21 分离路径

5. 改变节点并转换直线与曲线

改变直线节点为曲线节点：选择【形状工具】框选直线上的某一点，单击属性栏上的【转换为曲线】按钮，此时的节点属性被改变。拖移摇柄，该直线已经改变为曲线，可以任意弯曲，如图 5-2-22 和图 5-2-23 所示。

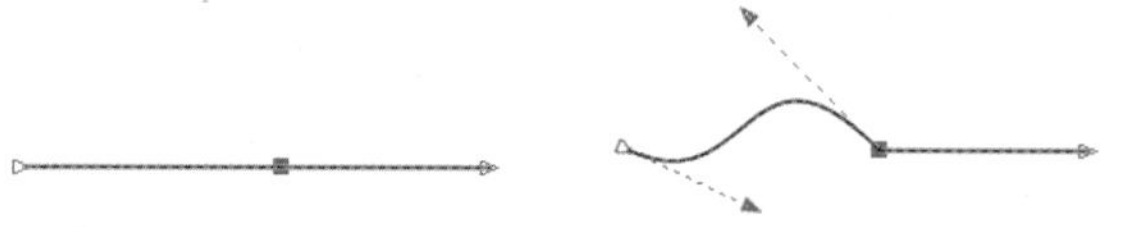

图5-2-22 框选直线上某点　　图5-2-23 改变节点属性

改变曲线节点为直线节点：框选曲线上的两点，单击属性栏上的【转换为直线】按钮，即可把原来的曲线节点改变为直线节点，摇柄不可调节，如图 5-2-24 和图 5-2-25 所示。

图5-2-24 框选曲线　　图5-2-25 曲线变直线

若是框选曲线上某一节点，则改变的是该节点所影响的线段为直线，如图 5-2-26 和图 5-2-27 所示。

图5-2-26 某一节点　　图5-2-27 节点改变

6. 尖突节点

选择曲线上某一点，改变该节点为属性栏上的【尖突节点】，可以使节点两边的控制摇柄相对独立。改变一个控制点，另外一个控制点不会随之改变，如图 5-2-28 和图 5-2-29 所示。

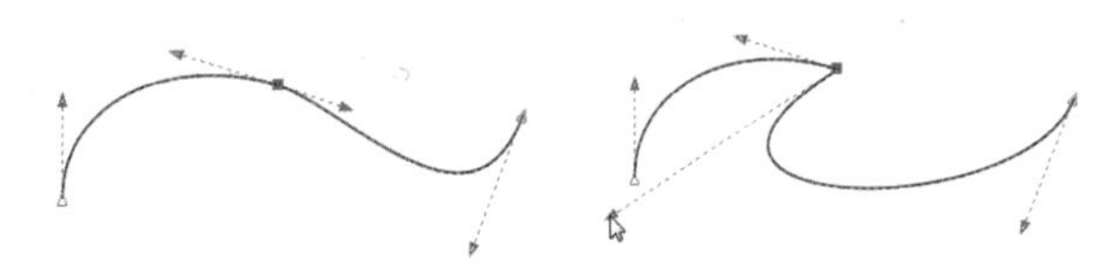

图5-2-28 选择某节点　　图5-2-29 改变为尖突点

提示：

因为它不会对其他线条产生影响，所以【尖突节点】很适合局部某条线段修改时使用。

7. 平滑节点

平滑节点可以生成平滑的曲线，它让两个控制点相关连，一个点动，另一个控制点随之而动。但是这也是保证该点所在线段平滑的关键，如图5-2-30 ~图5-2-32所示。

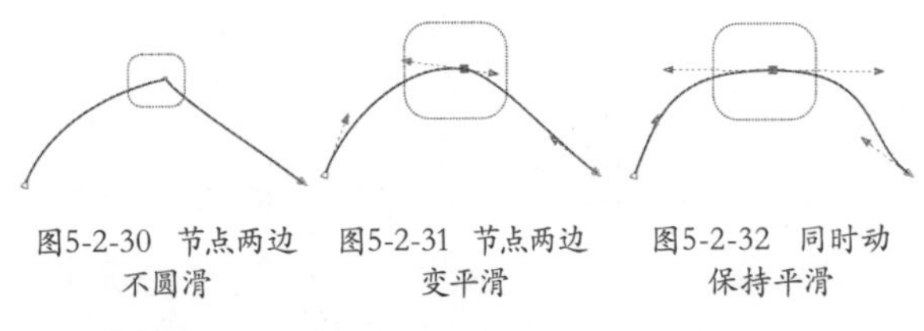

图5-2-30 节点两边不圆滑　图5-2-31 节点两边变平滑　图5-2-32 同时动保持平滑

8. 对称节点

【对称节点】可以使节点两边的曲线变得对称。与平滑节点的区别在于，前者仅仅使曲线变平滑。后者却可以使曲线变得平滑且对称，如图5-2-33至图5-2-34所示。

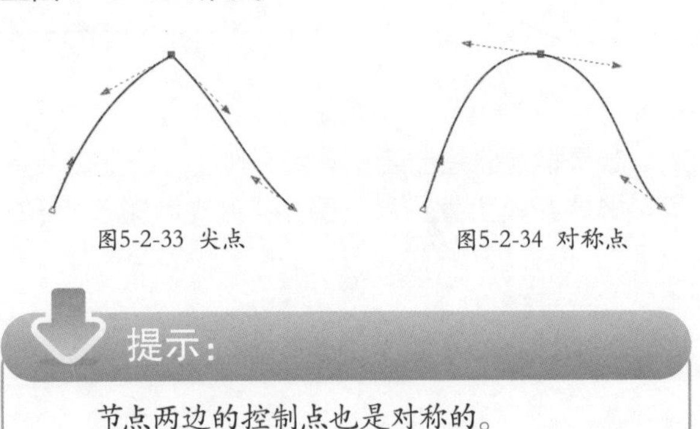

图5-2-33 尖点　图5-2-34 对称点

提示：

节点两边的控制点也是对称的。

9. 翻转曲线方向

单击【翻转曲线方向】按钮可将节点的开始方向与结束方向反向，注意线条端点的小三角形的角度，角度会处置翻转，说明起始位置已经交换，如图5-2-35和图5-2-36所示。

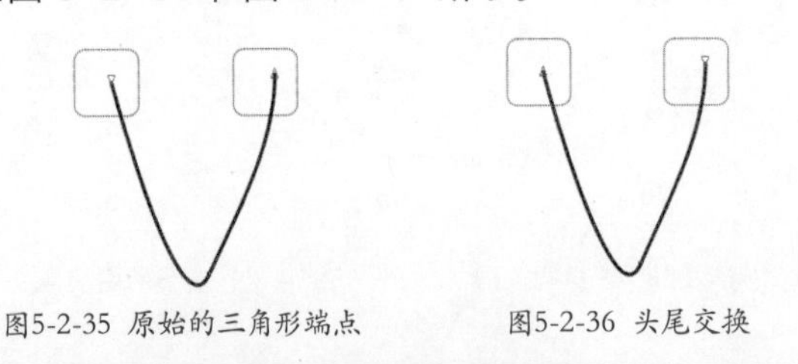

图5-2-35 原始的三角形端点　图5-2-36 头尾交换

5.2.2 编辑和修改几何图形

绘制不规则的几何图形，使用绘制直线和曲线的工具即可。但是有的图形是与基本的几何图形有关联。我们的软件中自带了这些几何图形，如圆形、五角形，只需要稍加改动，即可成为符合设计要求的作品。那么可以节约手工绘制正圆或多边形的烦恼了。

下面我们将列举一个简单的变形几何图形的编辑和修改过程，看看有没有读者把前面学习的知识都储存在大脑中，并能对号入座地将适用的工具或按钮应用到实际工作中。如图5-2-37所示绘制伞。

图5-2-37 伞效果

01 选择【椭圆形工具】，按住【Ctrl】键不放绘制正圆，如图5-2-38所示。此时计算机自带的规则图形是不能进行节点编辑的。所以要单击属性栏上的【转换为曲线】按钮，或按快捷键【Ctrl+Q】快速将正圆的属性更改为可编辑状态。

02 选择【形状工具】，分别框选左右两边的点，单击属性栏上的【断开曲线】按钮，然后拖移出下面的线段，如图5-2-39所示。

03 框选下面的3个节点后删除该曲线，最后剩下上面的半圆弧形，如图5-2-40所示。

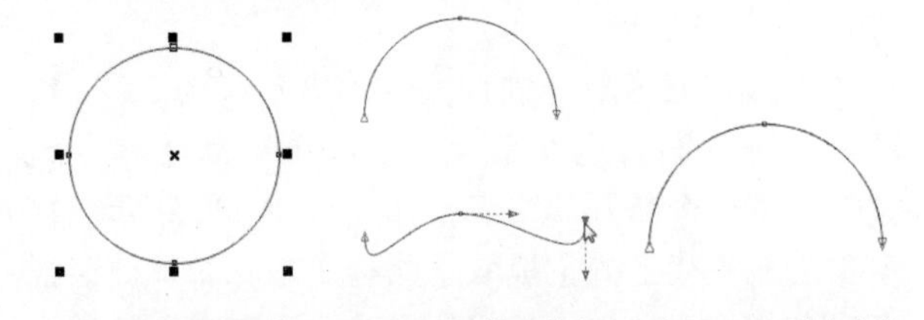

图5-2-38 绘制正圆　图5-2-39 断开节点　图5-2-40 删除曲线

提示：

还有更简单更便捷的方法把圆变成半圆弧形，请大家结合【弧形】按钮进行思考。

04 单击【选择工具】，然后缩小的同时用鼠标右键复制图形，左右键同时松开鼠标，如图5-2-41所示。复制的方法有很多种，随意采用一种能达到效果即可。

05 单击鼠标拖移左边中间的小黑控制点不放，向右拉伸并复制，如图5-2-42所示。按【Ctrl+R】

快捷键连续复制，如图 5-2-43 所示。

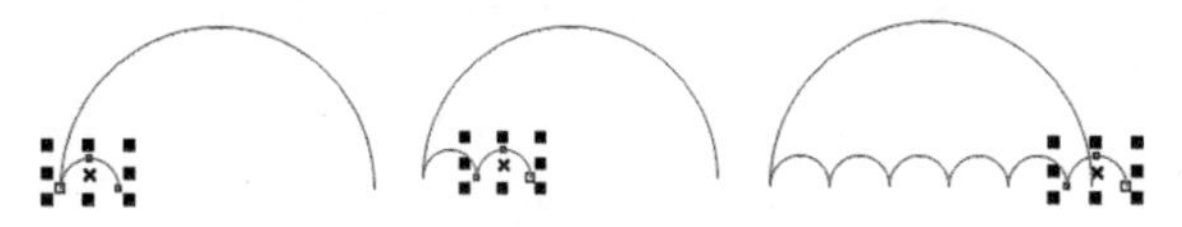

图5-2-41 缩小并复制 图5-2-42 水平翻转复制 图5-2-43 重复上一步操作

06 框选 6 个小半圆弧形，并拖移右上角的控制点，缩小到与大圆直径一样宽，如图 5-2-44 所示。

07 单击【选择工具】，框选所有的图形，并单击属性栏上的【结合】按钮，结合所有的断开线条，为一个整体，如图 5-2-45 所示。但此时的节点仍然是断开的，所以要想办法把节点逐一封闭。

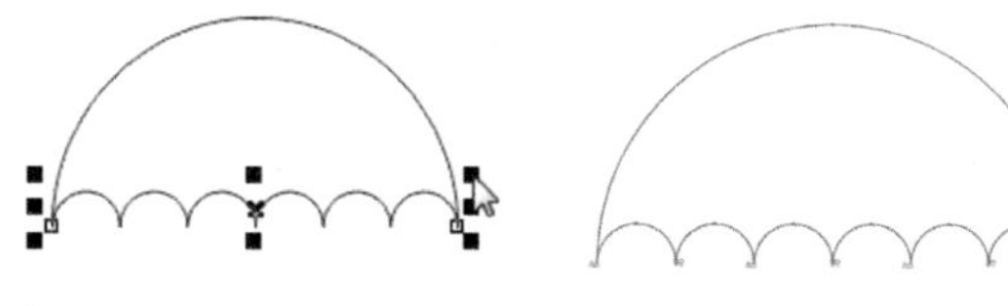

图5-2-44 缩小小半圆弧形　　图5-2-45 封闭节点

08 选择【形状工具】，向左拖移大半圆的一个端点，不要放鼠标，然后又回到原位，此时会因为接近小半圆的端点，出现一个带小箭头的形状工具符号，说明找到贴附对象。此时贴上去，两节点就合二为一了。同样的方法，逐一把重叠的节点拖出来，又放回去，逐一粘贴，如图 5-2-46 所示。此时单击颜色黄色，即可证明这些线条是否已经形成了封闭的图形。

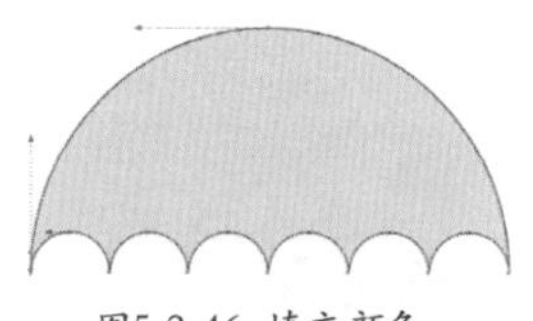

图5-2-46 填充颜色

提示：

若填充不了颜色，就要用放大镜，每个节点拖一拖，看看是哪个节点出了问题。一般情况下，有问题的节点会特别大，或者明显有两个点。

09 按【F12】键，打开【轮廓笔】对话框，设置颜色为蓝色。宽度为 1.058 毫米，如图 5-2-47 所示。单击【确定】按钮后，效果如图 5-2-48 所示。

图5-2-47 设置参数　　图5-2-48 改变后的效果

10 接着绘制伞柄。单击【矩形工具】绘制长条小矩形与伞的顶部，如图 5-2-49 所示。

11 选择【形状工具】，拖移节点后，矩形变为圆角矩形，如图 5-2-50 所示。

12 填充颜色也设置为蓝色轮廓和黄色填充，如图 5-2-51 所示。

图5-2-49 绘制矩形 图5-2-50 变为圆角矩形 图5-2-51 改变轮廓与颜色

13 复制并移动圆角矩形到扇的水平中央，如图 5-2-52 所示。单独选择下面的圆角矩形并拉升，如图 5-2-53 所示。

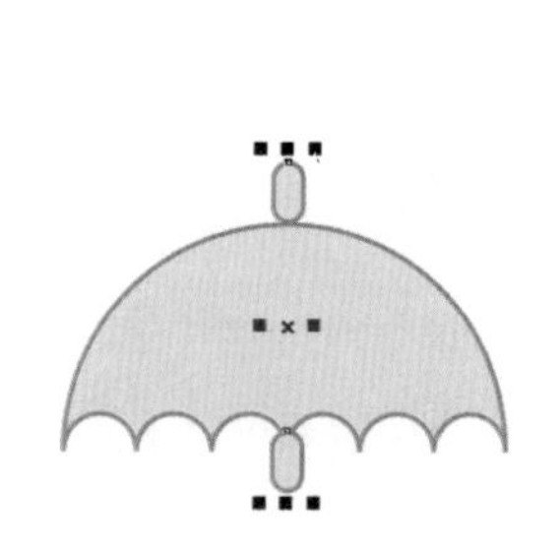

图5-2-52 复制矩形　　图5-2-53 拉升矩形

14 选择椭圆工具绘制小正圆。单击【选择工具】再按住【Shift】键，拖移控制角点，从四周向内缩小并复制正圆，距离与矩形宽度同宽，如图 5-2-54 所示。框选同心圆，并单击属性栏上的【结合】按钮结合为一个整体。

15 选择【形状工具】，框选左右两边的节点，并单击属性栏上的【断开曲线】按钮，此时同心圆分离成上下两半，四条弧形线，如图 5-2-55 所示。

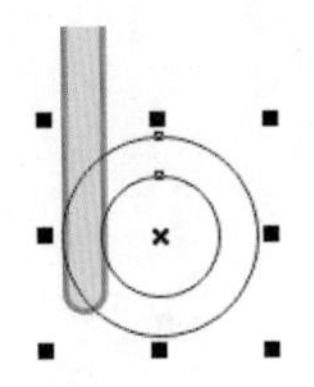

图5-2-54 同心圆

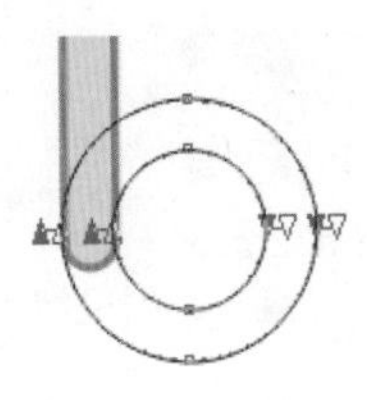

图5-2-55 分离节点

16 在空白处单击取消选择。再单击其中一个圆形的分离节点后，单击属性栏上的【提取子路径】按钮，另一正圆也要单击分离节点并提取路径，如图 5-2-56 所示。

17 再单击【选择工具】，取消选择后，单独单击分离后的半圆，如图 5-2-57 所示。删除它们后，单击【形状工具】，框选要连接的两节点，并单击属性栏上的【延长曲线使之闭合】按钮，将同心圆的两边分别封闭，形成半环状，如图 5-2-58 所示。然后单击将左边环形一端的线条封闭，单击属性栏上的【转换为曲线】按钮，拖移调节弧度，效果如图 5-2-59 所示。

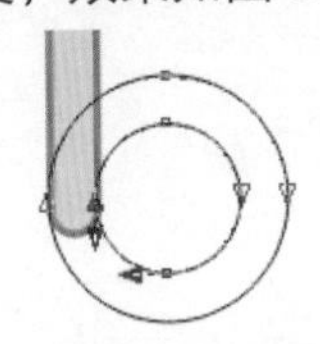

图5-2-56 提取路径

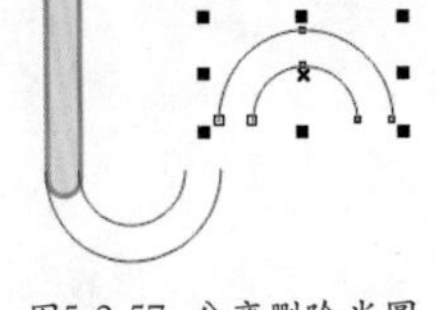

图5-2-57 分离删除半圆

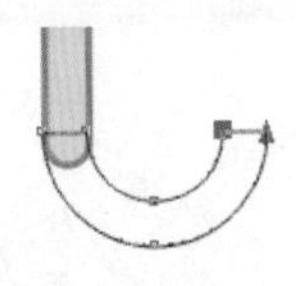

图5-2-58 封闭圆环

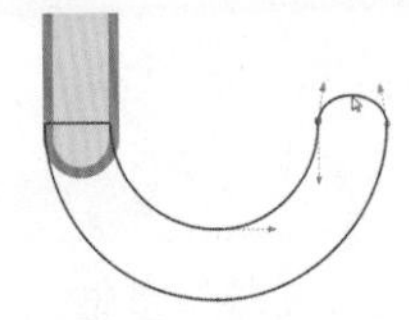

图5-2-59 调节弧形

18 最后单击【选择工具】，按住【Shift】键加选长条圆角矩形，并单击属性栏上的【合并】按钮，成为整体后的效果如图 5-2-60 所示。

19 此时若是对细节不满意，可以选择【形状工具】单独调节某些节点的位置，如图 5-2-61 所示。或者是框选伞柄的节点，按住【Ctrl】键垂直拖移其距离，改变伞柄的长度，如图 5-2-62 所示。

20 最终，我们运用了多种编辑节点的工具，绘制出了一个由圆形改变而来的伞状图形。本案例在于引导大家思考简单的工具如何使用在具体的绘画过程中。希望大家在制作每一步的时候，都要想想为什么要选择这个工具，我还可以选择其他工具否？多思考多动手，很快就能把这一难点征服，达到融会贯通的境界，如图 5-2-63 所示。

提示：

读者朋友可以多找一些类似的标志，思考怎样绘制，方法复杂也好，简单也好，都没有关系，关键在于最终效果能临摹得很像，那么离设计之路就不远了。

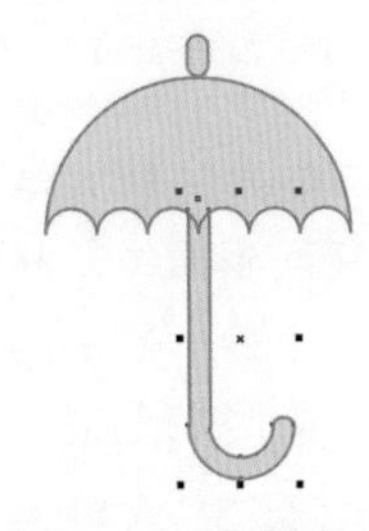

图5-2-60 合并伞柄

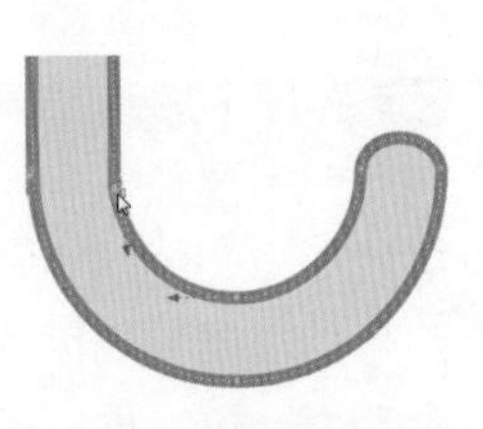

图5-2-61 修改节点位置

图5-2-62 改变伞柄的长度

图5-2-63 最终效果

5.3 编辑轮廓线

外框线像绿叶一样陪衬着填充图形，起到了烘托与美化图形的作用。有时文字想要更加突出，就需要加粗一些的深色轮廓线，让人远远地就能看到一深一浅的色彩，引人注目。

5.3.1 使用【轮廓工具】

在文档中选择了轮廓对象，再单击工具箱中的【轮廓笔】按钮，打开下拉菜单，如图 5-3-1 所示，有不同的功能和含义的各选项，如:轮廓笔属性、轮廓颜色、无轮廓、细轮廓线……根据需要选择对象所需属性。

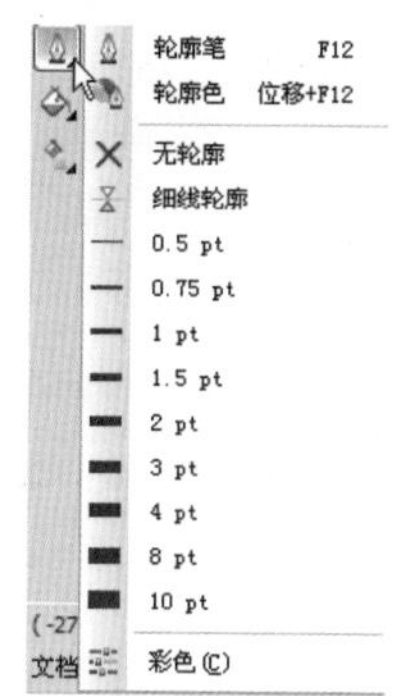

图5-3-1 【轮廓笔】按钮

提示：

文件中，在没有轮廓的情况下，单击轮廓笔，则会弹出**更改文档默认值**对话框，任意勾选一项，单击【确定】按钮，则永久改变当前文件的属性。

5.3.2 设置轮廓线的颜色

默认情况下，对象的外框颜色均为黑色，外框颜色的编辑方法与填充颜色的方法类似。但也可以通过多种途径得到改变颜色的效果。如，可以运用调色板，也可以通过对话框。

首先，确定轮廓对象被选中，然后用鼠标右键单击颜色工具箱中的任意颜色。默认黑色即可被更换为所单击颜色，如图 5–3–2 所示。

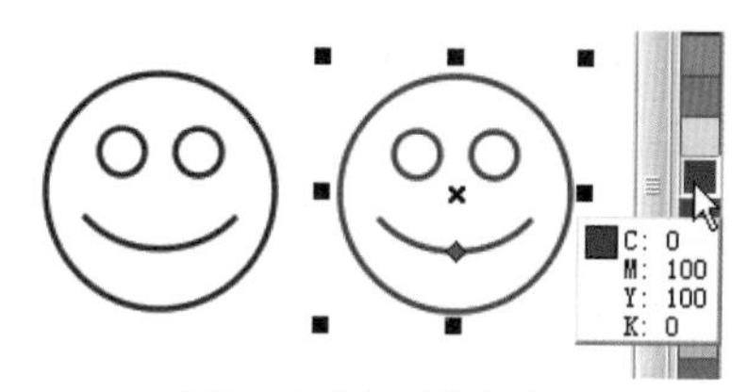

图5-3-2 右键更换颜色

第二种方法：可以选择工具箱中的【颜色滴管工具】，吸取其他颜色，如图 5–3–3 所示。此时颜色被显示在属性栏上，如图 5–3–4 所示。

提示：

单击【添加到颜色板】按钮，即可将颜色放置在窗口下方的颜色调色板上。

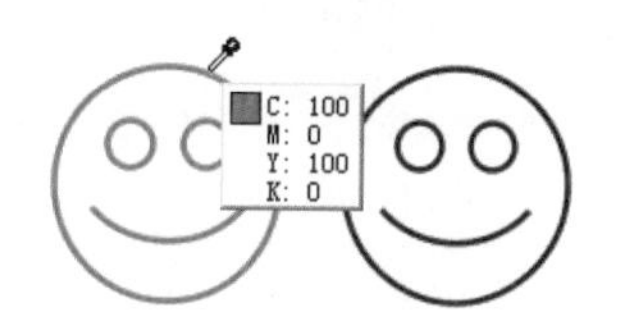

图5-3-3 吸取颜色

图5-3-4 吸取颜色到属性栏上

单击属性栏上的【应用颜色】按钮，将颜色附着于另外的对象上，如图 5–3–5 所示。

图5-3-5 将颜色附着于另外的对象

第三种方法：工具箱中的【属性滴管工具】，比颜色滴管还简单些，直接吸取颜色，不用更换工具直接在需要改变的外框上单击即可，如图 5–3–6 所示。

图5-3-6 改变外框颜色

第四种方法：单击工具箱中的【轮廓色】按钮，打开【轮廓颜色】对话框，如图 5–3–7 所示。若是选择【模型】选项卡，则可以选择任意颜色，如图 5–3–8 所示。

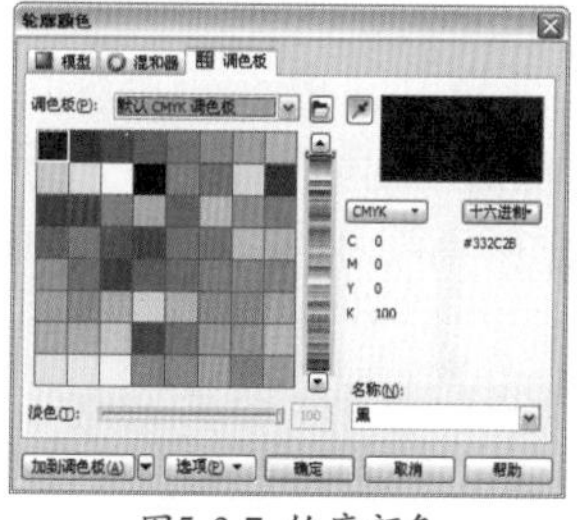

图5-3-7 轮廓颜色

图5-3-8 模型颜色

提示：

若是能知道颜色的精确数值，则选择模型为 CMYK 或 RGB 后，输入数值，单击【确定】按钮即可得到精确的颜色。

第五种方法：用鼠标左键拖移颜色到对象边缘，当光标改变为空框的形式，松开鼠标键即可。

第六种方法：就是用鼠标右键单击本对象不放，拖移到其他对象上，出现快捷命令，选择【复制轮廓】选项，也可以将其他轮廓颜色复制到本对象上，如图 5-3-9 和图 5-3-10 所示。

图5-3-9 复制属性

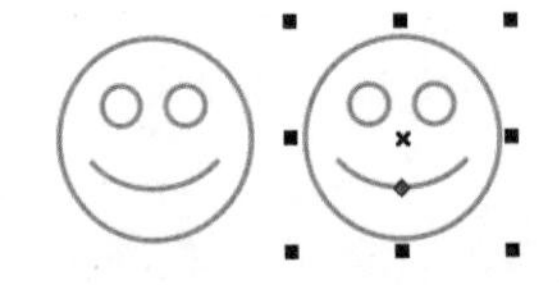

图5-3-10 复制颜色

5.3.3 设置轮廓线的粗细及样式

外框的粗细和样式直接影响到外框效果，单击工具箱中的【轮廓笔】，打开对话框，在此可以设置轮廓颜色，这也是改变轮廓颜色的第七种方法，如图 5-3-11 所示。单击【宽度】下拉列表，可以选择线条的粗细，如图 5-3-12 所示。

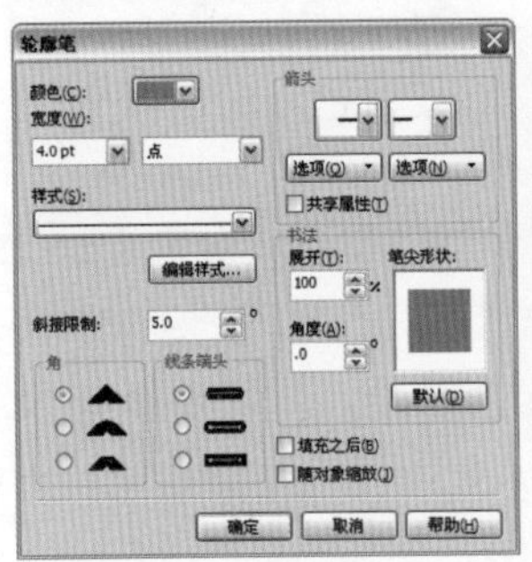

图5-3-11 改变颜色

图5-3-12 改变宽度

单击宽度旁边的下拉列表，即可改变单位为"点"或"英寸"等其他单位，如图 5-3-13 所示。单击【样式】列表，即可选择不同的线条样式，如图 5-3-14 所示。

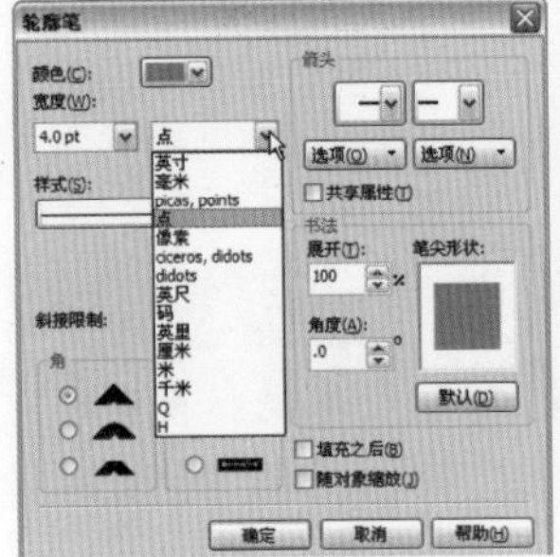

图5-3-1 3 改变单位

图5-3-14 改变样式

单击样式下面的【编辑样式...】按钮，即可打开【编辑线条样式】对话框，如图 5-3-15 所示。然后将拖移到最后面，任意单击上面的黑色小格子，即可编辑一条个性化的虚线格式。单击【添加】按钮，或【替换】按钮，即可进入到样式下拉列表的最后。

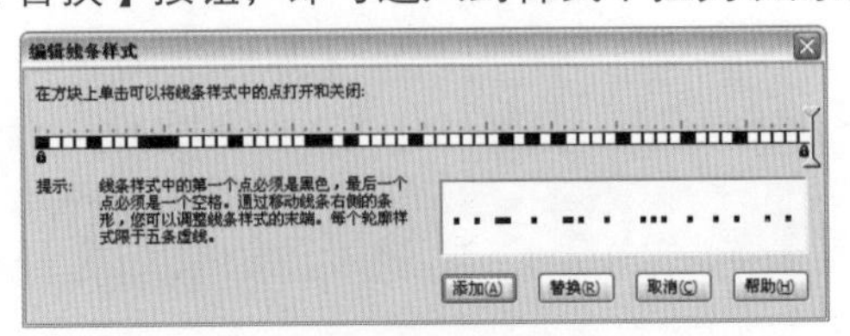

图5-3-15 编辑线条样式

5.3.4 设置轮廓线角的样式及端头样式

选定轮廓对象后，按【F12】键，打开【轮廓笔】对话框，角的样式有 3 个，线条端头也有 3 个，如图 5-3-16 所示。另外还可以通过设置书法与角度改变笔尖，类似于钢笔的笔尖样式，如图 5-3-17 所示。选择虚线【样式】又编辑了【书法】，绘制出的效果图如图 5-3-18 所示。

图5-3-16 角与端头的样式

图5-3-1 7 设置笔尖样式

图5-3-18 边框样式

提示：

对话框中的线条还涉及到【箭头】样式等，也是很简单的，只需要动手选一选，比一比，即可马上了解其效果。

5.4 均匀填充

均匀填充就像一块均匀颜色的布料，是一切花纹布料的底色。其操作方法虽然简单，但是使用范围确实很广，很频繁。

5.4.1 调色板填充

最简单的方法当然莫过于调色板填充均匀颜色。

选择对象后，用鼠标左键单击颜色工具箱中的任意颜色，即可改变对象的色彩，如图 5-4-1 所示。

提示：

将颜色拖移到对象上，也可以填充颜色。单击颜色工具箱中的☒按钮即可改变颜色为透明。

按住颜色工具箱中的任意颜色，即可弹出图 5-4-2 所示的相邻色混合效果。按住鼠标不放，选择任意颜色也可以。

提示：

按住【Ctrl】键不放，单击任意颜色，则会在已有颜色基础上增加该颜色10%左右。

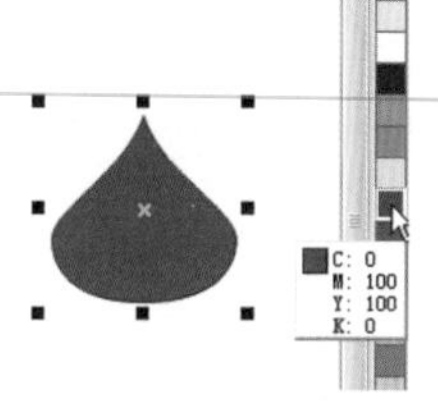

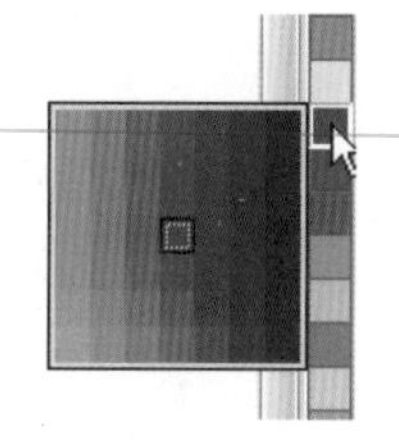

图5-4-1 调色板填充　　图5-4-2 调和色

执行【窗口】【调色板】菜单下各命令，可以在颜色工具箱旁增加其他很多颜色工具箱，如图 5-4-3 和图 5-4-4 所示。

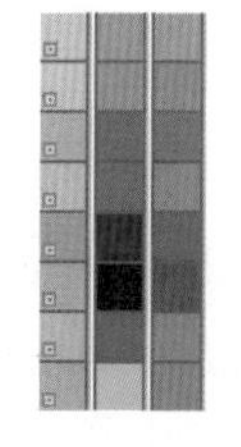

图5-4-3 其他调色板　　图5-4-4 并排调色箱

5.4.2 【均匀填充】对话框

尽管工具箱中有很多现成的颜色供大家挑选，也可以复制其他对象的颜色，但是也有需要精确填充颜色的时候。这就需要使用到【均匀填充】对话框。单击工具箱中【填充工具】下的【均匀填充】按钮■，则打开图 5-4-5 所示的对话框，此时的颜色是常用的，已经调制好现成的颜色。单击【模型】选项卡，即可在 CMYK 输入准确的印刷色，如图 5-4-6 所示。

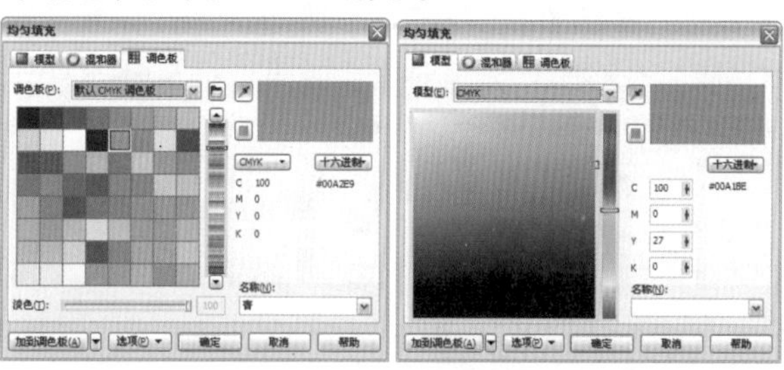

图5-4-5 均匀填充　　图5-4-6 模型精确填充

提示：

印刷色一定要选CMYK模式才准确。

单击【混合器】选项卡，选择的【色度】不同，加上不断移动色彩点，加上不同的【变化】选项的选择，都可以改变下方的颜色列表，如图 5-4-7 所示。

第一列的颜色就是那五点的颜色，其后的颜色均为和谐色的颜色变化，如图 5-4-8 所示。

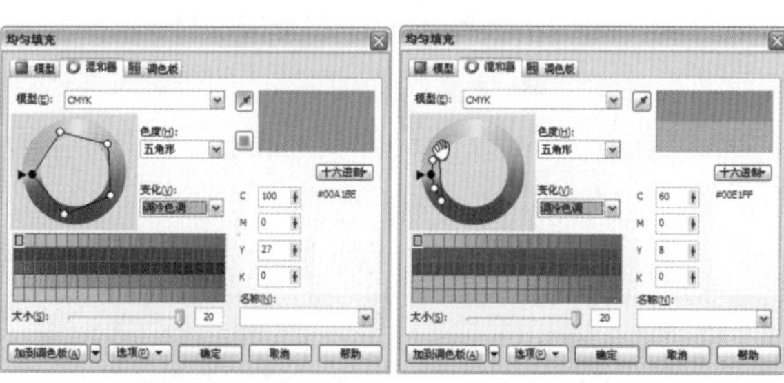

图5-4-7 混合颜色　　图5-4-8 任意搭配混合色

提示：

该选项在绘制和谐色，临近混合色的作品时会节约很多时间。

5.5 渐变填充

渐变填充中包括了线性、射线、圆锥、方角几种类型，在这 4 种渐变色中，可以灵活地利用各个选项得到色彩绚丽的渐变填充，从而美化我们的平面作品。

5.5.1 双色渐变填充

选择对象，单击工具箱中的 渐变填充 按钮，打开对话框，如图 5-5-1 所示，在【颜色调和】选区中，有“双色”、“自定义”两项，其中“双色”填充是默认方式。在【类型】下拉列表中有 4 种渐变方式，选择的类型不同，预览框中的效果就不同，如图 5-5-2 所示。这 4 种渐变效果如图 5-5-3 所示。

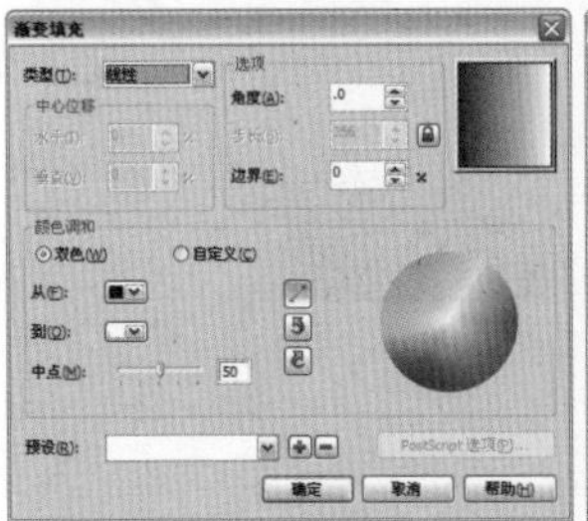

图5-5-1 线性类型

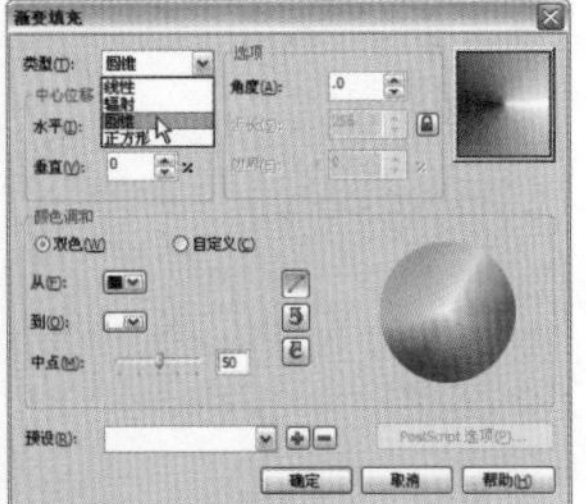

图5-5-2 圆锥类型

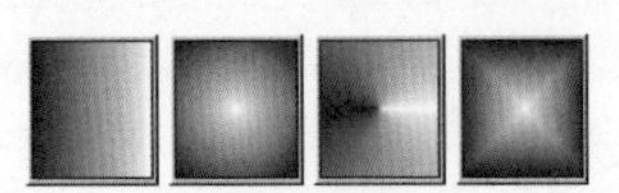

图5-5-3 4 种渐变

【中心位移】可以调节渐变中心点的位置。在【选项】栏中，【角度】设置范围在 -360°~ 360° 之间，【步长值】用于设置渐变的阶层数，默认设置为 256，数值越大，渐变层次就越多，对渐变色的表现就越细腻；【边界】用于设置边缘的宽度，取其值范围在 0～49 之间，数值越大，相邻颜色间的边缘就越窄，其颜色的变化就越明显；【中点】可以设置中心点的渐变范围和效果。

5.5.2 自定义填充

选择【颜色调和】中的【自定义】填充，用户可以在渐变轴上双击鼠标左键增加颜色控制点，再在右侧的调色板中设置颜色。在三角形上双击鼠标左键，可以删除颜色点，如图 5-5-4 所示。也可以通过在【渐变填充】对话框下方的【预设】下拉列表，选择已经设置好的渐变效果，如图 5-5-5 所示。

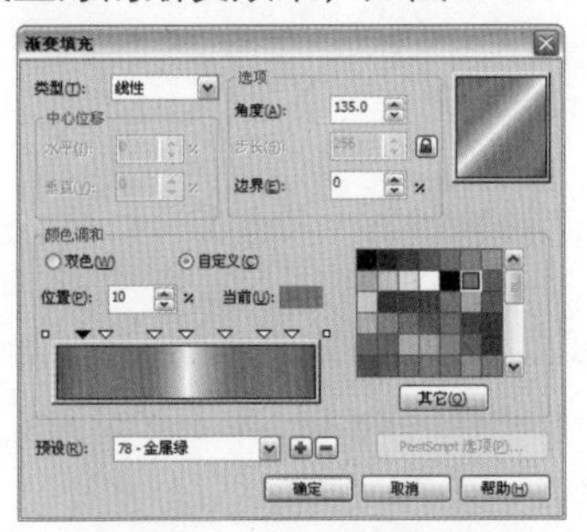

图5-5-4 设置渐变

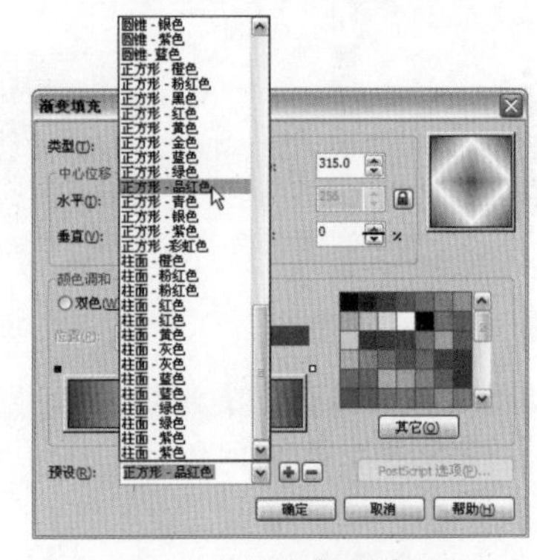

图5-5-5 挑选【预设】

5.6 图样填充、底纹填充、PostScript填充

选择对象后，单击工具箱中的 图样填充 按钮，打开对话框，该对话框提供了 3 种填充模式：双色、全色、位图模式，每种模式都有不同的花纹和样式供用户选择，如图 5-6-1 所示。当选择【双色】类型时，用户可以定义图案的前景色和背景色，单击【载入】按钮，可以载入已有的图案，单击【创建】按钮，还可以在对话框中单击鼠标绘制图案，用右键单击可删除多余的点，如图 5-6-2 所示。

选择【全色】或【位图】模式时，可以使用多色彩和位图作为填充，如图 5-6-3 所示。尺寸选区用来设置平铺图案尺寸的大小。变换选区用来使图案产生倾斜及旋转变化。行或列位移用来使填充图案的行和列产生偏移。

提示：

图案填充可以为服装设计、布料设计、底纹设计等提供便利。

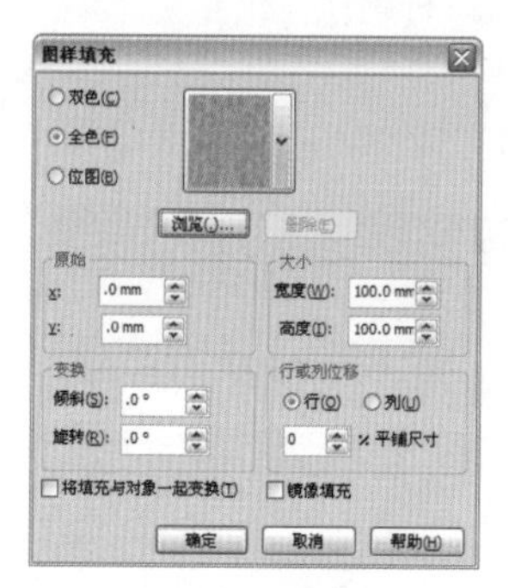

图5-6-1 图样填充

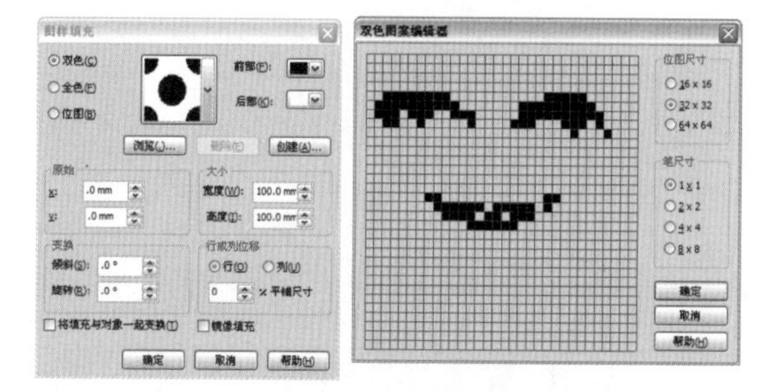

图5-6-2 设置双色样式

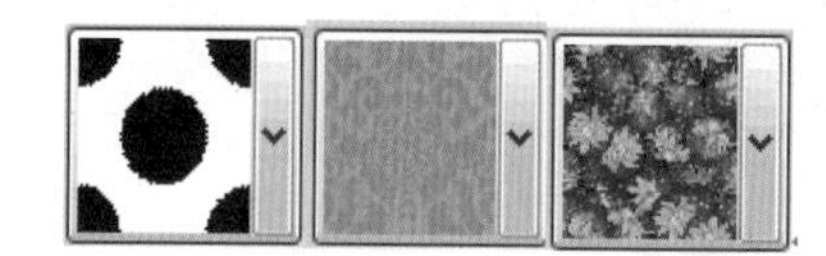

图5-6-3 双色 全色 位图

选择对象后，单击工具箱中的 底纹填充按钮，打开对话框，其中包含了几百种纹理样式及材质，有波涛海、晨云等，用户在选择各种纹理后，还可以设计其他参数，使底纹填充显得更加精致，且符合设计要求，如图 5-6-4 所示。

选择对象后，单击工具箱中的 PostScript 填充按钮，该填充是由 PostScript 语言编写出来的一种纹理，在增强视图模式下才可以显示出来该纹理，如图 5-6-5 所示。

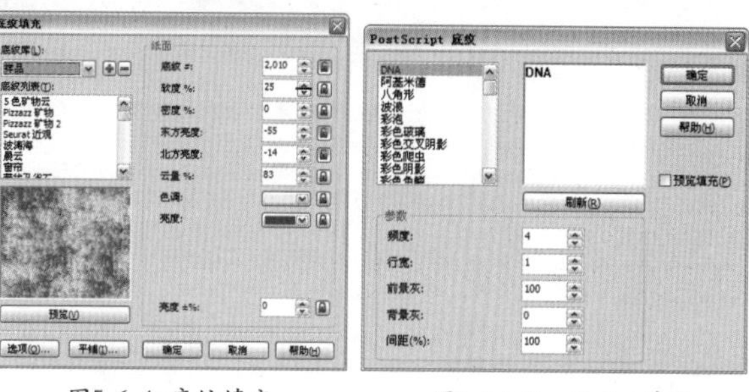

图5-6-4 底纹填充　　图5-6-5 PostScript填充

本章小结

通过本章的学习，我们可以了解到直线工具与曲线工具的使用，重点掌握了如何编辑曲线。另外形状编辑好了，就涉及到轮廓线和填充。于是又讲解了各对话框的运用，以及各种不同的填充方式。大家在工作过程中要选取适合的工具，以提高效率、方便有效为标准。

第06章

图像关系与文本编辑

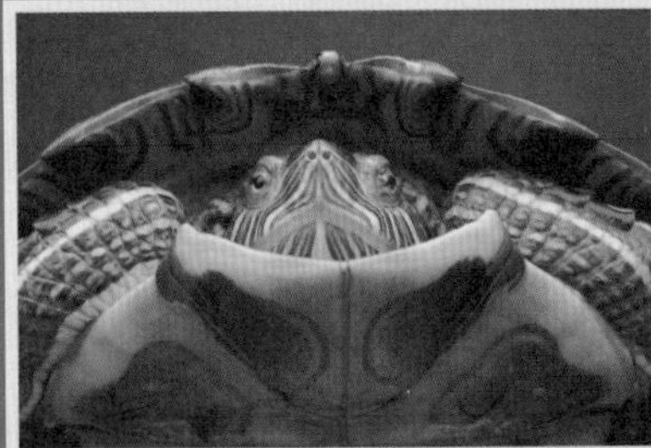

在本章中我们将学习图像之间的关系，例如图像与图像之间的排列方式，以及如何对图像进行标注，在文档中创建文本并对文本进行编辑，以及对表格的应用等其他对文本的操作。

6.1 图像的分布与标注

在本节中我们将学习对图像分布的操作和对图像进行标注。

6.1.1 对齐与分布

在绘制图形的时候，经常需要将某些图形对象按照一定的规则进行排列，以达到更好的视觉效果。在 CorelDRAW 中，可以将图形或者文本按照指定的方式排列，使它们按照中心或边缘对齐，或者按照中心或边缘均匀分布。

在 CorelDRAW 中，允许用户在绘图页中准确地对齐对象。可以使对象互相对齐，也可以使对象与绘图页面的各个部分对齐。

CorelDRAW 还允许将多个对象水平或垂直对齐绘图页面的中心。

下面通过一个小例子来介绍一下对齐多个对象的方法。

01 按【Ctrl+N】快捷键，即可弹出【创建新文档】对话框，输入名称，将【宽度】设置为 600mm，【高度】设置为 300mm，其他使用默认设置，然后单击【确定】按钮，如图 6-1-1 所示。

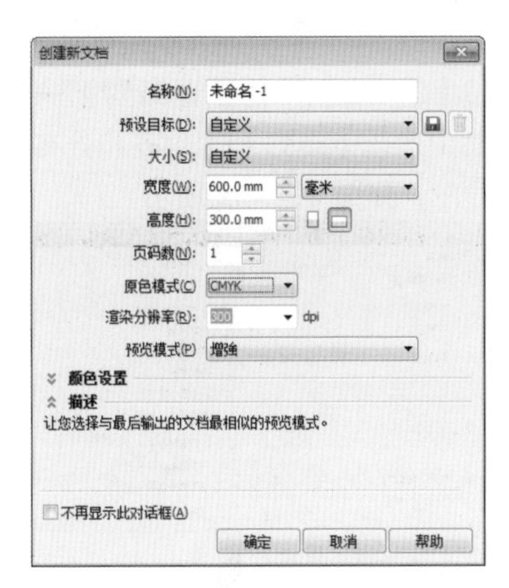

图6-1-1 创建新文档对话框

02 创建完成后，在工具栏中使用【矩形工具】、【椭圆工具】、【多变形工具】，在绘图页进行分别绘制，并填充不同的颜色，如图 6-1-2 所示。

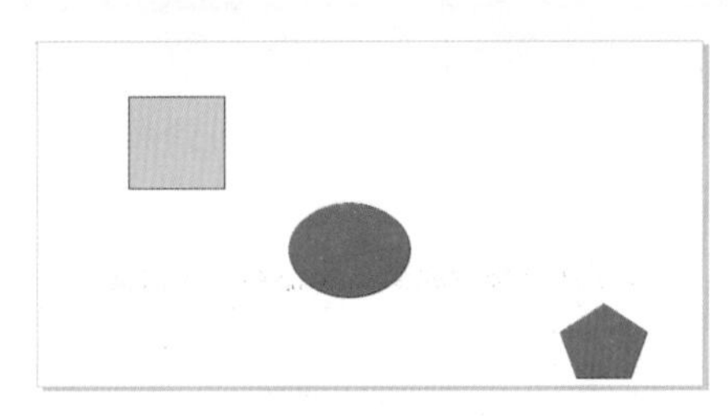

图6-1-2 绘制的图形

03 按【Ctrl+A】快捷键将场景中的对象全部选中，如图 6-1-3 所示。

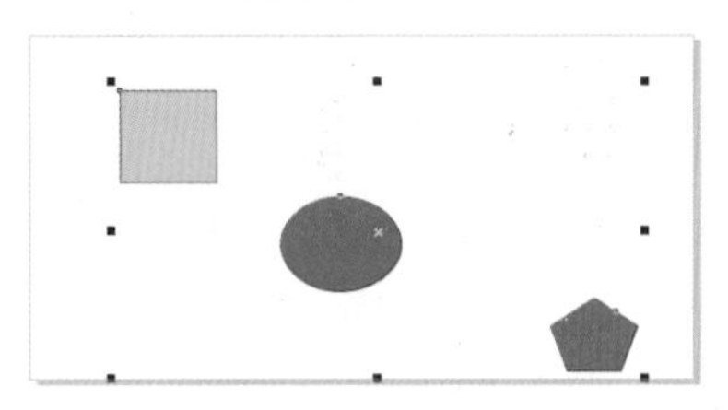

图6-1-3 选择全部对象

04 在菜单栏中选择【排列】|【对齐和分布】|【左对齐】命令，如图 6-1-4 所示。

图6-1-4 选择【左对齐】命令

05 即可将选择的对象以最底层的对象为准进行左对齐，效果如图 6-1-5 所示。

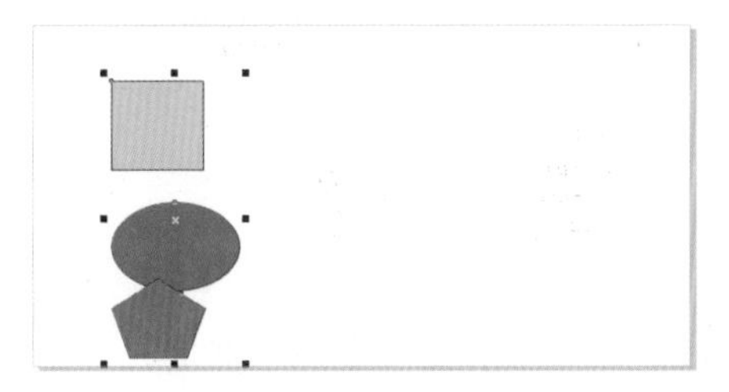

图6-1-5 左对齐后的效果

提示：

【最底层的对象】为在整个文档中最先绘制的对象。

06 按【Ctrl+Z】快捷键返回到上一步的操作，然后在菜单栏中选择【排列】|【对齐和分布】|【顶端对齐】命令，如图 6–1–6 所示。

图6-1-6 选择【顶端对齐】命令

07 即可将选择的对象以最底层的对象为准进行顶端对齐，效果如图 6–1–7 所示。

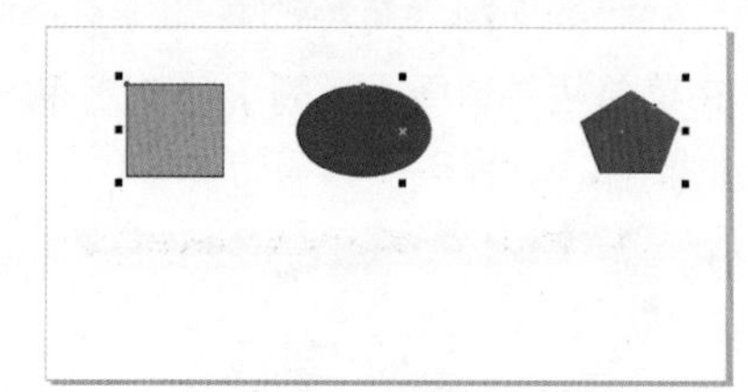

图6-1-7 顶端对齐后的效果

08 按【Ctrl+Z】快捷键返回到上一步的操作，再在菜单栏中选择【排列】|【对齐和分布】|【水平居中对齐】命令，如图 6–1–8 所示。

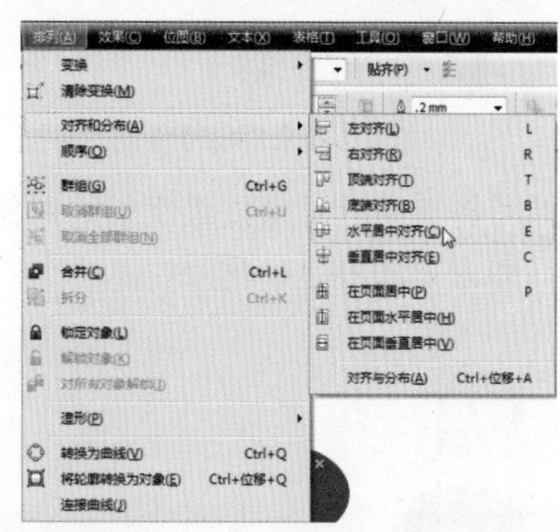

图6-1-8 选择【水平居中对齐】命令

09 即可将选择的对象以最底层的对象为准进行水平居中对齐，效果如图 6–1–9 所示。

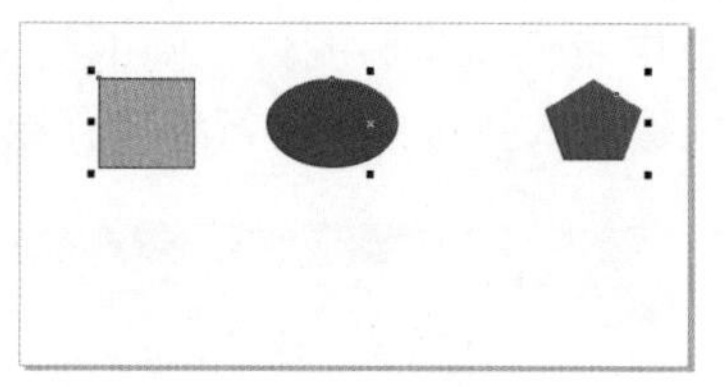

图6-1-9 水平居中对齐后的效果

10 按【Ctrl+Z】快捷键返回到上一步的操作，再在菜单栏中选择【排列】|【对齐和分布】|【垂直居中对齐】命令，如图 6–1–10 所示。

图6-1-10 选择【垂直居中对齐】命令

11 即可将选择的对象以最底层的对象为准进行垂直居中对齐，效果如图 6–1–11 所示。

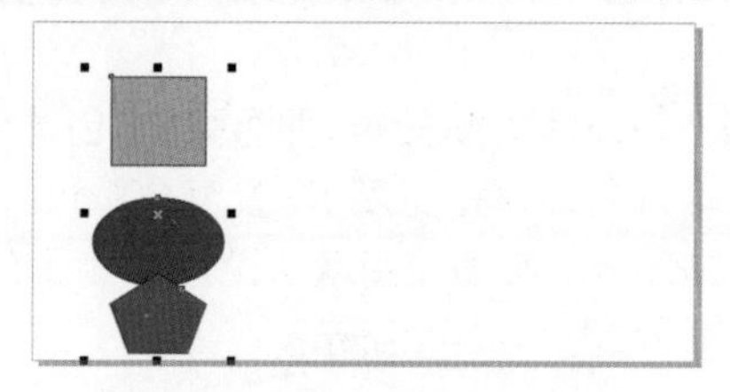

图6-1-11 垂直居中对齐后的效果

12 按【Ctrl+Z】快捷键返回到上一步的操作，再在菜单栏中选择【排列】|【对齐和分布】|【在页面居中】命令，如图 6–1–12 所示。

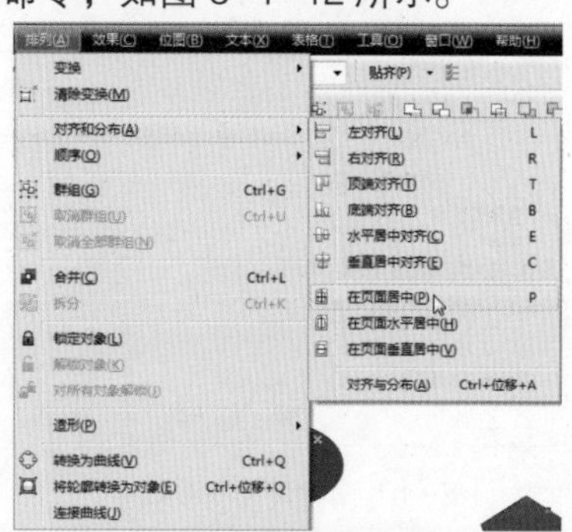

图6-1-12 选择【在页面居中】命令

13 即可将选择的对象在页面中心对齐，效果如图 6–1–13 所示。

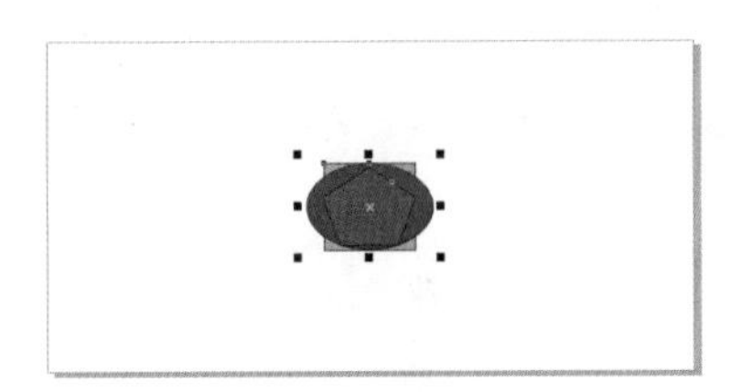

图6-1-13 页面中心对齐后的效果

14 按【Ctrl+Z】快捷键返回到上一步的操作，再在菜单栏中选择【排列】|【对齐和分布】|【在页面水平居中】命令，如图 6-1-14 所示。

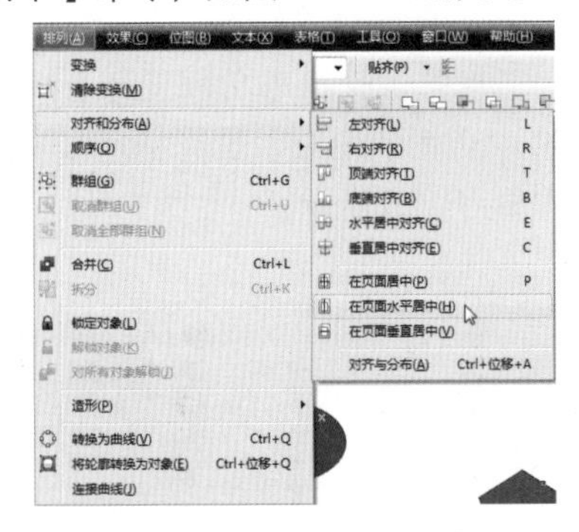

图6-1-14 选择【在页面水平居中】命令

15 即可将选择的对象以页面为准进行水平居中对齐，效果如图 6-1-15 所示。

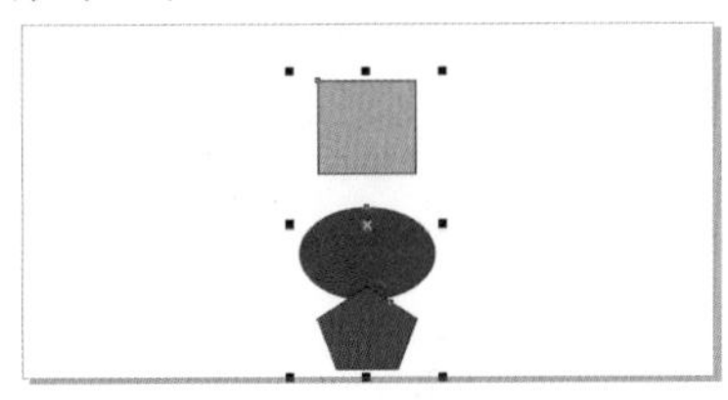

图6-1-15 水平居中对齐后的效果

16 按【Ctrl+Z】快捷键返回到上一步的操作，再在菜单栏中选择【排列】|【对齐和分布】|【在页面垂直居中】命令，如图 6-1-16 所示。

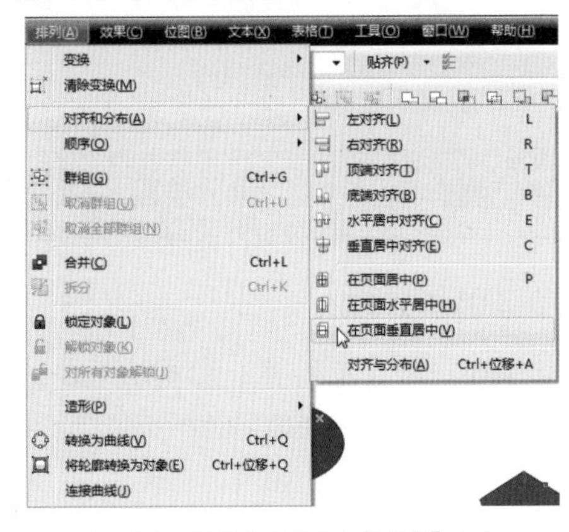

图6-1-16 选择【在页面垂直居中】命令

17 即可将选择的对象以页面为准进行垂直居中对齐，效果如图 6-1-17 所示。

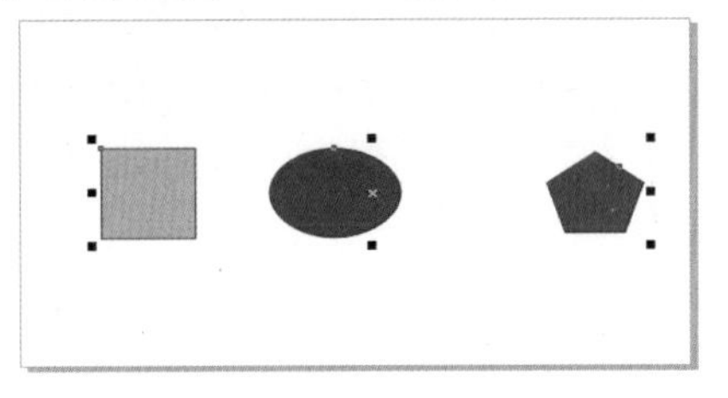

图6-1-17 垂直居中对齐后的效果

下面分别对【对齐与分布】泊坞窗中的【对齐】和【分布】选项卡进行简单的介绍。

18 继续上面的操作，按【Ctrl+Z】快捷键返回到上一步的操作，然后在菜单栏中选择【排列】|【对齐和分布】|【对齐与分布】命令，如图 6-1-18 所示。

图6-1-18 选择【对齐与分布】命令

19 弹出【对齐与分布】泊坞窗，单击分布组中的【左分散排列】按钮，如图 6-1-19 所示，即可将选择的对象以左分散排列，效果如图 6-1-20 所示。

图6-1-19 【对齐与分布】泊坞窗

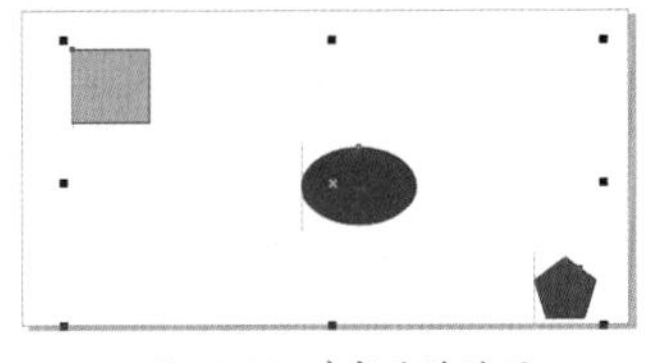

图6-1-20 对齐后的效果

其他分布选项就不再一一介绍，原理相同，读者可自己动手查看效果。

6.1.2 标注工具

下面介绍使用标注工具对任意图形进行批注。

01 启动软件后按【Ctrl+N】快捷键，打开【创建新文档】对话框，使用默认设置，单击【确定】按钮，如图 6-1-21 所示。

02 然后在工具栏中选择【艺术笔工具】，在属性栏中选择【喷涂】工具，将类别设置为【食物】，然后单击【喷射图样】下拉按钮，在弹出的下拉列表中选择第一种即可，如图 6-1-22 所示。

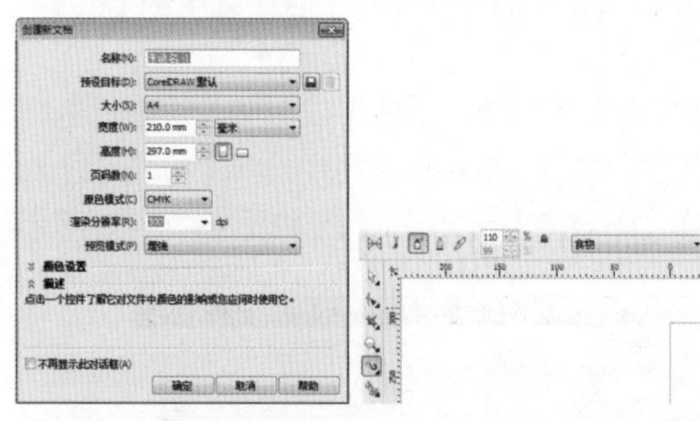

图6-1-21 【创建新文档】对话框　　图6-1-22 设置工具选项

03 然后在绘图页中进行绘制，绘制完成后的效果如图 6-1-23 所示。

04 在工具栏中单击【标注形状工具】，在属性栏中单击【完美形状】按钮，在弹出的下拉列表中选择所需的形状，然后在绘图页绘制标注形状，如图 6-1-24 所示。

6-1-23 绘制食物喷涂

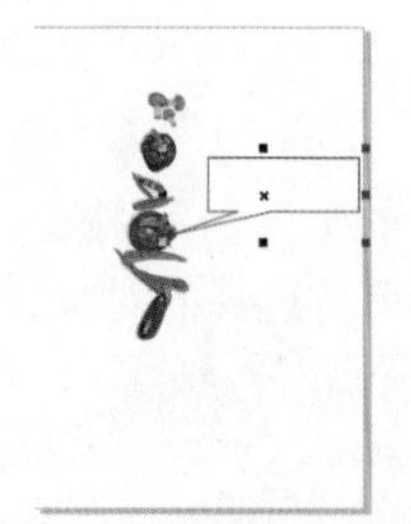

图6-1-24 绘制标注形状

05 在默认 CMYK 调色板中用鼠标右击任意色块，即可改变标注轮廓的颜色，如图 6-1-25 所示。

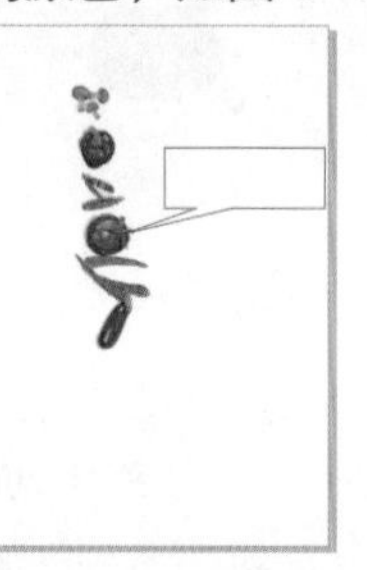

图6-1-25 改变轮廓颜色

06 在工具箱中选择【文本工具】，将光标移动到标注中合适的位置，当光标呈形状时单击鼠标，如图 6-1-26 所示。

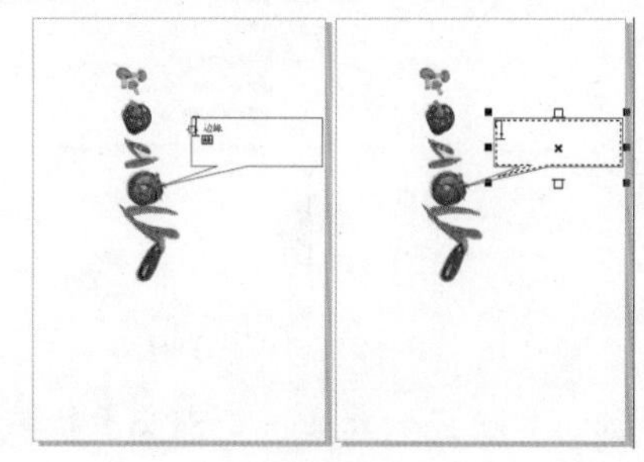

图6-1-26 在标注中创建文本框

07 在默认 CMYK 调色板中选择一种颜色，在属性栏中设置字体属性，然后在标注中输入文字，如图 6-1-27 所示。

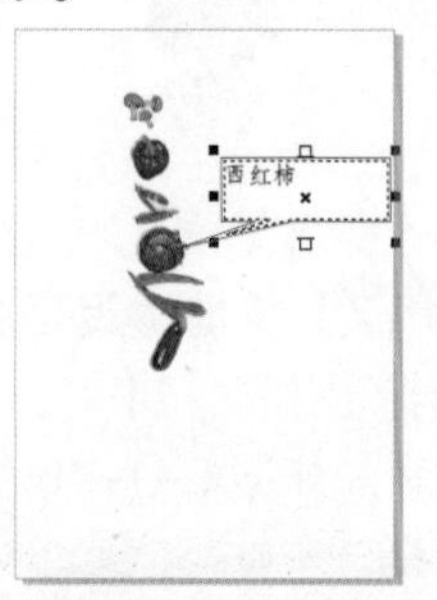

图6-1-27 输入文字

6.2 创建和编辑文本

CorelDRAW X6 具有强大的文本处理功能。内置的字体识别和文本格式实时预览功能大大方便了操作，使用 CorelDRAW X6 中的【文本工具】可以方便地对文本进行首字下沉、段落文本排版、文本绕图和将文字填入路径等操作。

6.2.1 创建文本

在工具箱中选择【文本工具】，在属性栏中就会显示出与其相关的选项。

属性栏中各选项说明如下。

- 字体列表：如果在绘图页中选择文本或在

绘图页中单击，用户可直接在该下拉列表中选择所需的字体。

注意：

也可以在拖出一个文本框后，先在字体列表与字体大小列表中选择所需的字体与字体大小，再输入所需的文字。

- 字体大小列表：如果在绘图页中选择了文本或在绘图页中单击，用户可直接在字体大小列表中选择所需的字体大小；也可直接在该文本框中输入1~3000之间的数字，数值越大，字体就越大。
- 【粗体】按钮：单击该按钮呈凹下状态（即选择该按钮），可以将选择的文字或将输入的文字加粗；取消该按钮的选择，可以将选择的加粗文字还原。
- 【斜体】按钮：选择该按钮，可以将选择的文字或将输入的文字倾斜；取消该按钮的选择，可以将选择的倾斜文字还原。
- 【下划线】按钮：选择该按钮，可以为选择的文字或将输入的文字添加下划线；取消该按钮的选择，可以为选择的下划线文字清除下划线。
- 【文本对齐】按钮：单击该按钮，弹出一个下拉菜单，在其中选择所需的对齐方式。
- 【项目符号列表】按钮：单击该按钮呈凹下（即选择）状态时，将为所选的段落添加项目符号，再次单击该按钮取消它的选择，即可隐藏项目符号。
- 【首字下沉】按钮：单击该按钮呈选择状态时，将所选段落的首字下沉，再单击该按钮取消它的选择时，则取消首字下沉。
- 【字符格式化】按钮：单击该按钮，即可弹出【字符格式化】泊坞窗，用户可以在其中为字符进行格式化。
- 【编辑文本】按钮：单击该按钮，弹出【编辑文本】对话框，用户可在其中对文本进行编辑。
- 【将文本更改为水平方向】按钮和【将文本更改为垂直方向】按钮：用来设置使文本呈水平方向排列或呈垂直方向排列。

下面通过一个小实例来介绍文本工具的使用方法。

01 选择工具箱中的【文本工具】，在属性栏中单击【将文本更改为垂直方向】按钮，然后在绘图页中创建文本，如图6-2-1所示。

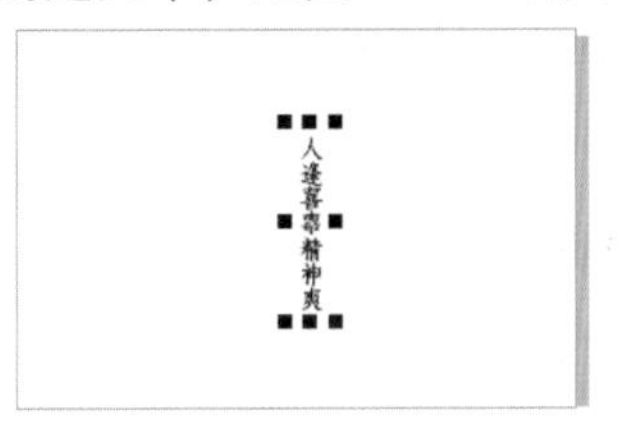

图6-2-1 创建文本

02 选择新创建的文本，在属性栏中将【字体】设置为【汉仪彩蝶体简】，将【字体大小】设置为100pt，然后调整文本的位置，完成后的效果如图6-2-2所示。

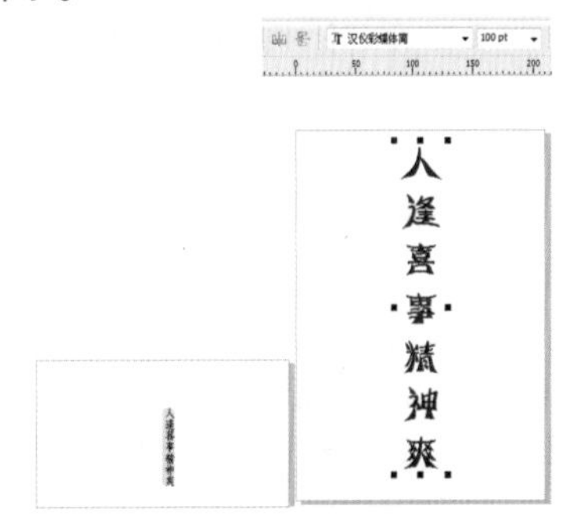

图6-2-2 设置文本

03 按【F11】键，弹出【渐变填充】对话框，将【类型】设置为【线性】，在【选项】区域中将【角度】设置为90，【边界】设置为0，在【颜色调和】区域下将【从】设置为黄，将【到】设置为青，设置完成后单击【确定】按钮，如图6-2-3所示。

04 填充完渐变颜色后的效果如图6-2-4所示。

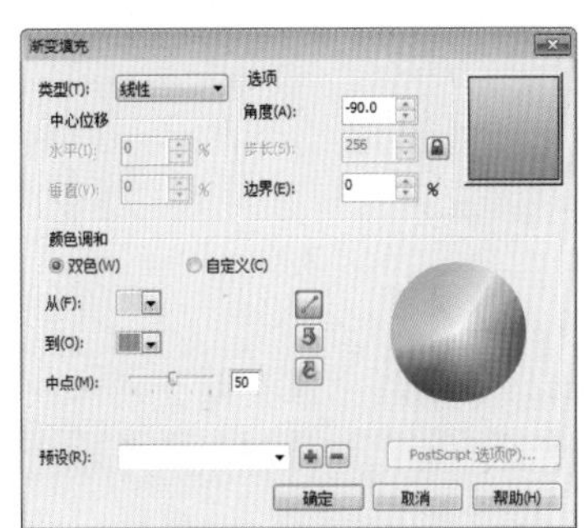

图6-2-3 设置渐变颜色

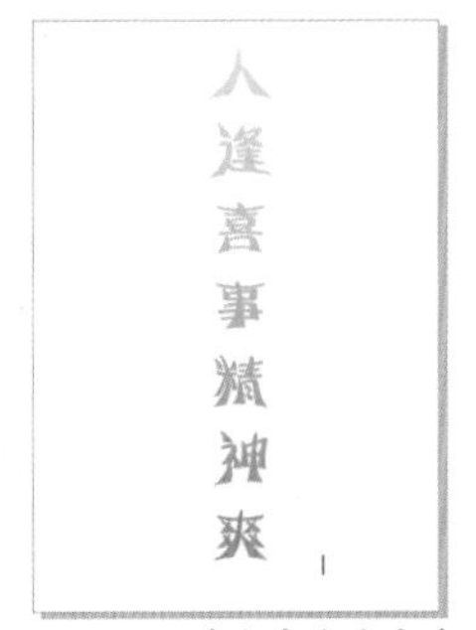

图6-2-4 填充完渐变颜色后的效果

6.2.2 导入文本

导入文本的操作方法如下。

01 在菜单栏中选择【文件】|【导入】命令，在弹出的【导入】对话框中选择需要导入的文本文件，然后按下【导入】按钮，如图 6-2-5 所示。

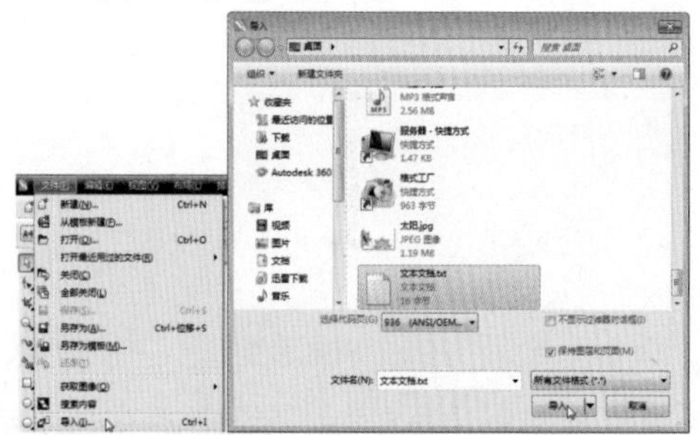

图6-2-5 【导入】对话框

02 在弹出的【导入/粘贴文本】对话框中进行设置后，单击【确定】按钮，当光标变为标尺状态时，在绘图页中单击图标，即可将该文件中的所有文字内容以段落文本的形式导入到当前的绘图页中，如图 6-2-6 所示。

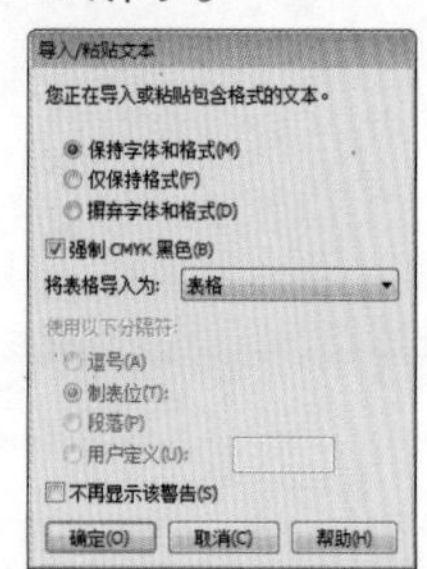

图6-2-6 【夺入/粘贴文本】对话框

在菜单栏中选择【文本】|【编辑文本】命令，在弹出的【编辑文本】对话框中可以对文本进行编辑，编辑文本的操作步骤如下。

01 使用【文本工具】字，在绘图页中创建文本，如图 6-2-7 所示。

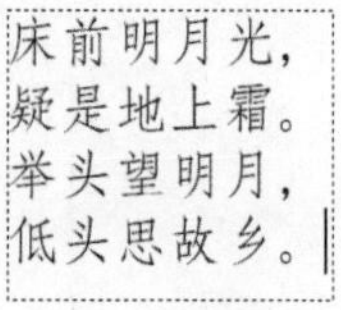

床前明月光，
疑是地上霜。
举头望明月，
低头思故乡。

图6-2-7 创建文本

02 选择工具箱中的【选择工具】，然后选择绘图页中刚创建的文本，单击属性栏中的【编辑文本】按钮，弹出【编辑文本】对话框，如图 6-2-8 所示。

图6-2-8 【编辑文本】对话框

03 在对话框中选择所有的文字，将【字体】设置为【汉仪彩蝶体简】，将【字体大小】设置为 48pt，单击按钮，在弹出的下拉列表中选择【中】选项，如图 6-2-9 所示。

图6-2-9 选择【中】选项

04 设置完成后单击【确定】按钮，效果如图 6-2-10 所示。

图6-2-10 编辑后的效果

6.2.3 调整字距和行距

在文字配合图形进行编辑的过程中，经常需要对文本间距进行调整，以达到构图上的平衡和视觉上的美观。在 CorelDRAW X6 中，调整文本间距的方法有使用【形状工具】调整和【精确调整】两种，下面分别进行介绍。

1. 使用【形状工具】调整文本间距

调整美术文本与段落文本间距的操作方法相似，下面以调整文本间距为例进行讲解，其操作方法如下所述。

01 使用【文本工具】建立文本对象，并将其选取，如图 6-2-11 所示，然后将工具切换到【形状工具】，文本状态如图 6-2-12 所示。

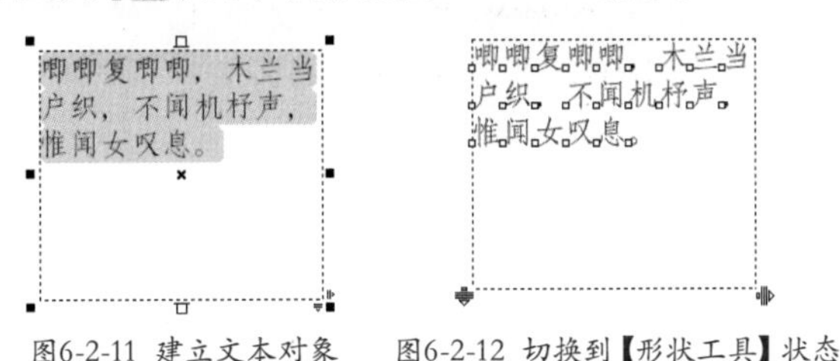

图6-2-11 建立文本对象　　图6-2-12 切换到【形状工具】状态

02 在文本框右边的控制符号上按下鼠标左键，拖动鼠标到适当的位置后释放，即可调整文本的字间距，如图 6-2-13 所示。

03 按下鼠标左键，拖曳文本框下面的控制符号到适当的位置，然后释放鼠标，即可调整文本的行距，如图 6-2-14 所示。

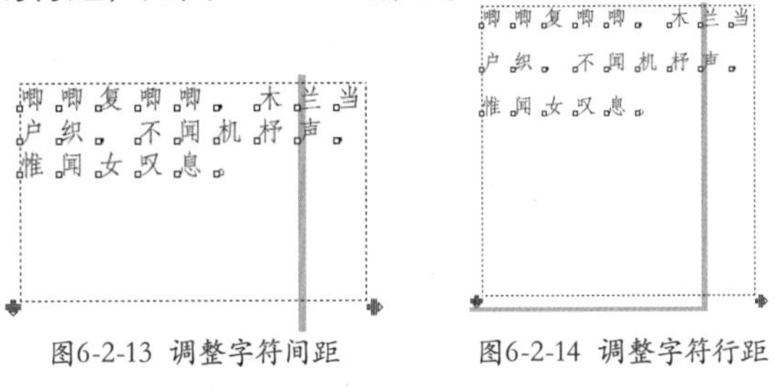

图6-2-13 调整字符间距　　图6-2-14 调整字符行距

2. 精确调整文本间距

使用【形状工具】只能大致调整文本的间距，要对间距进行精确调整，可通过【文本属性】泊坞窗来完成，具体操作如下。

01 选取文本对象，在菜单栏中选择【文本】，在弹出的下拉列表选择【文本属性】命令，弹出【段落格式化】泊坞窗，在【段落】选区中将【行距】设置为 150%，将【字符间距】设置为 100，如图 6-2-15 所示。

02 调整后的字间距效果如图 6-2-16 所示。

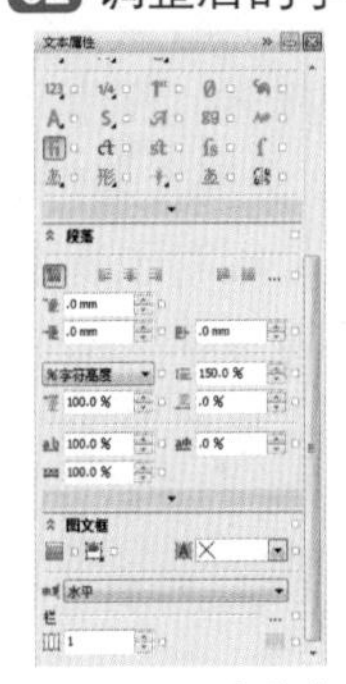

图 6-2-15 设置字符参数　　图6-2-16 调整后的字间距和行距的效果

6.2.4 设置制表位

用户可以在段落文本中添加制表位，以设置段落文本的缩进量，同时可以调整制表位的对齐方式。在不需要使用制表位时，还可以将其移除。

选中段落文本对象，在菜单栏中选择【文本】选项，在弹出的下拉列表中选择【制表位】命令，打开图 6-2-17 所示的【制表位设置】对话框，在其中即可自定义制表位。

图6-2-17 【制表位设置】对话框

- 要添加制表位，可在【制表位位置】对话框中单击【添加】按钮，然后在【制表位】列表中新添加的单元格中输入值，再单击【确定】按钮即可。
- 要更改制表位的对齐方式，可单击【对齐】列表中的单元格，然后从列表框中选择对齐选项，如图 6-2-18 所示。

图6-2-18 选择对齐选项

- 要设置带有后缀前导符的制表位，可单击【前导符】列中的单元格，然后从列表框中选择【开】选项即可，如图 6-2-19 所示。
- 要删除制表位，在选中需要删除的单元格后，单击【移除】按钮即可。
- 要更改默认前导符，可单击【前导符选项】按钮，打开图 6-2-20 所示的【前导符设置】对话框，在【字符】下拉列表中选取所需的字符，然后单击【确定】按钮即可。在【前导符设置】对话框的【间距】数值框中输入一个值，可更改默认前导符的间距。

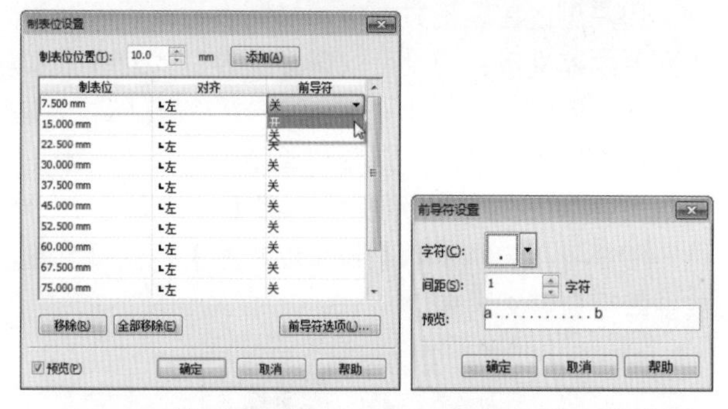

图6-2-19 选择【开】选项　图6-2-20 【前导符设置】对话框

6.2.5 设置首字下沉和项目符

在段落中应用首字下沉功能可以放大句首字符，以突出段落的句首。设置首字下沉的具体操作步骤如下。

01 首先在绘图页中使用【文本工具】输入文字，然后使用【选择工具】选择已创建的段落文本。

02 单击属性栏中的【首字下沉】按钮即可，如图 6-2-21 所示。

图6-2-21 首字下沉后的效果

另外，还可以通过【首字下沉】对话框，对首字下沉的字数和间距等参数进行设置，其操作方法如下。

01 选择段落文本后，在菜单栏中选择【文本】选项，在弹出的下拉列表中选择【首字下沉】命令，打开【首字下沉】对话框，选中【使用首字下沉】复选项，在【下沉行数】数值框中输入需要下沉的字数，在【首字下沉后的空格】数值框中输入一个数值，设置首字距后面文字的距离后，选中【预览】复选项，预览首字下沉的效果，选中【首字下沉使用悬挂式缩进】复选项，然后按下【确定】按钮，如图 6-2-22 所示。

图6-2-22 设置首字下沉参数

02 完成后的效果如图 6-2-23 所示。

图6-2-23 完成后的效果

提示：

要取消段落文本中的首字下沉效果，可在选择段落文本后，单击属性栏中的【首字下沉】按钮，取消选中【首字下沉】对话框中的【使用首字下沉】复选项即可。

系统为用户提供了丰富的项目符号样式，通过对项目符号进行设置，就可以在段落文本的句首添加各种项目符号。设置项目符号的操作方法如下。

01 选择需要添加项目符号的段落文本。

02 在菜单栏中选择【文本】选项，在弹出的下拉列表中选择【项目符号】命令，打开【项目符号】对话框，选中【使用项目符号】复选项，在【字体】下拉列表中选择项目符号的字体，然后在【符号】下拉列表中选择系统提供的符号样式，在【大小】数值框中输入适当的符号大小值，并在【基线位移】数值框中输入数值，设置项目符号相对于基线的偏移量，勾选【项目符号的列表使用悬挂式缩进】复选项，然后设置【文本图文框到项目符号】的数值，设置【到文本的项目符号】值，勾选【预览】复选项，最后单击【确定】按钮，应用该设置，如图 6-2-24 所示。

03 完成后的效果如图 6-2-25 所示。

图6-2-24 设置【项目符号】参数

图6-2-25 添加项目符号后的效果

提示：

在【项目符号】文本框中，【文本图文框到项目符号】选项用于设置文本与项目符号之间的距离，【到文本的项目符号】选项用于设置项目符号与后面的文本之间的距离。

6.2.6 路径文字

使用 CorelDRAW 中的【文本适合路径】功能，可以将文本对象嵌入到不同类型的路径中，使文字具有更多变化的外观。此外，还可以设定文字排列的方式、文字的走向及位置等。

1. 直接将文字填入路径

直接将文字填入路径的操作步骤如下。

01 选择工具箱中的【钢笔工具】，在绘图页中绘制一条曲线，并对曲线进行调整，调整后的效果如图 6-2-26 所示。

02 选择工具箱中的【文本工具】，然后移动鼠标指针到曲线上，等指针变成图 6-2-27 所示的状态后单击。

图6-2-26 绘制并调整曲线　图6-2-27 将光标移动到曲线上

03 输入所需文字，这时文字会随着曲线的弧度而变化，如图 6-2-28 所示。

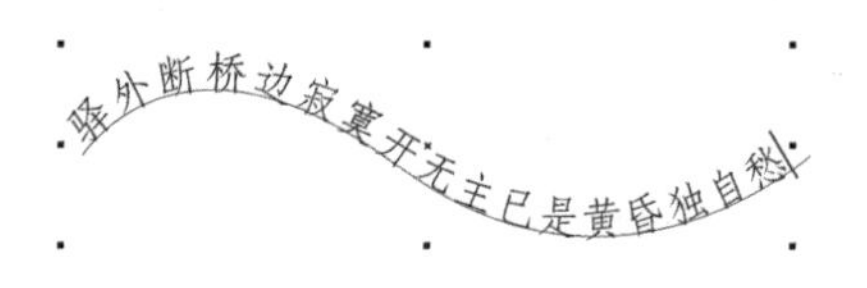

图6-2-28 输入文字

2. 用鼠标将文字填入路径

通过拖曳鼠标右键的方式将文字填入路径的操作步骤如下。

01 选择工具箱中的【钢笔工具】，在绘图页中绘制一条曲线，如图 6-2-29 所示。

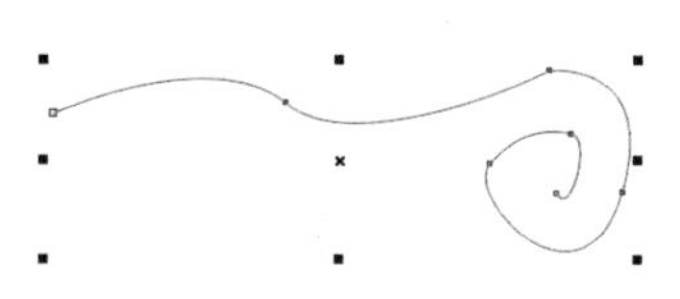

图6-2-29 绘制曲线

02 选择工具箱中的【文本工具】，在曲线的下方输入一段文字，如图 6-2-30 所示。

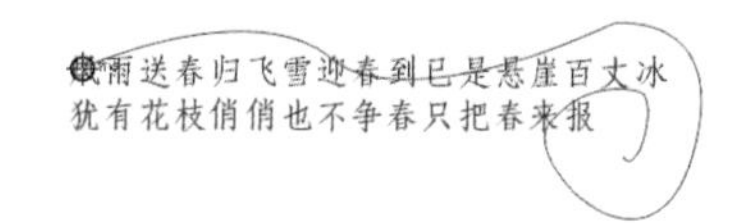

图6-2-30 输入文字图

03 选择工具箱中的【选择工具】，移动指针到文字上，然后按住鼠标右键将其拖曳到曲线上，鼠标将变成图 6-2-31 所示的形状。

风雨送春归飞雪迎春到已是悬崖百丈冰
犹有花枝俏俏也不争春只把春来报

图 6-2-31 拖动文字到曲线上

04 松开鼠标右键，在弹出的快捷菜单中选择【使文本适合路径】命令，如图 6-2-32 所示。

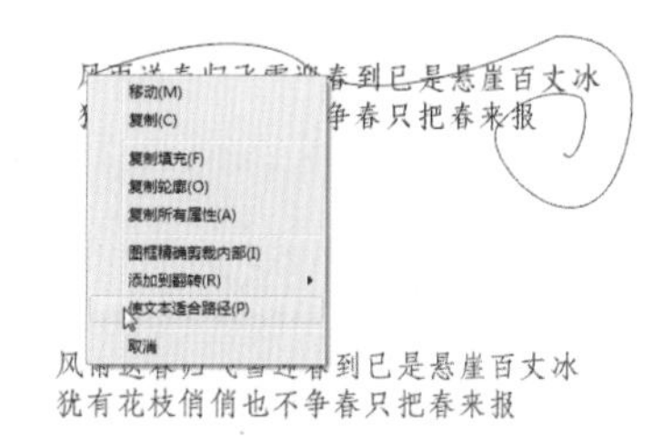

图6-2-32 选择【使文本适合路径】命令

05 完成后的效果如图 6-2-33 所示。在工具箱中使用【文本工具】，在绘图页中拖选文本，然后在属性栏中设置【字体大小】，如图 6-2-34 所示。

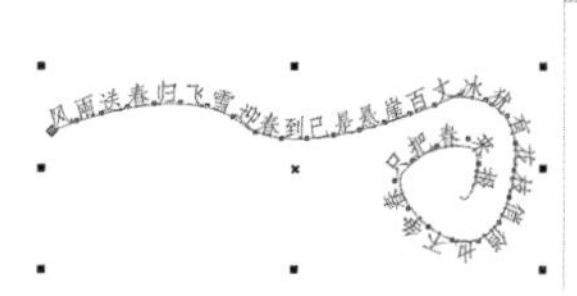

图6-2-33 将文字添加到路径上的效果

图6-2-34 设置字体大小

06 使用【选择工具】，在空白处单击，取消文字的选择，观察文字路径的效果，如图 6-2-35 所示。

图6-2-35 文字路径效果

3. 使用传统方式将文字填入路径

使用传统方式将文字填入路径的操作步骤如下。

01 选择工具箱中的【多边形工具】，在绘图页中绘制五边形，如图 6-2-36 所示。

02 选择工具箱中的【文本工具】，在五边形的下方输入一段文字，如图 6-2-37 所示。

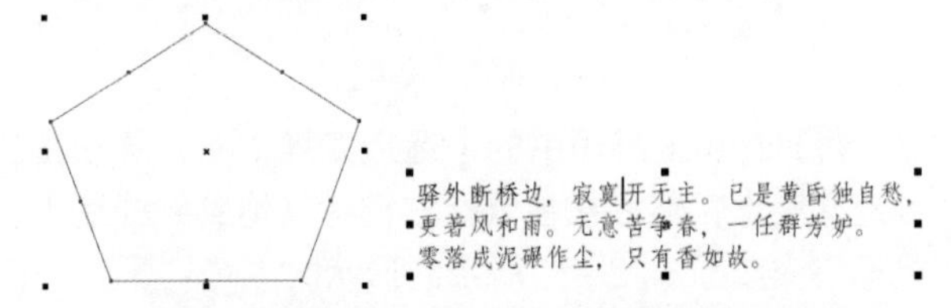

图6-2-36 绘制五边形　　图6-2-37 输入文字

03 确定文字处于选择状态，在菜单栏中选择【文本】|【使文本适合路径】命令，然后将鼠标放置到五边形路径上，如图 6-2-38 所示。

04 在五边形路径上单击鼠标，即可将文字沿五边形路径放置，完成后的效果如图 6-2-39 所示。

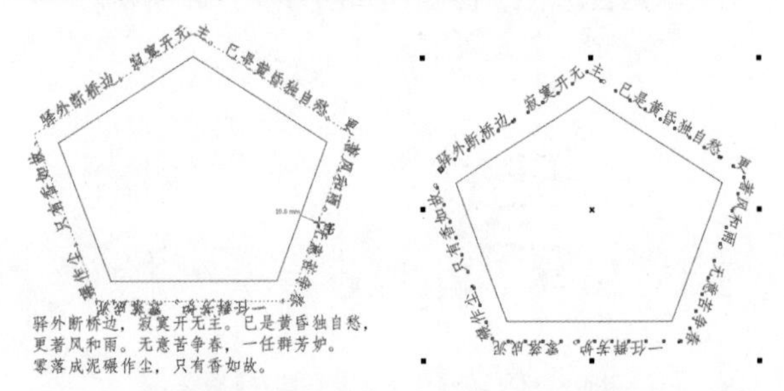

图6-2-38 选择【使文本适合路径】命令　　图6-2-39 沿五边形路径的效果

6.2.7 对齐文本

通过 CorelDRAW 中提供的【编辑文本】对话框，可以设置段落文本在水平和垂直方向上的对齐方式，下面介绍具体的操作方法。

01 选取一个段落文本，在属性栏中单击【编辑文本】按钮，打开【编辑文本】对话框，在该对话框中单击按钮，即可弹出下拉列表，如图 6-2-40 所示。

图6-2-40 【编辑文本】对话框

02 可选择文本在水平方向上与段落文本框对齐的方式，分别选择【中】、【右】、【全部调整】选项后，段落文本的对齐效果如图 6-2-41 所示。

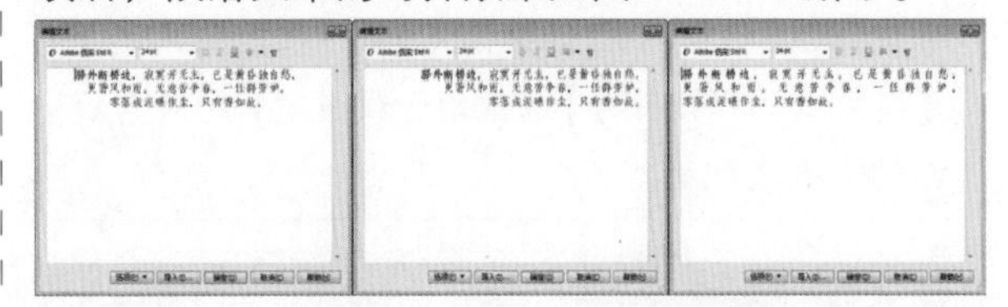

图6-2-41 水平【中】、【右】、【全部调整】选项的效果

提示：

在选择段落文本对象后，也可单击属性栏中的【水平对齐】按钮，在弹出的下拉列表中选择文本在水平方向上与段落文本框对齐的方式，如图6-2-42所示。

03 选择一种选项后单击【确定】按钮即可，然后在菜单栏中选择【文本】|【文本属性】命令，打开【文本属性】泊坞窗，如图 6-2-43 所示。

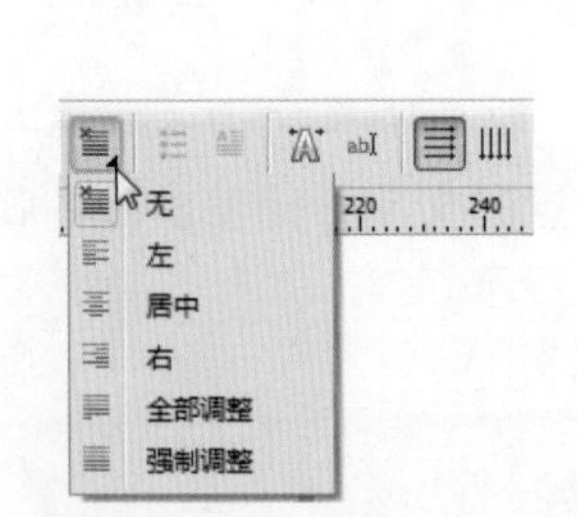

图6-2-42 【水平按钮】的下拉列表　　图6-2-43 【文本属性】泊坞窗

04 在该泊坞窗中单击【图文框】选项下的【垂

直对齐】按钮，在打开的下拉列表中分别选择【居中垂直对齐】、【底部垂直对齐】、【上下垂直对齐】命令，查看效果如图 6-2-44 所示。

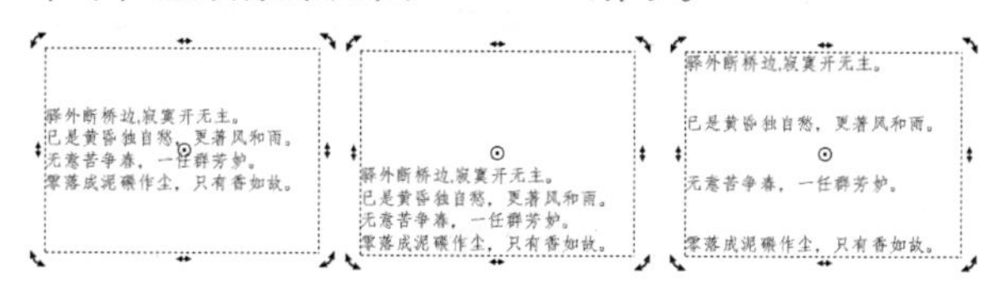

图6-2-44 查看效果

6.2.8 段落文字的链接

将一个框架中隐藏的段落文本放到另一个框架中的具体操作步骤如下。

01 输入一段段落文本，并且文本框架没有将文字全部显示出来，如图 6-2-45 所示。

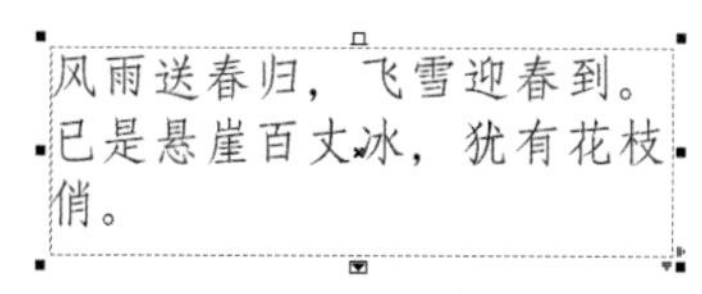

图6-2-45 创建的段落文本

02 选择【选择工具】，在文本框架正下方的控制点上单击，等指针变成形状后，在页面的适当位置按下鼠标左键拖曳出一个矩形，如图 6-2-46 所示。

03 松开鼠标，这时会出现另一个文本框架，未显示完的文字会自动地流向新的文本框架，如图 6-2-47 所示。

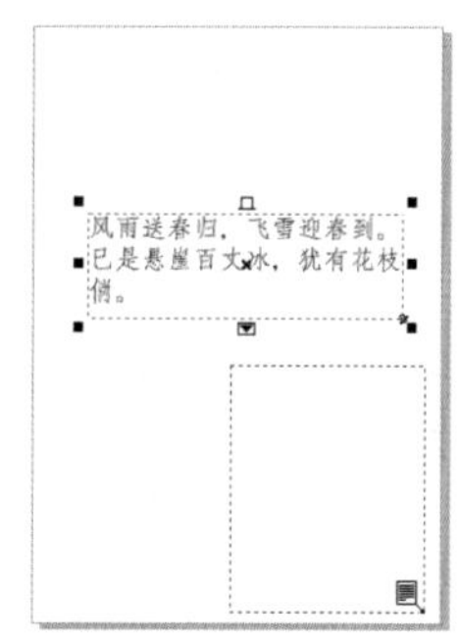

图6-2-46 拖曳出矩形框

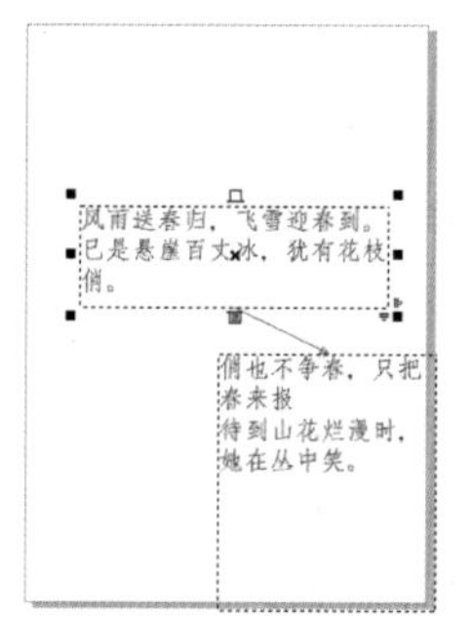

图6-2-47 连接后的效果

6.2.9 段落分栏

段落分栏是将段落文本分为两个或两个以上的文本栏，使文本在文本栏中进行排列。在文字篇幅较多的情况下，使用文本栏可以方便读者进行阅读。设置文本栏的操作方法如下。

01 在工作区中添加一个段落文本，然后使用【选择工具】选择该段落文本，如图 6-2-48 所示。

02 在菜单栏中选择【文本】，在弹出的下拉列表中选择【栏】命令，弹出【栏设置】对话框，在【栏数】框中输入数值，在这里以输入数值 2 为例，选中【栏宽相等】复选项，然后选择【预览】复选项，如图 6-2-49 所示。

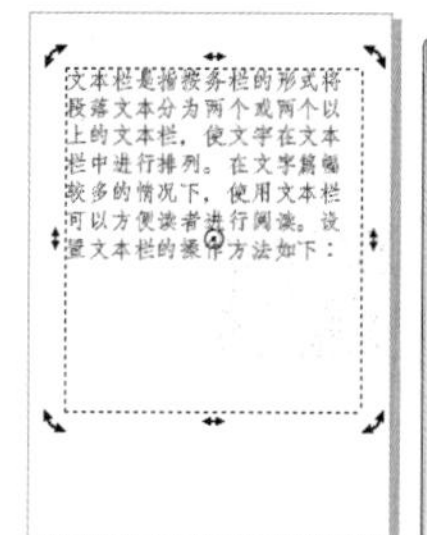

图6-2-48 选择文本

图6-2-49 【栏设置】对话框

03 此时在绘图页中的效果如图 6-2-50 所示。

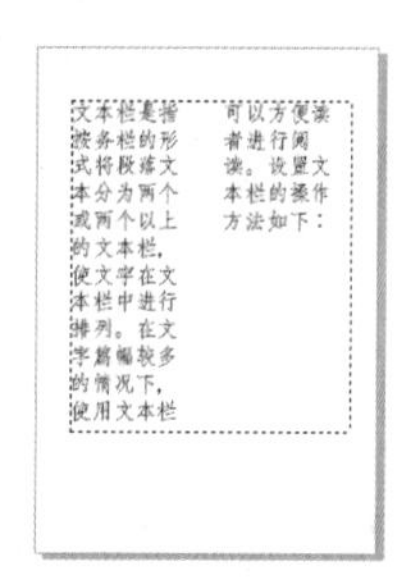

图6-2-50 设置以上参数的效果

04 在【宽度】和【栏间宽度】列的数值上单击鼠标，在出现输入数值的光标后 可以修改当前文本栏的宽度和栏间宽度，图 6-2-51 所示为修改文本栏参数后的效果。

05 完成设置后，单击【确定】按钮即可。

此外，使用【文本工具】拖动段落文本框，可以改变栏和装订线的大小，也可以通过选择手柄的方式来进行调整，如图 6-2-52 所示。

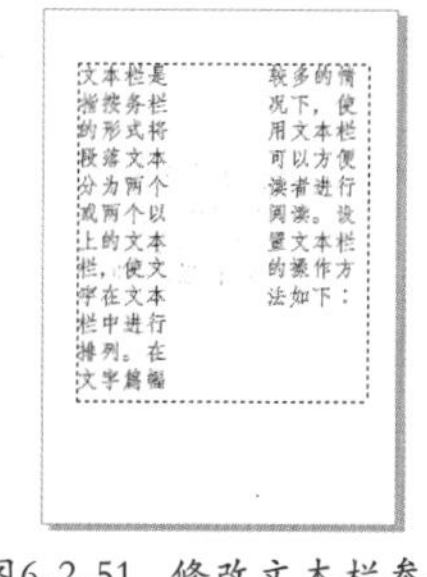

图6-2-51 修改文本栏参数后的效果

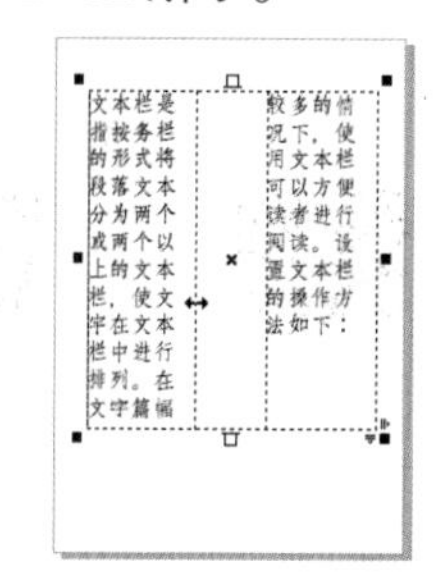

图6-2-52 通过【文本工具】调整栏宽和装订线

6.2.10 文本围绕

文本沿图形排列，是指在图形外部沿着图形的外框形状进行文本的排列。要使文本绕图排列，可通过以下的操作步骤来完成。

01 在绘图窗口中输入用于排列的段落文本，如图 6-2-53 所示，然后按下【Ctrl+I】快捷键，在绘图窗口中导入一幅图像，如图 6-2-54 所示。

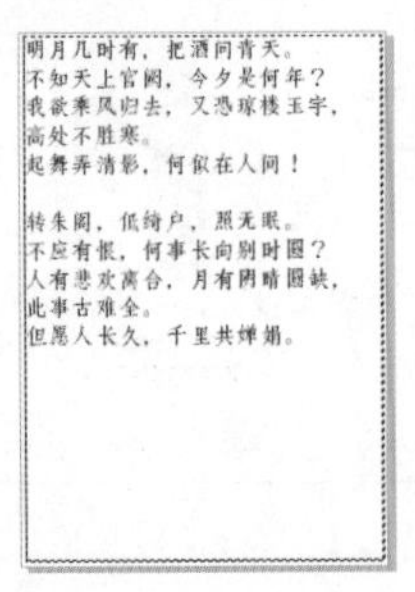

图6-2-53 输入段落文本

图6-2-54 导入图像

02 使用【选择工具】，在图像上单击鼠标右键，在弹出的菜单中选择【段落文本换行】命令，文字的排列效果如图 6-2-55 所示。

03 保持图像的选取状态，单击属性栏中的【段落文本换行】按钮，弹出图 6-2-56 所示的下拉列表，在其中可以对换行属性进行设置，图 6-2-57 所示为分别选择【文本从左向右排列】、【文本从右向左排列】和【上/下】选项后的排列效果。

图6-2-55 文字的排列效果

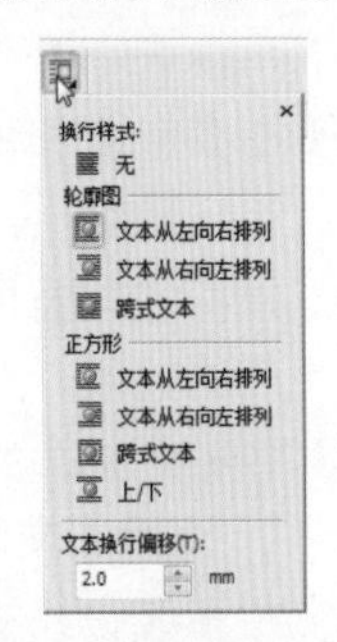

图6-2-56 【段落文本换行】下拉列表

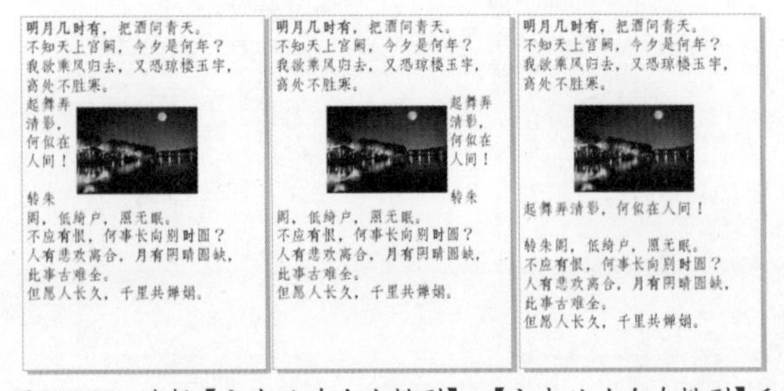

图6-2-57 选择【文本从左向右排列】、【文本从右向左排列】和【上/下】选项后效果

> **提示：**
>
> 文本绕图功能不能应用于美术文本中，要执行此项功能，必须先将美术文本转换为段落文本。

6.2.11 插入特殊字符

执行【插入符号字符】命令，可以添加作为文本对象的特殊符号或作为图形对象的字符，下面分别介绍它们的操作方法。

1. 添加作为文本对象的特殊字符

在工具栏中选择【文本工具】，将光标插入到文本对象中需要添加符号的位置，然后在菜单栏中选择【文本】命令，在弹出的下拉列表中选择【插入符号字符】命令，打开【插入字符】泊坞窗，如图 6-2-58 所示。

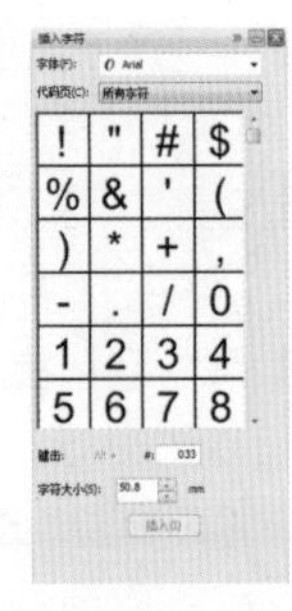

图6-2-58 【插入字符】泊坞窗

在【插入宇符】泊坞窗中，单击【字体】列表框为符号选择字体，并在符号列表框中选择所需的符号，然后单击【插入】按钮或者双击选中符号，即可在当前位置插入所选的字符。插入符号对象的效果如图 6-2-59 所示。

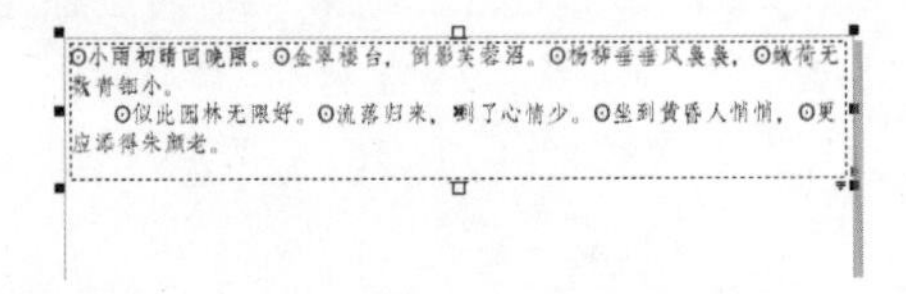

图6-2-59 插入所选的字符

2. 添加作为图形对象的特殊字符

在菜单栏中选择【文本】选项，在弹出的下拉列表中选择【插入符号字符】命令，开启【插入字符】泊坞窗，从中选择所需的符号，并设置字符大小，然后单击【插入】按钮或者双击选取的符号，即可插入作为图形对象的特殊字符。

提示：

与添加作为文本对象的特殊字符所不同的是，添加作为图形对象的特殊字符时，可以对字符的大小进行设置，而作为文本对象的字符大小由文本的字体大小决定。

3. 文字转曲

在实际创作中，仅仅依靠系统提供的字体进行设计创作会非常有局限性，即使安装大量的字体，也不一定就可以找到需要的字体效果。在这种情况下，设计师往往会在输入文字的字体基础上，对文字进行进一步的创意性编辑。在 CorelDRAW X6 中将文字转换为曲线后，就可以将其作为矢量图形进行各种造型上的编辑操作。

转换为曲线后的文字属于曲线图形对象，也就不具备文本的各种属性，即使在其他计算机上打开该文件时，也不会因为缺少字体而受到影响，因为它已经被定义为图形而存在。所以，在一般的设计工作中，在绘图方案定稿以后，通常都需要对图形档案中的所有文字进行转曲处理，以保证在后续流程中打开文件时，不会出现因为缺少字体而不能显示出原本设计效果的问题。

将文本转换为曲线的方法很简单，只需选择文本对象后，在菜单栏中选择【排列】|【转换为曲线】命令，或按下【Ctrl+Q】快捷键即可。图 6-2-60 所示，即是将文本转换为曲线并进行形状上的编辑后所制作的特殊字形效果。

图6-2-60 修改字形后的效果

提示：

转换为曲线后的文字不能通过任何命令将其恢复成文本格式，所以在使用此命令前，一定要设置好所有文字的文本属性，或者最好在进行转换为曲线前对编辑好的文件进行复制备份。

6.3 应用表格

在 CorelDRAW X6 中，使用表格工具可以绘制出表格。更改表格的属性和格式、合并和拆分单元格，可以轻松创建出所需要的表格类型。用户可以在绘图中添加表格，也可以将段落文本与表格互相转换，还可以在表格中插入行或列、添加文字、图形图像以及背景等。

1. 绘制表格

在绘图过程中，可以通过插入表格，在表格中编排文字和排列图像，使版面达到规整的效果。选择工具箱中的【表格工具】，然后在绘图窗口中单击鼠标左键，并向对角线方向拖动鼠标，即可绘制出表格，如图 6-3-1 所示。

在选择整个表格或部分单元格后，可以通过表格工具属性栏修改整个表格或部分单元格的属性格式，如图 6-3-2 所示。

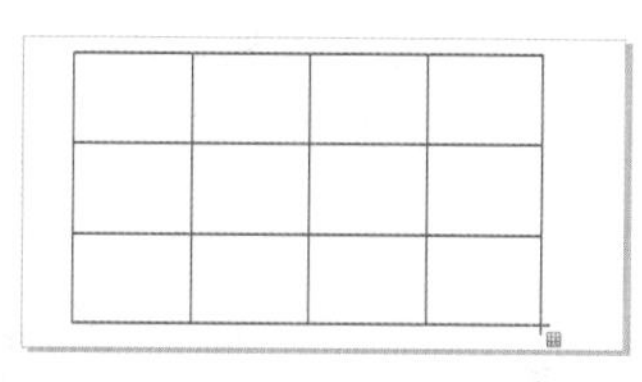

图6-3-1 绘制出表格

图6-3-2 表格工具属性栏

- 在表格中的行数和列数数值框中，可以设置表格的行数和列数。
- 背景：用于设置表格的背景颜色。默认状态下，表格背景为无色。单击背景右侧的下拉按钮，在弹出的颜色选取器中即可选择所需要的颜色。在设置网格背景颜色后，单击属性栏中的【编辑填充】按钮，在弹出的【均匀填充】对话框中，可以编辑和自定义所需要的网格背景色，如图 6-3-3 所示。图 6-3-4 所示是将网格背景填充为黄色后的效果。

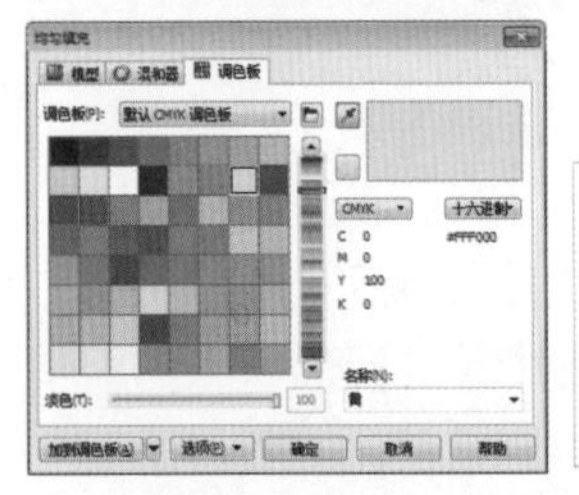

图6-3-3 【均匀填充】对话框

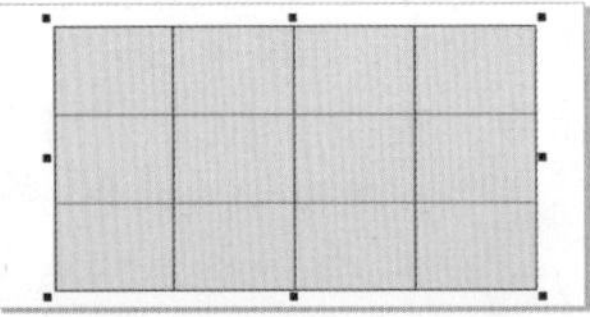

图6-3-4 网格背景填充为黄色

提示：

选择整个表格后，在工作界面右边的调色板中选择所需要的色样，单击鼠标左键，也可为网格设置相应的背景颜色。

- 边框：用于修改边框的宽度、颜色和线条样式等。单击【边框选择】按钮，弹出图 6-3-5 所示的下拉列表，在其中可以选择需要修改的边框。指定需要修改的边框后，所设置的边框属性只对指定的边框起作用。在【轮廓度】数值框 .2mm 中，可以对网格边框的宽度进行设置。单击【轮廓颜色】选取器按钮，在弹出的下拉列表中可以设置边框的颜色。单击【轮廓笔】按钮，弹出图 6-3-6 所示的【轮廓笔】对话框，在其中可以设置网格边框的轮廓属性。图 6-3-7 所示为修改网格外部边框颜色后的网格效果，图 6-3-8 所示为分别修改外部、内部、左侧和右侧边框属性后的网格效果。

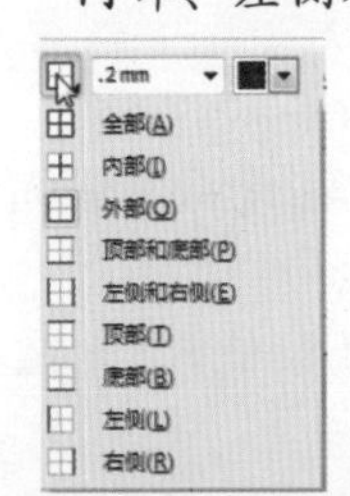

图6-3-5 【边框选择】下拉列表

图6-3-6 【轮廓笔】对话框

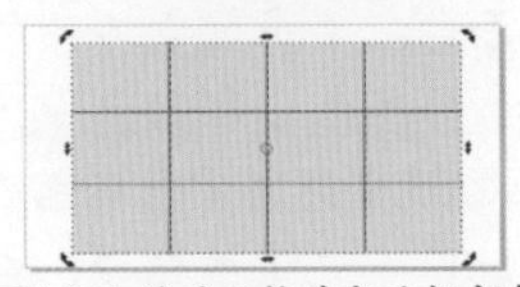

图6-3-7 修改网格外部边框颜色

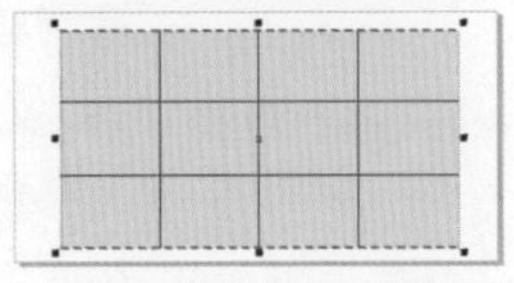

图6-3-8 修改外部、内部、左侧和右侧边框属性后的网格

提示：

选择整个表格后，在工作界面右边的调色板中所需要的色样上单击鼠标右键，也可为网格边框设置相应的颜色。

- 选项：单击该选项下拉按钮，弹出图 6-3-9 所示的选项面板。选中【在键入时自动调整单元格大小】复选项，在表格中输入文字时，当单元格不能完全显示文本时，系统将自动调整单元格的大小，以完全显示文字。选中【单独的单元格边框】复选项，然后在【水平单元格间距】框中输入数值，可以修改表格中的单元格边框间距。默认状态下，垂直单元格间距与水平单元格间距相等，如果要单独设置水平与垂直单元格的间距，可单击【锁定】按钮，解除【垂直单元格间距】选项与【水平单元格间距】选项的锁定状态，然后分别在【水平单元格间距】和【垂直单元格间距】数值框中输入所需的间距值即可。图 6-3-10 所示为将单元格间距都设置为 3.0mm 后的网格效果。

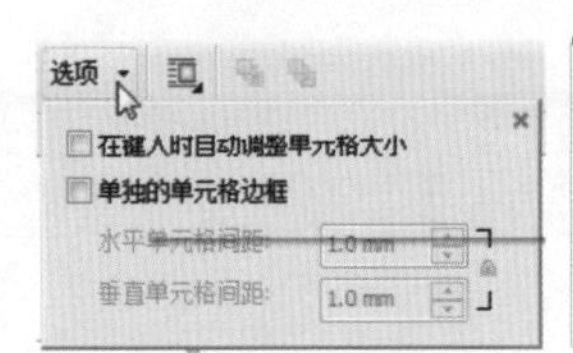

图6-3-9 选项面板

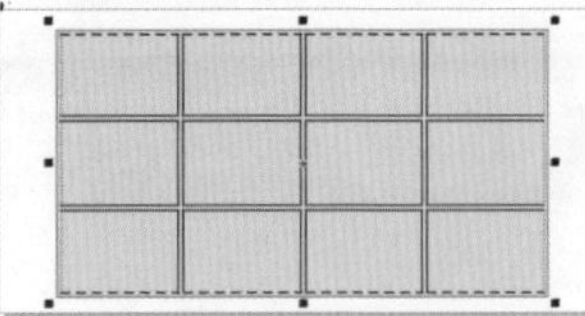

图6-3-10 设置网格效果

2. 选择表格、行或列

在处理表格的过程中，都需要对需要处理的表格、单元格、行或列进行选择。在 CorelDRAW X6 中选择表格内容，首先需要使用表格工具在表格上单击，将光标插入到单元格中，再通过下列的方法，选择表格内容。

- 要选择表格中的所有单元格，执行【表格】|【选择】|【表格】命令，或者按下【Ctrl+A】快捷键即可。
- 要选择某一行，可在需要选择的行中单击，然后执行【表格】|【选择】|【行】命令即可。也可以将表格工具光标移动到需要选择的行左侧的表格边框上，当光标变为➡状态

时单击鼠标即可。

- 要选择某一列，在需要选择的列中单击，然后执行【表格】|【选择】|【列】命令即可。也可以将表格工具光标移动到需要选择的列上方的表格边框上，当光标变为状态⬇时单击鼠标即可。
- 要选择所有表格内容，将表格工具光标移动到表格的左上角，当光标变为↘状态时，单击鼠标即可。
- 要选择表格中的单元格，只需要使用表格工具在需要选择的单元格中单击，然后执行【表格】|【选择】|【单元格】命令。
- 要选择连续排列的多个单元格，可将表格工具光标插入表格后，在需要选择的多个单元格内拖动鼠标即可。

提示：

将表格工具光标插入到单元格中，然后就可以在该单元格中输入文字。

3. 移动表格行或列

在创建表格后，可以将表格中的行或列移动到该表格中的其他位置，也可以将行或列移动到其他的表格中。

- 要将行或列移动到表格中的其他位置，可选择要移动的行或列，然后将其拖至其他位置即可。
- 要将行或列移动到其他表格中，可选择要移动的表格行或列，按下【Ctrl+X】快捷键进行剪切，然后在另一个表格中选择一行或一列，按下【Ctrl+V】快捷键进行粘贴，此时将弹出【粘贴行】或【粘贴列】对话框，如图 6-3-11 所示。在其中选择插入行或列的位置后，单击【确定】按钮即可。

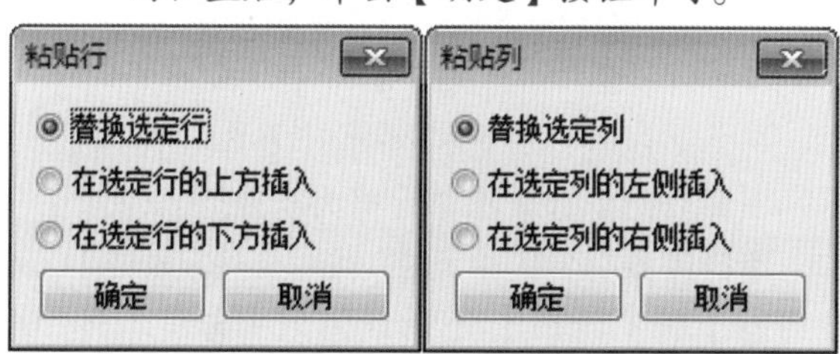

图6-3-11 【粘贴行】或【粘贴列】对话框

4. 插入和删除表格行或列

在绘图过程中，可以根据图形或文字编排的需要，在绘制的表格中插入行或列，或者删除表格中的部分行或列。插入行或列的具体操作步骤如下。

01 选择绘制的表格，然后使用表格工具在表格上单击，将光标插入单元格中，然后在表格上按下鼠标左键并拖动，选择多个连续排列的单元格，如图 6-3-12 所示。

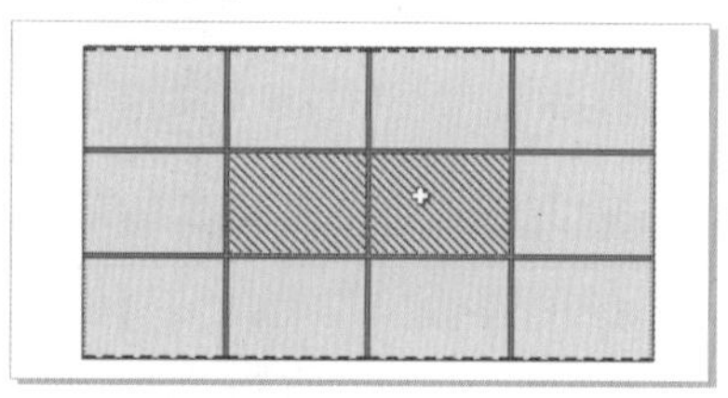

图6-3-12 选择多个连续排列的单元格

02 执行【表格】|【插入】命令，在展开的下拉列表中选择相应的命令，即可在当前选取的单元格上方、下方、左侧或右侧插入行或列，如图 6-3-13 所示。图 6-3-14 所示为在选取的单元格上方插入行后的效果。

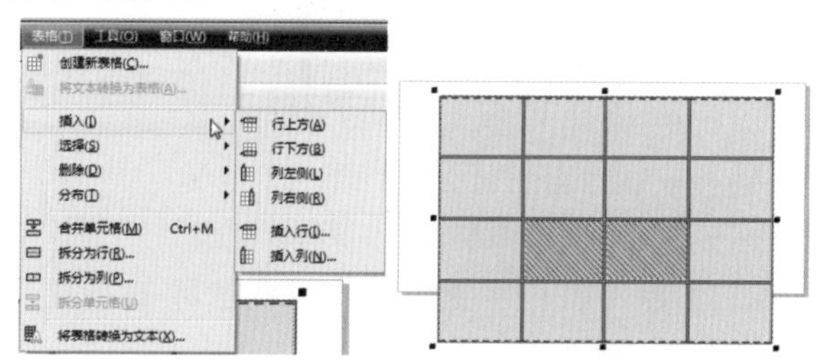

图6-3-13 【插入】下拉列表　图6-3-14 在单元格上方插入行的效果

- 行上方：在所选单元格或行的上方插入相应数量的行。
- 行下方：在所选单元格或行的下方插入相应数量的行。
- 列左侧：在所选单元格或列的左侧插入相应数量的列。
- 列右侧：在所选单元格或列的右侧插入相应数量的列。
- 插入行：选择该命令，将弹出图 6-3-15 所示的【插入行】对话框，在其中可以设置插入行的行数和位置。
- 插入列：选择该命令，将弹出图 6-3-16 所示的【插入列】对话框，在其中可以设置插入列的列数和位置。

提示：

在选择单元格后，执行【表格】|【插入】命令，在弹出的下拉列表中选择【行上方】、【行下方】、【行左侧】或【行右侧】命令时，插入的行数或列数由所选择的行数或列数决定。

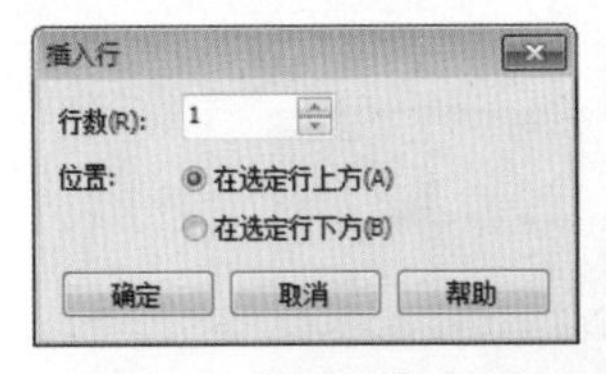

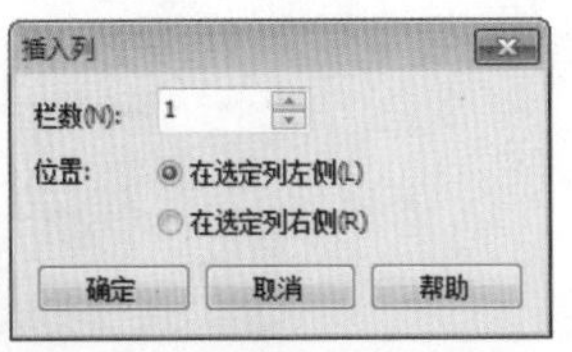

图6-3-15 【插入行】对话框　　图6-3-16 【插入列】对话框

在表格中删除行或列的操作步骤如下。

01 选择绘制的表格，然后使用表格工具在表格上单击，当光标插入单元格中，然后将光标移动到需要删除的行或列的左侧或上方的外部边框线上，光标将变为➡或⬇状态，如图 6-3-17 所示。

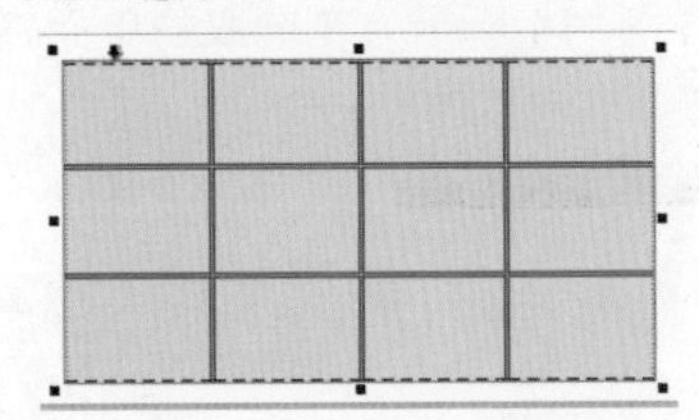

图6-3-17 光标变换状态

02 单击鼠标左键，选择需要删除的行或列，图 6-3-18 所示为选择的列。

03 执行【表格】|【删除】命令，展开图 6-3-19 所示的子菜单，在其中选择相应的命令，即可删除选定的行或列，图 6-3-19 所示为删除选定列后的效果。

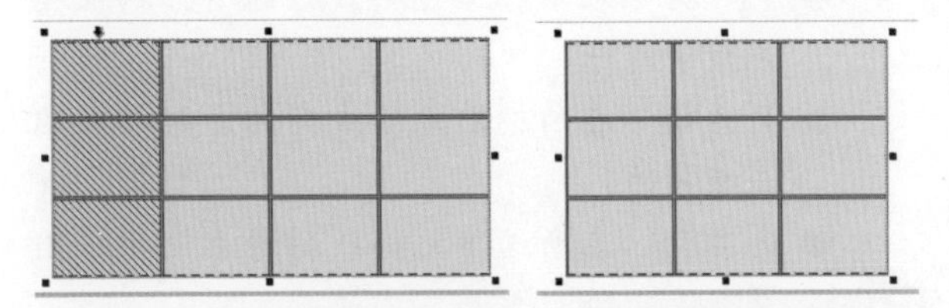

图6-3-18 选择需要删除的行或列　　图6-3-19 删除选定列后的效果

提示：

执行【表格】|【删除】|【网格】命令，将删除选定的行或列所在的整个网格。

5. 合并和拆分表格、单元格

在绘制的表格中，可以通过合并相邻的多个单元格、行和列，或者将一个单元格拆分为多个单元格的方式，调整表格的配置方式。

下面介绍合并表格单元格：

选择要合并的单元格，然后执行【表格】|【合并单元格】命令即可，如图 6-3-20 所示。用于合并的单元格必须是在水平或垂直方向上呈矩形状，且要相邻。在合并表格单元格时，左上角单元格的格式将决定合并后的单元格格式。

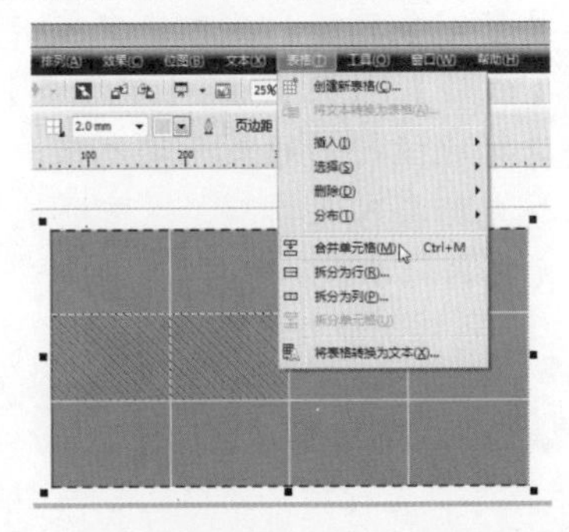

图6-3-20 选择表格并选择【合并单元格】命令

执行上面所述的命令后，即可完成合并后的效果，如图 6-3-21 所示。

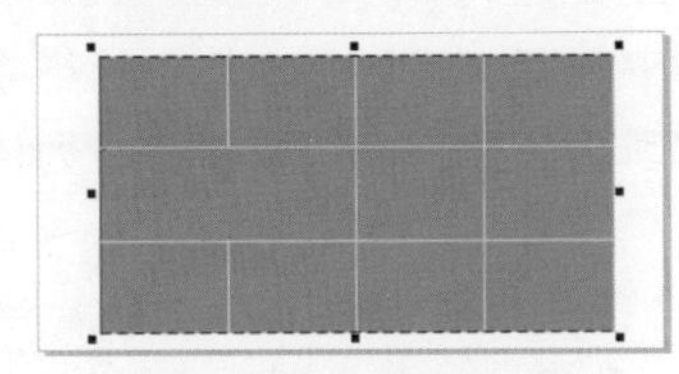

图6-3-21 合并单元格后的效果

下面介绍拆分表格单元格。

选择合并后的单元格，然后执行【表格】|【拆分单元格】命令，即可将其拆分。拆分后的每个单元格格式保持拆分前的格式不变，如图 6-3-22 所示。

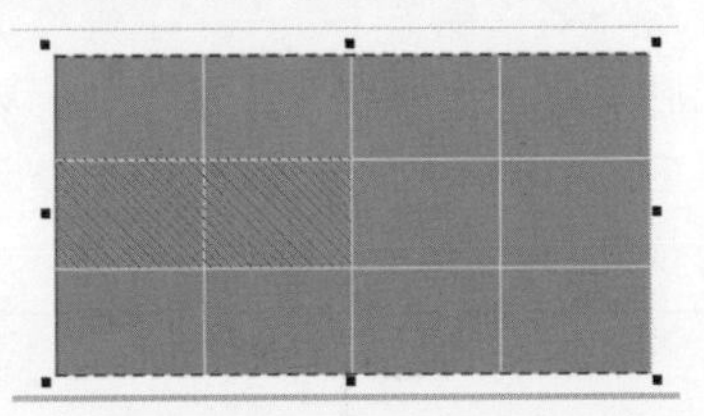

图6-3-22 拆分单元格后的效果

下面介绍拆分表格单元格为行或列。

选择需要拆分的单元格，然后执行【表格】|【拆分为行】或【表格】|【拆分为列】命令，弹出图 6-3-23 或图 6-3-24 所示的【拆分单元格】对话框，

在其中设置拆分的行数或栏数后，单击【确定】按钮即可。图 6-3-25 所示为拆分为 2 行的效果，图 6-3-26 所示为拆分为 2 列的效果。

图6-3-23 【拆分单元格】对话框

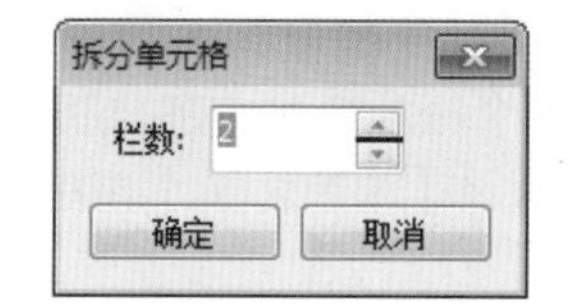

图6-3-24 【拆分单元格】对话框

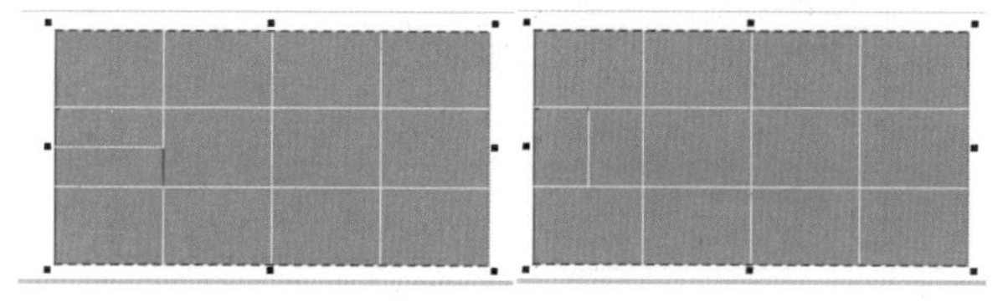
图6-3-25 拆分为2行　　图6-3-26 拆分为2列

6. 调整表格单元格、行和列的大小

在绘制的表格中，可以调整表格单元格、行和列的大小，还可以对调整单元格大小后的表格行或列进行重新分布，使行或列具有相同的大小。

下面介绍如何调整表格单元格、行和列的大小。

要调整表格单元格、行和列的大小，可在选择需要调整的单元格、行或列后，在属性栏中的【表格单元格宽度和高度】数值框中输入大小值即可，如图 6-3-27 所示。

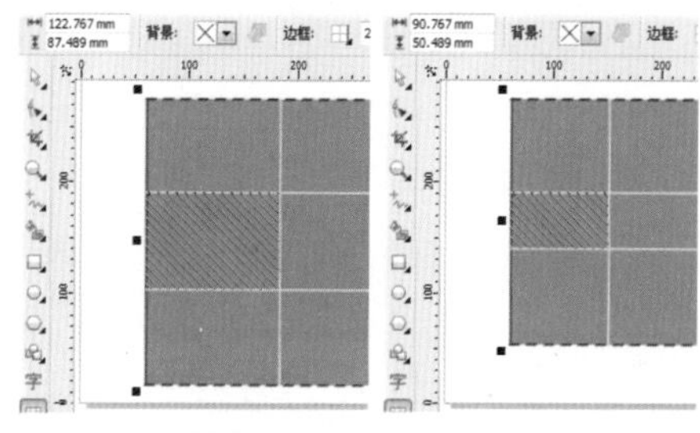
图6-3-27 通过【表格单元格宽度和高度】调整单元格大小

用户也可手动调整表格单元格、行和列的大小。将表格工具光标插入到表格中，然后拖动单元格、行或列的边框线，即可进行调整，如图 6-3-28 所示。

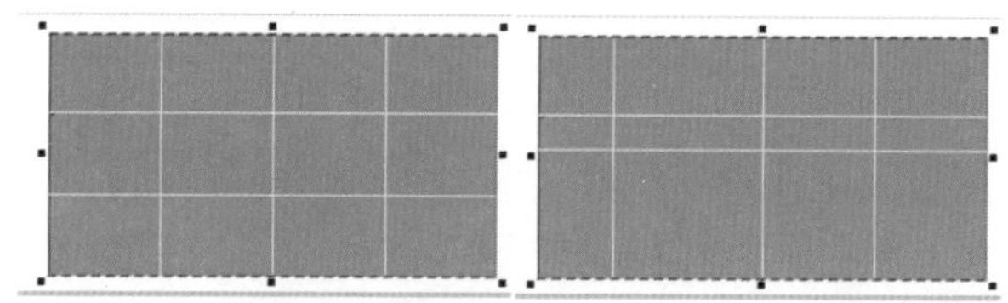
图6-3-28 通过鼠标调整单元格大小

下面介绍分布表格行或列。

选择要分布的表格单元格，执行【表格】|【分布】|【行均分】命令，即可使所有选定行的高度相同。执行【表格】|【分布】|【列均分】命令，即可使所有选定列的宽度相同。

7. 文本与表格的转换

在 CorelDRAW X6 中，除了使用表格工具绘制表格外，还可以将选定的文本创建为表格。另外，用户也可将绘制好的表格转换为相应的段落文本框，然后在创建的段落文本框中进行文字的编排。

下面介绍从文本创建表格

选择需要创建为表格的文本，然后执行【表格】|【将文本转换为表格】命令，弹出图 6-3-29 所示的【将文本转换为表格】对话框。

图6-3-29 【将文本转换为表格】对话框

- 逗号：选中该单选项，在创建表格时，在文本中的逗号显示处创建一个列，在段落标记显示处创建一个行，如图 6-3-30 所示。
- 制表位：选中该单选项，在创建表格时，将创建一个显示制表位的列和一个显示段落标记的行。
- 段落：选中该单选项，在创建表格时，将创建一个显示段落标记的列。
- 用户定义：选中该单选项，然后在右边的文本框中输入一个字符，在创建表格时，将创建一个显示指定标记的列和一个显示段落标记的行。如果在选择【用户定义】单选项后，不输入字符，则只会创建一列，而文本的每个段落将创建一个表格行。

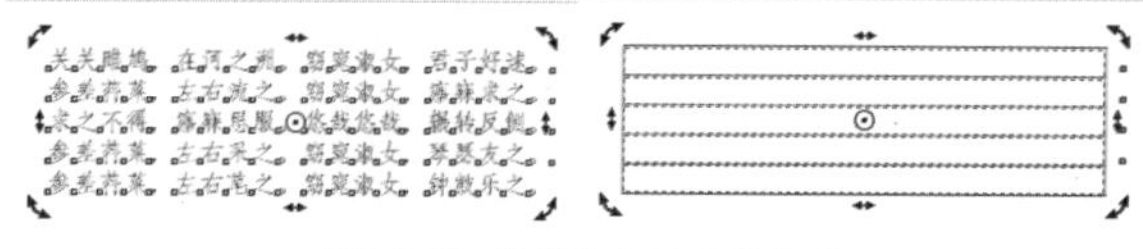
图6-3-30 转换为表格后的效果

下面介绍从表格创建文本。

选择需要创建为文本的表格，然后执行【表格】|【将表格转换为文本】命令，弹出图 6-3-31 所示

的【将表格转换为文本】对话框。

- 句号：选中该单选项，在创建表格时，使用句号替换每列，使用段落标记替换每行。
- 制表位：选中该单选项，在创建表格时，使用制表位替换每列，使用段落标记替换每行。
- 段落：选中该单选项，在创建表格时，使用段落标记替换每列。
- 用户定义：选中该单选项，然后在右边的文本框中输入字符，可使用指定的字符替换每列，使用段落标记替换每行，如图 6-3-32 所示。如果在选择【用户定义】单选项后，不输入字符，则表格的每行都将被划分为段落，并且表格列将被忽略。

图6-3-31 【将表格转换为文本】对话框

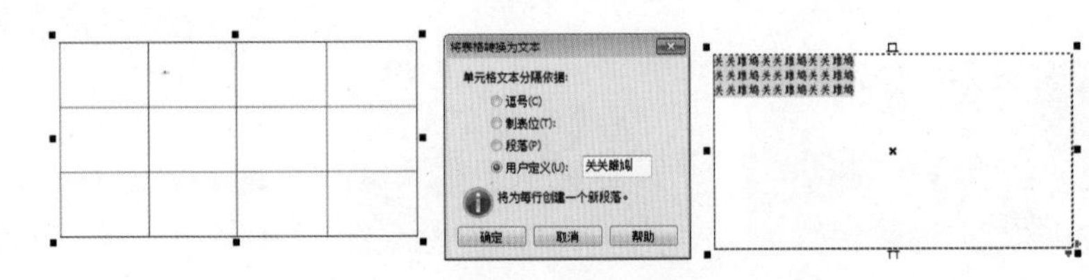

图6-3-32 选择【用户定义】选项后的效果

第07章

位图与特殊效果

CorelDRAW 中生成的图形为矢量图形，而矢量图形中的图形是由一系列的直线和曲线组成的，调整曲线不会降低它们的质量；而位图有固定的分辨率，如果扩大位图，那么所显示的图形就显得模糊。

CorelDRAW 中的【位图】菜单提供了多种与位图图像相关的功能，通过该菜单可以实现多种位图效果。本章将对【位图】菜单中选项的功能和使用方法进行介绍。

7.1 导入并调整位图

在 CorelDRAW X6 中，不仅可以绘制各种效果的矢量图形，还可以通过导入位图，并对位图进行编辑，制作出更加完美的画面效果。

7.1.1 导入位图

在 CorelDRAW X6 中导入位图的操作步骤如下。

01 在菜单栏中选择【文件】|【导入】命令，执行该命令后，打开【导入】对话框，选择素材图片“导入位图 .tif”，单击【导入】按钮，如图 7-1-1 所示。

02 在页面上按住鼠标左键拖出红色的虚线框，松开鼠标后，图片将以虚线框的大小被导入进来，如图 7-1-2 所示。

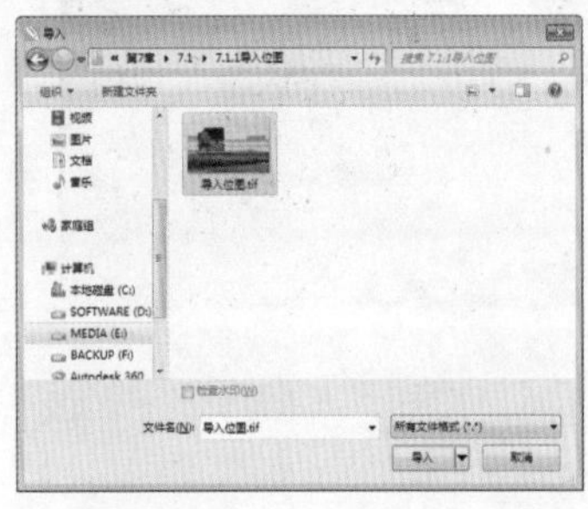

图7-1-1 【导入】对话框

图7-1-2 导入的位图

提示：

执行文件的【导入】命令还可以使用【Ctrl+I】快捷键，也可以在工作区中的空白位置上单击鼠标右键，在打开的快捷菜单中选择【导入】命令。

7.1.2 转换为位图

在 CorelDRAW 应用程序不能对矢量图形或对象应用特殊效果时，可以将矢量图形转换为位图。转换位图时可以选择位图的颜色模式。颜色模式决定构成位图的颜色数量和种类，因此文件的大小也会受到影响。

下面通过简单的实例介绍矢量图转换为位图的方法。

01 选择【文件】|【打开】命令，执行该命令后，在打开的对话框中选择素材图片“转换为位图 .cdr”，单击【打开】按钮，如图 7-1-3 所示。

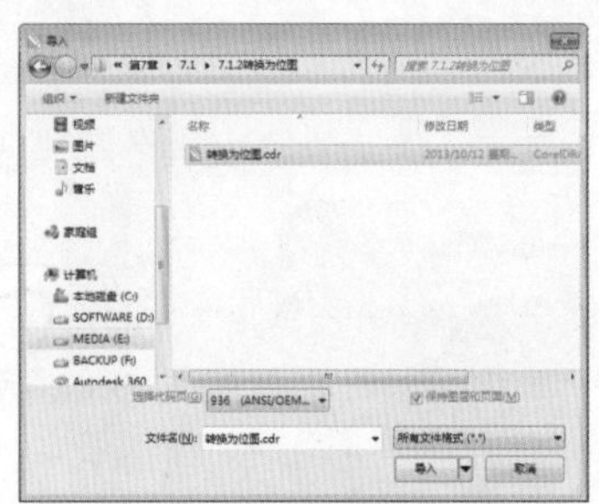

图7-1-3 打开绘图对话框

02 在绘图页中选择所有对象，在菜单栏中选择【位图】|【转换为位图】命令，弹出【转换为位图】对话框，在该对话框中将【分辨率】参数设置为 200 像素，其余使用默认参数，如图 7-1-4 所示。

03 单击【确定】按钮，即可将矢量图转换为位图，效果如图 7-1-5 所示。

图7-1-4 设置分辨率

图7-1-5 转换为位图后的效果

7.1.3 裁剪位图

要将位图裁剪成矩形，可以使用【裁剪工具】。要将位图裁剪成不规则形状，可以使用【形状工具】和【裁剪位图】命令。

下面将分别介绍两种裁剪位图的方法。

1. 用【形状工具】裁剪位图

下面介绍使用【形状工具】裁剪位图。

01 新建空白文件，按【Ctrl+I】快捷键，在打开的对话框中选择素材图片“裁剪位图 .tif”，单击【导入】按钮，再在绘图页中调整图片的大小和位置，如图 7-1-6 所示。

02 选择工具箱中的【形状工具】，在绘图页中拖动控制点来调整图像的形状，如图 7-1-7 所示。

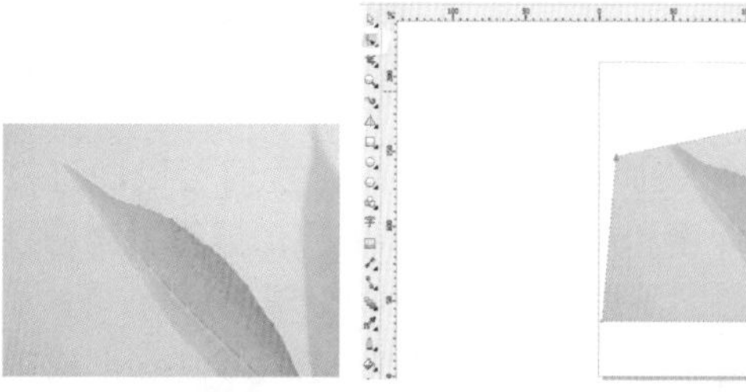

图7-1-6 导入的素材文件　　图7-1-7 调整形状

03 在菜单栏中选择【位图】|【裁剪位图】命令，如图 7-1-8 所示，即可将位图进行裁剪，裁剪后的效果如图 7-1-9 所示。

图7-1-8 选择【裁剪位图】命令

图7-1-9 裁剪后的效果

2. 通过菜单命令裁剪位图

在 CorelDRAW X6 中，可裁剪的对象包括矢量图形、位图、段落文字、美工文字和所有的群组对象。继续使用前面的素材，介绍如何使用【裁剪工具】来裁剪对象。操作步骤如下。

01 在工具箱中选择【裁剪工具】，在图上拖动，拖出图 7-1-10 所示的裁切框。

02 在裁剪选取框中双击鼠标，即可完成裁剪操作，如图 7-1-11 所示。

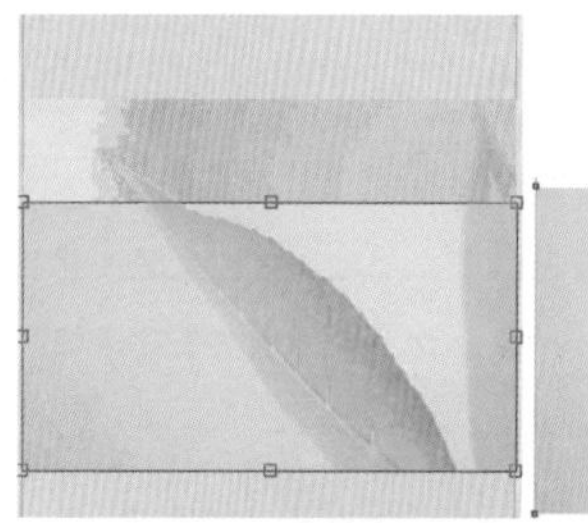

图7-1-10 拖出裁切框　　图7-1-11 裁减后的效果

提示：

将光标置于裁剪选取框中间或侧面中央的控制点上，按住【Shift】键并拖动控制点，可同时向内或向外伸缩裁剪选取框。如将光标放置在右上角的控制点上拖动，可对裁剪选取框进行等比例缩放。

7.2 使用滤镜

在 CorelDRAW X6 中提供了多种类型的滤镜效果，包括三维效果、艺术笔触效果、模糊效果、颜色变换效果、相机效果、轮廓图效果、创作型效果、扭曲效果、杂点效果和鲜明化效果等。下面介绍这些滤镜组中的各种效果。

7.2.1 三维效果

在菜单栏中选择【位图】|【三维效果】下的各命令，可以创建三维纵横感的效果。其中包括【三维旋转】、【柱面】、【浮雕】、【卷页】、【透视】、【挤近/挤远】、【球面】等多个子菜单选项，每个子菜单选项对应一种三维效果。

1. 三维旋转

使用【三维旋转】命令可以改变位图水平或垂直方向的角度，以模拟三维空间的方式旋转位图，因此可以产生出立体透视的效果。下面通过一个简单的小实例来介绍一下三维旋转命令的应用。

01 新建空白文档，按【Ctrl+I】快捷键，在打开的对话框中选择素材“三维效果”，单击【导入】按钮，再在绘图页中调整素材的大小和位置，如图7-2-1所示。

02 确定导入的素材文件处于选择状态，执行菜单栏中的【位图】|【三维效果】|【三维旋转】命令，在打开的对话框中将【水平】参数设置为25，如图7-2-2所示。

图7-2-1 导入的素材文件

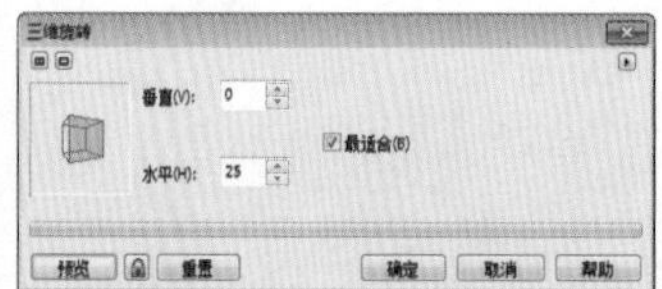

图7-2-2 【三维旋转】对话框

03 设置完成后单击【确定】按钮，即可对选择的图像进行三维旋转，完成后的效果如图7-2-3所示。

图7-2-3 三维旋转后的效果

提示：

默认情况下，对话框中并不显示预览窗口，用户可以单击对话框左上角的按钮预览调整后的图像（再次单击则可以同时预览调整前后的图像），也可以在调整后按下【预览】按钮，即时预览页面中的图像效果。

2. 柱面

以圆柱体的视图原理来改变图像的视图效果。通过改变水平和垂直的百分比，来给图像增加柱面效果。

下面我们通过一个以小实例来介绍【柱面】命令的应用。

01 继续上一实例的操作，按【Ctrl+Z】快捷键，返回上一步操作，执行菜单栏中的【位图】|【三维效果】|【柱面】命令，在打开的对话框中将【柱面模式】设置为【垂直的】。然后将【百分比】参数设置为80，如图7-2-4所示。

02 设置完成后单击【确定】按钮，添加完【柱面】后的效果如图7-2-5所示。

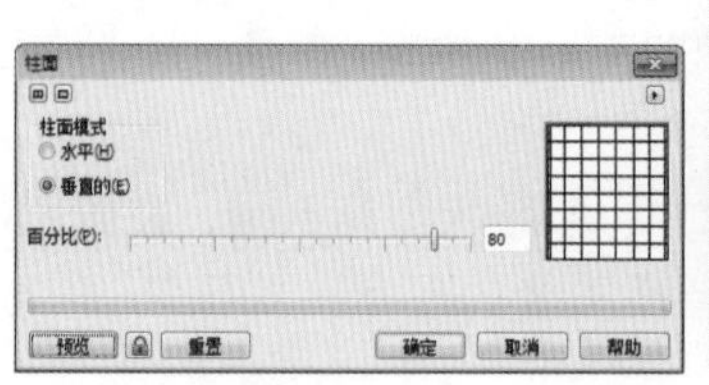

图7-2-4 设置参数

图7-2-5 添加【柱面】后的效果

3. 浮雕

给图像增加立体浮雕效果。我们可以通过控制浮雕的深度和层次来使浮雕效果形成得更为明显，更有层次感。下面对【浮雕】命令进行讲解。

01 继续上一实例的操作，按【Ctrl+Z】快捷键返回上一步操作，执行菜单栏中的【位图】|【三维效果】|【浮雕】命令，在打开的对话框中将【深度】设置为2，将【浮雕色】的CMYK值设置为（0、40、20、0），如图7-2-6所示。

02 设置完成后单击【确定】按钮，添加完【浮雕】后的效果如图7-2-7所示。

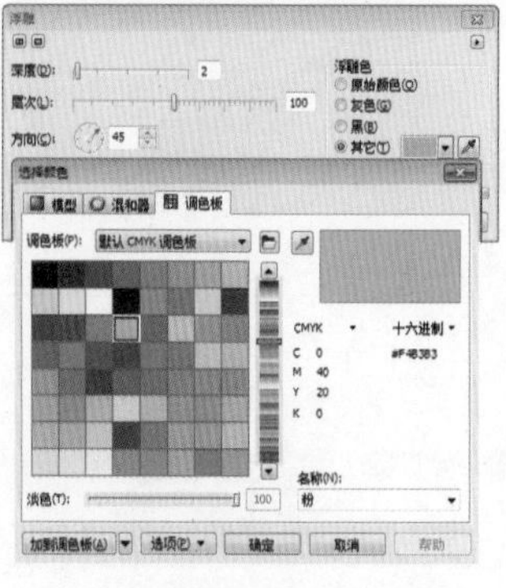

图7-2-6 设置浮雕深度和颜色

图7-2-7 添加完浮雕后的效果

4. 卷页

使用【卷页】命令可以从图像的四角边开始，将位图的部分区域像纸一样卷起来。下面对【卷页】命令进行讲解。

01 继续上一实例的操作，按【Ctrl+Z】快捷键，返回上一步操作，执行菜单栏中的【位图】|【三维效果】|【卷页】命令，在打开的对话框中将【定向】区域下的定向类型设置为【垂直】，【颜色】区域下【卷

曲】使用默认设置，将【宽度】和【高度】分别设置为 42、49，如图 7-2-8 所示。

02 然后单击【确定】按钮，添加完【卷页】后的效果如图 7-2-9 所示。

图7-2-8 设置卷页方向、宽度和高度

图7-2-9 卷页后的效果

5. 透视

使用【透视】命令可以调整图像四角的控制点，给位图添加三维透视效果。在 CorelDRAW X6 中，对于位图的透视方式有两种，分别为【透视】和【切变】，下面对【透视】命令进行讲解。

01 继续上一实例的操作，按【Ctrl+Z】快捷键，返回上一步操作，在菜单栏中选择【位图】|【三维效果】|【透视】命令，在打开的对话框中，使用默认的透视类型，然后在左侧窗口中拖曳示例对象四个角上的节点，调整图像的透视位置，如图 7-2-10 所示。

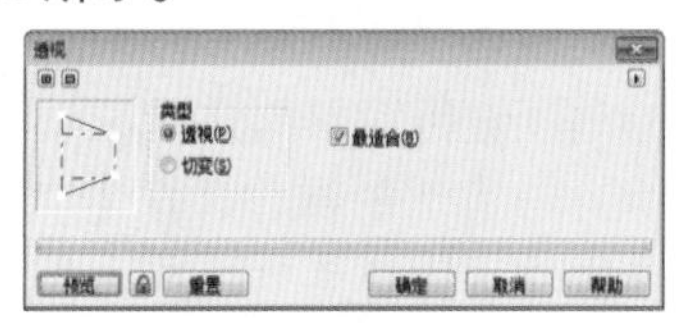

图7-2-10 调整透视形状

02 调整完成后单击【确定】按钮，添加完透视后的效果如图 7-2-11 所示。

图7-2-11 调整透视后的效果

下面再来对【切变】类型进行介绍。

01 按【Ctrl+Z】快捷键，返回上一步操作，在菜单栏中选择【位图】|【三维效果】|【透视】命令，在打开的对话框中，将【类型】定义为【切变】，然后调整图像的透视位置，如图 7-2-12 所示。

02 调整完成后单击【确定】按钮，添加完【切变】后的效果如图 7-2-13 所示。

图7-2-12 调整切变形状

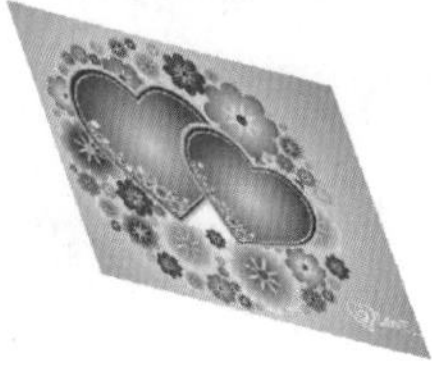

图7-2-13 调整【切变】后的效果

6. 挤远 / 挤近

将位图处理成近似于凸镜和凹镜的效果。设置值从 -100 ~ 100。当值为 0 时，无任何效果。值越小，越往外凸，值越大，越往中间凹。

下面通过简单的实例对其进行讲解。

01 继续上一实例的操作，按【Ctrl+Z】快捷键，返回上一步操作，执行菜单栏中的【位图】|【三维效果】|【挤远 / 挤近】命令，在打开的对话框中使用默认参数，如图 7-2-14 所示。

02 添加完【挤远 / 挤近】后的效果如图 7-2-15 所示。

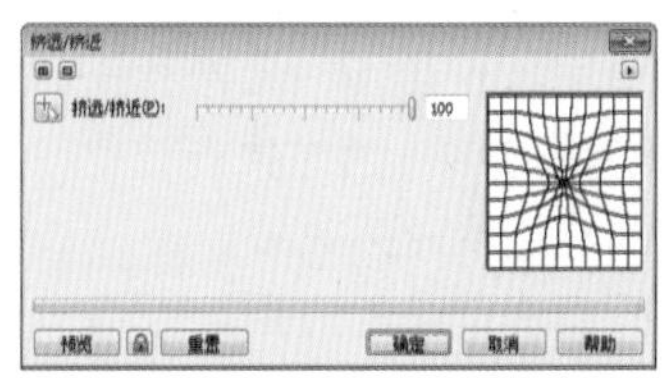

图7-2-14 【挤远/挤近】对话框

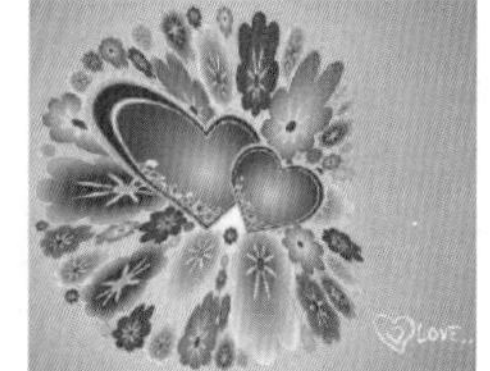

图7-2-15 添加【挤远/挤近】后的效果

7. 球面

以【球面】原理来进行视图表现，类似于【挤远 / 挤近】，都是形成凹或凸的效果，使其更加接近立体化。

下面我们通过一个小实例的形式对【球面】命令进行讲解。

01 继续上一实例的操作，按【Ctrl+Z】快捷键，返回上一步操作，执行菜单栏中的【位图】|【三维效果】|【球面】命令，在打开的对话框中将【优化】类型设置为【速度】，然后将【百分比】设置为 20，如图 7-2-16 所示。

图7-2-16 设置参数

02 单击【确定】按钮，添加完【球面】后的效果如图 7-2-17 所示。

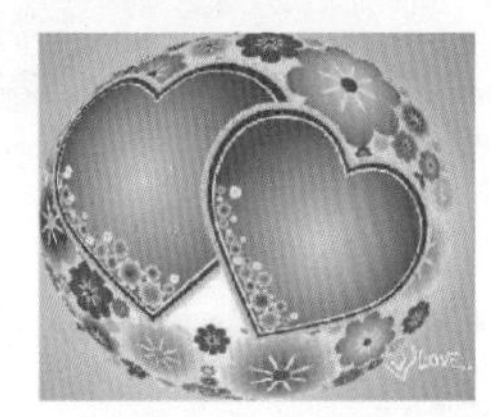

图7-2-17 添加【球面】后的效果

7.2.2 艺术笔触

位图的艺术笔触效果就是通过对位图进行一些特殊的处理，使位图显示出艺术化的风格。通过艺术笔触下的命令，可以快速地将图像效果模拟为传统绘画效果，可以描绘出【炭笔画】、【单色蜡笔画】、【蜡笔画】、【立体派】、【印象派】、【调色刀】、【彩色蜡笔画】、【钢笔画】、【点彩派】、【木版画】、【素描】、【水彩画】、【水印画】和【波纹纸画】共 14 种画风。

1. 炭笔画

使用【炭笔画】命令可以使位图对象产生一种素描效果，模拟传统的炭笔画效果，通过执行该命令，可以把图像转换为传统的炭笔黑白画效果。

下面通过小实例来介绍炭笔画的应用。

01 新建空白文档，按【Ctrl+I】快捷键，在打开的对话框中选择素材“艺术笔触”，单击【导入】按钮，再在绘图页中调整图片的大小和位置，如图 7-2-18 所示。

02 执行菜单栏中的【位图】|【艺术笔触】|【炭笔画】命令，在打开的对话框中将【大小】和【边缘】的参数分别设置为 1、8，如图 7-2-19 所示。

图7-2-18 导入的素材

图7-2-19 设置参数

03 设置完成后单击【确定】按钮，添加完炭笔画后的效果如图 7-2-20 所示。

图7-2-20 炭笔画效果

2. 单色蜡笔画

【单色蜡笔画】可以为图像添加纹理效果，使图像看起来就像用蜡笔在纹理纸或画布上绘制而成的。

01 继续上一实例的操作，按【Ctrl+Z】快捷键，返回上一步操作，执行菜单栏中的【位图】|【艺术笔触】|【单色蜡笔画】命令，在打开的对话框中，将【压力】参数设置为 50，设置完成后单击【确定】按钮，如图 7-2-21 所示。

02 添加完【单色蜡笔画】后的效果如图 7-2-22 所示。

图7-2-21 设置压力参数

图7-2-22 添加完【单色蜡笔画】后的效果

3. 蜡笔画

【蜡笔画】可以使图像看上去好像是用彩色粉笔在带纹理的背景上描过边。在亮色区域，粉笔看上去很厚，几乎看不见纹理。在深色区域，粉笔似乎被擦去了，使纹理显露出来。

下面对蜡笔画进行简单的介绍。

01 继续上一实例的操作，按【Ctrl+Z】快捷键返回上一步操作，执行菜单栏中的【位图】|【艺术笔触】|【蜡笔画】命令，在打开的对话框中，将【大小】设置为 10，将【轮廓】设置为 20，如图 7-2-23 所示。

02 设置完成后单击【确定】按钮，执行完【蜡笔画】后的效果如图 7-2-24 所示。

图7-2-23 设置参数

图7-2-24 添加完【蜡笔画】后的效果

4. 调色刀

调色刀，又称画刀，用富有弹性的薄钢片制成，有尖状、圆状之分，用于在调色板上调匀颜料，不少画家也以刀代笔，直接用刀作画或部分地在画布上形成颜料层面、肌理，增强表现力。【调色刀】

类似于使用刀片在绘图像纸上按一定方向以不同颜色刮画的效果。

下面对【调色刀】命令进行讲解。

01 继续上一实例的操作，按【Ctrl+Z】快捷键，返回上一步操作，执行菜单栏中的【位图】|【艺术笔触】|【调色刀】命令，在打开的对话框中将【刀片尺寸】和【柔软边缘】分别设置为 15、1，将【角度】参数设置为 90，如图 7-2-25 所示。

02 设置完成后单击【确定】按钮，执行完【调色刀】命令后的效果如图 7-2-26 所示。

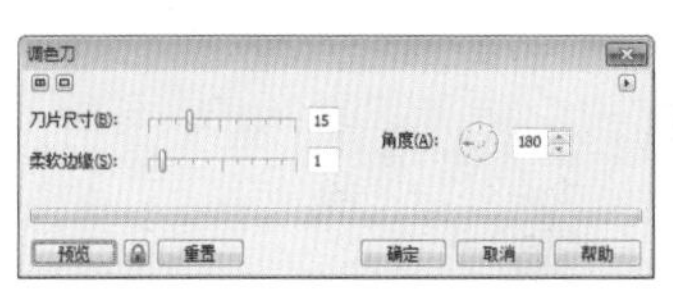

图7-2-25 设置参数

图7-2-26 添加完【调色刀】后的效果

5. 彩色蜡笔画

【彩色蜡笔】可以使图像产生彩色蜡笔绘制的艺术效果。CorelDRAW X6 中的彩色蜡笔画有两种类型，一种是【柔性】的，一种是【油性】的。下面分别对它们进行介绍。

继续使用前面的素材进行讲解。

01 继续上一实例的操作，按【Ctrl+Z】快捷键，返回上一步操作，执行菜单栏中的【位图】|【艺术笔触】|【彩色蜡笔画】命令，在打开的对话框中将【笔触大小】设置为 10，【色度变化】设置为 50，设置完成后单击【确定】按钮，如图 7-2-27 所示。

02 执行完【彩色蜡笔画】命令后的效果如图 7-2-28 所示。

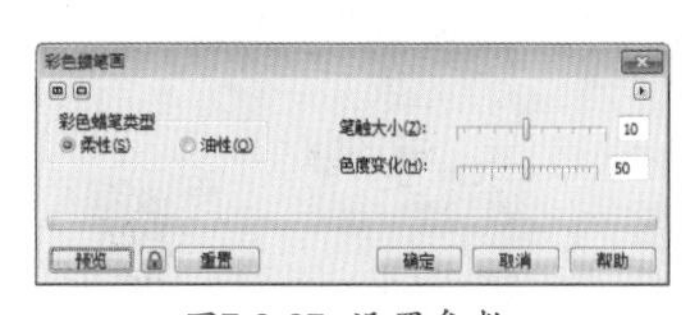

图7-2-27 设置参数

图7-2-28 添加完【彩色蜡笔画】后的效果

下面再来对油性【彩色蜡笔画】进行介绍。

01 继续上一实例的操作，按【Ctrl+Z】快捷键返回上一步操作，执行菜单栏中的【位图】|【艺术笔触】|【彩色蜡笔画】命令，在打开的对话框中将【彩色蜡笔类型】区域下的类型设置为【油性】，将【笔触大小】设置为 10，将【色度变化】设置为 75，如图 7-2-29 所示。

02 设置完成后单击【确定】按钮，执行完【彩色蜡笔画】命令后的效果如图 7-2-30 所示。

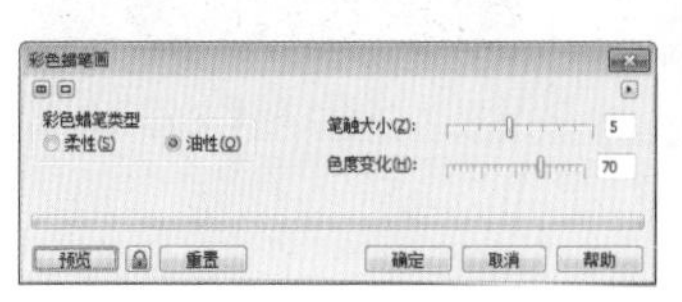

图7-2-29 设置参数

图7-2-30 添加【彩色蜡笔画】后的效果

6. 钢笔画

【钢笔画】可以使图像产生类似于用钢笔绘制黑白图画的效果。通过控制钢笔的【密度】和【墨水】，可以很好地在 CorelDRAW X6 中为位图添加钢笔画效果。

下面来介绍【钢笔画】命令的应用。

01 继续上一实例的操作，按【Ctrl+Z】快捷键返回上一步操作，执行菜单栏中的【位图】|【艺术笔触】|【钢笔画】命令，在打开的对话框中将【密度】和【墨水】参数分别设置为 90、80，如图 7-2-31 所示。

02 设置完成后单击【确定】按钮，执行完【钢笔画】命令后的效果如图 7-2-32 所示。

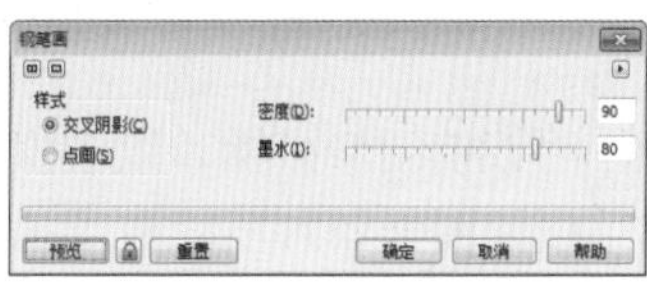

图7-2-31 设置参数

图7-2-32 添加钢笔画后的效果

7. 木版画

木版画俗称木刻，源于我国古代。雕版印刷书籍中的插图，是版画家族中最古老，也是最有代表性的一支。木版画，刀法刚劲有力，黑白相间的节奏使作品极有力度。【木版画】是以木版画的风格保留原图像的细节和特征在原图像上雕刻图像。

下面对【木版画】命令进行介绍。

01 继续上一实例的操作，按【Ctrl+Z】快捷键返回上一步操作，执行菜单栏中的【位图】|【艺术笔触】|【木版画】命令，在打开的对话框中将【密度】和【大小】参数分别设置为 25、10，设置完成后单击【确定】按钮，如图 7-2-33 所示。

02 执行完【木版画】命令后的效果如图 7-2-34 所示。

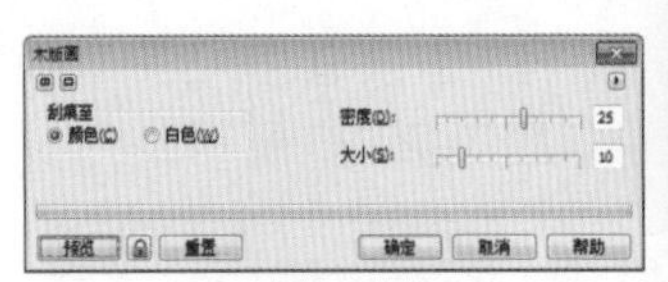

图7-2-33 设置参数

图7-2-34 添加【木版画】后的效果

8. 素描

【素描】可以使图像产生素描的绘画效果，其中可分为黑白素描和彩色素描两种类型。

下面介绍【素描】命令的应用。

01 继续上一实例的操作，按【Ctrl+Z】快捷键，返回上一步操作，执行菜单栏中的【位图】|【艺术笔触】|【素描】命令，在打开的对话框中将【轮廓】设置为 25，如图 7-2-35 所示。

02 设置完成后单击【确定】按钮，执行完【素描】命令后的效果如图 7-2-36 所示。

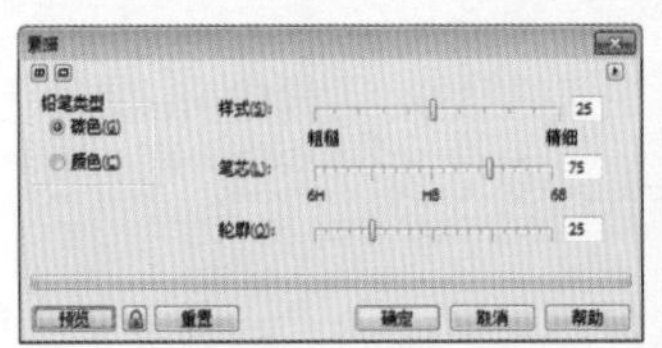

图7-2-35 设置参数

图7-2-36 添加【素描】后的效果

7.2.3 模糊

通过【模糊】命令，可以使图像模糊，以模拟移动、杂色或渐变。它可以给图像添加不同程度的模糊效果，【模糊】命令总共包含 9 个子命令，它们分别是【定向平滑】、【高斯式模糊】、【锯齿状模糊】、【低通滤波器】、【动态模糊】、【放射式模糊】、【平滑】、【柔和】和【缩放】。

1. 高斯式模糊

【高斯式模糊】是【模糊】命令中使用最频繁的一个命令，它是建立在高斯函数基础上的一个模糊计算方法。

下面通过一个简单的小实例来介绍一下高斯式模糊效果。

01 新建一个空白文档，按【Ctrl+I】快捷键，在打开的对话框中选择素材“模糊.jpg”，单击【导入】按钮，在绘图页中调整素材的大小和位置，如图 7-2-37 所示。

02 确定新导入的素材文件处于选择状态，执行菜单栏中的【位图】|【模糊】|【高斯式模糊】命令，在打开的对话框中将【半径】参数设置为 7 像素，如图 7-2-38 所示。

图7-2-37 导入的素材

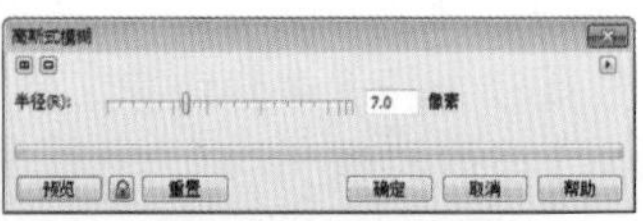

图7-2-38 设置参数

03 设置完成后单击【确定】按钮，执行完【高斯式模糊】命令后的效果如图 7-2-39 所示。

图7-2-39 添加【高斯式模糊】后的效果

2. 动态模糊

【动态模糊】使图像产生动感模糊的效果，就像是固定的高光时间给一个移动的对象拍照。

继续使用前面的素材进行讲解。

01 继续上一实例的操作，按【Ctrl+Z】快捷键，返回上一步，执行菜单栏中的【位图】|【模糊】|【动态模糊】命令，在打开的对话框中将【间隔】参数设置为 45 像素，将【方向】设置为 180，设置完成后单击【确定】按钮，如图 7-2-40 所示。

02 执行完【动态模糊】后的效果如图 7-2-41 所示。

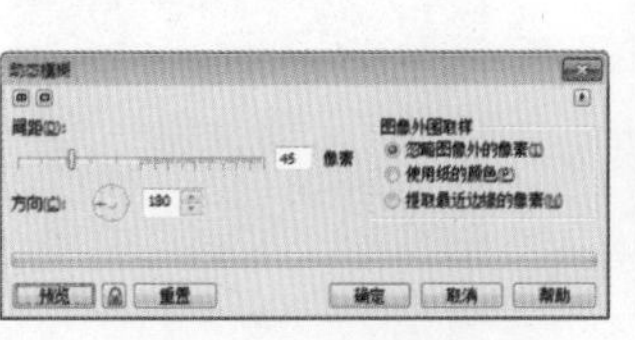

图7-2-40 设置参数

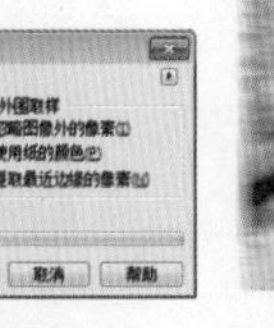

图7-2-41 【动态模糊】效果

3. 放射式模糊

给图像添加一种自中心向周围呈旋涡状的放射模糊状态，又称放射式模糊。

01 继续上一实例的操作，按【Ctrl+Z】快捷键，返回上一步，执行菜单栏中的【位图】|【模糊】|【放

射状模糊】命令，在打开的对话框中将【数量】参数设置为8，如图7-2-42所示。

02 设置完成后单击【确定】按钮,执行完【放射状模糊】后的效果如图7-2-43所示。

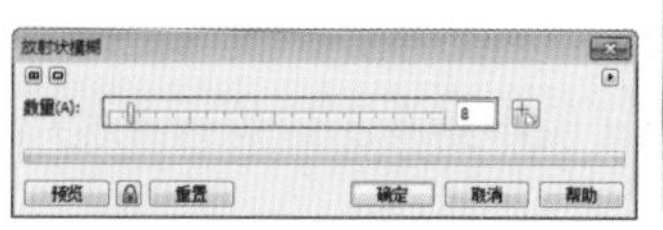

图7-2-42 设置参数

图7-2-43 添加【放射状模糊】的效果

4. 平滑

使用【平滑】命令，可以使图像变得更加平滑，通常用于优化位图图像。

01 继续上一实例的操作，按【Ctrl+Z】快捷键，返回上一步，执行菜单栏中的【位图】|【模糊】|【平滑】命令，在打开的对话框中将【百分比】参数设置为100，设置完成后单击【确定】按钮，如图7-2-44所示。

02 执行完【平滑】命令后的效果如图7-2-45所示。

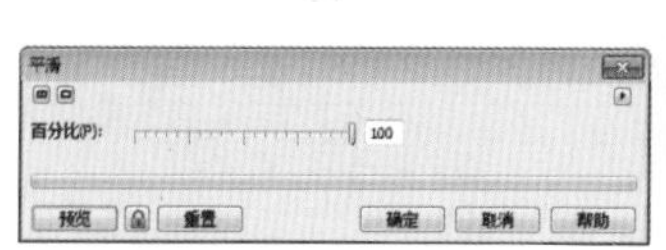

图7-2-44 设置参数

图7-2-45 【平滑】效果

5. 缩放

使用【缩放】命令，可使图像自中心产生一种爆炸式的效果。

01 继续上一实例的操作，按【Ctrl+Z】快捷键，返回上一步，执行菜单栏中的【位图】|【模糊】|【缩放】命令，在打开的对话框中将【数量】参数设置为25，设置完成后单击【确定】按钮，如图7-2-46所示。

02 执行完【缩放】后的效果如图7-2-47所示。

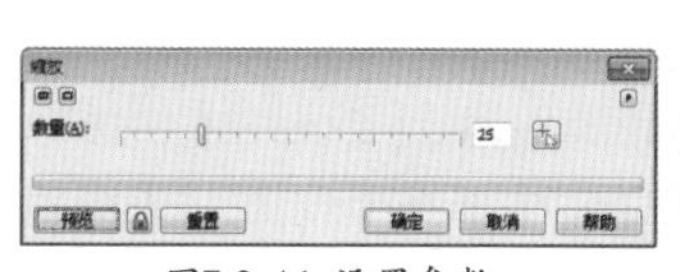

图7-2-46 设置参数

图7-2-47 添加【缩放】后的效果

7.2.4 颜色转换

用【颜色变换】命令可以通过减少或替换颜色来创建摄影幻觉效果。这些效果包括【位平面】、【半色调】、【梦幻色调】以及【曝光】等。下面分别对它们进行介绍。

1. 位平面

使用【位平面】命令可以创建用红（R）、绿（G）、蓝（B）3种颜色来替换图像原有颜色的幻觉效果，每一种颜色就是一个面。

下面使用简单的实例来介绍位平面。

01 新建一个空白文档，按【Ctrl+I】快捷键，在打开的对话框中选择素材“颜色转换.tif”，单击【导入】按钮，再调整素材的大小和位置，如图7-2-48所示。

02 在绘图页中选择导入的素材图形，在菜单栏中选择【位图】|【颜色转换】|【位平面】命令，在打开的对话框中将【红】、【绿】、【蓝】设置为6，如图7-2-49所示。

图7-2-48 导入的素材

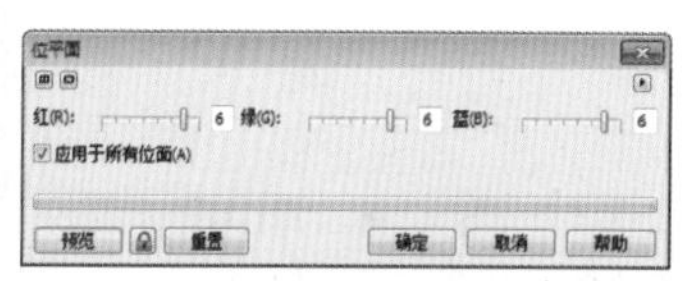

图7-2-49 设置参数

03 设置完成后单击【确定】按钮，执行完【位平面】命令后的效果如图7-2-50所示。

图7-2-50 添加【位平面】后的效果

2. 半色调

使用【半色调】命令可以创建青、品红、黄、黑4种颜色替换图像原有颜色创造特殊的色彩效果。

01 继续上一实例的操作，按【Ctrl+Z】快捷键，返回上一步，在菜单栏中选择【位图】|【颜色转换】|【半色调】命令，在打开的对话框中将【最大点半

径】设置为 2，如图 7-2-51 所示。

02 设置完成后单击【确定】按钮，执行完【半色调】后的效果如图 7-2-52 所示。

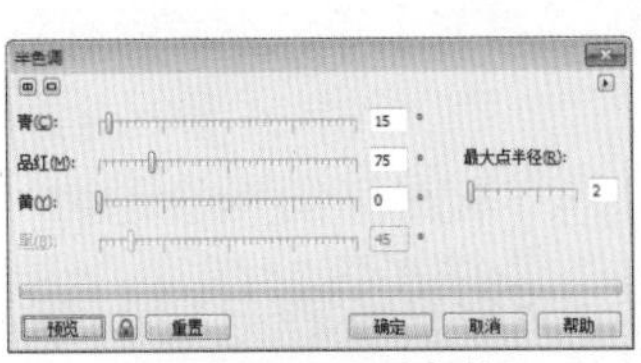

图7-2-51 设置参数

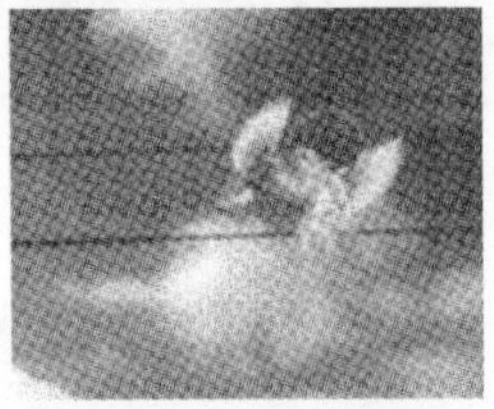

图7-2-52 【半色调】效果

3. 梦幻色调

使用【梦幻色调】命令可以将图像色彩转换为具有梦幻色调的色彩效果。

01 继续上一实例的操作，按【Ctrl+Z】快捷键，返回上一步，执行菜单栏中的【位图】|【颜色转换】|【梦幻色调】命令，在打开的对话框中将【层次】设置为 126，如图 7-2-53 所示。

02 设置完成后，单击【确定】按钮，执行完【梦幻色调】后的效果如图 7-2-54 所示。

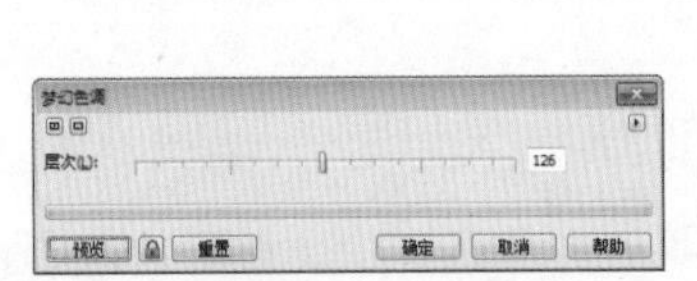

图7-2-53 设置参数

图7-2-54 添加【梦幻色调】后的效果

4. 曝光

使用【曝光】命令可以模拟胶卷的曝光过程，对图像进行曝光处理。

继续使用前面的素材进行讲解。

01 继续上一实例的操作，按【Ctrl+Z】快捷键，返回上一步，在菜单栏中选择【位图】|【颜色转换】|【曝光】命令，在打开的对话框中将【层次】设置为 225，如图 7-2-55 所示。

02 设置完成后单击【确定】按钮，执行完【曝光】后的效果如图 7-2-56 所示。

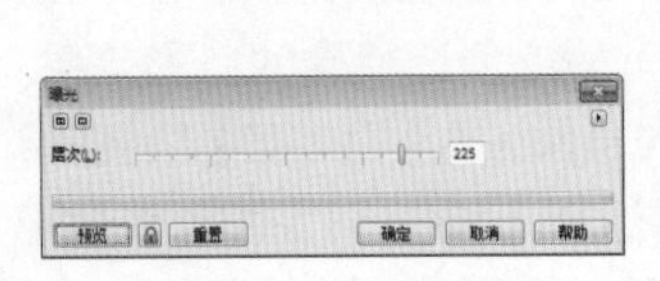

图7-2-55 设置参数

图7-2-56 添加【曝光】后的效果

7.2.5 轮廓图

使用【轮廓图】命令可以突出显示和增强图像的边缘。轮廓图效果包括边缘勾画和突出显示。【轮廓图】包括【边缘检测】、【查找边缘】以及【描摹轮廓】3 个子菜单，每一个命令对应一种轮廓图效果。

1. 边缘检测

【边缘检测】命令用于突出刻画图像的边缘轮廓，而忽略图像的色彩。

下面我们通过一个小实例来介绍一下【边缘检测】命令。

01 新建一个空白文档，按【Ctrl+I】快捷键，在打开的对话框中选择素材“轮廓图 .tif”，单击【导入】按钮，再在绘图页中调整素材的大小以及位置，如图 7-2-57 所示。

02 在绘图页中选择导入的素材图像，然后在菜单栏中选择【位图】|【轮廓图】|【边缘检测】命令，在打开的对话框中使用默认值，如图 7-2-58 所示。

图7-2-57 导入的素材

图7-2-58 设置参数

03 单击【确定】按钮，执行完【边缘检测】命令后的效果如图 7-2-59 所示。

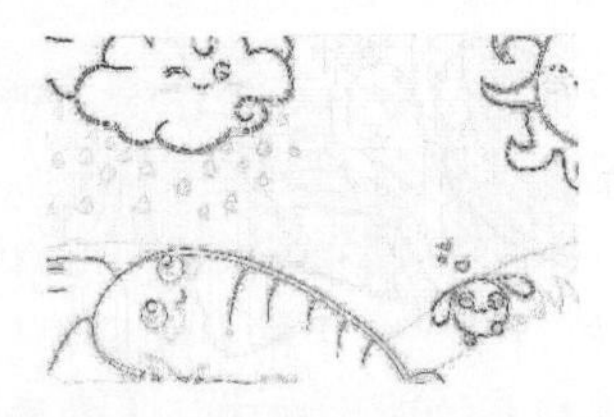

图7-2-59 添加【边缘检测】后的效果

2. 查找边缘

【查找边缘】命令用于自动查找并刻画图像的线条，从而突出图像轮廓的层次感。

【查找边缘】命令的边缘类型分为【软】和【纯色】两种，下面我们介绍【软】边缘类型。

01 继续上一实例的操作，按【Ctrl+Z】快捷键，返回上一步，然后在菜单栏中选择【位图】|【轮廓图】|【查找边缘】命令，在打开的对话框中将【层

次】设置为 70，如图 7–2–60 所示。

02 设置完成后单击【确定】按钮，执行完【查找边缘】命令后的效果如图 7–2–61 所示。

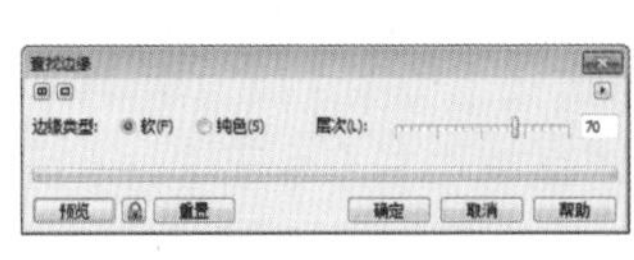

图7-2-60 设置参数

图7-2-61 添加【查找边缘】后的效果

3. 描摹轮廓

【描摹轮廓】命令可以使用多种颜色描摹图像的轮廓。

【描摹轮廓】的边缘类型分为【下降】和【上面】两种类型。

01 继续上一实例的操作，按【Ctrl+Z】快捷键，返回上一步，然后在菜单栏中选择【位图】|【轮廓图】|【描摹轮廓】命令，在打开的对话框中使用默认设置，如图 7–2–62 所示。

02 单击【确定】按钮，执行完【描摹轮廓】命令后的效果如图 7–2–63 所示。

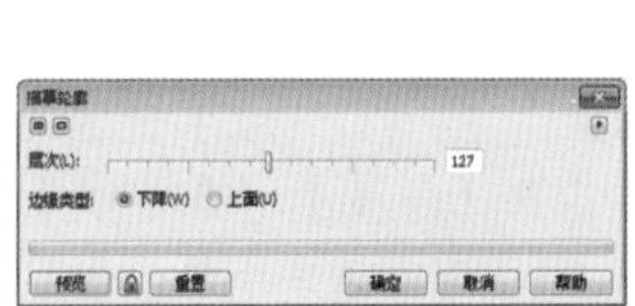

图7-2-62 【描摹轮廓】对话框

图7-2-63 添加【描摹轮廓】后的效果

7.2.6 创造性

【创造性】命令可以把位图分割成许多小块，不同的效果区分于分割小块风格的不同。通过【创造性】命令，可以给图像添加拼图效果、马塞克效果、彩色玻璃效果、虚光效果和玻璃砖效果等。其中包括【工艺】、【晶体化】、【织物】、【框架】、【玻璃砖】、【儿童游戏】、【马塞克】、【粒子】、【散开】、【茶色玻璃】、【彩色玻璃】、【虚光】、【旋涡】和【天气】14 个子命令。

1. 工艺

通过【工艺】命令，可以给图像添加拼图效果、齿轮效果、弹珠效果、糖果效果、瓷砖效果和筹码效果。我们可以通过【大小】选项来控制分布的数量，值越大，分布的数量越少，反之则越多；可以通过【完成】选项来控制最终的显示数量，值越大，显示的越多。

下面通过简单的实例来介绍【工艺】命令的使用。

01 新建一个空白文档，按【Ctrl+I】快捷键，在打开的对话框中选择素材“创作性 .tif”，单击【导入】按钮，再调整素材的大小和位置，如图 7–2–64 所示。

02 在绘图页中选择导入的素材图形，在菜单栏中选择【位图】|【创造性】|【工艺】命令，在打开的对话框中将【样式】定义为【瓷砖】，将【大小】参数设置为 1，如图 7–2–65 所示。

图7-2-64 导入的素材

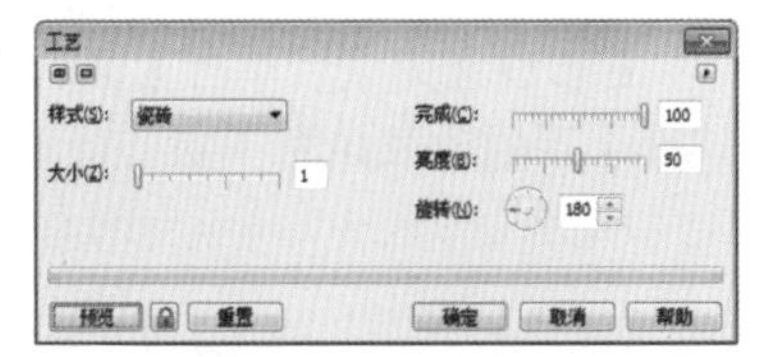

图7-2-65 设置参数

03 设置完成后单击【确定】按钮，执行完【工艺】命令后的效果如图 7–2–66 所示。

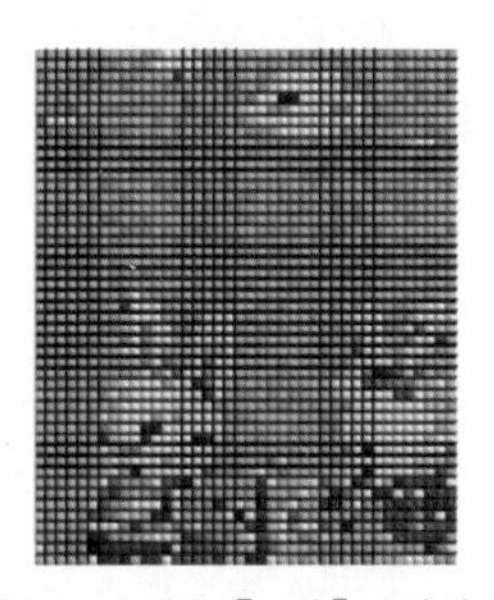

图7-2-66 添加【工艺】后的效果

2. 框架

使用【框架】命令可以在图像四周添加一个框架，从而使其产生照片框架的效果。一般用于给照片添加艺术边框。

01 继续上一实例的操作，按【Ctrl+Z】快捷键，返回上一步，然后在菜单栏中选择【位图】|【创造性】|【框架】命令，在打开的对话框中使用默认的参数，如图 7–2–67 所示。

02 单击【确定】按钮，执行完【框架】后的效果如图 7–2–68 所示。

图7-2-67 设置参数

图7-2-68 添加【框架】后的效果

3. 玻璃砖

运用该命令，可以使画面形成一种玻璃砖的特殊效果。

继续使用上面的素材进行讲解。

01 继续上一实例的操作，按【Ctrl+Z】快捷键，返回上一步，在菜单栏中选择【位图】|【创造性】|【玻璃砖】命令，在打开的对话框中将【块宽度】、【块高度】设置为13，如图7-2-69所示。

02 设置完成后单击【确定】按钮，添加完【玻璃砖】后的效果如图7-2-70所示。

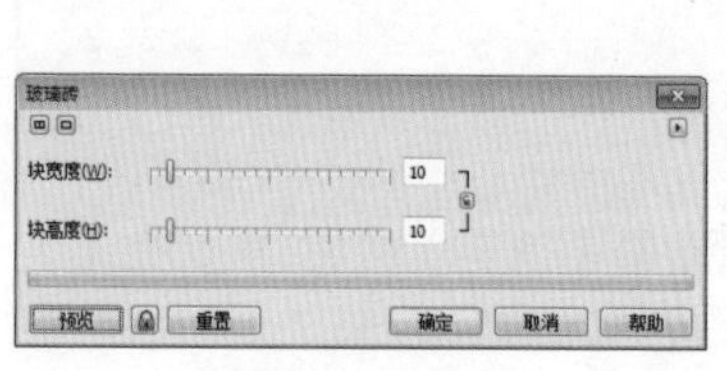
图7-2-69 设置参数

图7-2-70 添加【玻璃砖】后的效果

4. 粒子

【粒子】命令用于为图像添加星状或气泡状的粒子。

01 继续上一实例的操作，按【Ctrl+Z】快捷键，返回上一步，在菜单栏中选择【位图】|【创造性】|【粒子】命令，在打开的对话框中将【样式】设置为【气泡】，将【粗细】、【密度】、【着色】以及【透明度】分别设置为46、4、100、1，如图7-2-71所示。

02 设置完成后单击【确定】按钮，添加完【粒子】后的效果如图7-2-72所示。

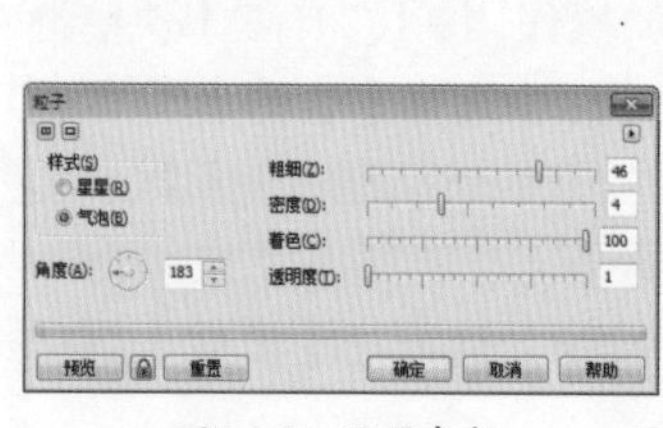
图7-2-71 设置参数

图7-2-72 添加【粒子】后的效果

5. 散开

使用【散开】命令，可以使图像产生一种颜色扩散的效果。可以通过【水平】和【垂直】选项来控制晕散的范围大小。

01 继续上一实例的操作，按【Ctrl+Z】快捷键，返回上一步，在菜单栏中选择【位图】|【创造性】|【散开】命令，在打开的对话框中将【水平】与【垂直】设置为17，如图7-2-73所示。

02 设置完成后单击【确定】按钮，添加完【散开】后的效果如图7-2-74所示。

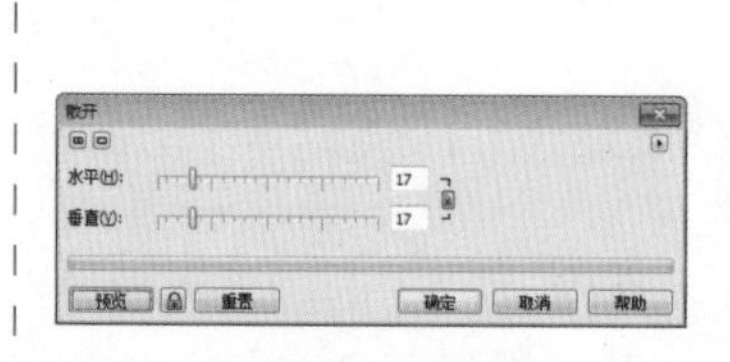
图7-2-73 设置参数

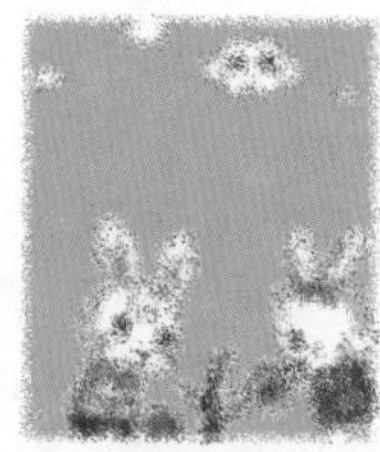
图7-2-74 添加【散开】后的效果

6. 虚光

使用【虚光】命令，可以给图像添加光线柔和渐变的效果。CorelDRAW X6中可设置的【虚光】类型有椭圆形、圆形、矩形和正方形4种，在设置对话框中可以找到这些命令。

01 继续上一实例的操作，按【Ctrl+Z】快捷键，返回上一步，在菜单栏中选择【位图】|【创造性】|【虚光】命令，在打开的对话框中单击【颜色】区域下的【白色】单选按钮，如图7-2-75所示。

02 设置完成后单击【确定】按钮，添加完【虚光】后的效果如图7-2-76所示。

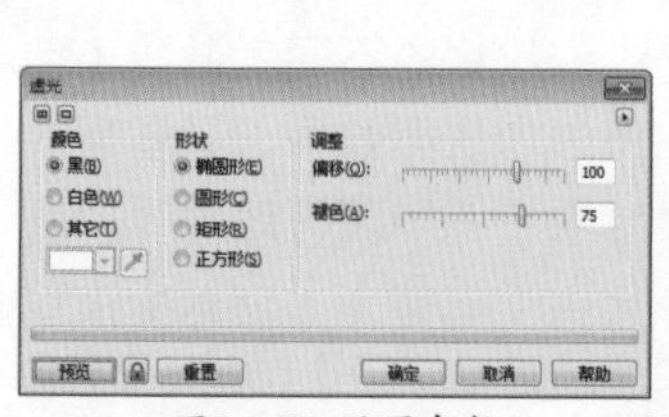
图7-2-75 设置参数

图7-2-76 添加【虚光】后的效果

7. 漩涡

【旋涡】命令可以使图像产生类似旋涡形状的特效，通过控制【样式】和【大小】来控制旋涡的形成力度。

01 继续上一实例的操作，按【Ctrl+Z】快捷键，

返回上一步，在菜单栏中选择【位图】|【创造性】|【旋涡】命令，在打开的对话框中将【样式】定义为【笔刷效果】，将【粗细】设置为10，如图7-2-77所示。

02 设置完成后单击【确定】按钮，添加完【旋涡】后的效果如图7-2-78所示。

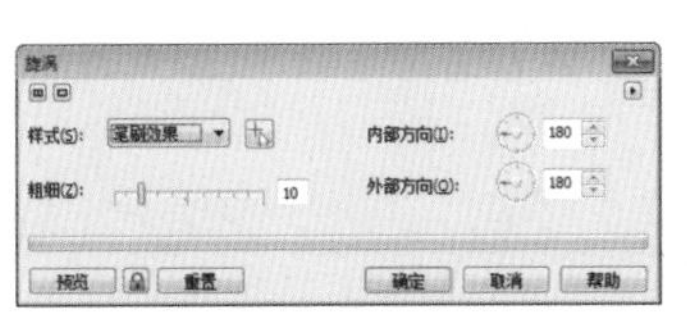
图7-2-77 设置参数

图7-2-78 添加【漩涡】后的效果

8. 天气

【天气】命令可以使位图对象模拟各种气候特征，即显示为不同天气下观测的效果。通过【浓度】选项，可以控制小雪至暴风雪、小雨至暴雨、薄雾至浓雾效果。

01 继续上一实例的操作，按【Ctrl+Z】快捷键，返回上一步，在菜单栏中选择【位图】|【创造性】|【天气】命令，在打开的对话框中将【预报】设置为【雾】，将【浓度】参数设置为3，将【大小】设置为10，如图7-2-79所示。

02 设置完成后单击【确定】按钮，添加完【天气】后的效果如图7-2-80所示。

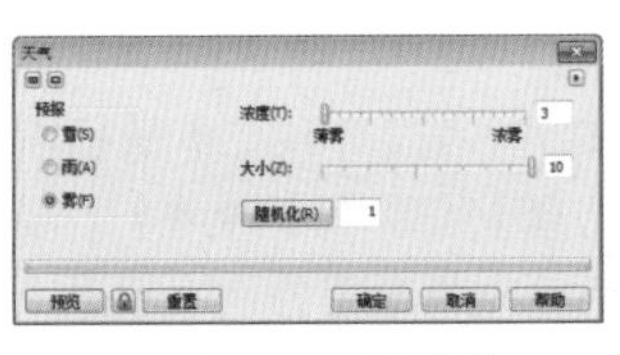
图7-2-79 设置参数

图7-2-80 添加【浓雾】后的效果

7.2.7 扭曲

使用【扭曲】命令，可以使图像表面变形。它可以为图像添加块状效果、置换效果、偏移效果、像素效果、龟纹效果、旋涡效果、平铺效果、湿笔画效果、涡流效果和风吹效果。

1. 块状

【块状】用于创建碎块状的图像扭曲效果。

下面通过简单的实例来介绍【块状】命令的使用。

01 新建一个空白文档，按【Ctrl+I】快捷键，在打开的对话框中选择素材“扭曲.tif”，单击【导入】按钮，再在绘图页中调整素材的大小和位置，如图7-2-81所示。

02 确定新导入的素材文件处于选择状态，在菜单栏中选择【位图】|【扭曲】|【块状】命令，在弹出对话框中在【未定义区域】下选择【其他】，设置一种颜色，然后将【块宽度】和【块高度】都设置为5，如图7-2-82所示。

图7-2-81 导入素材文件

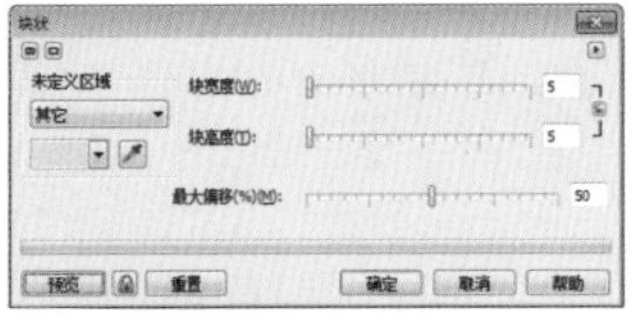
图7-2-82 设置参数

03 设置完成后单击【确定】按钮，执行完【块状】命令后的效果如图7-2-83所示。

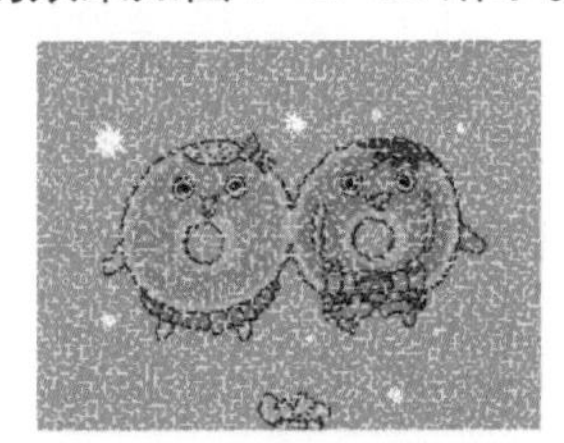
图7-2-83 添加【块状】后的效果

2. 置换

利用【置换】命令可以使用多种网格置换图像的缘由区域，从而创建图像被网格切割的效果。

01 继续上一实例的操作，按【Ctrl+Z】快捷键，返回上一步，在菜单栏中选择【位图】|【扭曲】|【置换】命令，在打开的对话框中将【未定义】区域设置为【环绕】，将【水平】和【垂直】的参数分别设置为20、20，选择一种置换图样，如图7-2-84所示。

02 设置完成后单击【确定】按钮，添加完【置换】后的效果如图7-2-85所示。

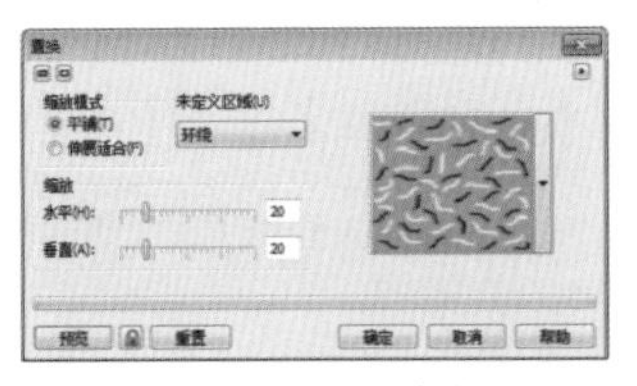

图7-2-84 设置参数

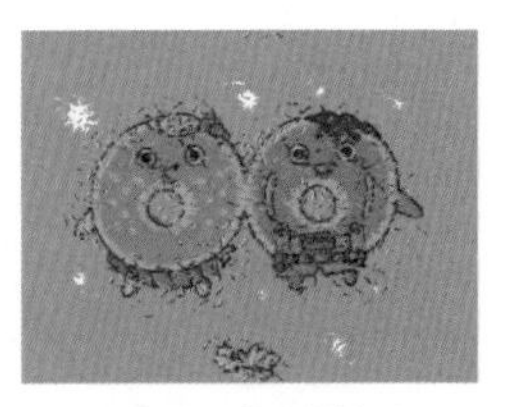
图7-2-85 【置换】效果

3. 像素

使图像在一定的像素范围内产生模糊效果，CorelDRAW X6 自带的像素化模式有正方形、矩形和射线 3 种，通过改变【宽度】值和【高度】值来控制像素化效果的力度。

01 继续上一实例的操作，按【Ctrl+Z】快捷键，返回上一步，执行菜单栏中的【位图】|【扭曲】|【像素】命令，在打开的对话框中将【宽度】和【高度】的参数都设置为 10，如图 7-2-86 所示。

02 设置完成后单击【确定】按钮，添加完【像素】后的效果如图 7-2-87 所示。

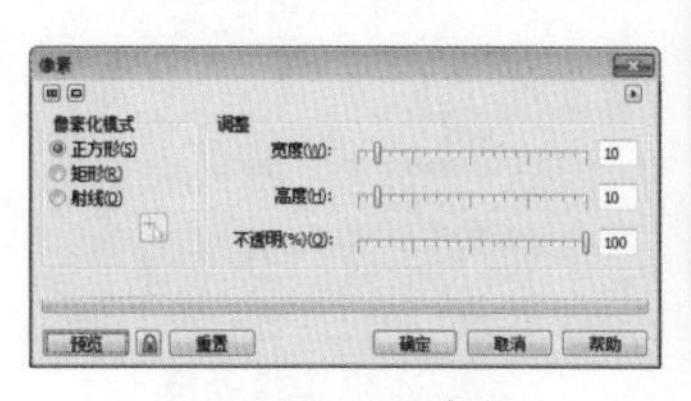

图7-2-86 设置参数

图7-2-87 【像素】效果

4. 旋涡

【旋涡】命令用于使图像产生旋涡状的扭曲。

01 继续上一实例的操作，按【Ctrl+Z】快捷键，返回上一步，执行菜单栏中的【位图】|【扭曲】|【旋涡】命令，在打开的对话框中将【定向】设置为【逆时针】，将【附加度】参数设置为 90，如图 7-2-88 所示。

02 设置完成后单击【确定】按钮，添加完【旋涡】后的效果如图 7-2-89 所示。

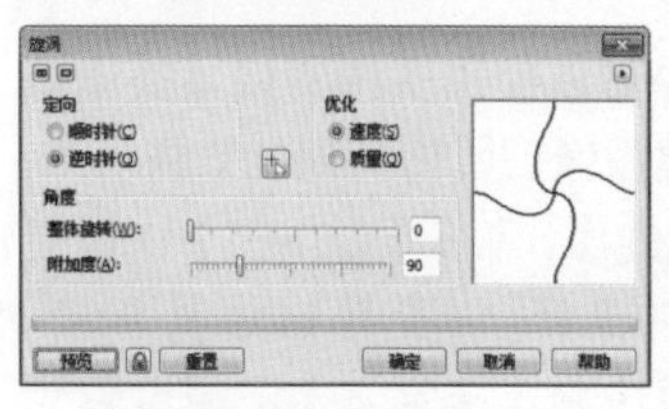

图7-2-88 设置参数

图7-2-89 【旋涡】效果

7.2.8 杂点

该命令主要用于为图像添加颗粒状杂点或去除图像中的杂点，多用于校正图像中的瑕疵，可使图像表面更加平滑完美。【杂点】包括【添加杂点】、【最大值】、【中值】、【最小】、【去除龟纹】以及【去除杂点】6 个子菜单，每一个命令对应一种杂点效果。

1. 添加杂点

【添加杂点】命令用于在图像中添加多种类型的颗粒状杂点。

下面对【添加杂点】命令进行介绍。

01 新建一个空白文档，按【Ctrl+I】快捷键，在打开的对话框中选择素材“杂点 .tif”，单击【导入】按钮，然后调整素材的大小和位置，如图 7-2-90 所示。

02 在绘图页中选择导入的素材，在菜单栏中选择【位图】|【杂点】|【添加杂点】命令，在打开的对话框中将【层次】和【密度】参数都设置为 88，如图 7-2-91 所示。

图7-2-90 导入的素材

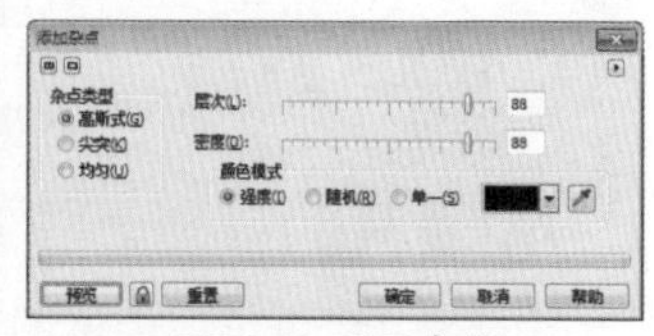

图7-2-91 设置参数

03 设置完成后单击【确定】按钮，执行完【添加杂点】命令后的效果如图 7-2-92 所示。

图7-2-92 【添加杂点】后的效果

2. 最大值

通过【最大值】命令，可以根据相邻像素最大颜色值去除图像杂点，以此来给图像添加一种类似街头霓虹闪烁的远视效果，可以通过【百分比】和【半径】来控制这种效果。

01 继续上一实例的操作，按【Ctrl+Z】快捷键，返回上一步，在菜单栏中选择【位图】|【杂点】|【最大值】命令，在打开的对话框中将【百分比】和【半径】的参数分别设置为 85、5，设置完成后单击【确定】按钮，如图 7-2-93 所示。

02 添加完【最大值】后的效果如图 7-2-94 所示。

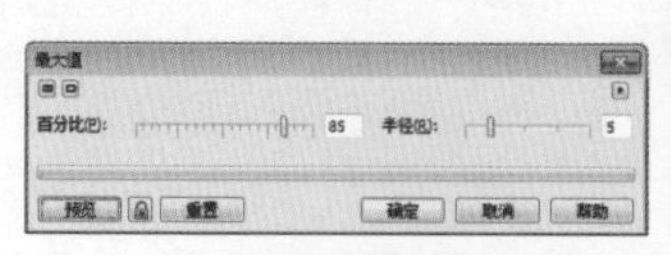

图7-2-93 设置参数

图7-2-94 【最大值】效果

3. 最小

【最小】命令可以通过将像素变暗来去除图像中的杂点。

01 继续上一实例的操作，按【Ctrl+Z】快捷键，返回上一步，在菜单栏中选择【位图】|【杂点】|【最小】命令，在打开的对话框中将【百分比】和【半径】的参数分别设置为 50、5，如图 7-2-95 所示。

02 设置完成后单击【确定】按钮，添加完【最小】命令后的效果如图 7-2-96 所示。

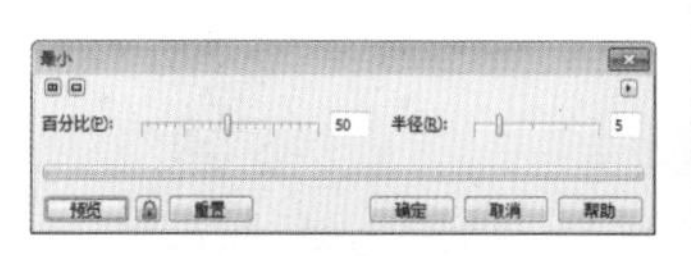

图7-2-95 设置参数

图7-2-96 【最小】命令效果

4. 去除龟纹

通过【去除龟纹】可以去除图像中一些比较细微的纹理，如网纹、波纹等，通常用于优化和校正图像中的细节部分。

01 继续上一实例的操作，按【Ctrl+Z】快捷键，返回上一步，在菜单栏中选择【位图】|【杂点】|【去除龟纹】命令，在打开的对话框中将【数量】参数设置为 10，如图 7-2-97 所示。

02 设置完成后单击【确定】按钮，添加完【去除龟纹】后的效果如图 7-2-98 所示。

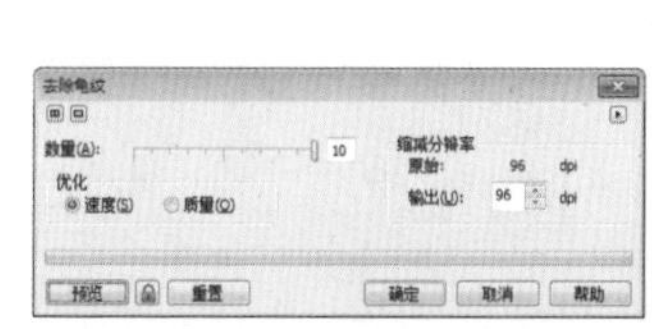

图7-2-97 设置参数

图7-2-98 【去除龟纹】后的效果

7.3 图框精确裁剪对象

使用【图框精确裁剪】命令裁剪过的对象，只是将不需要的部分隐藏起来，如果需要还可以再进行编辑。

7.3.1 创建图框精确裁剪对象

下面介绍创建图框对图形进行精确裁剪。

01 按【Ctrl+I】快捷键，在打开的对话框中选择素材"图框精确裁剪 .tif"，如图 7-3-1 所示。

02 选择工具箱中的【基本形状工具】，在属性栏中将完美形状定义为，然后在绘图页中绘制图形，如图 7-3-2 所示。

图7-3-1 导入素材

图7-3-2 绘制图形

03 在绘图页中选择导入的素材文件，然后在菜单栏中选择【效果】|【图框精确剪裁】|【置于图文框内部】命令，如图 7-3-3 所示。

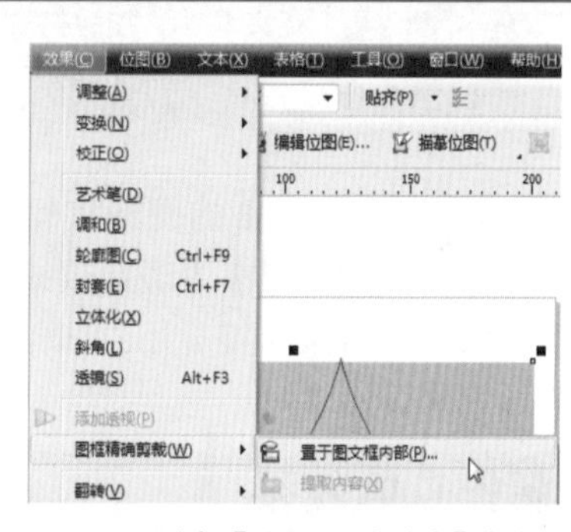

图7-3-3 选择【置于图文框内部】命令

04 此时鼠标指针呈粗箭头状，将其移至水滴图形上，如图 7-3-4 所示。

05 单击鼠标左键，即可将选择的对象放置在水滴图形中，效果如图 7-3-5 所示。

图7-3-4 将其移至水滴图形

图7-3-5 裁剪后的效果

7.3.2 编辑图框精确裁剪对象内容

继续使用上面的操作，对编辑图框精确剪裁对象内容进行介绍。

01 选择图框精确剪裁后的对象，然后选择菜单栏中的【效果】|【图框精确剪裁】|【编辑PowerClip（E）】命令，如图7-3-6所示。

02 此时选择的对象会变成蓝色的轮廓，内置的对象会被完整地显示出来，效果如图7-3-7所示。

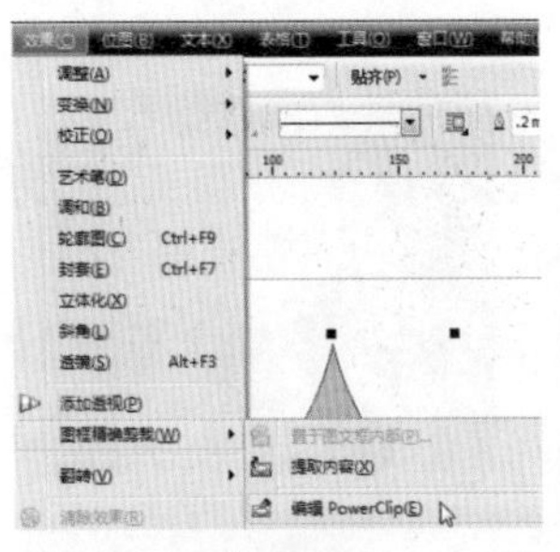

图7-3-6 选择【编辑PowerClip(E)】命令

图7-3-7 选择命令后的效果

提示：

在绘图页中按住【Ctrl】键单击图框中的对象，也可以对对象进行编辑。

03 使用工具箱中的【选择工具】调整图像的位置，对内置对象进行修改，如图7-3-8所示。

04 修改完成后选择【效果】|【图框精确剪裁】|【结束编辑】命令，即可结束对内置对象的编辑，编辑后的效果如图7-3-9所示。

图7-3-8 对内置对象进行修改

图7-3-9 编辑后的效果

7.4 特殊效果

CorelDRAW中拥有丰富的图形编辑功能，利用工具箱中的【立体化工具】、【透视效果】、【变形工具】等工具可以为对象直接应用立体化效果、透视效果、变形效果等效果。

7.4.1 制作立体效果

下面通过【立体化工具】制作立方体效果。

01 按【Ctrl+O】快捷键，在打开的对话框中选择素材“叶.cdr”，单击【打开】按钮，打开的素材文件效果如图7-4-1所示。

02 在工具箱中选择【矩形工具】，按住【Ctrl】键的同时拖动鼠标，沿图案的边缘创建一个矩形，创建完成后的效果如图7-4-2所示。

03 再在工具箱中选择【立体化工具】，然后在创建的正方形上拖曳鼠标，为上面创建的正方形添加立体化效果，在属性栏【立体化类型】中选择图7-4-3所示的立体化类型，然后对立体化图形进行调整。

图7-4-1 打开素材文件

图7-4-2 绘制矩形

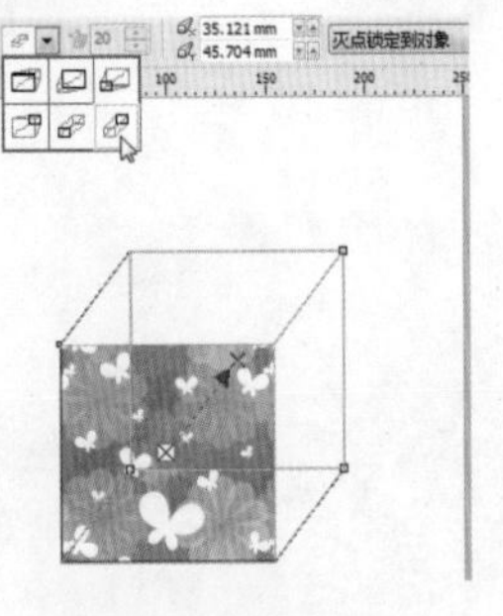

图7-4-3 创建立方体

7.4.2 制作透视效果

使用【透视】命令，对图形进行调整，制作出立方体效果。

01 按【Ctrl+O】快捷键，在打开的对话框中选择素材“制作透视效果.cdr”，单击【打开】按钮，然后在工具箱中选择【选择工具】，在绘图页中选择图 7-4-4 所示的图形。

02 复制一个相同的图形，移动到适当的位置，效果如图 7-4-5 所示。

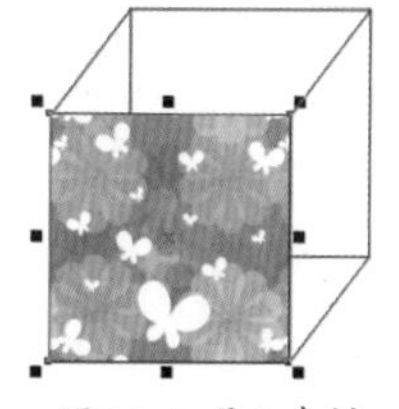

图7-4-4 导入素材

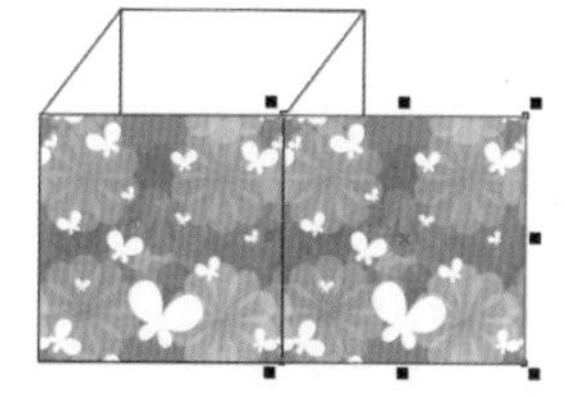

图7-4-5 复制并移动图形

03 在菜单栏中选择【效果】|【添加透视】命令，如图 7-4-6 所示，在选择的对象中显示网格，然后拖动控制点，对控制点进行调整，如图 7-4-7 所示。

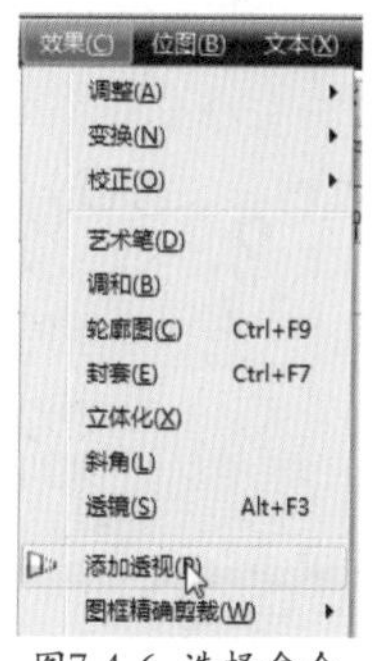

图7-4-6 选择命令

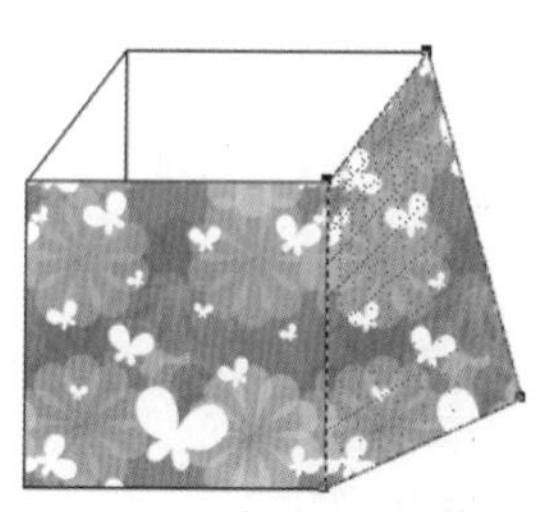

图7-4-7 对控制点进行调整

04 拖动右下角的控制点到立方体底边相应的顶点上，然后调整其他两点，为复制出的副本进行透视调整，调整完成后的效果如图 7-4-8 所示。

05 选择工具箱中的【选择工具】，选择绘图页中的图形，如图 7-4-9 所示。

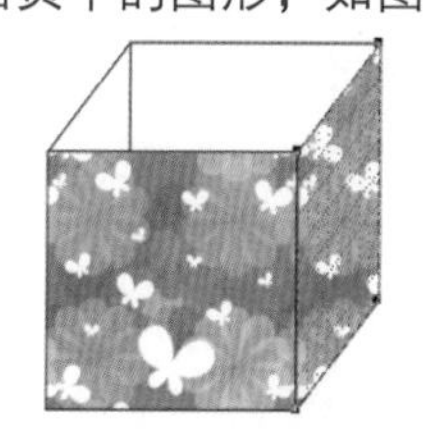

图7-4-8 进行透视调整

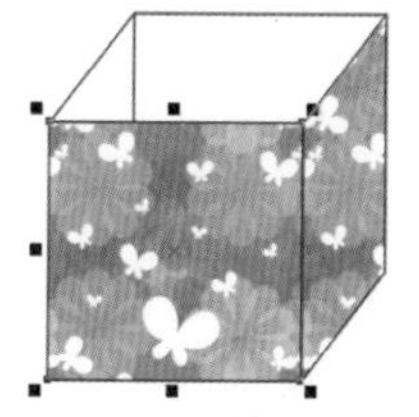

图7-4-9 选择图形

06 将选中的图形进行复制，然后将其向上拖动到适当的位置，效果如图 7-4-10 所示。

07 执行菜单栏中的【效果】|【添加透视】命令，为复制的对象添加控制点，如图 7-4-11 所示。

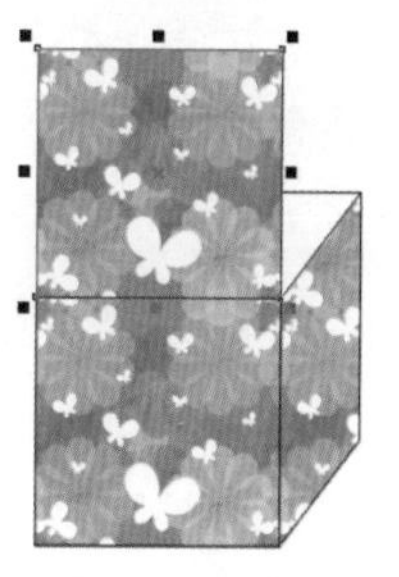

图7-4-10 调整位置

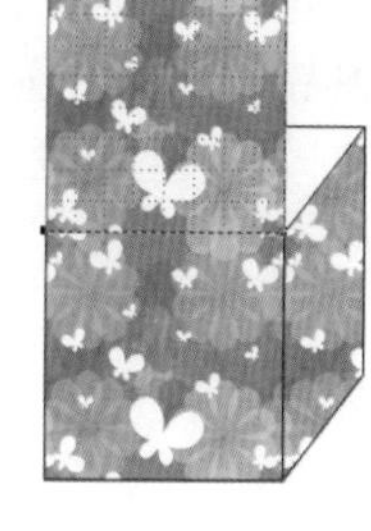

图7-4-11 添加控制点

08 在绘图页中调整控制点，完成后的效果如图 7-4-12 所示。

09 在场景中选择立体化对象，如图 7-4-13 所示，然后按【Delete】键，将选择的对象删除，完成后的效果如图 7-4-13 所示。

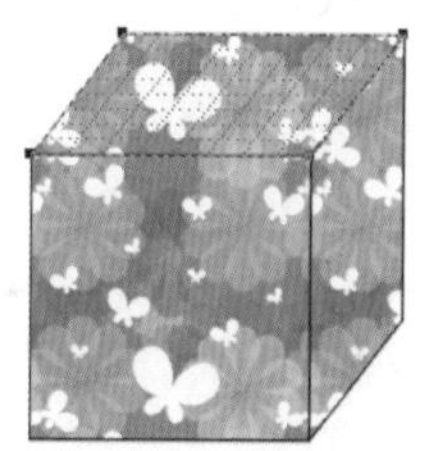

图7-4-12 调整控制点

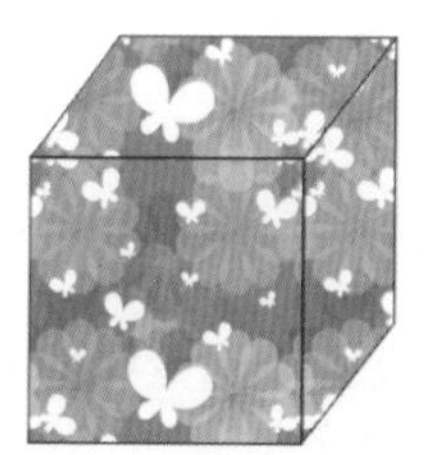

图7-4-13 将立体化删除

7.4.3 使用调和效果

使用【调和工具】可以在对象上直接产生形状和颜色的调和效果。

下面介绍调和效果的基本操作。

01 新建一个空白文档，选择工具箱中的【基本形状工具】，在属性栏中将完美形状定义为，然后在绘图页中绘制图形，如图 7-4-14 所示。

02 为新绘制的图形填充红色，并取消轮廓线的填充，如图 7-4-15 所示。

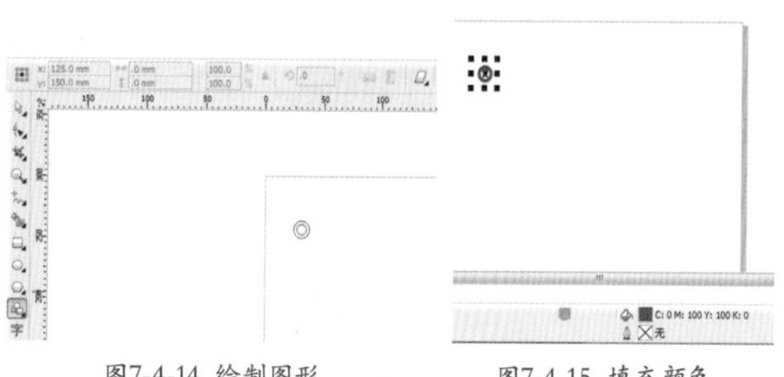

图7-4-14 绘制图形　　图7-4-15 填充颜色

03 按小键盘上的 + 号键对绘制的图形进行复制，并调整其位置，如图 7-4-16 所示。

04 选择工具箱中的【调和工具】，移动指针到左边的图形上，如图 7-4-17 所示，然后按下鼠标左键，并向右拖曳，拖曳到右侧的图形上松开左键，即可在两个图形之间创建调和效果，效果如图 7-4-18 所示。

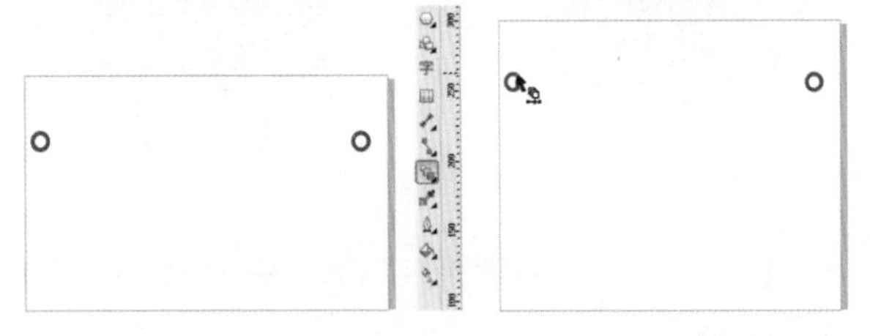

图7-4-16 复制图形并调整其位置　　图7-4-17 移动指针位置

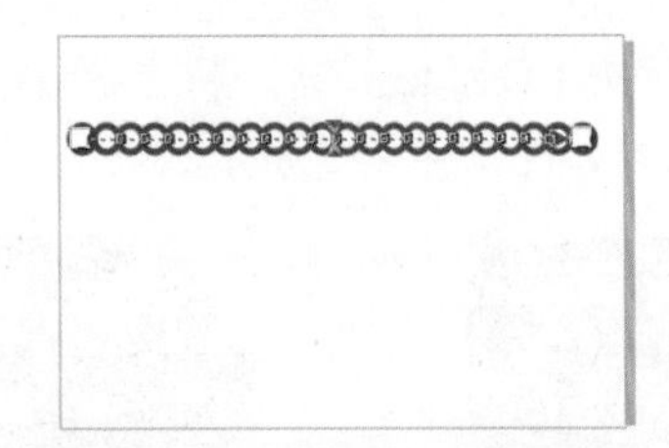

图7-4-18 调和图形后的效果

05 在属性栏中将步长数设置为 15，即可调整调和对象的数量，如图 7-4-19 所示。

06 选择工具箱中的【基本形状工具】，在属性栏中将完美形状定义为，然后在绘图页中绘制心形，如图 7-4-20 所示。

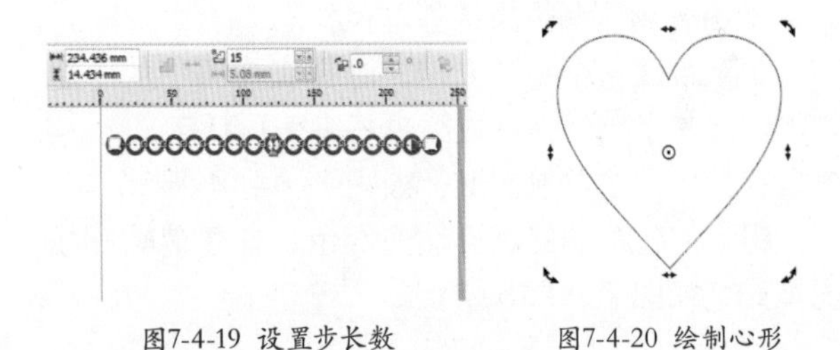

图7-4-19 设置步长数　　图7-4-20 绘制心形

07 在绘图页中选择调和图形后的效果，在属性栏中单击【路径属性】按钮，在弹出的菜单中选择【新路径】命令，如图 7-4-21 所示。

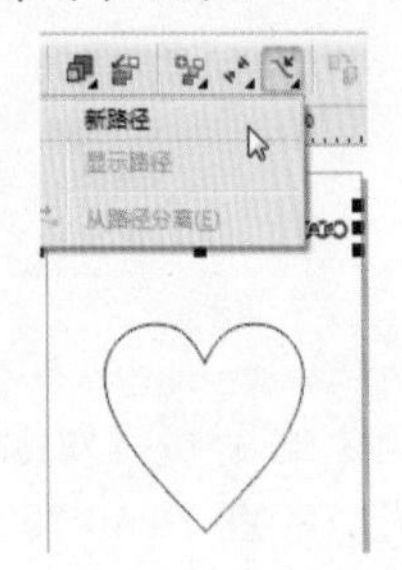

图7-4-21 选择新路径

08 此时鼠标将变成形状，在新绘制的心形上单击，如图 7-4-22 所示，此时调和对象将排列在新路径上，将步长数设置为 25，效果如图 7-4-23 所示。

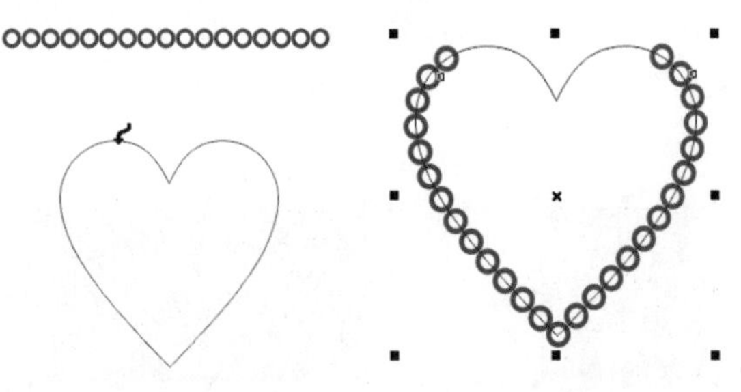

图7-4-22 选择路径　　图7-4-23 调整后的效果

09 在属性栏中单击【更多调和选项】按钮，在弹出的菜单中选择【沿全路径调和】选项，如图 7-4-24 所示。

10 在菜单栏中选择【排列】|【拆分路径群组上的混合】命令，然后将心形路径删除，效果如图 7-4-25 所示。

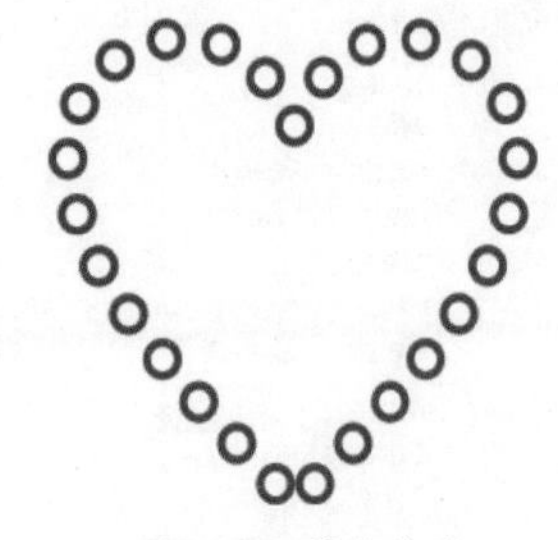

图7-4-24 沿全路径调和　　图7-4-25 最终效果

7.4.4 制作阴影效果

下面通过简单的实例来介绍一下为对象添加阴影效果。

01 新建一个空白文档，按【Ctrl+I】快捷键，在打开的对话框中选择素材“卡通 .png”，单击【导入】按钮，调整素材文件的位置以及大小，如图 7-4-26 所示。

02 确认素材图形处于选择状态，在工具箱中选择【阴影工具】，按住鼠标左键不放，将其向右下方拖曳为选择的对象添加阴影效果，如图 7-4-27 所示。

03 在绘图页中将黑色控制柄向右上方拖动，调整阴影的位置，调整后的效果如图 7-4-28 所示。

图7-4-26 导入素材

图7-4-27 添加阴影

图7-4-28 调整阴影的位置

04 再在属性栏中单击【羽化方向】按钮，在弹出的【羽化方向】面板中选择【中间】选项，选择羽化方向后的效果如图7-4-29所示。

05 在属性栏中将【阴影的不透明度】参数设置为35，效果如图7-4-30所示。

图7-4-29 羽化后的效果

图7-4-30 设置阴影的不透明度

06 在其属性栏中单击【羽化边缘】按钮，然后在弹出的【羽化边缘】面板中选择【反白正方形】选项，设置【羽化边缘】后的效果如图7-4-31所示。

07在属性栏中单击【阴影颜色】选项，在弹出的下拉列表中选择【更多】选项，在打开的对话框中将阴影颜色的CMYK参数设置为（0、0、0、70），设置完成后单击【确定】按钮。在绘图页的空白处单击鼠标，取消对象的选择，效果如图7-4-32所示。

图7-4-31 设置羽化边缘

图7-4-32 最终效果

7.4.5 设置透明效果

使用【透明度工具】可以为对象添加透明效果。就是指通过改变图像的透明度，使其成为透明或半透明图像的效果。还可以通过属性栏选择透明度类型、调整透明角度和边界大小，以及控制透明度目标等。

在介绍【透明度工具】之前，首先来介绍一下其属性栏。

- 【编辑透明度】按钮：单击该按钮，弹出【渐变透明度】对话框，用户可以根据需要在其中编辑所需的渐变，来改变透明度。
- 【透明度类型】选项：用户可以在其列表中选择所需的透明度类型，例如：【标准】、【线性】、【辐射】等。
- 【透明度操作】选项：用户可以在其列表中选择所需的透明度模式，例如：【常规】、【添加】、【减少】、【差异】、【乘】、【除】、【如果更亮】、【如果更暗】、【底纹化】、【色度】、【饱和度】和【亮度】等。
- 【透明中心点】选项：用户可以拖动滑杆上的滑块来设置透明的中心位置。
- 【角度和边界】选项：用户可以在 0.0 ° 中设置所需的参数来改变渐变透明的角度，在 0 % 中设置所需的参数来改变渐变透明的边界。
- 【透明度目标】选项：在其下拉列表中可以选择要应用透明度的目标对象，例如：【填充】、【轮廓】或【全部】。
- 【冻结透明度】按钮：单击该按钮，可以冻结透明度内容——透明度对象下方的对象的视图随透明度对象移动，但实际对象保持不变。

下面通过一个小例子来介绍一下应用透明度的方法。

01 新建一个空白文档，并导入素材“透明效果.tif”，如图7-4-33所示。

02 在工具箱中选择【椭圆形工具】，在绘图页中绘制椭圆形，将其填充为橘黄色，并取消轮廓线的填充，效果如图7-4-34所示。

03选择工具箱中的【透明度工具】，在属性栏中将【透明度类型】定义为圆锥，将【透明中心点】参数设置为45，将角度设置为125，如图7-4-35所示。

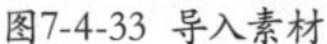

图7-4-33 导入素材

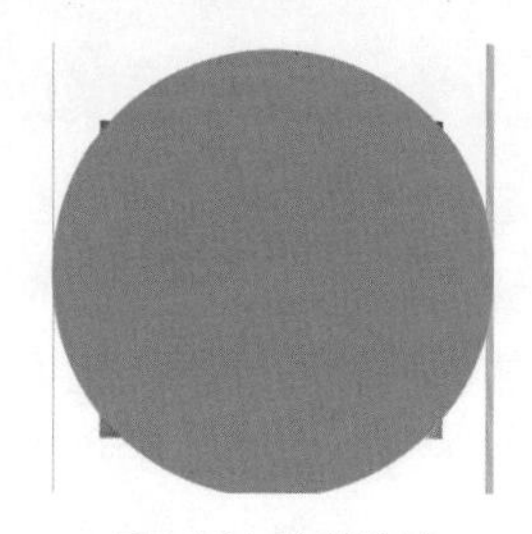

图7-4-34 绘制椭圆

图7-4-35 设置透明度

04 在属性栏中单击【编辑透明度】按钮，打开【渐变透明度】对话框，在该对话框中将【中心位移】区域下的【水平】设置为25，将【选项】区域下的【角度】参数设置为125，设置完成后单击【确定】按钮，如图7-4-36所示。

05 编辑完透明度后的效果如图7-4-37所示。

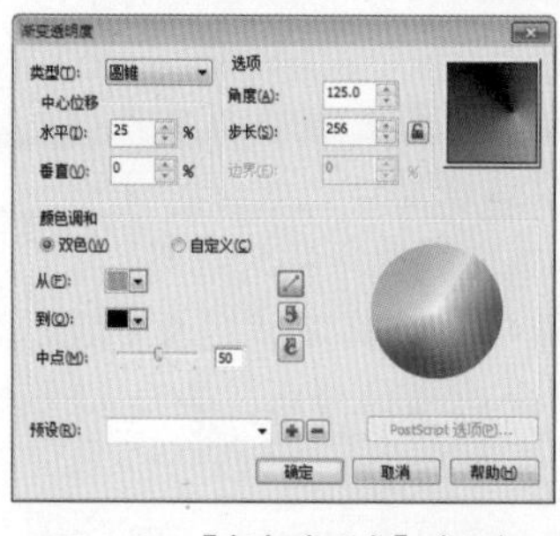

图7-4-36 【渐变透明度】对话框

图7-4-37 设置透明度后的效果

7.4.6 使用变形效果

在CorelDRAW中用户可以应用3种类型(推拉、拉链与扭曲)的变形效果来为对象变形。

- 推拉变形：可以将选择对象的边缘推进或拉出。
- 拉链变形：可以为选择对象的边缘添加锯齿效果。添加锯齿效果后，还可以调整效果的振幅和频率。
- 扭曲变形：可以将选择对象进行旋转以创建漩涡效果。

使对象变形后，可通过改变变形中心来改变变形效果。此点由菱形控制柄确定，变形在此控制柄周围产生。可以将变形中心放在绘图窗口中的任意位置，或者将其定位在对象的中心位置，这样变形就会均匀分布，而且对象的形状也会随其中心的改变而改变。

下面以花形图案为例介绍【变形工具】的使用。

01 新建一个空白文档，选择工具箱中的【星形工具】，在属性栏中将【点数或边数】设置为8，在绘图页中配合【Ctrl】键绘制八角星，如图7-4-38所示。

02 选择工具箱中的【变形工具】，在属性栏中选择【扭曲变形】，将鼠标光标移到图形的中心位置，按住左键从右向左拖曳鼠标，对图形进行变形，如图7-4-39所示。

03 移动到合适的位置松开鼠标左键，完成后的效果如图7-4-40所示。

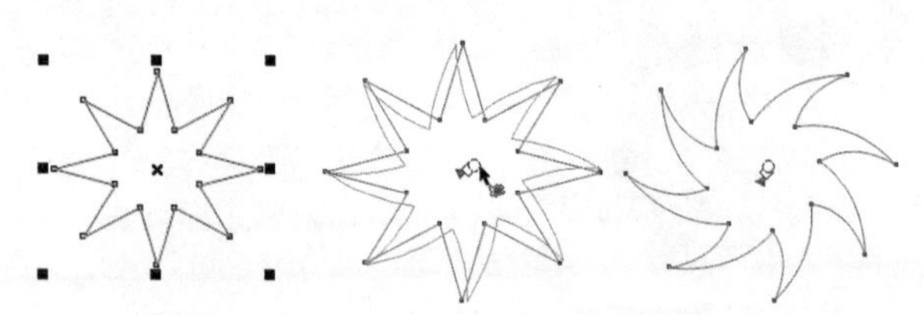

图7-4-38 绘制图形　图7-4-39 使用扭曲变形　图7-4-40 变形完成后的效果

04 确定调整后的图形处于选择状态，按小键盘上的+号键对其进行复制，然后配合着【Shift】键对复制后的图形进行缩放，并对其位置进行适当的调整，如图7-4-41所示。

05 使用同样的方法，再复制图形，并调整其大小，完成后的效果如图7-4-42所示。

06 为每个图形填充不同的颜色，并取消轮廓线的填充，完成后的效果如图7-4-43所示。

图7-4-41 对图形进行复制并缩放　图7-4-42 调整图形　图7-4-43 填充颜色后的效果

第08章

生活中的常见图案

平面设计已经成为生活的一部分。不管是在家里，还是在街上，甚至是旅游风景区都可以随处见到商品商标设计、生活用品设计、警示提醒设计等等。美观精确的设计，比起歪歪斜斜的几个大字，要好看很多，所以对美化生活起到了不可磨灭的作用。本章将提供几个常见的案例，为读者演示生活中平面设计所涉及到的领域。

8.1 绘制汽车标志图案

本案例将介绍如何绘制汽车标志，以此介绍文字的变形规律。文字变形并不是一定要从无到有，有时候我们可以借助原本的字体，在此基础上变形，既有特色，又不会让人觉得很陌生，易读易记。

案例过程赏析

本案例的最终效果如图 8–1–1 所示。

图8-1-1 最终效果图

案例技术思路

生活中的很多图形虽然漂亮，但是也要搭配相应气质的字体才会显得更加相得益彰。所以字体设计是被很多人忽略，却又是很重要的设计环节。本案例重点讲解如何将字库中固有的字体变形为我们想要的飘逸的字形。重点学习和体会这种变形的方法，而不是案例本身，才能在设计思路方面激发出无穷的灵感。

案例制作过程

01 按【Ctrl + N】快捷键，打开【创建新文档】对话框，设置【名称】为绘制汽车标志图案，单击【确定】按钮。选择【文字工具】绘制矩形，输入文字“Ford”，效果如图 8–1–2 所示。

02 按住闪烁的黑线，向左拖移，此时呈蓝色的被选中状态。如图 8–1–3 所示。

03 选择属性栏上的字体为 

，效果如图 8–1–4 所示。

Ford Ford Ford

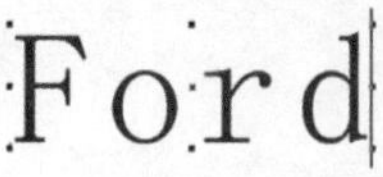

图8-1-2 输入文字 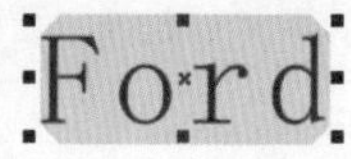　图8-1-3 选择文字 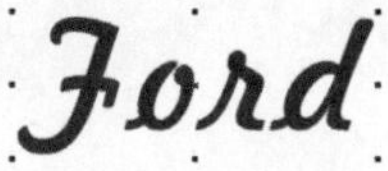　图8-1-4 改变字体

> **提示：**
> 整体变换字体可以不用选择所有的文字，直接在属性栏上选择字体即可。这步虽然是走了弯路，意在教大家如何选中并改变字母字体，由此可以推断出，如果只需要改变某一个文字的字形，应该怎么操作。

04 按【Ctrl + K】快捷键，打散文字组合。单击【选择工具】，单独将 F 移出来，如图 8–1–5 所示。

05 拖移字母 o 靠拢 r。如图 8–1–6 所示。

06 框选 o、r 拖向 d，连接在一起后，效果如图 8–1–7 所示。

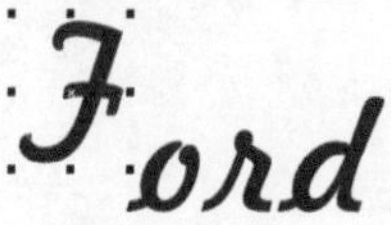

F ord　ord　ord

图8-1-5 单独移出F 　图8-1-6 字母靠拢 　图8-1-7 字母靠拢

07 框选 o、r、d，按【Ctrl+Q】快捷键，将字母转变为曲线图形。单击属性栏上的【合并】按钮，将图像焊接在一起，效果如图 8–1–8 所示。

08 选择字母 F，将其拖移至远处，方便单独处理变形，如图 8–1–9 所示。

09 拖移文字底部居中的黑色小控制节点向上，将文字变形高度变矮，如图 8–1–10 所示。

> **提示：**
> 单击文字时，周围有8个控制节点，上下中间的控制节点，可以控制文字的高度。左右中间的控制节点可以控制文字的宽度。斜方向的4个节点，分别可以控制文字的大小缩放。

图8-1-8　转曲并焊接 　图8-1-9　拖出字母 　图8-1-10　将文字变矮

10 按【Ctrl+Q】快捷键转曲，选择【形状工具】，框选 F 顶部笔画的节点，如图 8-1-11 所示。

11 拖移节点并拉长，效果如图 8-1-12 所示。

12 按住鼠标左键并拖移出线条的弧形效果，如图 8-1-13 所示。

13 双击并增加节点，向外拖移，调整各节点效果如图 8-1-14 所示。

图8-1-11　框选节点 　图8-1-12　拖移节点 　图8-1-13　改变线条弧度 　图8-1-14　拖移节点

提示：

选择【形状工具】，对节点进行编辑，可以双击曲线增加节点，在原有节点基础上双击即可删减，拖动节点可以改变节点的位置。选择节点后，改变节点在属性栏上的性质，即可变线条为直线或曲线。所以本案例要求对节点的编辑和操作很熟练。倘若不是很熟练，可以找大量变形的案例进行练习，也可以重回基础章节再次巩固学习。

14 单击线条并调节线条的弧度，如图 8-1-15 所示。

提示：

调节线条弧度一般分为两个步奏，第一步是拖移线条中心到合适的高度。第二步是单击线条两端的节点，调节各节点的控制摇柄，使弧度的形状更加精确。

15 选择【贝塞尔工具】，绘制一个与 F 顶部笔画相连接的弧形图案，并填充颜色为黑色，如图 8-1-16 所示。

16 单击【选择工具】，按住【Shift】键不放，单击加选原有的 F 图形。单击属性栏上的【合并】按钮，合并文字后，选择【形状工具】删除节点，把 F 顶部的笔画整理平滑，如图 8-1-17 所示。

17 继续使用【形状工具】把 F 字母向左弯的笔画调节得更加有弧度，调节时，可适当删减一定的节点，并精细调节各节点的摇柄，如图 8-1-18 所示。

图8-1-15　调节线条弧度 　图8-1-16　绘制图形 　图8-1-17　合并整理图形 　图8-1-18　调节字母尾部弧形

18 单击【选择工具】，拖移 F 字母与其他字母放置在一起，搭配效果如图 8-1-19 所示。

19 此时的效果还是不理想，F 的第二横显得过于低。所以选择改变造型的【形状工具】，框选第二横上所有的节点。单击被选中的节点不放，整体向上拖移第二横所有的节点到稍微高一些的位置，如图 8-1-20 所示。

提示：

一次性框选不到的或不好框选的节点，就按住【Shift】键不放，小范围加选。最终把所有的节点框选到位。

20 单击空白处，取消对节点的选择。单独拖移修改 F 字母第二横的效果如图 8-1-21 所示。

图8-1-19　字母位置 　图8-1-20　移动笔画位置 　图8-1-21　改变笔画效果

21 单击【选择工具】，框选所有的字母，并单击属性栏上的【合并】按钮，将图像焊接在一起，效果并未改变，所有的字母却成为一个整体，如图 8-1-22 所示。

22 按【F11】键，或者是单击工具箱中的渐变填充工具，打开【渐变填充】对话框，设置参数：

【类型】为【线性】,【角度】为90.0。在【颜色调和】选区中选择【自定义】单选项，分别设置如下。

位置：0 颜色（C: 0; M: 0; Y: 0; K: 50）;

位置：17 颜色（C: 0; M: 0; Y: 0; K: 50）;

位置：20 颜色（C: 0; M: 0; Y: 0; K: 40）;

位置：24 颜色（C: 0; M: 0; Y: 0; K: 40）;

位置：30 颜色（C: 0; M: 0; Y: 0; K: 50）;

位置：47 颜色（C: 0; M: 0; Y: 0; K: 0）;

位置：100 颜色（C: 0; M: 0; Y: 0; K: 0）。

如图8–1–23所示。单击【确定】按钮，如图8–1–24所示。

图8-1-22 合并字母

图8-1-23 渐变填充

图8-1-24 渐变效果

提示：

①在渐变条上双击，即可添加渐变倒三角形。②三角形被选中时，参数【位置】即可成为可修改的状态。③倒三角形的位置可以直接拖移，参数自动变化，这种方法比较灵活，用得较多。也可以反之设置参数，让其精确变化，这种方法用于临摹案例比较多。④另外，我们需要的颜色如果没有出现在颜色列表中，则单击【其他】按钮，进入到颜色控制面板的【模型】选项中，寻找最适合的颜色。

23 选择【椭圆形工具】绘制椭圆，形状要比前面步骤所涉及的变形文字大一些。单击工具箱中的【交互式填充工具】，从椭圆上方向下拖移。默认条件下如图8–1–25所示。

24 在虚线上双击可以增加颜色控制框，如图8–1–26所示在虚线上增加两个颜色框。该颜色框的位置可以手动拖移调整，也可以在属性栏上的 节点位置: 77 处设置。

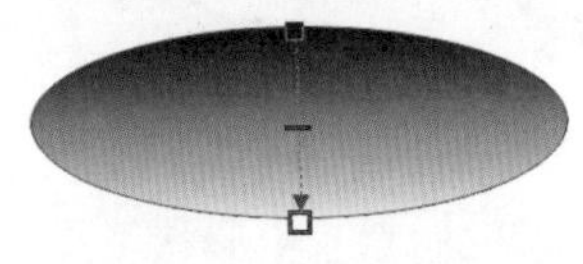

图8-1-25 交互式填充

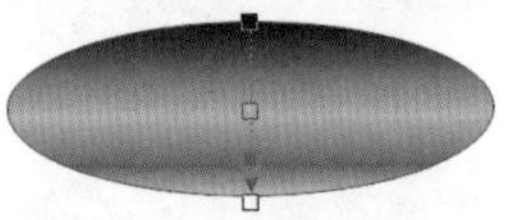

图8-1-26 添加颜色控制框

提示：

双击可以增加颜色控制框，再次双击或用右键单击该控制框，可以达到删减的目的。按住顶部或底部的控制框移动，还可以改变其渐变的方向和位置。精确改变则需要配合属性栏上的【角度和边界】 -90.0 0 进行设置。

25 选择顶部的颜色控制框，按【Shift+F11】快捷键，打开颜色设置对话框，选择【模型】选项卡后，设置颜色为蓝色（C：71；M：12；Y：11；K：0）。垂直往下的设置如下所述。

第二个颜色设置为深蓝色（C: 100; M: 98; Y: 45; K: 2）;

第三个颜色设置为深蓝色（C: 100; M: 100; Y: 48; K: 2）;

第四个颜色设置为蓝色（C: 100; M: 82; Y: 43; K: 5）。

效果如图8–1–27所示。

26 单击【选择工具】，按住【Shift】键不放，拖移图形的斜向控制点，变成交叉形图标后，向内拖移，并单击右键复制后，松开鼠标与按键，如图8–1–28所示。

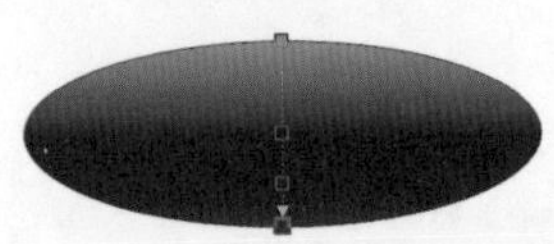

图8-1-27 填充渐变颜色

图8-1-28 缩小并复制圆形

27 此时内部的复制圆是被选中的状态。按住【Shift】键不放，单击加选外面大的渐变圆。选择属性栏上的【修剪】按钮，此时大圆与小圆重叠部分被修剪掉。按【F11】键，或者是单击工具箱中的 渐变填充 工具，打开【渐变填充】对话框，设置参数【类型】为【线性】,【角度】为【–90.0】。

在【颜色调和】选区中选择【双色】单选项，分别设置颜色从浅白色（C：0；M：0；Y：0；K：10），到中灰色（C:0;M:0;Y:0;K:50），如图 8–1–29 所示。

提示：

若不小心取消了选择，则再次单击选择上一步复制的缩小的椭圆即可。

28 再次缩小并复制该灰白色渐变椭圆圆环，按【F11】键，改变颜色的渐变为中灰色（C:0;M:0；Y：0；K：60）到灰色（C：0；M：0；Y：0；K：80），如图 8–1–30 所示。

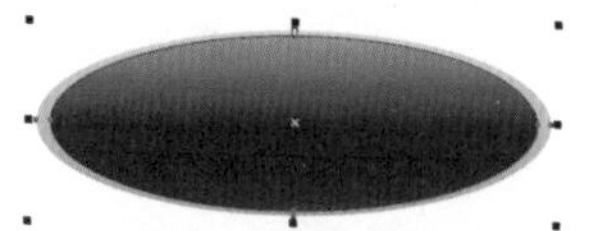

图8-1-29 填充渐变颜色

图8-1-30 复制渐变并缩小

29 按【Shift+Down】快捷键将复制的圆环放置于浅灰色圆环的下方，按住【Shift】键加选。单击属性栏上的【群组】按钮，然后复制该群组为更小的圆环，如图 8–1–31 所示。

30 单击属性栏上的【取消群组】按钮，单击窗口中的空白处，取消选择。再单击最内层的灰色内环，更改颜色为比底色更蓝的深蓝色（C：100；M：93；Y：63；K：35），如图 8–1–32 所示。框选所有的椭圆，单击属性栏上的【群组】按钮，使椭圆群组在一起。

图8-1-31 复制并缩小组合圆环

图8-1-32 改变最内环的颜色

31 选择 ford 渐变文字，在颜色工具箱中的☒上单击右键，取消边框。然后将其放置于渐变椭圆的中间，如图 8–1–33 所示。

32 缩放到合适的大小后，按数字键盘上的【+】键复制，改变颜色为深蓝色（C：100；M：93；Y：63；K：35），如图 8–1–34 所示。

图8-1-33 取消外框

图8-1-34 复制改变颜色

33 将深蓝色文字向右下方拖移，按【Ctrl+Pagedown】快捷键向下一层，如图 8–1–35 所示。

34 拖移并缩小蓝色背景，刚好与文字一样大小，这样可以突出文字效果，如图 8–1–36 所示。框选所有的图形并群组。

图8-1-35 向下一层

图8-1-36 缩小椭圆背景

35 选择工具箱中的【矩形工具】，绘制矩形如图 8–1–37 所示。

36 选择群组图形，执行【效果】|【图框精确裁剪】|【置于图文框内部】命令，单击矩形，载入图形到矩形框中。用右键单击颜色工具箱中的☒按钮，最终效果如图 8–1–38 所示。

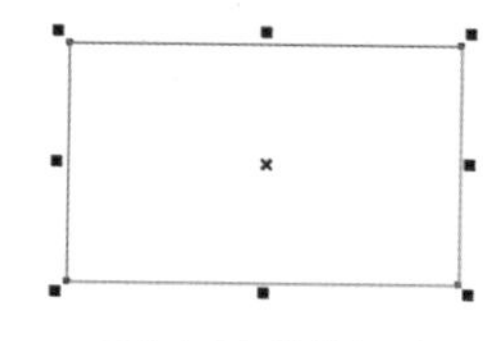

图8-1-37 绘制矩形

图8-1-38 置图形于图文框内部

8.2 绘制奥运会五环图案

本案例将介绍如何绘制奥运会五环图案，以此介绍如何制作成环环相扣的效果。学会了将圆圈环环相扣，也就能学会把其他形状环环相扣，比如文字、数字、多边形环等。这就是创意思路的举一反三，也是灵感的无穷延伸。

案例过程赏析

本案例的最终效果如图 8-2-1 所示。

图8-2-1 最终效果图

案例技术思路

制作环环相扣的效果，重点是如何剪切、如何遮盖。只要理解了这个重点，那么无论什么形状，绘制出环环相扣的效果都不是问题。

案例制作过程

01 按【Ctrl + N】快捷键，打开【创建新文档】对话框，设置【名称】为绘制奥运会五环图案，单击【确定】按钮。选择【椭圆形工具】，按住【Ctrl】键，绘制正圆，效果如图 8-2-2 所示。

02 按【F12】键或设置属性栏上的 10.0 pt，效果如图 8-2-3 所示。

03 复制 5 个圆，分别选择各圆，用右键单击颜色：蓝色、红色、橙色、绿色、效果如图 8-2-4 所示。

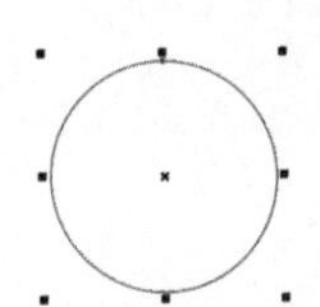

图8-2-2 绘制正圆

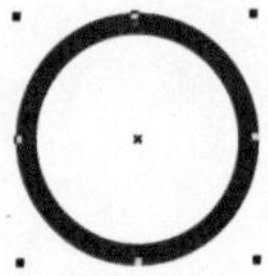

图8-2-3 改变轮廓粗细

图8-2-4 复制圆形

04 选择【手绘工具】，在重叠的位置绘制“小块面”。选择【造型工具】，框选节点，选择属性栏上的【转换为曲线】按钮，并将线条调整为弧形，效果如图 8-2-5 所示。保持“小块面”被选中状态，按住【Shift】键加选橙色的圆圈，然后单击属性栏上的【修剪】按钮。

05 此时该小块面已经无用了。单独选中，并按【Delete】键删除“小块面”。用同样的方法，一个一个逐一绘制合适的小块面，并删除相应的位置，形成环环相扣的奥运标志效果，如图 8-2-6 所示。

图8-2-5 修剪被覆盖部分

图8-2-6 环环相扣的五环效果

> **提示：**
>
> 此处的“小块面”就像小剪刀，要剪掉谁，就加选谁。然后单击【修剪】按钮，即可实现修剪效果。剪刀用完了，就把其删除掉，只保留修剪后的效果。

06 按【Ctrl+I】快捷键或单击属性栏上的【导入】按钮，打开素材“奥林匹克”，如图 8-2-7 所示。

07 单击【选择工具】，框选之前所绘制奥运五环的所有组件，并单击属性栏上的【群组】按钮，将组件捆绑在一起，然后将其放置在素材之上，最终效果如图 8-2-8 所示。

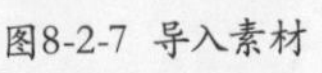

图8-2-7 导入素材

图8-2-8 最终效果

8.3 绘制体育图标图案

本案例将介绍如何绘制体育图标图案，以此介绍如何制作成人物动态的抽象效果。本案例重点在于观察与临摹。多观察与临摹这类案例，有助于思考如何将复杂的动态用最简单的、最朴素的基本图像来组合成体，并能让外界的人看得懂。这类观察与总结，对于商业标志设计也是有帮助的。

案例过程赏析

本案例的最终效果如图 8–3–1 所示。

图8-3-1 最终效果图

案例技术思路

本案例的思路很简单，就是把复杂的东西拆分。直到拆分到大部分都能用软件里基本图形实现为止。等你制作完成后，会发现其实世界上大部分图像都可以用简单的图形构成。只要明白这一点，那么生活中不一定非要动作，只需要多观察多思考，便可以把很多身边常见的图形在头脑里分解步骤，并将巧妙的有用的经验积累于心，提升自身价值，便于工作。

案例制作过程

01 选择【矩形工具】，绘制矩形，如图 8–3–2 所示。

02 按【Ctrl+Q】快捷键转曲。选择【造型工具】，框选节点，拖移节点位置，效果如图 8–3–3 所示。

03 选择属性栏上的【转换为曲线】按钮，框选各节点，调节控制摇柄，并将线条调整为弧形，整体看像跳水运动员绷直的腿一样，如图 8–3–4 所示。

04 选择【椭圆形工具】，绘制椭圆形作为腿上面的臀部，如图 8–3–5 所示。

图8-3-2 绘制矩形　图8-3-3 移动节点位置　图8-3-4 调节弧形　图8-3-5 放置臀部

05 选择【手绘工具】，绘制人体上半部弯腰的大致形状，如图 8–3–6 所示。

06 选择【造型工具】，框选节点，选择属性栏上的【转换为曲线】按钮，框选各节点，调节控制摇柄，并将线条调整为弧形，宛如下弯的人体效果，如图 8–3–7 所示。

07 选择【椭圆形工具】，绘制椭圆形，单击【选择工具】旋转角度后作为肩部和胸部，如图 8–3–8 所示。

08 选择【3 点椭圆形】，绘制椭圆形以绘制头部，如图 8–3–9 所示。

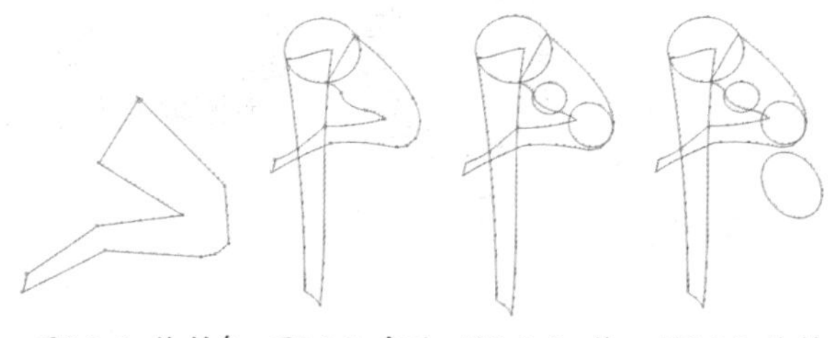

图8-3-6 绘制身体形状　图8-3-7 变形身体　图8-3-8 绘制肩与胸　图8-3-9 绘制头部

提示：

用【3点椭圆形】绘制时，前面两点用于确定椭圆的角度，最后一点确定椭圆的大小。

09 单击【选择工具】框选所有的组件，单击属性栏上的【合并】按钮，焊接所有的组件于一体，形成跳水状态，如图 8–3–10 所示。

10 选择【手绘工具】，绘制手与腿交叉的下方的块面，并选择【造型工具】编辑节点，如图 8–3–11 所示。

11 按【Shift】键加选底部人形，并单击属性栏上的【修剪】按钮，如图 8–3–12 所示。

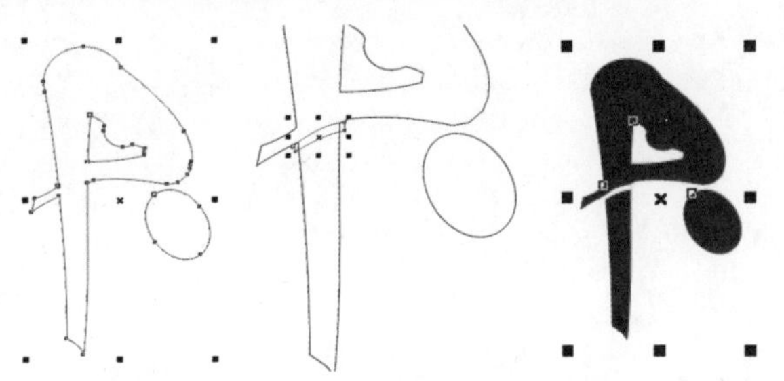

图8-3-10 焊接图形　图8-3-11 绘制剪切块面　图8-3-12 剪切腿部

提示：

绘制的块面宽度要超过腿的宽度，便于完全修剪被块面所遮盖的区域。

12 选择【椭圆形工具】，按住【Ctrl】键不放，绘制正圆，设置属性栏上的边框为 8.0 pt，效果如图 8-3-13 和图 8-2-14 所示。

13 单击属性栏上的【弧】按钮，设置参数为 ，效果如图 8-3-15 所示。

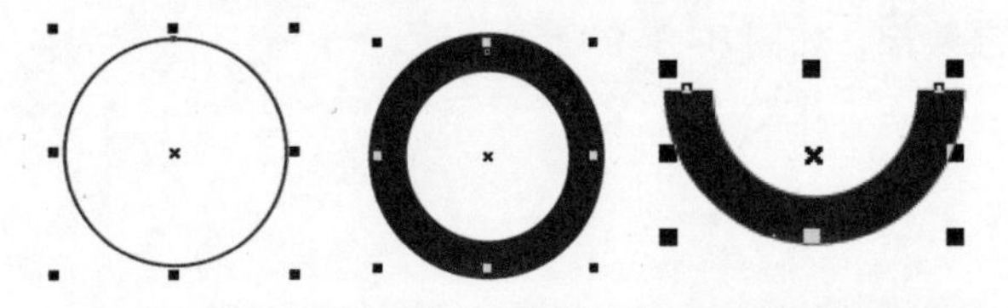

图8-3-13 绘制正圆　图8-3-14 变粗正圆　图8-3-15 变为半圆

14 按住【Ctrl】键不放，选择左边居中的黑色控制点向右翻转，此时不要放开鼠标，按下鼠标右键后，左右手同时放开。放置同样大小的半弧形。然后按【Ctrl+R】快捷键 8 次，不断重复上一次操作。形成波浪效果，如图 8-3-16 所示。

图8-3-16 波浪效果

15 按此时绘制的波浪大小可能不太合适。单击【选择工具】框选所有的波浪组件，并单击属性栏上的【群组】按钮，按住鼠标键不放，向内拖移斜角控制点即可缩小该波浪，效果如图 8-3-17 所示。

16 最终效果如图 8-3-18 所示。

图8-3-17 缩小波浪

图8-3-18 最终效果

提示：

很多体育标志都是普通图形所形成的，所以大家要多收集，多临摹，多观察。

本章小结

通过本章的学习，读者能够了解现实生活中的各种平面图效果，有的甚至是我们每天都能见到的，如汽车标志图案，体育图标等。列举这些案例主是希望读者知道，设计无处不在，不同的场合对色彩、文字、精确度都有不同的要求。

第09章

广告中常见的图案

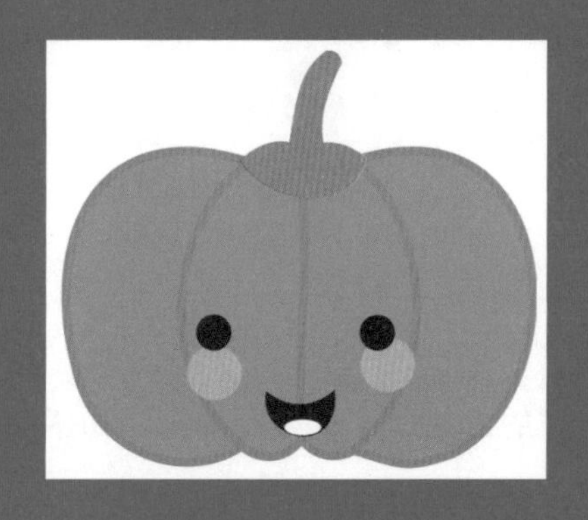

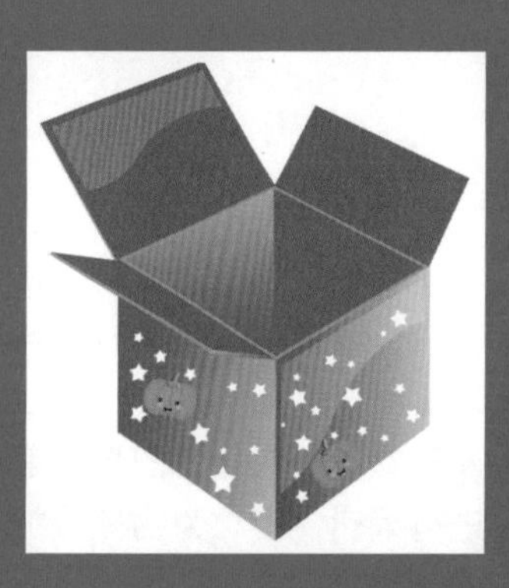

在日常生活中，广告是一种不可缺少的宣传方式，广告的形式各种各样，如宣传单、海报等。本章节主要介绍绘制广告中常见的图案，通过绘制过程，了解各种工具的使用技巧，从而制作出更佳的效果。

9.1 制作礼品盒

本案例的最终效果如下图所示。

技能分析

制作本例的主要目的是使读者了解并掌握如何在 CorelDRAW X6 软件中绘制礼品盒，首先使用【矩形工具】等绘图工具绘制图像，然后使用【移除后面对象】工具组合图形，最后导入素材，并对素材进行编辑调整，为物体添加高光和阴影效果后完成最终效果。

制作步骤

01 按【Ctrl + N】快捷键，打开【创建新文档】对话框，设置【名称】为绘制礼品盒，【宽度】为 297mm，【高度】为 210mm，如图 9–1–1 所示。单击【确定】按钮。

02 在工具箱中选择【钢笔工具】，在页面中绘制菱形，如图 9–1–2 所示。

03 选择绘制的菱形，在工具箱中选择【交互式填充工具】，在绘制的图形上从左向右进行拖曳，如图 9–1–3 所示。

04 在选项栏中将颜色设置为从洋红（C：0，M：100；Y：0；K：0）到白色（C：0；M：0；Y：0；K：0），将【角度和边界】分别设置为 347°、10%，用右键单击调色板上的【透明色】按钮╳，取消轮廓线的显示，效果如图 9–1–4 所示。

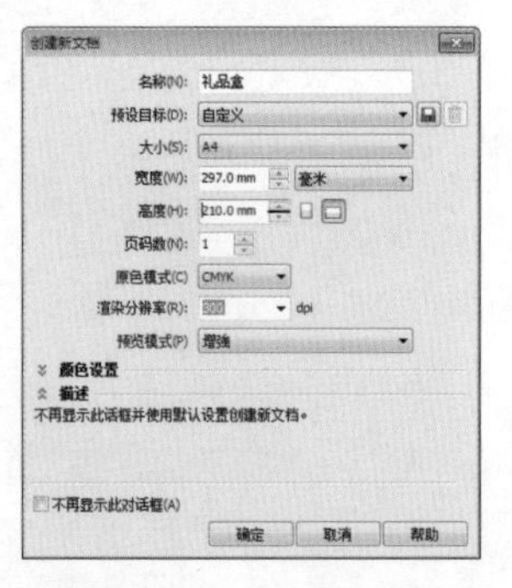

图9-1-1 设置【新建】参数

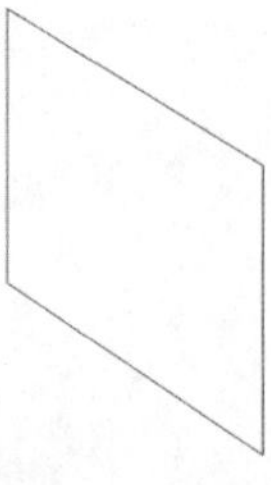

图9-1-2 绘制菱形

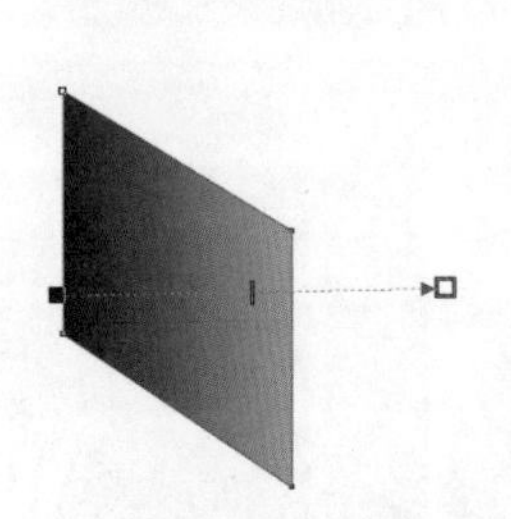

图9-1-3 交互式填充

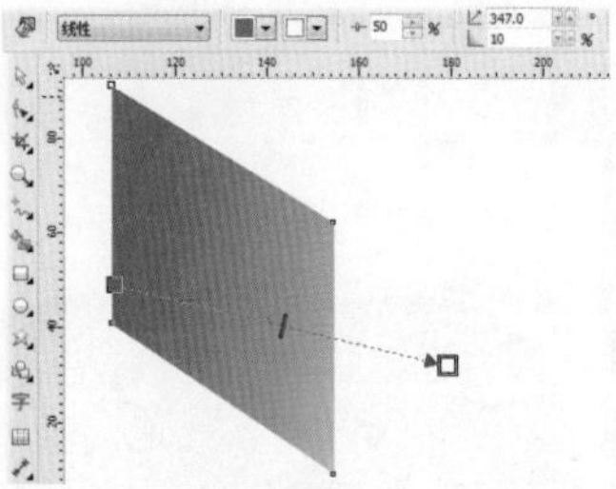

图9-1-4 设置颜色

05 使用同样的方法，继续绘制图形，如图 9–1–5 所示。

06 使用同样的方法为其填充交互式颜色，在选项栏中将【角度和边界】设置为 0°、0%，用右键单击调色板上的【透明色】按钮╳，取消轮廓线的显示，如图 9–1–6 所示。

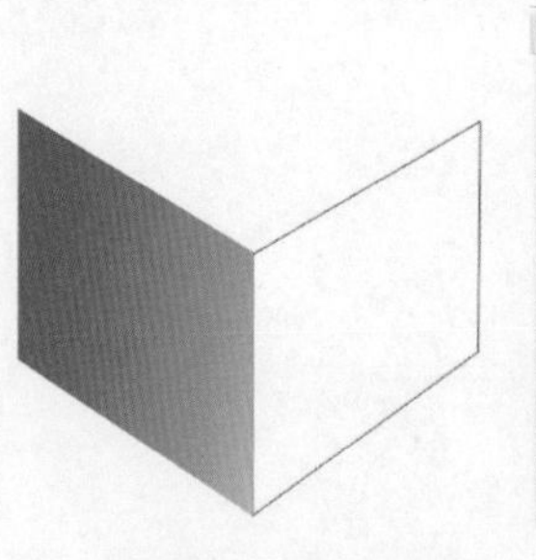

图9-1-5 绘制图形

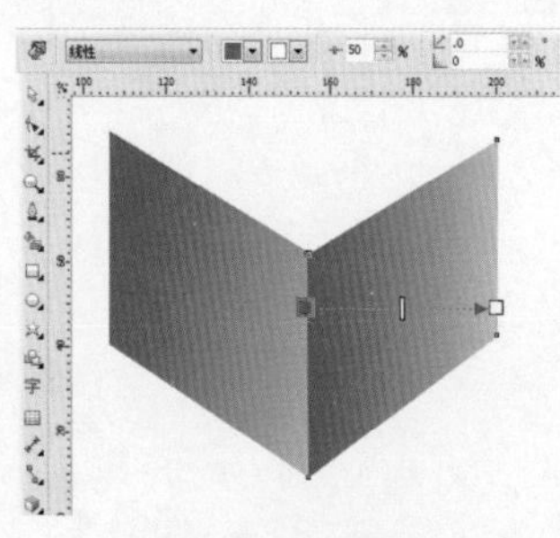

图9-1-6 填充颜色

07 按【Ctrl+Page Down】快捷键，调整对象的顺序，在工具箱中选择【钢笔工具】，绘制礼盒的盒口，如图 9–1–7 所示。

图9-1-7 绘制盒口

08 选择绘制完成后的图形，将其复制，然后调整其缩放比例和位置，如图 9–1–8 所示。

09 选择两个图形，单击属性栏中的【移除前面对象】按钮，完成后的效果如图 9–1–9 所示。

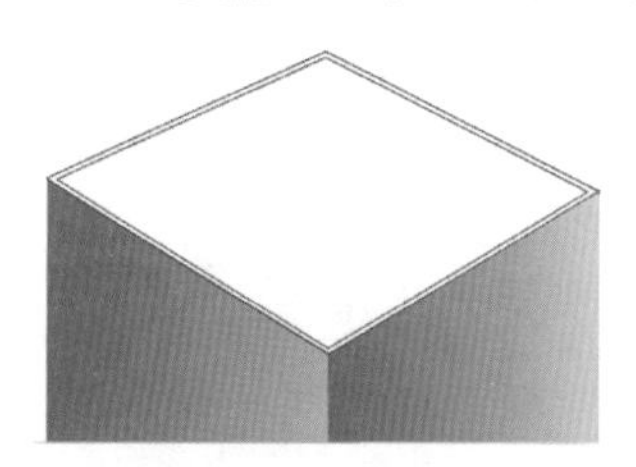

图9-1-8 绘制图形　　图9-1-9 单击【移除前面对象】按钮

10 确认调整后的图形处于被选择的状态下，打开【均匀填充】对话框，设置颜色为粉色（C：12；M：63；Y：0；K：0），如图 9–1–10 所示。

图9-1-10 设置填充颜色

11 设置完成后单击【确定】按钮，右击调色板上的【透明色】按钮╳，取消轮廓线的显示，然后适当调整一下轮廓的形状，完成后的效果如图 9–1–11 所示。

12 在工具箱中选择【钢笔工具】，绘制图 9–1–12 所示的图形。

13 选择绘制的图形，按【F11】键，打开【渐变填充】对话框，在【选项】选项组中将【角度】设置为 90，将颜色设置为从洋红（C：0；M：100；Y：0；K：0）到浅蓝光紫（C：0；M：40；Y：0；K：0），如图 9–1–13 所示。

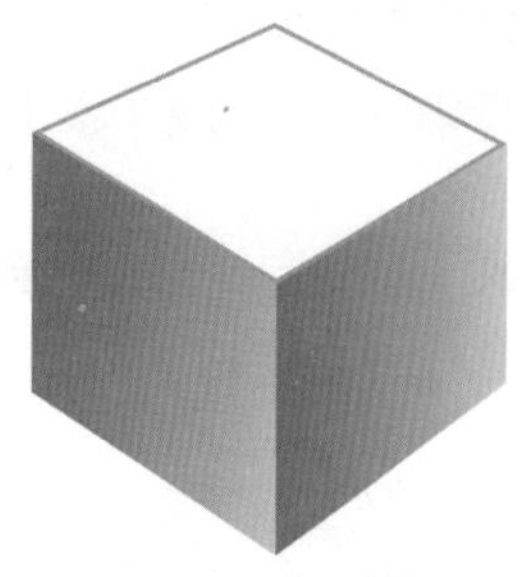

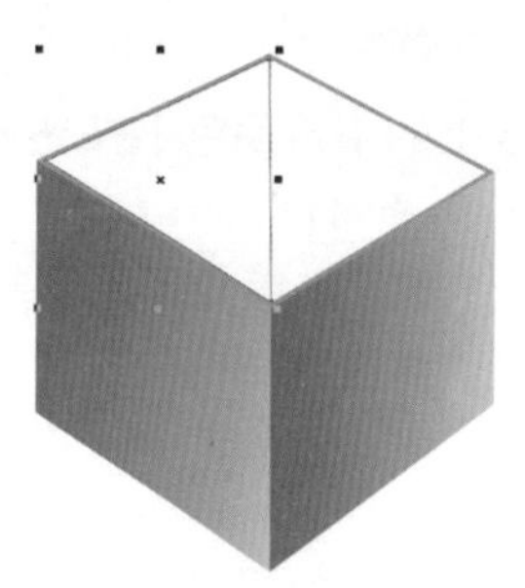

图9-1-11 填充颜色　　图9-1-12 绘制图形

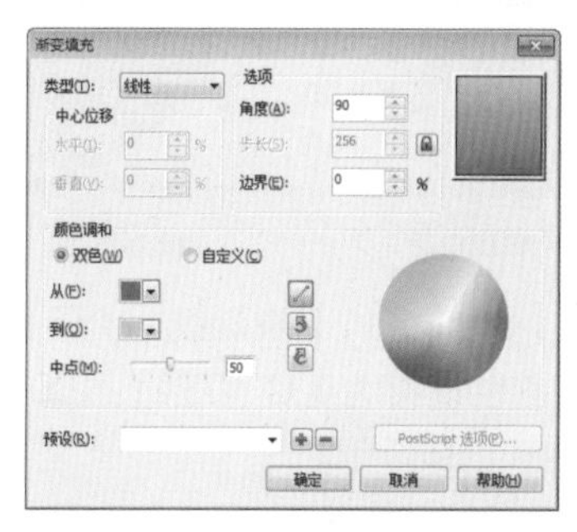

图9-1-13 【渐变填充】对话框

14 设置完成后单击【确定】按钮，右击调色板上的【透明色】按钮╳，取消轮廓线的显示，如图 9–1–14 所示。

15 继续使用【钢笔工具】绘制图形，如图 9–1–15 所示。

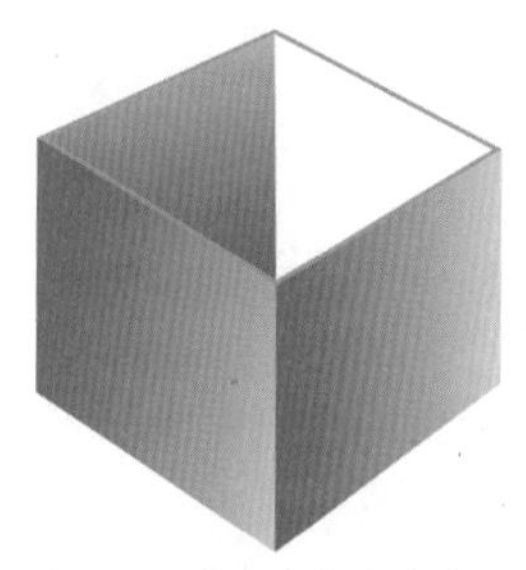

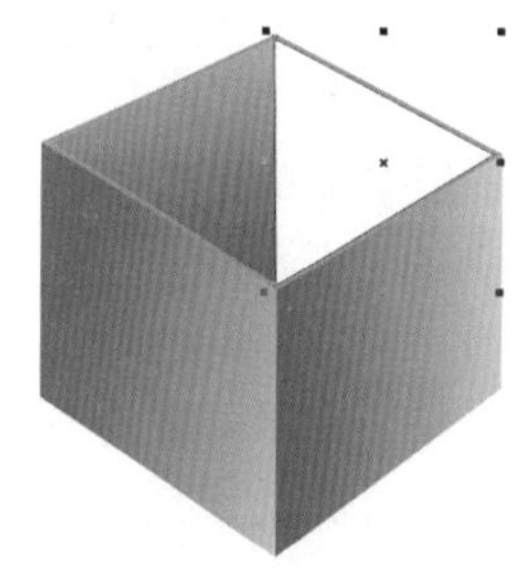

图9-1-14 填充完成后的效果　　图9-1-15 绘制图形

16 选择绘制的图形，按【Shift+F11】快捷键，打开【均匀填充】对话框，将颜色设置为（C：0；M：100；Y：0；K：0），如图 9–1–16 所示。

图9-1-16 【渐变填充】对话框

17 设置完成后单击【确定】按钮，右击调色板上的【透明色】按钮╳，取消轮廓线的显示，如图 9-1-17 所示。

18 继续使用【钢笔工具】绘制图形，并将其调整至合适的位置，如图 9-1-18 所示。

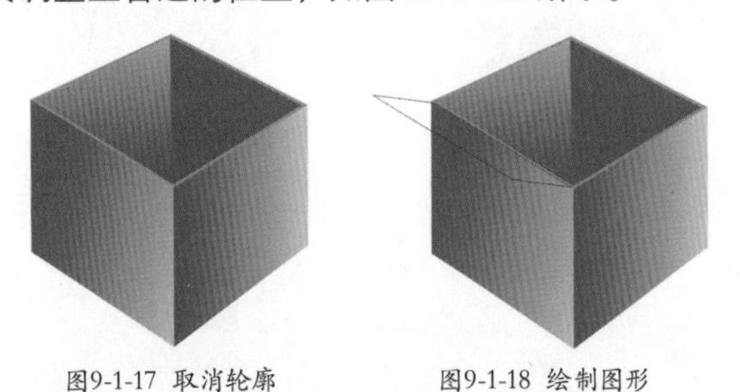

图9-1-17 取消轮廓　　图9-1-18 绘制图形

19 按【Shift+F11】快捷键，打开【均匀填充】对话框，将颜色设置为（C：0；M：100；Y：0；K：0），如图 9-1-19 所示。

图9-1-19 设置填充颜色

20 设置完成后单击【确定】按钮，右击调色板上的【透明色】按钮╳，取消轮廓线的显示，如图 9-1-20 所示。

21 使用同样的方法，绘制图 9-1-21 所示的图形，并将其调整至合适的位置。

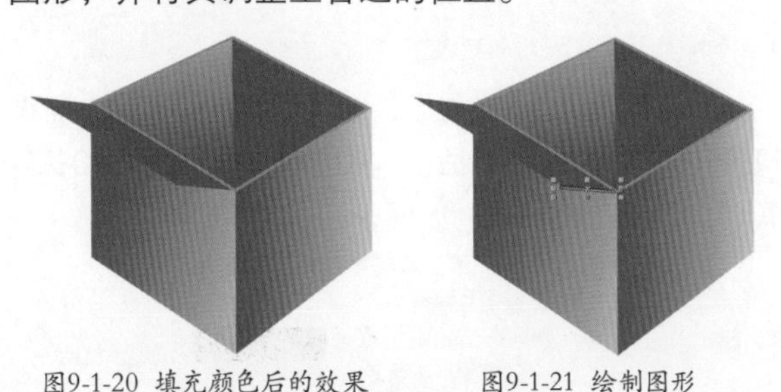

图9-1-20 填充颜色后的效果　　图9-1-21 绘制图形

22 选择绘制的图形，按【F11】键，打开【渐变填充】对话框，在【选项】选项组中将【角度】设置为 92.6，将【边界】设置为 23%，将颜色设置为从洋红（C：0；M：100；Y：0；K：0）到浅蓝光紫（C：0；M：40；Y：0；K：0），如图 9-1-22 所示。

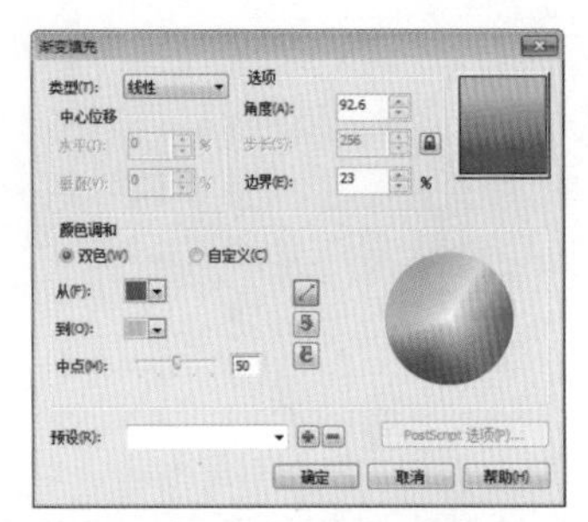

图9-1-22 设置填充颜色

23 设置完成后单击【确定】按钮，右击调色板上的【透明色】按钮╳，取消轮廓线的显示，如图 9-1-23 所示。

24 再次选择【钢笔工具】，在页面中绘制图 9-1-24 所示的图形，并将其调整至合适的位置。

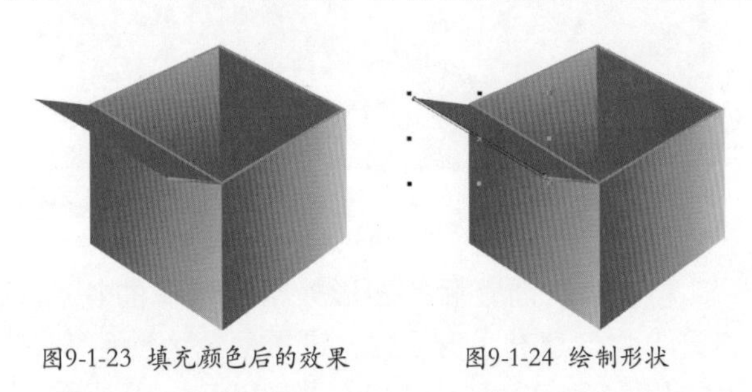

图9-1-23 填充颜色后的效果　　图9-1-24 绘制形状

25 按【Shift+F11】快捷键，打开【均匀填充】对话框，设置颜色为（C：12；M：62；Y：0；K：0），如图 9-1-25 所示。

图9-1-25 设置填充颜色

26 设置完成后单击【确定】按钮，右击调色板上的【透明色】按钮╳，取消轮廓线的显示，如图 9-1-26 所示。

27 使用同样的方法，绘制礼盒的其他面，并为其填充颜色，完成后的效果如图 9-1-27 所示。

28 选择【钢笔工具】，绘制图 9-1-28 所示的图形。

29 选择绘制的图形，将颜色设置为从洋红（C：40；M：80；Y：0；K：20）到浅蓝光紫（C：40；M：

100；Y：0；K：0）的渐变，如图 9–1–29 所示。

图9-1-26 填充颜色后的效果

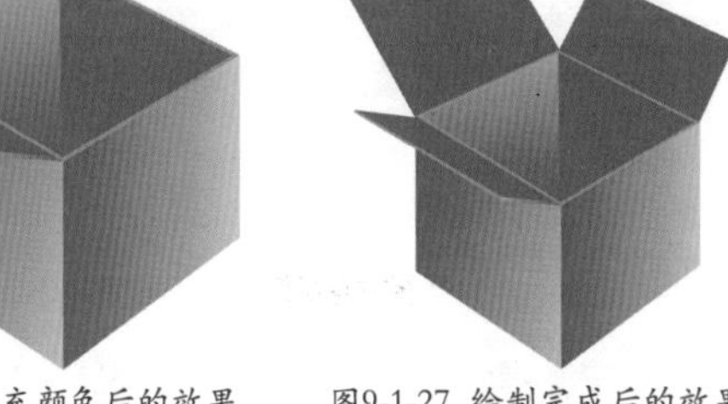
图9-1-27 绘制完成后的效果

图9-1-28 绘制形状

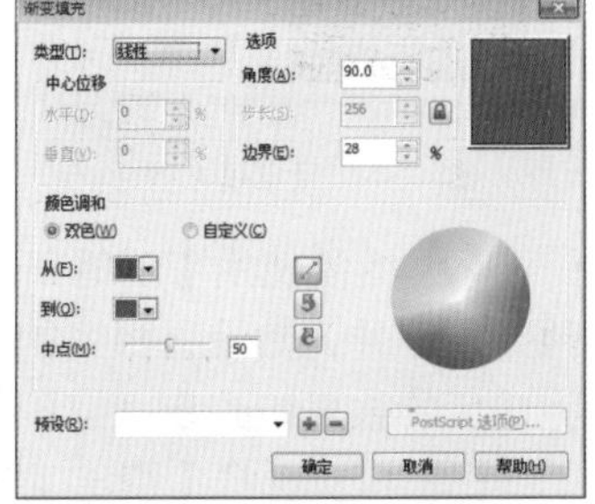
图9-1-29 设置填充颜色

30 设置完成后单击【确定】按钮，右击调色板上的【透明色】按钮╳，取消轮廓线的显示，按【Ctrl+Page Down】快捷键改变对象的顺序，如图 9–1–30 所示。

31 在工具箱中选择【钢笔工具】，在页面中绘制图 9–1–31 所示的形状。

图9-1-30 填充完成后的效果

图9-1-31 绘制图形

32 按【Shift+F11】快捷键，打开【均匀填充】对话框，将颜色设置为（C：0；M：40；Y：0；K：0），如图 9–1–32 所示。

图9-1-32 【均匀填充】对话框

33 设置完成后单击【确定】按钮，右击调色板上的【透明色】按钮，取消轮廓线的显示，如图 9–1–33 所示。

34 选择填充后的对象，在工具箱中选择【透明度工具】，在选项栏中将【透明度类型】设置为【标准】，将【开始透明度】设置为 62，如图 9–1–34 所示。

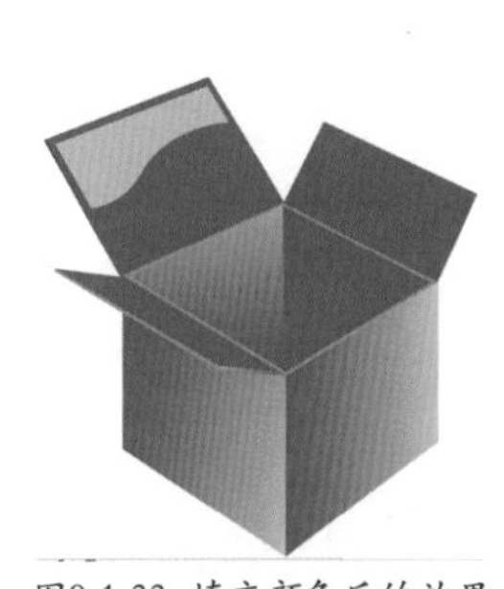
图9-1-33 填充颜色后的效果

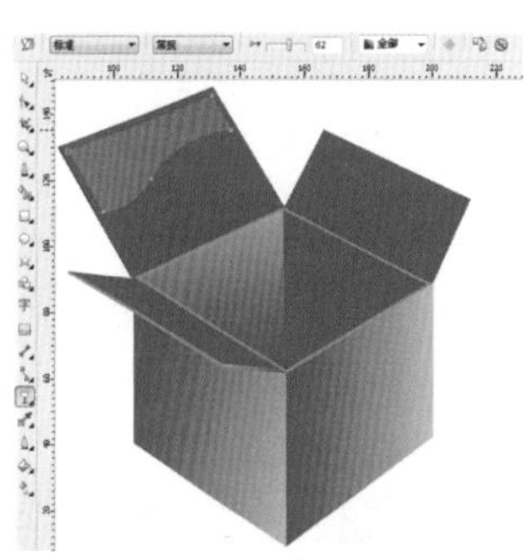
图9-1-34 设置透明度

35 使用同样的方法，绘制另一个图形，并将其调整至合适的位置，如图 9–1–35 所示。

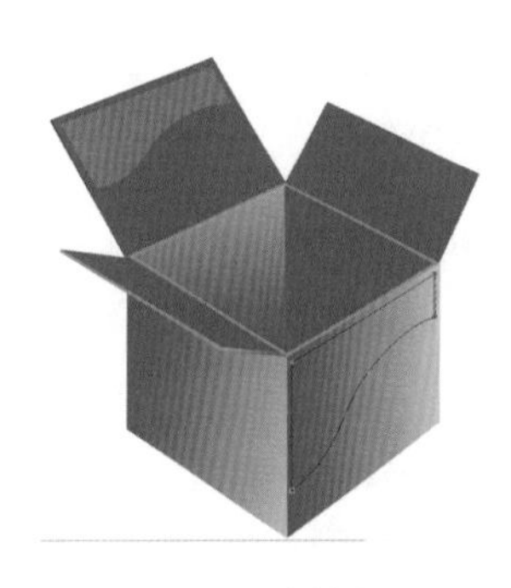
图9-1-35 绘制图形

36 为其填充白色，右击调色板上的【透明色】按钮╳，取消轮廓线的显示，如图 9–1–36 所示。

37 选择填充后的对象，在工具箱中选择【透明度工具】，在选项栏中将【透明度类型】设置为【标准】，将【开始透明度】设置为 72，如图 9–1–37 所示。

38 在工具箱中选择【星形工具】，在选项栏中将【锐度】设置为 32，在包装盒的侧面，按【Ctrl】键的同时绘制星形，如图 9–1–38 所示。

39 选择绘制的星形，为其填充白色，右击调色板上的【透明色】按钮╳，取消轮廓线的显示，如图 9–1–39 所示。

图9-1-36 填充颜色

图9-1-37 设置透明度

图9-1-38 绘制星形

图9-1-39 填充颜色

40 使用相同的方法继续绘制其他星形，并对绘制的星形进行调整，效果如图 9–1–40 所示。

41 下面绘制南瓜。在工具箱中选择【钢笔工具】，在页面中绘制南瓜的瓜形，效果如图 9–1–41 所示。

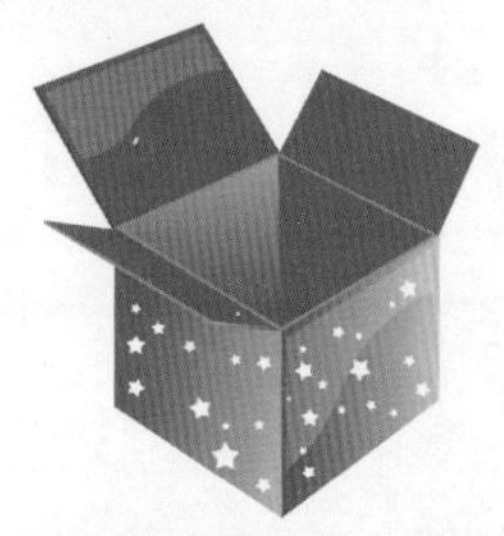

图9-1-40 调整完成后的效果

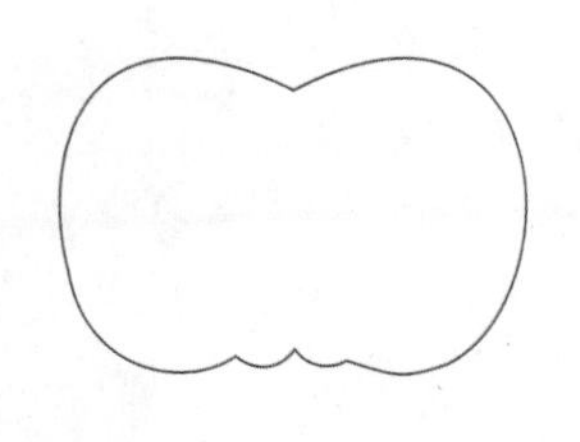

图9-1-41 绘制图形

42 选择绘制的图形，按【F12】键，打开【轮廓笔】对话框，在该对话框中将【宽度】设置为 2.5pt，将【颜色】设置为（C：0；M：75；Y：100；K：0），如图 9–1–42 所示。

43 设置完成后单击【确定】按钮，完成后的效果如图 9–1–43 所示。

图9-1-42 设置轮廓笔

图9-1-43 完成后的效果

44 按【Shift+F11】快捷键，打开【均匀填充】对话框，将颜色设置为（C：0；M：59；Y：99；K：0），如图 9–1–44 所示。

45 设置完成后单击【确定】按钮，填充完成后的效果如图 9–1–45 所示。

图9-1-44 设置填充颜色

图9-1-45 填充完成后的效果

46 继续使用【钢笔工具】，绘制南瓜的其他线条，并为其设置相同的轮廓宽度和颜色，设置完成后的效果如图 9–1–46 所示。

47 再次选择【钢笔工具】，在南瓜上绘制图 9–1–47 所示的图形。

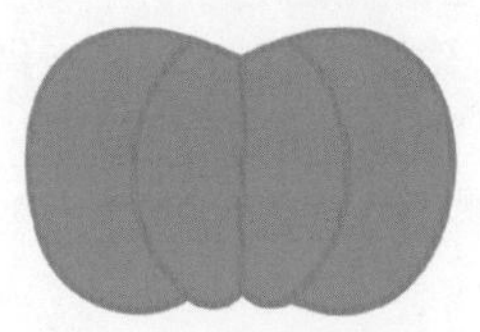

图9-1-46 绘制其他线条

图9-1-47 绘制图形

48 选择绘制的图形，按【Shift+F11】快捷键，打开【均匀填充】对话框，将颜色设置为（C：67；M：25；Y：100；K：0），如图 9–1–48 所示。

49 设置完成后单击【确定】按钮，右击调色板上的【透明色】按钮，取消轮廓线的显示，如图 9–1–49 所示。

图9-1-48 设置填充颜色

图9-1-49 填充后的效果

50 在工具箱中选择【椭圆工具】，在页面中按【Ctrl】键的同时绘制圆，并为其填充黑色，如图 9–1–50 所示。

51 使用同样的方法，绘制南瓜右边的眼睛，并为其填充颜色，效果如图 9–1–51 所示。

图9-1-50 绘制眼睛

图9-1-51 绘制眼睛

52 使用同样的方法，绘制眼睛下面的圆，并为其填充颜色为（C：24；M：44；Y：94；K：0），右击调色板上的【透明色】按钮，取消轮廓线的显示，完成后的效果如图 9-1-52 所示。

53 选择填充完成后的对象，按【Ctrl+C】快捷键复制，然后按【Ctrl+V】快捷键粘贴复制的对象，并将其调整至右侧眼睛的下方，如图 9-1-53 所示。

图9-1-52 绘制圆

图9-1-53 复制对象

54 再次选择【钢笔工具】，绘制南瓜的嘴巴，并为其填充黑色，如图 9-1-54 所示。

55 在工具箱中选择【椭圆工具】，在南瓜的嘴巴内绘制椭圆，并为其填充白色，填充完成后的效果如图 9-1-55 所示。

图9-1-54 绘制嘴巴并填充颜色

图9-1-55 绘制椭圆并填充颜色

56 选择绘制的南瓜部分，单击鼠标右键，在弹出的快捷菜单中选择【群组】命令，将其成组，如图 9-1-56 所示。

57 选择成组后的对象，在选项栏中单击【锁定比例】按钮，将【对象大小】设置为 15mm，将【旋转角度】设置为 350°，将其调整至合适的位置，如图 9-1-57 所示。

图9-1-56 对象成组

图9-1-57 调整南瓜对象

58 复制旋转后的对象，将其调整至礼盒的另一个面，并旋转适当的角度，如图 9-1-58 所示。

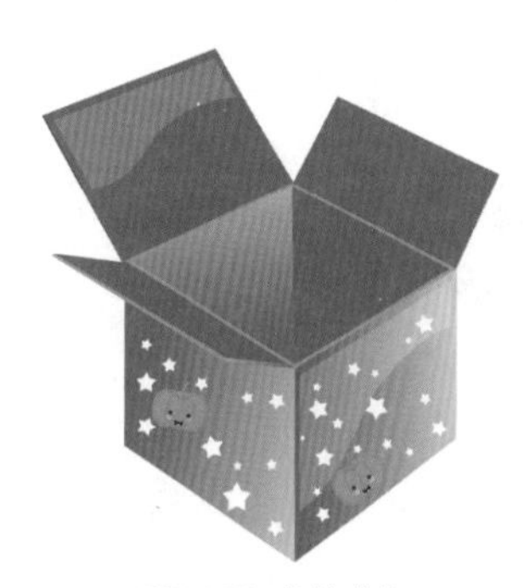
图9-1-58 复制对象

59 使用同样的方法，绘制橘子，并将其成组，调整至合适的位置，完成后的效果如图 9-1-59 所示。

60 按【Ctrl+I】快捷键，在弹出的对话框中选择随书附带光盘中的素材和源文件“第 9 章 / 9.1 绘制礼品盒 / 素材 I 礼物 .dcr”素材文件，如图 9-1-60 所示。

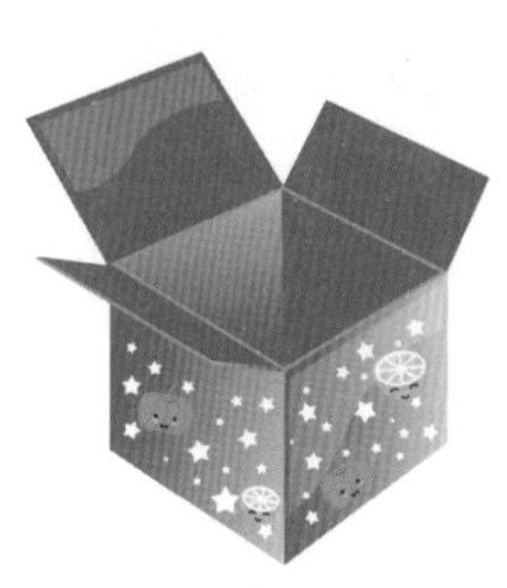
图9-1-59 调整完成后的效果

图9-1-60 【导入】对话框

61 单击【导入】按钮，在页面中单击，即可将选择的素材导入到页面中，将其调整至合适的位置，效果如图 9-1-61 所示。

图9-1-61 完成后的效果

62 在工具箱中选择【钢笔工具】，绘制图9-1-62所示的图形。

63 选择绘制的图形，按【F11】键，打开【渐变填充】对话框，在【选项】选项组中将【角度】设置为180°，将【边界】设置为24%，将【颜色】设置为从黑色到白色，如图9-1-63所示。

图9-1-62 绘制图形

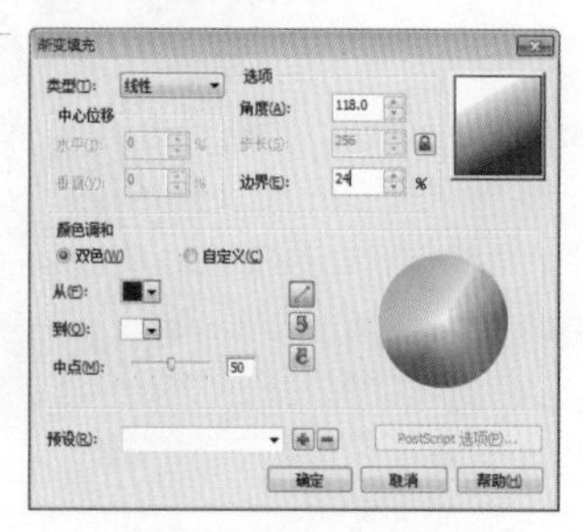

图9-1-63 设置填充颜色

64 设置完成后单击【确定】按钮，右击调色板上的【透明色】按钮╳，取消轮廓线的显示，如图9-1-64所示。

图9-1-64 填充颜色后的效果

65 选择填充颜色后的效果，将其顺序调整至最下层，如图9-1-65所示。

66 在工具箱中选择【透明度工具】，在选项栏中将【透明度类型】设置为【标准】，将【开始透明度】设置为68，如图9-1-66所示。

67 至此，礼品盒就制作完成了，最终效果如图9-1-67所示。

图9-1-65 调整对象顺序

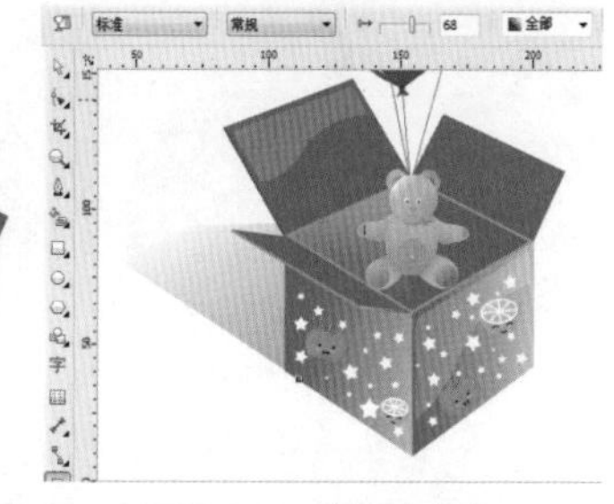

图9-1-66 设置透明度

图9-1-67 最终效果

9.2 绘制广告中的火焰

本例的最终效果如下图所示。

技能分析

制作本例的主要目的是使读者了解并掌握如何在CorelDRAW X6软件中绘制广告中的火焰。首先绘制一个矩形作为广告背景，并为其填充渐变颜色，然后绘制棒球对象，接着绘制棒球周围的火焰；使用【钢笔工具】图标勾勒火焰的轮廓，然后为其填充渐变颜色，适当为其设置透明度效果；其次是添加文字作为辅助；最后再绘制一些图形，作为火焰拖尾效果，最终制作完成。

制作步骤

01 按【Ctrl + N】快捷键，打开【创建新文档】对话框，设置【名称】为包装标语，【宽度】为 240mm，【高度】为 210mm，如图 9-2-1 所示。单击【确定】按钮。

02 在工具箱中选择【钢笔工具】，在页面中绘制一个宽为 240mm，高为 210mm 的长方形，并将其调整至合适的位置，如图 9-2-2 所示。

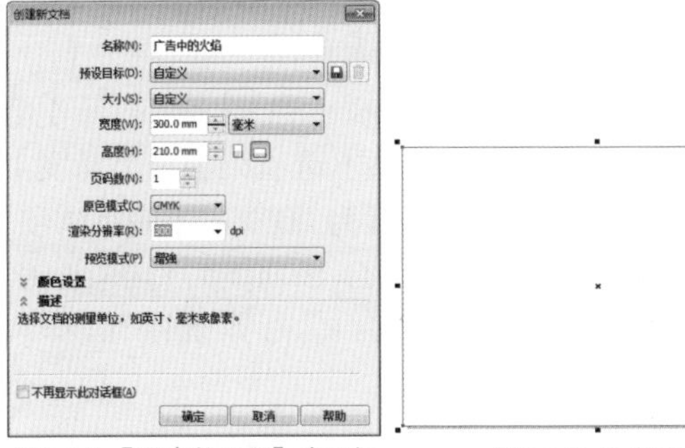

图9-2-1 【创建新文档】对话框　　图9-2-2 绘制图形

03 选择绘制的矩形，按【F11】键，打开【渐变填充】对话框，在该对话框中将【填充类型】设置为【辐射】，在【中心位移】选项组中将【水平】设置为 27%，将【垂直】设置为 28%，在【颜色调和】选项组中选择【自定义】选项，分别设置如下。

位置：0 颜色（C：76；M：67；Y：44；K：4）；

位置：49 颜色（C：52；M：37；Y：24；K：2）；

位置：95 颜色（C：27；M：6；Y：4；K：0）；

位置：100 颜色（C：27；M：6；Y：4；K：0）。

如图 9-2-3 所示。

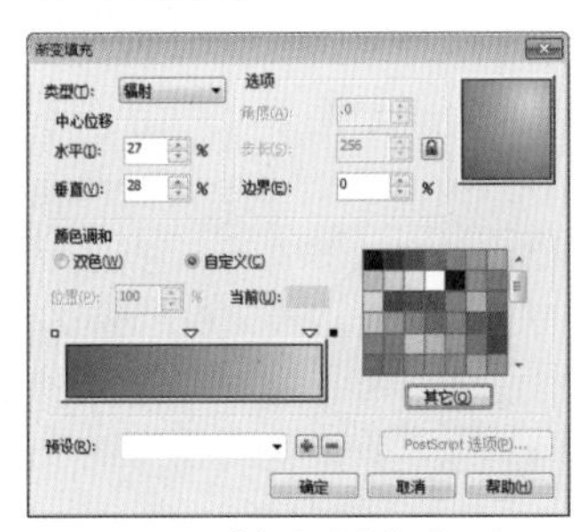

图9-2-3 【渐变填充】对话框

04 设置完成后，单击【确定】按钮，用右键单击调色板上的【透明色】按钮，取消轮廓颜色，填充颜色后的效果如图 9-2-4 所示。

05 在工具箱中选择【椭圆工具】，在绘制的矩形上绘制一个正圆，如图 9-2-5 所示。

06 选择绘制的正圆，按【F11】键，打开【渐变填充】对话框，在该对话框中将【填充类型】设置为【辐射】，在【中心位移】选项组中将【水平】设置为 -26%，将【垂直】设置为 21%，在【选项】选项组中将【边界】设置为 27%，在【颜色调和】选项组中将【颜色】设置为从 30% 黑（C：0；M：0；Y：0；K：30）到白（C：0；M：0；Y：0；K：0），如图 9-2-6 所示。

图9-2-4 填充渐变颜色后的效果

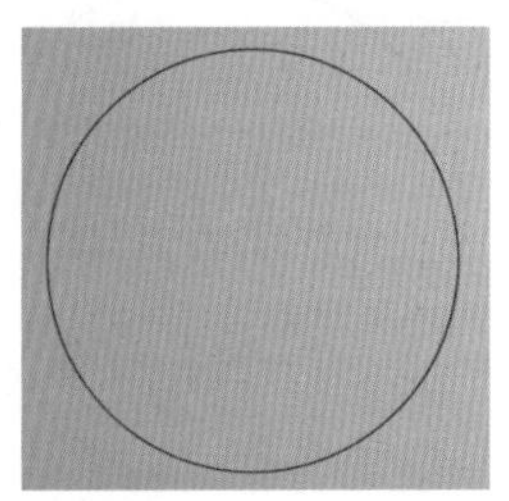

图9-2-5 绘制正圆

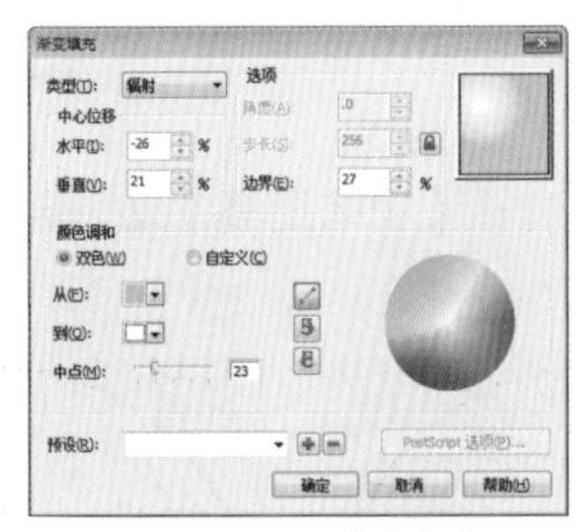

图9-2-6 设置填充颜色

07 设置完成后单击【确定】按钮，填充后的效果如图 9-2-7 所示。

08 选择填充完成后的圆，按【F12】键，打开【轮廓笔】对话框，在该对话框中将【宽度】设置为 1.5pt，如图 9-2-8 所示。

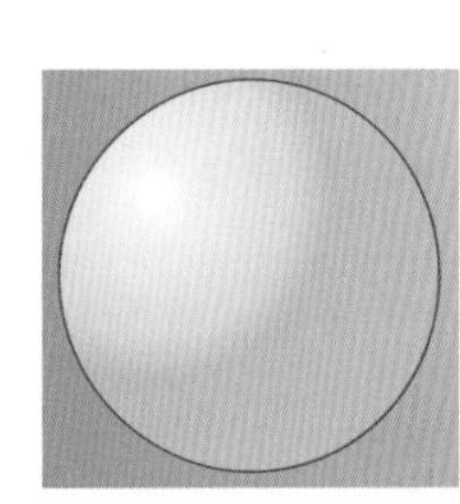

图9-2-7 填充颜色后的效果

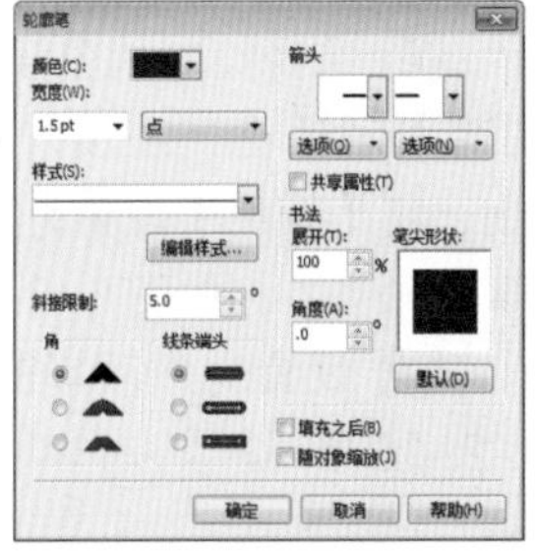

图9-2-8 设置轮廓宽度

09 设置完成后单击【确定】按钮，设置完成后的效果如图 9-2-9 所示。

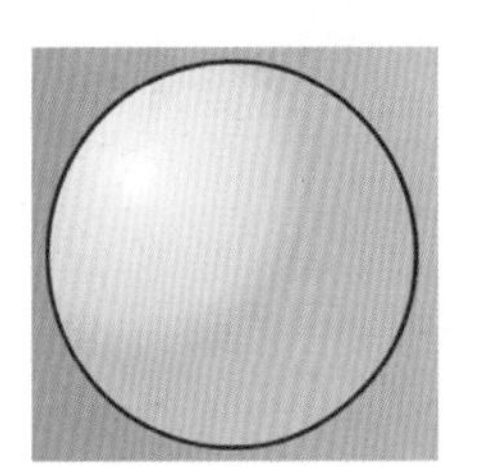

图9-2-9 设置完成后的效果

10 在工具箱中选择【钢笔工具】，在圆上绘制图 9-2-10 所示的线。

11 在工具箱中选择【形状工具】，在页面中调整直线，效果如图 9-2-11 所示。

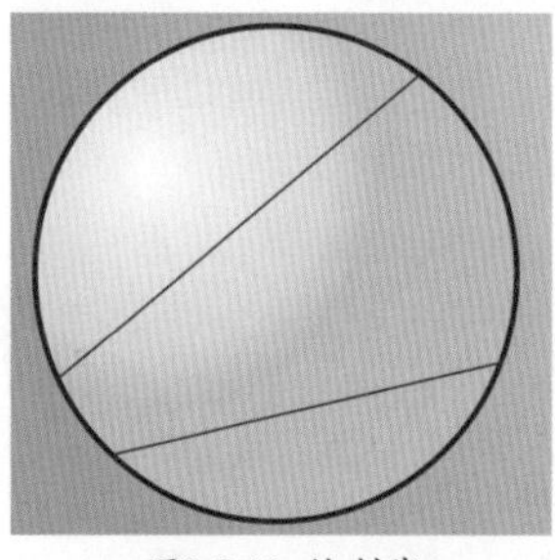
图9-2-10 绘制线

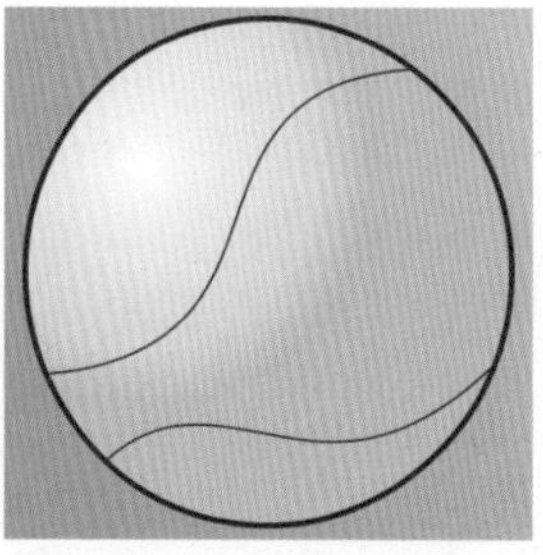
图9-2-11 调整曲线

12 选择调整完的曲线，将【宽度】设置为 1.5pt，效果如图 9-2-12 所示。

13 再次选择【钢笔工具】，绘制图 9-2-13 所示的对象。

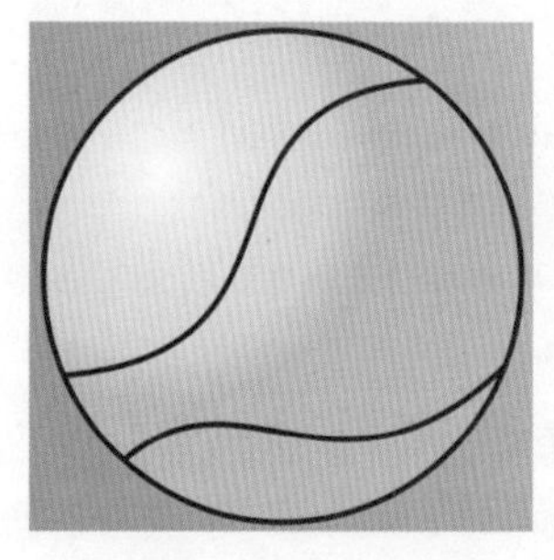
图9-2-12 设置轮廓笔宽度

图9-2-13 绘制图形

14 选择绘制的图形，按【F12】键，打开【轮廓笔】对话框，在该对话框中将【宽度】设置为 2pt，将【颜色】设置为红色（C：16；M：100；Y：100；K：0），如图 9-2-14 所示。

15 设置完成后单击【确定】按钮，效果如图 9-2-15 所示。

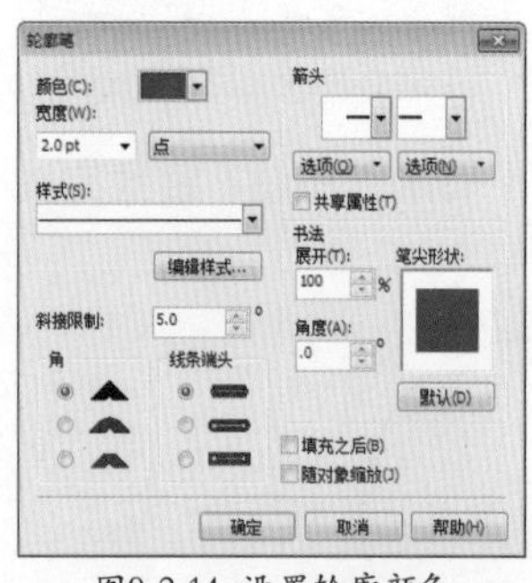

图9-2-14 设置轮廓颜色

图9-2-15 完成后的效果

16 在工具箱中选择【钢笔工具】，在页面中绘制图 9-2-16 所示的图形。

图9-2-16 绘制图形

17 选择绘制的对象，按【F11】键，打开【渐变填充】对话框，在【选项】选项组中将【角度】设置为 22.7，将【边界】设置为 26%，在【颜色调和】选项组中将颜色设置为从（C：0；M：24；Y：95；K：0）到（C：0；M：76；Y：89；K：0），如图 9-2-17 所示。

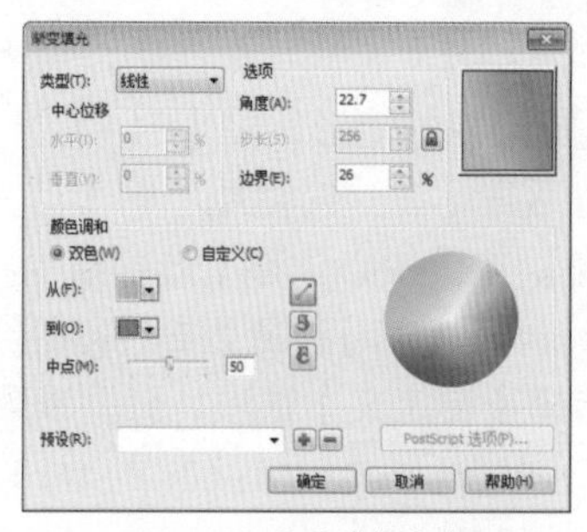

图9-2-17 设置填充颜色

18 设置完成后单击【确定】按钮，用右键单击调色板上的【透明色】按钮，取消轮廓线的显示，效果如图 9-2-18 所示。

19 使用同样的方法，为其他的图形填充渐变颜色，完成后的效果如图 9-2-19 所示。

图9-2-18 填充渐变颜色后的效果

图9-2-19 完成后的效果

20 再次选择【钢笔工具】，绘制图 9-2-20 所示的图形。

21 选择绘制的图形，按【F11】键，打开【渐变填充】对话框，在【选项】选项组中将【角度】设置为 201，将【边界】设置为 9%，在【颜色调和】选项组中将颜色设置为从（C：0；M：24；Y：95；K：0）到（C：0；M：76；Y：89；K：0），如图 9-2-21 所示。

图9-2-20 绘制图形

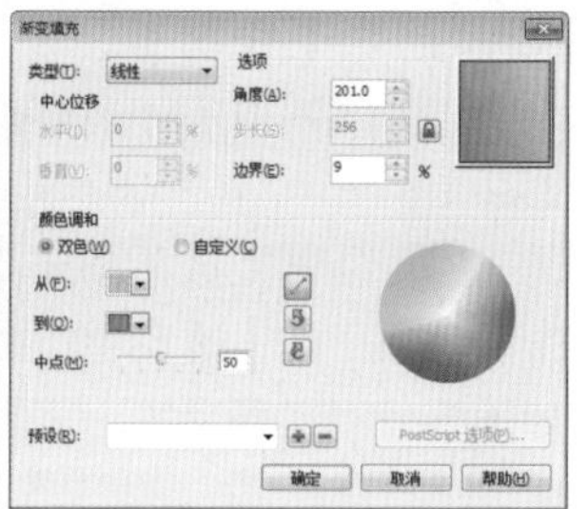

图9-2-21 设置填充颜色

22 设置完成后单击【确定】按钮，用右键单击调色板上的【透明色】按钮×,取消轮廓线的显示，如图 9–2–22 所示。

图9-2-22 填充颜色后的效果

23 选择填充完颜色后的对象，在工具箱中选择【透明度】按钮，在选项栏中将【透明度类型】设置为【线型】，将【角度和边界】分别设置为 203° 、2%，如图 9–2–23 所示。

24 使用【钢笔工具】绘制图 9–2–24 所示的图形。

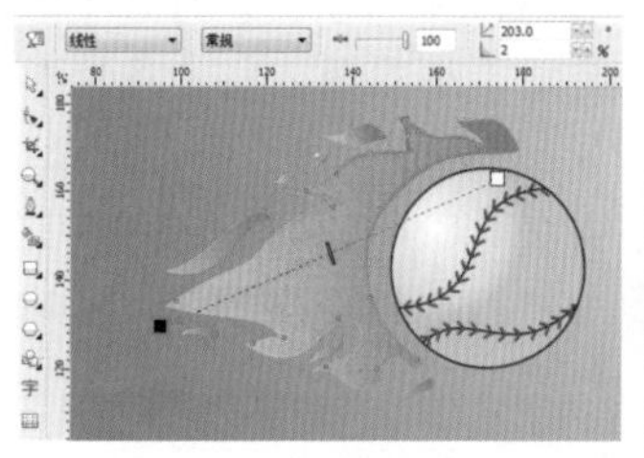

图9-2-23 设置透明度

图9-2-24 绘制图形

25 选择绘制的图形，为其填充黄色，用右键单击调色板上的【透明色】按钮×，取消轮廓线的显示，如图 9–2–25 所示。

图9-2-25 填充颜色后的效果

26 使用同样的方法，为其他的图形填充颜色，并取消轮廓线的显示，如图 9–2–26 所示。

27 选择火的黄色部分，在工具箱中选择【透明度工具】，在选项栏中将【透明度类型】设置为【线型】，在页面中调整透明角度，将【边界】设置为 1，如图 9–2–27 所示。

图9-2-26 填充颜色后的效果

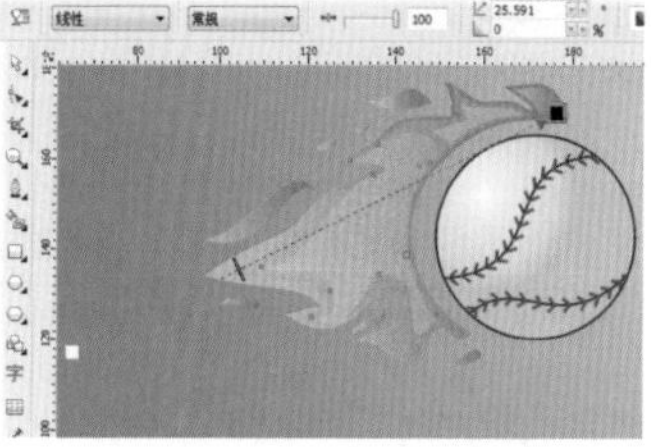

图9-2-27 设置透明度

28 使用同样的方法，绘制火的其他部分，完成后的效果如图 9–2–28 所示。

图9-2-28 完成后的效果

29 在工具箱中选择【文本工具】，在页面中输入文本信息，选择输入的文本，在选项栏中单击【文本属性】按钮，在弹出的面板中将【字体】设置为【Bodoni Bd BT】，将【字体大小】设置为 93pt，将【颜色】设置为白色，如图 9–2–29 所示。

图9-2-29 输入文本并设置属性

30 选择设置完成后的文字，将其调整至合适的位置，在工具箱中选择【封套工具】，选择水平居中的两个点，按【Delete】键将其删除，如图 9–2–30 所示。

图9-2-30 选择两个点并将其删除

31 使用同样的方法选择垂直居中的两个点，按【Delete】键将其删除，如图9-2-31所示。

32 使用【形状工具】，调整文字的表现形式，如图9-2-32所示。

图9-2-31 删除点

图9-2-32 改变文字形状

33 选择调整完成后的文字对象，在工具箱中选择【立体化工具】，在页面中对文字进行拖曳，在选项栏中将【深度】设置为20，设置【立体化颜色】为【使用纯色】，将颜色设置为【90%黑】，如图9-2-33所示。

图9-2-33 设置立体化效果

34 在工具箱中选择【钢笔工具】，绘制图9-2-34所示的形状。

图9-2-34 绘制图形

35 选择绘制的图形，为其填充黑色，如图9-2-35所示。

图9-2-35 填充颜色后的效果

36 选择填充颜色后的对象，按【Ctrl+C】快捷键将其复制，然后按【Ctrl+V】快捷键粘贴复制的对象，并将其调整至合适的位置，然后按【Shift+F11】快捷键，在弹出的对话框中将颜色设置为（C：0；M：60；Y：100；K：0），如图9-2-36所示。

37 设置完成后单击【确定】按钮，用右键单击调色板上的【透明色】按钮，取消轮廓线的显示，如图9-2-37所示。

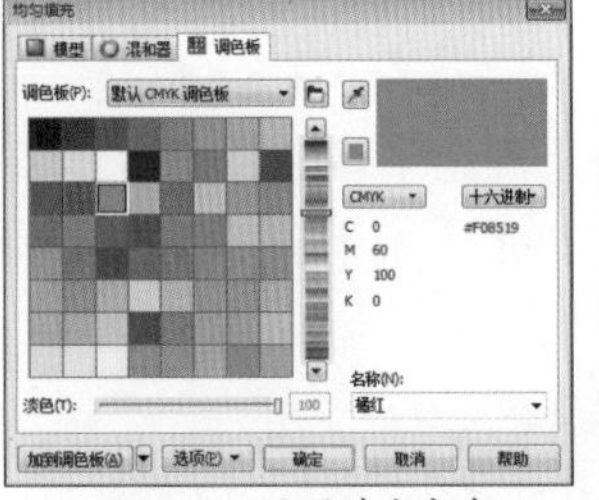
图9-2-36 设置填充颜色

图9-2-37 填充后的效果

38 使用同样的方法，复制其他的对象，并为其填充颜色，完成后的效果如图9-2-38所示。

39 在工具箱中选择【钢笔工具】，绘制图9-2-39所示图形。

图9-2-38 完成后的效果

图9-2-39 绘制图形

40 选择绘制的对象，按【F11】键，打开【渐变填充】对话框，在【选项】选项组中将【角度】设置为217.0，将【边界】设置为6%，在【颜色调和】选项组中将颜色设置为从（C:0，M:24，Y:95，K:0）到（C：0，M：74；Y：100；K：0），如图9-2-40所示。

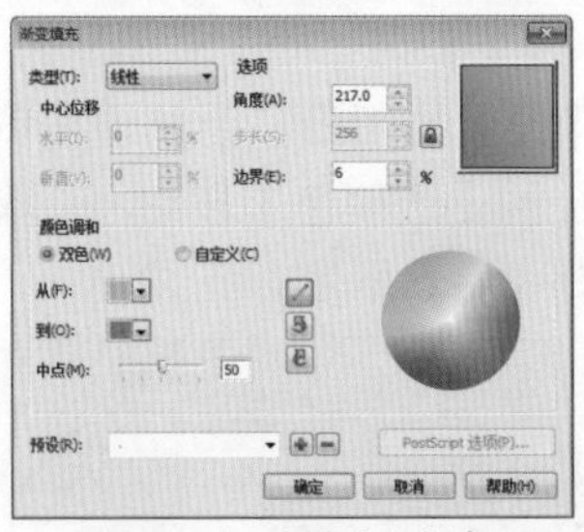
图9-2-40 设置填充颜色

41 设置完成后单击【确定】按钮，右键单击调色板上的【透明色】按钮，取消轮廓线的显示，如图9-2-41所示。

42 使用同样的方法绘制图形，为其填充黄色，并取消轮廓线的显示，如图9-2-42所示。

图9-2-41 填充颜色后的效果

图9-2-42 绘制图形并填充颜色

43 按【Shift】键的同时选择两个对象，按【Ctrl+Page Down】快捷键，移动对象的顺序，完成后的效果如图 9-2-43 所示。

图9-2-43 调整对象的顺序

44 使用同样的方法，绘制其他的火焰，并调整其顺序，如图 9-2-44 所示。

图9-2-44 最终效果

9.3 绘制广告中的洁面乳图案

本例的最终效果如下图所示。

技能分析

制作本例的主要目的是使读者了解并掌握如何在 CorelDRAW X6 软件中绘制广告中的洁面乳图案。首先使用【矩形工具】在绘图页中绘制一个矩形，并为其填充渐变，作为背景，然后使用【钢笔工具】、【2 点线工具】和【矩形工具】绘制出洁面乳的形状，并使用【文本工具】输入内容，从而完成最终效果的制作。

制作步骤

01 按【Ctrl + N】快捷键，打开【创建新文档】对话框，设置【名称】为洁面乳图案，【宽度】为 160mm，【高度】为 215mm，如图 9-3-1 所示。单击【确定】按钮。

02 在工具箱中单击【矩形工具】，在绘图页中绘制一个宽度和高度分别为 159、214 的矩形，如图 9-3-2 所示。

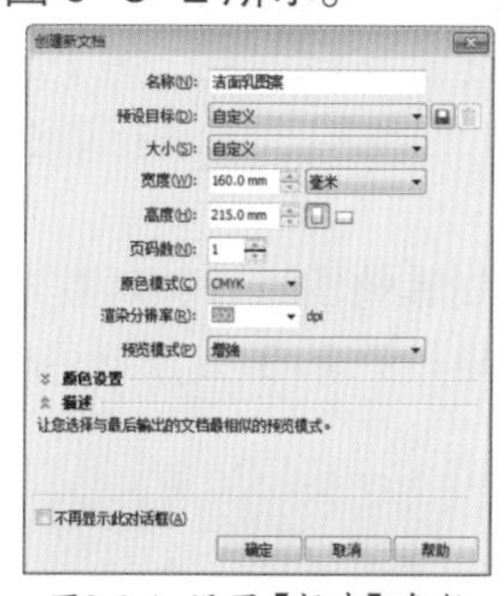

图9-3-1 设置【新建】参数

图9-3-2 绘制矩形

03 按【F11】键，打开【渐变填充】对话框，设置【类型】为辐射，在【中心位移】选项组中将【水平】和【垂直】分别设置为 15、43，在【选项】选项组中将【边界】设置为 9，单击【自定义】单选框，分别设置如下。

位置：0　颜色（C：94；M：87；Y：59；K：40）；

位置：55　颜色（C：98；M：20；Y：0；K：2）；

位置：100　颜色（C：40；M：0；Y：0；K：0）；

如图 9-3-3 所示，单击【确定】按钮。

04 填充渐变颜色后，用右键单击调色板上的【透明色】按钮☒，取消轮廓颜色，效果如图 9-3-4 所示。

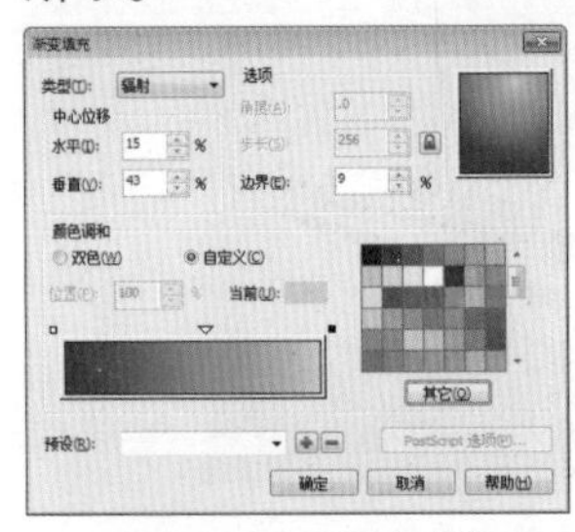
图9-3-3 设置渐变参数

图9-3-4 填充渐变颜色后的效果

05 单击工具箱中的【钢笔工具】，绘制一个图形，如图 9-3-5 所示。

06 在调色板中单击白色色块，用右键单击调色板上的【透明色】按钮☒，取消轮廓颜色，效果如图 9-3-6 所示。

图9-3-5 绘制图形

图9-3-6 填充颜色后的效果

07 在工具箱中单击【透明度工具】，在工具属性栏中将【透明度类型】设置为【线性】，将【透明度操作】设置为【柔光】，在绘图页中进行调整，效果如图 9-3-7 所示。

08 使用同样的方法绘制其他图形，并对其进行相应的设置，完成后的效果如图 9-3-8 所示。

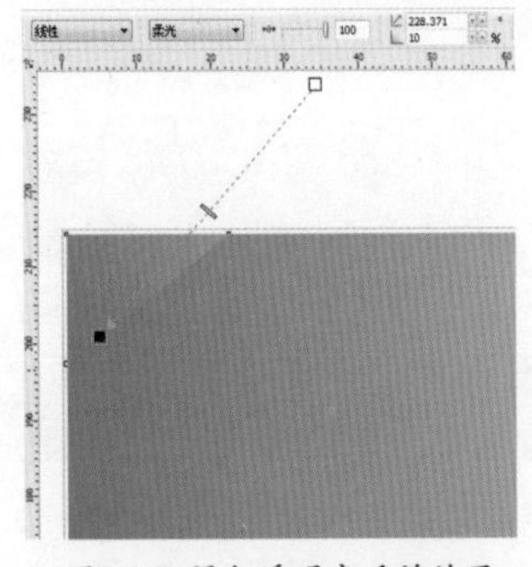
图9-3-7 添加透明度后的效果

图9-3-8 绘制其他图形

09 在工具箱中单击【星形工具】，在绘图页中绘制一个宽度和高度都为 10mm 的星形，在工具属性栏中将【点数或边数】设置为 4，将【锐度】设置为 80，如图 9-3-9 所示。

10 在调色板中单击白色色块，用右键单击调色板上的【透明色】按钮☒，取消轮廓颜色，效果如图 9-3-10 所示。

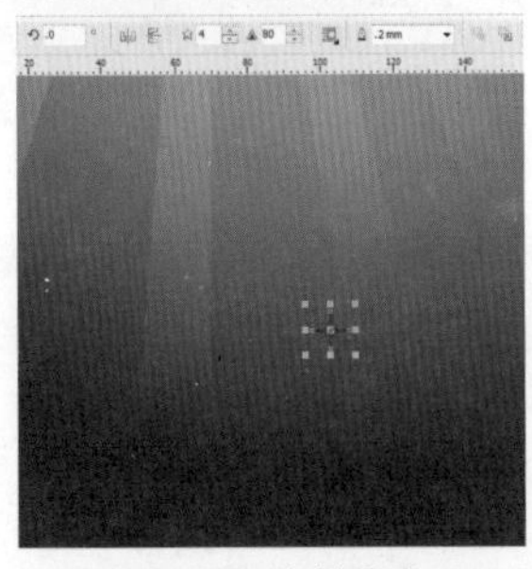
图9-3-9 绘制星形

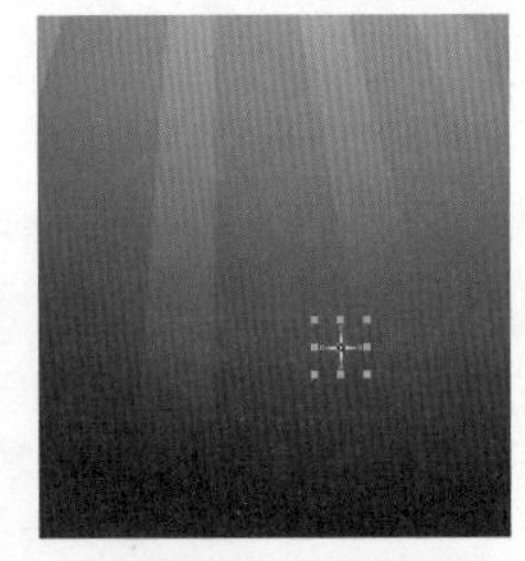
图9-3-10 绘制图形

11 在工具箱中单击【透明度工具】，在工具属性栏中将【透明度类型】设置为【线性】，将【透明度操作】设置为【屏幕】，效果如图 9-3-11 所示。

12 使用同样的方法绘制其他图形，并对其进行相应的设置，完成后的效果如图 9-3-12 所示。

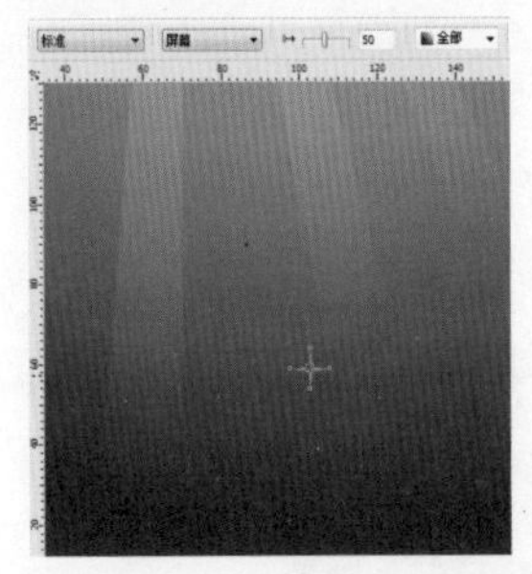
图9-3-11 添加透明度后的效果

图9-3-12 绘制其他图形后的效果

13 单击工具箱中的【钢笔工具】，绘制图形，如图 9-3-13 所示。

14 按【F11】键，打开【渐变填充】对话框，设置【类型】为【线性】，在【颜色调和】选项中选择【自定义】单选项，分别设置如下。

位置：0 颜色（C：100；M：0；Y：0；K：0）；

位置：29 颜色（C：80；M：0；Y：0；K：0）；

位置：61 颜色（C：100；M：60；Y：0；K：0）；

位置：86 颜色（C：80；M：0；Y：0；K：0）；

位置：100 颜色（C：100；M：0；Y：0；K：0）。

如图 9-3-14 所示。单击【确定】按钮。

15 填充渐变色后，用右键单击调色板上的【透明色】按钮☒，取消轮廓颜色，效果如图 9-3-15 所示。

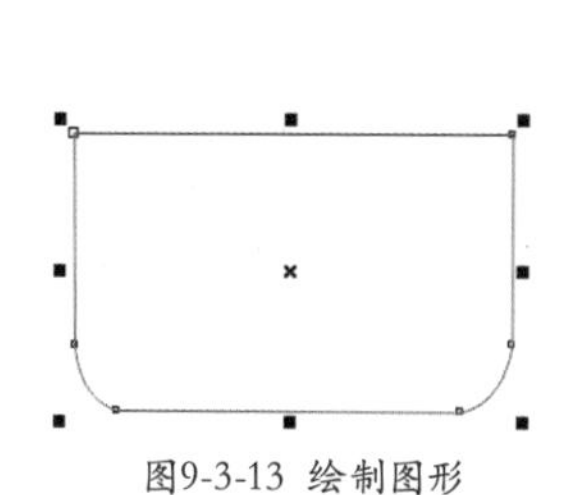

图9-3-13 绘制图形

图9-3-14 设置渐变颜色

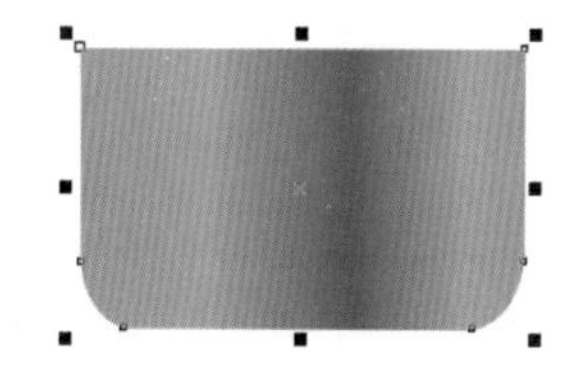

图9-3-15 填充渐变颜色

16 单击工具箱中的【钢笔工具】，绘制图形，如图 9–3–16 所示。

17 按【F11】键，打开【渐变填充】对话框，设置【类型】为【线性】，在【选项】处设置【角度】为 90，在【颜色调和】选区中选择【自定义】单选项，分别设置如下。

位置：0 颜色（C：100；M：60；Y：0；K：0）；

位置：100 颜色（C：100；M：0；Y：0；K：0）。

如图 9–3–17 所示。单击【确定】按钮。

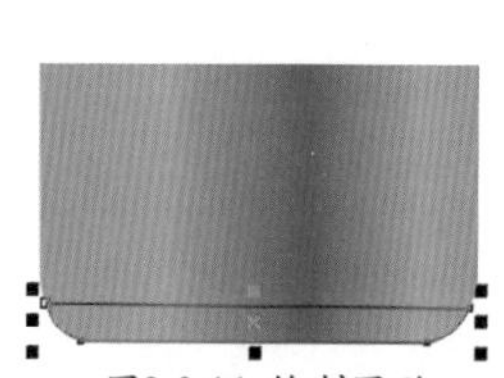

图9-3-16 绘制图形

图9-3-17 设置渐变颜色

18 填充渐变色后，用右键单击调色板上的【透明色】按钮☒，取消轮廓颜色，效果如图 9–3–18 所示。

19 单击工具箱中的【钢笔工具】，绘制图 9–3–19 所示的图形。

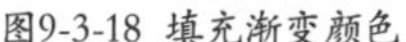

图9-3-18 填充渐变颜色

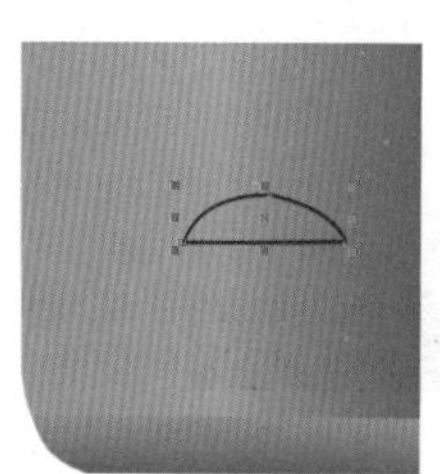

图9-3-19 绘制图形

20 按【F11】键，打开【渐变填充】对话框，设置【类型】为【线性】，在【选项】处设置【角度】为 19.5，分别设置【从】颜色为（C：100；M：60；Y：0；K：0），【到】的颜色为青色（C：100；M：0；Y：0；K：0），如图 9–3–20 所示。单击【确定】按钮。

21 填充渐变色后，用右键单击调色板上的【透明色】按钮☒，取消轮廓颜色，效果如图 9–3–21 所示。

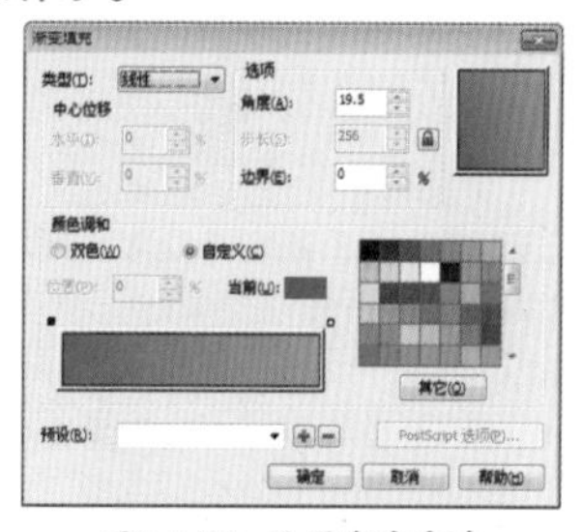

图9-3-20 设置渐变颜色

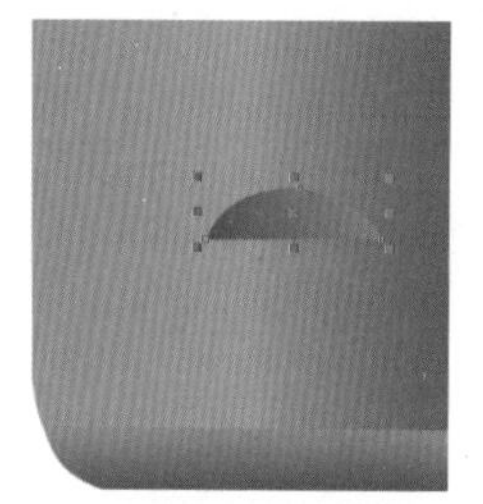

图9-3-21 填充渐变颜色

22 单击工具箱中的【2 点线工具】，绘制直线，如图 9–3–22 所示。

23 按【F12】键，打开【轮廓笔】对话框，设置颜色为（C：100，M：60，Y：0，K：0），设置宽度为 0.3mm，如图 9–3–23 所示，单击【确定】按钮。

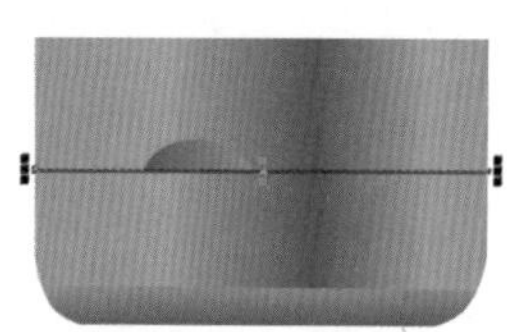

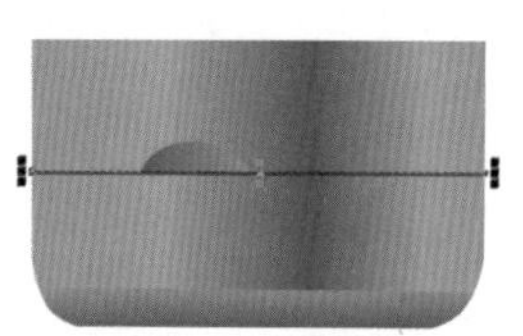

图9-3-22 绘制直线

图9-3-23 设置【颜色】和【宽度】

24 设置直线颜色和宽度后的效果如图 9–3–24 所示。

25 继续使用【2 点线工具】绘制直线，然后将直线【宽度】设置为 0.3mm，并为绘制的直线填充青色（C：100；M：0；Y：0；K：0），效果如图 9–3–25 所示。

26 在工具箱中选择【矩形工具】，绘制矩形，如图 9–3–26 所示。

27 按【F11】键，打开【渐变填充】对话框，设置【类型】为【线性】，在【颜色调和】选区中选择【自定义】单选项，分别设置如下。

位置：0 颜色（C：0；M：0；Y：0；K：50）；

位置：15 颜色（C：0；M：0；Y：0；K：100）；

位置：36 颜色（C：0；M：0；Y：0；K：10）；

位置：63 颜色（C：0；M：0；Y：0；K：80）；

位置：81 颜色（C：0；M：0；Y：0；K：35）；

位置：100 颜色（C：0；M：0；Y：0；K：80）。

如图 9-3-27 所示。单击【确定】按钮。

图9-3-24 设置直线后的效果

图9-3-25 绘制并设置直线

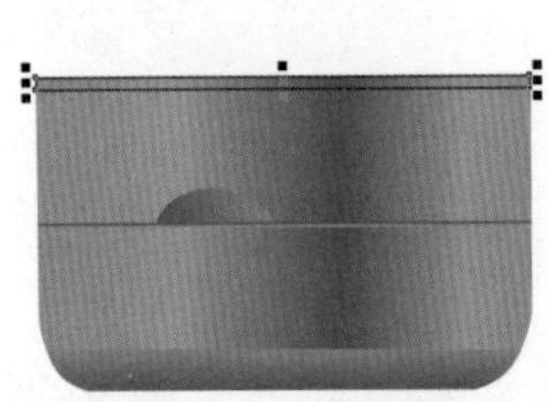

图9-3-26 绘制矩形

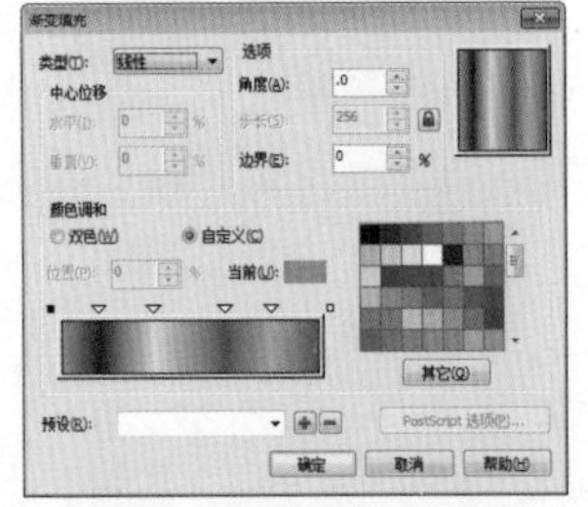

图9-3-27 设置渐变颜色

28 填充渐变色后，用右键单击调色板上的【透明色】按钮☒，取消轮廓颜色，效果如图 9-3-28 所示。

29 单击工具箱中的【钢笔工具】，绘制图形。如图 9-3-29 所示。

30 在调色板上单击青色（C：100；M：0；Y：0；K：0）色块，为绘制的正圆填充青色，然后用右键单击【透明色】按钮，取消轮廓颜色，效果如图 9-3-30 所示。

31 在工具箱中选择【网状填充工具】，在属性栏上将网格行数设置为 3，将网格列数设置为 4，如图 9-3-31 所示。

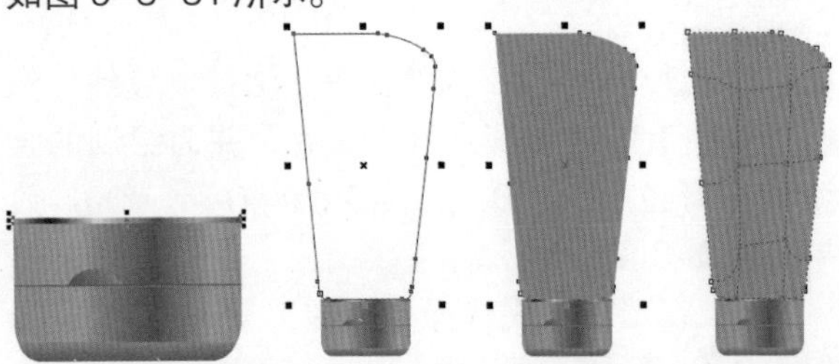

图9-3-28 填充渐变颜色　图9-3-29 绘制图形　图9-3-30 填充颜色　图9-3-31 设置网格数

32 然后使用鼠标框选图 9-3-32 所示的节点。

33 在调色板上单击白色（C：0；M：0；Y：0；K：0）色块，为选择的节点填充白色，效果如图 9-3-33 所示。

34 使用鼠标框选图 9-3-34 所示的节点。

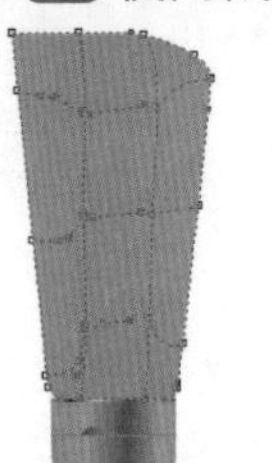

图9-3-32 框选节点

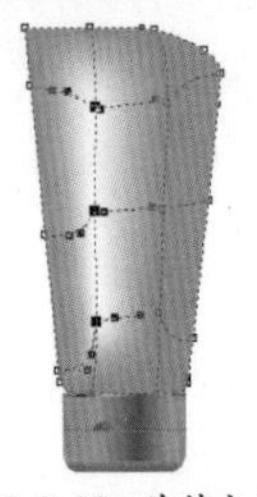

图9-3-33 为节点填充颜色

图9-3-34 框选节点

35 按【Shift + F11】快捷键，打开【均匀填充】对话框，设置颜色为（C：69；M：14；Y：0；K：0），如图 9-3-35 所示，单击【确定】按钮。

图9-3-35 设置填充颜色

36 即可为选择的节点填充该颜色，效果如图 9-3-36 所示。

37 使用鼠标框选如图 9-3-37 所示的节点。

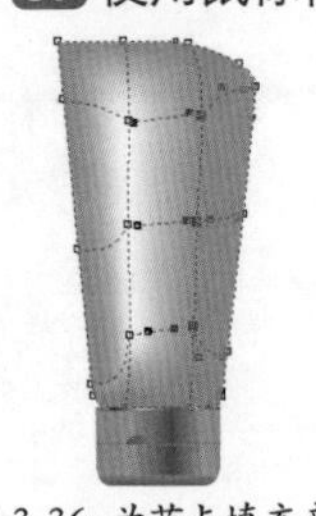

图9-3-36 为节点填充颜色

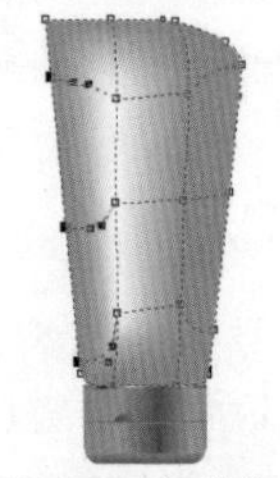

图9-3-37 框选节点

38 按【Shift + F11】快捷键，打开【均匀填充】对话框，设置颜色为（C：65；M：7；Y：0；K：0），如图 9-3-38 所示，单击【确定】按钮。

39 即可为选择的节点填充该颜色，效果如图 9-3-39 所示。

图9-3-38 设置颜色

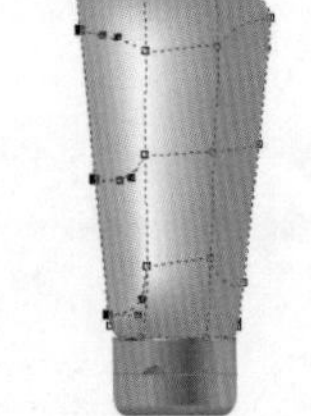

图9-3-39 为节点填充颜色

40 在左上方的网格线上双击鼠标，添加一条网格线，如图 9–3–40 所示。

41 使用鼠标框选图 9–3–41 所示的两个节点，然后将选择的节点向左移动，如图 9–3–41 所示。

42 然后使用鼠标框选图 9–3–42 所示的节点，在调色板上单击青色（C：100；M：0；Y：0；K：0）色块，为选择的节点填充青色，效果如图 9–3–42 所示。

43 使用上面介绍的方法，再添加两条网格线，效果如图 9–3–43 所示。

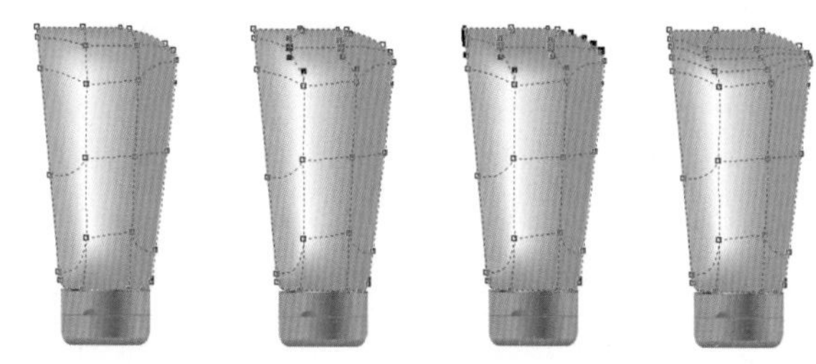

图9-3-40 添加网格线　图9-3-41 选择并移动节点　图9-3-42 选择节点并填充颜色　图9-3-43 添加网格线

44 使用鼠标框选图 9–3–44 所示的节点。

45 按【Shift + F11】快捷键，打开【均匀填充】对话框，设置颜色为（C：65；M：7；Y：0；K：0），单击【确定】按钮，即可为选择的节点填充颜色，效果如图 9–3–45 所示。

46 使用鼠标选择图 9–3–46 所示的节点。

47 按【Shift + F11】快捷键，打开【均匀填充】对话框，设置颜色为（C：61；M：1；Y：0；K：0），单击【确定】按钮，即可为选择的节点填充颜色，效果如图 9–3–47 所示。

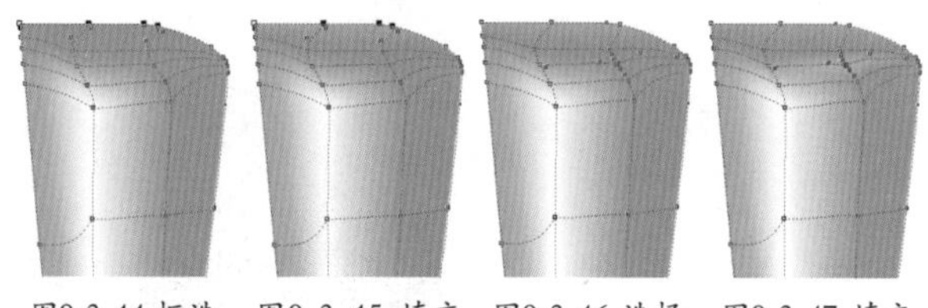

图9-3-44 框选节点　图9-3-45 填充颜色　图9-3-46 选择节点　图9-3-47 填充颜色

48 使用鼠标选择图 9–3–48 所示的节点。

49 在调色板上单击白色（C：0；M：0；Y：0；K：0）色块，为选择的节点填充白色，效果如图 9–3–49 所示。

50 使用鼠标框选图 9–3–50 所示的节点。

51 按【Shift + F11】快捷键，打开【均匀填充】对话框，设置颜色为（C：61；M：1；Y：0；K：0），单击【确定】按钮，即可为选择的节点填充颜色，效果如图 9–3–51 所示。

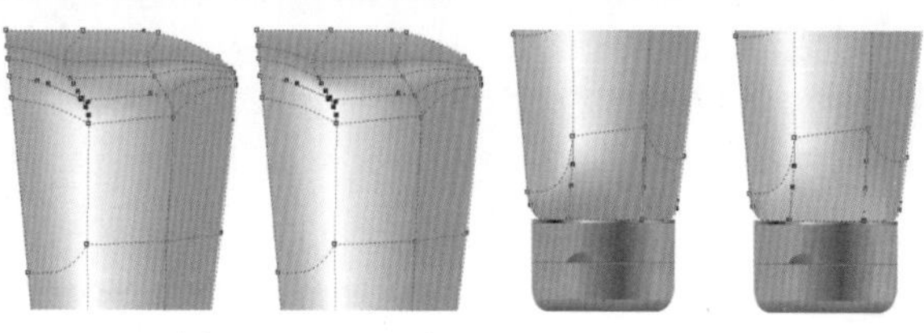

图9-3-48 选择节点　图9-3-49 填充颜色　图9-3-50 框选节点　图9-3-51 填充颜色

52 单击工具箱中的【钢笔工具】，绘制图形，如图 9–3–52 所示。

53 按【F11】键，打开【渐变填充】对话框，设置【类型】为【辐射】，在【中心位移】处设置【水平】为 –14%，设置【垂直】为 28%，然后分别设置【从】颜色为青色（C：100；M：0；Y：0；K：0），【到】的颜色为白色（C：0；M：0；Y：0；K：0），如图 9–3–53 所示。单击【确定】按钮。

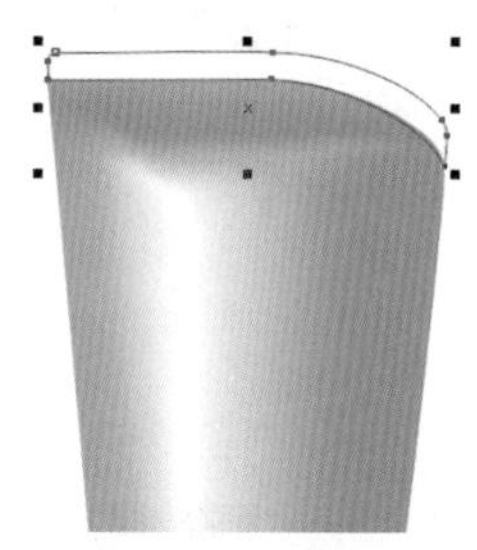

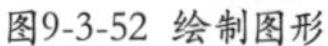

图9-3-52 绘制图形

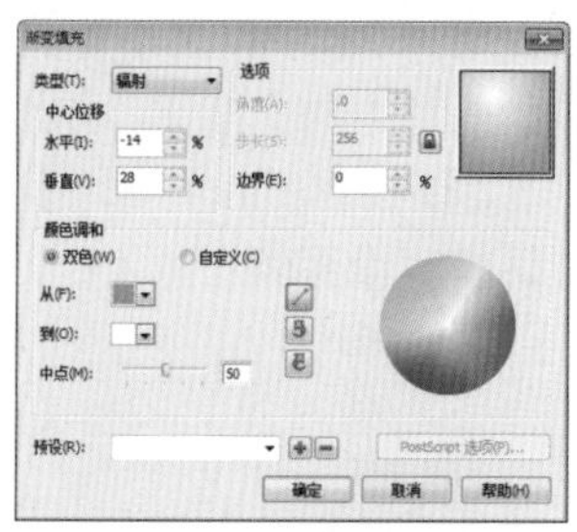

图9-3-53 设置渐变颜色

54 填充渐变色后，用右键单击调色板上的【透明色】按钮☒，取消轮廓颜色，效果如图 9–3–54 所示。

55 在工具箱中选择【矩形工具】，绘制矩形，如图 9–3–55 所示。

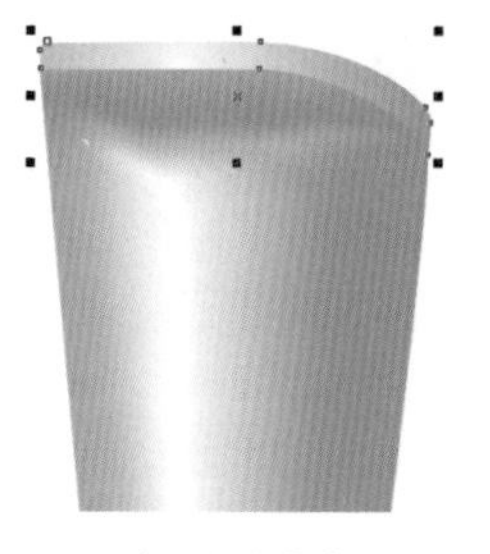

图9-3-54 填充渐变颜色后的效果

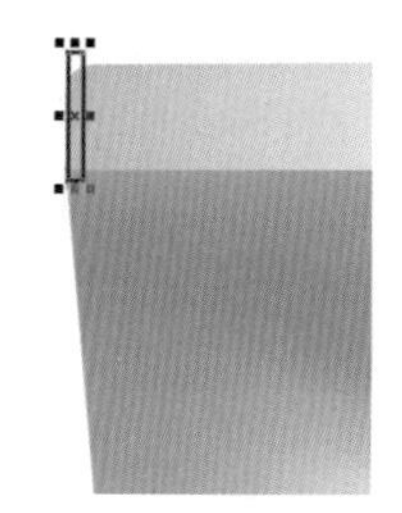

图9-3-55 绘制矩形

56 在调色板上单击冰蓝色（C：40；M：0；Y：0；K：0）色块，为绘制的矩形填充冰蓝色，然后用右键单击【透明色】按钮☒，取消轮廓颜色，效果如图 9–3–56 所示。

57 按小键盘上的 + 号键复制多个矩形，并调整它们的旋转角度和位置，效果如图 9-3-57 所示。

58 选择所有的矩形对象，在属性栏中单击【群组】按钮，群组选择的对象，效果如图 9-3-58 所示。

59 执行【效果】|【图框精确裁剪】|【放置在容器中】命令，然后将鼠标移至群组对象下的图形上，当鼠标变成➡样式时，单击鼠标左键，即可裁剪群组对象，效果如图 9-3-59 所示。

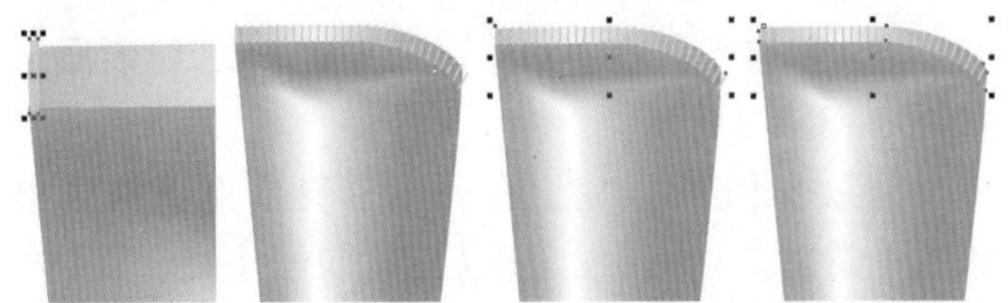

图9-3-56 填充颜色　图9-3-57 复制矩形　图9-3-58 群组对象　图9-3-59 图框精确裁剪

60 选择【文本工具】字，然后输入文字。选择输入的文字，在属性栏上设置【字体列表】为创艺简老宋，【字体大小】为 20pt，单击【将文本更改为垂直方向】按钮，如图 9-3-60 所示。

61 按【Shift + F11】快捷键，打开【均匀填充】对话框，设置颜色为（C：100；M：60；Y：0；K：0），如图 9-3-61 所示。

图9-3-60 输入文字

图9-3-61 设置填充颜色

62 设置完成后，单击【确定】按钮，即可为选择的文字填充颜色，效果如图 9-3-62 所示。

63 选择【文本工具】字，然后输入文字。选择输入的文字，在属性栏上设置【字体列表】为方正准圆简体，【字体大小】为 8.5pt，如图 9-3-63 所示。

图9-3-62 填充颜色

图9-3-63 输入文字

64 按【Shift + F11】快捷键，打开【均匀填充】对话框，设置颜色为（C：100；M：60；Y：0；K：0），单击【确定】按钮，即可为选择的文字填充颜色，效果如图 9-3-64 所示。

65 使用同样的方法输入其他文字，并将新输入文字的【字体大小】设置为 7.5pt，效果如图 9-3-65 所示。

66 选择【文本工具】字，然后输入文字。选择输入的文字，在属性栏上设置【字体列表】为黑体，【字体大小】为 6pt，如图 9-3-66 所示。

67 按【Shift + F11】快捷键，打开【均匀填充】对话框，设置颜色为（C：100；M60；Y：0；K：0），单击【确定】按钮，即可为选择的文字填充颜色，效果如图 9-3-67 所示。

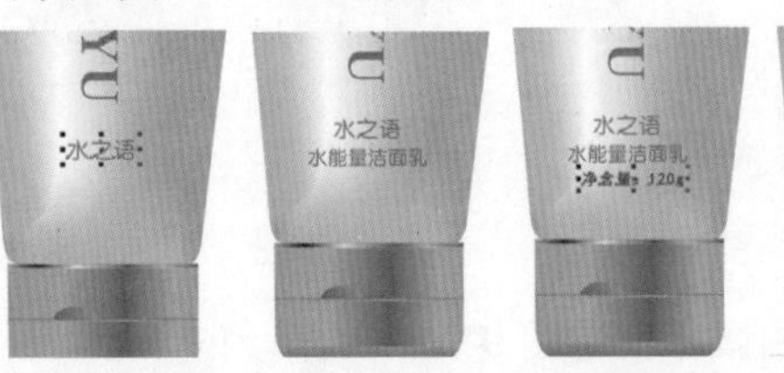

图9-3-64 填充颜色　图9-3-65 输入其他文字　图9-3-66 输入文字　图9-3-67 输入其他文字

68 绘制完成后，在绘图页中选择所有的洁面乳图形，右击鼠标，在弹出的快捷菜单中选择【群组】命令，如图 9-3-68 所示。

69 成组完成后，在绘图页中调整洁面乳的位置，调整后的效果如图 9-3-69 所示。

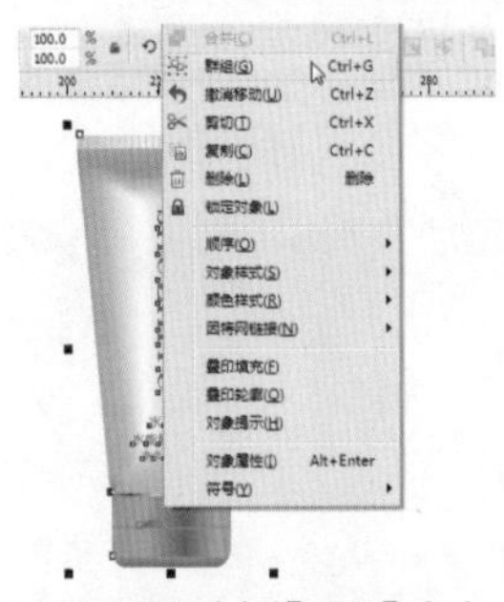

图9-3-68 选择【群组】命令

图9-3-69 调整洁面乳的位置

70 在工具箱中单击【阴影工具】，在工具属性栏中的【预设列表】中选择【透视左上】选项，在绘图页中调整阴影的位置，调整后的效果如图 9-3-70 所示。

71 选择【文本工具】字，然后输入文字。选择输入的文字，在属性栏上设置【字体列表】为 Arial，【字体大小】为 16pt，如图 9-3-71 所示。

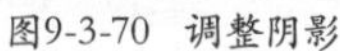
图9-3-70 调整阴影

图9-3-71 输入文字

72 输入并设置完成后，在调色板中单击白色色块，为选中的对象填充白色，效果如图 9-3-72 所示。

73 选择【文本工具】字，然后输入文字。选择输入的文字，在属性栏上设置【字体列表】为 Arial，【字体大小】为 16pt，并为其填充白色，效果如图 9-3-73 所示。

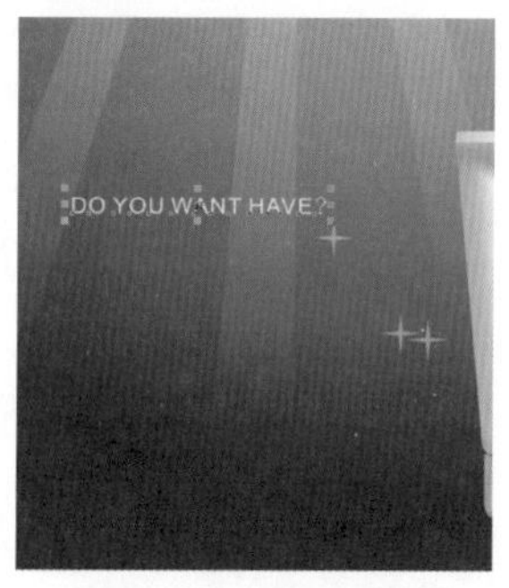

图9-3-72 填充颜色

图9-3-73 输入文字并填充颜色

74 选择【文本工具】字，然后输入文字。选择输入的文字，在属性栏上设置【字体列表】为创意简老宋，【字体大小】为 36pt，如图 9-3-74 所示。

75 在调色板中单击白色色块，为选中的对象填充白色，效果如图 9-3-75 所示。

图9-3-74 输入文字

图9-3-75 输入文字并填充颜色

76 使用同样的方法输入其他文字，效果如图 9-3-76 所示。

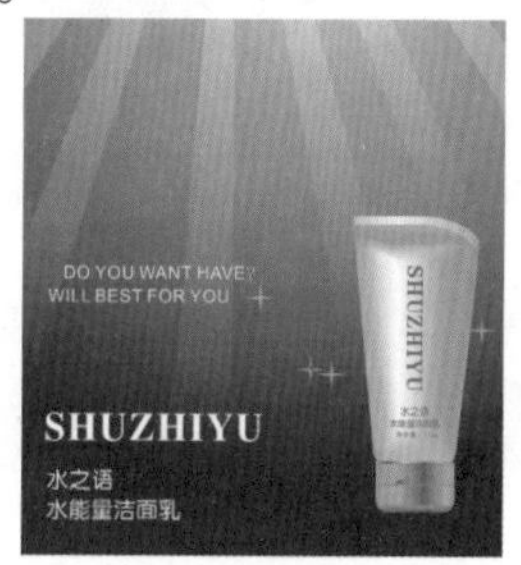

图9-3-76 输入其他文字后的效果

本章小结

通过对以上案例的学习，可以了解并掌握在 CorelDRAW X6 中绘制广告图案的技巧应用和操作，通过对【矩形工具】、【椭圆形工具】、【钢笔工具】和【文本工具】等的使用，可以制作出色彩丰富的广告图案。

第10章

插画中常用的图案

在现代设计领域中，插画设计可以说是最具有表现意味的，它与绘画艺术有着亲近的血缘关系。插画艺术的许多表现技法都是借鉴了绘画艺术的表现技法。插画艺术与绘画艺术的联姻使得前者无论是在表现技法多样性的探求，或是在设计主题表现的深度和广度方面，都有着长足的进展，展示出更加独特的艺术魅力，从而更具表现力。本章将介绍插画中常用图案的绘制方法。

10.1 绘制卡通太阳

本案例的最终效果如下图所示。

技能分析

制作本例的主要目的，是使读者了解并掌握如何在 CorelDRAW X6 软件中绘制卡通太阳，先要绘制两个火焰的形状，并为其填充颜色，再使用【钢笔工具】绘制其他图形等，从而完成最终效果。

制作步骤

01 按【Ctrl + N】快捷键，打开【创建新文档】对话框，设置【名称】为卡通太阳，【宽度】为 138mm，【高度】为 98mm，如图 10–1–1 所示。单击【确定】按钮。

02 单击工具箱中的【钢笔工具】，绘制一个图形，如图 10–1–2 所示。

图10-1-1 设置【新建】参数

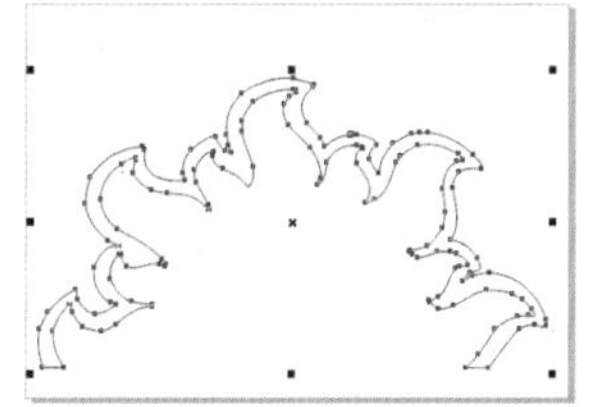

图10-1-2 绘制图形

03 按【Shift + F11】快捷键，打开【均匀填充】对话框，在该对话框中选择【模型】选项卡，将颜色设置为（C：2；M：4；Y：46；K：0），如图 10–1–3 所示。

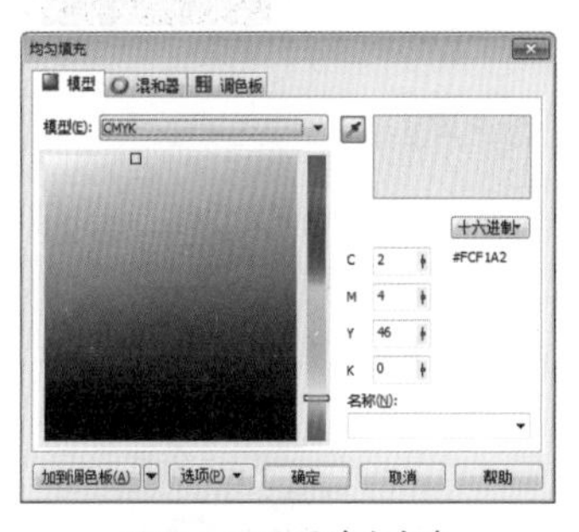

图10-1-3 设置填充颜色

04 设置完成后，单击【确定】按钮，即可为选中的对象填充颜色，效果如图 10–1–4 所示。

05 按【F12】键，在弹出的对话框中将【宽度】设置为【无】，如图 10–1–5 所示。

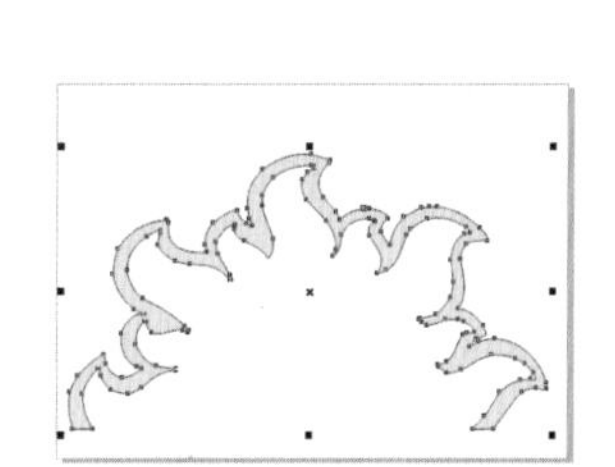

图10-1-4 填充颜色后的效果

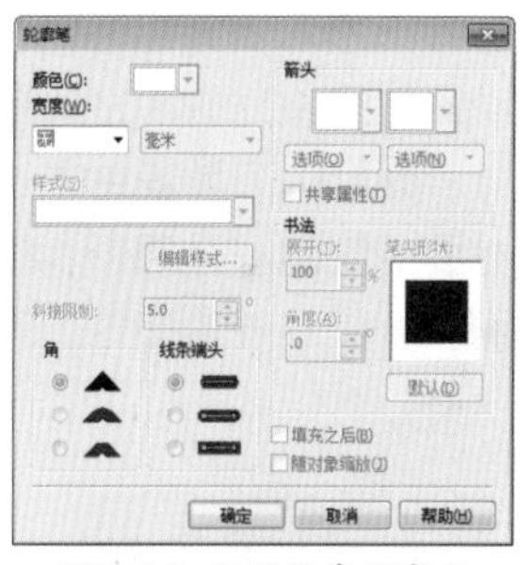

图10-1-5 设置轮廓笔宽度

06 单击【确定】按钮，执行该操作后，即可为选中的对象取消轮廓颜色，效果如图 10–1–6 所示。

图10-1-6 取消轮廓线显示后的效果

07 在工具箱中单击【钢笔工具】，绘制一个图形，绘制后的效果如图 10–1–7 所示。

08 按【Shift + F11】快捷键，打开【均匀填充】对话框，在该对话框中选择【模型】选项卡，将颜色设置为（C：1；M：52；Y：95；K：0），如图10-1-8所示。

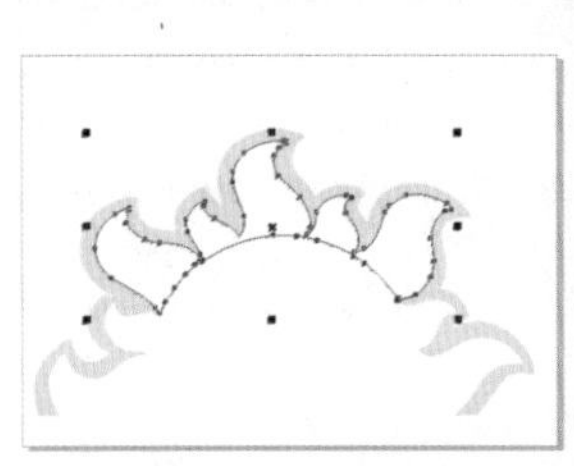

图10-1-7　绘制图形

图10-1-8　设置填充颜色

09 设置完成后，单击【确定】按钮，用右键单击调色板上的【透明色】按钮，取消轮廓颜色，效果如图10-1-9所示。

图10-1-9　填充颜色并取消轮廓线后的效果

10 在绘图页中再绘制其他火焰效果，绘制完成后，为其填充颜色，并取消轮廓颜色，完成后的效果如图10-1-10所示。

11 在工具箱中单击【椭圆形工具】，在绘图页中绘制一个圆形，绘制后的效果如图10-1-11所示。

图10-1-10　设置轮廓

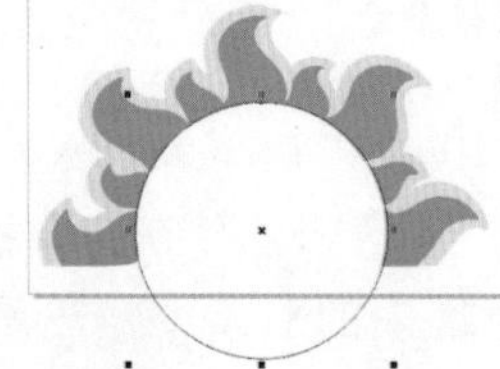

图10-1-11　绘制椭圆形

12 按【Shift + F11】快捷键，在弹出的对话框中选择【模型】选项卡，将颜色值设置为（C:3;M：7；Y：94；K：0），如图10-1-12所示。

图10-1-12　设置填充颜色

13 设置完成后，单击【确定】按钮，用右键单击调色板上的【透明色】按钮，取消轮廓颜色，效果如图10-1-13所示。

14 在工具箱中单击【裁剪工具】，在绘图页中调整裁剪框的大小，调整后的效果如图10-1-14所示。

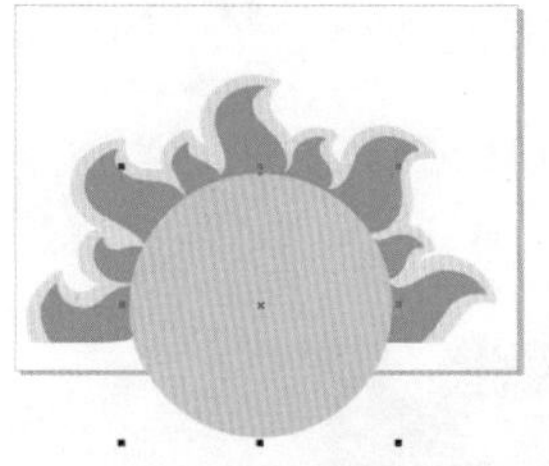

图10-1-13　填充颜色并取消轮廓颜色

图10-1-14　调整裁剪框的大小

15 调整完成后，按【Enter】键完成裁剪，效果如图10-1-15所示。

图10-1-15　裁剪后的效果

16 在工具箱中单击【钢笔工具】，在绘图页中绘制图10-1-16所示的形状。

17 按【Shift + F11】快捷键，在弹出的对话框中选择【模型】选项卡，将颜色值设置为（C:1;M：52；Y：95；K：0），如图10-1-17所示。

图10-1-16　绘制形状

图10-1-17　设置颜色值

18 设置完成后，单击【确定】按钮，用右键单击调色板上的【透明色】按钮，取消轮廓颜色，并使用同样的方法绘制另外一侧的眉毛，效果如图10-1-18所示。

图10-1-18　绘制后的效果

19 在工具箱中单击【钢笔工具】，在绘图页中绘制两个图 10–1–19 所示的图形。

20 选中绘制的两个睫毛，在调色板中单击颜色值为（C：0；M：0；Y：0；K：100）的色块，然后右击透明色，取消轮廓颜色，效果如图 10–1–20 所示。

图10-1-19 绘制睫毛

图10-1-20 填充颜色后的效果

21 在工具箱中单击【钢笔工具】，在绘图页中绘制图 10–1–21 所示的图形。

图10-1-21 绘制图形

22 确认该对象处于选中状态，在调色板中单击颜色值为（C：0；M：0；Y：0；K：100）的色块，然后右击透明色，取消轮廓颜色，如图 10–1–22 所示。

23 再在工具箱中单击【钢笔工具】，在绘图页中绘制图 10–1–23 所示的图形。

图10-1-22 填充颜色并取消轮廓颜色

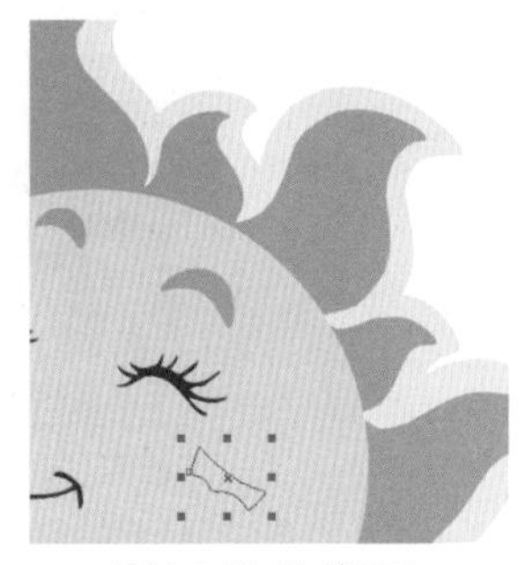
图10-1-23 绘制图形

24 按【Shift + F11】快捷键，在弹出的对话框中选择【模型】选项卡，将颜色值设置为（C：1；M：52；Y：95；K：0），如图 10–1–24 所示。

图10-1-24 设置颜色值

25 设置完成后，单击【确定】按钮，用右键单击调色板上的【透明色】按钮，取消轮廓颜色，然后在绘图页中调整该图形的位置，调整后的效果如图 10–1–25 所示。

26 在工具箱中单击【钢笔工具】，在绘图页中绘制一个图 10–1–26 所示的图形。

图10-1-25 调整图形的位置

图10-1-26 绘制图形

27 按【Shift + F11】快捷键，在弹出的对话框中选择【模型】选项卡，将颜色值设置为（C:2;M:28；Y：96；K：0），效果如图 10–1–27 所示。

图10-1-27 设置填充颜色

28 设置完成后，单击【确定】按钮，用右键单击调色板上的【透明色】按钮，取消轮廓颜色，然后在绘图页中调整该图形的位置，调整后的效果如图 10–1–28 所示。

29 在工具箱中单击【钢笔工具】，在绘图页中绘制一个如图 10–1–29 所示的图形。

30 按【Shift + F11】快捷键，在弹出的对话

框中选择【模型】选项卡，将颜色值设置为（C：1；M：52；Y：95；K：0），如图 10-1-30 所示。

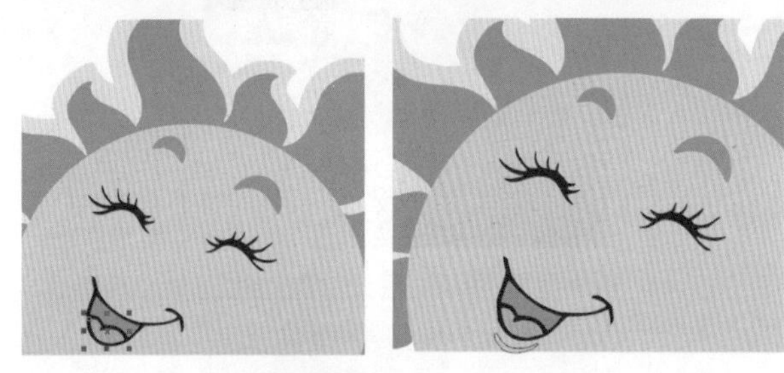

图10-1-28 填充颜色并调整其位置　　图10-1-29 绘制图形

图10-1-30 设置颜色

31 设置完成后，单击【确定】按钮，用右键单击调色板上的【透明色】按钮，取消轮廓颜色，效果如图 10-1-31 所示。

32 在工具箱中单击【钢笔工具】，在绘图页中绘制一个图 10-1-32 所示的图形。

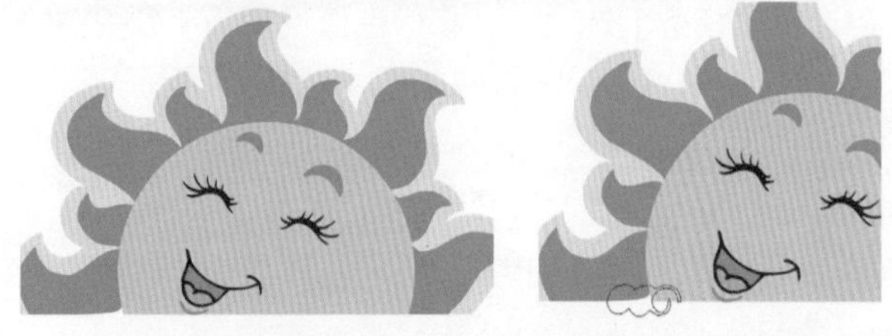

图10-1-31 填充颜色　　图10-1-32 绘制图形

33 按【Shift + F11】快捷键，打开【均匀填充】对话框，设置颜色为（C：22；M：89；Y：96；K：0），如图 10-1-33 所示。

图10-1-33 设置填充颜色

34 设置完成后，单击【确定】按钮，用右键单击调色板上的【透明色】按钮，取消轮廓颜色，再次使用【钢笔工具】在绘图页中绘制图 10-1-34 所示的 3 个图形。

35 选中绘制的 3 个图形，按【Shift + F11】快捷键，打开【均匀填充】对话框，设置颜色为（C：2；M：28；Y：96；K：0），单击【确定】按钮，用右键单击调色板上的【透明色】按钮，取消轮廓颜色，如图 10-1-35 所示。

图10-1-34 绘制图形　　图10-1-35 填充颜色并取消轮廓色

36 将绘制的手向右进行复制，并在绘图页中调整其位置，效果如图 10-1-36 所示。

图10-1-36 复制图形后的效果

10.2 绘制卡通插画

本案例的最终效果如下图所示。

技能分析

制作本例的主要目的是使读者了解并掌握如何在 CorelDRAW X6 软件中绘制卡通插画，首先绘制一个矩形作为插画的背景，再使用【钢笔工具】绘制其他图形，然后使用【文本工具】输入相应的文字，并进行调整，再次使用【钢笔工具】绘制海星、花朵等形状，完成最终效果。

制作步骤

01 按【Ctrl + N】快捷键，打开【创建新文档】对话框，设置【名称】为卡通插画，【宽度】为 100mm，【高度】为 100mm，如图 10-2-1 所示。单击【确定】按钮。

02 单击工具箱中的【矩形工具】，绘制一个长宽都为 100mm 的矩形，如图 10-2-2 所示。

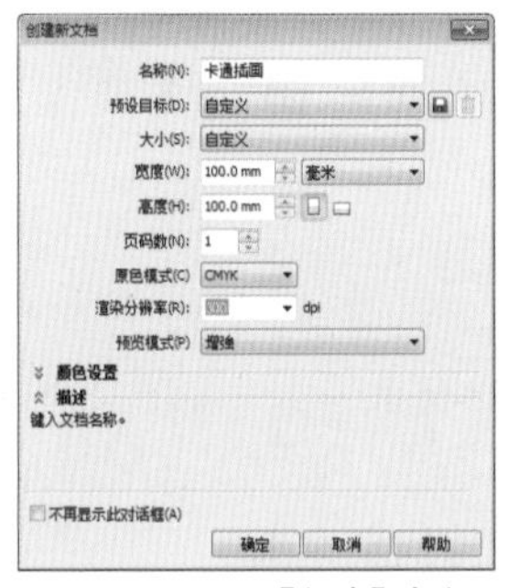

图10-2-1 设置【新建】参数

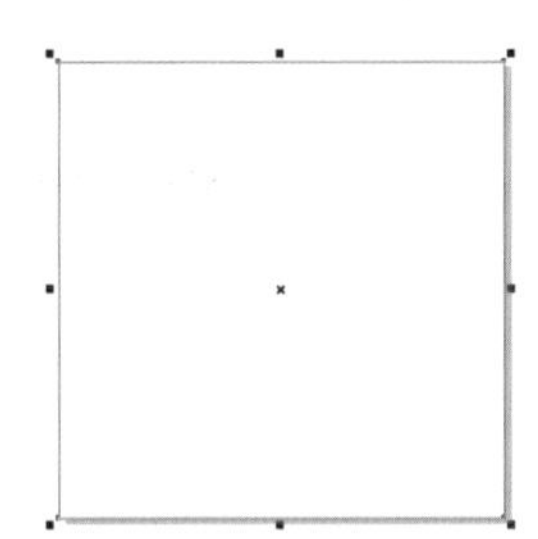

图10-2-2 绘制矩形

03 按【Shift + F11】快捷键，在弹出的对话框中选择【模型】选项卡，将颜色值设置为（C：80；M：0；Y：0；K：0），如图 10-2-3 所示。

04 设置完成后，单击【确定】按钮，即可为矩形填充颜色，用右键单击调色板上的【透明色】按钮，取消轮廓颜色，效果如图 10-2-4 所示。

图10-2-3 设置填充颜色

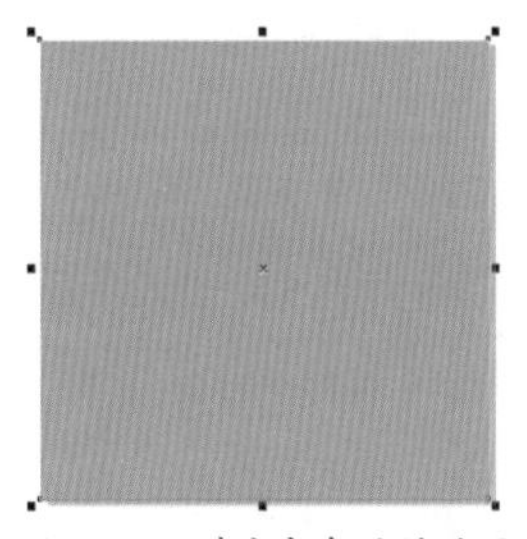

图10-2-4 填充颜色后的效果

05 在工具箱中单击【钢笔工具】，在绘图页中绘制一个如图 10-2-5 所示的图形。

06 确认该图形处于选中状态，在调色板中单击白色色块，用右键单击调色板上的【透明色】按钮，取消轮廓颜色，效果如图 10-2-6 所示。

07 在工具箱中单击【钢笔工具】，在绘图页中绘制图 10-2-7 所示的图形。

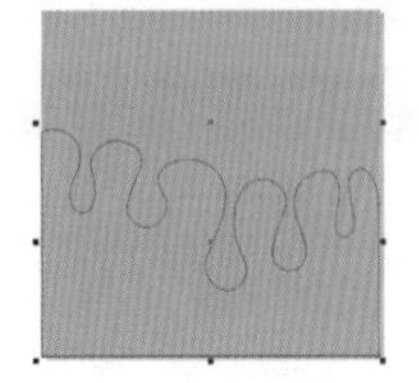

图10-2-5 绘制图形

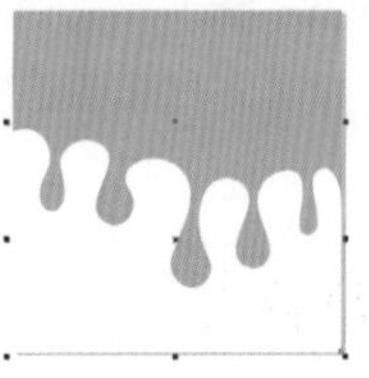

图10-2-6 填充颜色后的效果

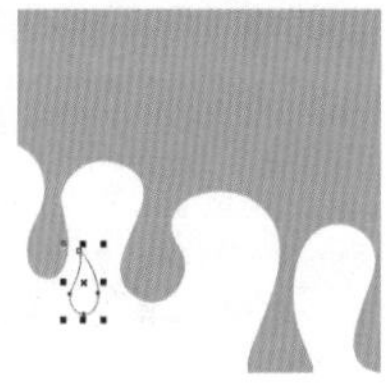

图10-2-7 绘制图形

08 确认该图形处于选中状态，按【Shift + F11】快捷键，在弹出的对话框中选择【模型】选项卡，将颜色值设置为（C：80；M：0；Y：0；K：0），如图 10-2-8 所示。

09 设置完成后，单击【确定】按钮，用右键单击调色板上的【透明色】按钮，取消轮廓颜色，如图 10-2-9 所示。

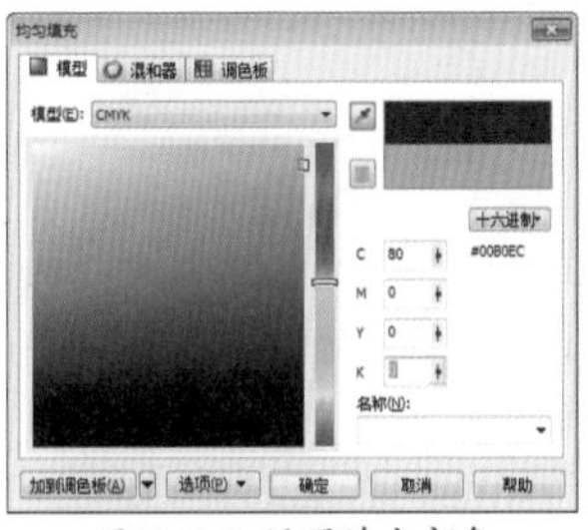

图10-2-8 设置填充颜色

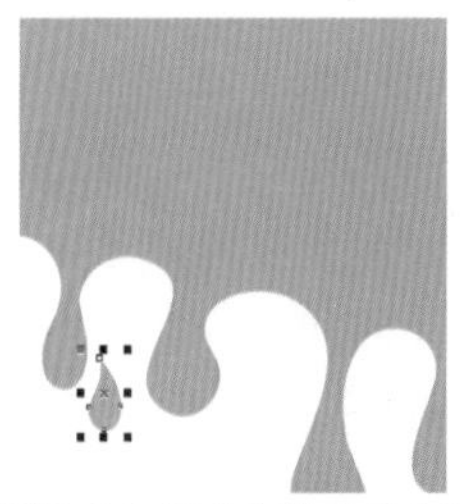

图10-2-9 填充颜色后的效果

10 继续选中该图形，将该图形进行复制，在绘图页中调整其位置及大小，然后在工具属性栏中单击【水平镜像】按钮，将选中的对象进行镜像，效果如图 10-2-10 所示。

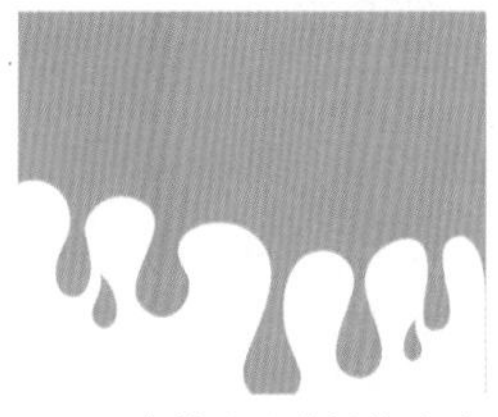

图10-2-10 复制图形并调整后的效果

11 在工具箱中单击【文本工具】，在绘图页中单击鼠标并输入文字，将输入的文字选中，在工具属性栏中将字体设置为【汉仪粗黑简】，将【字体大小】设置为 48pt，如图 10-2-11 所示。

12 确认该文字处于选中状态，在菜单栏中选择【排列】|【拆分美术字】命令，如图 10-2-12 所示。

13 拆分完成后，在绘图页中选择【y】，在调色板中单击白色色块，将选中的对象填充白色，并使用【选择工具】在绘图页中调整其位置，调整后的效果如图 10-2-13 所示。

图10-2-11 输入文字并设置字体及字号

图10-2-12 选择【拆分美术字】命令

图10-2-13 调整文字的位置

14 在绘图页中选择除字母【y】的其他字母，按【Shift + F11】快捷键，在弹出的对话框中选择【模型】选项卡，将颜色值设置为（C：80；M：0；Y：0；K：0），效果如图 10-2-14 所示。

15 设置完成后，单击【确定】按钮，即可为选中的对象填充颜色，在绘图页中调整其位置，调整后的效果如图 10-2-15 所示。

图10-2-14 设置填充颜色

图10-2-15 填充颜色并调整其位置

16 在工具箱中选择【矩形工具】，在绘图页中绘制一个宽度和高度分别为48.6 mm和1.8mm的矩形，并将其填充颜色设置为（C:80;M:0;Y:0;K：0），并取消轮廓线的显示，效果如图 10-2-16 所示。

图10-2-16 绘制矩形

17 使用上面的方法在绘图页中创建其他文字，效果如图 10-2-17 所示。

18 在工具箱中单击【星形工具】，在绘图页中绘制一个星形，如图 10-2-18 所示。

图10-2-17 输入其他文字后的效果

图10-2-18 绘制星形

19 确认该对象处于选中状态，在该对象上右击鼠标，在弹出的快捷菜单中选择【转换为曲线】命令，如图 10-2-19 所示。

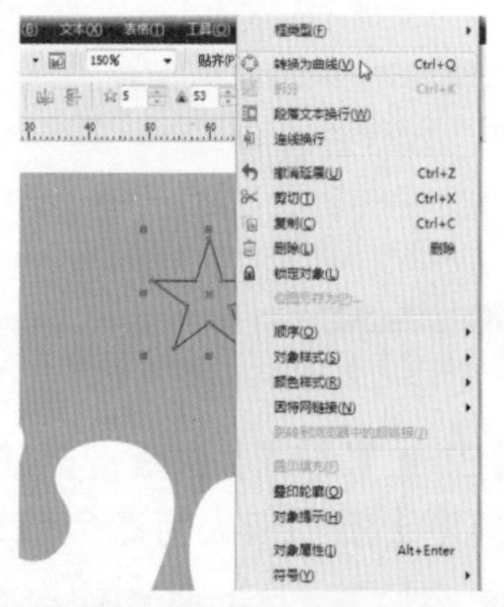

图10-2-19 选择【转换为曲线】命令

20 在工具箱中单击【形状工具】，在绘图页中对绘制的星形进行调整，调整后的效果如图 10-2-20 所示。

21 确认该对象处于选中状态，按【Shift + F11】快捷键，在弹出的对话框中选择【模型】选项卡，将颜色值设置为（C：0；M：70；Y：80；K：0），如图 10-2-21 所示。

图10-2-20 调整形状后的效果

图10-2-21 设置填充颜色

22 设置完成后，单击【确定】按钮，用右键单击调色板上的【透明色】按钮，取消轮廓颜色，如图 10-2-22 所示。

图10-2-22 填充颜色并取消轮廓线

23 使用同样的方法再在绘图页中绘制一个星形，对其进行调整，然后将其填充颜色设置为（C：0；M：50；Y：25；K：0），并取消轮廓色，效果如图 10-2-23 所示。

24 在工具箱中单击【椭圆形工具】，在绘图页中绘制一个圆形，如图 10-2-24 所示。

图10-2-23 绘制其他图形并设置颜色后的效果

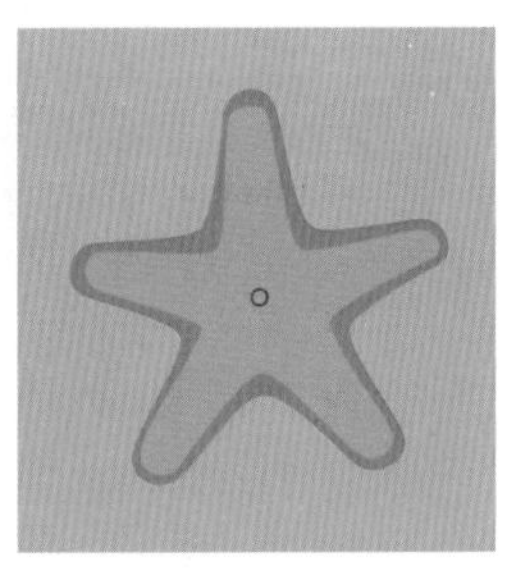
图10-2-24 绘制圆形

25 选中绘制的对象，按 Shift + F11 快捷键，在弹出的对话框中将颜色设置为（C：0；M：70；Y：80；K：0），如图 10-2-25 所示。

图10-2-25 设置填充颜色

26 单击【确定】按钮，用右键单击调色板上的【透明色】按钮，取消轮廓颜色，效果如图 10-2-26 所示。

27 在绘图页中使用同样的方法绘制其他圆形，为其填充颜色，并取消轮廓线，效果如图 10-2-27 所示。

28 在绘图页选中绘制的所有的海星对象，右击鼠标，在弹出的快捷菜单中选中【群组】命令，如图 10-2-28 所示。

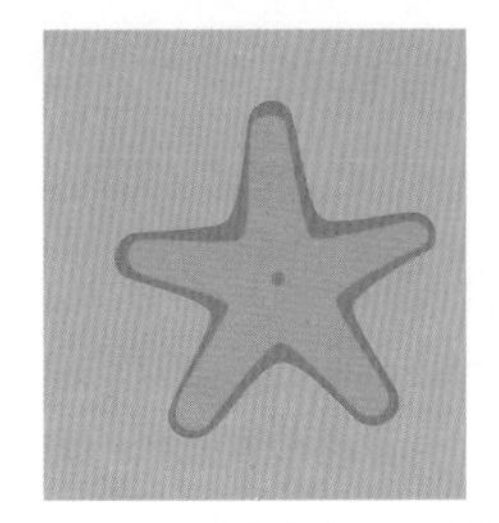
图10-2-26 填充颜色并取消轮廓后的效果

图10-2-27 绘制其他圆形后的效果

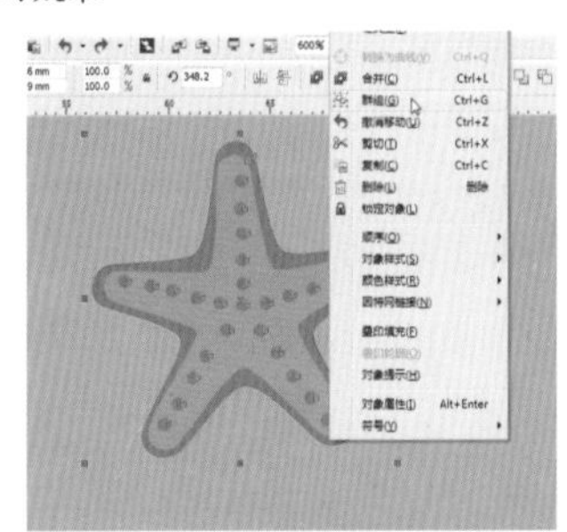
图10-2-28 选择【群组】命令

29 群组后，在绘图页中调整其位置和角度，调整完成后的效果如图 10-2-29 所示。

30 在工具箱中单击【钢笔工具】，在绘图页中绘制一个图 10-2-30 所示的图形。

图10-2-29 调整后的效果

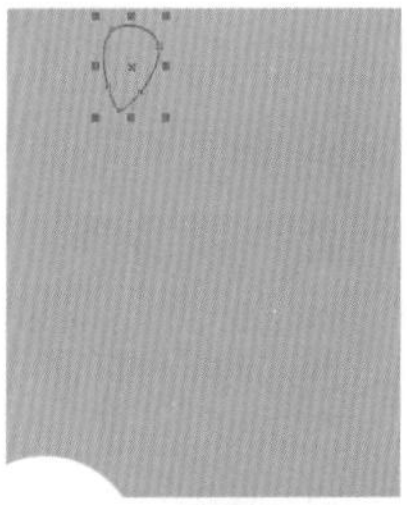

图10-2-30 设置填充颜色

31 在调色板中单击白色色块，用右键单击调色板上的【透明色】按钮☒，取消轮廓颜色，如图 10-2-31 所示。

32 将该图形进行复制，并对其进行旋转，在绘图页中调整其位置，如图 10-2-32 所示。

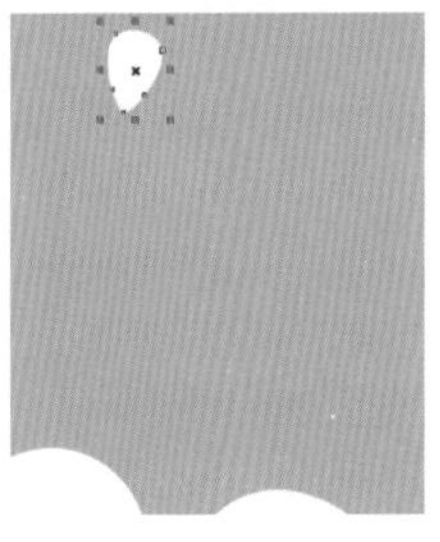
图10-2-31 设置轮廓笔

图10-2-32 复制图形并进行旋转

33 再在绘图页中对该图形进行复制，将复制后的图形的颜色值改为（C：0；M：0；Y：100；K：0），并调整其大小和位置，调整后的效果如图 10-2-33 所示。

34 在绘图页中选中绘制的花朵，右击鼠标，在弹出的快捷菜单中选择【群组】命令，对群组后的对象进行复制，并在绘图页中调整其位置，调整后的效果如图 10-2-34 所示。

35 在工具箱中单击【钢笔工具】，在绘图页中绘制一个图 10-2-35 所示的图形。

图10-2-33 复制图形并调整其颜色

图10-2-34 绘制图形并调整其位置

图10-2-35 绘制图形

36 确认该图形处于选中状态，按【Shift + F11】快捷键，在弹出的对话框中选择【模型】选项卡，将颜色值设置为（C：40；M：0；Y：0；K：5），如图 10-2-36 所示。

37 设置完成后，单击【确定】按钮，用右键单击调色板上的【透明色】按钮☒，取消轮廓颜色，效果如图 10-2-37 所示。

图10-2-36 设置填充颜色

图10-2-37 填充颜色并取消轮廓

38 在绘图页中再绘制 4 个花瓣，并将设置其颜色，效果如图 10-2-38 所示。

图10-2-38 绘制其他花瓣

39 在工具箱中单击【钢笔工具】，在绘图页中绘制一个图 10-2-39 所示的图形。

40 按【Shift + F11】快捷键，在弹出的对话框中将颜色值设置为（C：40；M：0；Y：0；K：5），单击【确定】按钮，并取消轮廓，如图 10-2-40 所示。

图10-2-39 绘制图形

图10-2-40 填充颜色并取消轮廓后的效果

41 在工具箱中单击【椭圆形工具】，在绘图页中绘制 5 个大小不同的圆形，如图 10-2-41 所示。

图10-2-41 绘制圆形

42 确认绘制的圆形处于选中状态，为其填充与花瓣相同的颜色，并取消其轮廓线，效果如图 10-2-42 所示。

43 将新绘制的花朵的所有对象都选中，右击鼠标，在弹出的快捷菜单中选择【群组】命令，如图 10-2-43 所示。

图10-2-42 填充颜色后的效果

图10-2-43 选择群组命令

44 使用同样的方法绘制其他图形，并对绘制完成后的图形进行调整，效果如图 10-2-44 所示。

图10-2-44 绘制其他图形后的效果

10.3 绘制风景插画

本案例的最终效果如下图所示。

技能分析

制作本例的主要目的是使读者了解并掌握如何在 CorelDRAW X6 软件中绘制风景插画，首先使用【矩形工具】绘制插画的背景，再使用【钢笔工具】绘制图形，使用【均匀填充工具】和【渐变填充工具】为所绘制的图形填充颜色，从而完成最终效果。

制作步骤

01 按【Ctrl + N】快捷键，打开【创建新文档】对话框，设置【名称】为风景插画，【宽度】为 262mm，【高度】为 302mm，如图 10-3-1 所示，单击【确定】按钮。

02 在工具箱中单击【矩形工具】，在绘图页的底部绘制一个宽、高分别为 262、120 的矩形，如图 10-3-2 所示。

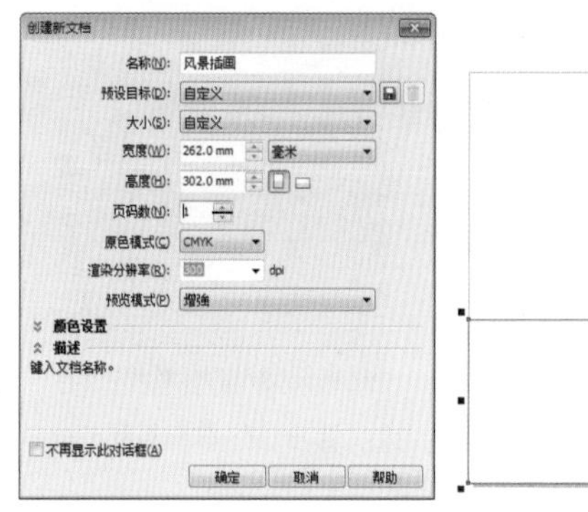

图10-3-1 设置【新建】参数

图10-3-2 绘制矩形

03 按【F11】键，打开【渐变填充】对话框，设置【类型】为辐射，在【中心位移】选项组中将【水平】和【垂直】分别设置为 -6、68，在【选项】选项组中将【边界】设置为 2，单击【自定义】单选框，分别设置如下。

位置：0　颜色（C：99；M：100；Y：50；K：9）；

位置：21　颜色（C：84；M：56；Y：13；K：0）；

位置：60　颜色（C：70；M：4；Y：19；K：0）；

位置：100　颜色（C：35；M：9；Y：7；K：0）。

如图 10-3-3 所示，单击【确定】按钮。

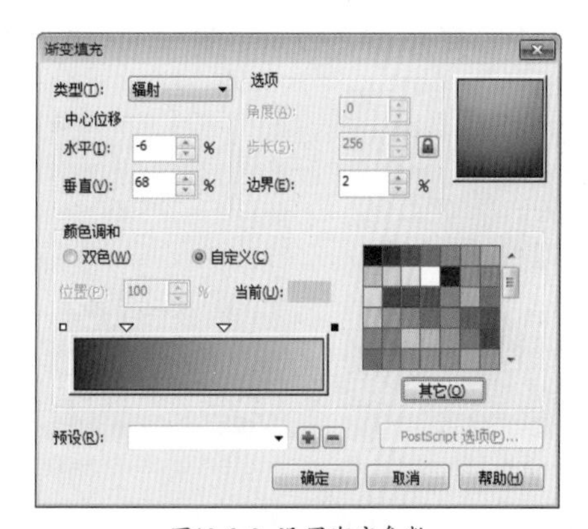

图10-3-3 设置渐变参数

04 填充渐变色后，用右键单击调色板上的【透明色】按钮，取消轮廓颜色，效果如图 10-3-4 所示。

05 在工具箱中单击【椭圆形工具】，在绘图页中绘制一个宽度和高度都为 11 的圆形，如图 10-3-5 所示。

06 按【Shift + F11】快捷键，打开【均匀填充】对话框，设置颜色为（C：8；M：0；Y：0；K：0），如图 10-3-6 所示，单击【确定】按钮。

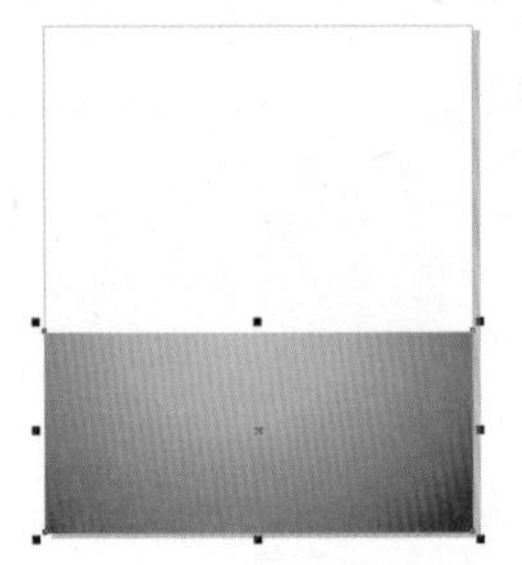
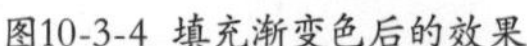

图10-3-4 填充渐变色后的效果

图10-3-5 绘制圆形

图10-3-6 设置填充颜色

07 填充颜色后，用右键单击调色板上的【透明色】按钮☒，取消轮廓颜色，效果如图 10–3–7 所示。

08 在工具箱中单击【透明度工具】，在工具属性栏中将【透明度类型】设置为【标准】，将【开始透明度】设置为 45，效果如图 10–3–8 所示。

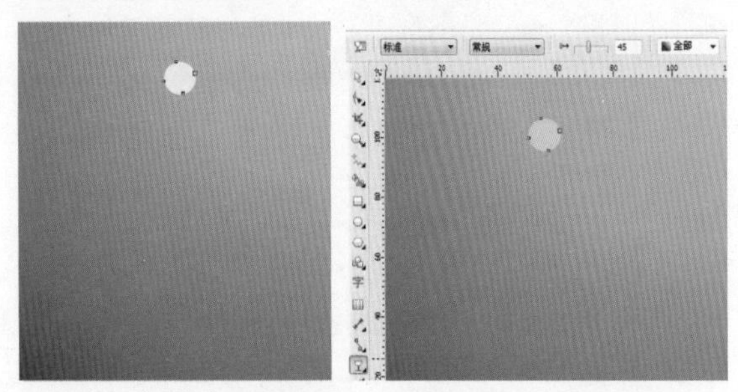

图10-3-7 填充颜色后的效果　　图10-3-8 添加透明效果

09 在工具箱中单击【椭圆形工具】，在绘图页中绘制一个宽度和高度都为 11 的圆形，如图 10–3–9 所示。

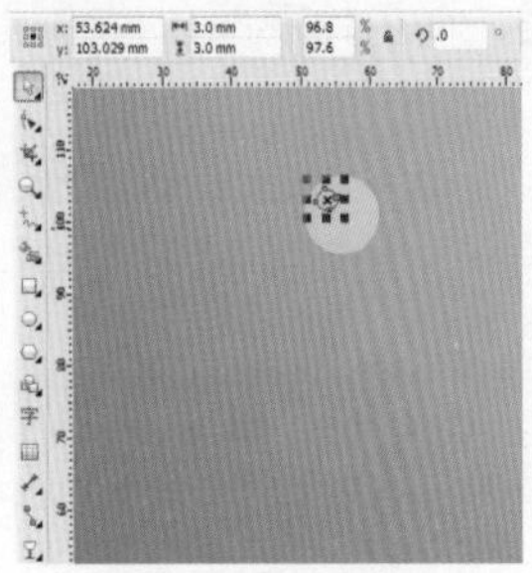

图10-3-9 绘制圆形

10 确认该图形处于选中状态，在调色板中单击白色色块，用右键单击调色板上的【透明色】按钮☒，取消轮廓颜色，效果如图 10–3–10 所示。

11 在工具箱中单击【透明度工具】，在工具属性栏中将【透明度类型】设置为【标准】，将【开始透明度】设置为 45，效果如图 10–3–11 所示。

图10-3-10 填充颜色后的效果　　图10-3-11 添加透明度后的效果

12 将添加透明度后的小圆形进行复制，在绘图页中调整其大小，调整后的效果如图 10–3–12 所示。

13 在绘图页中选择绘制的 3 个圆形，右击鼠标，在弹出的快捷菜单中选择【群组】命令，如图 10–3–13 所示。

图10-3-12 复制圆形

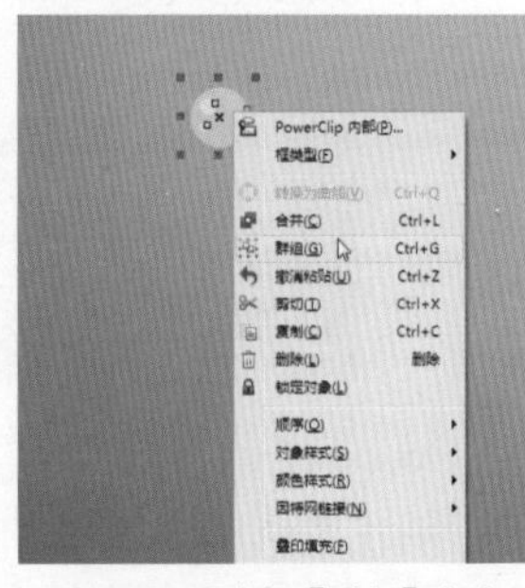

图10-3-13 选择【群组】命令

14 将选中的对象成组后，在绘图页中对其进行复制，并调整复制后的对象的大小，效果如图 10–3–14 所示。

15 在工具箱中单击【钢笔工具】，在绘图页中绘制 10–3–15 所示的图形。

16 按【F11】键，打开【渐变填充】对话框，设置【类型】为线性，在【选项】选项组中将【角度】和【边界】分别设置为 89.1、9，单击【自定义】单选框，分别设置如下。

位置：0　颜色（C：40；M：1；Y：10；K：0）；

位置：10　颜色（C：40；M：1；Y：10；K：0）；

位置：85 颜色（C：55；M：6；Y：7；K：0）；

位置：100 颜色（C：71；M：12；Y：4；K：0）。

如图 10-3-16 所示。

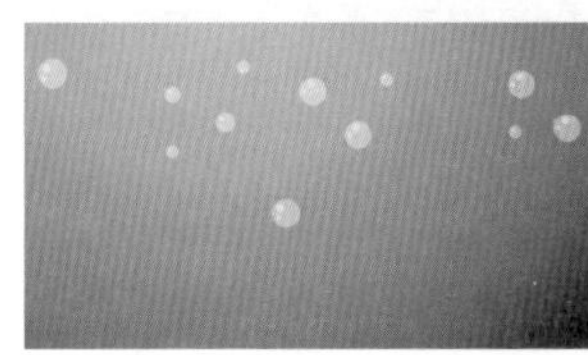

图10-3-14 复制后的效果

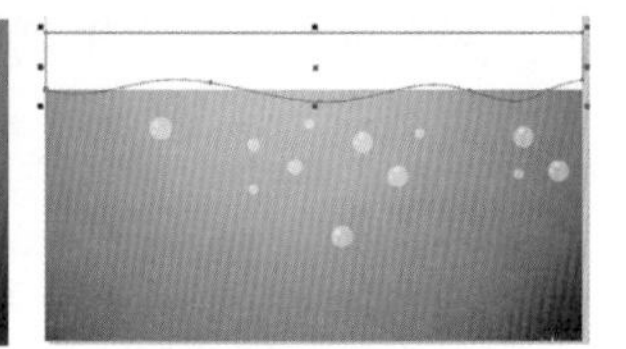

图10-3-15 绘制图形

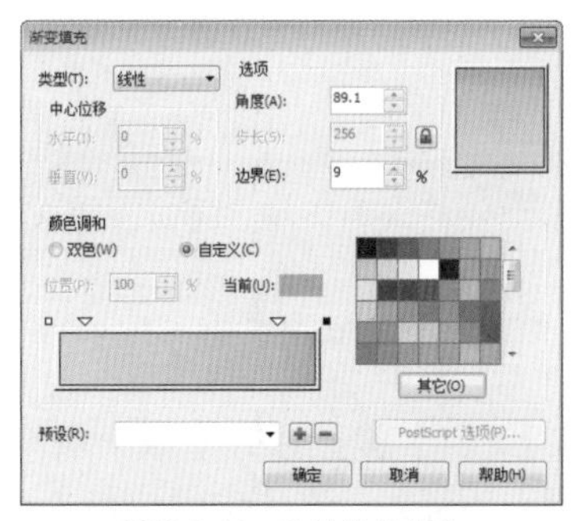

图10-3-16 设置渐变颜色

17 单击【确定】按钮，填充渐变颜色后，用右键单击调色板上的【透明色】按钮☒，取消轮廓颜色，效果如图 10-3-17 所示。

18 在工具箱中单击【钢笔工具】，在绘图页中绘制一个图 10-3-18 所示的图形。

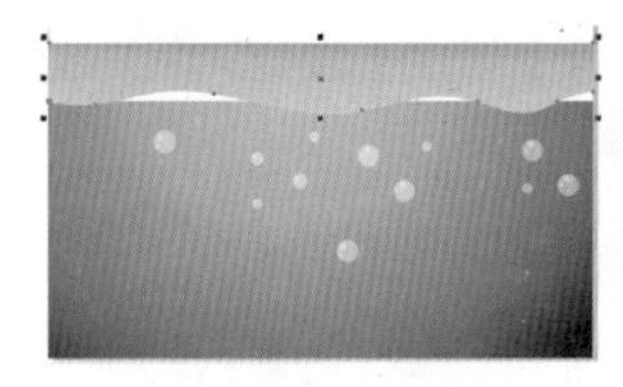

图10-3-17 填充渐变颜色后的效果

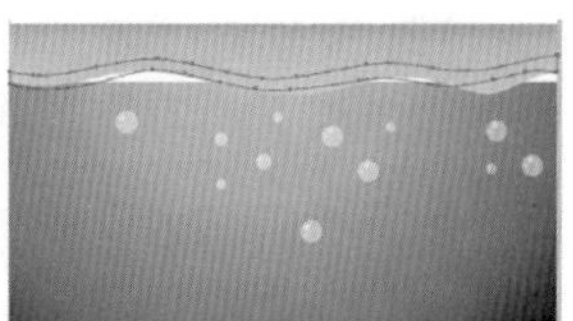

图10-3-18 绘制图形

19 按【F11】键，打开【渐变填充】对话框，设置【类型】为辐射，在【中心位移】选项组中将【水平】和【垂直】分别设置为 0、-1，在【选项】选项组中将【边界】设置为 0，单击【自定义】单选项，分别设置如下。

位置：0 颜色（C：73；M：17；Y：18；K：0）；

位置：20 颜色（C：70；M：4；Y：19；K：0）；

位置：94 颜色（C：32；M：2；Y：9；K：0）；

位置：100 颜色（C：32；M：2；Y：9；K：0）。

如图 10-3-19 所示。

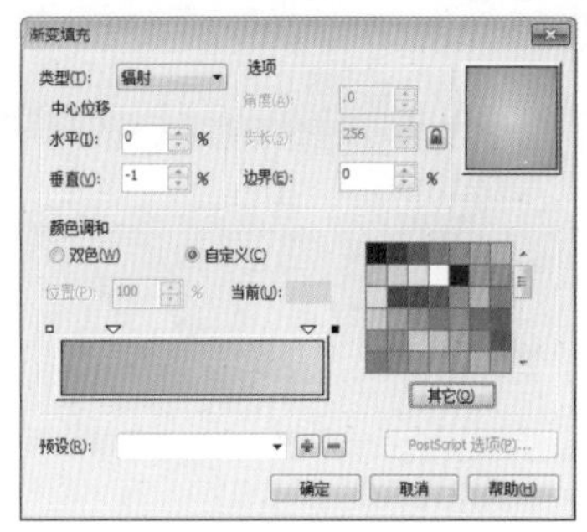

图10-3-19 设置渐变颜色

20 单击【确定】按钮，填充渐变颜色后，用右键单击调色板上的【透明色】按钮☒，取消轮廓颜色，效果如图 10-3-20 所示。

21 在工具箱中单击【透明度工具】，在工具属性栏中将【透明度类型】设置为【标准】，将【开始透明度】设置为 65，如图 10-3-21 所示。

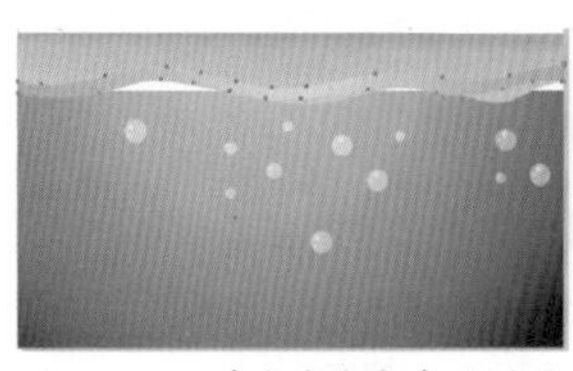

图10-3-20 填充渐变颜色后的效果

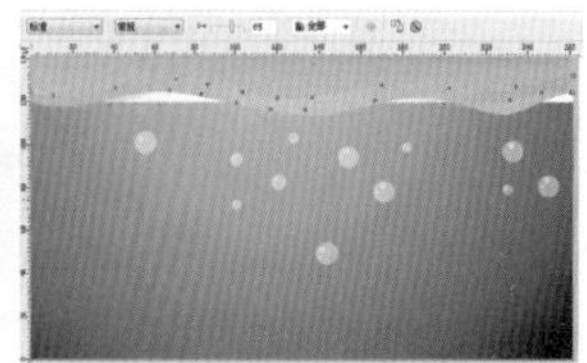

图10-3-21 添加透明度效果

22 在工具箱中单击【钢笔工具】，在绘图页中绘制一个图 10-3-22 所示的图形。

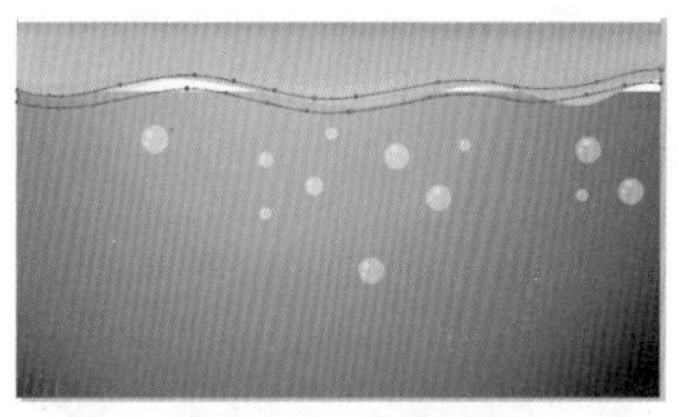

图10-3-22 绘制图形

23 按【F11】键，打开【渐变填充】对话框，设置【类型】为辐射，在【中心位移】选项组中将【水平】和【垂直】分别设置为 3、-36，在【选项】选项组中将【边界】设置为 0，单击【自定义】单选项，分别设置如下。

位置：0 颜色（C：82；M：51；Y：13；K：0）；

位置：53 颜色（C：70；M：4；Y：19；K：0）；

位置：96 颜色（C：32；M：2；Y：9；K：0）；

位置：100 颜色（C：32；M：2；Y：9；K：0）。

如图 10-3-23 所示。

24 单击【确定】按钮，填充渐变颜色后，用右键单击调色板上的【透明色】按钮☒，取消轮廓颜色，效果如图 10-3-24 所示。

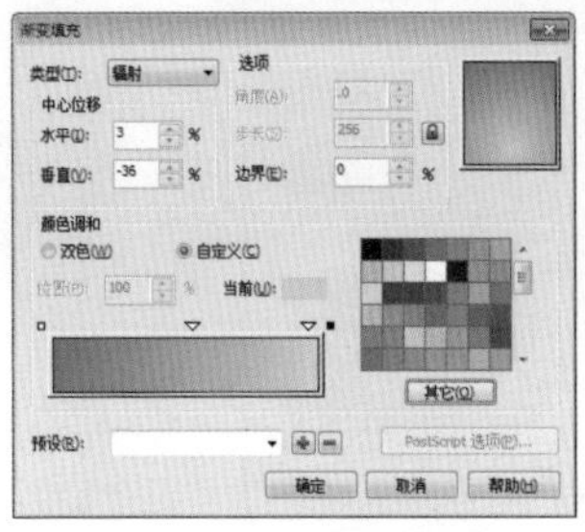
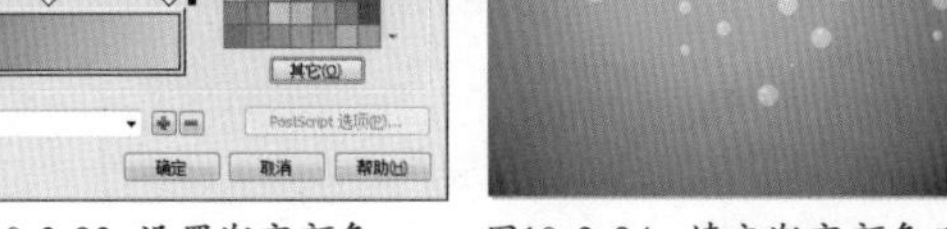

图10-3-23 设置渐变颜色　　图10-3-24 填充渐变颜色后的效果

25 在工具箱中单击【透明度工具】，在工具属性栏中将【透明度类型】设置为【标准】，将【开始透明度】设置为 49，如图 10-3-25 所示。

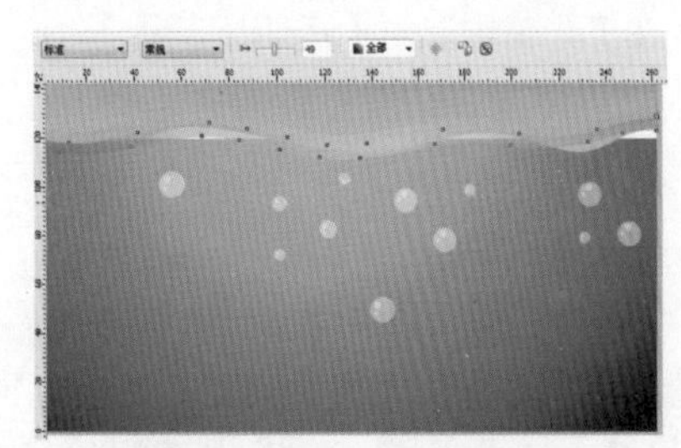

图10-3-25 添加透明度后的效果

26 使用同样的方法在绘图页中绘制其他水波纹，绘制完成后，在绘图页中调整其位置，调整后的效果如图 10-3-26 所示。

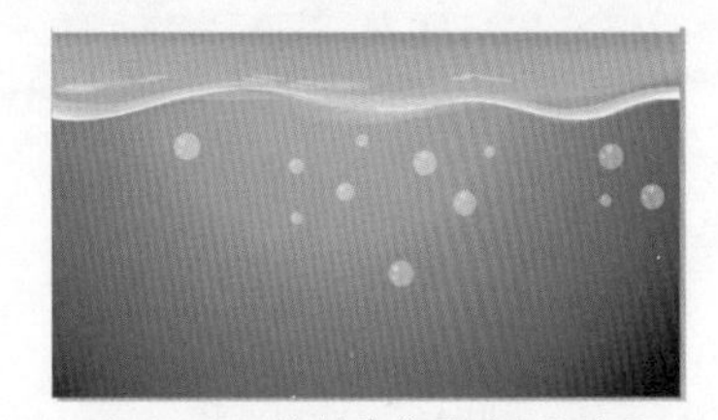

图10-3-26 绘制其他图形后的效果

27 在工具箱中单击【矩形工具】，在绘图页中绘制一个宽度和高度分别为 262、161 的矩形，效果如图 10-3-27 所示。

28 在工具箱中单击【网格填充】，在工具属性栏中将填充网格的行数与列数都设置为 10，效果如图 10-3-28 所示。

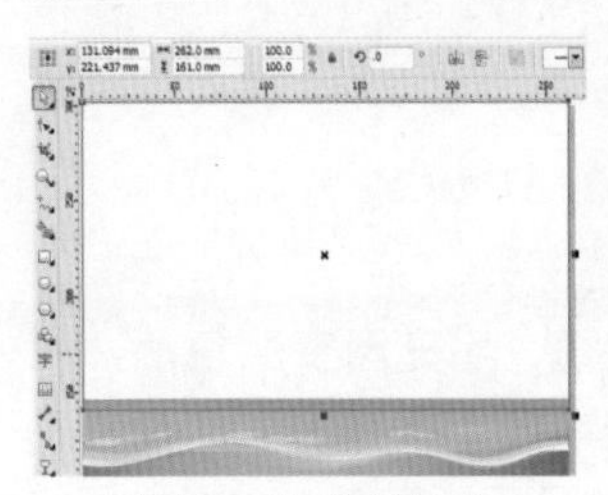
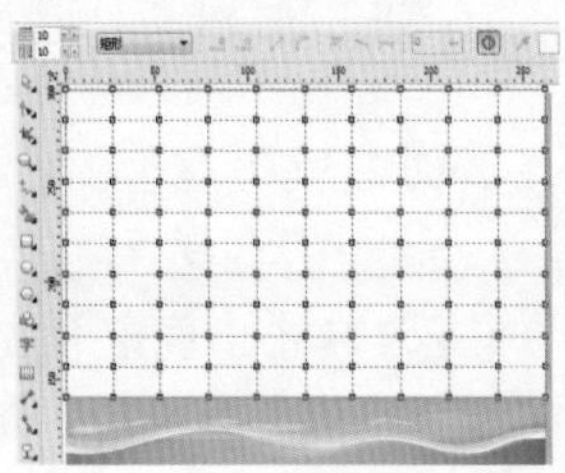
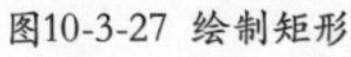

图10-3-27 绘制矩形　　图10-3-28 设置网格填充参数

29 在绘图页中选择网格填充中的节点，并在【均匀填充】对话框中设置其颜色值，设置完成后，取消其轮廓颜色，效果如图 10-3-29 所示。

30 在工具箱中单击【钢笔工具】，在绘图页中绘制一个图 10-3-30 所示的图形。

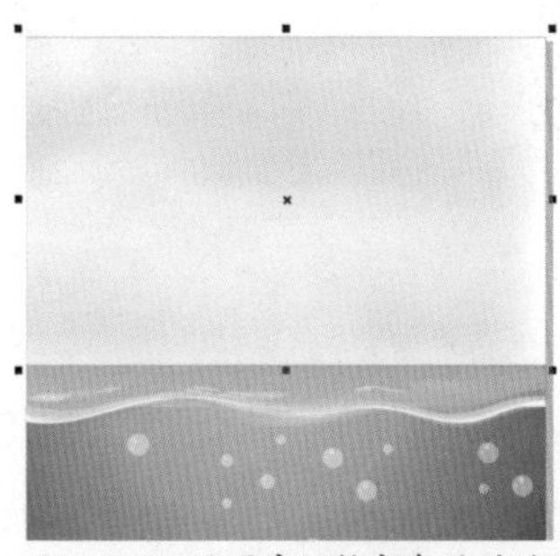

图10-3-29 设置完网格颜色后的效果　　图10-3-30 绘制图形

31 按【F11】键，打开【渐变填充】对话框，设置【类型】为辐射，在【中心位移】选项组中将【水平】和【垂直】分别设置为 57、16，在【选项】选项组中将【边界】设置为 5，将【中点】设置为 74，单击【双色】单选项，将【从】的颜色设置为（C：84；M：56；Y：13；K：0）；将【到】的颜色设置为（C：70；M：4；Y：19；K：0）；如图 10-3-31 所示。

32 设置完成后，单击【确定】按钮，用右键单击调色板上的【透明色】按钮☒，取消轮廓颜色，效果如图 10-3-32 所示。

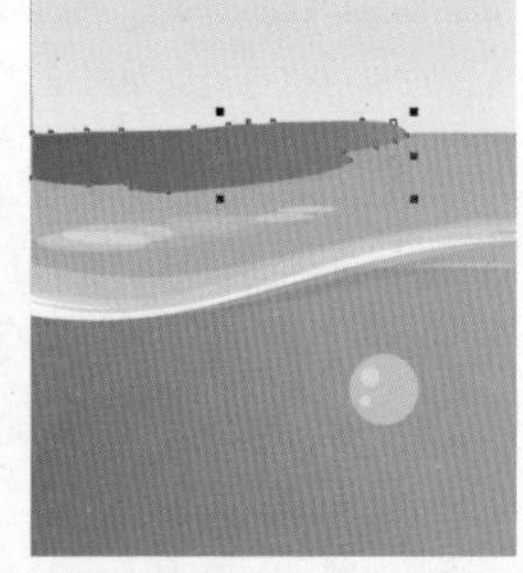

图10-3-31 设置渐变色　　图10-3-32 填充渐变色后的效果

33 在工具箱中单击【透明度工具】，在工具属性栏中将【透明度类型】设置为【标准】，将【透明度操作】设置为【乘】，将【开始透明度】设置为 68，效果如图 10-3-33 所示。

34 在工具箱中单击【钢笔工具】，在绘图页中绘制一个图 10-3-34 所示的图形。

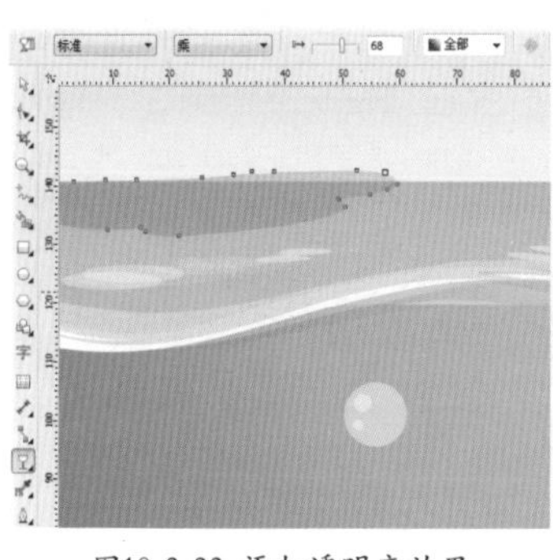

图10-3-33 添加透明度效果　　图10-3-34 绘制图形

35 按【Shift + F11】快捷键，打开【均匀填充】对话框，设置颜色为（C：56；M：5；Y：6；K：0），如图 10-3-35 所示。

36 设置完成后，单击【确定】按钮，用右键单击调色板上的【透明色】按钮☒，取消轮廓颜色，效果如图 10-3-36 所示。

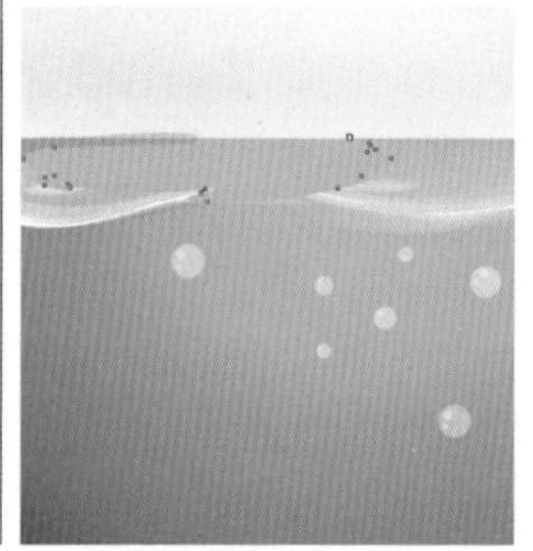

图10-3-35 设置填充颜色　　图10-3-36 填充颜色后的效果

37 在工具箱中单击【透明度工具】，在工具属性栏中将【透明度类型】设置为【标准】，将【透明度操作】设置为【乘】，将【开始透明度】设置为 48，效果如图 10-3-37 所示。

38 单击工具箱中的【钢笔工具】，在绘图页中绘制一个图 10-3-38 所示的图形。

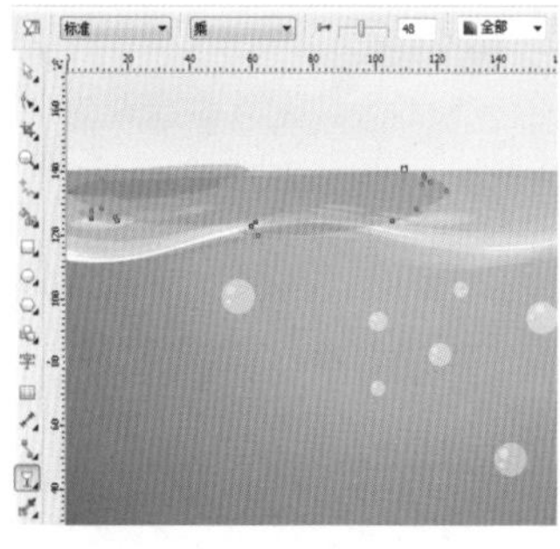

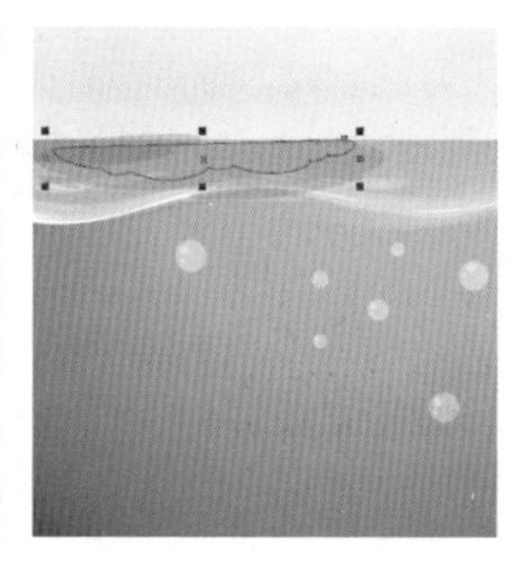

图10-3-37 添加透明度效果　　图10-3-38 绘制图形

39 确认该图形处于选中状态，按【Shift + F11】快捷键，在弹出的对话框中选择【模型】选项卡，将颜色值设置为（C：71；M：12；Y：5；K：0），如图 10-3-39 所示。

40 设置完成后，单击【确定】按钮，用右键单击调色板上的【透明色】按钮☒，取消轮廓颜色，效果如图 10-3-40 所示。

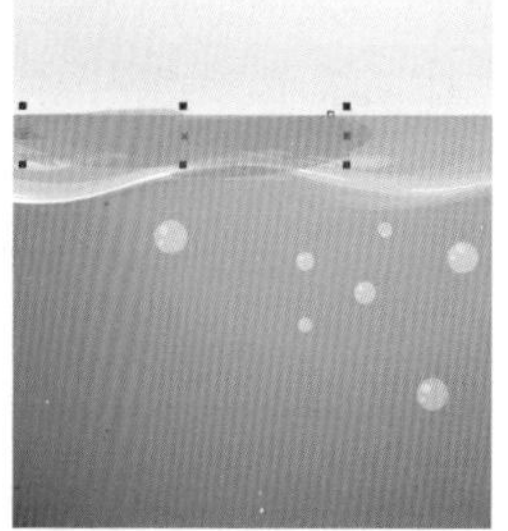

图10-3-39 设置填充颜色　　图10-3-40 填充颜色后的效果

41 单击工具箱中的【钢笔工具】，在绘图页中绘制 3 个图 10-3-41 所示的图形。

42 确认绘制的 3 个图形处于选中状态，按【Shift + F11】快捷键，在弹出的对话框中选择【模型】选项卡，将颜色值设置为（C：31；M：1；Y：13；K：0），如图 10-3-42 所示。

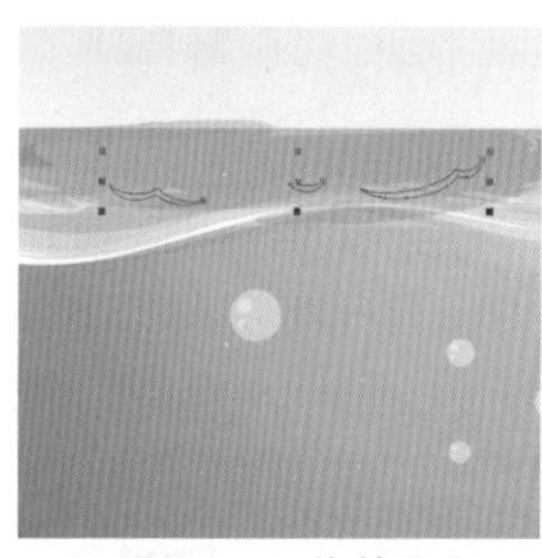

图10-3-40 绘制图形　　图10-3-42 设置填充颜色

43 设置完成后，单击【确定】按钮，用右键单击调色板上的【透明色】按钮☒，取消轮廓颜色，效果如图 10-3-43 所示。

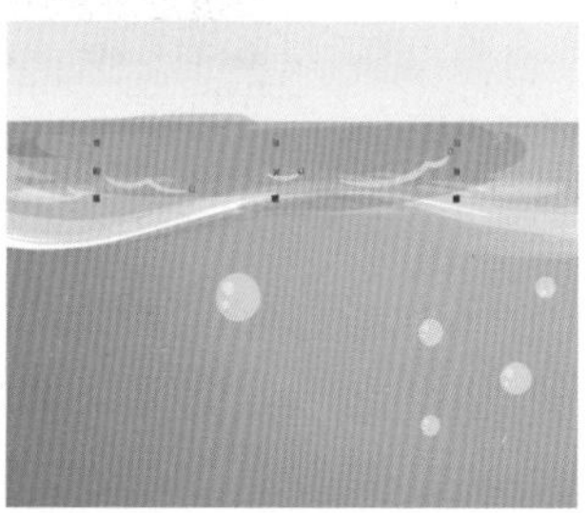

图10-3-43 填充颜色后的效果

44 在工具箱中单击【钢笔工具】，在绘图页中绘制图 10-3-44 所示的图形。

45 确认该图形处于选中状态，按【Shift + F11】快捷键，在弹出的对话框中选择【模型】

选项卡，将颜色值设置为（C：29；M：63；Y：81；K：0），如图 10-3-45 所示。

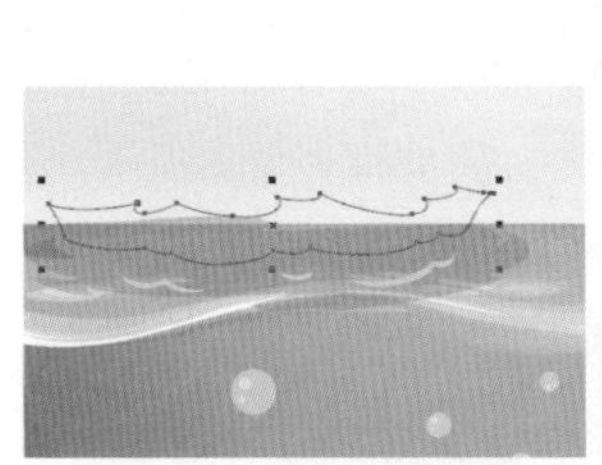
图10-3-44 绘制图形

图10-3-45 设置填充颜色

46 设置完成后，单击【确定】按钮，用右键单击调色板上的【透明色】按钮☒，取消轮廓颜色，效果如图 10-3-46 所示。

图10-3-46 填充颜色后的效果

47 在工具箱中单击【钢笔工具】，在绘图页中绘制一个图 10-3-47 所示的图形。

48 确认该对象处于选中状态，按【Shift + F11】快捷键，在弹出的对话框中选择【模型】选项卡，将颜色值设置为（C：54；M：75；Y：100；K：26），如图 10-3-48 所示。

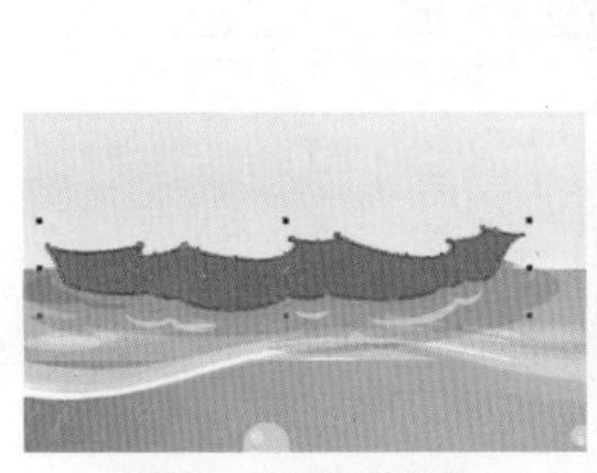
图10-3-47 绘制形状

图10-3-48 设置填充颜色

49 设置完成后，单击【确定】按钮，用右键单击调色板上的【透明色】按钮☒，取消轮廓颜色，如图 10-3-49 所示。

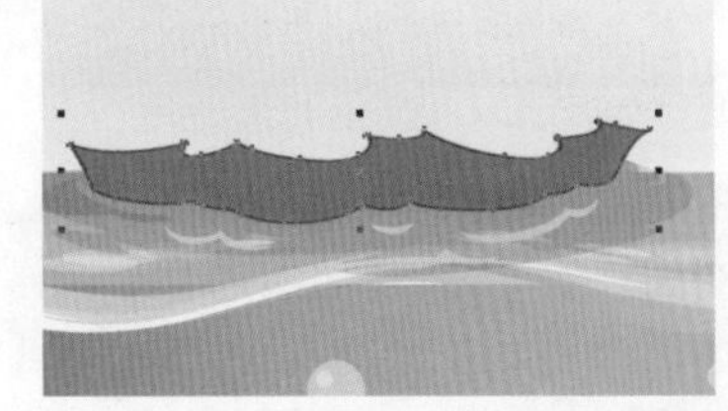
图10-3-49 填充颜色并取消轮廓色后的效果

50 在工具箱中单击【钢笔工具】，在绘图页中绘制一个图 10-3-50 所示的图形。

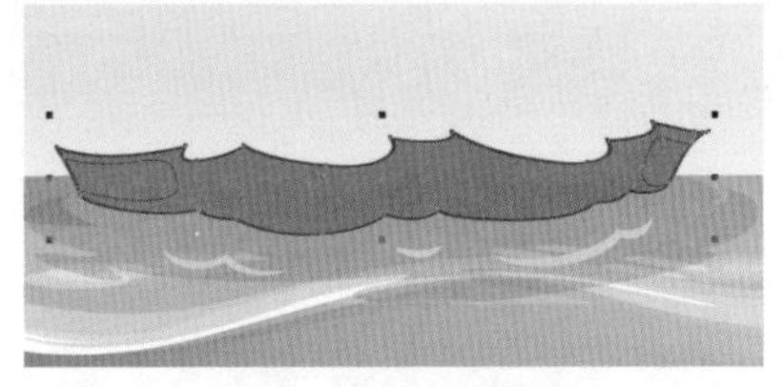
图10-3-50 绘制图形

51 绘制完成后，再在绘图页中绘制 5 个图 10-3-51 所示的图形。

52 选中上两步中所绘制的形状，在菜单栏中选择【排列】|【合并】命令，如图 10-3-52 所示。

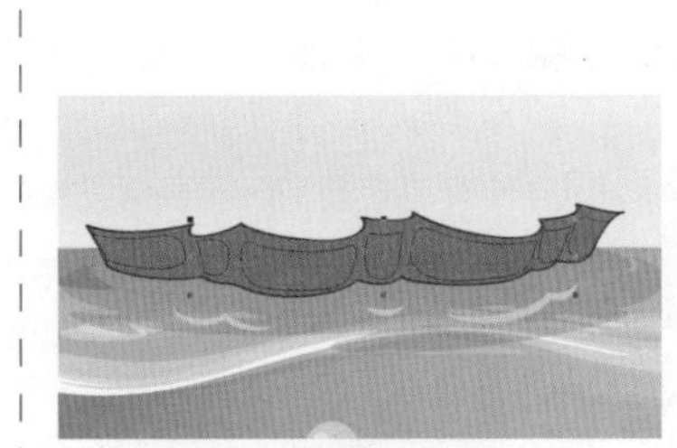
图10-3-51 绘制其他图形

图10-3-52 选择【合并】命令

53 合并完成后，按【Shift + F11】快捷键，在弹出的对话框中选择【模型】选项卡，将颜色值设置为（C：29；M：63；Y：81；K：0），如图 10-3-53 所示。

54 设置完成后，单击【确定】按钮，用右键单击调色板上的【透明色】按钮☒，取消轮廓颜色，效果如图 10-3-54 所示。

图10-3-53 设置填充颜色

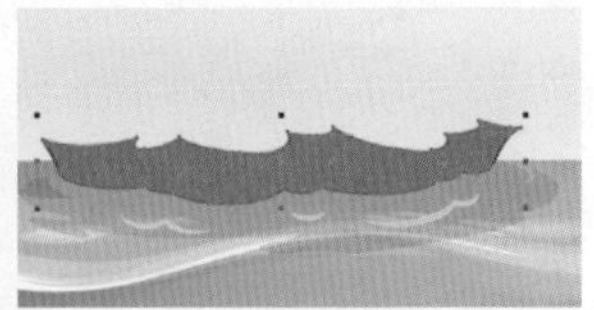
图10-3-54 更改颜色后的效果

55 在工具箱中单击【透明度工具】，在工具属性栏中将【透明度类型】设置为【标准】，将【开始透明度】设置为 54，如图 10-3-55 所示。

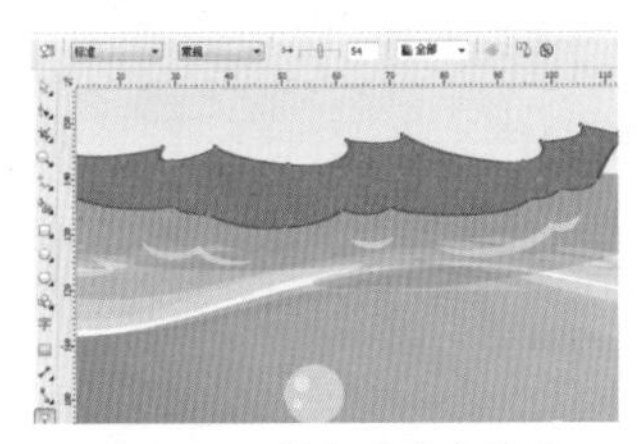

图10-3-55 添加透明度效果

56 在工具箱中单击【钢笔工具】，在绘图页中绘制一个图 10-3-56 所示的图形。

57 按【Shift + F11】快捷键，在弹出的对话框中选择【模型】选项卡，将颜色值设置为（C：19；M：57；Y：78；K：0），如图 10-3-57 所示。

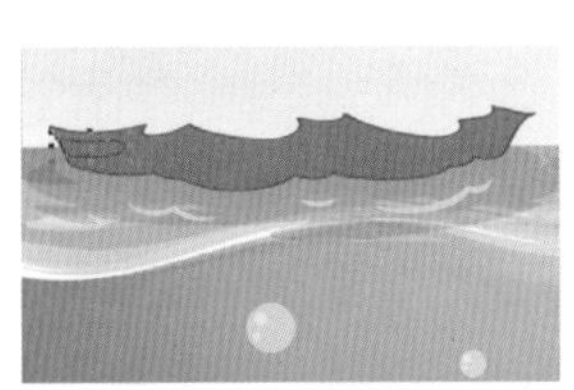

图10-3-56 绘制图形

图10-3-57 设置填充颜色

58 设置完成后，单击【确定】按钮，用右键单击调色板上的【透明色】按钮☒，取消轮廓颜色，如图 10-3-58 所示。

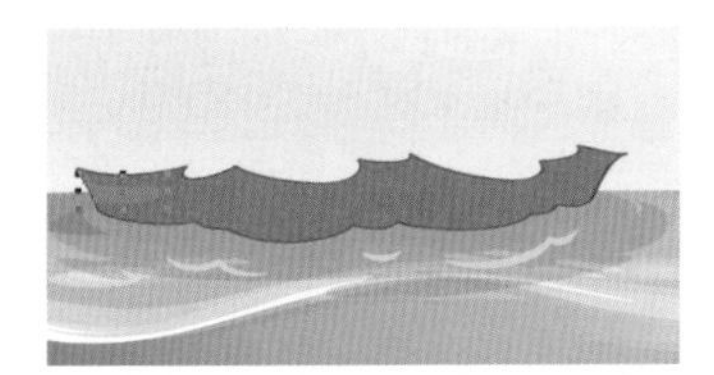

图10-3-58 填充颜色后的效果

59 填充完成后，使用同样的方法绘制其他图形，并填充与其相同的颜色，效果如图 10-3-59 所示。

60 在工具箱中单击【钢笔工具】，在绘图页中绘制一个图 10-3-60 所示的图形。

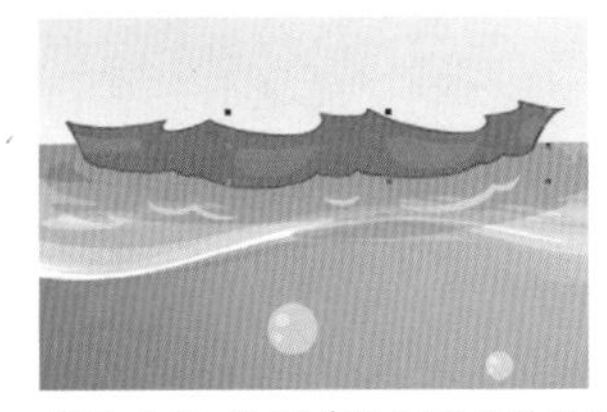

图10-3-59 绘制其他图形后的效果

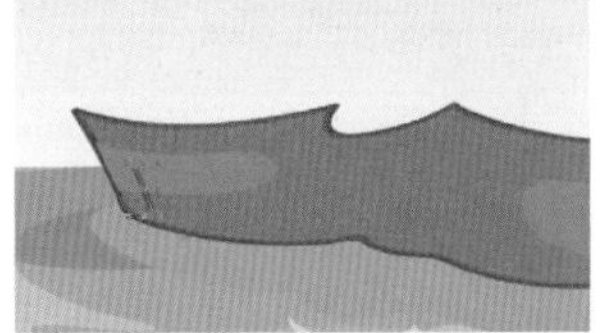

图10-3-60 绘制图形

61 按【Shift + F11】快捷键，在弹出的对话框中选择【模型】选项卡，将颜色值设置为（C：54；M：75；Y：100；K：26），如图 10-3-61 所示。

图10-3-61 设置填充颜色

62 设置完成后，单击【确定】按钮，用右键单击调色板上的【透明色】按钮☒，取消轮廓颜色，如图 10-3-62 所示。

63 在绘图页中对绘制的图形进行复制，并进行调整，效果如图 10-3-63 所示。

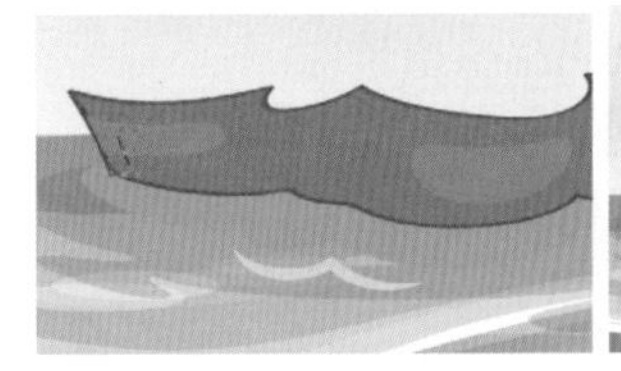

图10-3-62 填充颜色后的效果

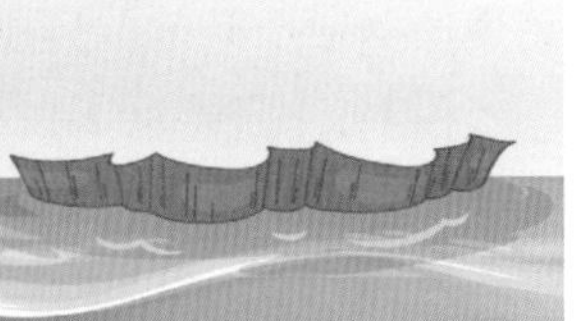

图10-3-63 复制图形后的效果

64 在工具箱中单击【钢笔工具】，在绘图页中绘制图 10-3-64 所示的图形。

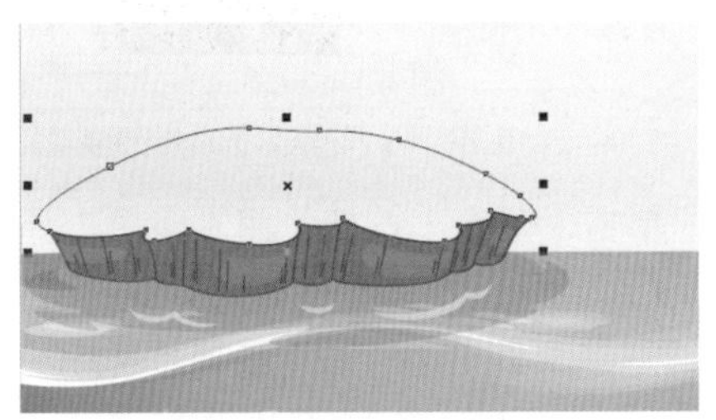

图10-3-64 绘制图形

65 按【Shift + F11】快捷键，打开【均匀填充】对话框，设置颜色为（C：41；M：5；Y：84；K：0），如图 10-3-65 所示。

66 设置完成后，单击【确定】按钮，按【F12】键，在弹出的对话框中将【颜色】设置为（C：73；M：31；Y：98；K：0），将【宽度】设置为 1.0pt，在【角】选项组中单击【圆角】单选项，如图 10-3-66 所示。

67 设置完成后，单击【确定】按钮，填充颜色并添加轮廓后的效果如图 10-3-67 所示。

图10-3-65 设置填充颜色

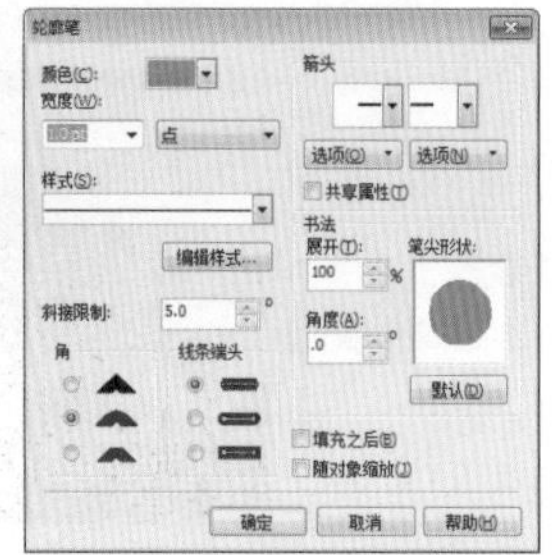
图10-3-66 设置轮廓笔

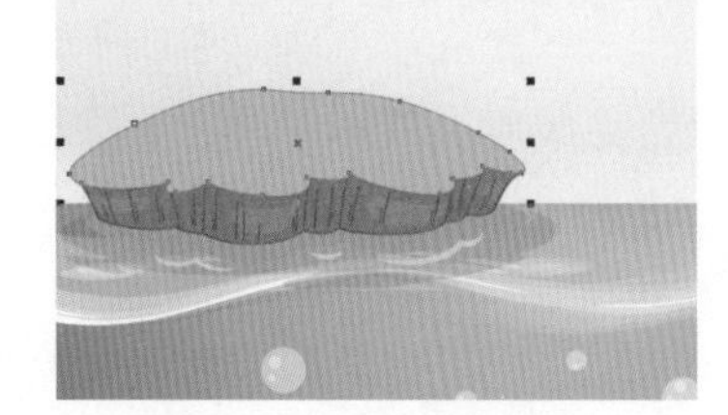
图10-3-67 添加阴影效果

68 在工具箱中单击【钢笔工具】，在绘图页中绘制一个图 10–3–68 所示的图形。

69 按【Shift + F11】快捷键，打开【均匀填充】对话框，设置颜色为（C：41；M：5；Y：84；K：0），如图 10–3–69 所示。

图10-3-68 绘制图形

图10-3-69 设置填充参数

70 单击【确定】按钮，用右键单击调色板上的【透明色】按钮☒，取消轮廓颜色，在工具箱中单击【透明度工具】，在工具属性栏中将【透明度类型】设置为【标准】，将【开始透明度】设置为 46，效果如图 10–3–70 所示。

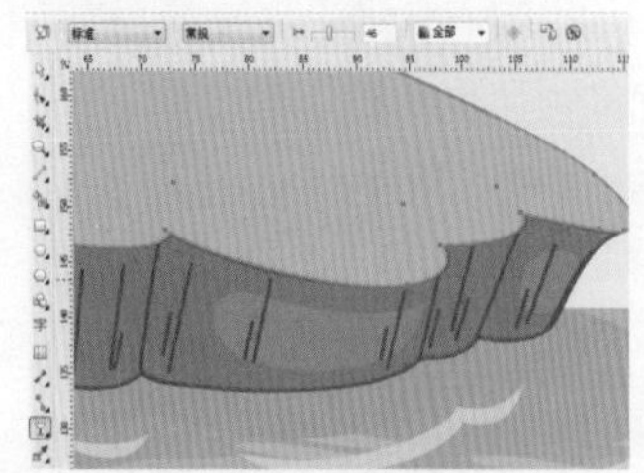
图10-3-70 添加透明度后的效果

71 在工具箱中选择【钢笔工具】，在绘图页中绘制一个图 10–3–71 所示的图形。

72 按【Shift + F11】快捷键，打开【均匀填充】对话框，设置颜色为（C：30；M：6；Y：85；K：0），如图 10–3–72 所示。

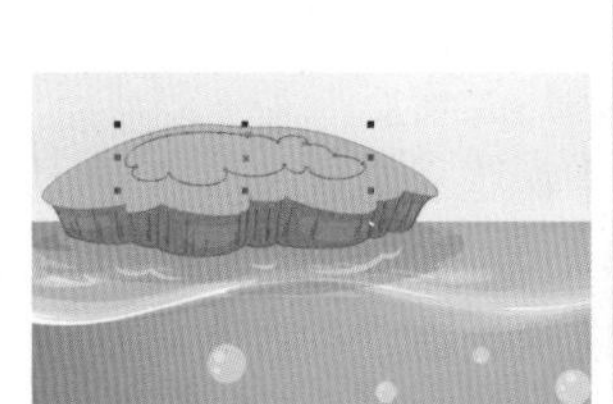
图10-3-71 绘制图形

图10-3-72 设置填充颜色

73 设置完成后，单击【确定】按钮，用右键单击调色板上的【透明色】按钮☒，取消轮廓颜色，效果如图 10–3–73 所示。

图10-3-73 填充颜色并取消轮廓后的效果

74 在工具箱单击【钢笔工具】，在绘图页中绘制一个图 10–3–74 所示的图形。

75 按【Shift + F11】快捷键，打开【均匀填充】对话框，设置颜色为（C：20；M：7；Y：85；K：0），如图 10–3–75 所示。

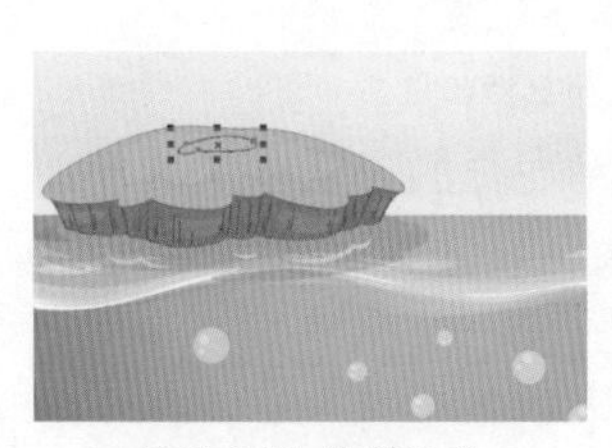
图10-3-74 绘制图形

图10-3-75 设置填充颜色

76 设置完成后，单击【确定】按钮，用右键单击调色板上的【透明色】按钮☒，取消轮廓颜色，效果如图 10–3–76 所示。

图10-3-76 填充颜色后的效果

77 在工具箱中单击【椭圆形工具】，在绘图页中绘制一个椭圆形，如图 10–3–77 所示。

78 按【Shift + F11】快捷键，打开【均匀填充】对话框，设置颜色为（C：12；M：2；Y：80；K：0），如图 10–3–78 所示。

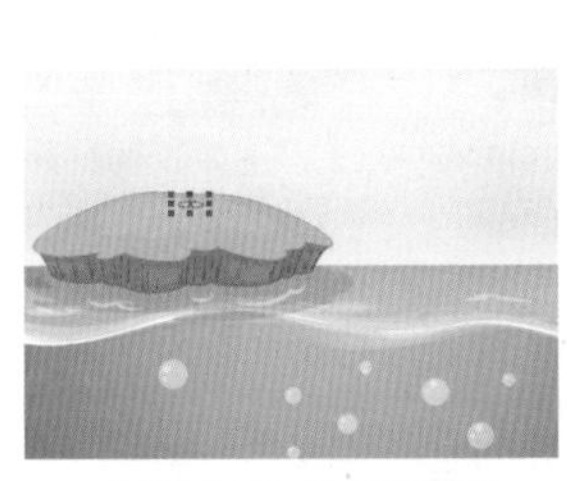
图10-3-77 绘制椭圆形

图10-3-78 设置填充颜色

79 设置完成后，单击【确定】按钮，用右键单击调色板上的【透明色】按钮☒，取消轮廓颜色，效果如图 10–3–79 所示。

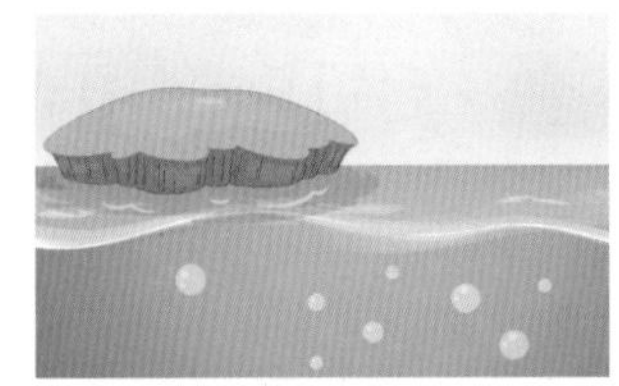
图10-3-79 填充颜色后的效果

80 使用同样的方法在小岛上绘制其他图形，效果如图 10–3–80 所示。

81 在工具箱中单击【钢笔工具】，在绘图页中绘制一个图 10–3–81 所示的图形。

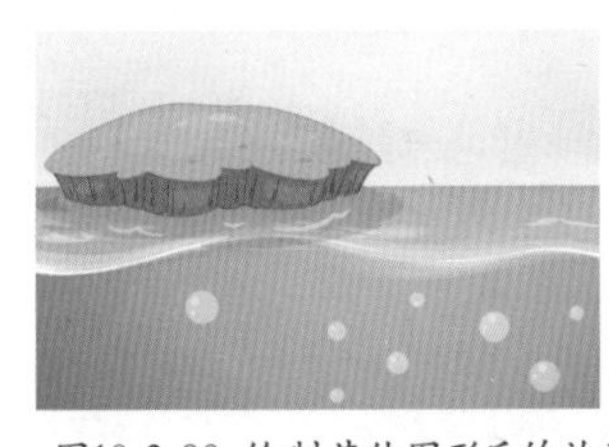
图10-3-80 绘制其他图形后的效果

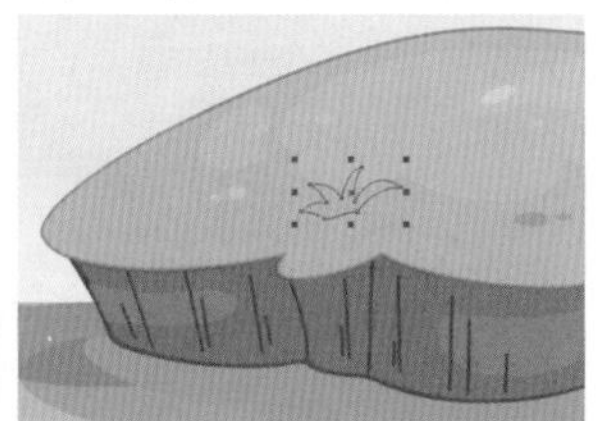
图10-3-81 绘制图形

82 按【Shift + F11】快捷键，打开【均匀填充】对话框，设置颜色为（C：65；M：20；Y：85；K：0），如图 10–3–82 所示。

图10-3-82 设置填充颜色

83 设置完成后，单击【确定】按钮，按【F12】键打开【轮廓笔】对话框，在弹出的对话框中将【颜色】设置为（C：85；M：42；Y：98；K：4），将【宽度】设置为 1.5pt，在【角】选项组中选择【圆角】单选项，如图 10–3–83 所示。

84 设置完成后，单击【确定】按钮，填充颜色并设置轮廓后的效果如图 10–3–84 所示。

图10-3-83 设置轮廓

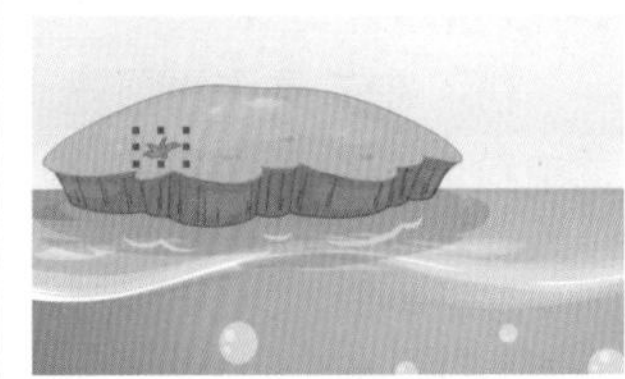
图10-3-84 填充颜色并设置轮廓后的效果

85 在工具箱中单击【钢笔工具】，在绘图页中绘制一个图 10–3–85 所示的图形。

图10-3-85 绘制图形

86 按【Shift + F11】快捷键，打开【均匀填充】对话框，设置颜色为（C：85；M：42；Y：98；K：4），如图 10–3–86 所示。

87 设置完成后，单击【确定】按钮，用右键单击调色板中的【透明色】按钮，取消轮廓色，如图 10–3–87 所示。

图10-3-86 设置填充颜色

图10-3-87 填充颜色后的效果

88 将填充颜色后的图形进行复制，并调整其位置和形状，调整后的效果如图 10–3–88 所示。

图10-3-88 调整位置和形状后的效果

89 在绘图页中选择绘制的小草，对其进行复制，并调整其位置及角度，调整后的效果如图 10-3-89 所示。

90 在工具箱中单击【钢笔工具】，在绘图页中绘制一个图 10-3-90 所示的图形。

图10-3-89 复制图形后的效果

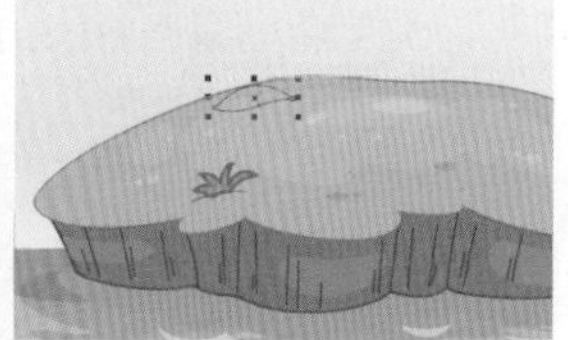
图10-3-90 绘制图形

91 按【Shift + F11】快捷键，打开【均匀填充】对话框，设置颜色为（C：65；M：20；Y：85；K：0），如图 10-3-91 所示。

图10-3-91 设置填充颜色

92 设置完成后，单击【确定】按钮，按【F12】键打开【轮廓笔】对话框，在弹出的对话框中将【颜色】设置为（C：85；M：42；Y：98；K：4），将【宽度】设置为 1.5pt，在【角】选项组中选择【圆角】单选项，如图 10-3-92 所示。

93 设置完成后，单击【确定】按钮，填充颜色并设置轮廓后的效果如图 10-3-93 所示。

94 在工具箱中单击【钢笔工具】，在绘图页中绘制一个图 10-3-94 所示的图形。

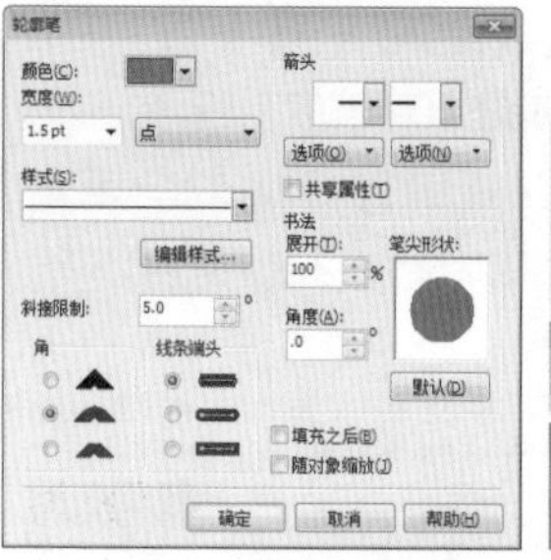

图10-3-92 设置轮廓

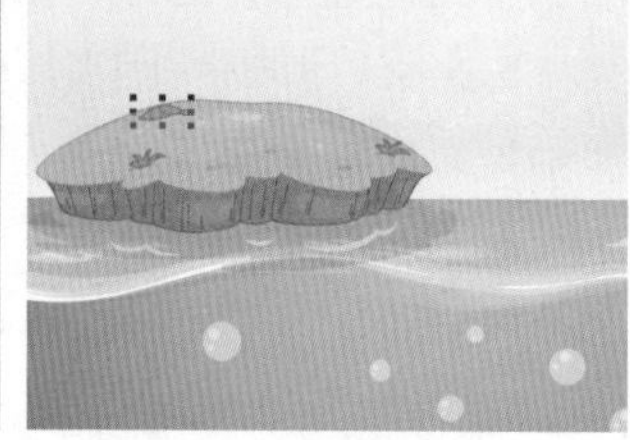
图10-3-93 填充颜色并设置轮廓后的效果

图10-3-94 绘制图形

95 按【Shift + F11】快捷键，打开【均匀填充】对话框，设置颜色为（C：65；M：20；Y：85；K：14），单击【确定】按钮，用右键单击调色板中的【透明色】按钮，取消轮廓色，如图 10-3-95 所示。

96 在工具箱中单击【透明度工具】，在工具属性栏中将【透明度类型】设置为【标准】，将【开始透明度】设置为 38，效果如图 10-3-96 所示。

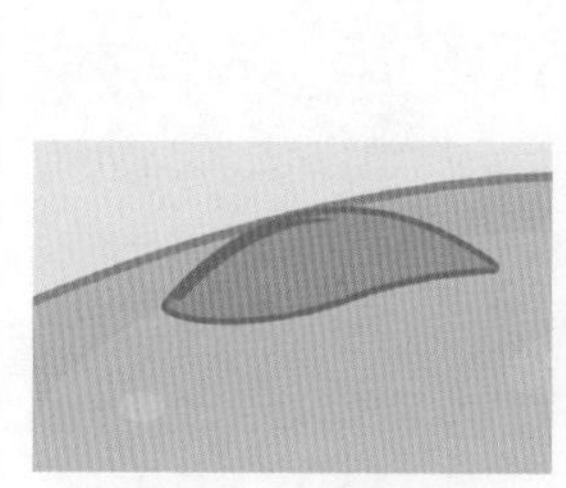
图10-3-95 填充颜色后的效果

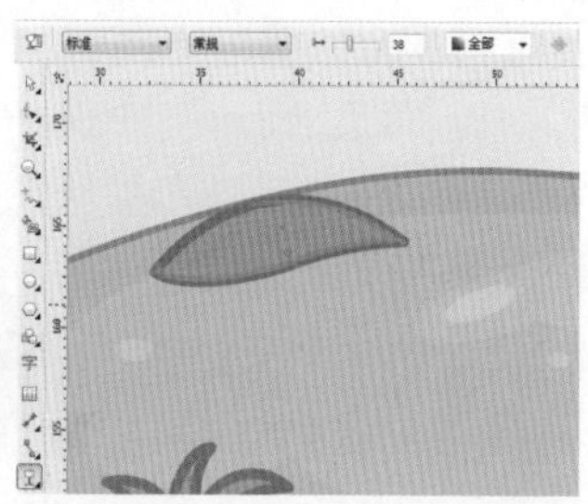
图10-3-96 添加透明度后的效果

97 在工具箱中单击【钢笔工具】，在绘图页中绘制一个图 10-3-97 所示的图形。

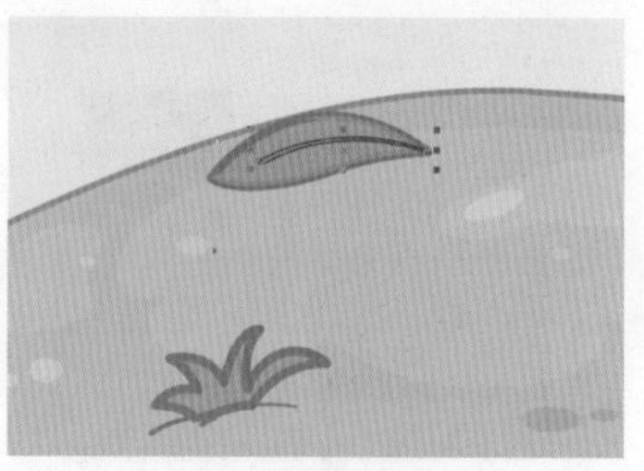
图10-3-97 绘制图形

98 按【Shift + F11】快捷键,打开【均匀填充】对话框，设置颜色为（C：85；M：42；Y：98；K：4），如图 10-3-98 所示。

99 设置完成后，单击【确定】按钮，用右键单击调色板中的【透明色】按钮，取消轮廓色，效果如图 10-3-99 所示。

图10-3-98 设置填充颜色

图 10-3-99 填充颜色并取消轮廓后的效果

100 确认该图形处于选中状态，右击鼠标，在弹出的快捷菜单中选择【顺序】|【向后一层】命令，如图 10-3-100 所示。

图10-3-100 选择【向后一层】命令

101 执行该操作后，即可将该图形向后一层，效果如图 10-3-101 所示。

102 使用同样的方法绘制其他小草，效果如图 10-3-102 所示。

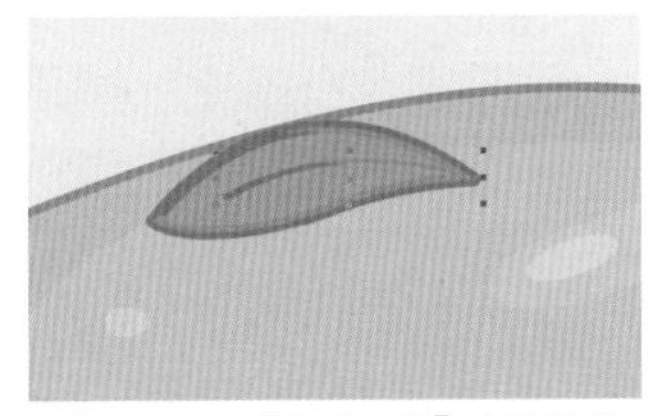

图10-3-101 【向后一层】后的效果

图10-3-102 绘制其他小草后的效果

103 在工具箱中单击【钢笔工具】，在绘图页中绘制一个图 10-3-103 所示的图形。

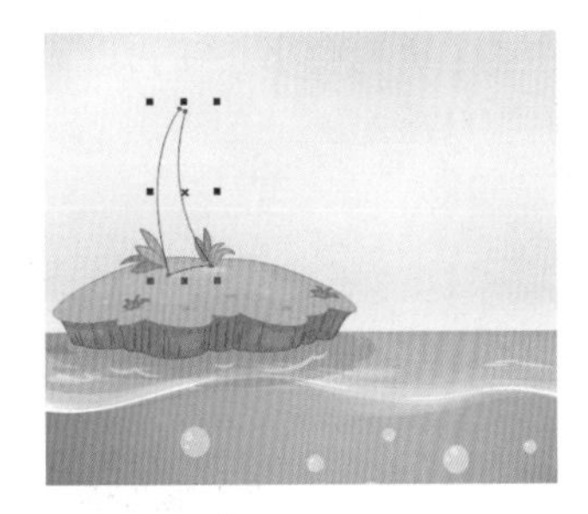

图10-3-103 绘制图形

104 按【Shift + F11】快捷键,打开【均匀填充】对话框，设置颜色为（C：29；M：63；Y：81；K：0），如图 10-3-104 所示。

105 按【F12】键打开【轮廓笔】对话框，在弹出的对话框中将【颜色】设置为（C：54；M：75；Y：100；K：26），将【宽度】设置为 1.5pt，在【角】选项组中选择【圆角】单选项，如图 10-3-105 所示。

图10-3-104 绘制图形

图10-3-105 设置轮廓

106 设置完成后，单击【确定】按钮，填充颜色并设置轮廓后的效果如图 10-3-106 所示。

图10-3-106 填充颜色并设置轮廓后的效果

107 在工具箱中单击【钢笔工具】，在绘图页中绘制 4 个图 10-3-107 的图形。

108 确认绘制的图形处于选中状态，按【Shift + F11】快捷键，打开【均匀填充】对话框，设置颜色为（C：45；M：71；Y：86；K：6），如图 10-3-108 所示。

109 设置完成后，单击【确定】按钮，用右键单击调色板中的【透明色】按钮，取消轮廓色，效果如图 10-3-109 所示。

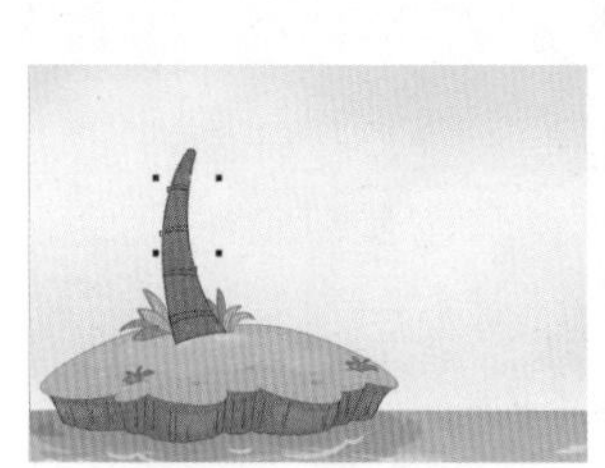

图10-3-107 绘制图形

图10-3-108 设置填充颜色

图10-3-109 填充颜色后的效果

110 在工具箱中单击【钢笔工具】，在绘图页中 4 个绘制如图 10-3-110 所示的。

111 按【Shift + F11】快捷键，打开【均匀填充】对话框，设置颜色为（C：19；M：57；Y：78；K：0），设置完成后，单击【确定】按钮，用右键单击调色板中的【透明色】按钮，取消轮廓色，效果如图 10-3-111 所示。

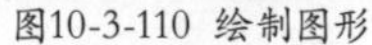

图10-3-110 绘制图形

图10-3-111 填充颜色并取消轮廓色

112 根据上面所介绍的方法再绘制其他图形，绘制后的效果如图 10-3-112 所示。

图10-3-112 绘制其他图形后的效果

本章小结

通过上面案例的学习，熟练地应用前面所介绍工具的使用方法，了解并掌握CorelDRAW X6绘制插画的设计技巧和绘制方法，从而制作出精美的插画。

第11章

常用文字的表现形式

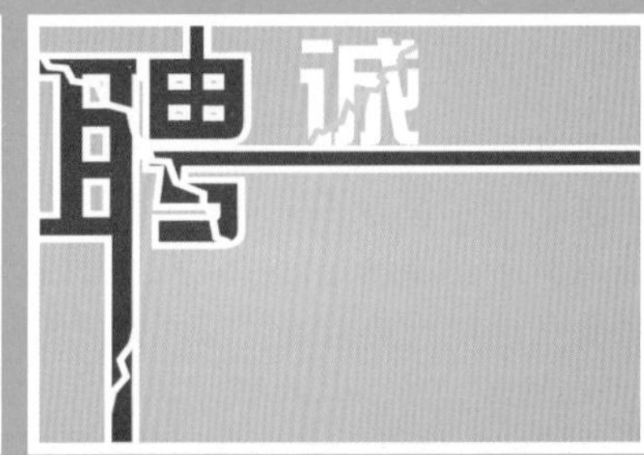

文字是人类用来交流的符号系统，是记录思想和事件的书写形式。一般认为，文字是一个民族进入文明社会的重要标志。随着计算机的飞速发展，不少设计人员将文字制作成不同的形状，并为其添加不同的效果，从而达到美观的效果，本章将介绍如何制作常用的文字。

11.1 制作变形文字

本案例的最终效果如下图所示。

技能分析

制作本例的主要目的是使读者了解并掌握如何在 CorelDRAW X6 软件中制作变形文字，首先绘制一个矩形，并为其填充渐变颜色，导入相应的素材，输入文字，使用【形状工具】调整文字的形状，最后为其添加投影效果，从而完成最终效果。

制作步骤

01 按【Ctrl + N】快捷键，打开【创建新文档】对话框，设置【名称】为宣传单，【宽度】为 209.97mm，【高度】为 297.01mm，如图 11-1-1 所示。

02 单击【确定】按钮，即可创建一个空白的文档，在工具箱中选择【矩形工具】，在文档中绘制一个矩形，并在选项栏中将【对象大小】设置为 209.97mm × 297.01mm，将其调整至合适的位置，如图 11-1-2 所示。

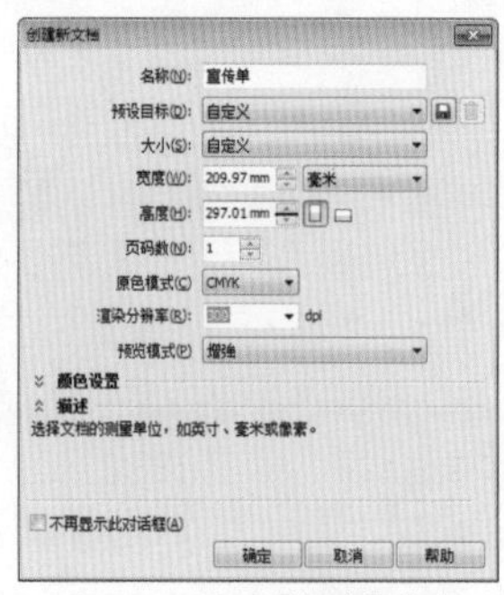

图11-1-1 设置【新建】参数

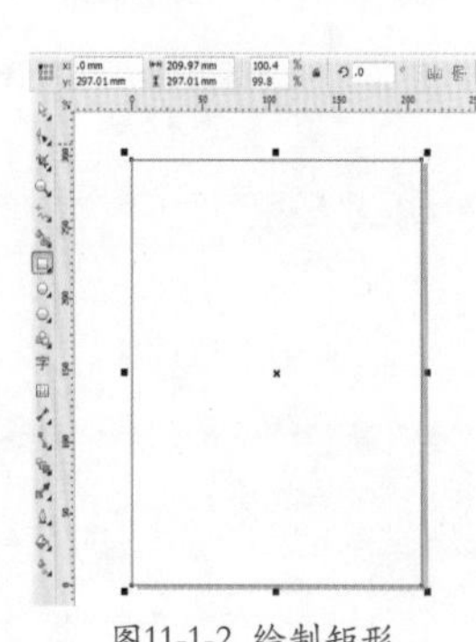

图11-1-2 绘制矩形

03 按【F11】键，打开【渐变填充】对话框，在该对话框中将【类型】设置为【线型】，将【选项】选项组中的【角度】设置为 -90，将【边界】设置为 0%，在【颜色调和】选项组中将颜色设置为从【冰蓝】到【白】，如图 11-1-3 所示。

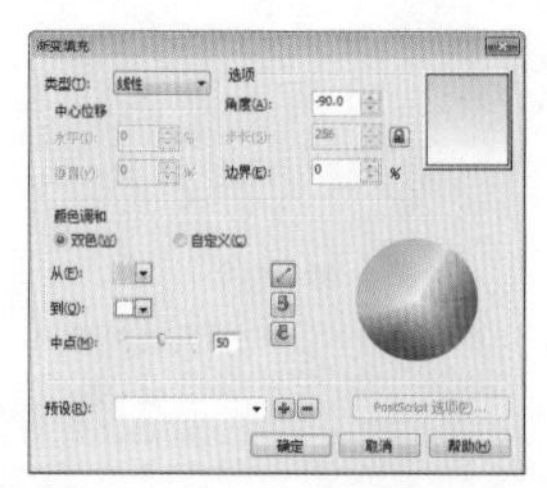

图11-1-3 设置填充颜色

04 设置完成后，单击【确定】按钮，在文档中适当调整填充的位置，用右键单击调色板上的【透明色】按钮×，取消轮廓颜色，如图 11-1-4 所示。

05 在工具箱中选择【钢笔工具】，在矩形上绘制如图 11-1-5 所示的图形。

06 选择绘制的对象，按【Shift+F11】快捷键，切换到【混合器】选项卡，将颜色设置为（C：10；M1；Y：1；K：0），如图 11-1-6 所示。

图11-1-4 填充颜色后的效果

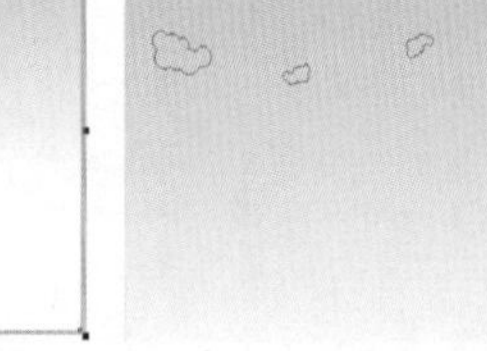

图11-1-5 绘制图形

图11-1-6 【均匀填充】对话框

07 单击【确定】按钮，为绘制的图形填充颜色，用右键单击调色板上的【透明色】按钮×，取消轮廓颜色，如图 11-1-7 所示。

08 按【Ctrl+I】快捷键，在弹出的对话框中选择随书附带光盘中的素材和源文件“第 11 章 I11.1 制作变形文字 I 素材 I 叶子 .png”素材文件，如图 11-1-8 所示。

09 单击【导入】按钮，在文档中的合适位置单击左键，即可将选择的素材导入到文档中，选择导入的素材文件，在选项栏中将【对象大小】设置为 64mm×74mm，将【对象原点】指定为左上角，并将【对象位置 X】设置为 145.97mm，【对象位置 Y】设置为 297.01mm，如图 11-1-9 所示。

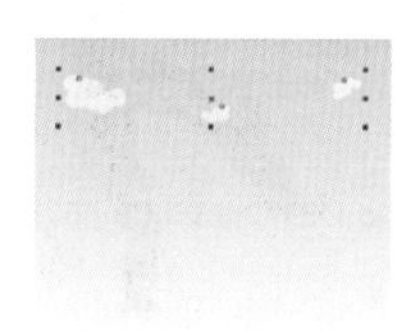
图11-1-7 填充颜色后的效果

图11-1-8 【导入】对话框

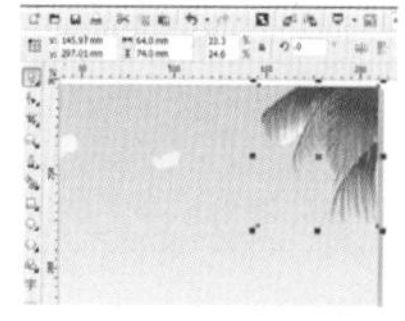
图11-1-9 调整对象位置

10 在工具箱中选择【文本工具】，在文档中单击并输入文字，选择输入的文字，在选项栏中将【字体】设置为【文鼎 CS 大黑】，将【字体大小】设置为 100pt，单击【文本属性】按钮，打开【文本属性】面板，将【字距调整范围】设置为 -30%，如图 11-1-10 所示。

11 关闭【文本属性】面板，选择输入的文字，单击鼠标右键，在弹出的快捷菜单中选择【转换为曲线】命令，如图 11-1-11 所示。

12 使用【形状工具】在文档中调整字的位置，调整完成后的效果如图 11-1-12 所示。

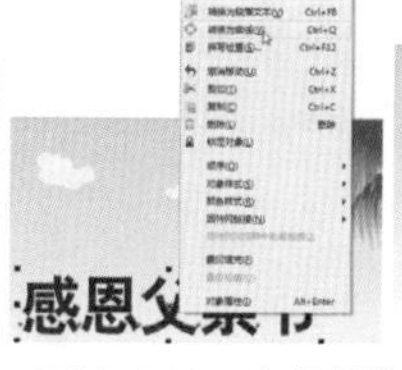

图11-1-10 设置文字属性　图11-1-11 选择【转换为曲线】命令　图11-1-12 调整文字的位置

13 在工具箱中选择【形状工具】，首先调整【感】字，将其调整至图 11-1-13 所示的形状。

14 使用同样的方法，调整【恩】字的形状，完成后的效果如图 11-1-14 所示。

15 使用同样的方法，调整其他字的形状，完成后的效果如图 11-1-15 所示。

图11-1-13 调整完成后的效果　图11-1-14 调整文字后的效果　图11-1-15 调整完成后的效果

16 在工具箱中选择【钢笔工具】，绘制图 11-1-16 所示的形状，并将其填充黑色。

17 取消绘制的图形的轮廓线，按【Shift】键的同时选择绘制的全部对象，包括文字，单击鼠标右键，在弹出的快捷菜单中选择【合并】命令，按【Ctrl+C】快捷键复制选择对象，然后按【Ctrl+V】快捷键粘贴复制的对象，并将复制后的对象调整至其他任意的位置处，如图 11-1-17 所示。

18 选择未移动的对象，为其填充黄色，在工具箱中选择【立体化工具】，在对象上进行拖曳，为其填充立体化效果，在【选项栏】中单击【立体化颜色】按钮，在弹出的下拉列表中选择【使用递减的颜色】选项，如图 11-1-18 所示。

图11-1-16 绘制形状并填充颜色

图11-1-17 复制对象

图11-1-18 添加立体化效果

19 在选项栏中将【深度】设置为 50，将【灭点坐标 X】设置为 0mm，将【灭点坐标 Y】设置为 -39mm，如图 11-1-19 所示。

20 再次选择【立体化颜色】按钮，将递减颜色设置为从（C：39；M：0；Y：45；K：0）到（C：89；M：46；Y：100；K：9），如图 11-1-20 所示。

21 选择复制后的对象，将其移动至添加立体化效果后的对象上方，使其重合，如图 11-1-21 所示。

图11-1-19 设置灭点位置

图11-1-20 设置递减颜色

图11-1-21 移动对象位置

22 选择移动后的对象，按【F11】键，打开【渐变填充】对话框，在该对话框中将【选项】选项组中的【角度】设置为 90，在【颜色调和】选项组中将颜色设置为从（C：0；M：0；Y：100；K：0）到（C：0；M：0；Y：0；K：0），将【中点】设置为 40，如图 11-1-22 所示。

23 单击【确定】按钮，即可为其填充渐变颜色，效果如图 11-1-23 所示。

24 选择最上层的对象，按【F12】键，打开【轮廓比】对话框，将【宽度】设置为 6mm，将【颜色】设置为（C：90；M：40；Y：100；K：3），如图 11-1-24 所示。

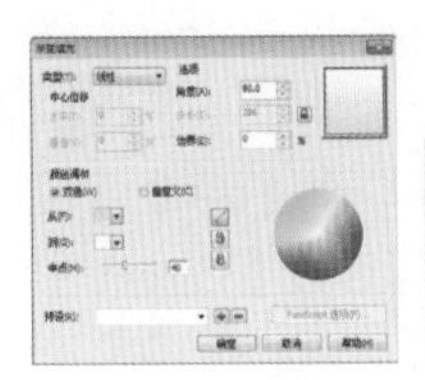
图11-1-22 【渐变填充】对话框

图11-1-23 填充渐变色后的效果

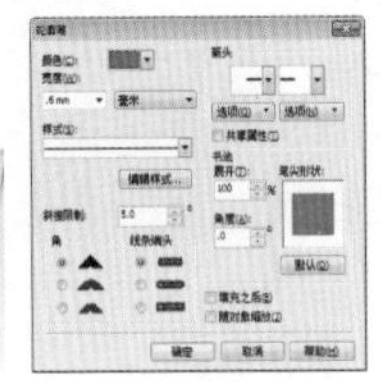
图11-1-24 【轮廓比】对话框

25 设置完成后单击【确定】按钮，即可为其添加轮廓线，效果如图 11–1–25 所示。

26 按【Ctrl+I】快捷键，在弹出的对话框中选择随书附带光盘中的素材和源文件“第 11 章 I11.1 制作变形文字 I 素材 I 文字背景 .png”素材文件，如图 11–1–26 所示。

27 单击【导入】按钮，在文档的任意位置单击鼠标，即可将选择的素材导入到文档中，确认导入的素材文件处于被选择的状态下，在选项栏中单击【锁定比例】按钮，将【对象大小】设置为 200mm，将【对象位置 X】设置为 108mm，将【对象位置 Y】设置为 185mm，如图 11–1–27 所示。

图11-1-25 添加轮廓线

图11-1-26 【导入】对话框

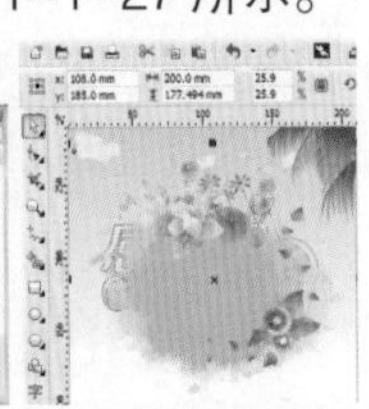
图11-1-27 设置对象大小和位置

28 选择导入的对象，按两次【Ctrl+Page Down】快捷键，将其向后移动两层，效果如图 11–1–28 所示。

29 使用同样的方法，按【Ctrl+I】快捷键，选择【人物 .png】素材文件，在选项栏中将【对象大小】设置为 100mm，将【对象位置 X】设置为 151mm，将【对象位置 Y】设置为 68mm，如图 11–1–30 所示。

图11-1-28 调整对象的显示位置

图11-1-29 调整文字的位置

图11-1-30 设置导入对象的大小和位置

30 使用同样的方法，按【Ctrl+I】快捷键，选择【花 .png】素材文件，如图 11–1–31 所示。

31 单击【导入】按钮，在文档的任意位置单击鼠标，即可将选择的素材文件导入到文档中，确定导入的文件处于被选择的状态下，将【对象大小】设置为 210mm，将【对象位置 X】设置为 105，将【对象位置 Y】设置为 44.413mm，如图 11–1–32 所示。

32 按【Shift + F11】快捷键，打开【均匀填充】对话框，设置颜色为（C：22；M：89；Y：96；K：0），如图 11–1–33 所示。

图11-1-31 填充颜色

图11-1-32 绘制图形

图11-1-33 设置填充颜色

11.2 绘制包装标语

本案例的最终效果如下图所示。

技能分析

制作本例的主要目的是使读者了解并掌握如何在 CorelDRAW X6 软件中绘制包装标语，首先绘制正圆作为包装标语的背景，然后绘制各种不同大小的圆和圆环，制作包装标语中的辅助图形，使用【文本工具】输入相应的文字，并进行调整，最后创建包装标语外围的三角形状，最终制作完成。

制作步骤

01 按【Ctrl + N】快捷键，打开【创建新文档】对话框，设置【名称】为包装标语，【宽度】为 240mm，【高度】为 210mm，如图 11-2-1 所示。单击【确定】按钮。

02 在工具箱中选择【椭圆工具】，在页面中按【Ctrl】键的同时单击鼠标，绘制一个正圆，在选项栏中单击【锁定比例】按钮将【对象大小】设置为 152mm，如图 11-2-2 所示。

03 确认绘制的正圆处于被选择的状态下，按【F11】键，打开【渐变填充】对话框，在【选项】选项组中将【角度】设置为 319.1，将【边界】设置为 14%，在【颜色调和】选项组中将颜色设置为从【红】到【黄】，如图 11-2-3 所示。

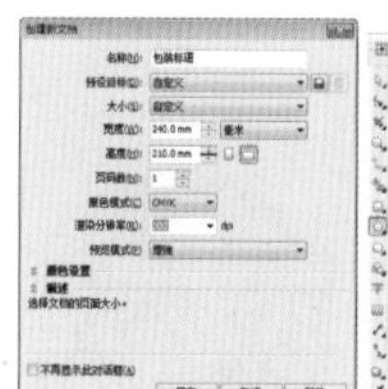

图11-2-1 【创建新文档】对话框

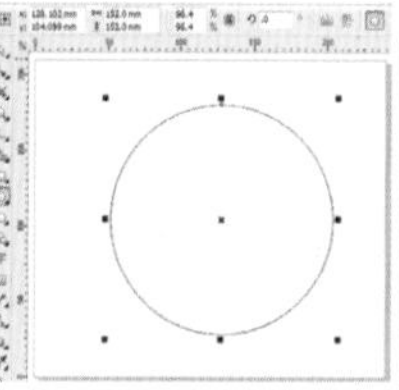

图11-2-1 绘制正圆

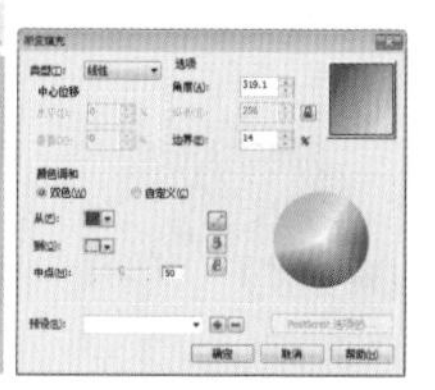

图11-2-3 【渐变填充】对话框

04 设置完成后，单击【确定】按钮，即可为矩形填充渐变颜色，用右键单击调色板上的【透明色】按钮，取消轮廓颜色，效果如图 11-2-4 所示。

05 在工具箱中选择【基本形状】工具，在选项栏中将【完美形状】设置为圆环，在绘制的圆形上面绘制一个正圆环，并将其调整至合适的位置，如图 11-2-5 所示。

06 在工具箱中选择【形状工具】，调整内圆环的大小，为其填充颜色（C：0；M：28；Y：100；K：0），取消轮廓线的显示，调整完成后的效果如图 11-2-6 所示。

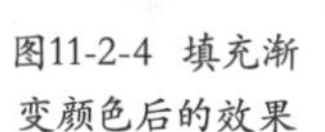

图11-2-4 填充渐变颜色后的效果

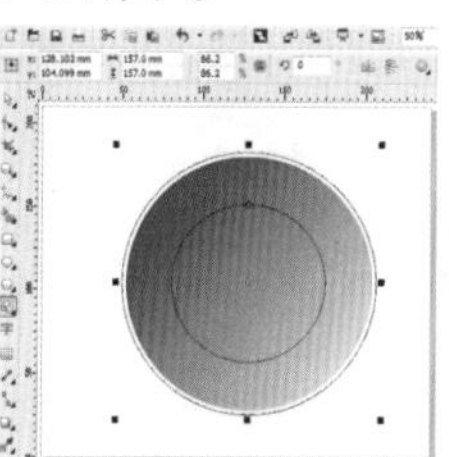

图11-2-5 绘制圆环

图11-2-6 填充颜色后的效果

07 在工具箱中选择【基本形状】工具，在选项栏中将【完美形状】设置为圆环，在绘制的圆形上面绘制一个正圆环，并将其调整至合适的位置，在工具箱中选择【形状工具】，调整内圆环的大小，为其填充黑色，取消轮廓线的显示，调整完成后的效果如图 11-2-7 所示。

08 选择绘制的填充颜色后的圆环，按【Ctrl+C】快捷键，复制选择的对象，然后按【Ctrl+V】快捷键粘贴复制后的对象，并将其调整至合适的位置，如图 11-2-8 所示。

09 选择复制后的对象，按【F11】键，打开【渐变填充】对话框，在【选项】选项组中将【角度】设置为 319.1，将【边界】设置为 14%，在【颜色调和】选项组中将颜色设置为从【黄】到【红】，如图 11-2-9 所示。

图11-2-7 填充圆环颜色

图11-2-8 复制圆环

图11-2-9 【渐变填充】对话框

10 设置完成后单击【确定】按钮，填充完成后的效果如图 11-2-10 所示。

11 在工具箱中选择【椭圆形工具】，在绘制的圆环内绘制一个正圆，调整至合适的位置，为其填充黄色，取消轮廓线的显示，如图 11-2-11 所示。

12 再次选择【椭圆型工具】，在绘制的正圆上方再绘制一个正圆，如图 11-2-12 所示。

图11-2-10 填充渐变后的效果

图11-2-11 绘制正圆

图11-2-12 绘制正圆

13 在工具箱中单击【填充工具】右下角的三角按钮，在弹出的下拉列表中选择【图样填充】选项，打开【图样填充】对话框，在该对话框中单击【位图】单选项，单击【浏览】按钮，在弹出的【导入】对话框中选择随书附带光盘中的素材和源文件"第 11 章 |11.2 制作包装标语 | 素材 | 背景 .jpg"素材文件，如图 11-2-13 所示。

14 单击【导入】按钮，即可将素材添加至【图样填充】对话框中，如图 11-2-14 所示。

15 单击【确定】按钮，即可将圆填充为位图，填充完成后的效果如图 11-2-15 所示。

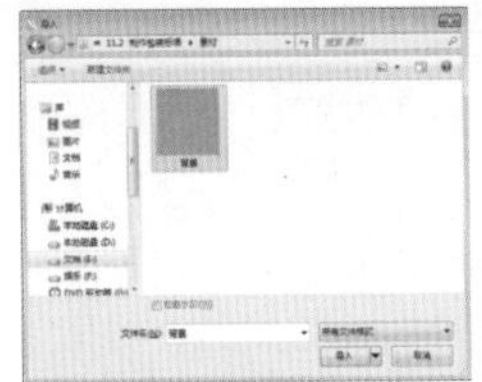
图11-2-13 【导入】对话框

图11-2-14 【图样填充】对话框

图11-2-15 填充完成后的效果

16 使用同样的方法，绘制一个正圆，并将其调整至合适的位置，确认绘制的正圆处于被选择的状态下，按【F11】键，打开【渐变填充】对话框，将【类型】设置为辐射，在【颜色调和】选项组中选择【自定义】选项，将 0 位置的颜色设置为（C：0；M：0；Y：0；K：100），在位置为 50 的地方添加一个颜色坐标，将该位置的颜色设置为（C：0；M：0；Y：0；K：80），如图 11-2-16 所示。

17 设置完成后单击【确定】按钮，查看填充完成后的效果，如图 11-2-17 所示。

18 在工具箱中选择【透明度】工具，在选项栏中就将【透明度类型】设置为【辐射】，将【透明中心点】设置为 56，将【角度和边界】设置为 14%，将透明度颜色设置为黑色，如图 11-2-18 所示。

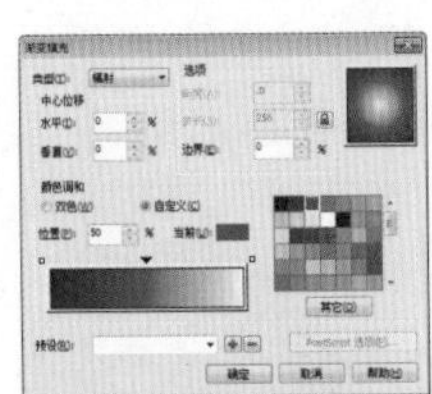
图11-2-16 【渐变填充】对话框

图11-2-17 填充渐变颜色后的效果

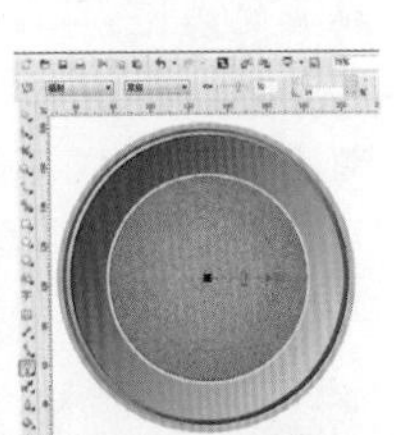
图11-2-18 设置透明度参数

19 选择设置透明度后的对象，取消轮廓线的显示，再次绘制一个正圆，然后在工具箱中选择【文本工具】，在绘制的正圆上单击鼠标，输入文字，选择输入的文字，在选项栏中单击【文本属性】按钮，在弹出的【文本属性】面板中将【字体】设置为【Bodoni Bd BT】，将【字体大小】设置为 30，将【字距调整范围】设置为 110%，如图 11-2-19 所示。

20 使用同样的方法，在下方输入文字，并设置相同的参数，如图 11-2-20 所示。

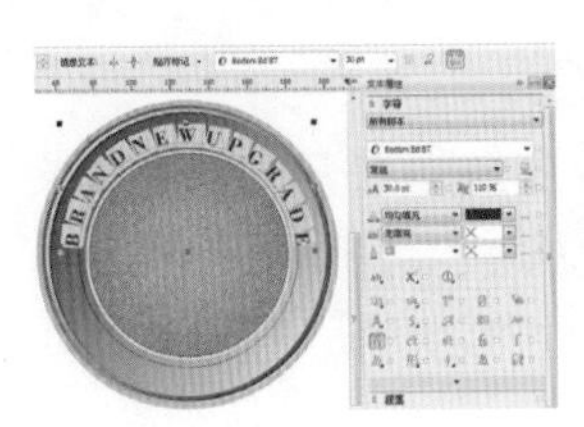
图11-2-19 输入文字并设置参数

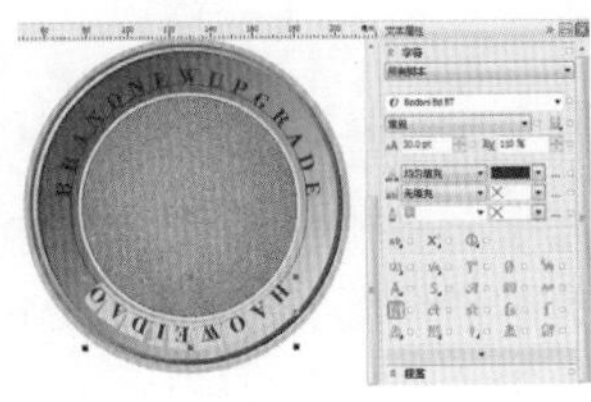
图11-2-20 输入文字并设置参数

21 选择文字路径，用右键单击调色板上的【透明色】按钮，完成后的效果如图 11-2-21 所示。

22 选择输入的文字信息，按【Ctrl+C】快捷键复制选择的文字对象，然后按【Ctrl+V】快捷键粘贴复制的对象，并将文字填充为白色，选择填充完成后的文字，用右键单击调色板上的【透明色】按钮，取消轮廓线的显示，如图 11-2-22 所示。

23 使用【选择工具】，调整白色和黑色文字的位置，调整完成后的效果如图 11-2-23 所示。

图11-2-21 取消轮廓线的显示

图11-2-22 复制文字并填充颜色

图11-2-23 调整文字的位置

24 在工具箱中选择【文本工具】，输入文字信息，在选项栏中单击【文本属性】按钮，在弹出的【文本属性】面板中将【字体】设置为【文鼎 CS 大黑】，将【字体大小】设置为 137，将【字距调整范围】设置为 -25%，如图 11-2-24 所示。

25 设置完成后关闭【文本属性】面板，在选项栏中将【旋转角度】设置为 11°，如图 11-2-25 所示。

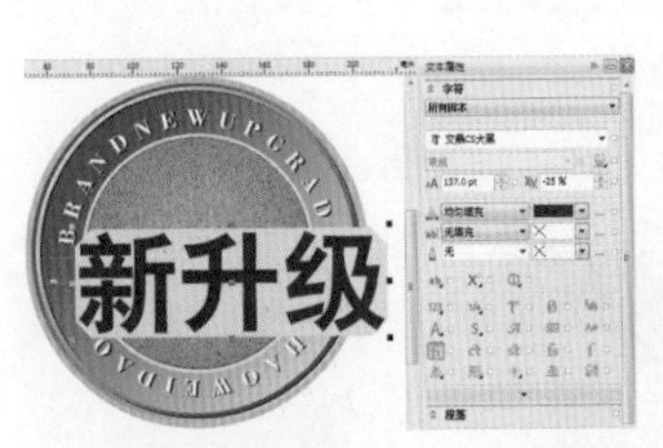

图11-2-24 输入文本并设置文字属性

图11-2-25 调整文字的旋转角度

26 确认文字处于被选择的状态下，按【F11】键，打开【渐变填充】对话框，在【选项】组中将【角度】设置为 284，将【边界】设置为 15%，在

【颜色调和】选项组中将颜色设置为从【红】到【黄】，如图 11-2-26 所示。

27 设置完成后单击【确定】按钮，填充渐变完成后的效果如图 11-2-27 所示。

28 确认文字对象处于被选择的状态下，按【F12】键，打开【轮廓笔】对话框，在该对话框中将【颜色】设置为黄色，将【宽度】设置为 3pt，如图 11-2-28 所示。

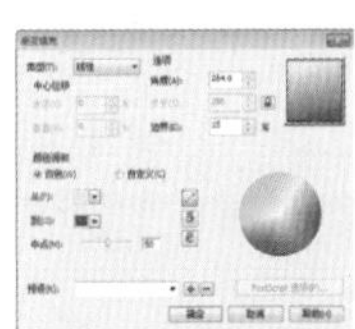

图11-2-26 【渐变填充】对话框

图11-2-27 填充渐变后的效果

图11-2-28 【轮廓笔】对话框

29 设置完成后单击【确定】按钮，选择设置轮廓笔后的文字，按【Ctrl+C】快捷键复制选择的文字对象，然后按【Ctrl+V】快捷键粘贴复制的对象，选择复制后的文字，在选项栏中单击【文本属性】按钮，打开【文本属性】面板，在该面板中将【字体大小】设置为 141pt，将【字距调整范围】设置为 -30%，将【轮廓宽度】设置为 16pt，将【轮廓颜色】设置为红色，如图 11-2-29 所示。

30 设置完成后关闭【文本属性】面板，按【Ctrl+Page Down】快捷键，将文字向后移动一层，并调整至合适的位置，如图 11-2-30 所示。

31 选择最上层的文字，再次单击，然后调整文字的形状，如图 11-2-31 所示。

32 使用同样的方法，改变下层文字的形状，完成后的效果如图 11-2-32 所示。

图11-2-29 设置文字属性

图11-2-30 改变对象的顺序

图11-2-31 改变文字形状

图11-2-32 调整完成后的效果

33 在工具箱中选择【多边形工具】，将【点数或边数】设置为 3，在页面中绘制一个三角形，如图 11-2-33 所示。

34 为其填充颜色（C：0；M：36；Y：100；K：0），用右键单击调色板上的【透明色】按钮，如图 11-2-34 所示。

35 使用同样的方法，绘制其他的三角形，并对其设置旋转角度和移动位置，调整完成后的效果如图 11-2-35 所示。

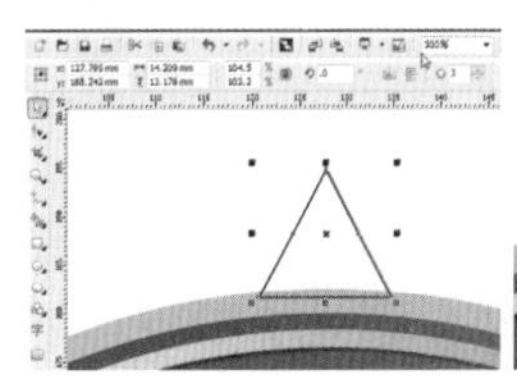

图11-2-33 绘制三角形

图11-2-34 填充颜色后的效果

图11-2-35 绘制完成后的效果

11.3 制作海洋文字

本案例的最终效果如下图所示。

技能分析

制作本例的主要目的是使读者了解并掌握如何在 CorelDRAW X6 软件中制作海洋文字，首先导入素材作为海洋文字的背景图像，使用【文本工具】在绘图页中输入文字并填充颜色，使用【椭圆工具】绘制一个椭圆并填充渐变颜色，作为文字的高光，再为其添加透明度效果，从而完成海洋文字的制作。

制作步骤

01 按【Ctrl + N】快捷键，打开【创建新文档】对话框，设置【名称】为海洋文字，【宽度】为 494mm，【高度】为 277mm，如图 11-3-1 所示。单击【确定】按钮。

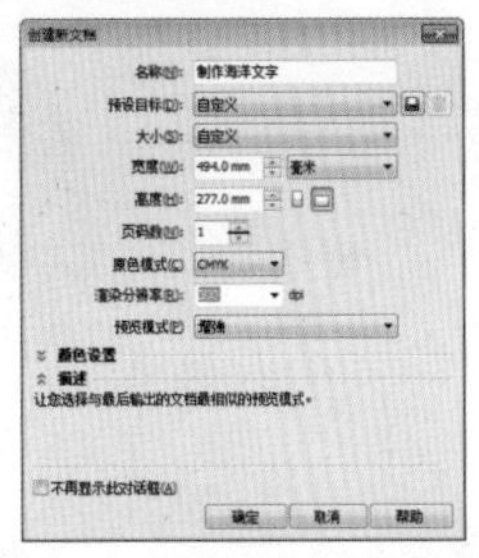

图11-3-1 【创建新文件】对话框

02 按【Ctrl+I】快捷键，在弹出的对话框中选择随书附带光盘中的素材和源文件“第11章|11.3 制作海洋文字|素材|背景.jpg”素材文件，如图11-3-2所示。

03 单击【导入】按钮，在页面中单击鼠标，即可将选择的素材导入到页面中，选择导入的素材文件，在选项栏中将【对象位置X】设置为246.99 mm，将【对象位置Y】设置为106.261 mm，如图11-3-3所示。

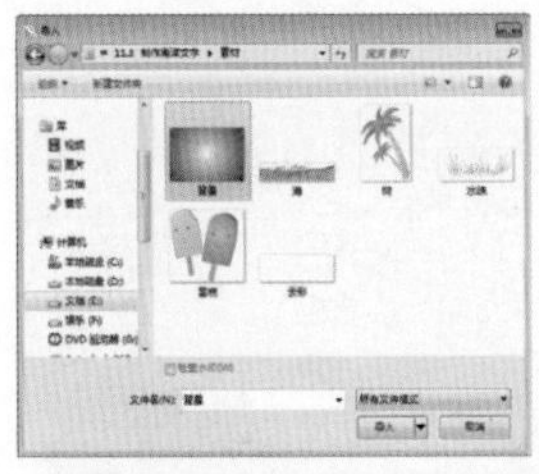

图11-3-2 【导入】对话框

图11-3-3 调整素材的位置

04 在工具箱中选择【裁剪工具】，沿着要裁剪的边缘绘制裁剪大小，然后在选项栏中详细地调整裁剪的位置和大小，将【对象大小】设置为494mm×277mm，将【对象位置X】设置为247mm，将【对象位置Y】设置为138.5mm，如图11-3-4所示。

05 按【Enter】键确认裁剪，裁剪完成后的效果如图11-3-5所示。

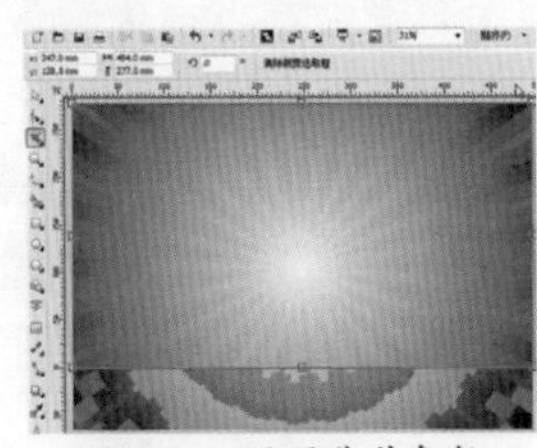

图11-3-4 设置裁剪参数

图11-3-5 裁剪完成后的效果

06 再次按【Ctrl+I】快捷键，在弹出的对话框中选择【云彩.png】素材文件，如图11-3-6所示。

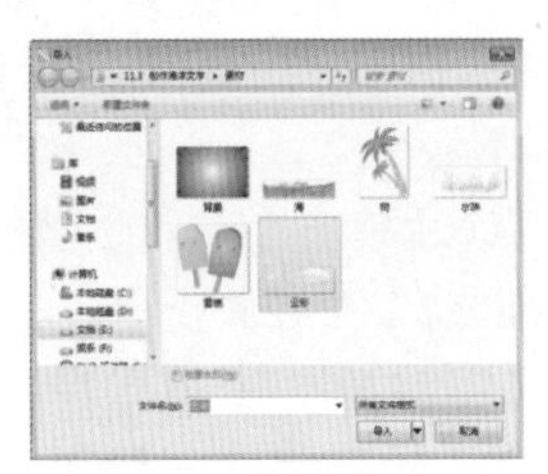

图11-3-6 【导入】对话框

07 单击【导入】按钮，在页面中单击鼠标，将选择的素材文件导入到页面中，确认导入的素材处于被选择的状态下，在选项栏中单击【锁定比例】按钮，将【对象大小】设置为520mm，将【对象位置X】设置为245mm，将【对象位置Y】设置为177mm，如图11-3-7所示。

08 在工具箱中选择【文字工具】，在页面中输入文字，选择输入的文字，在选项栏中单击【文本属性】按钮，打开【文本属性】面板，将【字体】设置为【方正综艺简体】，将【字体大小】设置为245pt，将【填充类型】设置为【均匀填充】，将颜色设置为（C：86；M：52；Y：8；K：0），如图11-3-8所示。

图11-3-7 调整素材大小和位置

图11-3-8 设置文本属性

09 设置完成后关闭【文本属性】面板，使用选择工具箱文字调整至合适的位置，在工具箱中选择【轮廓工具】，颜色文字的边缘向内侧拖曳，如图11-3-9所示。

10 拖曳出一定的轮廓后释放鼠标，添加轮廓后的效果如图11-3-10所示。

图11-3-9 拖曳轮廓

图11-3-10 添加轮廓后的效果

11 在选项栏中将【填充色】设置为（C:65;M:0；Y：10；K：0），如图11-3-11所示。

图11-3-11 改变填充色后的效果

12 在工具箱中将【轮廓图步长】设置为 200，将【轮廓图偏移】设置为 0.025mm，将【轮廓图角】设置为【圆角】，调整【对象和颜色加速】，如图 11-3-12 所示。

图11-3-12 设置轮廓参数

13 在工具箱中选择【椭圆工具】，在文字上方绘制一个椭圆，并将其调整至合适的位置，如图 11-3-13 所示。

14 选择绘制的椭圆，按【F11】键，打开【渐变填充】对话框，在【选项】选项组中将【角度】设置为 90，在【颜色调和】选项组中将颜色设置为从【白色】到【天蓝】色，如图 11-3-14 所示。

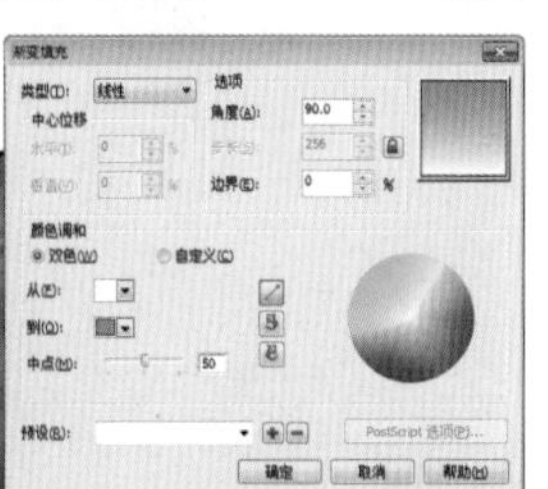

图11-3-13 绘制椭圆　图11-3-14 【渐变参数】对话框

15 设置完成后单击【确定】按钮，用右键单击调色板上的【透明色】按钮×，取消轮廓颜色，在工具箱中选择【透明度工具】，在绘制的椭圆上进行拖曳，调整工具的位置，为椭圆设置透明度，如图 11-3-15 所示。

16 按【Shift】键的同时选择擦出后的图形和文字，将其群组，按【Ctrl+I】快捷键，在弹出的对话框中选择【雪糕 .png】素材文件，如图 11-3-16 所示。

图11-3-15 设置透明度　图11-3-16 擦出完成后的效果

17 单击【导入】按钮，在页面中单击鼠标，即可将选择的素材导入到页面中，将其调整至合适的位置，按【Ctrl+Page Down】快捷键，将其向下移动一层，效果如图 11-3-17 所示。

18 使用同样的方法，导入【海 .png】素材文件，选择导入的素材文件，在选项栏中将【对象大小】设置为 474mm，并按【Ctrl+Page Down】快捷键将其向后移动，完成后的效果如图 11-3-18 所示。

图11-3-17 添加素材后的效果　图11-3-18 添加素材后的效果

19 再次导入素材【水珠 .png】，在选项栏中将【对象大小】设置为 494mm，将其调整至合适的位置，向后移动位置后的效果如图 11-3-19 所示。

20 使用同样的方法，导入【树 .png】素材文件，将【对象大小】设置为 494mm，将其调整至合适的位置，按【Drel+Page Down】快捷键将其向后移动，至此，海洋文字就制作完成了，如图 11-3-20 所示。

图11-3-19 添加素材后的效果　图11-3-20 最终效果

本章小结

通过上面案例的学习，熟练地应用前面所介绍的【文本工具】的使用方法，了解并掌握了 CorelDRAW X6制作文字的设计技巧和绘制方法，从而制作出美观的文字。

第12章

抽象与写实插画

插画是一种艺术形式，作为现代设计的一种重要的视觉传达形式，其直观的形象性、真实的生活感和美的感染力，在现代设计中占有特定的地位。本章将向读者介绍如何绘制抽象与写实插画，而通过插画的绘制又能掌握哪些软件功能，这些将是本章所讲解的重点。

12.1 儿童教育读物插画

本节将绘制抽象的儿童教育读物插画，在绘制过程中主要会讲到各种基础工具的使用方法及技巧，以及【艺术笔工具】所带来的强大功能。掌握本章中的重点知识，可以为读者吸取更多的设计经验及操作技巧。

案例过程赏析

本案例的最终效果如图 12-1-1 所示。

图12-1-1 最终效果图

案例技术思路

在制作本案例前，先应当知道什么是抽象插画，插画应当如何绘制，才能制作出抽象的效果。在本案例中绘制的山、树木、花朵及小鸟等都是抽象化的一种表现形式，抽象主要是将复杂的物体通过一个或几个特征进行抽出，如只需抓住树的形状或草丛的颜色，不受其他如：大小、颜色和形状等因素的限制，简单直观地表现出来。

案例制作过程

01 按【Ctrl + N】快捷键，打开【创建新文档】对话框，设置【名称】为儿童教育读物插画，单击【确定】按钮。选择【矩形工具】绘制矩形，按【Shift + F11】快捷键，打开【均匀填充】对话框，设置颜色为翠绿色（C：20；M：0；Y：60；K：0），单击【确定】按钮。取消轮廓色，效果如图 12-1-2 所示。

02选择【贝塞尔工具】绘制山体轮廓，选择【轮廓工具】，按住鼠标左键不放，同时向外进行拖动，完成操作后在属性栏上设置【轮廓图步长】为 1，【轮廓图偏移】为 9mm，如图 12-1-3 所示。

图12-1-2 绘制绿色背景

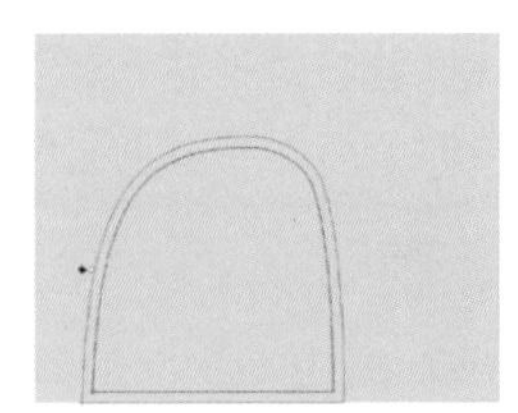

图12-1-3 添加轮廓图效果

提示：

在属性栏上也可以设置轮廓图向内或向外的扩展方向。

03 选择【选择工具】，在图形上单击鼠标右键，选择【拆分轮廓图群组】命令，选择外轮廓图形，设置填充颜色为深绿色（C：100；M：0；Y：100；K：0），取消轮廓色。选择内轮廓图形，填充颜色为浅绿色（C：40；M：0；Y：100；K：0），取消轮廓色。使用同样的方法再次绘制图形，如图 12-1-4 所示。

04 选择【椭圆工具】绘制椭圆图形，选择【轮廓工具】，按住鼠标左键不放，同时向外进行拖动，完成操作后在属性栏上设置【轮廓图步长】为 1，【轮廓图偏移】为 6mm，如图 12-1-5 所示。

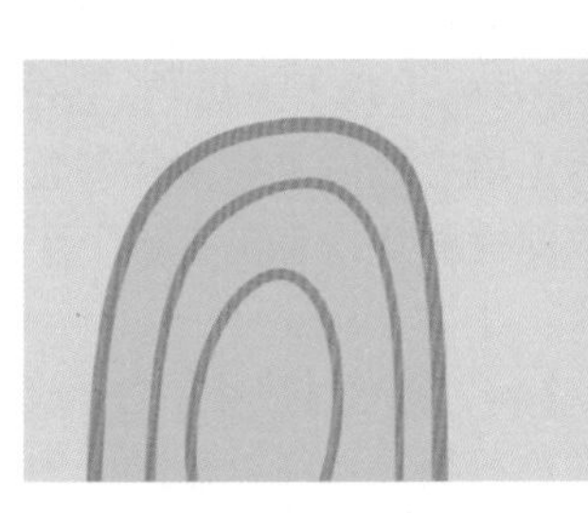

图12-1-4 绘制山体图形

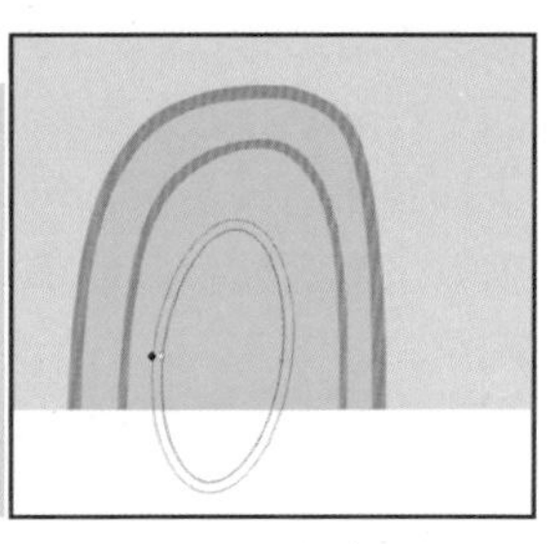

图12-1-5 添加轮廓图效果

05选择【选择工具】，在图形上单击鼠标右键，选择【拆分轮廓图群组】命令，框选绘制的椭圆轮廓，按【Ctrl+G】快捷键进行群组，先选择浅绿图形，再按住【Shift】键不放，同时选择群组的椭圆轮廓，单击属性栏上的【相交】按钮。将绘制的椭圆轮廓进行删除，选择图形相交所得到的轮廓，按【Ctrl+U】快捷键取消群组，分别为轮廓填充之前山体图形的颜色，效果如图 12-1-6 所示。

06 再次选择【椭圆工具】绘制椭圆图形，选择【矩形工具】绘制矩形，在椭圆上方绘制一个相交的矩形，选择【形状工具】，按【Ctrl+Q】快捷键将矩形进行转曲，再将光标移动到矩形右下角的节点上将其向下移动，如图 12-1-7 所示。

提示：

在矩形未被转曲的情况下，调节矩形的节点可以直接调节矩形的圆角半径。

07 选择【选择工具】，先选择调整后的矩形，按住【Shift】键不放，同时选择椭圆形，单击属性栏上的【修剪】按钮裁剪椭圆形，将矩形图形进行删除。再使用【椭圆工具】绘制大小不等的椭圆，如图 12-1-8 所示。

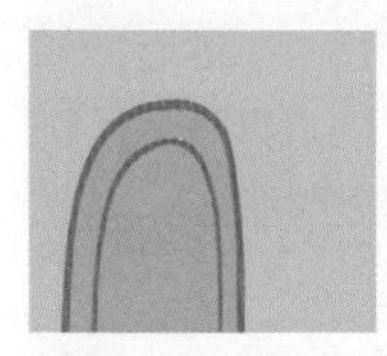

图12-1-6 制作图形

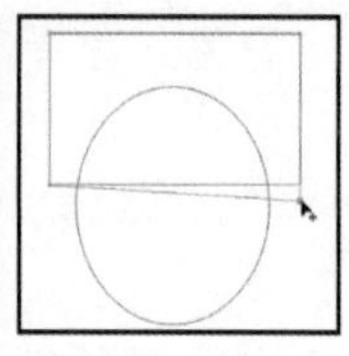

图12-1-7 调整节点

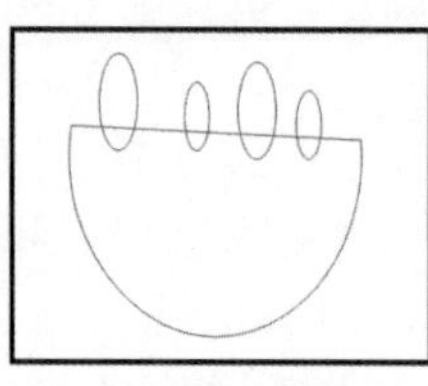

图12-1-8 绘制椭圆形

08 框选绘制的图形，单击属性栏上的【合并】按钮 将图形进行焊接。设置填充颜色为洋红色（C：0；M：100；Y：0；K：0），按【F12】键，打开【轮廓笔】对话框，设置【颜色】为浅黄色（C：0；M：0；Y：60；K：0），【宽度】为 2mm，【角】为圆角，【线条端头】为圆端头，勾选【填充之后】和【随对象缩放】复选项，其他参数保持默认，单击【确定】按钮，如图 12-1-9 所示。

09 选择【矩形工具】，按住【Ctrl】键不放绘制正方形，等比例向内进行缩放，在缩放的同时单击鼠标右键进行复制，框选绘制的正方形进行群组，再次等比例缩放复制图形，如图 12-1-10 所示。

10 框选绘制的正方形进行群组，设置填充颜色为白色，取消轮廓色。在属性栏上设置【旋转角度】为 45，将图形放置到绘制的花朵上，如图 12-1-11 所示。

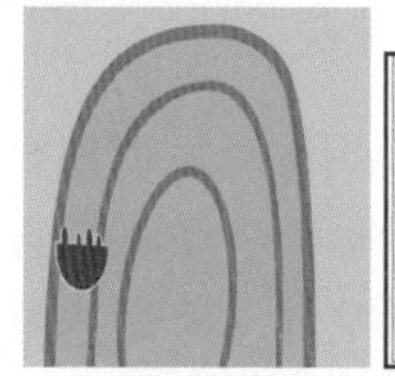

图12-1-9 设置轮廓色

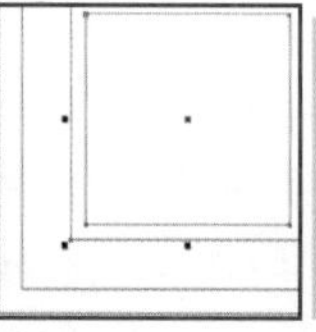

图12-1-10 缩放复制图形

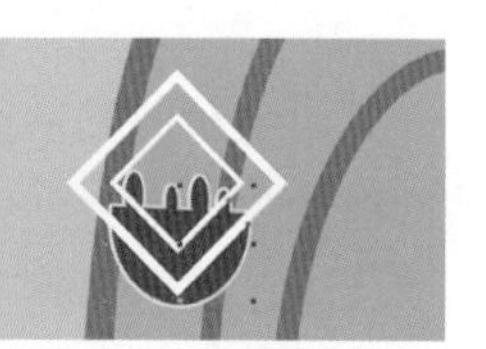

图12-1-11 旋转图形

11 先选择花朵图形，再按住【Shift】键不放，同时选择群组的白色正方形，单击属性栏上的【相交】按钮。删除白色正方形，选择相交后得到的图形，选择【透明度工具】，设置属性栏上的【透明度类型】为标准，【开始透明度】为 40。在花朵下方绘制矩形，设置填充颜色为黄色（C：0；M：0；Y：100；K：0），选择花朵图形，按住鼠标右键不放移动准心到黄色矩形上松开右键，在菜单中选择【复制轮廓】命令，按【Ctrl+PgDn】快捷键将图形位置移动到花朵图形图层下方，效果如图 12-1-12 所示。

提示：

【Ctrl+PgDn】快捷键只能一层一层向下调节图层，如果需要将图形放置到整个图像图层下方，则需要按【位移+PgDn】快捷键实现。

12 选择【贝塞尔工具】绘制花叶图形，设置填充颜色为浅黄色（C：0；M：0；Y：60；K：0），取消轮廓色，如图 12-1-13 所示。

13 使用之前制作半圆的方法再次在花朵右侧绘制图形，设置填充颜色为红色（C：0；M：100；Y：100；K：0），取消轮廓色。选择【基本形状工具】，在属性栏上单击【完美形状】按钮，打开功能面板，在面板中选择水滴，在红色图形上按住【Ctrl】键不放绘制水滴图形，在属性栏上设置【旋转角度】为 350，设置填充颜色为沙黄色（C：0；M：20；Y：100；K：0），取消轮廓色，如图 12-1-14 所示。

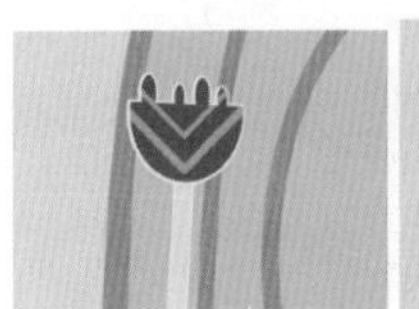
图12-1-12 绘制花柱

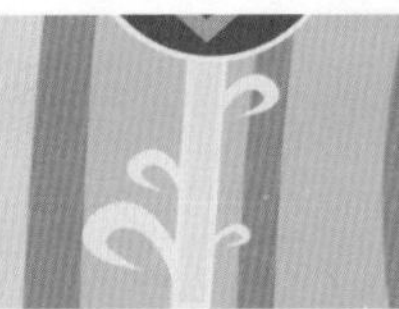
图12-1-13 绘制花叶

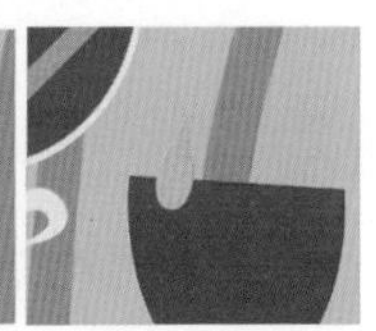
图12-1-14 绘制水滴图形

14 选择【轮廓工具】，按住鼠标左键不放，同时向内进行拖动，完成操作后设置【轮廓图步长】为 1,【轮廓图偏移】为 1.5mm。选择【选择工具】，在图形上单击鼠标右键，选择【拆分轮廓图群组】命令,选择内轮廓图,设置填充颜色为紫色（C:20;M:80;Y:0;K:0），取消轮廓色。按【F12】键，打开【轮廓笔】对话框,设置【颜色】为粉色（C:0;M：60；Y：40；K：0),【宽度】为 1.2mm,【角】为圆角,【线条端头】为圆端头，勾选【填充之后】和【随对象缩放】复选项，其他参数保持默认，单击【确定】按钮，效果如图 12–1–15 所示。

15 框选绘制的水滴图形进行群组并向右进行移动，在移动的同时单击鼠标右键进行复制，调整复制的图形大小，选择【贝塞尔工具】在红色花朵下方绘制花叶图形，如图 12–1–16 所示。

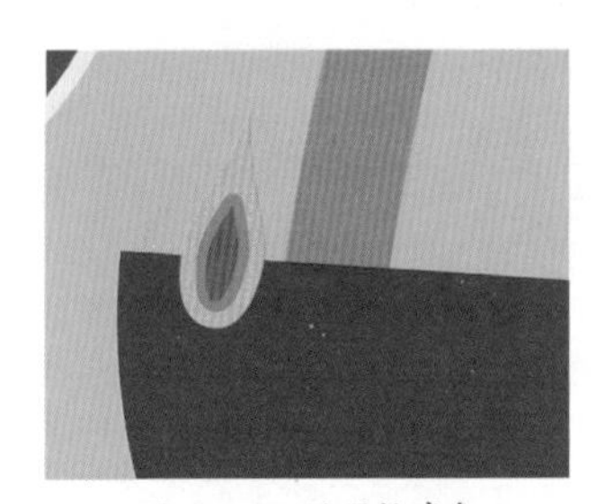
图12-1-15 设置轮廓色

图12-1-16 绘制图形

16 按【F11】键，打开【渐变填充】对话框，设置【类型】为线性，在【选项】区域设置【角度】为 –45,【边界】为 8%，设置【从】的颜色为红色（C：0；M：100；Y：100；K：0),【到】的颜色为橙色（C：0；M：60；Y：100；K：0),【中心】为 77，如图 12–1–17 所示。单击【确定】按钮。

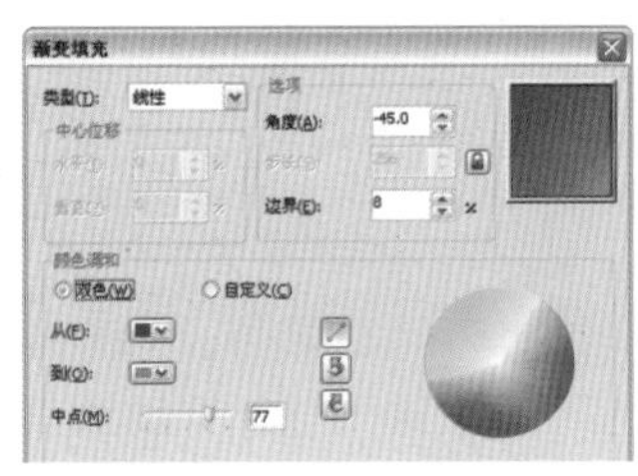

图12-1-17 设置渐变参数

17 填充渐变色后，取消轮廓色。选择【贝塞尔工具】在红色花朵右侧继续绘制花朵图形，设置填充颜色为洋红色（C：0；M：100；Y：0；K：0），取消轮廓色。再在花朵中间绘制花纹图形，设置填充颜色为深红色（C：0；M：100；Y：100；K：20)，取消轮廓色，如图 12–1–18 所示。

18 使用【贝塞尔工具】在深红色图形上方绘制倒三角形图形，再使用【椭圆工具】在深红色图形下方绘制正圆图形，并为绘制的图形填充颜色为洋红色（C：0；M：100；Y：0；K：0)，取消轮廓色。再在花朵下方绘制花藤图形并填充颜色为绿色（C：100；M：0；Y：100；K：0)，取消轮廓色，并将图形图层放置到花朵图层下方，如图 12–1–19 所示。

19 在花朵右侧绘制藤蔓图形，设置填充颜色为浅黄色（C：0；M：0；Y：20；K：0)，取消轮廓色，并将图形图层放置到花朵图层下方，如图 12–1–20 所示。

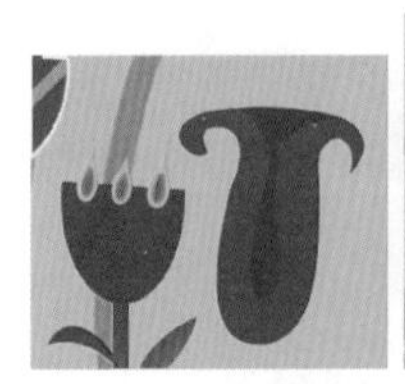
图12-1-18 绘制花朵

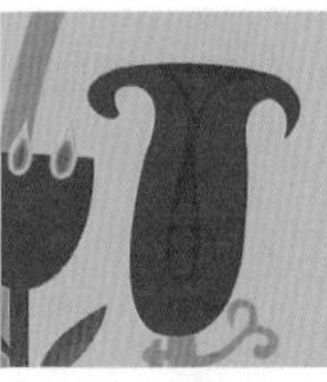
图12-1-19 绘制花纹及花藤

图12-1-20 绘制藤蔓

20 绘制花朵图形，设置填充颜色为橙色（C：0；M：60；Y：100；K：0)，取消轮廓色。选择【椭圆工具】绘制椭圆图形，框选绘制的椭圆图形,单击属性栏上的【合并】按钮将图形进行焊接。设置填充颜色为红色（C：0；M：100；Y：0；K：0)，取消轮廓色。先选择花朵图形，再按住【Shift】键不放，同时选择合并的红色图形，单击属性栏上的【相交】按钮，删除合并的红色图形，效果如图 12–1–21 所示。

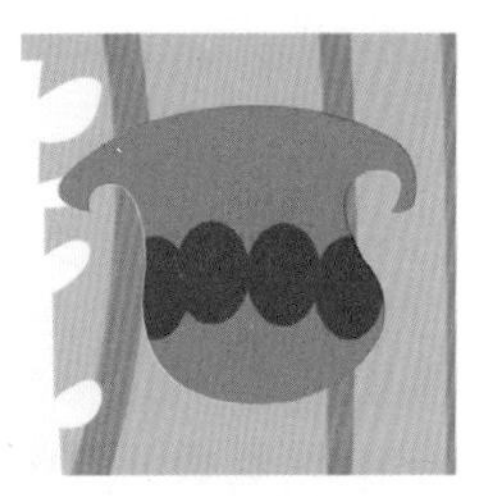
图12-1-21 制作相交图形

21 使用【贝塞尔工具】绘制花托及花叶图

形并填充颜色为绿色（C：100；M：0；Y：100；K：0），取消轮廓色。在花托上绘制阴影图形轮廓，填充颜色为深绿色（C：100；M：0；Y：100；K：20），取消轮廓色，如图 12-1-22 所示。

22 选择左侧树叶图形，选择【轮廓工具】，按住鼠标左键不放，同时向内进行拖动，完成操作后设置【轮廓图步长】为 1，【轮廓图偏移】为 1.5mm。选择【选择工具】，在图形上单击鼠标右键，选择【拆分轮廓图群组】命令，选择内轮廓图，设置填充颜色为嫩绿色（C：20；M：0；Y：80；K：0），取消轮廓色。使用同样的方法制作右侧树叶，并在花朵上绘制花纹图形，如图 12-1-23 所示。

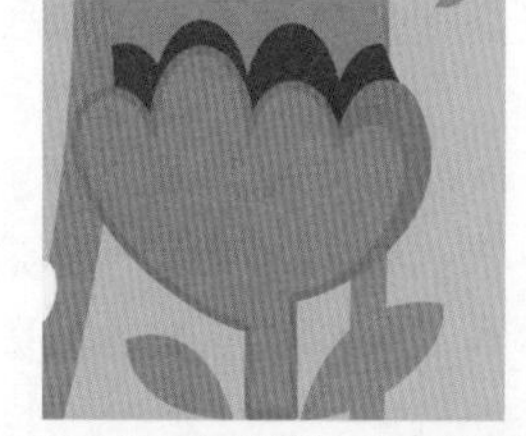
图12-1-22 绘制花托及花叶图形

图12-1-23 绘制花纹图形

23 在花朵上方绘制椭圆形，设置填充颜色为黄色（C：0；M：0；Y：100；K：0），按【F12】键，打开【轮廓笔】对话框，设置【颜色】为绿色（C：100；M：0；Y：100；K：0），【宽度】为 2mm，【角】为圆角，【线条端头】为圆端头，勾选【填充之后】和【随对象缩放】复选项，其他参数保持默认，单击【确定】按钮。如图 12-1-24 所示。

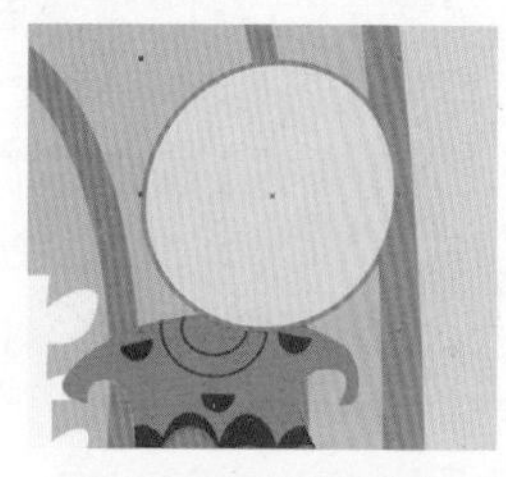
图12-1-24 设置轮廓色

24 调整图形图层到花朵下方，再等比例缩小复制两个大小不一的图形，分别填充颜色为浅绿色（C：40；M：0；Y：100；K：0）和深绿色（C：100；M：0；Y：100；K：0），取消轮廓色，如图 12-1-25 所示。

25 选择【椭圆工具】在图形上绘制多个不同大小的正圆，分别设置填充颜色为浅绿色（C：40；M：0；Y：100；K：0）和嫩绿色（C：20；M：0；Y：80；K：0），取消轮廓色，如图 12-1-26 所示。

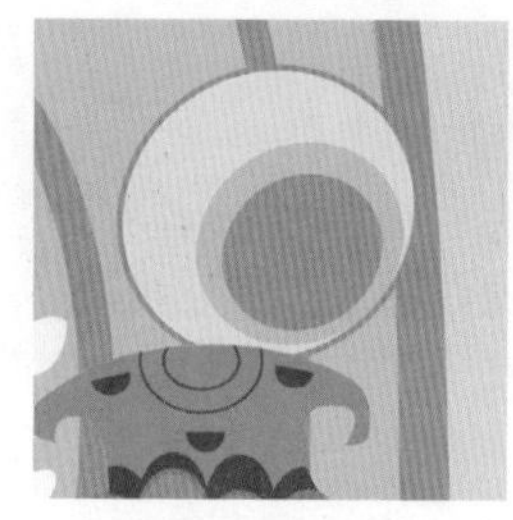
图12-1-25 绘制椭圆图形

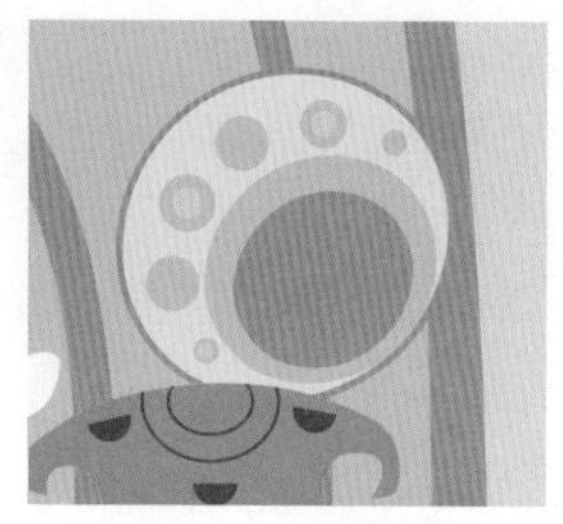
图12-1-26 绘制双色正圆

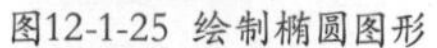

26 使用【贝塞尔工具】绘制花柱图形轮廓，设置填充颜色为黄色（C：0；M：0；Y：100；K：0）和嫩绿色（C：20；M：0；Y：80；K：0），按【F12】键，打开【轮廓笔】对话框，设置【颜色】为绿色（C：100；M：0；Y：100；K：0），【宽度】为 2mm，【角】为圆角，【线条端头】为圆端头，勾选【填充之后】和【随对象缩放】复选项，其他参数保持默认，单击【确定】按钮。将图形放置到花朵图层下方，如图 12-1-27 所示。

27 复制之前制作的藤蔓和花朵图形并将其放置到山体右侧，分别调整其大小、方向及颜色，如图 12-1-28 所示。

提示：

在制作比较复杂的图形时，可以考虑复制之前制作的图形并对其进行修改颜色或方向，制作出与之前的图形有区别的图像，这样既不重复并且能提高工作速度。

28 使用【贝塞尔工具】在山体上绘制一组草丛图形轮廓，设置填充颜色为绿色（C：0；M：0；Y：100；K：0），取消轮廓色并进行群组。复制多个草丛图形，分别调整大小和角度并放置到山体四周，如图 12-1-29 所示。

图12-1-27 绘制花柱图形

图12-1-28 复制修改图形

图12-1-29 绘制草丛图形

29 在山体上方绘制椭圆，先选择背景矩形图形，再按住【Shift】键不放，同时选择椭圆，单击属性栏上的【相交】按钮。删除椭圆图形并选择相交后得到的图形，设置填充颜色为浅黄色（C：0；M：0；Y：20；K：0），取消轮廓色，如图 12–1–30 所示。

30 等比例缩小复制 3 个不同大小的图形并调整其位置，选择最大的图形并设置填充颜色为嫩绿色（C：20；M：0；Y：80；K：0），选择中等的图形并设置填充颜色为深绿色（C：100；M：0；Y：100；K：0），选择最小的图形并设置填充颜色为绿色（C：40；M：0；Y：100；K：0），如图 12–1–31 所示。

图12-1-30 绘制图形

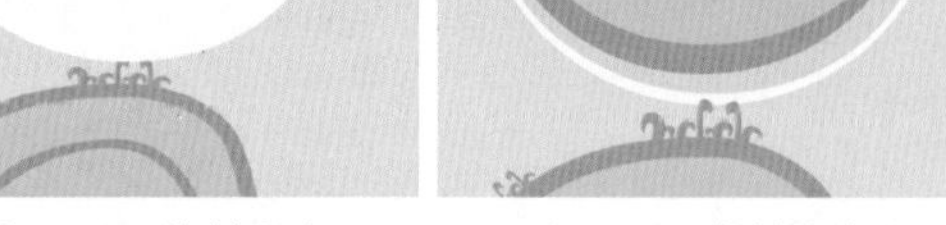
图12-1-31 复制修改图形

31 选择【贝塞尔工具】绘制树干图形轮廓，设置填充颜色为深褐色（C:60;M:80;Y:100;K:0），取消轮廓色。在树干中间绘制两个正圆，设置外正圆填充颜色为深绿色（C：100；M：0；Y：100；K：0），设置内正圆填充颜色为绿色（C：40；M：0；Y：100；K：0），并取消轮廓色，如图 12–1–32 所示。

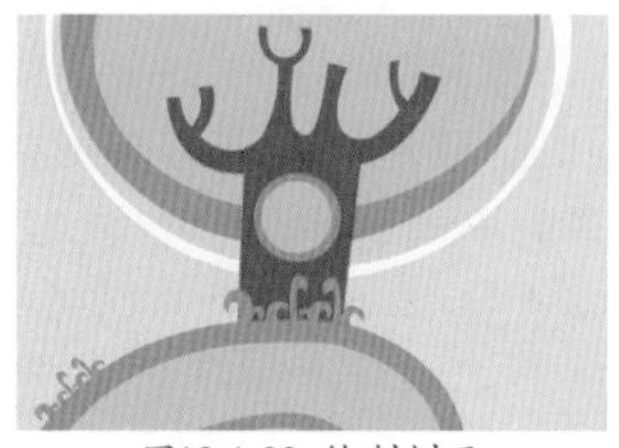
图12-1-32 绘制树干

32 选择【贝塞尔工具】绘制小鸟尾部羽毛图形轮廓，设置填充颜色为绿色（C：40；M：0；Y：100；K：0），取消轮廓色。选择【选择工具】，单击图形并将图形中心圆点移动到下方图形尖角处，如图 12–1–33 所示。

33 向右进行旋转，在旋转的同时单击鼠标右键，分别复制出两个不同角度的图形。分别设置填充颜色为紫色（C：33；M：99；Y：21；K：0）和粉色（C：0；M：75；Y：20；K：0），如图 12–1–34 所示。

34 继续使用【贝塞尔工具】绘制小鸟身体图形，设置填充颜色为深绿色（C：62；M：0；Y：100；K：0），取消轮廓色。等比例缩小图形并单击鼠标右键进行复制，设置填充颜色为嫩绿色（C：20；M：0；Y：100；K：0），效果如图 12–1–35 所示。

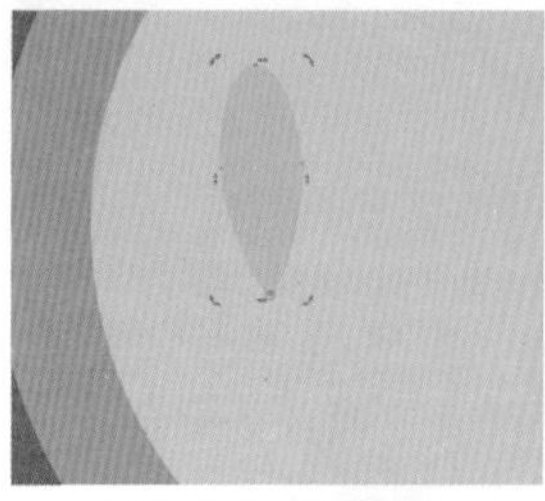
图12-1-33 绘制羽毛

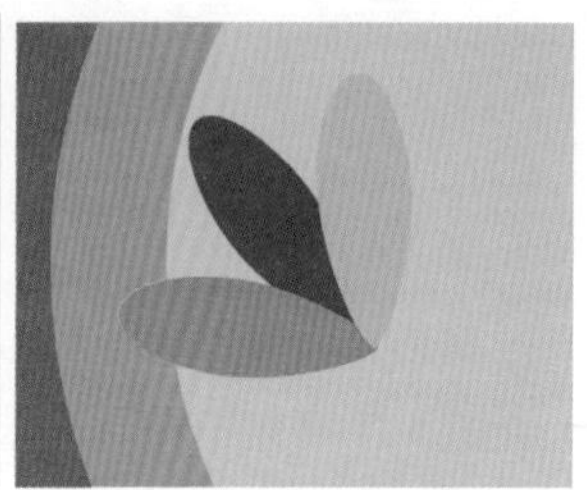
图12-1-34 旋转复制图形

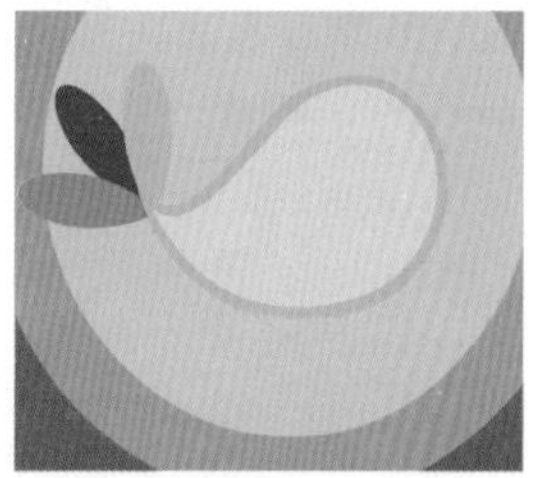
图12-1-35 绘制鸟身图形

35 选择【椭圆工具】在小鸟身体右上方绘制正圆，设置填充颜色为黑色，取消轮廓色。使用【贝塞尔工具】绘制小鸟嘴部图形，设置填充颜色为橙黄色（C：0；M：14；Y：75；K：0），取消轮廓色。再绘制小鸟的双脚图形，设置填充颜色为深红色（C：41；M：60；Y：67；K：0），取消轮廓色，效果如图 12–1–36 所示。

图12-1-36 绘制小鸟

36 在树木左侧绘制图形，设置填充颜色为绿色（C：40；M：0；Y：80；K：0），取消轮廓色。选择【轮廓工具】，按住鼠标左键不放，同时向内进行拖动，完成操作后设置【轮廓图步长】为 1，【轮廓图偏移】为 0.8mm，设置【填充色】为浅黄色（C:0;M：0；Y：20；K：0）。将图形放置到树木图层下方，效果如图 12–1–37 所示。

37 缩小图形并取消轮廓图效果，设置填充颜色为嫩绿色（C：20；M：0；Y：80；K：0），使用制作第一朵花朵的纹理方法为该树木制作纹理效果，如图 12–1–38 所示。

图12-1-37 绘制图形

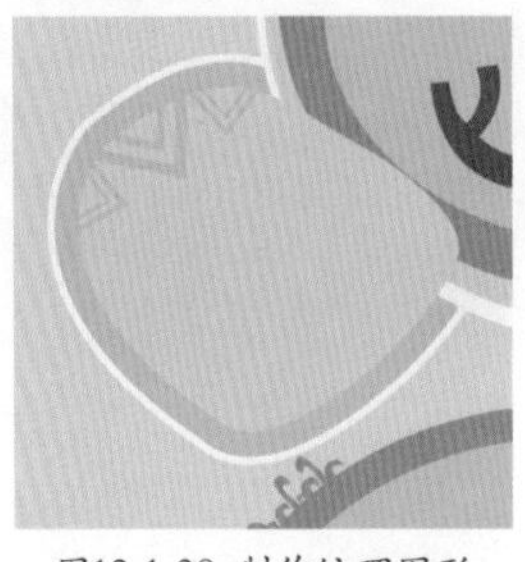

图12-1-38 制作纹理图形

38 绘制树托图形并设置填充颜色为绿色（C：40；M：0；Y：100；K：0），取消轮廓色。再在树托上绘制树干图形并设置填充颜色为深绿色（C：100；M：0；Y：100；K：0），取消轮廓色，如图12-1-39所示。

图12-1-39 绘制树干

39 选择【椭圆工具】绘制3个椭圆图形，从左往右分别设置填充颜色为黄色（C：0；M：0；Y：100；K：0）、浅绿色（C：40；M：0；Y：100；K：0）和深绿色（C：100；M：0；Y：100；K：0），取消轮廓色，如图12-1-40所示。

40 选择【贝塞尔工具】绘制花柱及花叶图形，设置填充颜色为深绿色（C：100；M：0；Y：100；K：0），取消轮廓色，框选绘制的花朵图形进行群组，如图12-1-41所示。

图12-1-40 绘制花朵

图12-1-41 绘制花叶

41 选择部分之前绘制的各种植物图形复制到山体上，进行调整角度、大小和颜色，制作后图像效果如图12-1-42所示。

42 选择【艺术笔工具】，在属性栏上设置【类别】为植物，【喷射图样】为蘑菇，在文档中绘制图形，如图12-1-43所示。

图12-1-42 复制修改图形

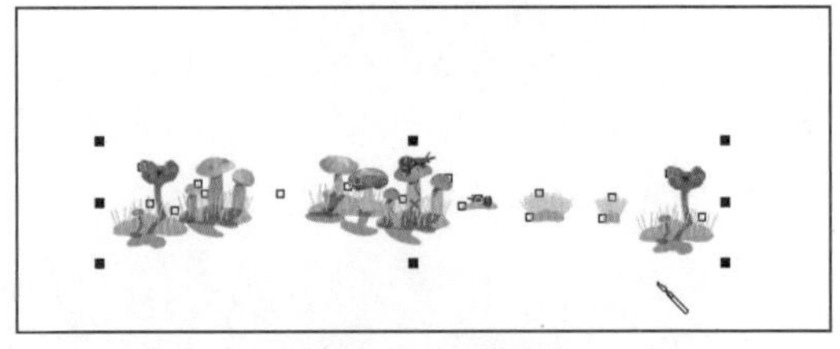

图12-1-43 绘制图样

提示：

【艺术笔工具】的功能十分强大，不仅能绘制出多种矢量的图样图形，还可以绘制出多种样式的线条样式及书法笔画。

43 在图形上单击鼠标右键选择【拆分艺术笔群组】命令，删除显示的黑线并取消群组。将拆分出的蘑菇图形分别放置到图像中并调整大小、位置和方向，调整后效果如图12-1-44所示。

44 使用之前绘制小鸟的方法在背景矩形右上方绘制两个颜色不同的小鸟，如图12-1-45所示。

图12-1-44 编辑图形

图12-1-45 绘制小鸟

45 单击属性栏上的【导入】按钮，导入素材图片“小朋友.tif”，调整素材大小和位置。本案例最终效果如图12-1-46所示。

图12-1-46 最终效果

案例小结

通过学习本案例，读者应该对抽象插画的绘制有了一定的了解，而如何绘制出一幅抽象插画，相信读者朋友已经有了自己的想法和思考。本案例讲到的艺术笔工具，相信也给读者留下了深刻的印像。读者朋友可以自己去探索这些功能强大的工具，开发出更好、更适合的操作方法及技巧。

12.2 儿童服装设计

本节将使用软件中常用的工具，设计制作出一件简单漂亮的儿童服装。希望本案例能让读者巩固常用工具的操作，并学习到如何通过简单的图形，绘制出特征及层次感。

案例过程赏析

本案例的最终效果如图 12–2–1 所示。

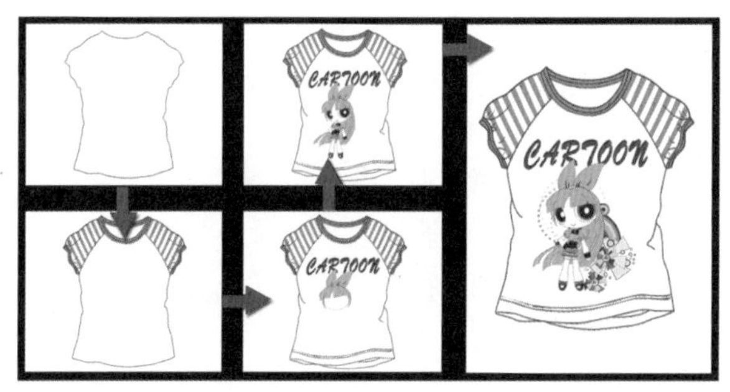

图12-2-1 最终效果图

案例技术思路

衣服的轮廓可以使用线条进行表示，并制作出衣领、衣袖及皱褶等图形以完善衣服的构成。考虑到所设计服装为女孩服饰，在颜色上应该使用粉色等柔和色，并在衣服图案上绘制出卡通女孩，使服装所定位的群体更加明显，并通过多彩的底纹使整体显得更有活力而不显深沉，更加符合儿童服饰的设计要求。

案例制作过程

01 按【Ctrl + N】快捷键，打开【创建新文档】对话框，设置【名称】为儿童服装设计，单击【确定】按钮。选择【贝塞尔工具】绘制衣服轮廓图形，如图 12–2–2 所示。

02 按【F12】键，打开【轮廓笔】对话框，设置【宽度】为 2mm，【角】为圆角，【线条端头】为圆端头，勾选【填充之后】和【随对象缩放】复选项，其他参数保持默认，如图 12–2–3 所示。单击【确定】按钮。

03 再次使用【贝塞尔工具】在衣服轮廓上方绘制衣领图形，按【Shift + F11】快捷键，打开【均匀填充】对话框，设置颜色为粉色（C：0；M：60；Y：0；K：0），单击【确定】按钮。选择衣服轮廓，按住鼠标右键不放移动准心到绘制的衣领上松开右键，在菜单中选择【复制轮廓】命令，图像效果如图 12–2–4 所示。

图12-2-2 绘制衣服轮廓

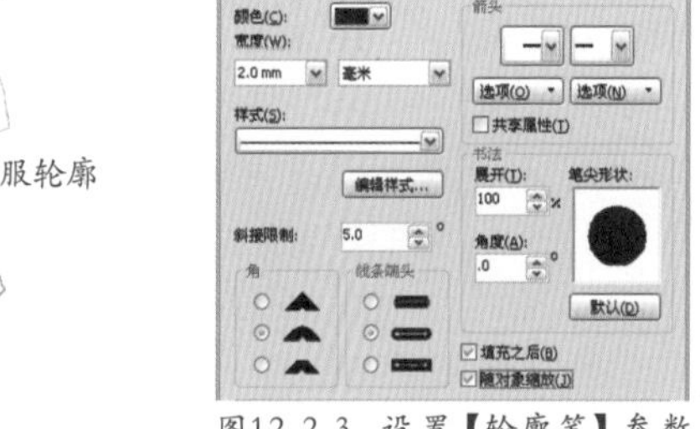

图12-2-3 设置【轮廓笔】参数

图12-2-4 绘制衣领

04 绘制弧形线条，按【F12】键，打开【轮廓笔】对话框，设置【宽度】为 1mm，勾选【填充之后】和【随对象缩放】复选项，其他参数保持默认，单击【确定】按钮。选择线条图形，按住鼠标右键不放，同时移动准心到绘制的衣领上松开右键，在菜单中选择【图框精确剪裁内部】命令，选择衣领图形单击鼠标右键选择【编辑 PowerClip】命令，在图框内部对线条进行调整位置，如图 12–2–5 所示。

05 调整后在线条上单击鼠标右键选择【结束编辑】命令，退出图框内部编辑模式。使用同样的方法绘制前方圆领图形，如图 12–2–6 所示。

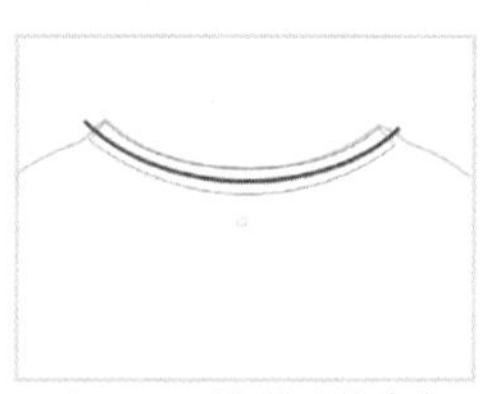

图12-2-5 绘制编辑线条

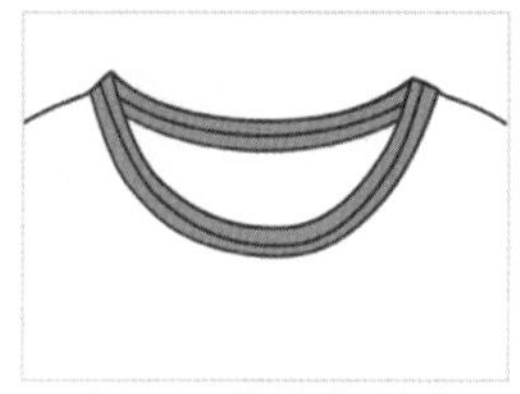

图12-2-6 绘制圆形衣领

06 选择【贝塞尔工具】在衣领左侧绘制衣袖图形轮廓，按【F12】键，打开【轮廓笔】对话框，设置【宽度】为 1mm，【角】为圆角，【线条端头】为圆端头，勾选【随对象缩放】复选项，其他参数保持默认，单击【确定】按钮，效果如图 12-2-7 所示。

07 绘制衣袖条纹图形，填充颜色为粉色（C：0；M：60；Y：0；K：0），取消轮廓色。将图形向下移动，在移动的同时单击鼠标右键进行复制，再按 6 次【Ctrl+R】快捷键重复上一步复制操作，图形效果如图 12-2-8 所示。

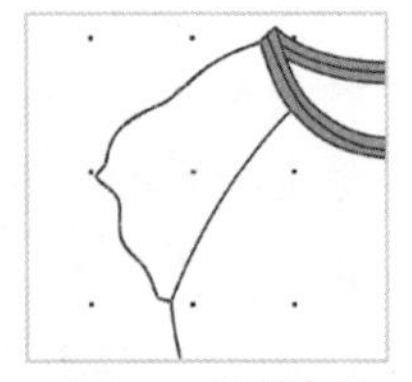
图12-2-7 绘制衣袖

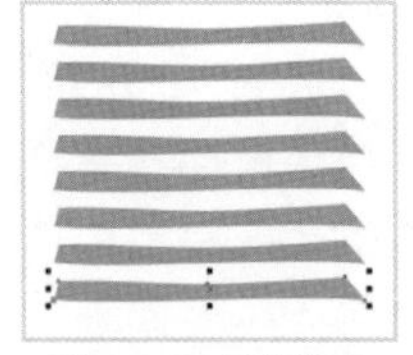
图12-2-8 制作花纹

08 框选绘制的条纹图形，按【Ctrl+G】快捷键进行群组，在属性栏上设置【旋转角度】为 295，按住鼠标右键不放，同时移动准心到衣袖上松开右键，在菜单中选择【图框精确剪裁内部】命令，选择衣袖图形单击鼠标右键选择【编辑 PowerClip】命令，在图框内部对条纹图形进行调整位置，调整后在图形上单击鼠标右键，选择【结束编辑】命令，退出图框内部编辑模式，效果如图 12-2-9 所示。

图12-2-9 制作衣袖样式

09 选择【贝塞尔工具】在衣袖左侧绘制袖口图形，设置填充颜色为粉色（C：0；M：60；Y：0；K：0），按【F12】键，打开【轮廓笔】对话框，【宽度】为 1mm，【角】为圆角，【线条端头】为圆端头，勾选【随对象缩放】复选项，其他参数保持默认。再根据袖口形状绘制线条，复制袖口图形轮廓到该线条上，并将线条放置到袖口图形中，效果如图 12-2-10 所示。

10 再次使用【贝塞尔工具】在衣袖右侧绘制皱褶图形，设置填充颜色为黑色，取消轮廓色，如图 12-2-11 所示。

11 框选绘制的衣袖图形，按【Ctrl+G】快捷键进行群组，将光标移动到左侧中间黑色方块上，按住【Ctrl】键和鼠标左键不放，向右进行移动进行翻转，在翻转后单击鼠标右键进行复制。将复制的衣袖移动到衣服右侧，如图 12-2-12 所示。

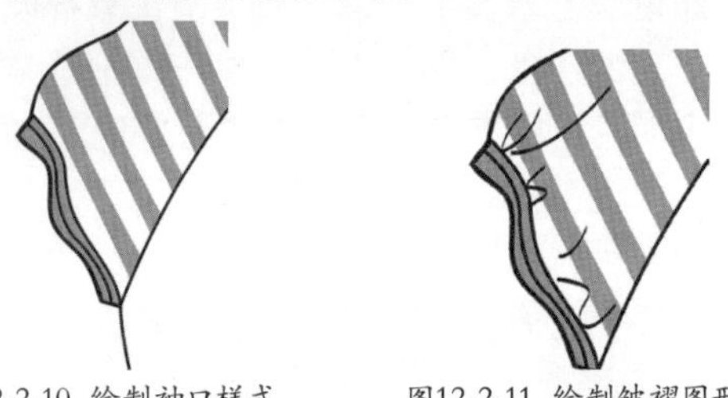
图12-2-10 绘制袖口样式　图12-2-11 绘制皱褶图形

图12-2-12 翻转复制图形

12 在衣服下方绘制线条及图形，设置及填充颜色为黑色，制作出衣服层次及皱褶效果，如图 12-2-13 所示。

13 选择【文本工具】输入文字，设置颜色为紫色（C：20；M：80；Y：0；K：20），再选中第一和第四个字母，修改颜色为洋红色（C：0；M：100；Y：0；K：0），将文字向上略微移动，在移动时单击鼠标右键进行复制，设置填充颜色为黑色，按【Ctrl+PgDn】快捷键将黑色文字放置到彩色文字图层下方，如图 12-2-14 所示。

14 选择【贝塞尔工具】绘制头饰图形，设置填充颜色为蓝色（C：60；M：0；Y：0；K：0），按【F12】键，打开【轮廓笔】对话框，设置【宽度】为 0.5mm，【角】为圆角，【线条端头】为圆端头，勾选【填充之后】和【随对象缩放】复选项，其他参数保持默认，单击【确定】按钮，效果如图 12-2-15 所示。

图12-2-13 绘制皱褶图形　图12-2-14 输入并编辑文字　图12-2-15 绘制头饰

15 使用同样的方法在右侧再次绘制一个头饰，并在头饰上绘制皱褶图形，设置填充颜色为黑色，取消轮廓色，效果如图 12-2-16 所示。

16 选择【贝塞尔工具】绘制扎带图形，设置填充颜色为浅蓝色（C：40；M：0；Y：0；K：

0），按【F12】键，打开【轮廓笔】对话框，设置【宽度】为 0.5mm，【角】为圆角，【线条端头】为圆端头，勾选【填充之后】和【随对象缩放】复选项，其他参数保持默认，单击【确定】按钮，如图 12-2-17 所示。

17 绘制头发图形轮廓，设置填充颜色为粉色（C：0；M：40；Y：20；K：0），复制扎带图形轮廓到该图形上，效果如图 12-2-18 所示。

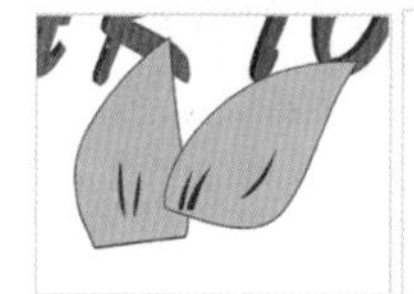

图12-2-16 绘制皱褶图形

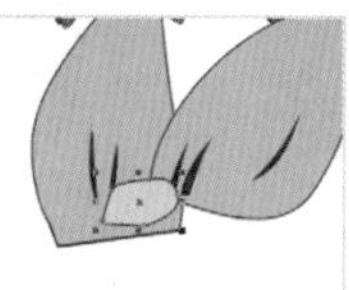

图12-2-17 绘制扎带

图12-2-18 绘制头发

18 使用绘制头发的方法绘制两侧耳发，按【Ctrl+PgDn】快捷键将耳发图形放置到头发图形下方，选择【椭圆工具】绘制椭圆，设置填充颜色为白色，按【F12】键，打开【轮廓笔】对话框，设置【宽度】为 0.5mm，【角】为圆角，【线条端头】为圆端头，勾选【填充之后】和【随对象缩放】复选项，其他参数保持默认，单击【确定】按钮。将图形放置到图层下方，效果如图 12-2-19 所示。

19 在脸型右侧绘制椭圆，复制脸型轮廓到该图形，先选择脸型图形，再按住【Shift】键不放，同时选择绘制的椭圆，单击属性栏上的【相交】按钮，删除绘制的椭圆图形，再次在相交后的图形上绘制椭圆，设置填充颜色为浅紫色（C：13；M：65；Y：0；K：0），取消轮廓色。框选制作的眼眶图形进行群组，执行【排列】|【顺序】|【置于此对象前】命令，将黑色箭头移动到脸型图形上，同时单击鼠标左键，将图形放置到该图形图层上方，如图 12-2-20 所示。

20 在眼眶上绘制一个椭圆，设置填充颜色为黑色，取消轮廓色。等比例缩小图形，在缩小的同时单击鼠标右键进行复制，设置填充颜色为白色，框选绘制的眼睛图层进行群组，将该图形放置到头发图层下方，如图 12-2-21 所示。

图12-2-19 绘制脸型

图12-2-20 绘制眼眶

图12-2-21 绘制眼瞳

21 使用同样的方法绘制人物左侧眼睛图形，如图 12-2-22 所示。

22 选择【贝塞尔工具】在人物脸部下侧绘制嘴部图形，设置填充颜色为黑色，取消轮廓色。在脸部下方绘制颈部图形，设置填充颜色为白色，按【F12】键，打开【轮廓笔】对话框，设置【宽度】为 0.5mm，【角】为圆角，【线条端头】为圆端头，勾选【填充之后】和【随对象缩放】复选项，其他参数保持默认，单击【确定】按钮。按【位移+PgDn】快捷键将图形放置到图层下方，效果如图 12-2-23 所示。

图12-2-22 绘制左眼图形

图12-2-23 绘制嘴部及颈部

23 绘制人物长发图形，设置填充颜色为粉色（C：0；M：40；Y：20；K：0），将长发图形放置到图形最下方，效果如图 12-2-24 所示。

图12-2-24 绘制长发

24 绘制人物衣领及衣服图形，填充衣领颜色为黑色，取消轮廓色，填充衣服颜色为浅蓝色（C：60；M：0；Y：0；K：0），复制脸部轮廓到该图层上，如图 12-2-25 所示。

25 绘制衣服皱褶图形并填充颜色为黑色，取消轮廓色。绘制右侧衣袖袖口图形，设置填充颜色为蓝色（C：60；M：0；Y：0；K：0），复制衣服轮廓到该图形上，如图 12-2-26 所示。

图12-2-25 绘制衣服

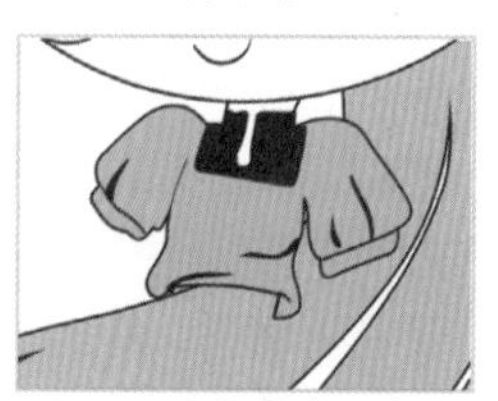

图12-2-26 绘制皱褶及袖口

26 绘制手臂图形，设置填充颜色为白色，复制衣服轮廓到该图形上。在手臂前端绘制护腕图形，设置填充颜色为黑色，如图 12-2-27 所示。

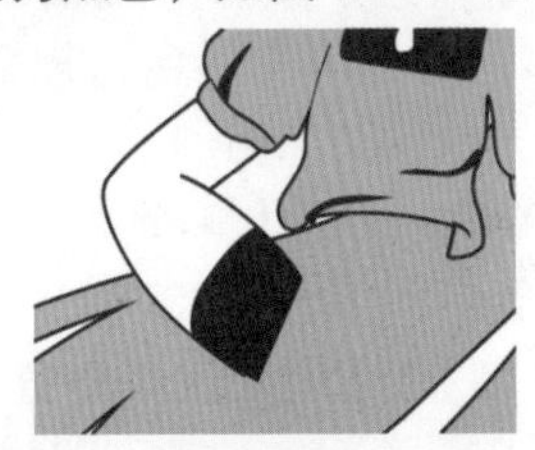

图12-2-27 绘制左臂及护腕

27 使用同样的方法绘制右侧手臂效果，再在衣服下方绘制腰带及裙子图形，填充腰带图形颜色为黑色，取消轮廓色。填充裙子图形颜色为蓝色（C：100；M：0；Y：0；K：0），复制衣服轮廓到该图形上，效果如图 12-2-28 所示。

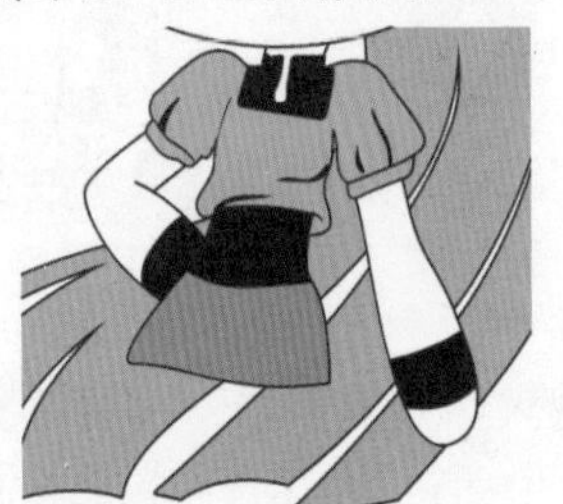

图12-2-28 绘制裙子

28 在裙子上绘制皱褶图形并分别设置填充颜色为黑色和白色，取消轮廓色。在裙子下方绘制下摆图形，设置填充颜色为深蓝色（C：100；M：20；Y：0；K：0），复制裙子轮廓到该图形上，如图 12-2-29 所示。

29 使用绘制手部图形的方法绘制腿部图形，在腿部上侧绘制装饰图形，设置填充颜色为深蓝色（C：100；M：20；Y：0；K：0），取消轮廓色，如图 12-2-30 所示。

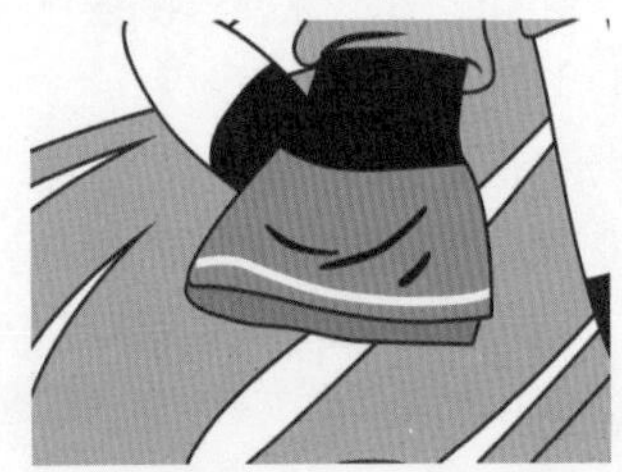

图12-2-29 绘制皱褶及下摆图形　　图12-2-30 绘制腿部及鞋子

30 选择【贝塞尔工具】绘制彩虹轮廓，设置填充颜色为红色（C：0；M：100；Y：100；K：0），取消轮廓色，等比例缩小图形，在缩小的同时单击鼠标右键进行复制，调整复制图形的位置并设置填充颜色为深蓝色（C：73；M：94；Y：0；K：0），取消轮廓色，如图 12-2-31 所示。

31 选择【调和工具】，在蓝色图形上按住鼠标左键不放，向红色图形进行拖动，在红色图形上松开左键，添加调和效果，在属性栏上设置【调和对象】为 5，效果如图 12-2-32 所示。

图12-2-31 等比例缩小复制图形

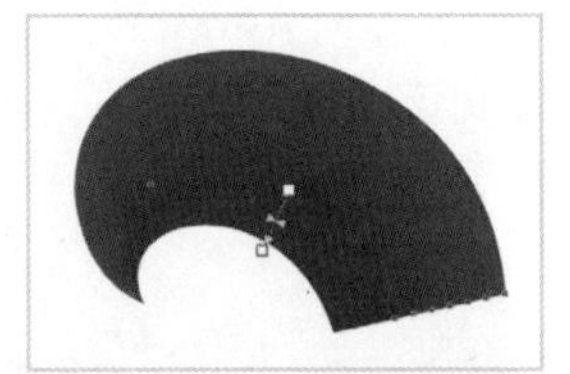

图12-2-32 添加调和效果

32 选择【选择工具】，在彩虹图形上单击鼠标右键选择【拆分调和群组】命令，选择中间群组的图形，按【Ctrl+U】快捷键取消群组，并调整图形颜色，效果如图 12-2-33 所示。

图12-2-33 修改图形颜色

提示：

拆分调和群组后，除原始绘制的图形外，其他图形是被群组在一起的。

33 框选绘制的彩虹图形进行群组，单击属性栏上的【导入】按钮，导入素材图片“装饰 .tif”，调整素材大小和位置，如图 12-2-34 所示。

34 框选制作的背景装饰图形，将其移动到人物图层下方并调整位置。本案例最终效果如图 12-2-35 所示。

图12-2-34 导入素材

图12-2-35 最终效果

案例小结

通过学习本案例，可以使读者对常用工具的使用及操作有更深的了解和掌握，并对服装的设计有一定的了解。如何体现出服装的定位人群及服饰的设计构图等设计概念，还需要读者不断地学习和探索，才能更好地设计制作出想要的作品。

12.3 抽象相机广告

本节将绘制抽象的相机广告，通过本章中第一节的学习，相信读者已经对抽象画有了一定的认识和了解。而本节将继续带领读者向更深层次的设计知识迈进，扩宽读者的思路，制作出更加优秀的作品。

案例过程赏析

本案例的最终效果如图 12-3-1 所示。

图12-3-1 最终效果图

案例技术思路

本案例在制作中以蓝色为背景色，并制作出磨砂的纹理特效，使整体画面体现出一种沉稳而又理智、准确的意向，并能展现出大气广阔的氛围。在绘制相机时，不用将相机的整体绘制得很复杂，而应抓住相机的机体材质及真实感，并通过美丽多彩的风景照，使相机能够美观大方地呈现，并给人留下深刻的印像。

案例制作过程

01 按【Ctrl + N】快捷键，打开【创建新文档】对话框，设置【名称】为抽象相机广告，单击【确定】按钮。选择【矩形工具】绘制矩形，如图 12-3-2 所示。

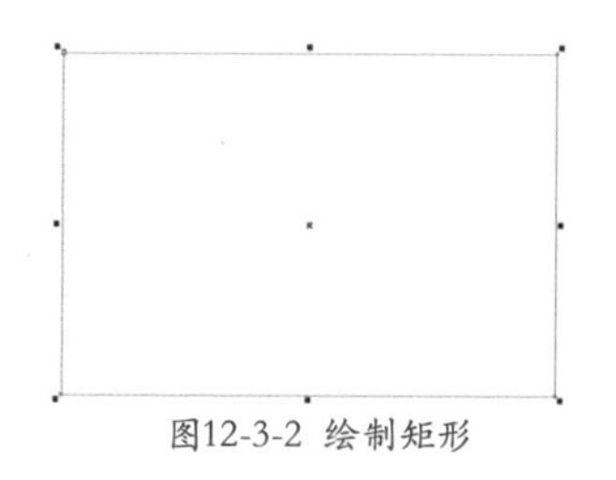

图12-3-2 绘制矩形

02 复制一个矩形放置到一旁，选择之前绘制的矩形，按【F11】键，打开【渐变填充】对话框，设置【类型】为辐射,在【中心位移】区域设置【水平】为 -20%,【垂直】为 7%，在【颜色调和】选区中选择【自定义】单选项，分别设置如下。

位置：0　颜色（C：84；M：73；Y：73；K：91）；

位置：85　颜色（C：76；M：11；Y：6；K：0）；

位置：100　颜色（C：76；M：11；Y：6；K：0）。

如图 12-3-3 所示。单击【确定】按钮。

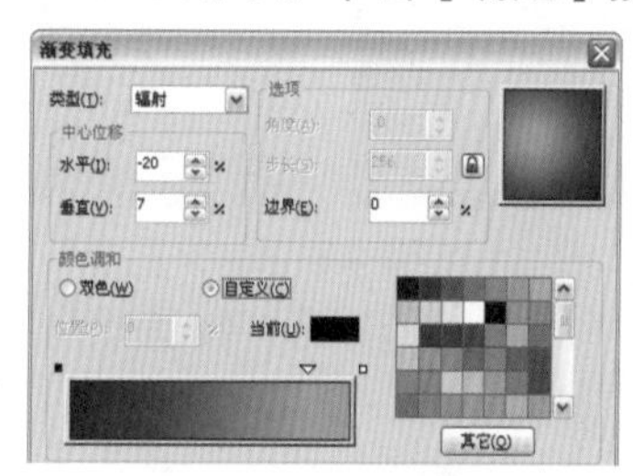

图12-3-3 设置渐变参数

03 填充渐变色后，取消轮廓色。执行【位图】|【转换为位图】命令，打开【转换为位图】对话框，设置【分辨率】为 300dpi,勾选【透明背景】复选项，单击【确定】按钮。图像效果如图 12-3-4 所示。

04 执行【位图】|【杂点】|【添加杂点】命令，打开【添加杂点】对话框，设置【杂点类型】为高斯式,【层次】为 50,【密度】为 50，选中【强度】单选项，设置颜色为白色，如图 12-3-5 所示。单击【确定】按钮。

提示：

在对图形进行特效设置时，不同的选项设置会产生各种不同的效果，这些需要读者自己多去操作尝试和探索发现。

图12-3-4 转换为位图

图12-3-5 设置【添加杂点】参数

05 执行【添加杂点】命令后，选择复制的矩形，按住【Shift】键不放，同时选择位图，按【C】键和【E】键进行对齐，取消矩形轮廓色，图像效果如图12-3-6所示。

06 单击属性栏上的【导入】按钮，导入素材图片“花纹.tif”，选择【透明度工具】，设置属性栏上的【透明度类型】为标准，【透明度操作】为常规，【开始透明度】为70。将花纹素材放置到矩形中并调整位置和大小，效果如图12-3-7所示。

图12-3-6 对齐图形

图12-3-7 添加透明度效果

07 再次绘制矩形图形，设置填充颜色为黑色，取消轮廓色。按【Ctrl+Q】快捷键将图形转曲，选择【形状工具】对矩形四边的节点进行调整，制作出图12-3-8所示的图形。

图12-3-8 绘制相机机身图形

08 按【Ctrl+C】快捷键复制图形，再按【Ctrl+V】快捷键在原位置粘贴图形，等比例略微缩小图形，再复制一个图形放置到一旁，选择缩小的图形，执行【位图】|【转换为位图】命令，打开【转换为位图】对话框，参数保持默认值，单击【确定】按钮。执行【位图】|【杂点】|【添加杂点】命令，打开【添加杂点】对话框，设置【层次】为60，【密度】为60，其他参数保持默认值，如图12-3-9所示。单击【确定】按钮。

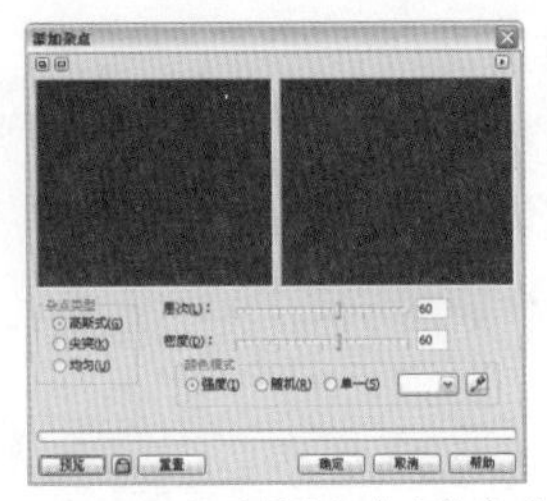
图12-3-9 设置【添加杂点】参数

09 执行【添加杂点】命令后，执行【位图】|【模糊】|【锯齿状模糊】命令，打开【添加杂点】对话框，设置【宽度】为2，【高度】为2，其他参数保持默认值，如图12-3-10所示。单击【确定】按钮。

10 执行【锯齿状模糊】命令后，图像效果如图12-3-11所示。

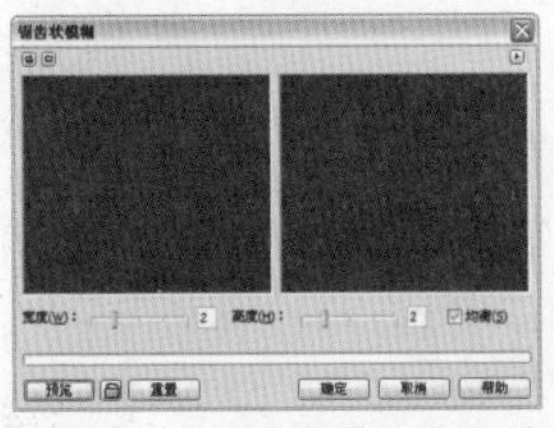
图12-3-10 设置【锯齿状模糊】参数

图12-3-11 【锯齿状模糊】效果

11 选择之前复制的图形放置到位图上并设置填充颜色为白色，选择【透明度工具】，按住鼠标左键不放，同时由右往左拖移，形成透明渐变效果。选择黑色色块，在属性栏上设置【透明中心点】为90，选择白色色块，在属性栏上设置【透明中心点】为80，如图12-3-12所示。

图12-3-12 添加透明度效果

12 在图形左侧绘制矩形，设置填充颜色为黑色，取消轮廓色。先选择透明图形，按住【Shift】键不放，同时选择绘制的黑色矩形，单击属性栏上的【相交】按钮，删除黑色矩形并选择相交所得图形，在属性栏上单击【清除透明度】按钮，取消透明度效果。再选择【透明度工具】，在图形右侧按住鼠标左键不放，同时由左往右拖移，为图形重新添加透明渐变效果，如图12-3-13所示。

13 再次在图形上绘制矩形，设置填充颜色为白色，取消轮廓色，如图12-3-14所示。

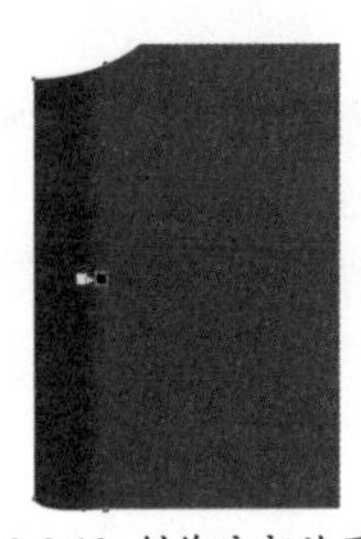
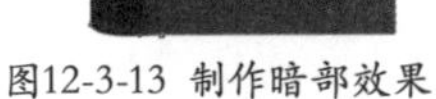

图12-3-13 制作暗部效果

图12-3-14 绘制图形

14 执行【位图】|【转换为位图】命令，打开【转换为位图】对话框，参数保持默认值，单击【确定】按钮。执行【位图】|【模糊】|【高斯式模糊】命令，打开【高斯式模糊】对话框，设置【半径】为10像素，如图12-3-15所示。单击【确定】按钮。

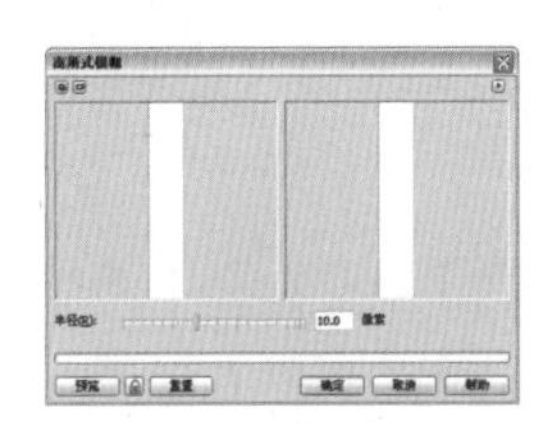

图12-3-15 设置【高斯式模糊】参数

15 执行【高斯式模糊】命令后，先选择黑色透明渐变图形，按住【Shift】键不放，同时选择白色模糊图像，单击属性栏上的【相交】按钮，删除多出图形的白色模糊位图，选择相交后得到的模糊图像，选择【透明度工具】，设置属性栏上的【透明度类型】为标准，【透明度操作】为常规，【开始透明度】为50。框选左侧所制作的立体效果，向右进行翻转复制，并将复制的图形放置到图像右侧，如图12-3-16所示。

图12-3-16 翻转复制图形

16 在图形左下方绘制椭圆，设置填充颜色为黑色，取消轮廓色。将椭圆与透明渐变图形进行相交并删除椭圆，再使用同样的方法制作出相交后圆环图形，并设置填充颜色为深灰色（C：0；M：0；Y：0；K：80），取消轮廓色，效果如图12-3-17所示。

17 在图形中绘制矩形，设置填充颜色为黑色，取消轮廓色。在属性栏上设置【圆角半径】为1mm，效果如图12-3-18所示。

图12-3-17 绘制圆孔图形

图12-3-18 绘制圆角矩形

18 在黑色圆角矩形左侧绘制一条较窄的白色矩形，取消轮廓色。将图形转换为位图，执行【位图】|【模糊】|【高斯式模糊】命令，打开【高斯式模糊】对话框，设置【半径】为3像素，单击【确定】按钮。再将制作的模糊图像放置到黑色矩形中，如图12-3-19所示。

提示：

细节上的制作能够将物品表现得更加真实、富有立体感。

19 向下复制黑色矩形并提取模糊图像进行删除，设置填充颜色为黄色。再次向下复制图形，并设置填充颜色为黑色，如图12-3-20所示。

图12-3-19 制作光泽效果

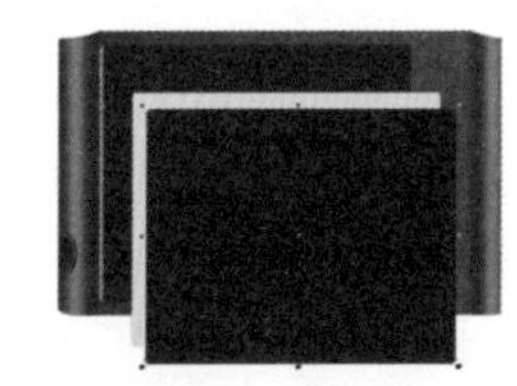

图12-3-20 复制图形

20 将黑色圆角矩形转换成位图，执行【位图】|【艺术笔触】|【木版画】命令，打开【木版画】对话框，在【刮痕至】选区中选择【颜色】单选项，设置【密度】为25，【大小】为10，如图12-3-21所示。单击【确定】按钮。

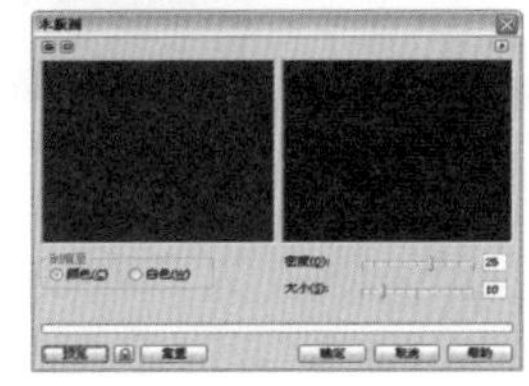

图12-3-21 设置【木版画】参数

21 执行【位图】|【模糊】|【动态模糊】命令，打开【动态模糊】对话框，设置【间距】为50像素，【方向】为0，在【图像外围取样】选区中选择【忽略图像外的像素】单选项，如图12-3-22所示。单击【确定】按钮。

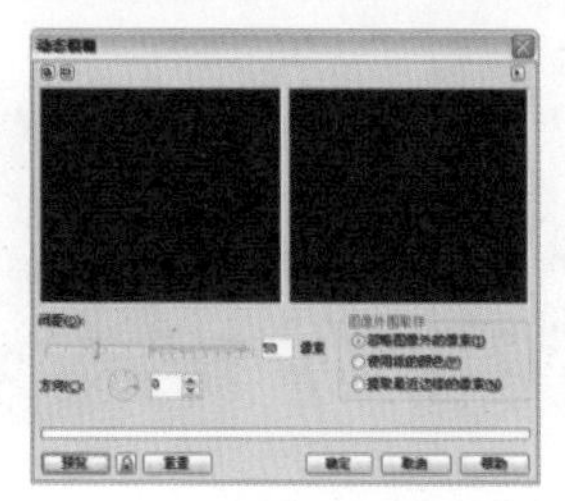

图12-3-22 设置【动态模糊】参数

22 执行【动态模糊】命令后，效果如图 12-3-23 所示。

23 执行【位图】|【相机】|【扩散】命令，打开【扩散】对话框，设置【层次】为 50，如图 12-3-24 所示。单击【确定】按钮。

图12-3-23 【动态模糊】效果

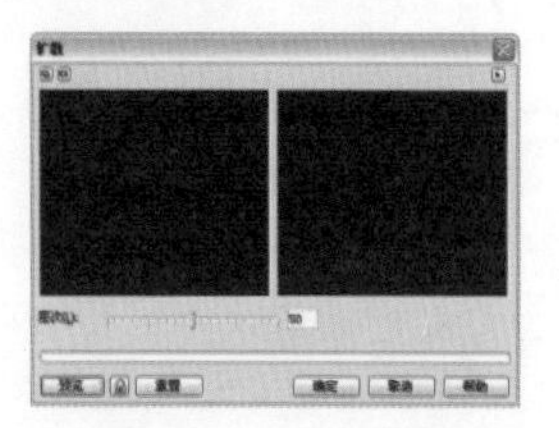

图12-3-24 设置【扩散】参数

24 执行【位图】|【创造性】|【散开】命令，打开【散开】对话框，设置【水平】为 3，【垂直】为 3，如图 12-3-25 所示。单击【确定】按钮。

25 执行【散开】命令后，将位图放置到黄色圆角矩形中，取消黄色圆角矩形填充色，选择黑色圆角矩形，按住【Shift】键不放，同时选择纹理图形，按【C】键和【E】键进行对齐，再将纹理图形进行等比例略微缩小并向右侧轻微移动，效果如图 12-3-26 所示。

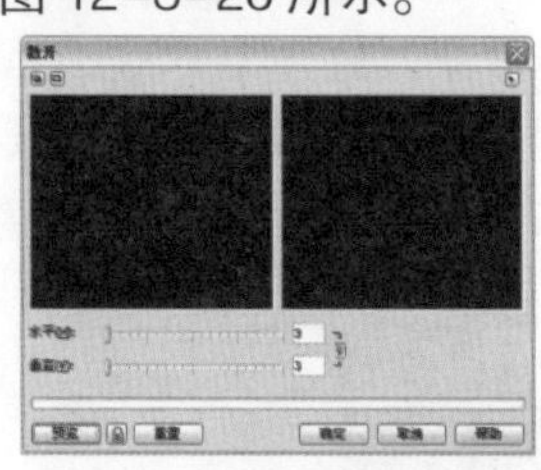

图12-3-25 设置【散开】参数

图12-3-26 调整纹理图形

提示：

多尝试滤镜功能可以制作出很多不同的特效，不同的滤镜相互组合可以得到很多真实的图像纹理。

26 选择纹理图形，按【Ctrl+C】快捷键复制图形，再按【Ctrl+V】快捷键在原位置粘贴图形，提取图形中的位图进行删除，设置填充颜色为白色，单击鼠标右键选择【框类型】|【无】命令，选择【透明度工具】，按住鼠标左键不放，同时由右往左拖移，形成透明渐变效果。选择白色色块，在属性栏上设置【透明中心点】为 70，如图 12-3-27 所示。

27 再次在图形上绘制矩形，在属性栏上设置【圆角半径】为 1mm，效果如图 12-3-28 所示。

图12-3-27 添加透明度效果

图12-3-28 绘制圆角矩形

28 按【F11】键，打开【渐变填充】对话框，在【选项】区域设置【角度】为 180，在【颜色调和】选区中选择【自定义】单选项，分别设置如下。

位置：0　颜色（C：0；M：0；Y：0；K：100）；

位置：50　颜色（C：0；M：0；Y：0；K：100）；

位置：100　颜色（C：12；M：9；Y：9；K：0）。

如图 12-3-29 所示。单击【确定】按钮。

29 填充渐变色后，取消轮廓色，如图 12-3-30 所示。

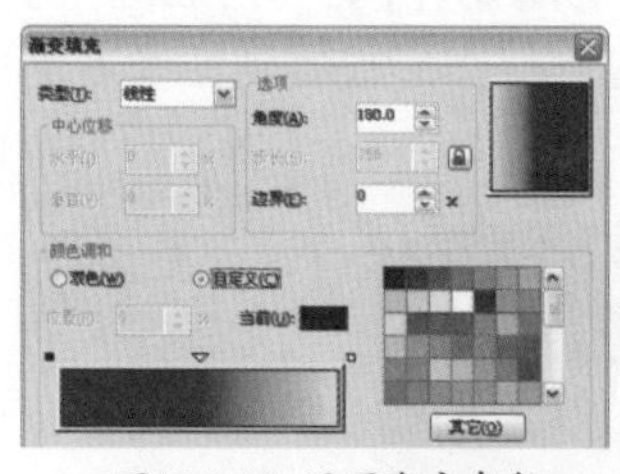

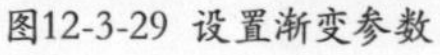

图12-3-29 设置渐变参数

图12-3-30 填充渐变色

30 原位复制图形，设置填充颜色为白色，等比例略微缩小并复制图形，如图 12-3-31 所示。

31 在图像右边绘制正方形并设置填充颜色为黑色，取消轮廓色。在黑色正方形上方绘制一个白色矩形，选择【透明度工具】，按住鼠标左键不放，同时由下往上拖移，形成透明渐变效果。选择白色色块，在属性栏上设置【透明中心点】为 30，如图 12-3-32 所示。

图12-3-31 复制图形

图12-3-32 制作按钮图形

32 框选制作的按钮图形进行群组，用鼠标向下移动并复制图形。按【Ctrl+R】快捷键 4 次重复复制操作步骤。再使用同样的方法制作出下方按钮效果，如图 12-3-33 所示。

33 在图形右侧下方绘制一个黑色正方形，在属性栏上设置【圆角半径】为 1mm，选择【基本形状工具】，在属性栏上单击【完美形状】按钮，打开功能面板，在面板中选择三角形，按住【Ctrl】键不放绘制等边三角形，在属性栏上设置【旋转角度】为 135，对三角形进行拉伸并设置填充颜色为白色。调整三角形后将图形放置到黑色圆角矩形中间，如图 12-3-34 所示。

图12-3-33 制作其它按钮

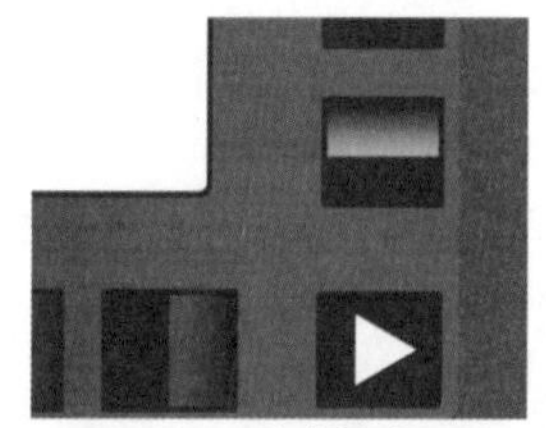
图12-3-34 制作播放按钮

34 在图像右上方绘制矩形，在属性栏上设置【圆角半径】为 2.5mm，单击属性栏上的【同时编辑所有角】按钮，分别设置右上及右下【圆角半径】为 10mm，设置后填充颜色为黑色，取消轮廓色。再原位复制图形取消填充色并等比例略微缩小图形，如图 12-3-35 所示。

图12-3-35 编辑矩形

35 复制底纹纹理到缩小的图形中并进入到图框编辑模式调整其位置，再在右侧绘制白色矩形，如图 12-3-36 所示。

36 将图形转换为位图，执行【位图】|【模糊】|【高斯式模糊】命令，打开【高斯式模糊】对话框，设置【半径】为 3 像素，单击【确定】按钮。选择【透明度工具】，设置属性栏上的【透明度类型】为标准，【透明度操作】为常规，【开始透明度】为 70，效果如图 12-3-37 所示。

图12-3-36 绘制矩形

图12-3-37 制作高光效果

37 在制作的高光效果图形上绘制黑色矩形并放置到高光图形图层下方，选择【透明度工具】，按住鼠标左键不放，同时由右往左拖移，形成透明渐变效果，如图 12-3-38 所示。

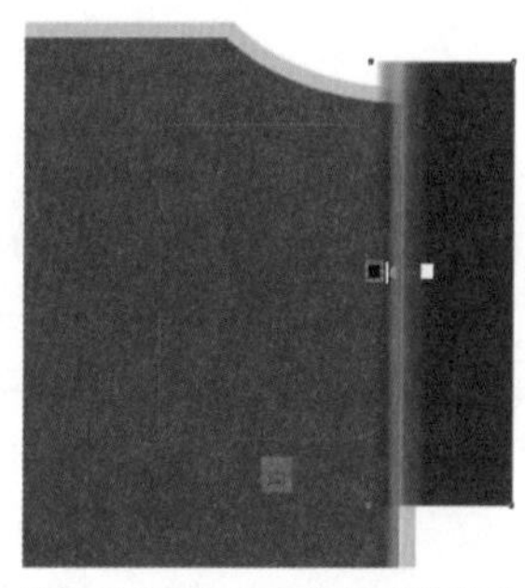
图12-3-38 添加渐变透明度效果

38 退出图框编辑模式，在图形上绘制矩形，单击属性栏上的【同时编辑所有角】按钮，在属性栏上设置【圆角半径】为 1.5mm，如图 12-3-39 所示。

39 按【F11】键，打开【渐变填充】对话框，在【选项】区域设置【角度】为 90，在【颜色调和】选区中选择【自定义】单选项，分别设置如下。

位置：0颜色（C：0；M：0；Y：0；K：100）；

位置：80颜色（C：0；M：0；Y：0；K：100）；

位置：100颜色（C：0；M：0；Y：0；K：50）。

如图 12-3-40 所示。单击【确定】按钮。

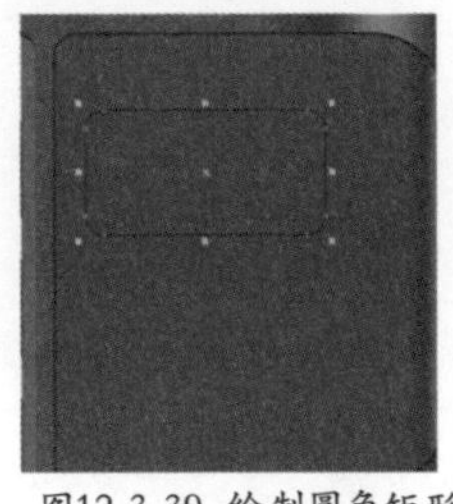

图12-3-39 绘制圆角矩形

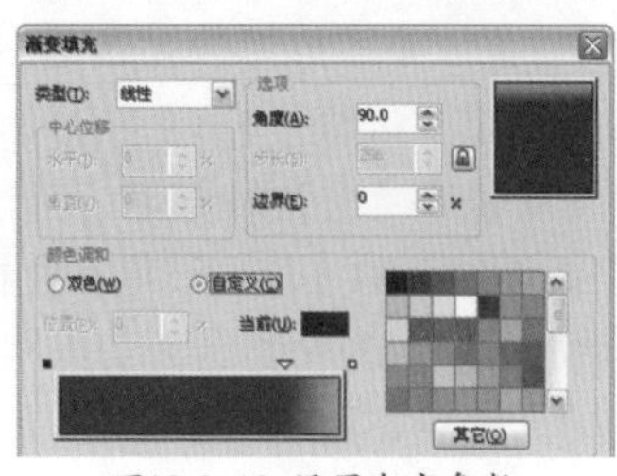

图12-3-40 设置渐变参数

40 填充渐变色后，等比例缩小复制图形，设置填充颜色为黑色，如图 12-3-41 所示。

41 在圆角矩形上绘制矩形，设置轮廓色为：白色，在属性栏上设置【圆角半径】为 100mm，选择【轮廓工具】，按住鼠标左键不放，同时向内进行拖动，完成操作后在属性栏上设置【轮廓图步长】为 3，【轮廓图偏移】为 0.2mm，效果如图 12-3-42 所示。

图12-3-41 缩小复制图形

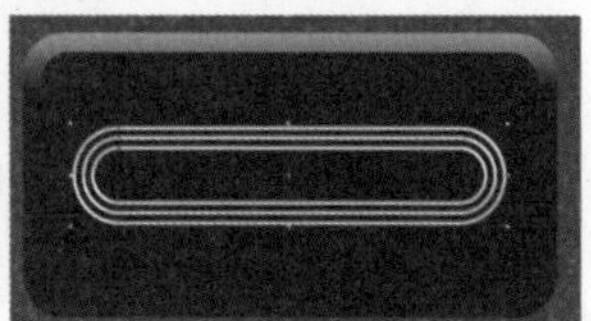

图12-3-42 轮廓图效果

42 选择【选择工具】，在图形上单击鼠标右键，选择【拆分轮廓图群组】命令，选择最下层图形，按【F11】键，打开【渐变填充】对话框，在【选项】区域设置【角度】为 90，在【颜色调和】选区中选择【自定义】单选项，分别设置如下。

位置：0 颜色（C：0；M：0；Y：0；K：70）；

位置：80 颜色（C：0；M：0；Y：0；K：70）；

位置：100 颜色（C：0；M：0；Y：0；K：20）。

如图 12-3-43 所示。单击【确定】按钮。

43 填充渐变色后，图像效果如图 12-3-44 所示。

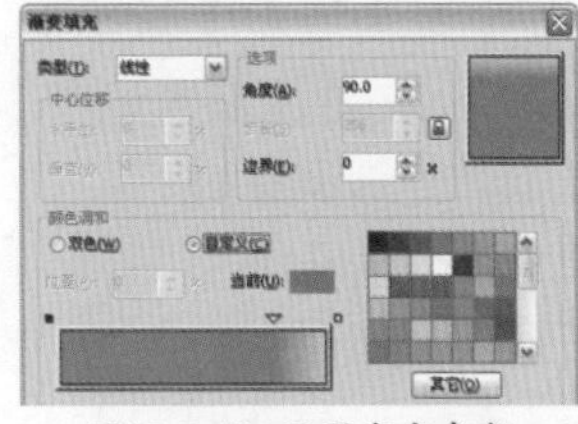

图12-3-43 设置渐变参数

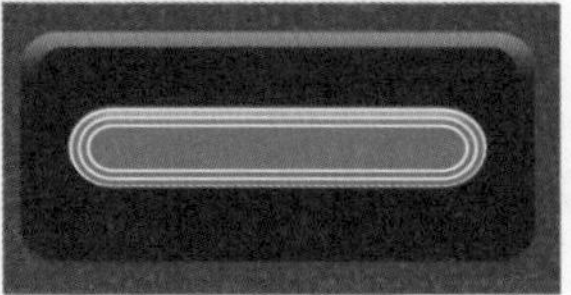

图12-3-44 填充渐变色

44 选择上层图形，按【Ctrl+U】快捷键取消群组，选择下层图形并设置填充颜色为黑色，选择上层图形，按【F11】键，打开【渐变填充】对话框，在【选项】区域设置【角度】为 90，在【颜色调和】选区中选择【自定义】单选项，分别设置如下。

位置：0 颜色（C：0；M：0；Y：0；K：70）；

位置：50 颜色（C：0；M：0；Y：0；K：70）；

位置：100 颜色（C：0；M：0；Y：0；K：20）。

如图 12-3-45 所示。单击【确定】按钮。

45 填充渐变色后，框选绘制的按钮图形取消轮廓色，效果如图 12-3-46 所示。

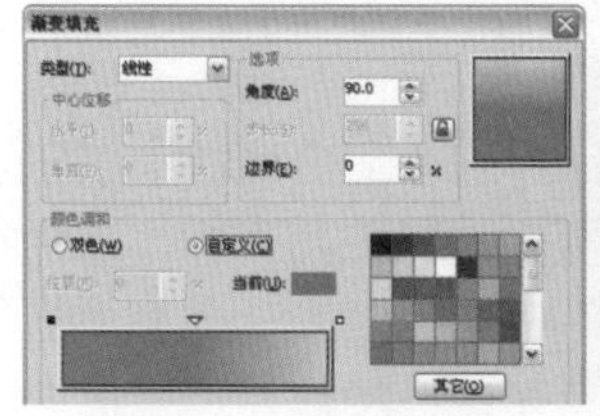

图12-3-45 设置渐变参数

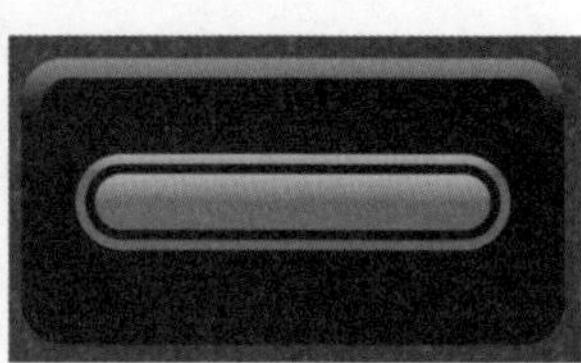

图12-3-46 填充渐变色

46 在图像右方绘制黑色圆角矩形，选择【贝塞尔工具】绘制白色高光图形，将图形转换为位图，执行【位图】|【模糊】|【高斯式模糊】命令，打开【高斯式模糊】对话框，设置【半径】为 1 像素，单击【确定】按钮。将位图放置到圆角矩形中，选择【透明度工具】，设置属性栏上的【透明度类型】为标准，【透明度操作】为常规，【开始透明度】为 40。如图 12-3-47 所示。

47 选择【贝塞尔工具】在图像左上角绘制黑色图形，如图 12-3-48 所示。取消图形轮廓色并将图形放置到图层下方。

图12-3-47 制作高光图形

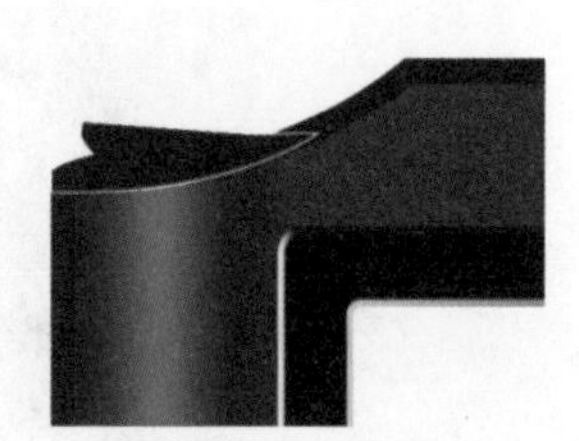

图12-3-48 绘制图形

48 绘制多个竖条形矩形，设置填充颜色为黑色。再在图形下方绘制一个长条形矩形，如图 12-3-49 所示。

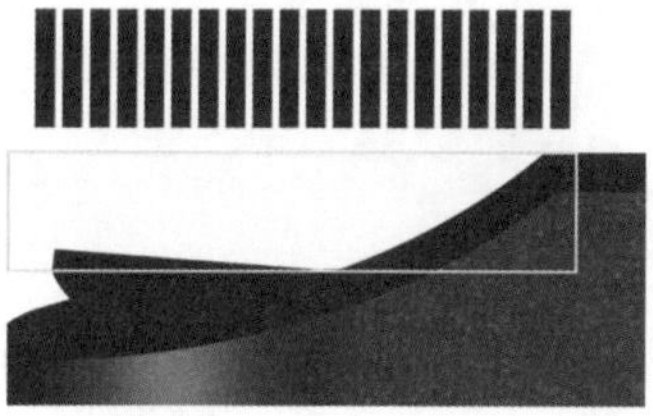

图12-3-49 绘制矩形

49 按【F11】键，打开【渐变填充】对话框，在【颜色调和】选区中选择【自定义】单选项，分别设置如下。

位置：0 颜色（C：0；M：0；Y：0；K：100）；

位置：50 颜色（C：0；M：0；Y：0；K：60）；

位置：100 颜色（C：0；M：0；Y：0；K：100）。

如图 12-3-50 所示。单击【确定】按钮。

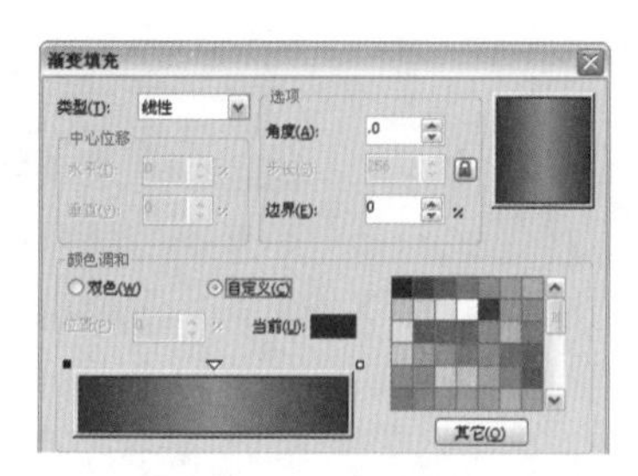

图12-3-50 设置渐变参数

50 填充渐变色后，取消轮廓色。将之前绘制的多个竖条形矩形进行群组并放置到渐变矩形中。再在图形上方绘制椭圆形并设置填充颜色为白色，取消轮廓色。将椭圆形放置到图层最下方，效果如图 12-3-51 所示。

51 框选制作的左侧图形进行翻转复制，将翻转复制的图形放置到图像右侧并调整图层到最下方。框选绘制的相机图形，将其移动到之前制作的背景图形上，如图 12-3-52 所示。

图12-3-51 绘制椭圆

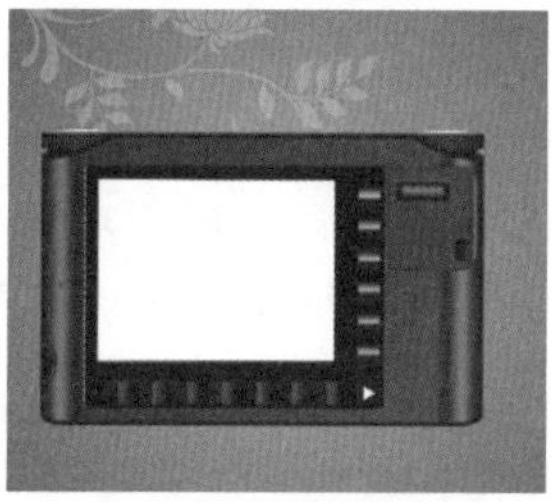

图12-3-52 调整图形位置

52 单击属性栏上的【导入】按钮，导入素材图片“风景照片 .tif”，将素材放置到白色圆角矩形中并调整大小和位置，效果如图 12-3-53 所示。

提示：

在导入需要展示的图片时，可以通过调整图片颜色等功能使图片的画质提升一个等级，让整体画面更加美观。

53 选择【文本工具】字输入白色文字，将文字略微向下移动，在移动时单击鼠标右键进行复制，设置填充颜色为黑色，按【Ctrl+PgDn】快捷键将黑色文字放置到白色文字图层下方，效果如图 12-3-54 所示。

图12-3-53 编辑素材

图12-3-54 输入并编辑文字

54 选择白色文字，按【F11】键，打开【渐变填充】对话框，在【选项】区域设置【角度】为 90,【边界】为 20%,在【颜色调和】选区中选择【自定义】单选项，分别设置如下。

位置：0 颜色（C：0；M：0；Y：0；K：40）；

位置：100 颜色（C：0；M：0；Y：0；K：0）。

如图 12-3-55 所示。单击【确定】按钮。

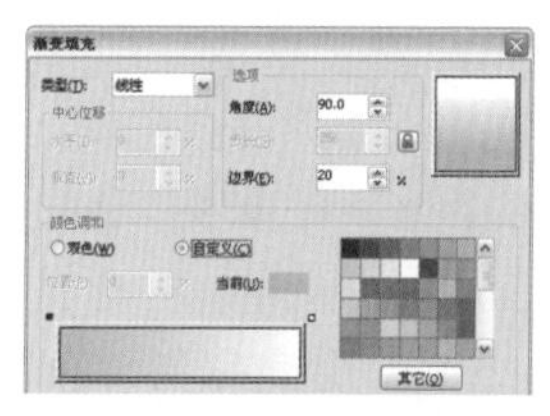

图12-3-55 设置渐变参数

55 填充渐变色后，图像效果如图 12-3-56 所示。

56 使用之前制作图形的方法绘制出白色圆角矩形及按钮标识图形，如图 12-3-57 所示。

图12-3-56 填充渐变色

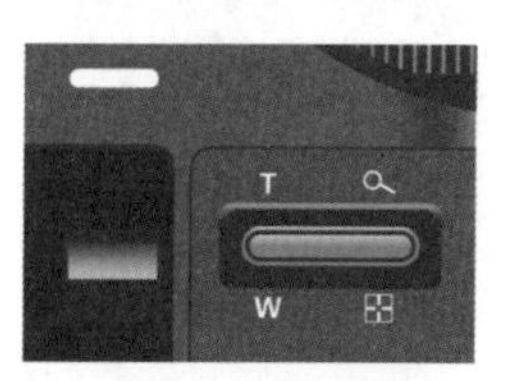

图12-3-57 绘制图形

57 在相机右上方绘制按钮图形，填充下层图形颜色为黑色，如图 12-3-58 所示。

图12-3-58 绘制按钮

58 选择上层图形，按【F11】键，打开【渐变填充】对话框，设置【类型】为辐射，在【中心位移】区域设置【垂直】为40%，在【颜色调和】选区中选择【自定义】单选项，分别设置如下。

位置：0　颜色（C：0；M：0；Y：0；K：80）；

位置：24　颜色（C：0；M：0；Y：0；K：80）；

位置：100　颜色（C：0；M：0；Y：0；K：0）。

如图 12-3-59 所示。单击【确定】按钮并取消图形轮廓色。

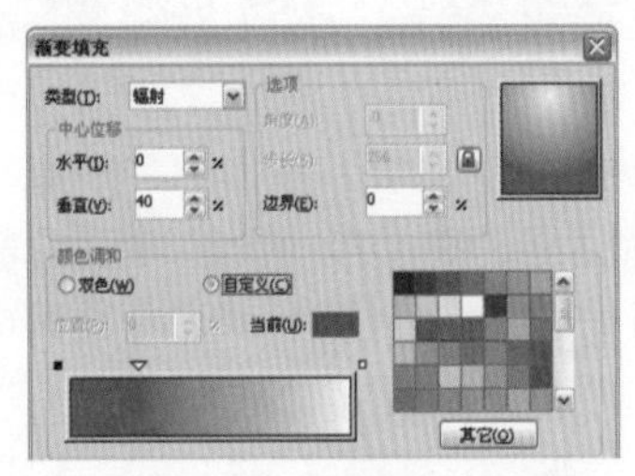
图12-3-59 设置渐变参数

59 框选制作的相机图形进行群组，向下翻转复制图像并将图形转换为位图，选择【透明度工具】，按住鼠标左键不放，同时由上往下拖移，形成透明渐变效果。选择白色色块，在属性栏上设置【透明中心点】为60，如图 12-3-60 所示。

60 选择上方相机图像，选择【阴影工具】，按住图形不放，用鼠标向外拖移形成阴影后，设置属性栏上【阴影的不透明度】为60，【阴影羽化】为5，其他参数保持默认值，如图 12-3-61 所示。

图12-3-60 添加渐变透明度效果

图12-3-61 添加阴影效果

61 在背景图像右上方输入白色文字，按【F11】键，打开【渐变填充】对话框，在【选项】区域设置【角度】为90，【边界】为45%，设置【从】的颜色为灰色（C：0；M：0；Y：0；K：30），【到】的颜色为白色，如图 12-3-62 所示。单击【确定】按钮。

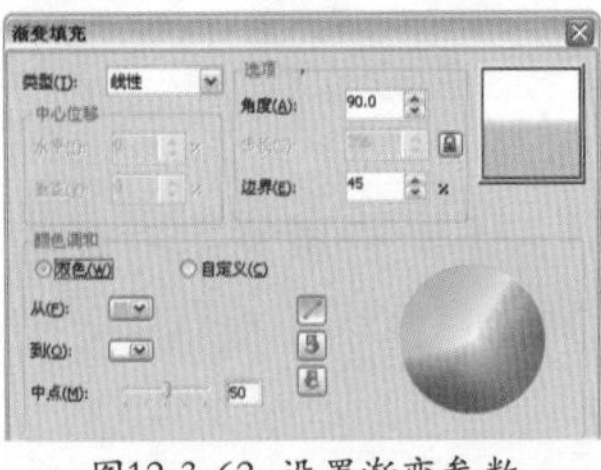
图12-3-62 设置渐变参数

图12-3-63 填充渐变色

62 填充渐变色后，图像效果如图 12-3-63 所示。

63 再在背景图像右侧输入文字，如图 12-3-64 所示。

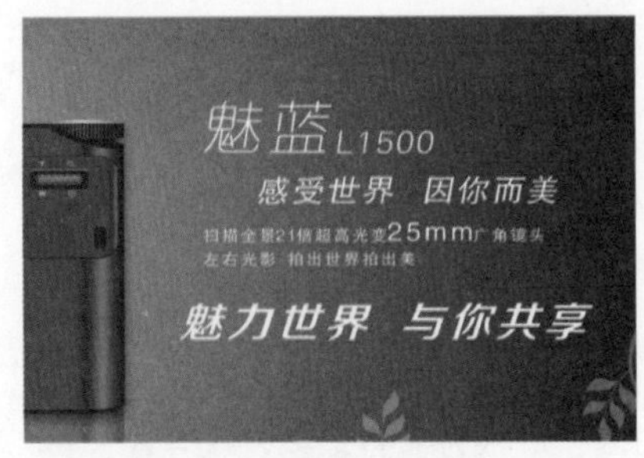

图12-3-64 输入文字

64 选择第二行文字，按【F11】键，打开【渐变填充】对话框，在【选项】区域设置【角度】为90，在【颜色调和】选区中选择【自定义】单选项，分别设置如下。

位置：0　颜色（C：60；M：0；Y：20；K：0）；

位置：25　颜色（C：0；M：0；Y：0；K：10）；

位置：50　颜色（C：60；M：0；Y：20；K：0）；

位置：75　颜色（C：0；M：0；Y：0；K：10）；

位置：100　颜色（C：60；M：0；Y：20；K：0）。

如图 12-3-65 所示。单击【确定】按钮。

65 选择最下行文字，按【F11】键，打开【渐变填充】对话框，在【选项】区域设置【角度】为90，【边界】为38%，设置【从】的颜色为蓝色（C：60；M：0；Y：20；K：0），【到】的颜色为白色，如图 12-3-66 所示。单击【确定】按钮。

66 填充渐变色后，将最下行文字进行翻转复制。选择【透明度工具】，设置属性栏上的【透明度类型】为标准，【透明度操作】为标准，【开始透明度】为70。本案例最终效果如图 12-3-67 所示。

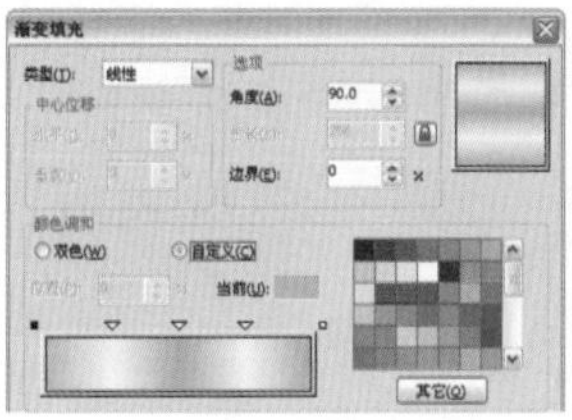

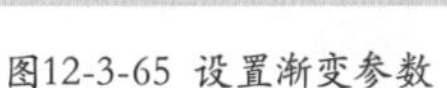

图12-3-65 设置渐变参数

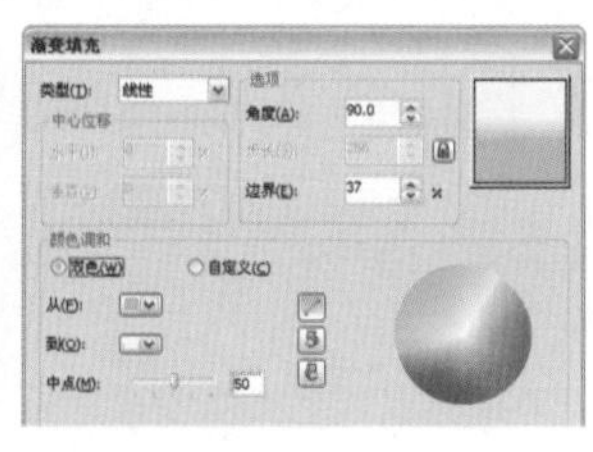

图12-3-66 设置渐变参数

图12-3-67 最终效果

案例小结

通过学习本案例，希望读者能对滤镜功能有更深入的研究，掌握好滤镜中各种特效的制作，并能够将各种滤镜结合使用，熟练掌握这些功能，可以使读者在处理位图时得心应手，并使绘制出的物品更加真实美观。

本章小结

通过本章的学习，读者能够了解抽象与写实插画的绘制方法和制作知识，并通过绘制不同的插画案例，学习到图形色彩的填充、轮廓样式的设置，及滤镜功能制作的位图特效，希望读者能掌握，并将这些功能熟练运用，以便在今后的设计中通过不同功能的相互配合使用，制作出效果逼真的优秀作品。

第13章

实用广告与包装

本章将向读者介绍常见的广告宣传画及商品包装的设计思路和绘制的方法及技巧。广告宣传画和商品包装可以被称为“无声的推销员”，它们是商家宣传产品、推销产品的重要策略之一，好的广告与包装画面可以吸引消费者的目光，提高产品的销售量。

13.1 清爽美容广告

本节将使用CorelDRAW X6软件，绘制出日常生活中随处可见的美容广告，通过制作过程中各种工具的使用操作及技巧方法的学习，可以加深读者对软件中各种工具的认识。

案例过程赏析

本案例的最终效果如图13-1-1所示。

图13-1-1 最终效果图

案例技术思路

在制作美容广告时应该先理清思路，抓住该美容广告需要突出的是什么效果，需要用什么色彩及排版样式进行相互搭配从而得到想要的设计画面。如本节案例，我们应该抓住清爽、健康、水润及养生等词语，从而得到以绿色为主色调，搭配水纹、树叶及静谧的人物等元素，以达到本案例想要突出的设计效果。

案例制作过程

01 按【Ctrl + N】快捷键，打开【创建新文档】对话框，设置【名称】为清爽美容广告，单击【确定】按钮。选择【贝塞尔工具】，在工作区内绘制图形并框选绘制的图形，按【Shift + F11】快捷键，打开【均匀填充】对话框，设置颜色为翠绿色（C：40；M：0；Y：100；K：0），单击【确定】按钮。取消轮廓色，效果如图13-1-2所示。

提示：

在制作广告宣传画面时，都需要设置画面的大小尺寸。在启动CorelDRAW X6时，会弹出【创建新文档】对话框，在该面板中就可以设置画面大小，但在设置时应该注意如果画面尺寸很大，可以将尺寸以1:10或其他比例参数进行设置，以免其尺寸超过软件的绘图空间。

02 继续使用【贝塞尔工具】绘制两条弧线，按【F12】键，打开【轮廓笔】对话框，设置【颜色】为翠绿色（C：40；M：0；Y：100；K：0），【宽度】为0.8mm，勾选【随对象缩放】复选项，其他参数保持默认，单击【确定】按钮，效果如图13-1-3所示。

03 再次使用【贝塞尔工具】在上弧图形上绘制图像，设置填充颜色为浅绿色（C：10；M：0；Y：60；K：0），取消轮廓色，在下弧图形下方绘制图像，设置填充颜色为深绿色（C：100；M：0；Y：100；K：0），取消轮廓色，效果如图13-1-4所示。

图13-1-2 绘制底纹图形

图13-1-3 绘制线条

图13-1-4 绘制弧形图形

04 选择【椭圆工具】，按住【Ctrl】键不放，同时绘制两个不同大小的正圆。小圆的填充颜色为浅绿色（C：20；M：0；Y：60；K：0），大圆的填充颜色为黄色（C：0；M：0；Y：100；K：0），框选绘制的正圆取消轮廓色，选择黄色的正圆，选择【透明度工具】，设置属性栏上的【透明度类型】为标准，图像效果如图13-1-5所示。

05 框选绘制的正圆，按【Ctrl+G】快捷键对图形进行群组，将选中的图形进行复制并调整其位置和旋转方向。再使用【椭圆工具】绘制多个不同大小的正圆，并分别填充颜色为：绿色和黄色，效果如图 13-1-6 所示。

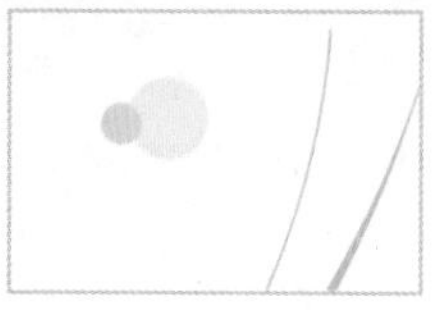
图13-1-5 绘制透明正圆

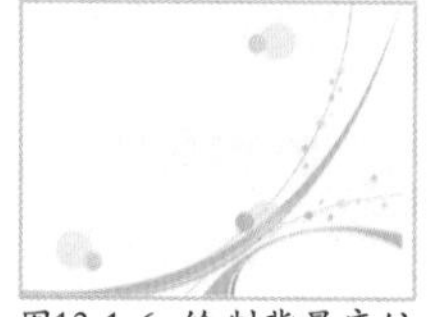
图13-1-6 绘制背景底纹

06 绘制一个正圆，选择该图形，同时按住【Shift】键等比例缩小图像，在缩小的同时单击鼠标右键进行复制。对复制的图形调整好大小后，框选绘制的圆环图形，按【Ctrl+L】快捷键对图形进行合并，设置填充颜色为翠绿色（C：40；M：0；Y：100；K：0），取消轮廓色并放置到左下方正圆处，效果如图 13-1-7 所示。

图13-1-7 绘制圆环

07 使用同样的方法在绘制的圆环中绘制其他不同大小的圆环和正圆，设置填充颜色为翠绿色，并取消轮廓色，如图 13-1-8 所示。

图13-1-8 绘制圆

08 使用同样的方法制作其他圆环图形，绘制完成后框选所有绘制的图形进行群组，使用【矩形工具】拖移绘制矩形，选择群组的图形，按住鼠标右键不放拖动到绘制的矩形上松开右键，此时弹出快捷菜单，在菜单中选择【图框精确剪裁内部】命令，将群组对象放置到矩形中，选择矩形，同时单击鼠标右键打开快捷菜单，选择【编辑 PowerClip】命令，在图框内部对群组的对象进行调整位置和大小，如图 13-1-9 所示。调整完成后在图像上单击鼠标右键选择【结束编辑】命令，退出图框内部编辑模式。

提示：

在制作背景花纹时，在色彩的使用上，应当选择相近色，颜色的搭配不要过于鲜艳夺目，以免主题不够突出。

09 在图像上绘制一个较大的正圆，如图 13-1-10 所示。

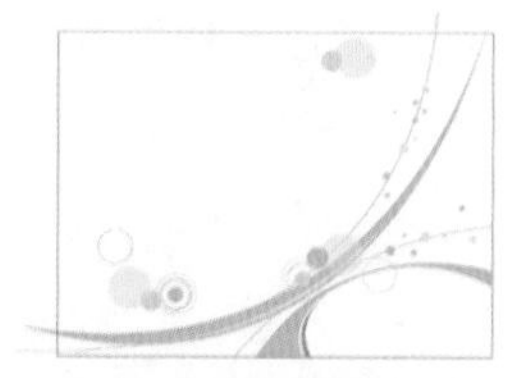
图13-1-9 放置图形到图框中

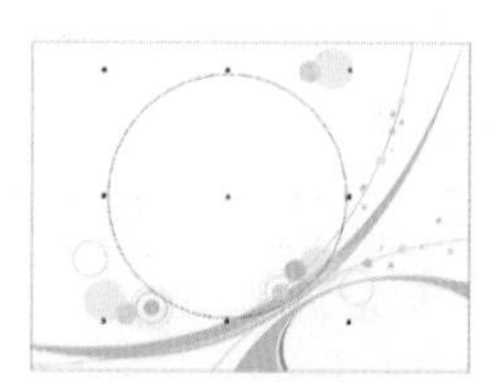
图13-1-10 绘制正圆

10 按【F11】键，打开【渐变填充】对话框，在【选项】区域设置【角度】为 -135，在【颜色调和】选区中选择【自定义】单选项，分别设置如下。

位置：0 颜色（C：80；M：0；Y：100；K：0）；

位置：100 颜色（C：40；M：0；Y：100；K：0）。

如图 13-1-11 所示。单击【确定】按钮。

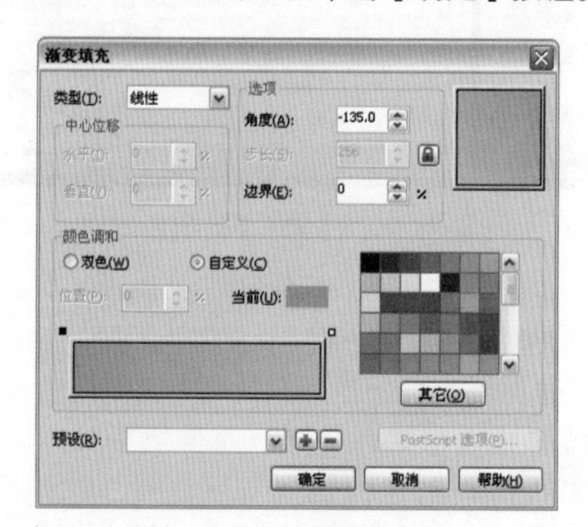

图13-1-11 设置渐变色参数

11 填充渐变色后，取消轮廓颜色，效果如图 13-1-12 所示。

12 选择正圆，同时按住【Shift】键等比例缩小图像并单击鼠标右键进行复制。按【F11】键，打开【渐变填充】对话框，在【选项】区域设置【角度】为 90，在【颜色调和】选区中选择【双色】单选项，设置【从】的颜色为绿色（C：100；M：0；Y：100；K：0），【到】的颜色为嫩绿色（C：20；M：0；Y：100；K：0），如图 13-1-13 所示。单击【确定】按钮。

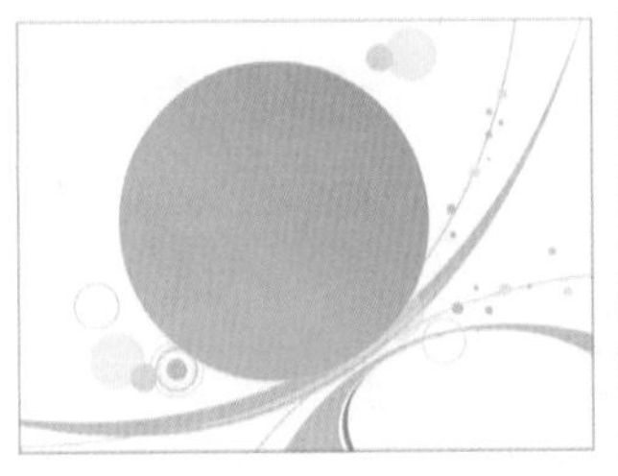
图13-1-12 填充渐变色效果

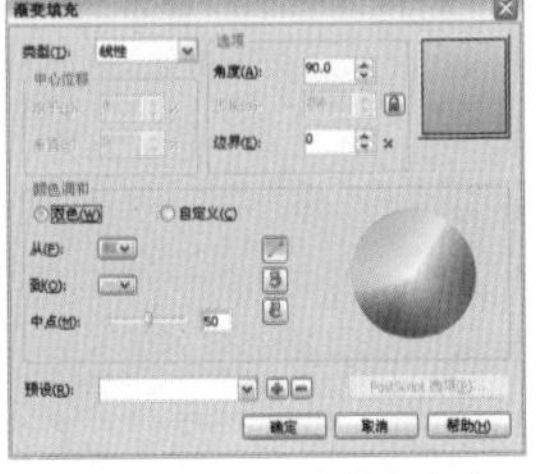
图13-1-13 设置渐变色参数

13 填充渐变色后，效果如图 13-1-14 所示。

14 继续选择制作的正圆进行等比例缩小复制，设置填充颜色为绿色（C：100；M：0；Y：100；K：0），如图 13-1-15 所示。

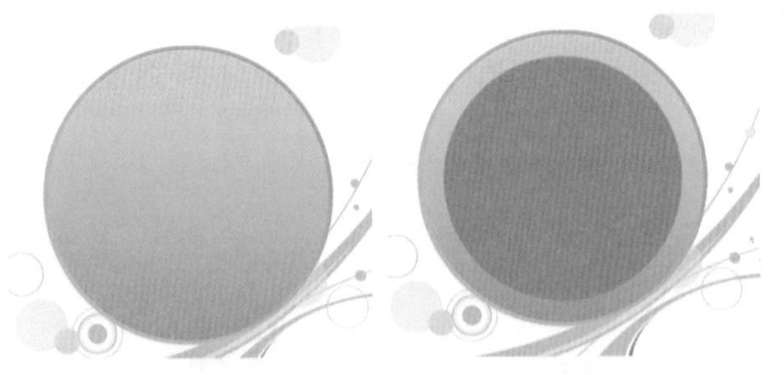
图13-1-14 填充渐变色效果　图13-1-15 等比例缩小复制正圆

15 再次将正圆进行等比例缩小复制，按【F11】键，在【选项】区域设置【角度】为 110，【边界】为 5%，在【颜色调和】选区中选择【自定义】单选项，分别设置如下。

位置：0　颜色（C：20；M：0；Y：60；K：0）；

位置：40　颜色（C：0；M：0；Y：0；K：0）；

位置：60　颜色（C：0；M：0；Y：0；K：0）；

位置：90　颜色（C：20；M：0；Y：60；K：0）；

位置：100　颜色（C：20；M：0；Y：80；K：0）。

如图 13-1-16 所示。单击【确定】按钮。

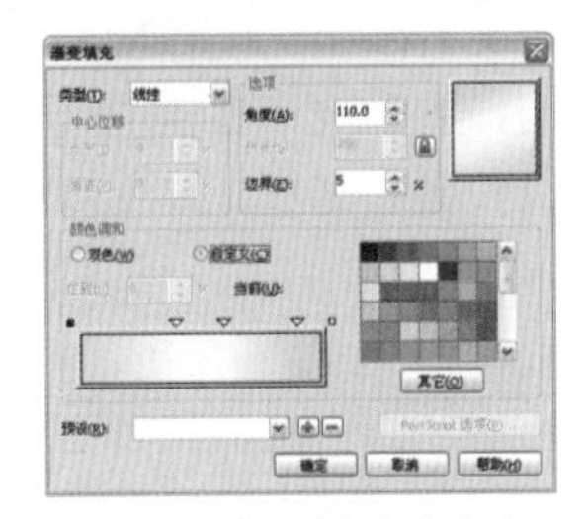
图13-1-16 设置渐变色参数

16 填充渐变色后，效果如图 13-1-17 所示。

17 选择【椭圆工具】，绘制正圆，设置填充颜色为翠绿色（C：40；M：0；Y：100；K：0），取消轮廓色，如图 13-1-18 所示。

图13-1-17 填充渐变色效果

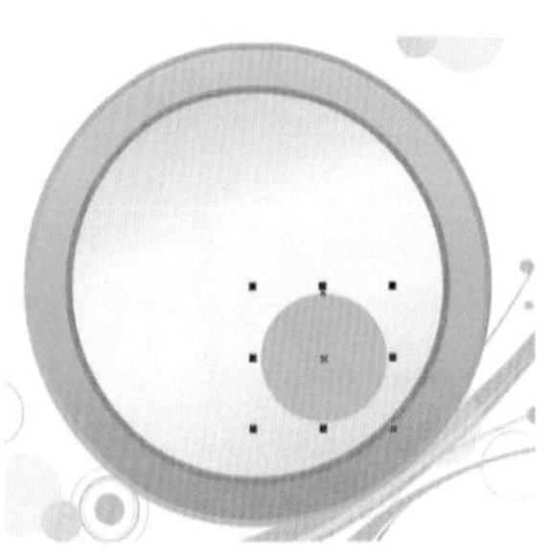
图13-1-18 绘制正圆

18 执行【位图】|【转换为位图】命令，打开【转换为位图】对话框，设置【分辨率】为 300dpi，勾选【透明背景】复选项，如图 13-1-19 所示。单击【确定】按钮。

图13-1-19 设置【转换为位图】参数

19 执行【位图】|【模糊】|【高斯式模糊】命令，打开【高斯式模糊】对话框，设置【半径】为 100 像素，如图 13-1-20 所示。单击【确定】按钮。

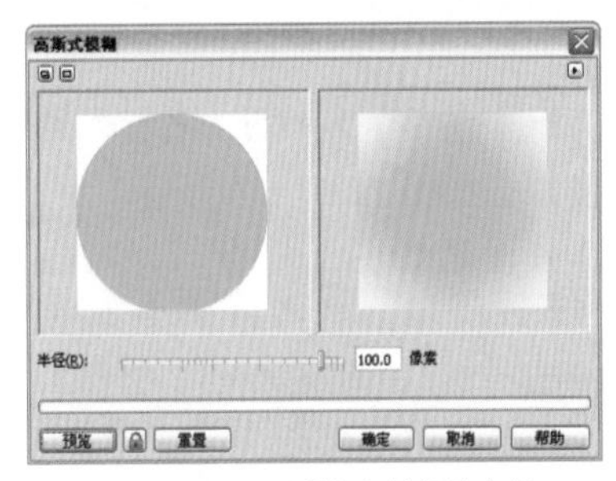

图13-1-20 设置【高斯模糊】参数

20 执行【高斯式模糊】命令后，按住鼠标右键不放，同时拖动到浅绿色渐变正圆上松开右键，此时弹出快捷菜单，在菜单中选择【图框精确剪裁内部】命令，将对象放置到正圆中，选择正圆并单击鼠标右键打开快捷菜单，选择【编辑 PowerClip】命令，在图框内部对群组的对象调整位置和形状，效果如图 13-1-21 所示。

21 单击属性栏上的【导入】按钮，导入素材图片“水纹.tif”。如图 13-1-22 所示。

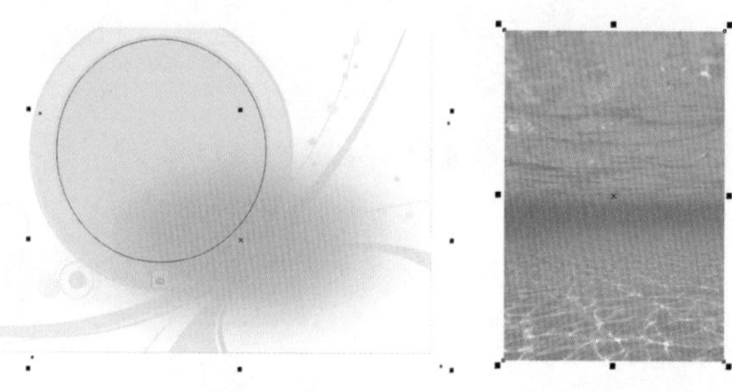

图13-1-21 调整模糊正圆形状　　图13-1-22 导入素材

22 执行【效果】|【调整】|【色度/饱和度/亮度】命令，打开【色度/饱和度/亮度】对话框，分别设置参数为-70，20，20，如图13-1-23所示。单击【确定】按钮。

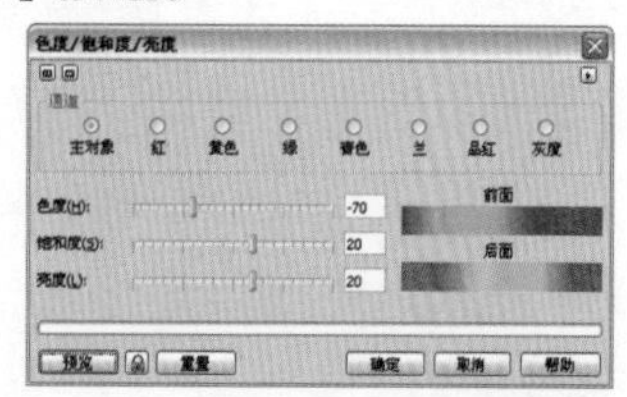

图13-1-23 设置【色度/饱和度/亮度】参数

提示：

在【色度/饱和度/光度】对话框的右下侧有【前面】、【后面】两个颜色框，在颜色框中可看到调整前和调整后的变化以及颜色的对应关系。

23 执行【色度/饱和度/亮度】命令后调整其大小和位置，如图13-1-24所示。

24 选择【透明度工具】，按住鼠标左键不放由下往上拖移，形成透明渐变效果，如图13-1-25所示。

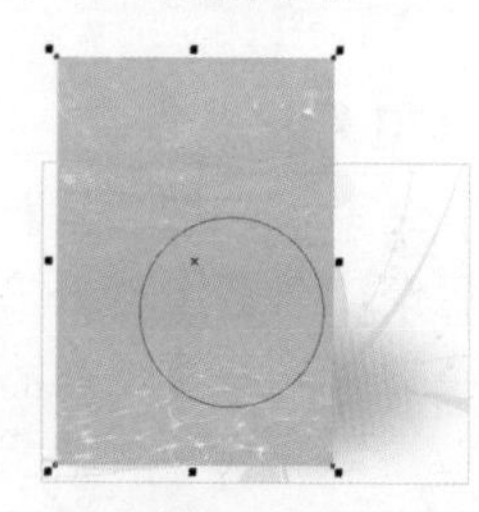

图13-1-24 调整素材位置及大小

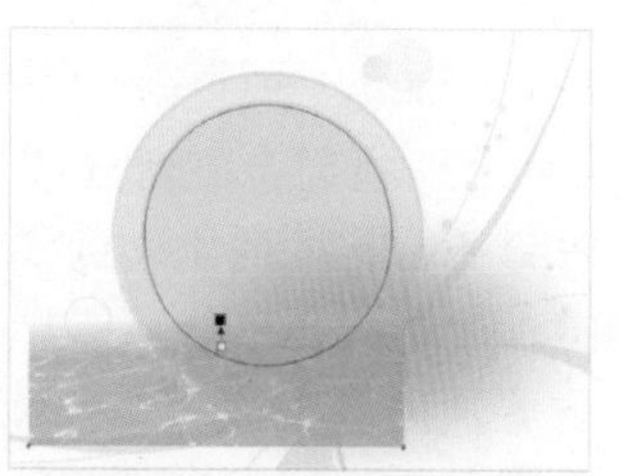

图13-1-25 添加不透明度效果

25 单击属性栏上的【导入】按钮，导入素材图片“树叶.tif”。调整其大小和位置，如图13-1-26所示。

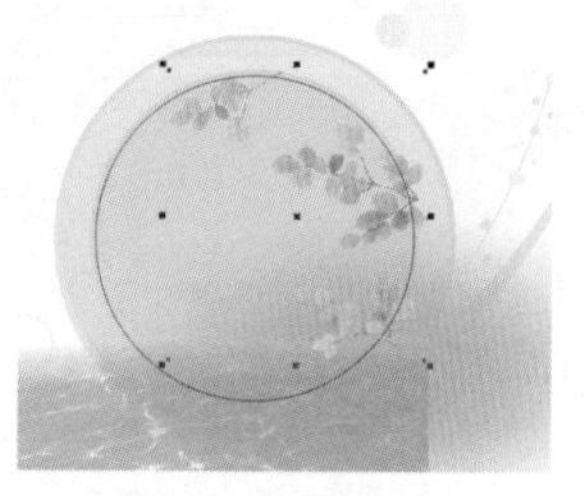

图13-1-26 导入素材

26 调整完成后在图像上单击鼠标右键，选择【结束编辑】命令，退出图框内部编辑模式。使用【椭圆工具】绘制正圆，按【F12】键，打开【轮廓笔】对话框，设置【颜色】为白色，【宽度】为0.7mm，勾选【随对象缩放】复选项，其他参数保持默认，单击【确定】按钮，效果如图13-1-27所示。

27 在线条上方制作两个上下重叠而大小不同的正圆，填充下层圆为黄色（C：0；M：0；Y：100；K：0），上层圆为白色，并取消两个正圆的轮廓色，如图13-1-28所示。

图13-1-27 绘制正圆线条

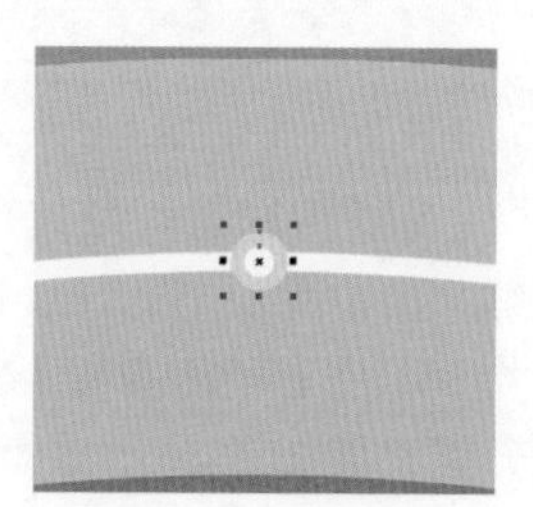

图13-1-28 绘制正圆

28 再在该图形上绘制一个正圆将其覆盖，填充颜色为白色，取消轮廓色，如图13-1-29所示。

29 执行【位图】|【转换为位图】命令，设置【分辨率】为400dpi，单击【确定】按钮。执行【位图】|【模糊】|【高斯式模糊】命令，设置【半径】为5像素，单击【确定】按钮，效果如图13-1-30所示。

30 框选制作的发光点图像进行群组，复制多个图像并调整其位置，如图13-1-31所示。

提示：

在制作图形时，应当开动脑筋，思考使用哪些工具或命令可以更快更好地制作出想要的图形效果。如该图中圆环光点的制作，还可以通过调整图形中心点并旋转复制的方法制作出来，该方法可以使光点的对称性更准确。

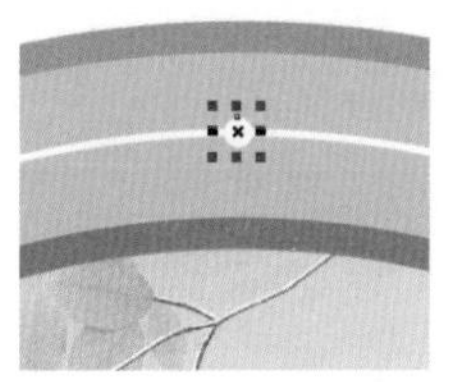

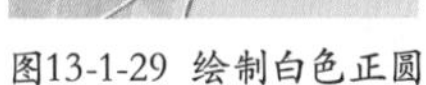

图13-1-29 绘制白色正圆

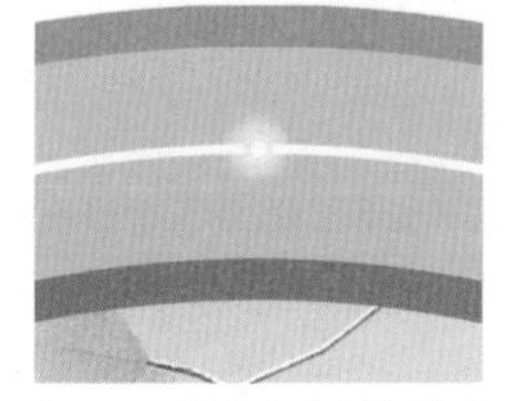

图13-1-30 【高斯式模糊】效果

图13-1-31 沿白色线条复制光点

31 单击属性栏上的【导入】按钮，分别导入素材图片“花纹 .tif”和“花朵 .tif”，调整其大小和位置，如图 13-1-32 所示。

32 选择花朵素材，选择【阴影工具】，按住图形不放，用鼠标向外拖移形成阴影后，设置属性栏上【阴影的不透明度】为 20,【阴影羽化】为 3,其他参数保持默认值，如图 13-1-33 所示。

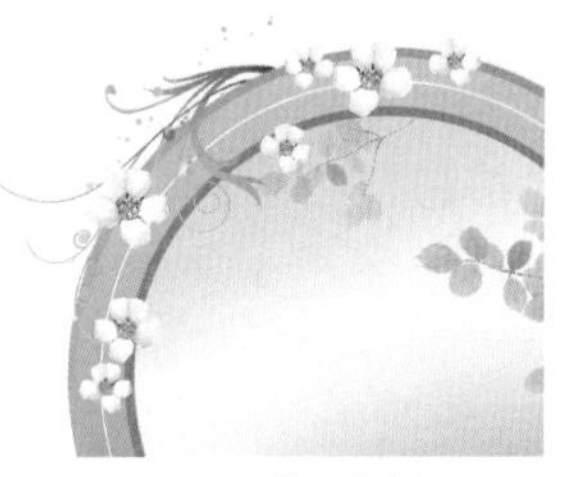

图13-1-32 导入素材

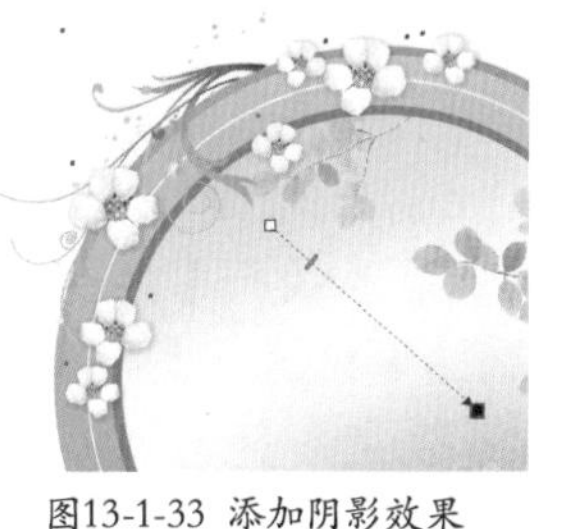

图13-1-33 添加阴影效果

33 选择【文本工具】并输入文字，将重点文字选中并改变字体样式和大小，设置填充颜色为橙黄色（C：0；M：40；Y：100；K：0），如图 13-1-34 所示。

图13-1-34 输入文字

34 选择改变了字体样式与大小的文字，按【F11】键，设置【类型】为正方形，在【选项】处设置【角度】为 45,在【颜色调和】选区中选择【自定义】单选项，分别设置如下。

位置: 0　颜色 (C: 100; M: 0; Y: 100; K: 0)；
位置: 25　颜色 (C: 40; M: 0; Y: 100; K: 0)；
位置: 50　颜色 (C: 100; M: 0; Y: 100; K: 0)；
位置: 75　颜色 (C: 40; M: 0; Y: 100; K: 0)；
位置: 100 颜色 (C: 100; M: 0; Y: 100; K: 0)。

如图 13-1-35 所示。单击【确定】按钮。

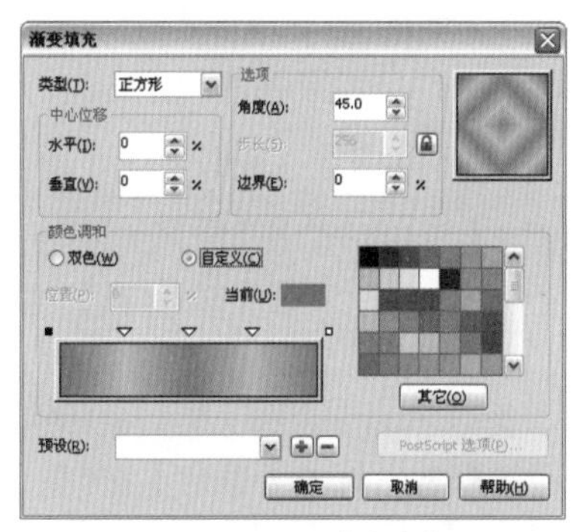

图13-1-35 设置渐变参数

35 为字体填充渐变色后，再次使用【文本工具】输入文字，分别对输入的文字填充颜色为绿色（C：100；M：0；Y：100；K：0），红色（C：0；M：84；Y：65；K：0），灰色（C：0；M：0；Y：0；K：50），效果如图 13-1-36 所示。

36 选择【贝塞尔工具】绘制树叶轮廓，如图 13-1-37 所示。

图13-1-36 输入并编辑文字

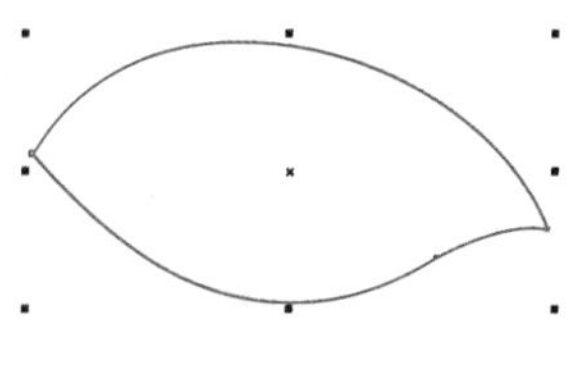

图13-1-37 绘制树叶轮廓

37 按【F11】键，设置【类型】为辐射，在【中心位移】区域设置【水平】为 40%,【垂直】为 35%，设置【从】的颜色为翠绿色（C：40；M：0；Y：100；K：0),【到】的颜色为黄色（C：0；M：0；Y：100；K：0），如图 13-1-38 所示。单击【确定】按钮。

38 填充渐变色后，取消轮廓色，效果如图 13-1-39 所示。

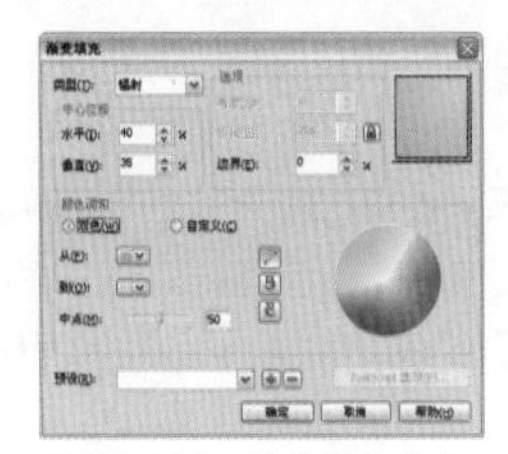
图13-1-38 设置渐变参数

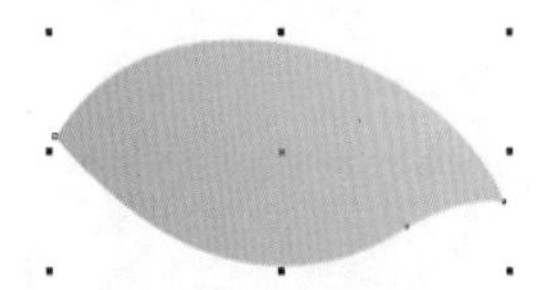
图13-1-39 填充渐变色

39 使用【贝塞尔工具】在树叶上绘制一条弧线，按【F12】键，打开【轮廓笔】对话框，设置【颜色】为浅绿色（C：40；M：0；Y：60；K：0），【宽度】为0.2mm，勾选【随对象缩放】复选项，其他参数保持默认，单击【确定】按钮。效果如图13-1-40所示。

40 使用同样的方法绘制其他不同形状的树叶图形，如图13-1-41所示。

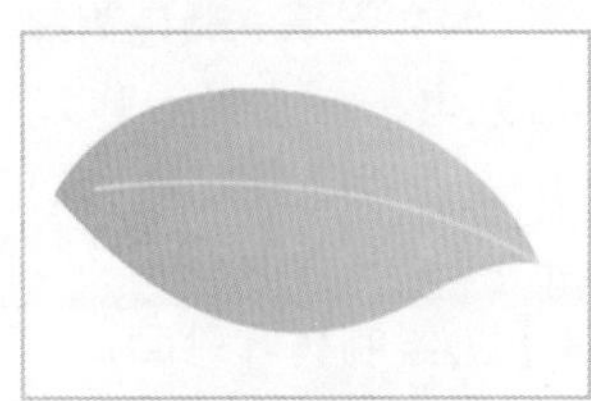
图13-1-40 绘制线条　图13-1-41 绘制树叶

41 选择之前绘制的树叶图形，选择【阴影工具】，按住图形不放，用鼠标向外拖移形成阴影后，设置属性栏上【阴影的不透明度】为70，【阴影羽化】为15，其他参数保持默认值。如图13-1-42所示。

42 将光标移动到阴影上，同时单击鼠标右键选择【拆分阴影群组】命令，选择阴影图像进行调整大小和形状，如图13-1-43所示。

提示：

【拆分阴影群组】，还可以按【Ctrl+K】快捷键来完成该命令的操作，该命令不仅可以拆分阴影，还可以对其他添加的效果进行拆分，如可以将文字拆分成单个文字或笔画，还可对立体化效果、轮廓图效果等进行拆分。

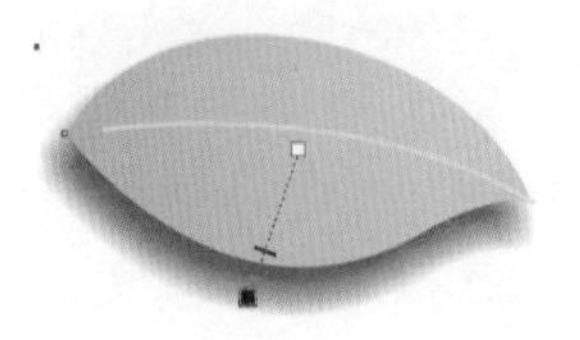
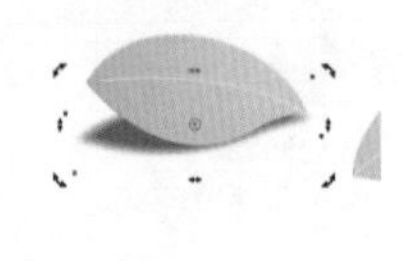
图13-1-42 添加阴影效果　图13-1-43 编辑阴影效果

43 使用同样的方法为绘制的另外两片树叶制作阴影效果，如图13-1-44所示。

44 单击属性栏上的【导入】按钮，导入素材图片“蝴蝶.tif”。调整其大小和位置，如图13-1-45所示。

图13-1-44 为其他树叶制作阴影效果　图13-1-45 导入素材

45 复制蝴蝶素材，执行【效果】|【调整】|【色度/饱和度/亮度】命令，打开【色度/饱和度/亮度】对话框，设置参数为145、20、10，如图13-1-46所示。单击【确定】按钮。

46 执行【色度/饱和度/亮度】命令后，调整图像位置、大小和旋转方向，效果如图13-1-47所示。

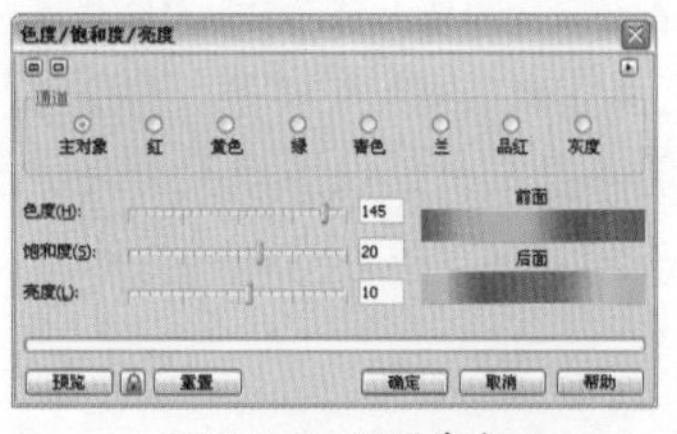

图13-1-46 设置参数　图13-1-47 调整大小、位置和方向

47 再次选择黄色蝴蝶，复制对象并调整位置、大小和旋转方向。执行【效果】|【调整】|【色度/饱和度/亮度】命令，设置参数为47、20、0，单击【确定】按钮，效果如图13-1-48所示。

48 单击属性栏上的【导入】按钮，导入素材图片“女性.tif”。调整其大小和位置，本案例最终效果如图13-1-49所示。

提示：

在选择素材时应当考虑素材与画面是否匹配，如该案例中选择的是以清爽，白净，静谧的女生形象为代表，体现出该广告所要突出的主题元素，让整个画面显得生动形象。

图13-1-48 修改颜色并调整图像

图13-1-49 最终效果

案例小结

通过学习本案例，读者可以了解到制作户外广告的一些基本常识与制作思路，如何重点突出客户想要推广的主题，如何巧妙地利用各种元素来达到需要制作出来的效果，这些都需要读者仔细的思考与创造，清晰明确的制作思路可以使读者在制作过程中轻松自如地绘制出想要的设计作品。

13.2 古筝培训机构广告

本节将介绍古筝培训机构招生画面的制作过程，并重点介绍如何绘制矢量荷花图形。要想设计出浓厚的传统氛围及艺术气息，就需要有对画面构图的良好认知，而绘制逼真的图形效果则要掌握对色彩的了解和绘制的技巧运用。

案例过程赏析

本案例的最终效果如图 13-2-1 所示。

图13-2-1 最终效果图

案例技术思路

古筝是我国历史悠久的传统乐器，如何让其更有魅力而吸引人群的目光，并激发想要了解学习的想法，就要通过设计的理念与思路来展现。所以在制作时可以考虑以连绵的山脉体现出大气磅礴的传统山水风情，并搭配荷花及具有中国风的窗花等元素，凸显出传统文化氛围的高山流水意境。使得古筝优美的音色、宽广的音域和丰富的演奏技巧得到充分的展现。

案例制作过程

01 按【Ctrl + N】快捷键，打开【创建新文档】对话框，设置【名称】为古筝培训机构广告，单击【确定】按钮。选择【矩形工具】，用鼠标拖移绘制矩形，按【F11】键，打开【渐变填色】对话框，在【选项】区域设置【角度】为 -90，在【颜色调和】选区中选择【双色】单选项，设置【从】的颜色为淡黄色（C：2；M：11；Y：37；K：0），【到】的颜色为浅黄色（C：0；M：0；Y：15；K：0），设置【中点】为 8，如图 13-2-2 所示。单击【确定】按钮。

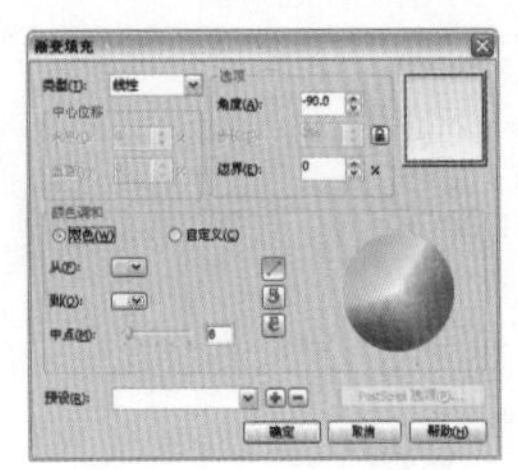
图13-2-2 设置渐变参数

提示：

在制作中国水墨画或其他古典样式画面时，背景色彩的选择尤为重要，不同的色彩能够让人有不同的体会，如红色代表着热情、奔放、喜悦、庆典，而蓝色则代表着智慧、天空、清爽。所以我们可以通过色彩的选择让作品画面更能使人联想到岁月的悠久和深厚的文化底蕴。

02 填充渐变色后，图像效果如图13-2-3所示。

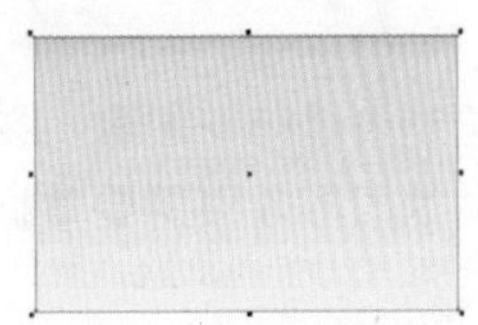
图13-2-3 填充渐变色

03 选择【椭圆工具】，按住【Ctrl】键不放绘制正圆。设置填充颜色为白色，如图13-2-4所示。

04 取消轮廓色，执行【位图】|【转换为位图】命令，打开【转换为位图】对话框，设置【分辨率】为300dpi，勾选【透明背景】复选项，单击【确定】按钮。执行【位图】|【模糊】|【高斯式模糊】命令，打开【高斯式模糊】对话框，设置【半径】为100像素，单击【确定】按钮，效果如图13-2-5所示。

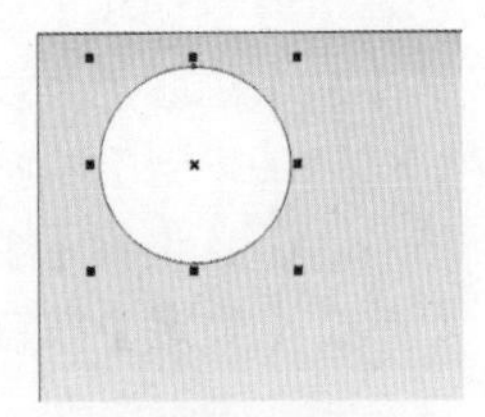
图13-2-4 绘制正圆

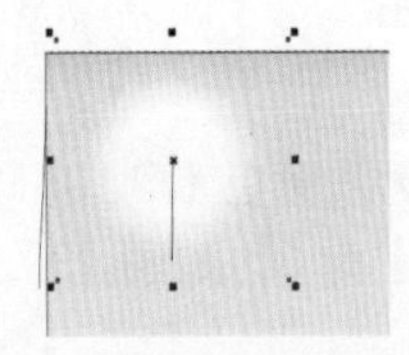
图13-2-5 【高斯式模糊】效果

05 调整图像大小、形状和位置，复制对象并放置到矩形右侧，调整其形状和大小，如图13-2-6所示。

图13-2-6 调整图形

06 单击属性栏上的【导入】按钮，导入素材图片“山脉.tif”。调整素材位置和大小，如图13-2-7所示。

07 选择【透明度工具】，按住鼠标左键不放，同时由下往上拖移，形成透明渐变效果，如图13-2-8所示。

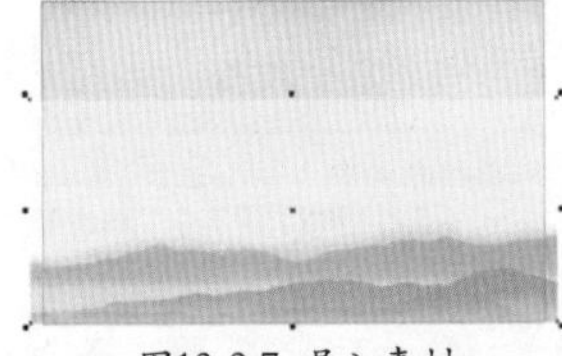
图13-2-7 导入素材

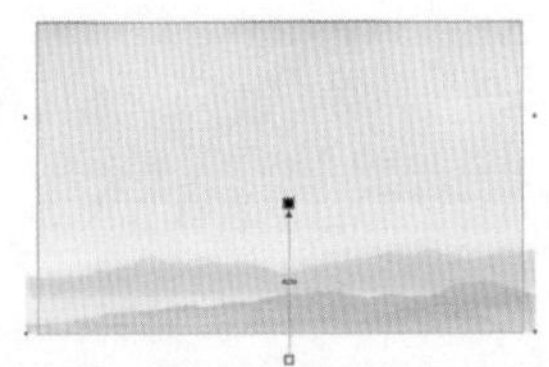
图13-2-8 添加透明度效果

08 执行【位图】|【转换为位图】命令，单击【确定】按钮。将图像向上拖动并单击鼠标右键进行复制，单击属性栏上的【水平镜像】按钮，将图像进行左右翻转，再选择【透明度工具】，按住鼠标左键不放，同时由上往下拖移，形成透明渐变效果，如图13-2-9所示。

图13-2-9 添加透明度效果

提示：

当需要一种相同事物而形状不同的素材时，不一定要浪费时间再找一幅，可以通过对原图的拉伸、变形或截取局部图像，得到一个与原图不同的图像。

09 单击属性栏上的【导入】按钮，导入素材图片“花枝.tif”。调整素材位置和大小，如图13-2-10所示。

10 选择【贝塞尔工具】绘制荷茎图形轮廓，如图 13-2-11 所示。

图13-2-10 导入素材　　图13-2-11 绘制图形

11 按【F11】键,在【选项】区域设置【角度】为 95.4,【边界】为 22%，在【颜色调和】选区中选择【自定义】单选项，分别设置如下。

位置：0　颜色（C：20；M：11；Y：45；K：0）；

位置：22　颜色（C：20；M：11；Y：45；K：0）；

位置：56　颜色（C：45；M：18；Y：60；K：0）；

位置：100　颜色（C：67；M：28；Y：77；K：0）。

如图 13-2-12 所示。单击【确定】按钮。

12 填充渐变色后，取消图形轮廓色，效果如图 13-2-13 所示。

13 继续使用【贝塞尔工具】绘制荷茎暗部轮廓图形，如图 13-2-14 所示。

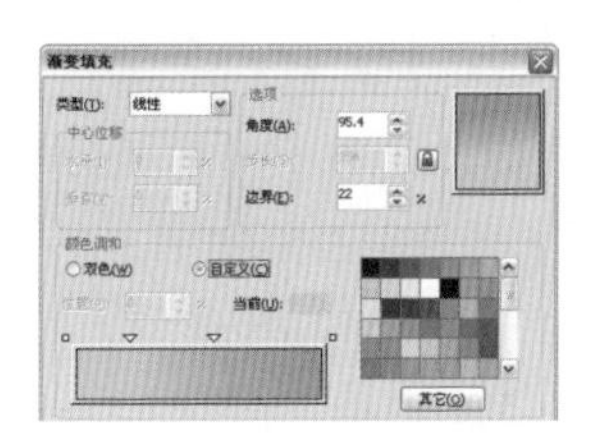

图13-2-12 设置渐变参数

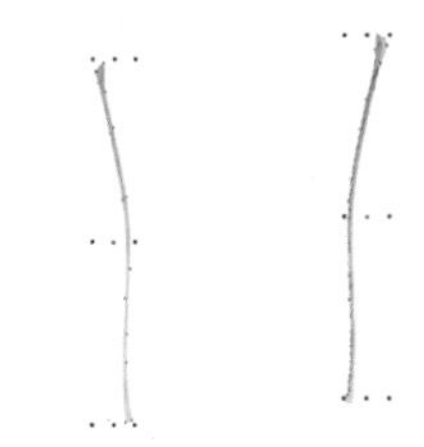

图13-2-13 填充渐变色　　图13-2-14 绘制图形

14 按【F11】键,在【选项】区域设置【角度】为 99,【边界】为 23%，在【颜色调和】选区中选择【自定义】单选项，分别设置如下。

位置：0　颜色（C：20；M：11；Y：45；K：0）；

位置：52　颜色（C：20；M：11；Y：47；K：0）；

位置：100　颜色（C：67；M：28；Y：77；K：0）。

如图 13-2-15 所示。单击【确定】按钮。

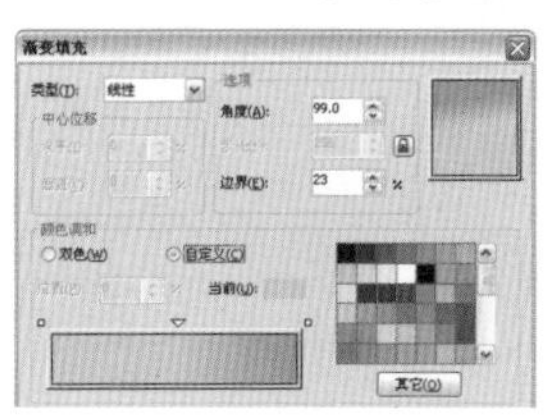

图13-2-15 设置渐变参数

15 填充渐变色后，取消轮廓色。选择【透明度工具】,设置属性栏上的【透明度类型】为标准,【透明度操作】为乘,【开始透明度】为 0，设置不透明度后，效果如图 13-2-16 所示。

16 选择【贝塞尔工具】绘制荷花花瓣图形轮廓，如图 13-2-17 所示。

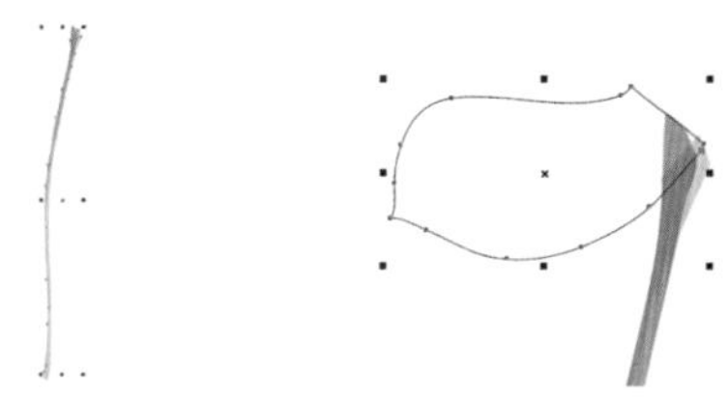

图13-2-16 添加透明度效果　　图13-2-17 绘制图形

17 按【F11】键，设置【类型】为辐射，在【中心位移】区域设置【水平】为 54%,【垂直】为 32%，在【选项】区域设置【边界】为 1%，在【颜色调和】选区中选择【自定义】单选项，分别设置如下。

位置：0　颜色（C：18；M：87；Y：12；K：0）；

位置：13　颜色（C：7；M：52；Y：8；K：0）；

位置：50　颜色（C：0；M：11；Y：10；K：0）；

位置：81　颜色（C：8；M：59；Y：9；K：0）；

位置：100　颜色（C：24；M：100；Y：23；K：0）。

如图 13-2-18 所示。单击【确定】按钮。

图13-2-18 设置渐变参数

18 填充渐变色后，取消轮廓色，效果如图 13-2-19 所示。

19 使用【贝塞尔工具】绘制荷花纹理图形轮廓，如图 13-2-20 所示。

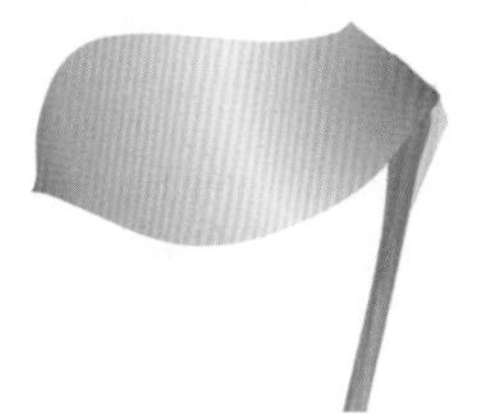

图13-2-19 填充渐变色

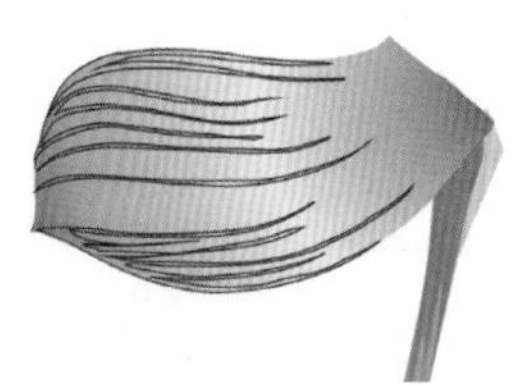

图13-2-20 绘制纹理轮廓

20 框选绘制的纹理轮廓，单击属性栏上的【合并】按钮，将图形合并在一起。按【F11】键，设置【类型】为辐射，在【中心位移】区域设置【水平】为57%，【垂直】为45%，在【选项】区域设置【边界】为2%，在【颜色调和】选区中选择【自定义】单选项，分别设置如下。

位置：0　颜色（C：18；M：87；Y：12；K：0）；

位置：48　颜色（C：0；M：31；Y：6；K：0）；

位置：100　颜色（C：15；M：80；Y：7；K：0）。

如图13-2-21所示。单击【确定】按钮。

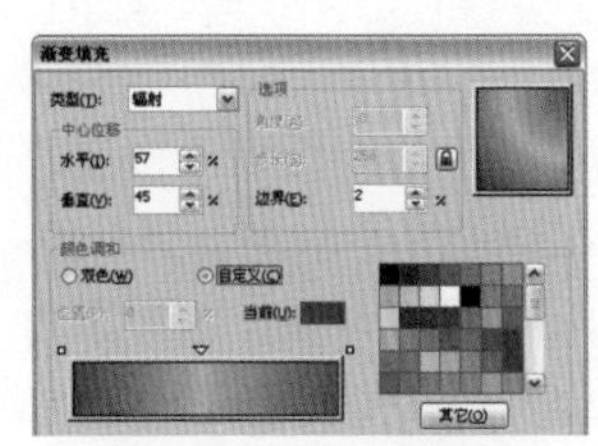

图13-2-21 设置渐变参数

提示：

当多个图形被群组或被合并后，对其进行填充渐变色，所得到的颜色效果是不同的。

21 填充渐变色后，取消轮廓色。选择【透明度工具】，设置属性栏上的【透明度类型】为标准，【透明度操作】为乘，【开始透明度】为75，设置不透明度后，效果如图13-2-22所示。

22 绘制荷花高光图形轮廓，如图13-2-23所示。

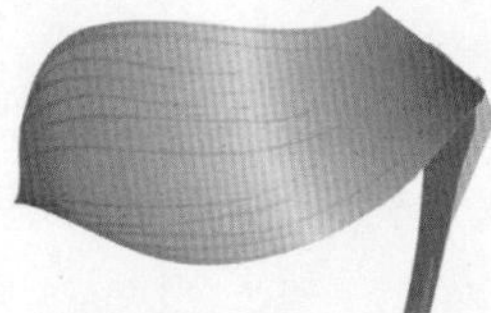

图13-2-22 添加透明度效果

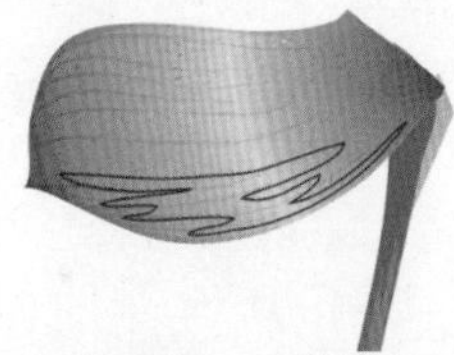

图13-2-23 绘制图形

23 按【F11】键，在【选项】区域设置【角度】为24.6，设置【边界】为2%，在【颜色调和】选区中选择【自定义】单选项，分别设置如下。

位置：0　颜色（C：93；M：88；Y：89；K：80）；

位置：51　颜色（C：59；M：51；Y：47；K：0）；

位置：100　颜色（C：0；M：0；Y：0；K：0）。

如图13-2-24所示。单击【确定】按钮。

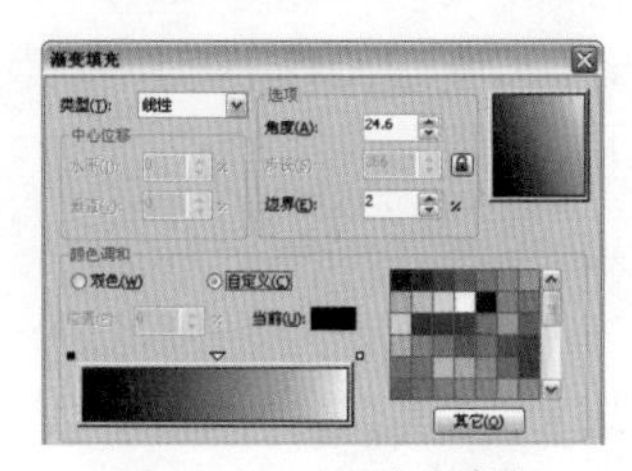

图13-2-24 设置渐变参数

24 填充渐变色后，取消轮廓色。选择【透明度工具】，设置属性栏上的【透明度类型】为标准，【透明度操作】为屏幕，【开始透明度】为60，设置不透明度后，效果如图13-2-25所示。

25 绘制荷花右侧花瓣图形轮廓，如图13-2-26所示。

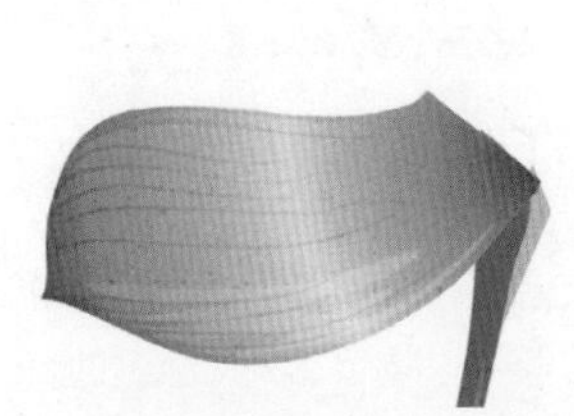

图13-2-25 添加透明度效果

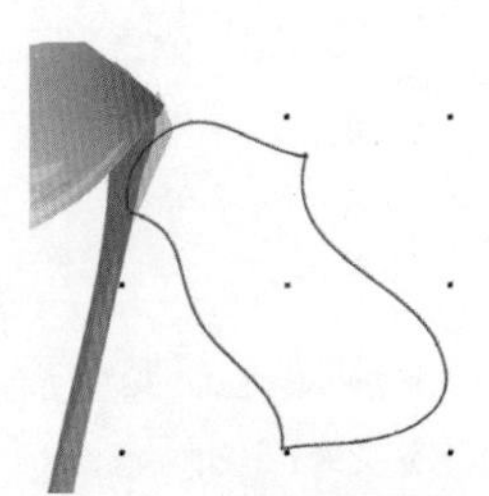

图13-2-26 绘制图形

26 按【F11】键，设置【类型】为辐射，在【中心位移】区域设置【水平】为4%，【垂直】为-57%，在【选项】区域设置【边界】为4%，在【颜色调和】选区中选择【自定义】单选项，分别设置如下。

位置：0　颜色（C：18；M：87；Y：12；K：0）；

位置：13　颜色（C：7；M：52；Y：8；K：0）；

位置：50　颜色（C：0；M：11；Y：10；K：0）；

位置：81　颜色（C：8；M：59；Y：9；K：0）；

位置：100　颜色（C：24；M：100；Y：23；K：0）。

如图13-2-27所示。单击【确定】按钮。

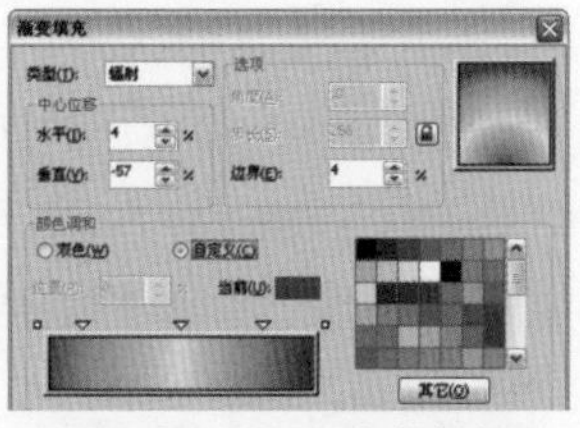

图13-2-27 设置渐变参数

27 填充渐变色后，取消轮廓色。效果如图13-2-28所示。

28 使用之前制作荷花纹理图形的方法为该花瓣制作纹理，如图13-2-29所示。

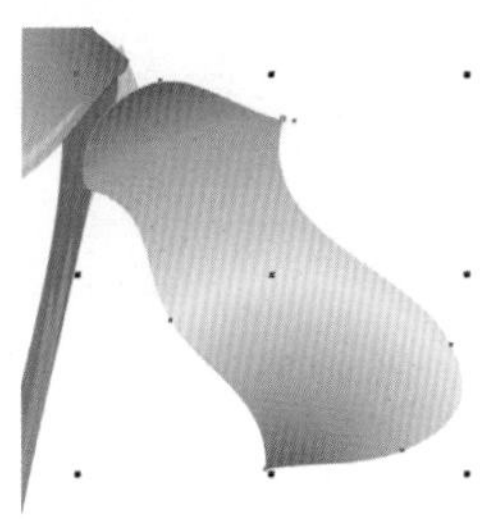

图13-2-28 填充渐变色

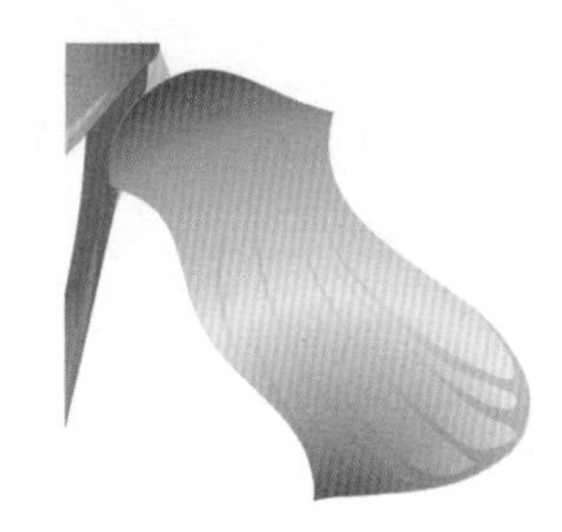

图13-2-29 绘制荷花纹理

29 绘制荷花花瓣侧面图形轮廓，如图 13-2-30 所示。

30 按【F11】键，设置【类型】为辐射，在【中心位移】区域设置【水平】为 13%，【垂直】为 -50%，在【颜色调和】选区中选择【自定义】单选项，分别设置如下。

位置：0 颜色（C：0；M：11；Y：7；K：0）；

位置：26 颜色（C：8；M：59；Y：7；K：0）；

位置：100 颜色（C：24；M：100；Y：23；K：0）。

如图 13-2-31 所示。单击【确定】按钮。

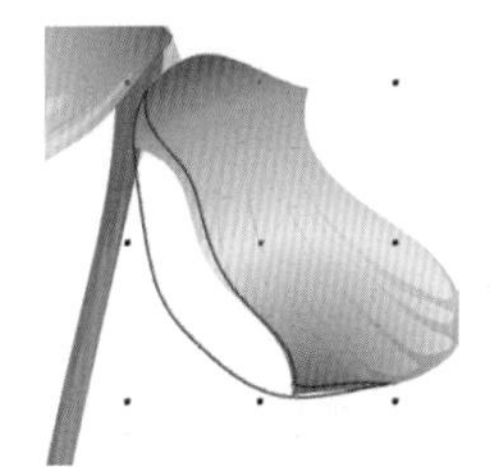

图13-2-30 绘制图形

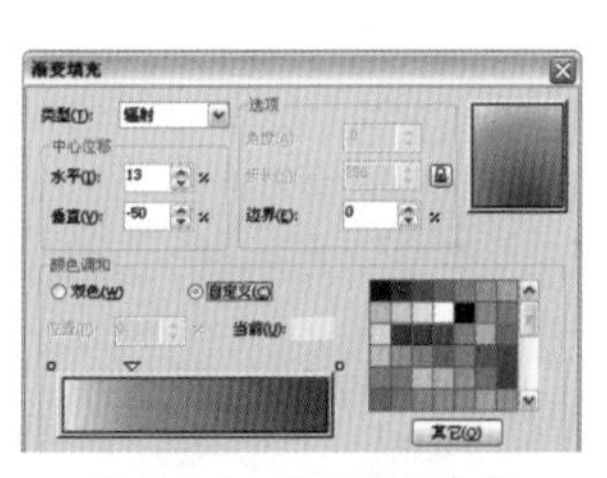

图13-2-31 设置渐变参数

31 填充渐变色后，效果如图 13-2-32 所示。

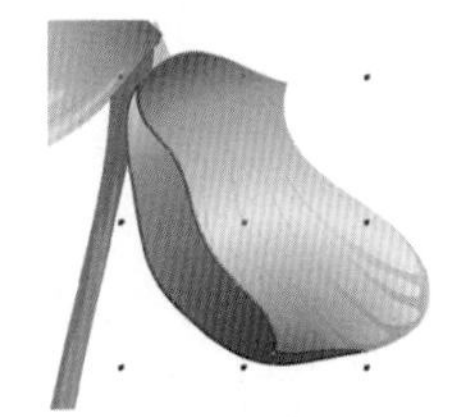

图13-2-32 填充渐变

32 取消轮廓色，绘制荷花阴影图形轮廓，如图 13-2-33 所示。

33 按【F11】键，设置【类型】为辐射，在【中心位移】区域设置【水平】为 -14%，【垂直】为 100%，在【颜色调和】选区中选择【自定义】单选项，分别设置如下。

位置：0 颜色（C：0；M：0；Y：0；K：0）；

位置：50 颜色（C：11；M：56；Y：0；K：0）；

位置：100 颜色（C：27；M：100；Y：12；K：0）。

如图 13-2-34 所示。单击【确定】按钮。

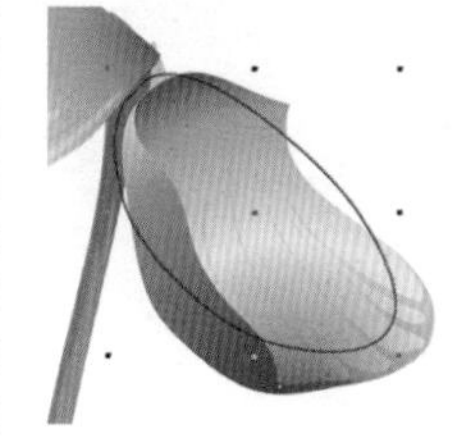

图13-2-33 绘制图形

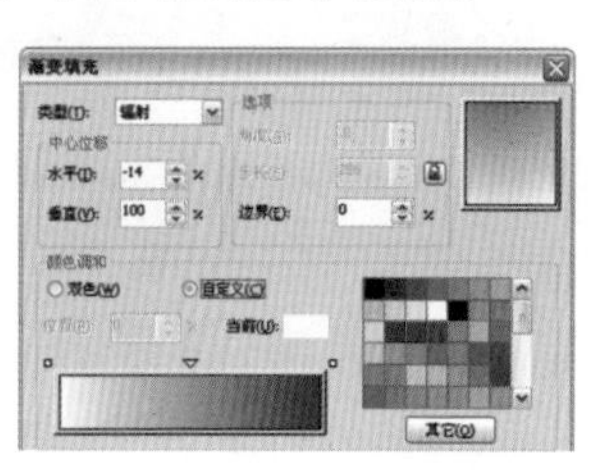

图13-2-34 设置渐变参数

34 填充渐变色后，取消轮廓色。选择【透明度工具】，设置属性栏上的【透明度类型】为标准，【透明度操作】为乘，【开始透明度】为 0，设置不透明度后，效果如图 13-2-35 所示。

35 绘制荷花右上侧花瓣图形轮廓，如图 13-2-36 所示。

图13-2-35 添加透明度效果

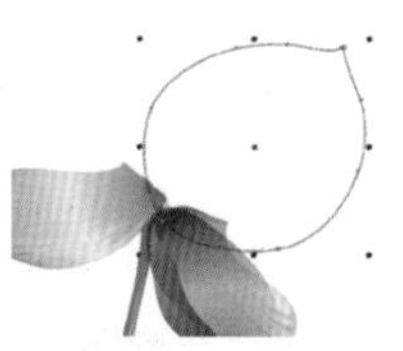

图13-2-36 绘制图形

36 按【F11】键，设置【类型】为辐射，在【中心位移】区域设置【水平】为 48%，【垂直】为 54%，在【颜色调和】选区中选择【自定义】单选项，分别设置如下。

位置：0 颜色（C：18；M：87；Y：12；K：0）；

位置：6 颜色（C：18；M：87；Y：12；K：0）；

位置：17 颜色（C：7；M：52；Y：7；K：0）；

位置：50 颜色（C：0；M：11；Y：7；K：0）；

位置：79 颜色（C：8；M：59；Y：7；K：0）；

位置：95 颜色（C：24；M：100；Y：23；K：0）；

位置：100 颜色（C：24；M：100；Y：23；K：0）。

如图 13-2-37 所示。单击【确定】按钮。

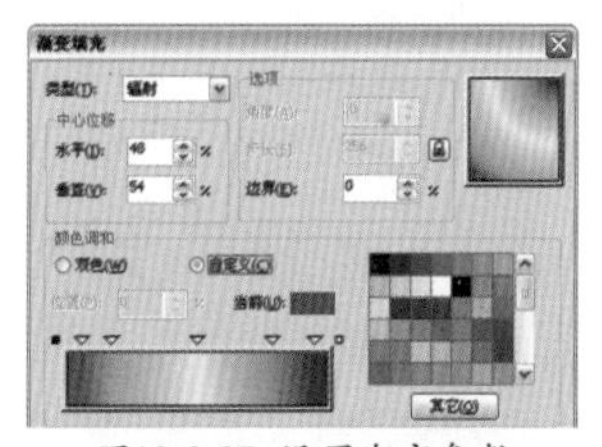

图13-2-37 设置渐变参数

37 填充渐变色后，取消轮廓色。在花瓣上绘制暗部图形轮廓，如图 13-2-38 所示。

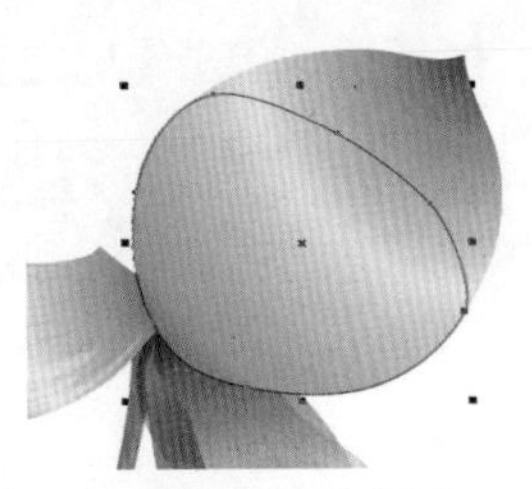

图13-2-38 绘制图形

38 按【F11】键，设置【类型】为辐射，在【中心位移】区域设置【水平】为 -74%，【垂直】为 -100%，在【选项】区域设置【边界】为 19%，在【颜色调和】选区中选择【自定义】单选项，分别设置如下。

位置：0　颜色（C：0；M：0；Y：0；K：0）；

位置：60　颜色（C：11；M：56；Y：0；K：0）；

位置：100　颜色（C：27；M：100；Y：12；K：0）。

如图 13-2-39 所示。单击【确定】按钮。

39 填充渐变色后，效果如图 13-2-40 所示。

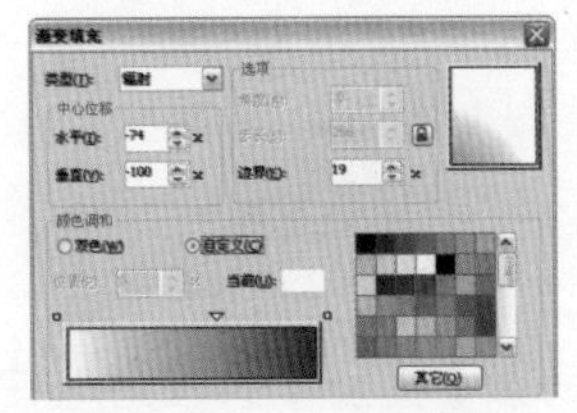

图13-2-39 设置渐变参数

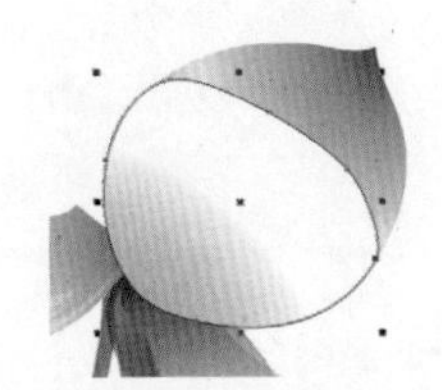

图13-2-40 填充渐变色

40 选择【透明度工具】，设置属性栏上的【透明度类型】为标准，【透明度操作】为乘，【开始透明度】为 0，设置不透明度后取消轮廓色，效果如图 13-2-41 所示。

图13-2-41 添加透明度效果

提示：

CorelDRAW 的溶图功能是十分强大的，特别是通过对【透明度操作】的设置，可以使图像的融合更加完美无瑕，多尝试和多运用该功能可以使读者的设计更加美观漂亮。

41 使用之前绘制第一片荷花的纹理及高光方法为图像制作花瓣纹理和高光效果，效果如图 13-2-42 所示。

42 通过以上绘制荷花花瓣的制作方法绘制出其他花瓣，完成荷花的绘制，效果如图 13-2-43 所示。

图13-2-42 绘制高光与纹理

图13-2-43 绘制荷花花瓣

43 选择【椭圆工具】，在荷花上方绘制不同大小的正圆，设置填充颜色为白色，取消轮廓色，效果如图 13-2-44 所示。框选绘制的荷花图形，按【Ctrl+G】快捷键对图形进行群组。

44 选择【贝塞尔工具】绘制荷蓬根茎图形轮廓，如图 13-2-45 所示。

图13-2-44 绘制圆点

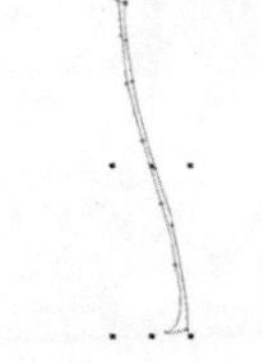

图13-2-45 绘制图形

45 按【F11】键，在【选项】区域设置【角度】为 119，【边界】为 30%，在【颜色调和】选区中选择【自定义】单选项，分别设置如下。

位置：0　颜色（C：20；M：11；Y：45；K：0）；

位置：22　颜色（C：20；M：11；Y：45；K：0）；

位置：56　颜色（C：45；M：18；Y：60；K：0）；

位置：100　颜色（C：67；M：28；Y：77；K：0）。

如图 13-2-46 所示。单击【确定】按钮。

46 填充渐变色后，取消轮廓色。效果如图 13-2-47 所示。

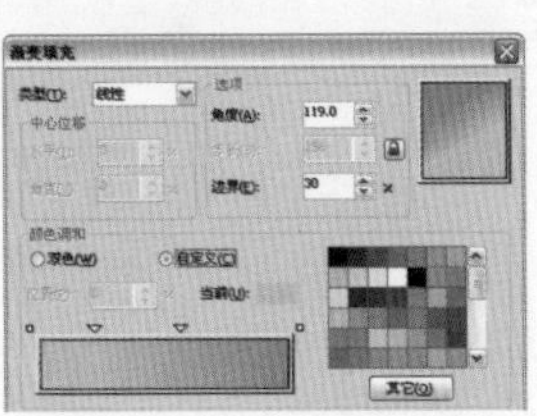

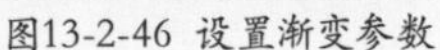

图13-2-46 设置渐变参数

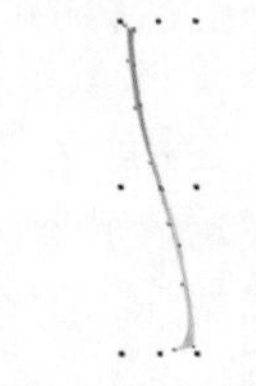

图13-2-47 填充渐变色

47 绘制根茎暗部图形轮廓，如图

13-2-48 所示。

48 按【F11】键，在【选项】区域设置【角度】为 298.6，【边界】为 27%，在【颜色调和】选区中选择【自定义】单选项，分别设置如下。

位置：0　颜色（C：0；M：0；Y：0；K：0）；

位置：20　颜色（C：20；M：11；Y：45；K：0）；

位置：55　颜色（C：45；M：18；Y：60；K：0）；

位置：100　颜色（C：67；M：28；Y：77；K：0）。

如图 13-2-49 所示。单击【确定】按钮。

49 选择【透明度工具】，设置属性栏上的【透明度类型】为标准，【透明度操作】为乘，【开始透明度】为 25，设置不透明度后取消轮廓色，效果如图 13-2-50 所示。

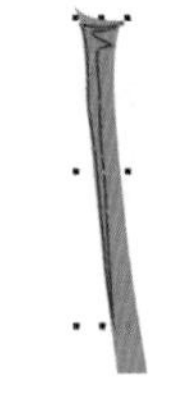

图13-2-48 绘制图形

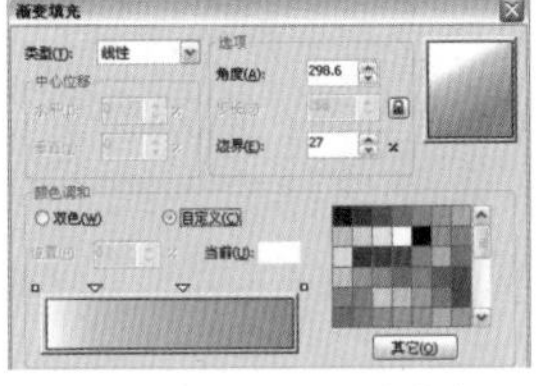

图13-2-49 设置渐变参数

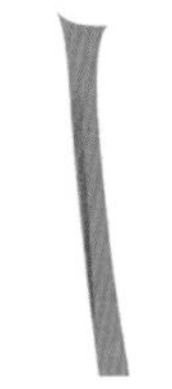

图13-2-50 添加透明度效果

50 绘制莲蓬图形轮廓，如图 13-2-51 所示。

51 按【F11】键，设置【类型】为辐射，在【中心位移】区域设置【水平】为 25%，【垂直】为 26%，在【颜色调和】选区中选择【自定义】单选项，分别设置如下。

位置：0　颜色（C：67；M：28；Y：77；K：0）；

位置：42　颜色（C：45；M：18；Y：60；K：0）；

位置：77　颜色（C：20；M：11；Y：45；K：0）；

位置：100　颜色（C：0；M：3；Y：31；K：0）。

如图 13-2-52 所示。单击【确定】按钮。

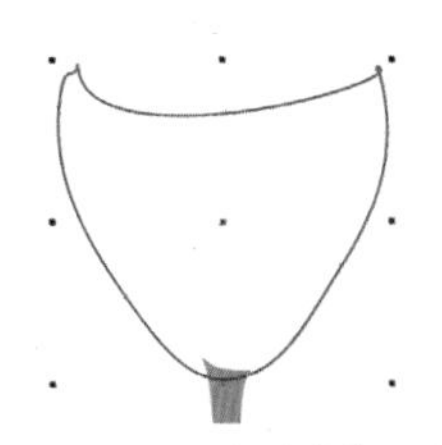

图13-2-51 绘制莲蓬图形

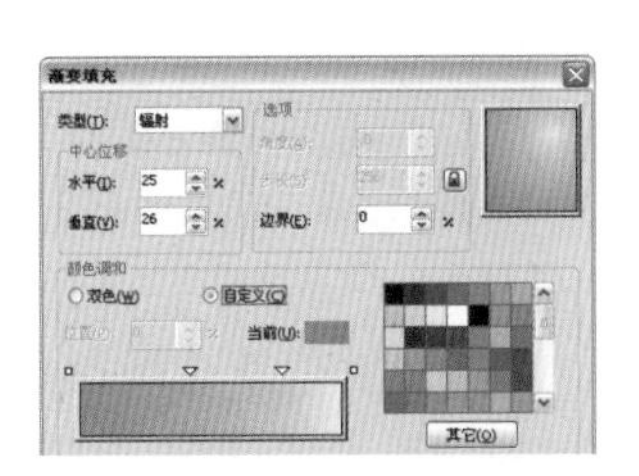

图13-2-52 设置渐变参数

52 填充渐变色后，取消轮廓色，绘制莲蓬暗部轮廓，如图 13-2-53 所示。

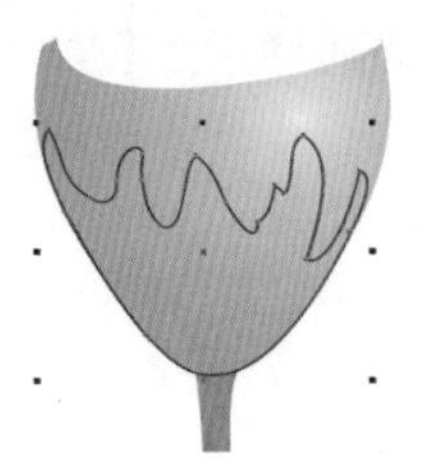

图13-2-53 绘制图形

53 按【F11】键，在【选项】区域设置【角度】为 244，【边界】为 26%，在【颜色调和】选区中选择【自定义】单选项，分别设置如下。

位置：0　颜色（C：0；M：0；Y：0；K：0）；

位置：20　颜色（C：20；M：11；Y：45；K：0）；

位置：42　颜色（C：45；M：18；Y：60；K：0）；

位置：50　颜色（C：67；M：28；Y：77；K：0）；

位置：100　颜色（C：67；M：28；Y：77；K：0）。

如图 13-2-54 所示。单击【确定】按钮。

54 填充渐变色后，取消轮廓色。选择【透明度工具】，设置属性栏上的【透明度类型】为标准，【透明度操作】为乘，【开始透明度】为 56。绘制莲蓬纹理轮廓，如图 13-2-55 所示。

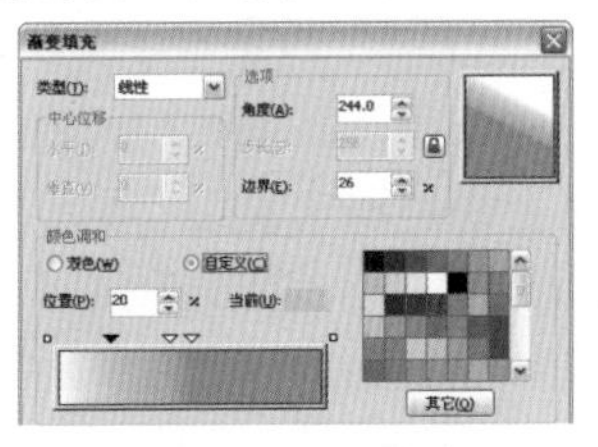

图13-2-54 设置渐变参数

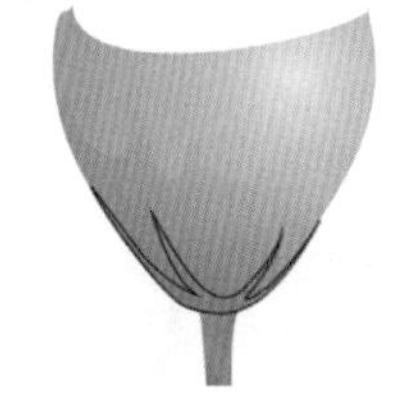

图13-2-55 绘制图形

55 按【F11】键，在【选项】区域设置【角度】为 298.6，【边界】为 14%，在【颜色调和】选区中选择【自定义】单选项，分别设置如下。

位置：0　颜色（C：0；M：0；Y：0；K：0）；

位置：20　颜色（C：20；M：11；Y：45；K：0）；

位置：55　颜色（C：45；M：18；Y：80；K：0）；

位置：100　颜色（C：67；M：28；Y：77；K：0）。

如图 13-2-56 所示。单击【确定】按钮。

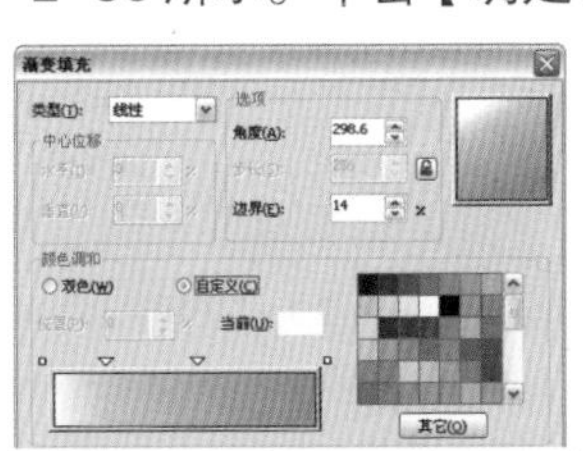

图13-2-56 设置渐变参数

56 填充渐变色后，取消轮廓色。选择【透明度工具】，设置属性栏上的【透明度类型】为标准，【透明度操作】为乘，【开始透明度】为55。绘制莲蓬纹理轮廓，如图13-2-57所示。

57 按【F11】键，在【选项】区域设置【角度】为98.2，【边界】为14%，在【颜色调和】选区中选择【自定义】单选项，分别设置如下。

位置：0　颜色（C：20；M：11；Y：45；K：0）；

位置：39　颜色（C：20；M：11；Y：45；K：0）；

位置：59　颜色（C：45；M：18；Y：60；K：0）；

位置：84　颜色（C：67；M：28；Y：77；K：0）；

位置：100　颜色（C：67；M：28；Y：77；K：0）。

如图13-2-58所示。单击【确定】按钮。

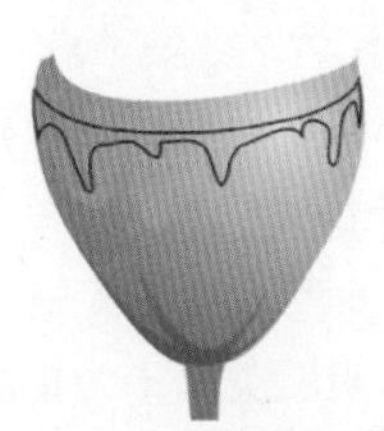

图13-2-57 绘制图形

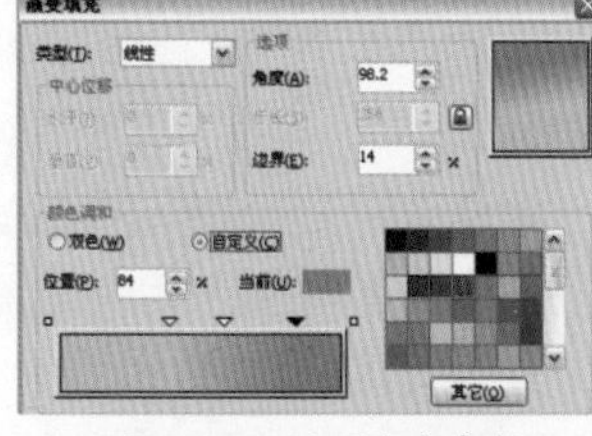

图13-2-58 设置渐变参数

58 填充渐变色后，取消轮廓色。选择【透明度工具】，设置属性栏上的【透明度类型】为标准，【透明度操作】为乘，【开始透明度】为71。选择【椭圆工具】，在莲蓬上绘制两个大小不同的正圆，填充颜色为白色，取消轮廓色。框选绘制的正圆，选择【透明度工具】，设置属性栏上的【透明度类型】为标准，【透明度操作】为：常规，【开始透明度】为49，如图13-2-59所示。

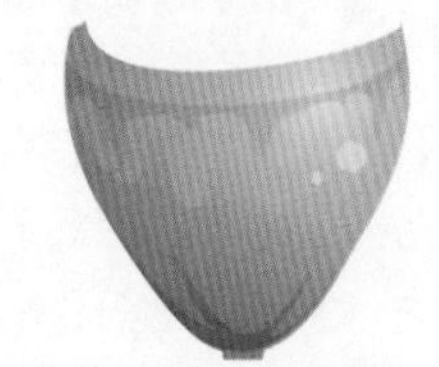

图13-2-59 添加透明度效果

59 选择【椭圆工具】绘制一个椭圆，如图13-2-60所示。

60 按【F11】键，在【选项】区域设置【角度】为231.9，【边界】为19%，在【颜色调和】选区项中选择【自定义】单选项，分别设置如下。

位置：0　颜色（C：20；M：11；Y：45；K：0）；

位置：22　颜色（C：20；M：11；Y：45；K：0）；

位置：56　颜色（C：45；M：18；Y：60；K：0）；

位置：100　颜色（C：67；M：28；Y：77；K：0）。

如图13-2-61所示。单击【确定】按钮。

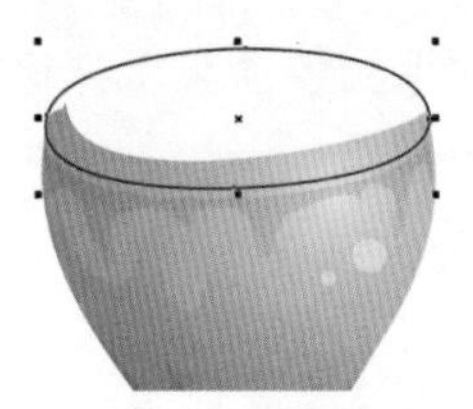

图13-2-60 绘制椭圆

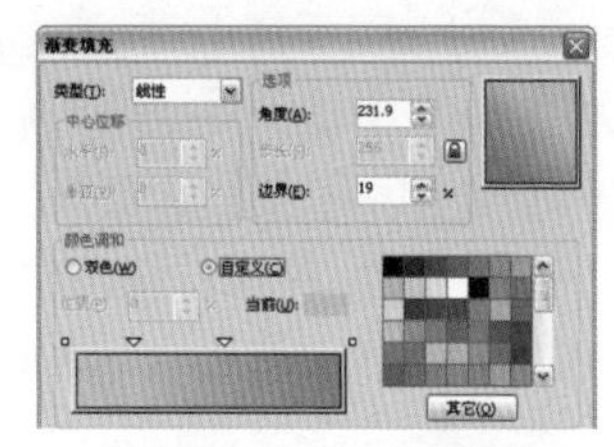

图13-2-61 设置渐变参数

61 填充渐变色后，取消轮廓色。绘制高光轮廓，如图13-2-62所示。

图13-2-62 绘制图形

62 填充颜色为白色，取消轮廓色。选择【透明度工具】，设置属性栏上的【透明度类型】为标准，【透明度操作】为常规，【开始透明度】为75。设置透明度后，效果如图13-2-63所示。

63 选择【椭圆工具】在之前的椭圆图形上绘制一个较小的椭圆，按【F11】键，在【选项】区域设置【角度】为212.9，【边界】为15%，在【颜色调和】选区中选择【自定义】单选项，分别设置如下。

位置：0　颜色（C：16；M：5；Y：38；K：0）；

位置：21　颜色（C：16；M：5；Y：38；K：0）；

位置：67　颜色（C：43；M：15；Y：56；K：0）；

位置：100　颜色（C：67；M：28；Y：77；K：0）。

如图13-2-64所示。单击【确定】按钮。

图13-2-63 添加透明度效果

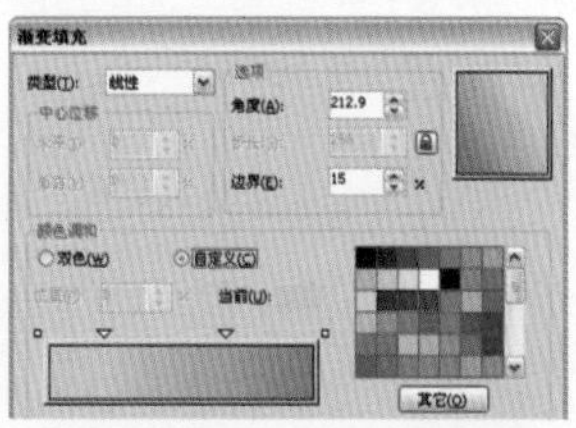

图13-2-64 设置渐变参数

64 填充渐变色后，取消轮廓色，效果如图13-2-65所示。

65 选择【椭圆工具】，在椭圆图形上绘制多个不同大小的圆，框选绘制的圆，设置填充颜色为白色，选择【透明度工具】，设置属性栏上的【透明度类型】为标准,【透明度操作】为常规,【开始透明度】为 56。设置透明度后，效果如图 13-2-66 所示。

图13-2-65 填充渐变色

图13-2-66 添加透明度效果

66 再次使用【椭圆工具】绘制多个圆，选中绘制的圆,取消轮廓色,设置填充颜色为褐色（C：52；M：66；Y：79；K：11），选择【透明度工具】，设置属性栏上的【透明度类型】为标准,【透明度操作】为常规,【开始透明度】为 65。设置透明度后，效果如图 13-2-67 所示。框选绘制的荷花图形，按【Ctrl+G】快捷键对图形进行群组。

提示:

图像细节绘制是十分重要的，注意在绘制图形时的各种细节显示，可以使设计更加精致细腻。特别是制作户外广告，当被实际喷绘出来后会将绘制的画面放大数倍，此时将完整地体现出设计的质量和制作的水平。

67 单击属性栏上的【导入】按钮，导入素材图片“荷叶 . Tif”。将之前制作的荷花、莲蓬及导入的荷叶素材进行调整位置、大小和方向并复制多个进行编辑，制作出一片荷花的效果，如图 13-2-68 所示。

图13-2-67 添加透明度效果

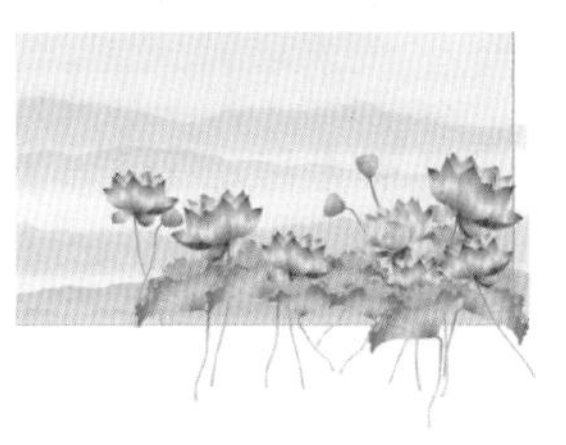
图13-2-68 调整编辑荷花

68 单击属性栏上的【导入】按钮，导入素材图片“古典花纹 .tif”。调整其大小并放置到图像下方，复制该素材，单击属性栏上的【垂直镜像】按钮，将图像进行上下翻转，移动该图形到图像上方，效果如图 13-2-69 所示。

69 单击属性栏上的【导入】按钮，导入素材图片“古筝美女 .tif”。选择【阴影工具】，按住图形不放，用鼠标向外拖移形成阴影后，设置属性栏上【阴影的不透明度】为 50,【阴影羽化】为 5，其他参数保持默认值，效果如图 13-2-70 所示。

图13-2-69 导入素材

图13-2-70 添加阴影效果

70 将图像移动到画面左侧，将光标移动到阴影上,同时单击鼠标右键选择【拆分阴影群组】命令。选择【矩形工具】，在人物素材上拖移绘制矩形，先选择矩形，再选择人物阴影图像，单击属性栏上的【修剪】按钮，效果如图 13-2-71 所示。

71 删除矩形图形，框选除背景矩形以外的所有图像，按住鼠标右键不放，同时移动到背景矩形上松开右键，在快捷菜单中选择【图框精确剪裁内部】命令，选择背景矩形打开快捷菜单，选择【编辑 PowerClip】命令，对图框内部的对象进行调整，完成后退出图框内部编辑模式。分别导入素材图片“墨迹 .tif”和“古筝 .tif”，调整其大小并放置到图像右上方，选择墨迹素材，选择【透明度工具】，设置属性栏上的【透明度类型】为标准,【透明度操作】为减少,【开始透明度】为 0，图像效果如图 13-2-72 所示。

图13-2-71 删除多余阴影图像

图13-2-72 导入素材

72 选择【文本工具】并输入文字，设置填充颜色为褐色（C：44；M：70；Y：76；K：5），按【F12】键,打开【轮廓笔】对话框,设置【颜色】为白色,【宽度】为 3mm，勾选【随对象缩放】复选项，其他参数保持默认，单击【确定】按钮。选择【阴影工具】，按住文字不放，用鼠标向右下拖移形成阴影后，设置属性栏上【阴影的不透明度】

为 80，【阴影羽化】为 10，其他参数保持默认值，效果如图 13-2-73 所示。

73 继续使用【文本工具】字输入文字，使用制作标题文字效果的方法为招生文字制作文字效果，本案例最终效果如图 13-2-74 所示。

图13-2-73 输入文字并添加效果

图13-2-74 最终效果

案例小结

通过学习本案例，可以掌握如何运用渐变色制作出逼真的矢量图形，并使用不透明度的操作对图像进行完美的融合。希望读者可以开拓思维、举一反三，将本节中学到的知识运用到其他绘制操作中。

13.3 香脆饼干包装

本节将绘制饼干包装的平面展开图及立体效果图，特别是对主体图形卡通熊的绘制方法与技巧进行介绍。希望本案例可以使读者了解食品包装设计的绘制方法与设计思路，并巩固对 CorelDRAW 软件工具的掌握。

案例过程赏析

本案例的最终效果如图 13-3-1 所示。

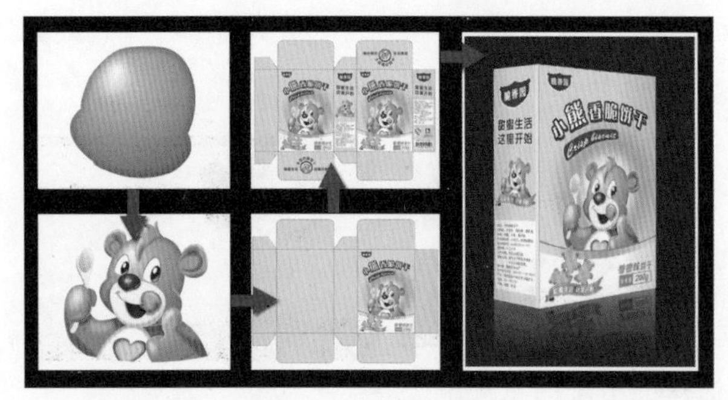
图13-3-1 最终效果图

案例技术思路

醒目的色彩与可爱的卡通熊主体可以定位出饼干的消费群体，使消费人群可以更快地找到该商品。黄色的主体颜色可以使商品更能被注意到，橙色的色彩搭配可以增加对食欲的刺激与需求，而卡通熊的主体画面能够增加商品与消费人群之间的亲和力。

案例制作过程

1. 卡通熊的绘制

01 按【Ctrl + N】快捷键，打开【创建新文档】对话框，设置【名称】为香脆饼干包装，单击【确定】按钮。选择【贝塞尔工具】绘制卡通熊脸部轮廓，如图 13-3-2 所示。

02 按【F11】键，打开【渐变填色】对话框，设置【类型】为辐射，在【中心位移】区域设置【水平】为 -9%，【垂直】为 23%，在【颜色调和】选区中选择【自定义】单选项，分别设置如下。

位置：0　颜色（C：0；M：80；Y：100；K：5）；

位置：8　颜色（C：0；M：80；Y：100；K：5）；

位置：100 颜色（C：0；M：0；Y：100；K：0）。

如图 13-3-3 所示。单击【确定】按钮。

03 填充渐变色后，取消轮廓色。等比例缩小图形并单击鼠标右键进行复制，再将复制的图形进行等比例放大复制，选择复制的两个图形，按【Ctrl+L】快捷键对图形进行合并，填充颜色为深橙色（C：0；M：80；Y：100；K：20），如图13-3-4所示。

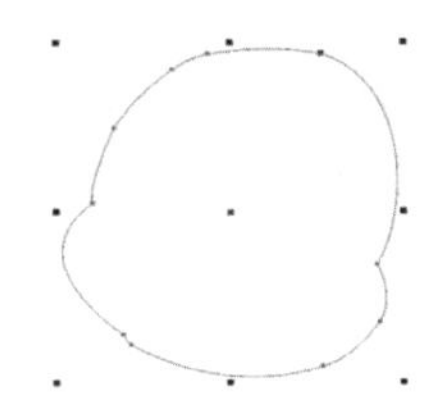
图13-3-2 绘制脸部轮廓

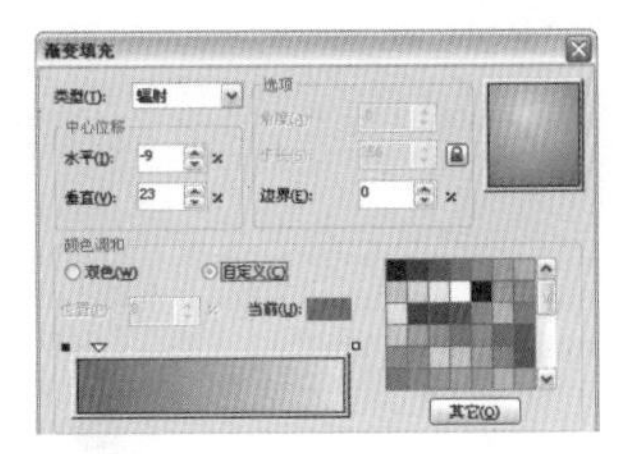
图13-3-3 设置渐变参数

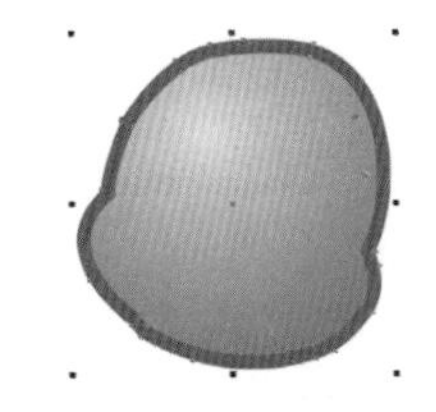
图13-3-4 绘制暗部轮廓

04 执行【位图】|【转换为位图】命令，设置【分辨率】为300dpi，勾选【透明背景】复选项，单击【确定】按钮。执行【位图】|【模糊】|【高斯式模糊】命令，设置【半径】为20像素，单击【确定】按钮。按【Ctrl+C】快捷键进行复制，再按【Ctrl+V】快捷键在原位上进行粘贴。选择【透明度工具】，设置属性栏上的【透明度类型】为标准，【开始透明度】为40，效果如图13-3-5所示。

05 将制作的阴影效果放置到脸部轮廓中，选择【椭圆工具】在脸部左上绘制椭圆，设置填充颜色为白色，取消轮廓色，效果如图13-3-6所示。

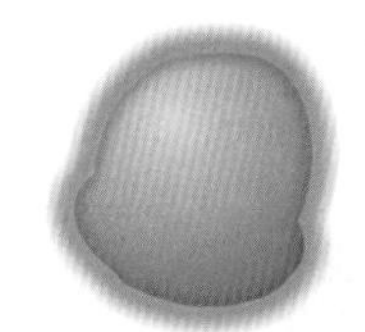
图13-3-5 添加透明度效果

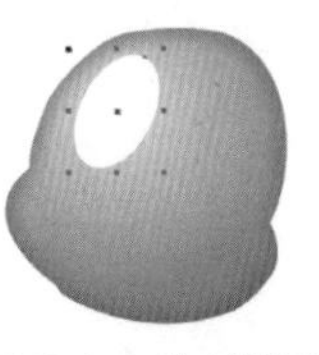
图13-3-6 绘制椭圆

06 执行【转换为位图】命令和【高斯式模糊】命令。选择【透明度工具】，按住鼠标左键不放，同时由上往左下拖移，形成透明渐变效果，如图13-3-7所示。

提示：

高光与暗部的正确搭配可以使图像更能体现出立体感与真实感。

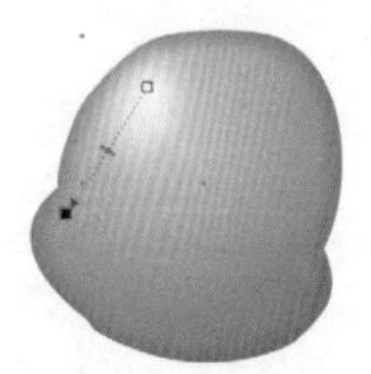
图13-3-7 添加透明度效果

07 将高光图像放置到脸部轮廓中，选择【贝塞尔工具】绘制图形轮廓，如图13-3-8所示。

08 按【F11】键，设置【类型】为辐射，在【中心位移】区域设置【水平】为-41%，【垂直】为13%，在【颜色调和】选区中选择【自定义】单选项，分别设置如下。

位置：0　颜色（C：0；M：40；Y：100；K：0）；

位置：60　颜色（C：0；M：40；Y：100；K：0）；

位置：100　颜色（C：0；M：0；Y：80；K：0）。

如图13-3-9所示。单击【确定】按钮。

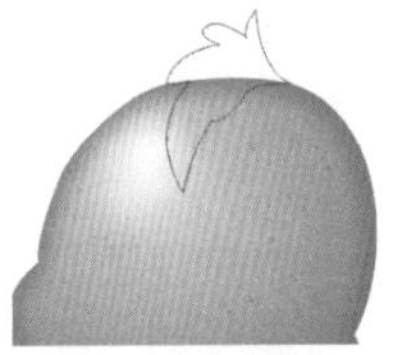
图13-3-8 绘制图形

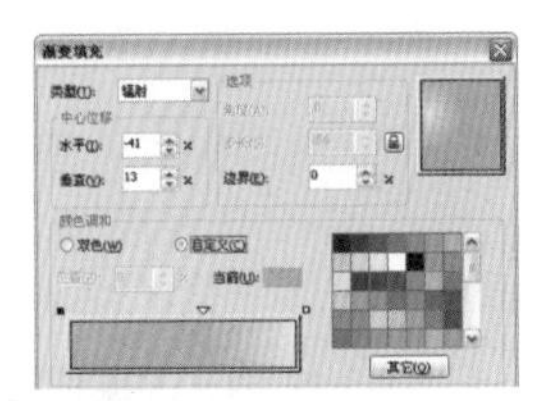
图13-3-9 设置渐变参数

09 填充渐变后，图像效果如图13-3-10所示。

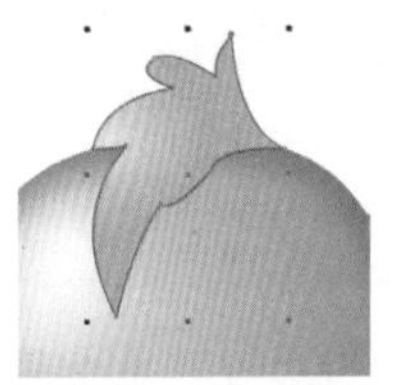
图13-3-10 填充渐变色

10 绘制暗部轮廓图形，填充颜色为深橙色（C：0；M：80；Y：100；K：20），如图13-3-11所示。

11 取消轮廓色，执行【转换为位图】命令，执行【高斯式模糊】命令，设置【半径】为3像素，单击【确定】按钮。效果如图13-3-12所示。

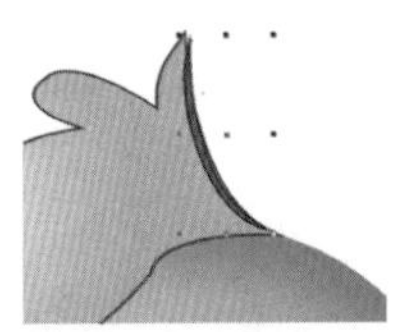
图13-3-11 绘制暗部图形

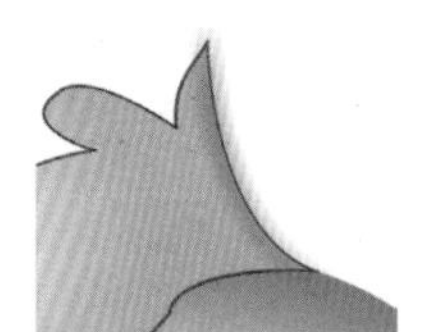
图13-3-12 【高斯式模糊】效果

12 绘制高光轮廓图形，填充颜色为白色，如图13-3-13所示。

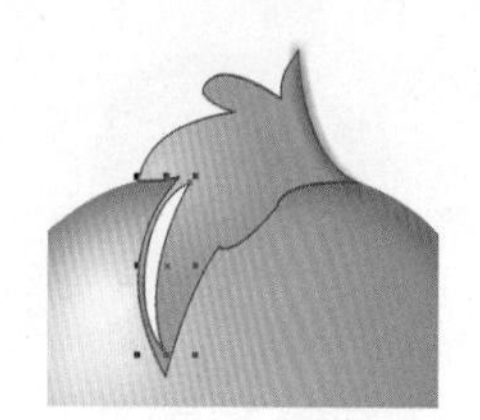

图13-3-13 绘制高光轮廓

13 取消轮廓色，执行【转换为位图】命令和【高斯式模糊】命令。选择【透明度工具】，设置属性栏上的【透明度类型】为标准，【开始透明度】为20，效果如图13-3-14所示。

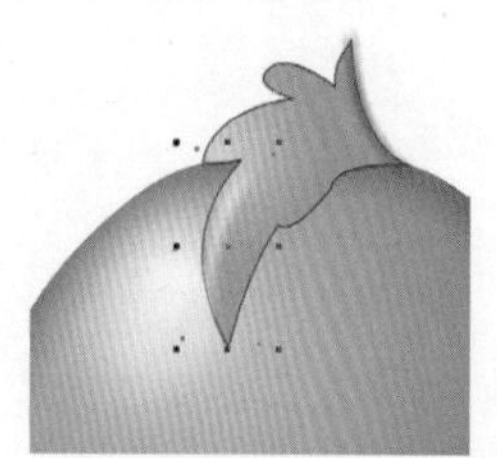

图13-3-14 添加透明度效果

14 使用同样的方法制作其他位置的暗部和高光效果，制作完成后将制作的暗部和高光效果放置到图形中，选择【阴影工具】，按住图形不放，用鼠标向外拖移形成阴影后，设置属性栏上【阴影的不透明度】为80，【阴影羽化】为5，【阴影颜色】为橙色（C：0；M：60；Y：100；K：0），其他参数保持默认值。如图13-3-15所示。

提示：

在图形被添加阴影效果的状态下，被群组的对象是不能进行编辑的，而被放置到图框中的图形则可以进行编辑。

15 将光标移动到阴影图像上，单击鼠标右键选择【拆分阴影群组】命令，选择阴影图像进行编辑，将白色背景处的阴影效果进行隐藏，如图13-3-16所示。

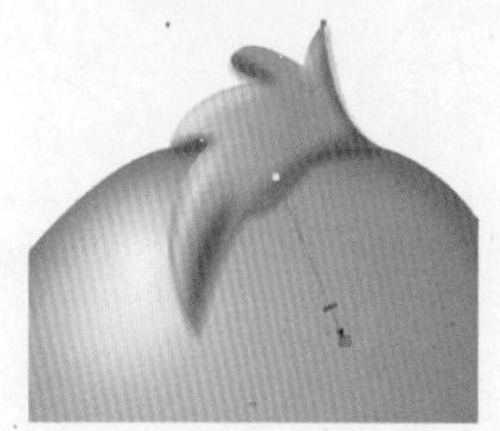

图13-3-15 添加阴影效果

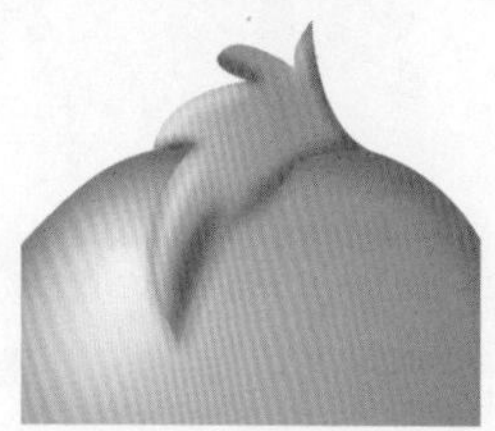

图13-3-16 调整阴影效果

16 绘制左耳轮廓图形，填充颜色为橙色（C：0；M：40；Y：100；K：0），如图13-3-17所示。

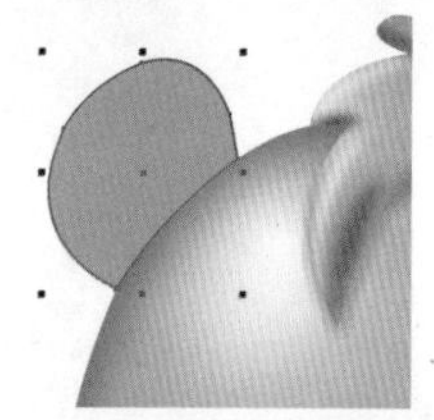

图13-3-17 绘制耳朵图形

17 取消轮廓色，并使用之前制作高光和暗部的方法为左耳制作光暗效果，如图13-3-18所示。

18 绘制内耳轮廓图形，如图13-3-19所示。

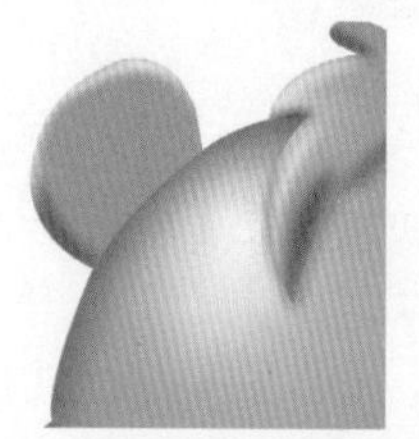

图13-3-18 制作高光与暗部效果

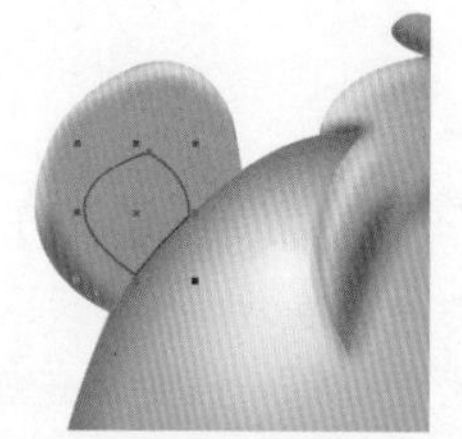

图13-3-19 绘制内耳轮廓

19 将图像进行等比例缩小复制和放大复制，选择复制的图形，按【Ctrl+L】快捷键对图形进行合并，填充颜色为橙色（C：0；M：60；Y：100；K：0），执行【转换为位图】命令，执行【高斯式模糊】命令，设置【半径】为4像素，单击【确定】按钮。选择【透明度工具】，设置属性栏上的【透明度类型】为标准，【透明度操作】为乘，【开始透明度】为0，效果如图13-3-20所示。

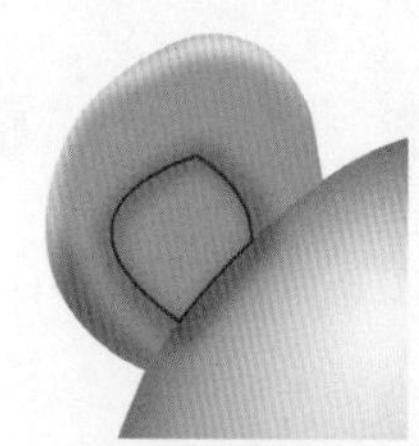

图13-3-20 添加透明度效果

20 将制作的阴影图像放置到内耳中，选择内耳轮廓并取消轮廓色，效果如图13-3-21所示。

21 绘制阴影轮廓，填充颜色为橙色（C：0；M：60；Y：100；K：0），执行【转换为位图】和【高斯式模糊】命令，选择【透明度工具】，设置属性栏上的【透明度类型】为标准，【透明度操作】为乘，【开始透明度】为20，效果如图13-3-22所示。

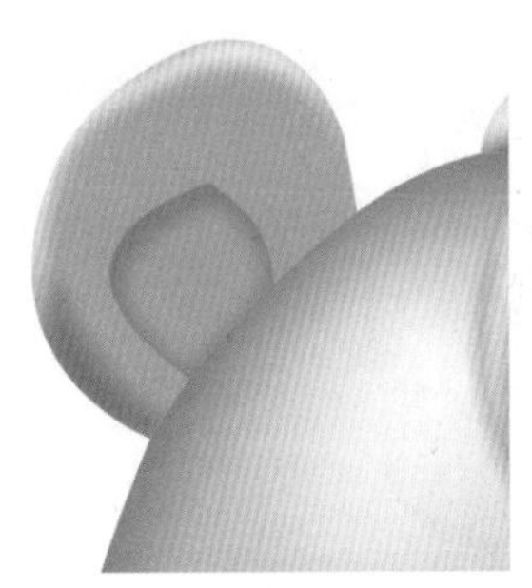

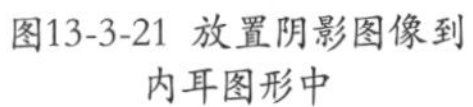

图13-3-21 放置阴影图像到内耳图形中

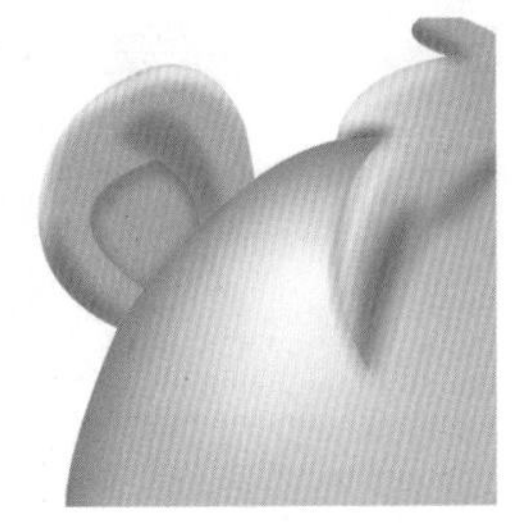

图13-3-22 制作暗部效果

22 沿内耳边缘绘制线条，选中绘制的线条，按【F12】键，打开【轮廓笔】对话框，设置【颜色】为橙红色（C：0；M：90；Y：100；K：20），【宽度】为 0.2mm，其他参数保持默认，单击【确定】按钮。效果如图 13-3-23 所示。

23 执行【转换为位图】命令，执行【高斯式模糊】命令，设置【半径】为 3 像素，单击【确定】按钮。效果如图 13-3-24 所示。

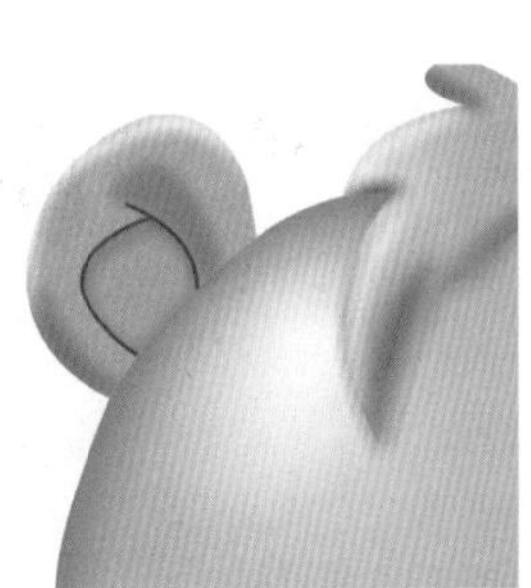

图13-3-23 绘制线条

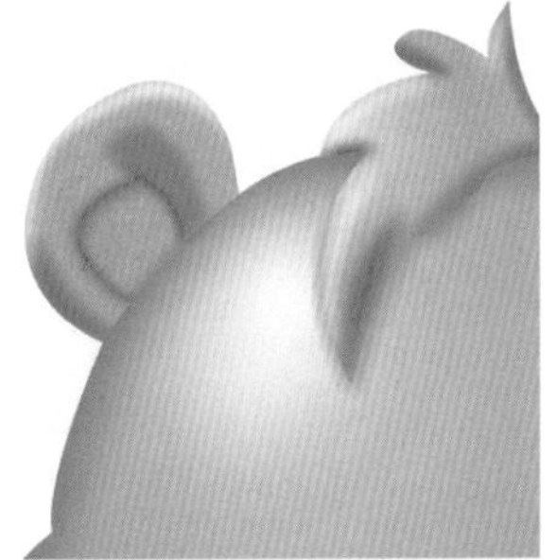

图13-3-24 【高斯式模糊】效果

24 绘制右耳轮廓，填充颜色为橙红色（C：0；M：40；Y：100；K：0），取消轮廓色。选择【透明度工具】，按住鼠标左键不放，同时由右往左拖移，形成透明渐变效果，如图 13-3-25 所示。

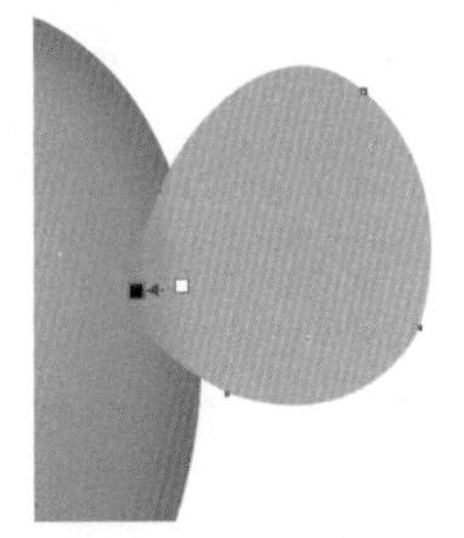

图13-3-25 添加透明渐变效果

25 使用制作左耳的方法制作右耳图像效果，制作后效果如图 13-3-26 所示。

26 在脸部右侧高光轮廓，填充颜色为白色，取消轮廓。执行【转换为位图】命令，执行【高斯式模糊】命令，设置【半径】为 4 像素，单击【确定】按钮。选择【透明度工具】，设置属性栏上的【透明度类型】为标准，【开始透明度】为 30，效果如图 13-3-27 所示。

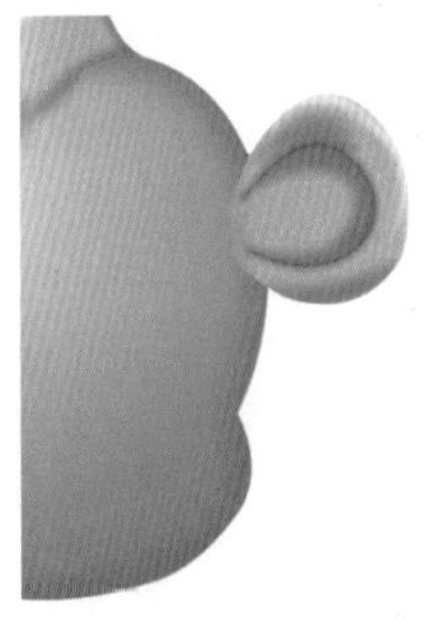

图13-3-26 绘制右耳图形

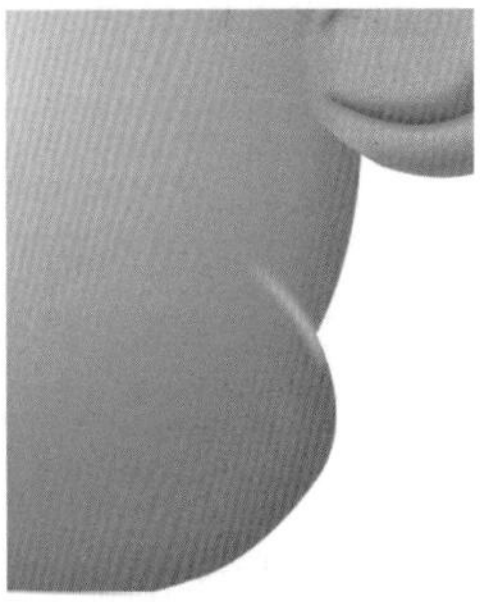

图13-3-27 绘制脸部高光图形

27 绘制右侧眼睛轮廓，复制一个眼睛轮廓放置到一旁，选择绘制的图形，等比例缩小复制图形。选择两个图形，同时按【Ctrl+L】快捷键进行合并，如图 13-3-28 所示。

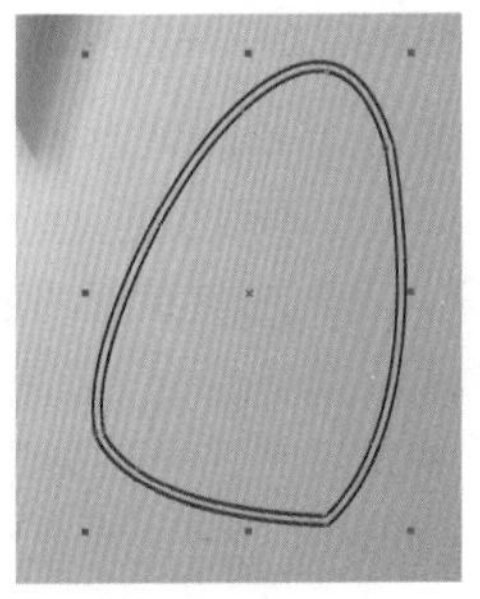

图13-3-28 绘制眼睛图形

提示：

绘制图形时应当考虑到该图形在之后的制作过程中是否会用到，如果在之后的绘制中还会用到相同图形，可以复制一个放置到一旁，以便之后使用。这样可以节约绘制的时间，提高工作效率。

28 按【F11】键，在【选项】区域设置【角度】为 -90，在【颜色调和】选区中选择【双色】单项框，设置【从】的颜色为橙红色（C：0；M：80；Y：100；K：0），【到】的颜色为黄橙色（C：0；M：20；Y：100；K：0），如图 13-3-29 所示。单击【确定】按钮。

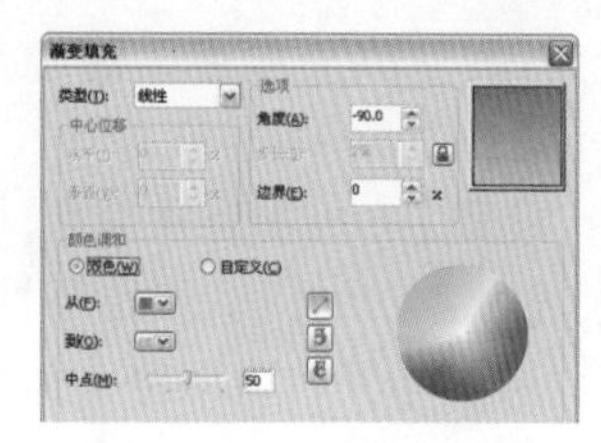

图13-3-29 设置渐变参数

29 填充渐变色后，取消轮廓色，效果如图13-3-30所示。

30 按【Ctrl+C】快捷键进行复制，再按【Ctrl+V】快捷键在原位上进行粘贴。执行【转换为位图】命令，执行【高斯式模糊】命令，设置【半径】为3像素，单击【确定】按钮。再次原位复制粘贴图像，效果如图13-3-31所示。

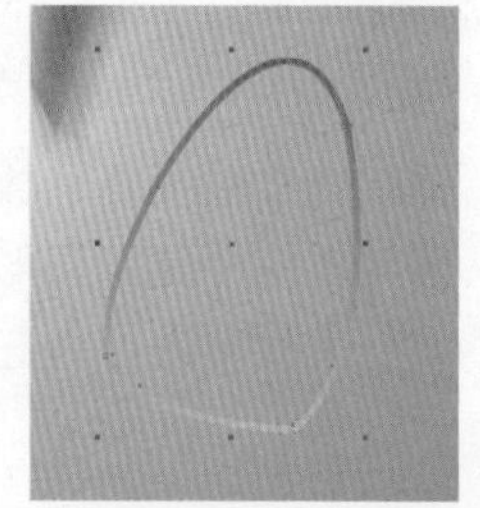

图13-3-30 填充渐变色

图13-3-31 【高斯式模糊】效果

31 选择之前复制的眼睛轮廓，填充颜色为白色，取消轮廓色。单击鼠标右键，选择【顺序】|【到图层前面】命令，将图形放置到图层最前面。移动图形到制作的眼睛轮廓效果上，如图13-3-32所示。

32 选择【椭圆工具】在眼睛中绘制两个重叠并大小不一的椭圆形，分别填充颜色为黑色和白色。绘制眼睛高光轮廓，填充颜色为浅蓝色（C：40；M：0；Y：0；K：0），执行【转换为位图】命令，执行【高斯式模糊】命令，设置【半径】为4像素，单击【确定】按钮。效果如图13-3-33所示。

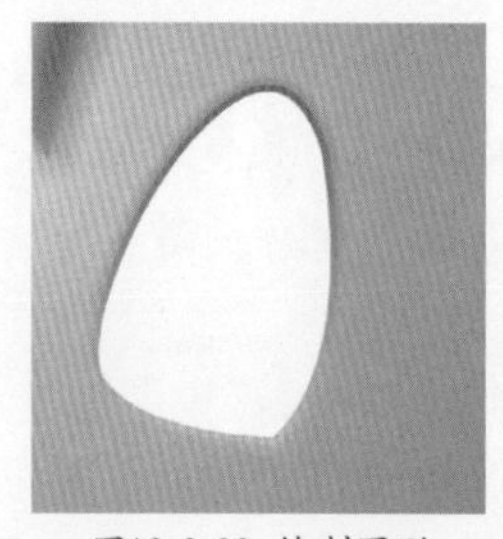

图13-3-32 绘制图形

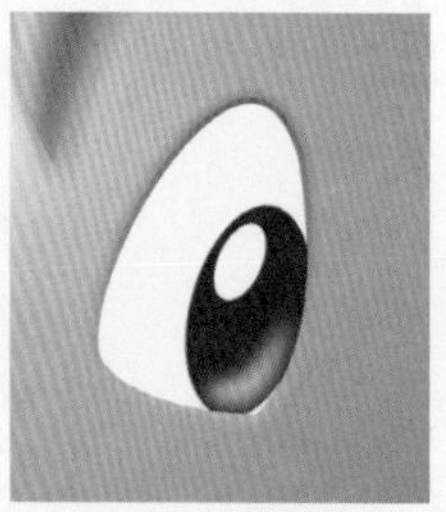

图13-3-33 绘制眼睛

33 框选制作的眼睛效果，复制图像并移动到左侧，调整图像大小和位置，调整后如图13-3-34所示。

图13-3-34 复制调整图形

34 绘制脸部暗部轮廓，填充颜色为深棕色（C：0；M：60；Y：100；K：60），取消轮廓色，如图13-3-35所示。

35 执行【转换为位图】命令，执行【高斯式模糊】命令，设置【半径】为5像素，单击【确定】按钮。选择【透明度工具】，设置属性栏上的【透明度类型】为标准，【开始透明度】为55。将制作的暗部图像放置到脸部轮廓中，图像效果如图13-3-36所示。

图13-3-35 绘制阴影图像

图13-3-36 添加透明度效果

36 绘制嘴部轮廓，填充颜色为浅黄色（C：0；M0；Y：15；K：0），如图13-3-37所示。

图13-3-37 绘制嘴部图形

37 取消轮廓色。绘制嘴部暗部轮廓，填充颜色为深黄色（C：0；M：20；Y：100；K：0），执行【转换为位图】命令和执行【高斯式模糊】命令。执行【效果】|【调整】|【色度/饱和度/亮度】命令，设置参数为（0；-30；0），单击【确定】按钮。

选择【透明度工具】，设置属性栏上的【透明度类型】为标准，【开始透明度】为 30。图像效果如图 13-3-38 所示。

38 绘制嘴巴轮廓图形，如图 13-3-39 所示。

图13-3-38 制作嘴部暗部效果

图13-3-39 绘制嘴巴轮廓

39 按【F12】键，打开【轮廓笔】对话框，设置【颜色】为橙红色（C：0；M：80；Y：100；K：30），【宽度】为 0.2mm，勾选【填充之后】复选项，其他参数保持默认值，单击【确定】按钮。按【F11】键，设置【类型】为辐射，在【中心位移】区域设置【水平】为 -5%，【垂直】为 -41%，在【选项】区域设置【边界】为 20%，在【颜色调和】选区中选择【双色】单选项，设置【从】的颜色为深红色（C：30；M：100；Y：100；K：60），【到】的颜色为红色（C：0；M：100；Y：100；K：0），如图 13-3-40 所示。单击【确定】按钮。

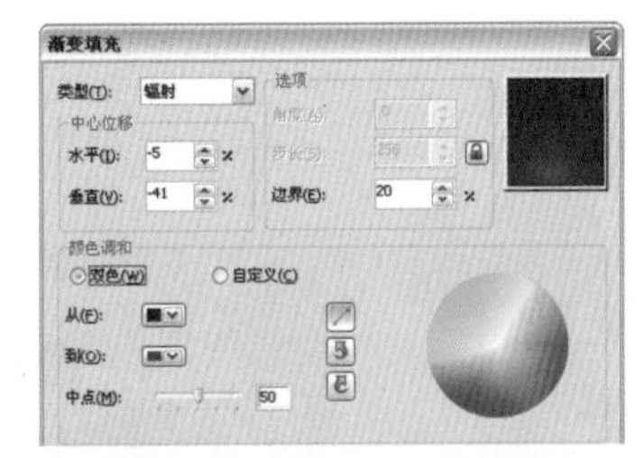

图13-3-40 设置渐变参数

40 填充渐变色后，图像效果如图 13-3-41 所示。

图13-3-41 填充渐变色

41 绘制线条并将其选中，按【F12】键，打开【轮廓笔】对话框，设置【颜色】为：橙红色（C：0；M：80；Y：100；K：30），【宽度】为 0.2mm，勾选【随对象缩放】复选项，其他参数保持默认，单击【确定】按钮。效果如图 13-3-42 所示。

42 框选绘制的嘴巴图形，按【Ctrl+G】快捷键对图形进行群组。选择【阴影工具】，按住图形不放，用鼠标向外拖移形成阴影后，设置属性栏上【阴影的不透明度】为 100，【阴影羽化】为 5，【透明度操作】为减少，【阴影颜色】为灰褐色（C：0；M：30；Y：60；K：40），其他参数保持默认值，如图 13-3-43 所示。

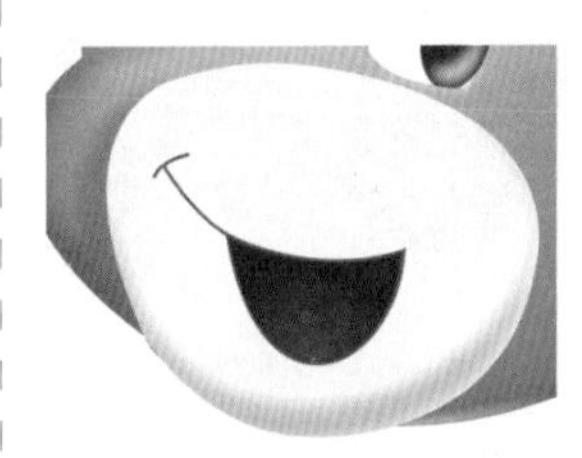

图13-3-42 绘制线条

图13-3-43 添加阴影效果

提示：

要绘制出更加真实的画面，在设计制作时就需要考虑到图形细节的高光、暗部及阴影的制作，只有通过这些细小的部分才能制作出精致漂亮的画面。

43 在嘴巴处绘制舌头轮廓，填充颜色为粉色（C：10；M：40；Y：0；K：0），取消轮廓色。选择【阴影工具】，按住图形不放，向外拖移形成阴影后，设置属性栏上【阴影的不透明度】为 100，【阴影羽化】为 10，【透明度操作】为乘，【阴影颜色】为深褐色（C：0；M：35；Y：60；K：30），其他参数保持默认值，如图 13-3-44 所示。

44 在舌头上绘制暗部轮廓，填充颜色为洋红色（C：0；M：100；Y：0；K：0），取消轮廓色，如图 13-3-45 所示。

45 执行【转换为位图】命令，执行【高斯式模糊】命令，设置【半径】为 10 像素，单击【确定】按钮。再使用同样的方法制作高光和暗部效果，制作完成后将制作的效果放置到舌头图形中，效果如图 13-3-46 所示。

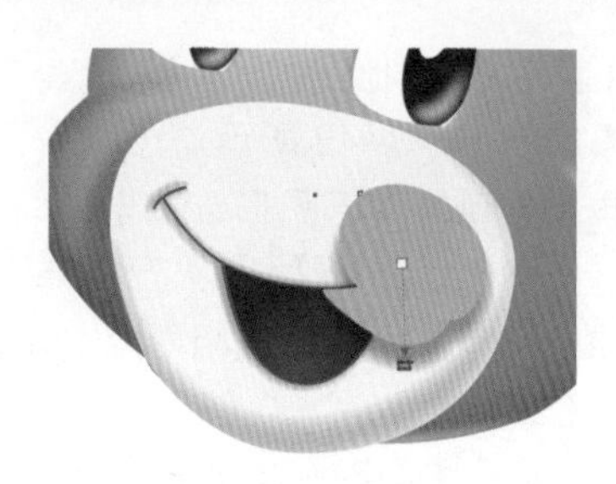

图13-3-44 添加阴影效果

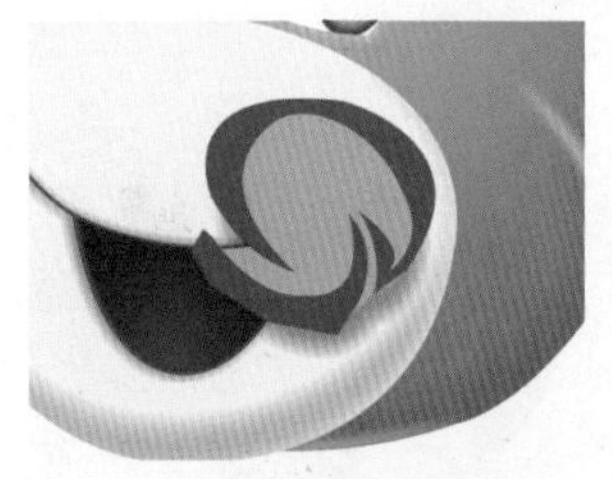

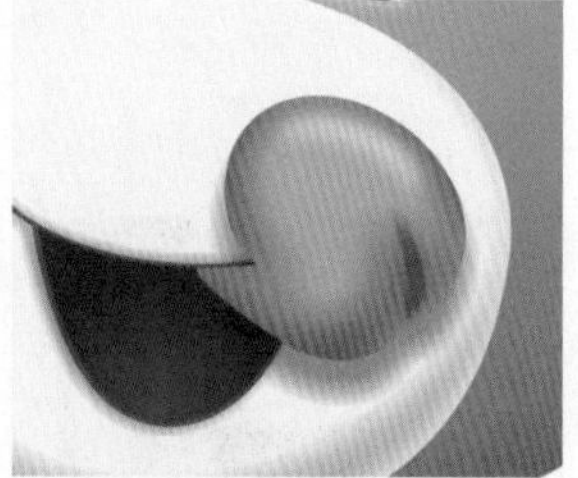

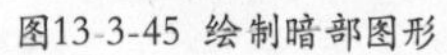

图13-3-45 绘制暗部图形　　图13-3-46 制作高光与暗部效果

46 绘制鼻子图形轮廓，如图 13–3–47 所示。

图13-3-47 绘制鼻子轮廓

47 按【F11】键，设置【类型】为辐射，在【中心位移】区域设置【水平】为 –8%，【垂直】为 12%，在【选项】区域设置【边界】为 25%，在【颜色调和】选区中选择【自定义】单选项，分别设置如下。

位置：0 颜色（C：0；M：100；Y：100；K：20）；

位置：20 颜色（C：0；M：100；Y：100；K：0）；

位置：100 颜色（C：0；M：40；Y：0；K：0）。

如图 13–3–48 所示。单击【确定】按钮，取消轮廓色。

48 选择【阴影工具】，按住图形不放，用鼠标向外拖移形成阴影后，设置属性栏上【阴影的不透明度】为 100，【阴影羽化】为 10，【透明度操作】为乘，【阴影颜色】为灰褐色（C：0；M：30；Y：60；K：40），其他参数保持默认值，如图 13–3–49 所示。

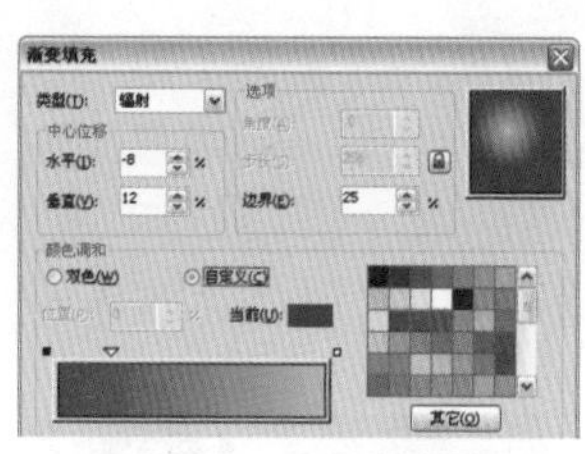

图13-3-48 设置渐变参数

图13-3-49 添加阴影效果

49 使用【贝塞尔工具】和【椭圆工具】绘制出高光图形轮廓，再使用【高斯式模糊】命令及【透明度工具】制作高光效果，如图 13–3–50 所示。

图13-3-50 制作鼻子高光效果

50 绘制卡通熊上身图形轮廓，填充颜色为橙色（C：0；M：56；Y：100；K：5），取消轮廓色。如图 13–3–51 所示。

51 使用【贝塞尔工具】绘制出暗部图形轮廓，再使用【高斯式模糊】命令及【透明度工具】制作暗部效果，并将效果放置到身体图形中，效果如图 13–3–52 所示。

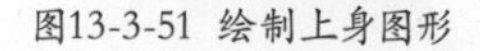

图13-3-51 绘制上身图形　　图13-3-52 制作身体暗部效果

52 继续绘制出手部阴影图形轮廓，填充颜色为深橙色（C：0；M：80；Y：100；K：20），如图 13–3–53 所示。

53 框选绘制的阴影图形，取消轮廓。执行【转换为位图】命令，执行【高斯式模糊】命令，设置【半径】为 4 像素，单击【确定】按钮。选择【透明度工具】，设置属性栏上的【透明度类型】为标准，效果如图 13–3–54 所示。

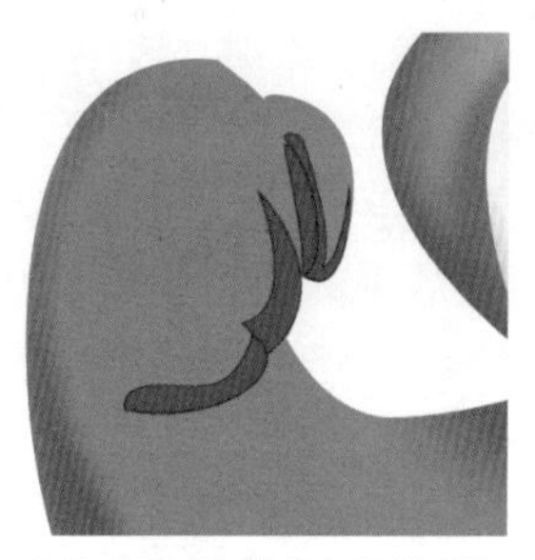
图13-3-53 绘制手部阴影图像

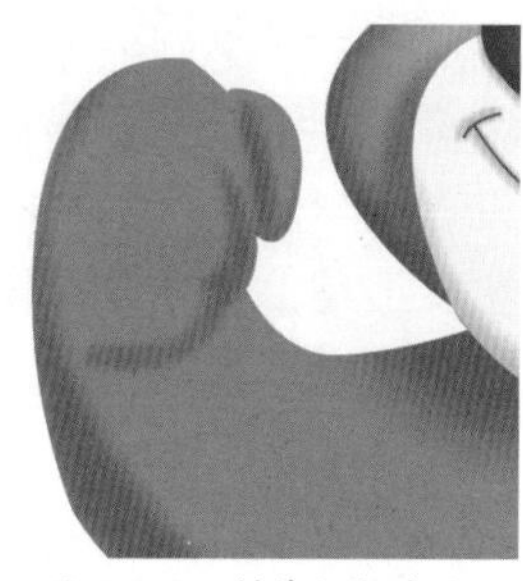
图13-3-54 制作阴影效果

54 选择【贝塞尔工具】绘制手指轮廓线条，框选绘制的线条，按【F12】键，打开【轮廓笔】对话框，设置【颜色】为橙色（C：0；M：60；Y：100；K：0），【宽度】为 0.2mm，勾选【随对象缩放】复选项，其他参数保持默认，单击【确定】按钮。再在手指轮廓下方制作阴影效果，如图 13-3-55 所示。

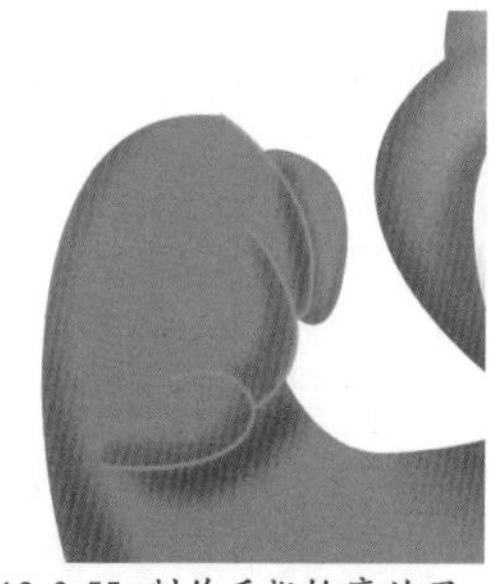
图13-3-55 制作手指轮廓效果

55 使用【贝塞尔工具】和【椭圆工具】绘制出高光图形轮廓，再使用【高斯式模糊】命令及【透明度工具】制作手臂的高光效果，如图 13-3-56 所示。

图13-3-56 制作高光效果

提示：

图形高光的制作也可以凸显出层次感，这样绘制出的图像才更有立体效果。

56 绘制勺子上部轮廓，填充颜色为浅蓝色（C：10；M：0；Y：0；K：0），如图 13-3-57 所示。

57 取消勺子上部轮廓色，继续绘制勺子侧面背部图形轮廓，填充颜色为深蓝色（C：63；M：38；Y：2；K：0），取消轮廓色。选择【透明度工具】，按住鼠标左键不放，同时由下往上拖移，形成透明渐变效果，如图 13-3-58 所示。

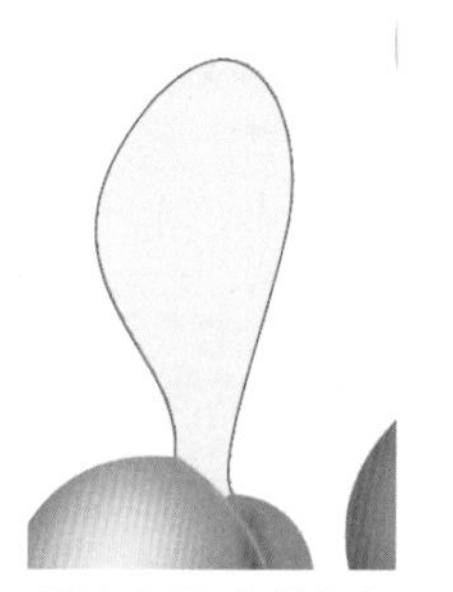
图13-3-57 绘制勺子

图13-3-58 添加不透明度

58 选择【椭圆工具】绘制椭圆，设置填充颜色为深蓝色（C：63，M：38，Y：2，K：0），取消轮廓色。选择【透明度工具】，按住鼠标左键不放，同时由下往上拖移，形成透明渐变效果，如图 13-3-59 所示。

59 在手部下端绘制勺子尾部图形，填充颜色并取消轮廓色，如图 13-3-60 所示。

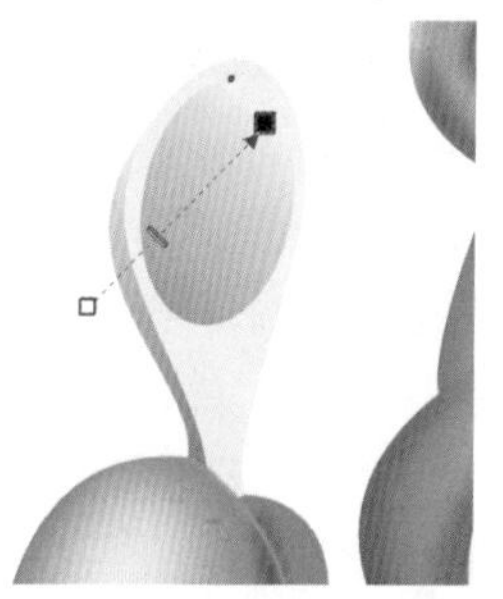
图13-3-59 添加不透明度

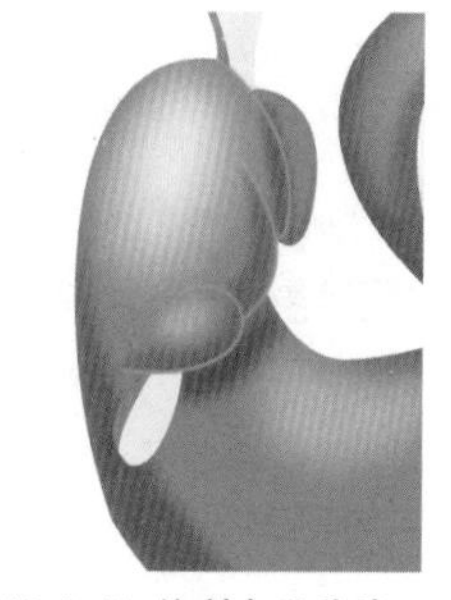
图13-3-60 绘制勺子尾端

60 绘制卡通熊右侧手部图形，如图 13-3-61 所示。

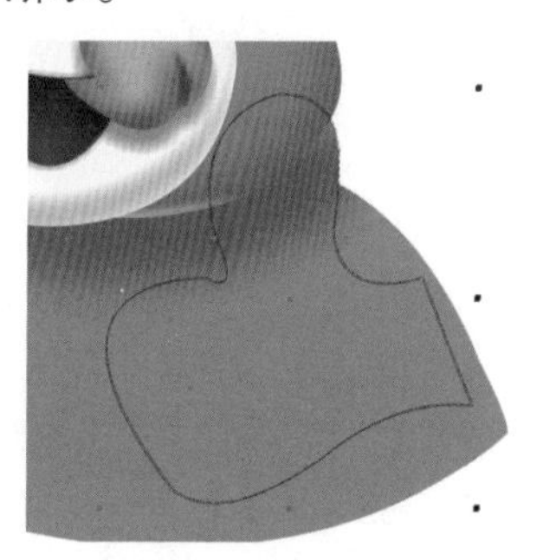
图13-3-61 绘制右侧手部

61 按【F11】键，设置【类型】为辐射，在【中心位移】区域设置【水平】为 -32%，【垂直】为 27%，在【颜色调和】选区中选择【自定义】单选项，分别设置如下。

位置：0　颜色（C：0；M：56；Y：100；K：5）；

位置：48　颜色（C：0；M：56；Y：100；K：5）；

位置：100　颜色（C：0；M：0；Y：100；K：0）。

如图 13-3-62 所示。单击【确定】按钮。

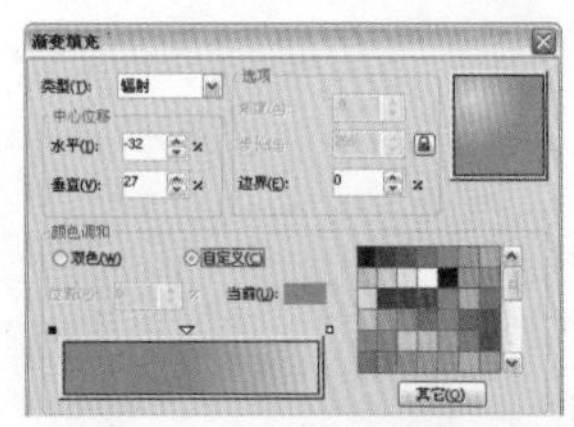
图13-3-62 设置渐变参数

62 填充渐变色后，图像效果如图 13-3-63 所示。

63 使用之前制作高光和阴影效果的方法为右侧手部制作高光和阴影效果，效果如图 13-3-64 所示。

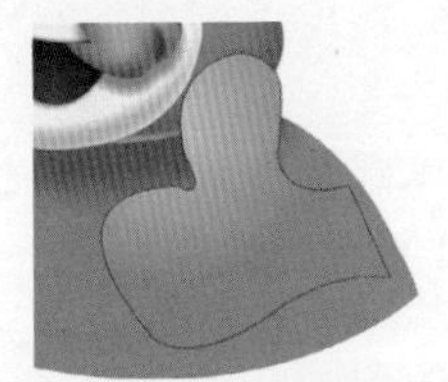
图13-3-63 填充渐变色

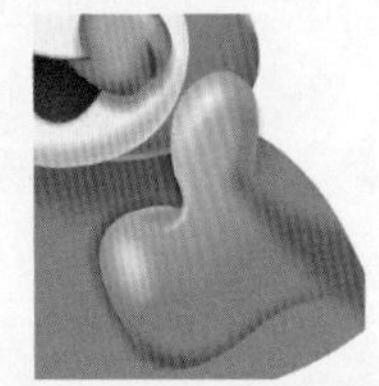
图13-3-64 制作高光与暗部效果

64 选择【椭圆工具】绘制椭圆，为椭圆制作阴影效果并将其放置到椭圆中。选择身体图形，按住【Shift】键不放，同时选择椭圆，单击属性栏上的【相交】按钮，选择绘制的椭圆，按【Delete】键进行删除，效果如图 13-3-65 所示。

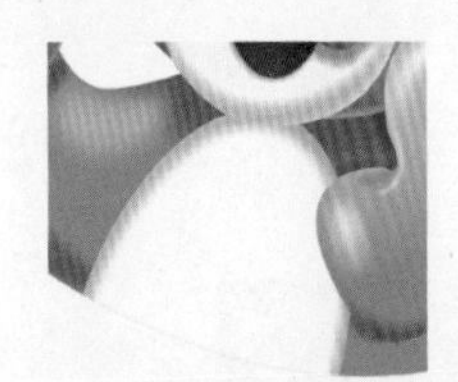
图13-3-65 绘制胸部

65 在工具栏中选择【基本形状工具】，在属性栏上单击【完美形状】按钮，打开功能面板，在面板中选择心形图形，按住【Shift】键不放绘制心形图形，调整其位置和形状，设置填充颜色为紫色（C：20；M：80；Y：0；K：20），取消轮廓色，如图 13-3-66 所示。

66 等比例缩小图像，设置填充颜色为白色。执行【转换为位图】命令，执行【高斯式模糊】命令，设置【半径】为 10 像素，单击【确定】按钮。选择【透明度工具】，设置属性栏上的【透明度类型】为标准，【透明度操作】为 Add。此时卡通熊绘制完成，图像效果如图 13-3-67 所示。

图13-3-66 绘制心形

图13-3-67 设置不透明度效果

2. 包装盒平面展开图绘制

67 使用【矩形工具】绘制矩形，并通过使用【形状工具】和设置属性栏上的【圆角半径】制作出包装盒的图形轮廓，设置填充颜色为黄色（C：0；M：0；Y：100；K：0），如图 13-3-68 所示。

图13-3-68 绘制包装平面图

提示：

在绘制包装盒时，应当注意包装盒之后会粘贴的部分，在制作图像时需要将这些部分空出来，以免制作的画面会被遮盖。

68 绘制正圆并填充颜色为橙色（C：0；M：60；Y：100；K：0），取消轮廓色。执行【转换为位图】命令，执行【高斯式模糊】命令，设置【半径】为 100 像素，单击【确定】按钮。选择【透明度工具】，设置属性栏上的【透明度类型】为标准，【开始透明度】为 40。如图 13-3-69 所示。

69 再次绘制一个较小的正圆并填充颜色为白色，取消轮廓色。执行【转换为位图】命令，执行【高斯式模糊】命令，设置【半径】为 100 像素，单击【确定】按钮，效果如图 13-3-70 所示。

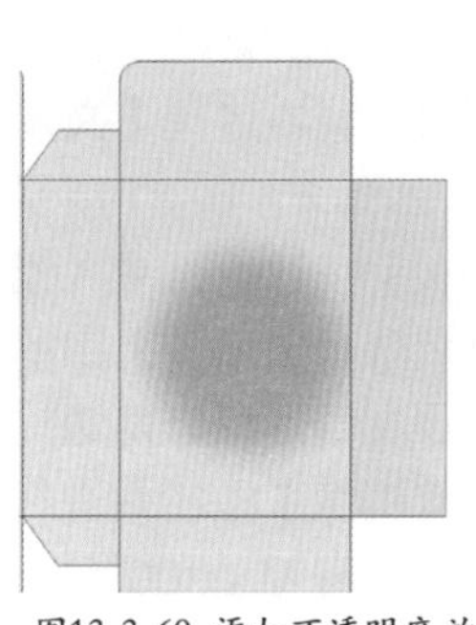

图13-3-69 添加不透明度效果

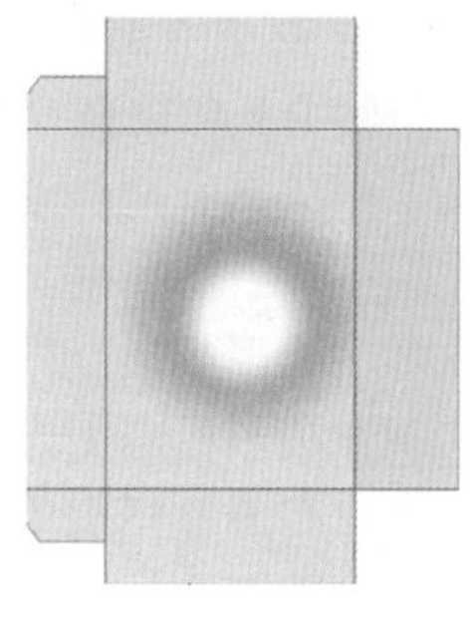

图13-3-70 【高斯式模糊】效果

70 框选绘制的卡通熊，按【Ctrl+G】快捷键进行群组。将其移动到包装平面图上，再在卡通熊下方绘制一个白色图像，如图 13–3–71 所示。

图13-3-71 绘制图形

71 绘制一个下弧图形，设置填充颜色为橙色（C：0；M：60；Y：100；K：0），取消轮廓色，如图 13–3–72 所示。

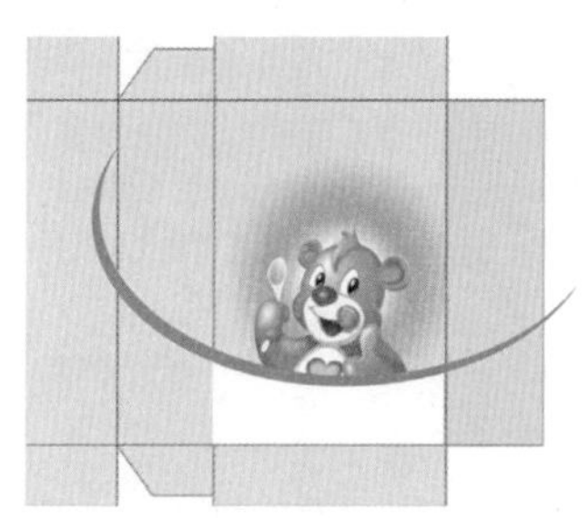

图13-3-72 绘制弧形图形

72 将下弧图形略微向左下移动并单击鼠标右键进行复制。按【F11】键，在【颜色调和】选区中选择【自定义】单选项，分别设置如下。

位置：0　颜色（C：0；M：30；Y：100；K：0）；
位置：15　颜色（C：0；M：0；Y：40；K：0）；
位置：30　颜色（C：0；M：0；Y：100；K：0）；
位置：50　颜色（C：0；M：40；Y：100；K：0）；
位置：68　颜色（C：0；M：0；Y：40；K：0）；
位置：83　颜色（C：0；M：0；Y：100；K：0）；
位置：100　颜色（C：0；M：60；Y：100；K：0）。
如图 13–3–73 所示。单击【确定】按钮。

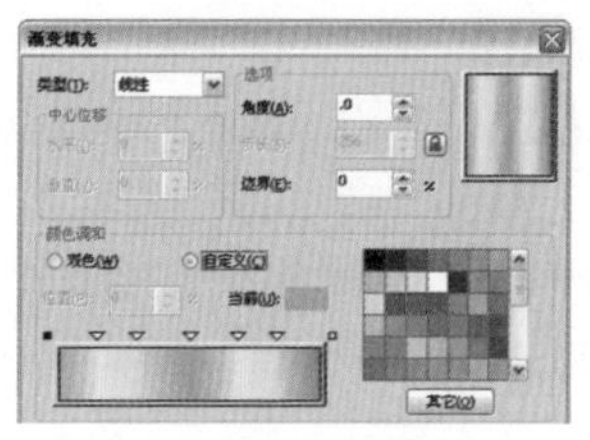

图13-3-73 设置渐变参数

73 填充渐变色后，图像效果如图 13–3–74 所示。

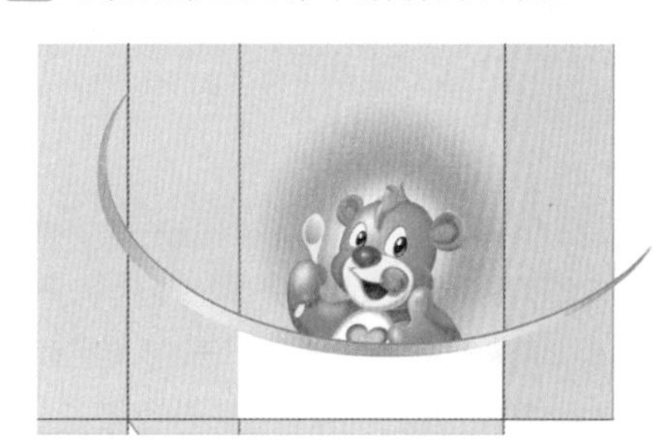

图13-3-74 填充渐变色

74 选中制作的图形，将其放置到正面矩形中，如图 13–3–75 所示。

75 绘制公司 LOGO 轮廓，设置填充颜色为红色（C：0；M：100；Y：100；K：0），按【F12】键，打开【轮廓笔】对话框，设置【颜色】为白色，【宽度】为 1.2mm，勾选【填充之后】和【随对象缩放】复选项，其他参数保持默认，单击【确定】按钮。选择【文本工具】字输入文字，设置填充颜色为白色，效果如图 13–3–76 所示。

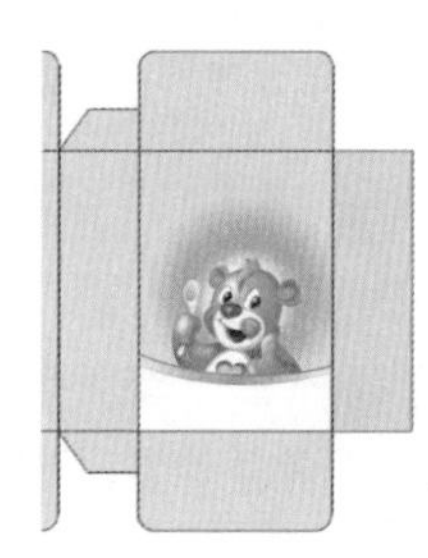

图13-3-75 放置到图形中

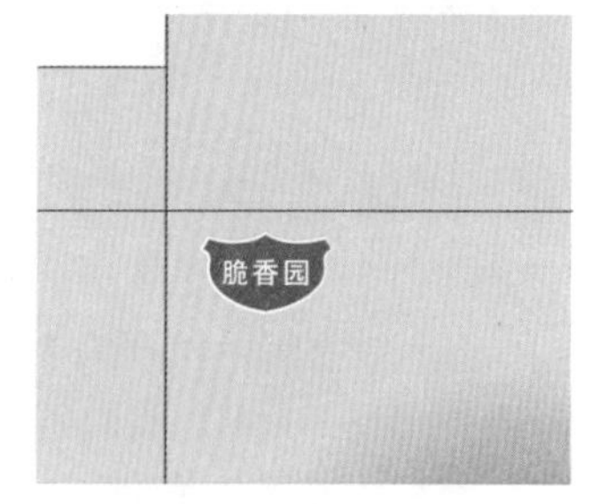

图13-3-76 绘制标志

76 选择【贝塞尔工具】绘制弧线。选择【文本工具】字，将光标移动到弧线上，单击鼠标左键进入输入模式输入文字，调整字体大小和位置，效果如图 13–3–77 所示。

图13-3-77 制作弧形文字

77 双击弧线，选择【选择工具】，使弧线处于被选中状态，按【Delete】键进行删除。选择文字，设置填充颜色为白色，按【F12】键，设置【颜色】为红色（C：0；M：100；Y：100；K：0），【宽度】为 2.8mm，勾选【填充之后】和【随对象缩放】复选项，单击【确定】按钮。将文字放置到卡通熊上方，再向右下略微移动，单击鼠标右键进行复制。将复制的文字置在到原文字图层下方，设置颜色和轮廓色为黑色，如图 13–3–78 所示。

提示：

弧形文字的弧线也可以不用删除，只要取消轮廓色即可进行隐藏。如果对设置的弧形文字效果不满意，还可以进行修改，而删除弧形线条后，某些效果就无法再进行编辑。

78 在文字下方绘制一个不规则的圆角矩形，设置填充颜色为洋红色（C：0；M：100；Y：0；K：0），取消轮廓色。输入文字，使用【封套工具】对文字进行弧形编辑，调整后放置到圆角矩形上并填充颜色为白色，效果如图 13–3–79 所示。

图13-3-78 制作文字效果

图13-3-79 编辑文字

79 单击属性栏上的【导入】按钮，导入素材图片“饼干 .tif”。将其放置到卡通熊左下方，调整其大小，效果如图 13–3–80 所示。

图13-3-80 导入素材

80 选择【矩形工具】在卡通熊右下方绘制两个矩形，在属性栏上分别为两个矩形设置圆角半径。分别填充颜色为橙色（C：0；M：60；Y：100；K：0）和白色，取消轮廓色。再选择【文本工具】字输入文字并填充颜色，如图 13–3–81 所示。

81 单击属性栏上的【导入】按钮，导入素材图片“圆形标志 .tif”。使用之前制作弧形文字的方法制作圆形标志上方文字，再在圆形标志两边输入文字，在属性栏上单击【垂直镜像】按钮进行翻转。设置填充颜色为红色（C：0；M：100；Y：100；K：0），效果如图 13–3–82 所示。

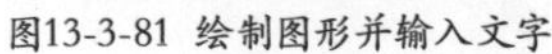

图13-3-81 绘制图形并输入文字　图13-3-82 输入文字

82 框选圆形标志和文字，将对象移动到左下图形上，然后单击鼠标右键进行复制。在属性栏上单击【垂直镜像】按钮进行翻转并调整位置。框选右侧制作的图形进行群组，向左移动并单击鼠标右键进行复制，将复制的对象移动到左侧矩形上并删除原来的黄色矩形，效果如图 13–3–83 所示。

图13-3-83 复制编辑图形

83 单击属性栏上的【导入】按钮，分别导入素材图片“包装侧面 1.tif”和“包装侧面 2.tif”，分别调整其大小和位置，调整后香脆饼干包装平面图制作完成，效果如图 13–3–84 所示。

图13-3-84 导入素材

3. 包装盒立体效果图绘制

84 选择【矩形工具】绘制矩形，框选绘制的矩形，按【Ctrl+Q】快捷键进行转曲，使用【形状工具】调整节点，制作出立体轮廓图形，如图13-3-85所示。

85 选择制作的饼干正面图形，执行【位图】|【转换为位图】命令，设置【分辨率】为300dpi，勾选【透明背景】复选项，单击【确定】按钮。如图13-3-86所示。

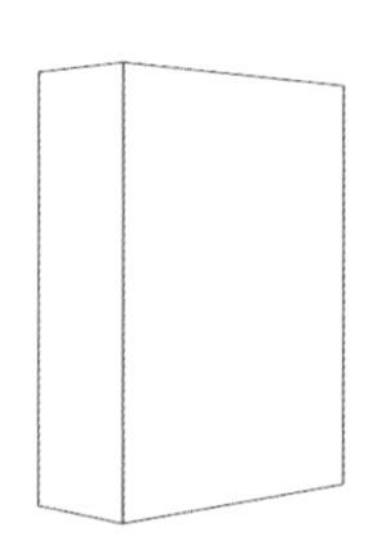

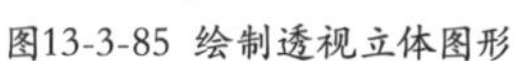

图13-3-85 绘制透视立体图形

图13-3-86 转换为位移

86 执行【位图】|【三维效果】|【透视】命令，打开【透视】对话框，调整左侧工作区域内的节点，如图13-3-87所示。单击【确定】按钮。

图13-3-87 设置【透视】参数

提示：

在【透视】对话框左上有两个功能按钮，随意单击两个按钮中的任意一个，可以打开预览框，在设置好参数后，单击【预览】按钮可以预览设置效果和对比效果。

87 执行【透视】命令后，图像效果如图13-3-88所示。

88 将制作的透视效果图放置到立体矩形正面中，效果如图13-3-89所示。

89 再使用同样的方法制作侧面立体图形，将变形的图像放置到绘制的透视矩形轮廓中，在缺少的位置绘制图像，如图13-3-90所示。

图13-3-88 透视效果

图13-3-89 放置到图形中

图13-3-90 绘制图形

90 选择绘制的图形，设置填充颜色为黄色（C：0；M：0；Y：100；K：0），取消轮廓色，效果如图13-3-91所示。

91 在正面图形上制作一个黑色图形，如图13-3-92所示。

图13-3-91 填充颜色

图13-3-92 绘制阴影图形

92 选择【透明度工具】，按住鼠标左键不放，同时由右往左拖移，形成透明渐变效果，如图13-3-93所示。

图13-3-93 添加渐变透明效果

93 使用同样的方法制作侧面阴影效果。在正面与侧面交界处绘制一条白色矩形，执行【转换为位图】命令，执行【高斯式模糊】命令，设置【半径】为 15 像素，单击【确定】按钮。选择【透明度工具】，设置属性栏上的【透明度类型】为标准，【开始透明度】为 30，效果如图 13-3-94 所示。

图13-3-94 制作侧面阴影效果

94 在图像下方绘制一个黑色方形图形，框选制作的立体图形进行复制，单击属性栏上的【垂直镜像】按钮进行翻转并调整位置，如图 13-3-95 所示。

95 框选调整后的翻转对象进行群组，执行【转换为位图】命令，选择【透明度工具】，按住鼠标左键不放，同时由上往下拖移，形成透明渐变效果。本案例最终效果如图 13-3-96 所示。

图13-3-95 翻转图像

图13-3-96 最终效果

案例小结

通过学习本案例，读者应该对食品包装的设计和制作有了一定认识，也对软件的功能与绘制操作有了更深的认知和了解，如绘制图形时对高光层次感的制作、弧形文字的制作方法和文字编辑的功能等。希望大家能够探索和积累更多的操作技巧和功能用法，制作出更细致、更真实的画面。

本章小结

通过对本章的学习和掌握，读者能够了解到广告与包装设计的思路与绘制技巧，只有更深入地了解广告与包装设计的知识，才能制作出令客户满意的作品。而在本章中所学习到的知识与技巧，也希望读者能深入掌握，这样才能在以后的设计工作起到重要的帮助作用。

第14章

时尚UI与VI设计

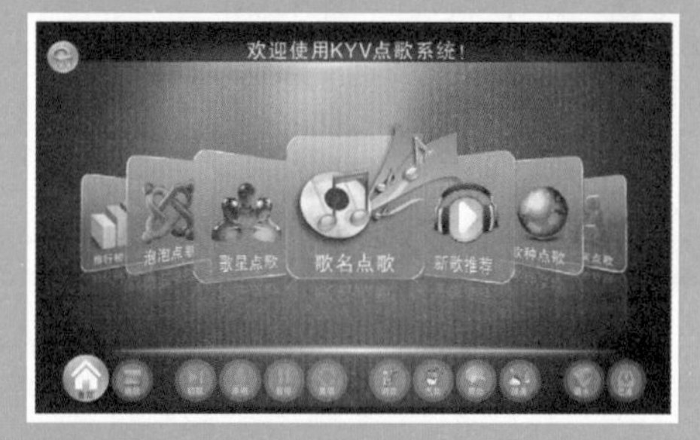

UI 是使界面美观的整体设计。时尚的 UI 设计不仅使软件变得有个性、有品味，还可以使软件的操作变得简单、自由。VI 即是企业视觉识别系统，是传播企业经营理念、建立企业知名度、塑造企业形象的快速便捷之途。本章将向读者介绍 UI 与 VI 的设计理念与制作方法，希望读者能认真学习，并掌握其中的要点。

14.1 UI–精致图标设计

本节将制作 UI 界面中常用的按钮及图标，为读者打下坚固的基础，以便在之后的案例中能够尽快掌握界面的设计和制作，希望能够使读者不仅掌握软件中各种工具的使用方法，还能深入地了解如何制作出时尚精致的 UI 图标。

案例过程赏析

本案例的最终效果如图 14–1–1 所示。

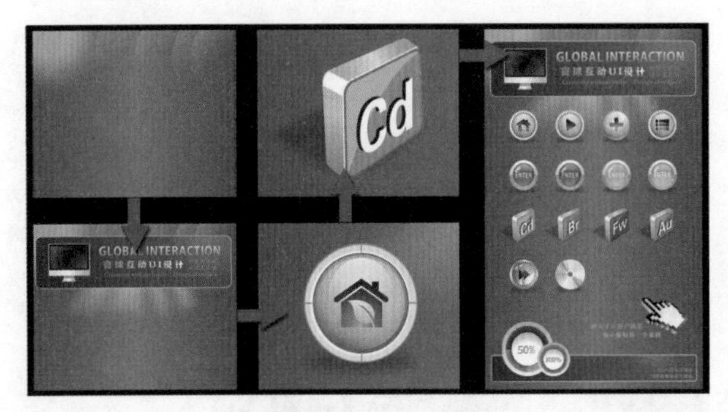

图14-1-1 最终效果 图

案例技术思路

时尚的水晶按钮在表现特点上要突出玻璃的通透感与镜面感，所以高光的表现尤为重要，我们可以通过透明度工具来制作这一效果。并且多层次的高光效果更能展现出镜面弧度的高度与深度。同时色彩的过渡也要掌握好分寸，适中的色彩表现更能使视觉效果完美地展现。

案例制作过程

01 按【Ctrl + N】快捷键，打开【创建新文档】对话框，设置【名称】为 UI– 精致图标设计，单击【确定】按钮。选择【矩形工具】，用鼠标拖移绘制矩形，如图 14–1–2 所示。

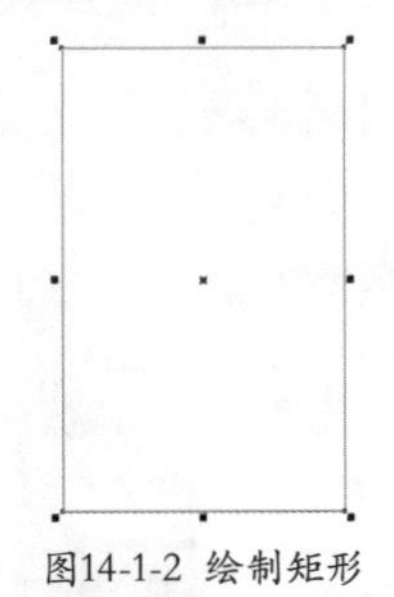
图14-1-2 绘制矩形

02 按【F11】键，打开【渐变填充】对话框，在【颜色调和】选区中选择【自定义】单选项，分别设置如下。

位置：0　颜色（C：100；M：60；Y：0；K：0）；
位置：50　颜色（C：100；M：20；Y：0；K：0）；
位置：100　颜色（C：100；M：60；Y：0；K：0）。

如图 14–1–3 所示。单击【确定】按钮。

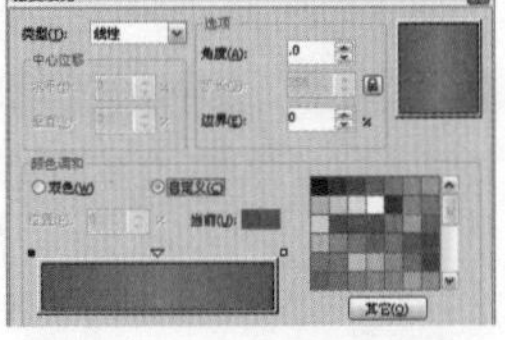
图14-1-3 设置渐变色参数

03 选择【椭圆工具】，按住【Ctrl】键不放绘制正圆。填充颜色为浅蓝色（C：40；M：0；Y：0；K：0），取消轮廓色，如图 14–1–4 所示。

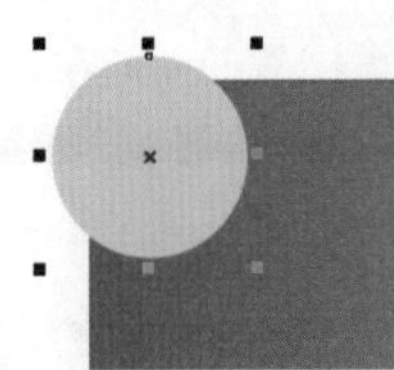
图14-1-4 绘制正圆

04 移动并单击鼠标右键，复制正圆放置到一旁。选择绘制的正圆，执行【位图】|【转换为位图】命令，打开【转换为位图】对话框，设置【分辨率】为 300dip，勾选【透明背景】复选项，如图 14–1–5 所示。单击【确定】按钮。

05 执行【位图】|【模糊】|【高斯式模糊】命令，打开【高斯式模糊】对话框，设置【半径】为 80 像素，如图 14–1–6 所示。单击【确定】按钮。

> **提示：**
>
> 【透明背景】复选项在系统默认状态下是未选中的，如果需要将矢量图形转换为位图，图像的背景为透明，则需要勾选该复选项。

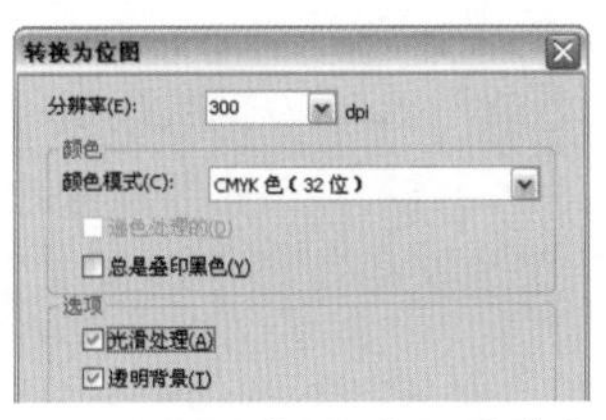

图14-1-5 设置【转换为位图】参数

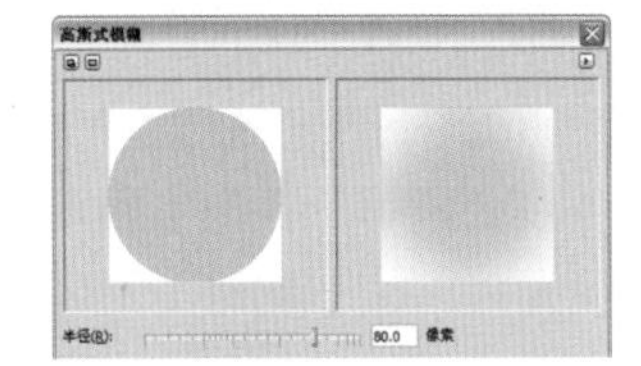

图14-1-6 设置【高斯式模糊】参数

06 执行【高斯式模糊】命令后，选择【透明度工具】，设置属性栏上的【透明度类型】为标准，【开始透明度】为 20，如图 14-1-7 所示。

07 选择复制的正圆，将其移动到模糊图像的右侧。选择【透明度工具】，按住鼠标左键不放并由左上往右下拖移，形成透明渐变效果，选择白色色块，拖动【开始透明度】滑块至 50，效果如图 14-1-8 所示。

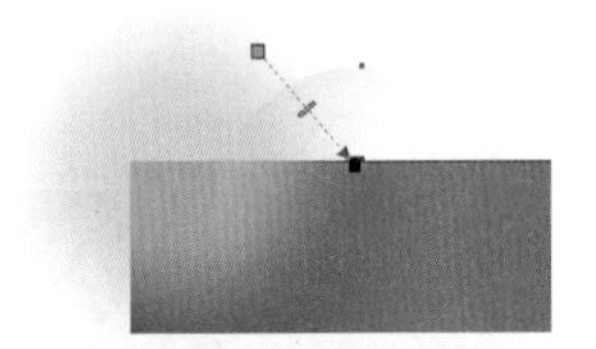
图14-1-7 添加不透明度效果

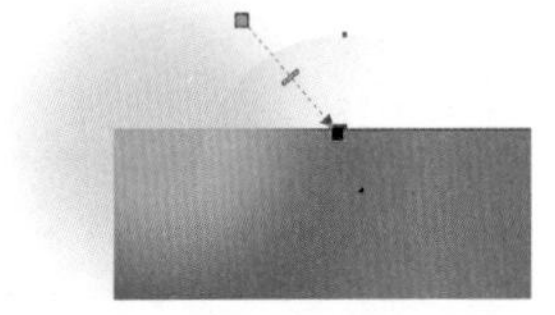
图14-1-8 制作透明渐变效果

08 选择透明正圆，向右移动并复制多个透明正圆，效果如图 14-1-9 所示。

09 选择【矩形工具】拖移并绘制矩形，在属性栏上设置【圆角半径】为 6，设置后效果如图 14-1-10 所示。

图14-1-9 向右复制透明渐变正圆

图14-1-10 绘制圆角矩形

10 按【F11】键，打开【渐变填充】对话框，设置【类型】为辐射，在【中心位移】区域设置【水平】为 39%，【垂直】为 56%，设置【从】颜色为深蓝色（C：85；M：80；Y：60；K：35），【到】的颜色为蓝色（C：75；M：31；Y：0；K：0），设置【中点】为 75，如图 14-1-11 所示。单击【确定】按钮。

11 填充渐变色后，按【F12】键，打开【轮廓笔】对话框，设置【颜色】为浅蓝色（C:40;M:0;Y:0;K:0），【宽度】为 2mm，勾选【填充之后】复选项，其他参数保持默认，如图 14-1-12 所示。单击【确定】按钮。

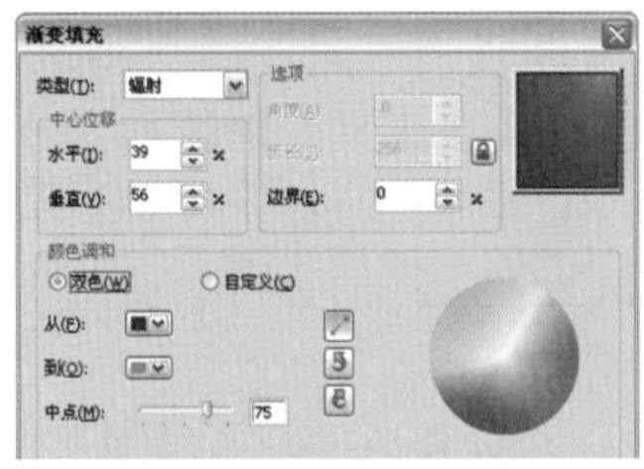

图14-1-11 设置渐变色参数

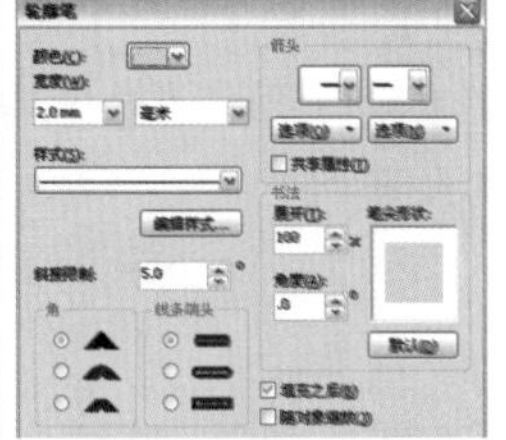

图14-1-12 设置【轮廓】笔参数

12 设置【轮廓笔】参数后，图像效果如图 14-1-13 所示。

13 选择【贝塞尔工具】绘制光芒图形轮廓，填充颜色为白色，如图 14-1-14 所示。

图14-1-13 填充渐变色与轮廓笔效果

图14-1-14 绘制白色图形

14 框选绘制的白色图形，取消轮廓色。执行【转换为位图】命令，执行【高斯式模糊】命令，设置【半径】为 70 像素，单击【确定】按钮，效果如图 14-1-15 所示。

15 在图形上单击鼠标右键，在快捷菜单中选择【顺序】|【向后一层】命令。将图像移动到圆角矩形下方，选择【透明度工具】，按住鼠标左键不放由上往下拖移，形成透明渐变效果，如图 14-1-16 所示。

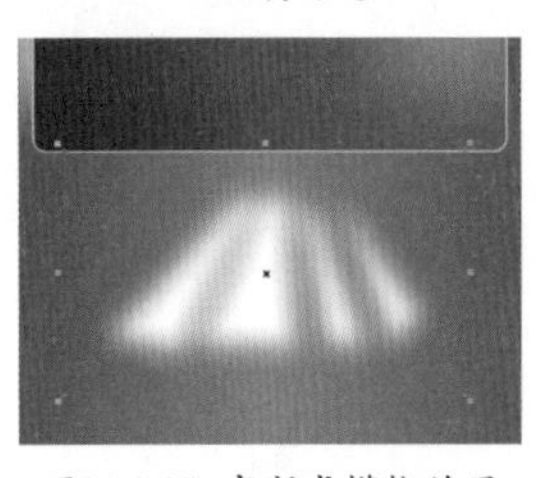
图14-1-15 高斯式模糊效果

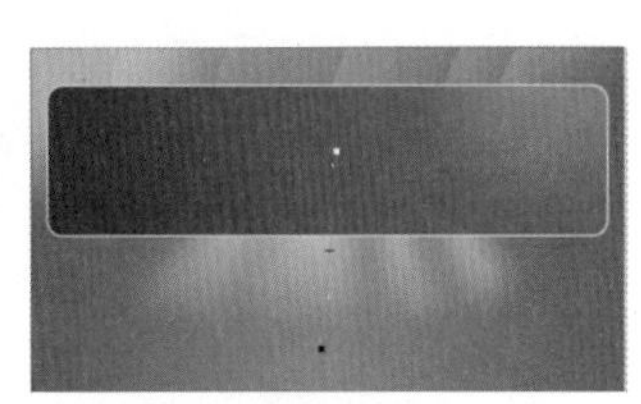
图14-1-16 添加透明渐变效果

16 选择【矩形工具】，在圆角矩形左侧按住【Ctrl】键不放以绘制正方形，在属性栏上设置【圆角半径】为 1，设置后效果如图 14-1-17 所示。

提示：

在将矩形轮廓转换为圆角矩形时，还可以使用【形状工具】对图形进行更改。

17 按【F11】键，打开【渐变填充】对话框，在【颜色调和】选区中选择【自定义】单选项，分别设置如下。

位置：0 颜色（C：0；M：0；Y：0；K：10）；

位置：50 颜色（C：0；M：0；Y：0；K：0）；

位置：100 颜色（C：24；M：18；Y：17；K：0）。

如图 14–1–18 所示。单击【确定】按钮。

图14-1-17 绘制矩形

图14-1-18 设置渐变色参数

18 填充渐变色后，按【F12】键，打开【轮廓笔】对话框，设置【颜色】为深灰色（C：0；M：0；Y：0；K：60），【宽度】为 0.5mm，勾选【填充之后】复选项，其他参数保持默认，单击【确定】按钮，如图 14–1–19 所示。

图14-1-19 添加轮廓笔效果

19 在图形下方绘制一个矩形，填充颜色为灰色（C：0；M：0；Y：0；K：40），取消轮廓色。再在灰色图形下方绘制图像，如图 14–1–20 所示。

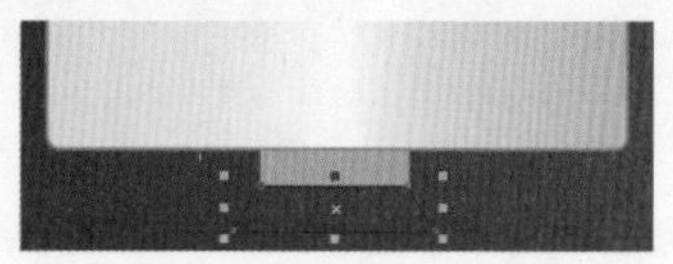

图14-1-20 绘制电脑底座图形

20 选择正方形渐变图形，按住鼠标右键不放移动到绘制的图形上，松开鼠标右键选择【复制填充】命令，复制填充色并取消轮廓色，在渐变图形上绘制图形，如图 14–1–21 所示。

21 按【F11】键，打开【渐变填充】对话框，在【颜色调和】选区中选择【自定义】单选项，分别设置如下。

位置：0 颜色（C：36；M：28；Y：27；K：0）；

位置：50 颜色（C：0；M：0；Y：0；K：0）；

位置：100 颜色（C：36；M：28；Y：27；K：0）。

如图 14–1–22 所示。单击【确定】按钮。

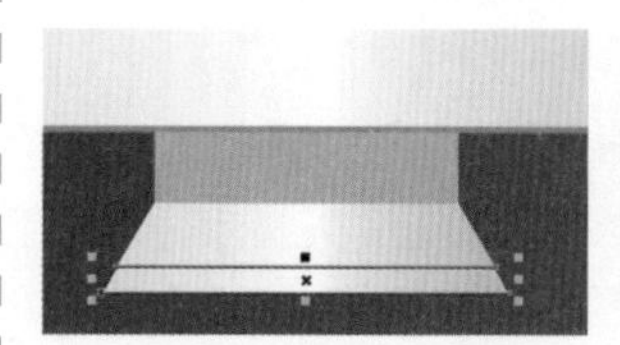

图14-1-21 绘制图形

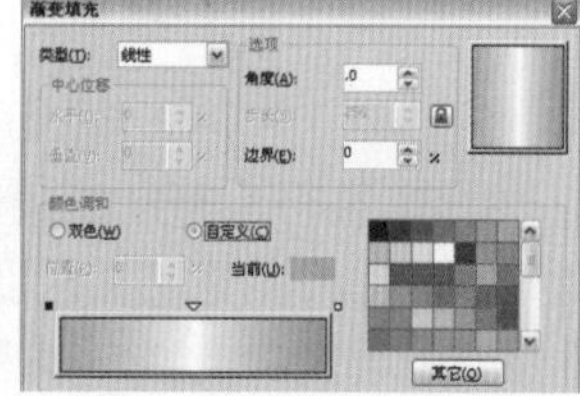

图14-1-22 设置渐变色参数

22 填充渐变色后，取消轮廓色，效果如图 14–1–23 所示。

23 在渐变圆角矩形中绘制矩形，在属性栏上设置【圆角半径】为 1，填充颜色为黑色，取消轮廓色。在黑色圆角矩形中绘制矩形，如图 14–1–24 所示。

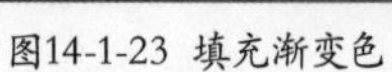

图14-1-23 填充渐变色

图14-1-24 绘制圆角矩形

24 单击属性栏上的【导入】按钮，导入素材图片“地球 .tif”。选择【透明度工具】，设置属性栏上的【透明度类型】为标准，【透明度操作】为柔光，【开始透明度】为 50。调整素材大小，并放置到绘制的矩形中，取消轮廓色，如图 14–1–25 所示。

图14-1-25 导入素材并添加透明度效果

25 按【Ctrl+C】快捷键进行复制，再按【Ctrl+V】快捷键在原位上进行粘贴。单击鼠标右键选择【提取内容】命令，按【Delete】键删除地球素材，单击鼠标右键选择【框类型】|【无】命令。选择透明矩形，填充颜色为白色。选择【透明度工具】，按住鼠标左键不放由左上往右下拖移，形成透明渐变效果，如图 14-1-26 所示。

提示：

在对图形添加透明效果后，按住鼠标左键选中调色板中的黑、白、灰颜色块，可以将其拖入渐变透明两端的色块中。

26 按【Ctrl+C】快捷键进行复制，再按【Ctrl+V】快捷键在原位上进行粘贴。选择【透明度工具】，调整色块位置，形成透明渐变效果，如图 14-1-27 所示。

图14-1-26 制作左上角高光效果

图14-1-27 制作右下角高光效果

27 选择【文本工具】字输入文字，如图 14-1-28 所示。

28 按【F11】键，打开【渐变填充】对话框，在【选项】区域设置【角度】为 90，设置【从】颜色为蓝色（C：100；M：0；Y：0；K：0），【到】的颜色为白色，如图 14-1-29 所示。单击【确定】按钮。

图14-1-28 输入文字

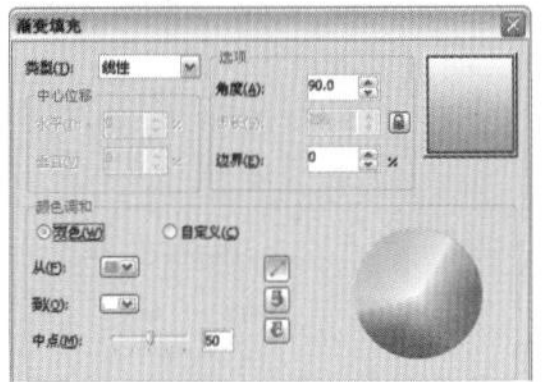

图14-1-29 设置渐变色参数

29 填充渐变色后，继续使用【文本工具】字输入文字，复制渐变填充和填充颜色为蓝色（C：100；M：0；Y：0；K：0），图像效果如图 14-1-30 所示。

图14-1-30 输入文字并填充颜色

30 选择【椭圆工具】，按住【Ctrl】键不放绘制正圆。填充颜色为灰色（C：0；M：0；Y：0；K：10），取消轮廓色。选择【矩形工具】，绘制交叉的十字线条，填充颜色为深灰色（C：0；M：0；Y：0；K：60），取消轮廓色，如图 14-1-31 所示。

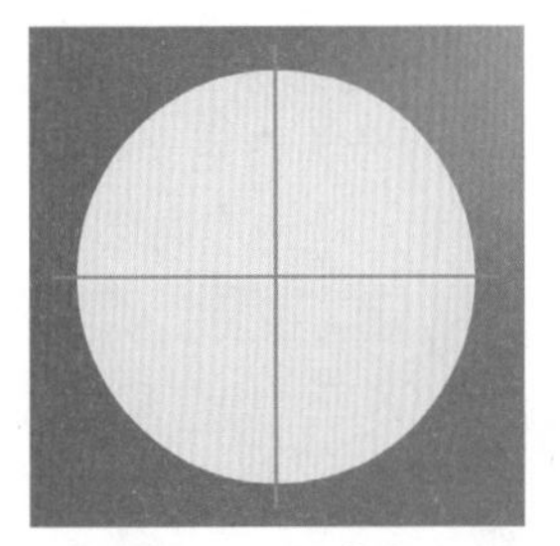

图14-1-31 绘制图形

31 选择【椭圆工具】，按住【Ctrl】键不放绘制正圆。将绘制的正圆等比例缩小，并单击鼠标右键进行复制，框选绘制的正圆并单击鼠标右键，在打开的快捷菜单中选择【合并】命令。填充颜色为白色，如图 14-1-32 所示。取消轮廓色。

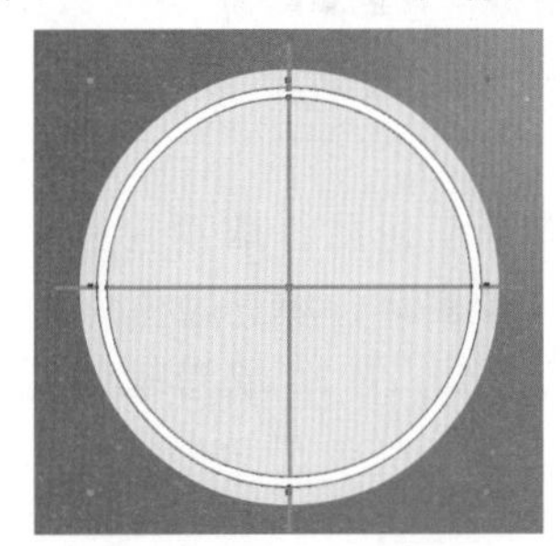

图14-1-32 绘制圆环

32 执行【转换为位图】命令，执行【高斯式模糊】命令，设置【半径】为 5 像素，单击【确定】按钮。选择【透明度工具】，设置属性栏上的【透明度类型】为标准，【透明度操作】为 Add，【开始透明度】为 50。效果如图 14-1-33 所示。

33 选择模糊圆环和十字线条，并将其放置到灰色正圆中，在灰色正圆边缘绘制一个圆环，填充颜色为深灰色（C：0，M：0，Y：0，K：50），取消轮廓色。再在灰色正圆上绘制一个正圆，如图 14-1-34 所示。

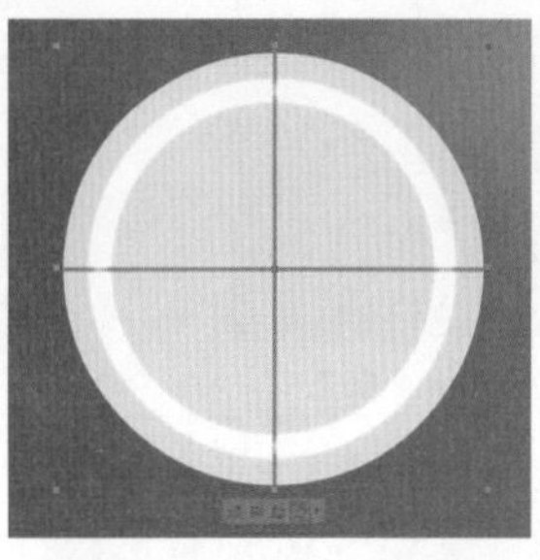
图14-1-33 添加透明度效果

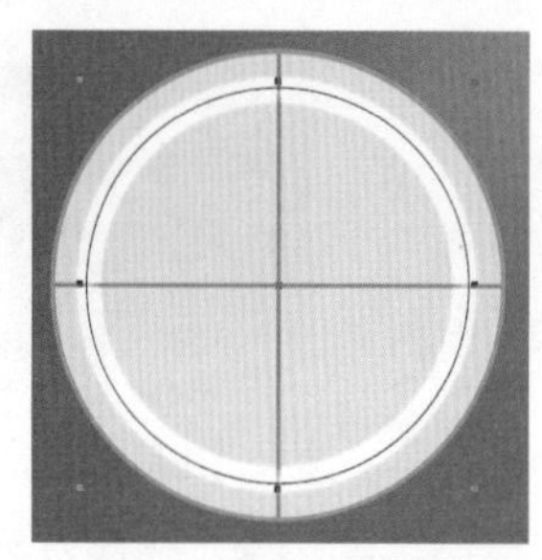
图14-1-34 绘制正圆

34 按【F11】键，打开【渐变填充】对话框，设置【类型】为辐射，在【中心位移】区域设置【垂直】为10%，在【选项】区域设置【边界】为14%，设置【从】颜色为深灰色（C:0;M:0;Y:0;K:70),【到】的颜色为白色，设置【中点】为24，如图14-1-35所示。单击【确定】按钮。

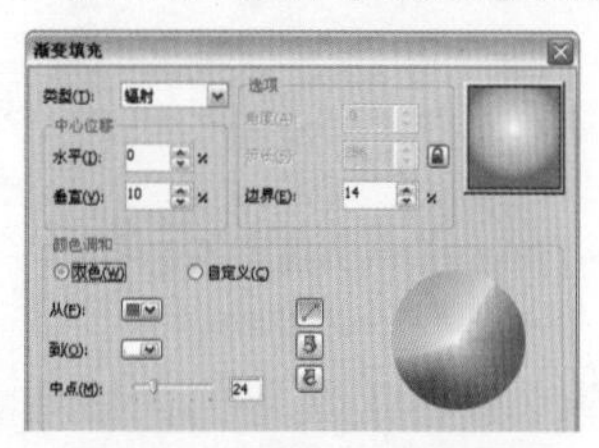
图14-1-35 设置渐变色参数

提示：

在设置渐变色的中心时，还可以通过在预览框中拖动中心进行设置。

35 填充渐变色后，取消轮廓色。在渐变正圆边缘绘制一个圆环，填充颜色为深灰色（C:0;M:0;Y:0;K:70)，取消轮廓色，如图14-1-36所示。

36 在渐变正圆上绘制一个略小的正圆，填充颜色为白色，取消轮廓色。选择【透明度工具】，按住鼠标左键不放并由上往下拖移，形成透明渐变效果，如图14-1-37所示。

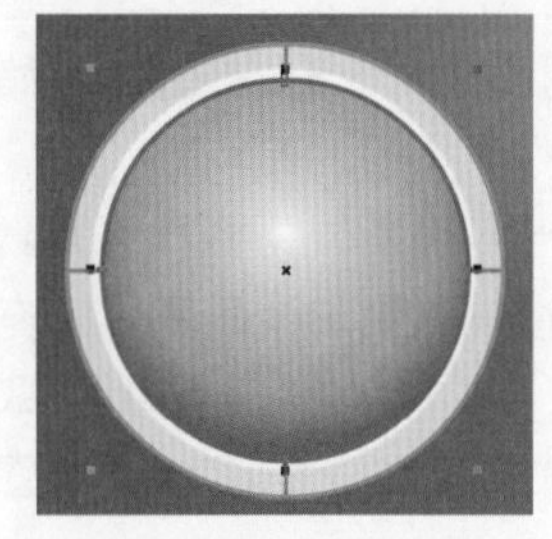
图14-1-36 填充渐变色并绘制圆环

图14-1-37 添加透明渐变效果

37 再在透明正圆上绘制一个椭圆形，填充颜色为白色，取消轮廓色。选择【透明度工具】，按住鼠标左键不放并由上往下拖移，形成透明渐变效果，如图14-1-38所示。

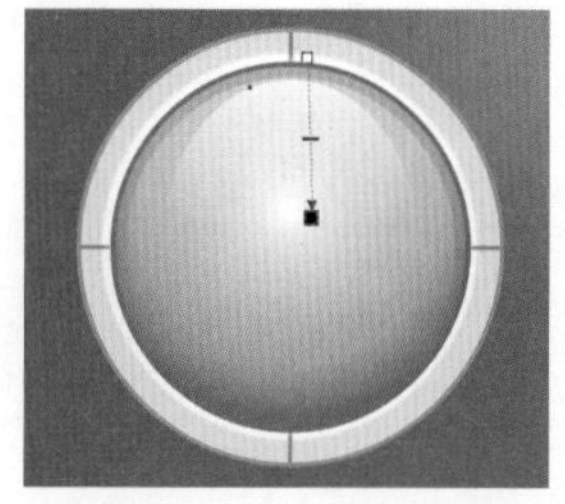
图14-1-38 制作上部高光效果

38 选择透明正圆，按【Ctrl+C】快捷键进行复制，再按【Ctrl+V】快捷键在原位上进行粘贴。选择【透明度工具】，调整色块位置，选择白色色块，拖动【开始透明度】滑块为50，形成透明渐变效果，如图14-1-39所示。

39 选择【贝塞尔工具】绘制图形轮廓，如图14-1-40所示。

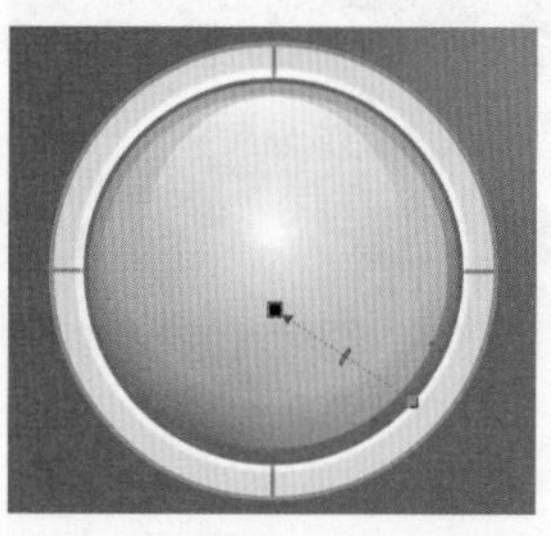
图14-1-39 制作下部高光效果

图14-1-40 绘制图形轮廓

40 按【F11】键，打开【渐变填充】对话框，设置【类型】为辐射，在【中心位移】区域设置【水平】为-2%,【垂直】为-43%，在【颜色调和】选区中选择【自定义】单选项，分别设置如下。

位置：0　颜色（C: 93; M: 88; Y: 89; K: 80);

位置：100　颜色（C: 60; M: 0; Y: 0; K: 0)。

如图14-1-41所示。单击【确定】按钮。

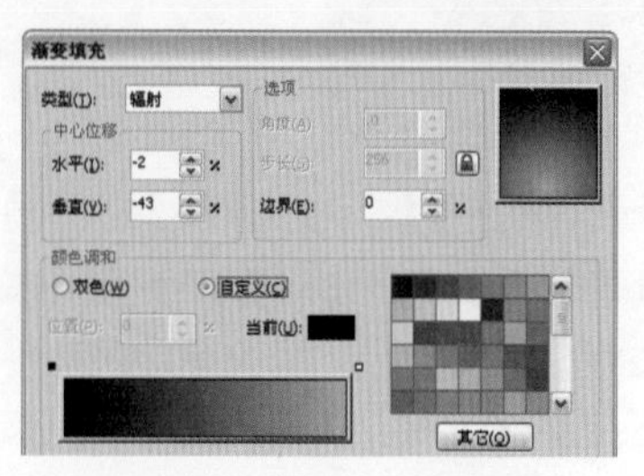
图14-1-41 设置渐变色参数

41 填充渐变色后，取消轮廓色。在绘制的按钮下方绘制椭圆形，填充颜色为深蓝色（C：100；M：100；Y：0；K：0），取消轮廓色，如图 14-1-42 所示。

42 执行【转换为位图】命令，执行【高斯式模糊】命令，设置【半径】为 20 像素，单击【确定】按钮。选择【透明度工具】，设置属性栏上的【透明度类型】为标准，【开始透明度】为 50。将图像放到按钮下，效果如图 14-1-43 所示。

图14-1-42 填充渐变色并绘制椭圆形

图14-1-43 制作阴影效果

43 使用同样的方法绘制此排的其他按钮效果，如图 14-1-44 所示。

44 选择【椭圆工具】，按住【Ctrl】键不放并绘制正圆。将绘制的正圆等比例缩小，并单击鼠标右键进行复制，框选绘制的正圆并单击鼠标右键，在打开的快捷菜单中选择【合并】命令，如图 14-1-45 所示。

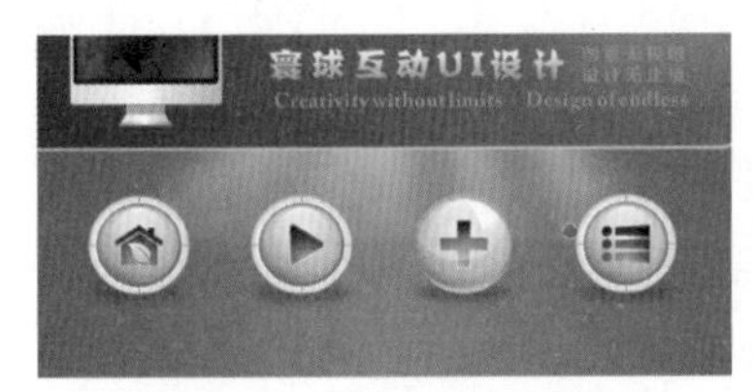

图14-1-44 制作其他样式按钮

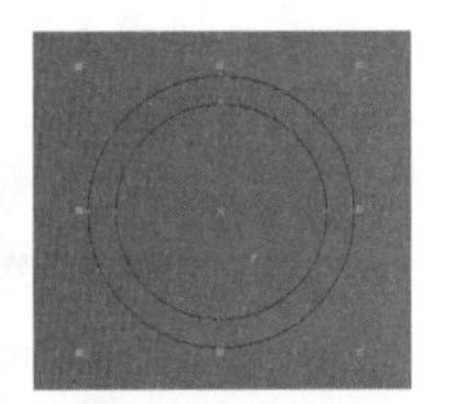
图14-1-45 绘制圆环

45 按【F11】键，打开【渐变填充】对话框，在【选项】区域设置【角度】为 180，在【颜色调和】选区中选择【自定义】单选项，分别设置如下。

位置：0　颜色（C：0；M：0；Y：0；K：20）；

位置：26　颜色（C：0；M：0；Y：0；K：0）；

位置：71　颜色（C：0；M：0；Y：0；K：0）；

位置：100　颜色（C：0；M：0；Y：0；K：20）。

如图 14-1-46 所示。单击【确定】按钮。

46 填充渐变色后，取消轮廓色，效果如图 14-1-47 所示。

47 绘制圆环下半部分图形轮廓，如图 14-1-48 所示。

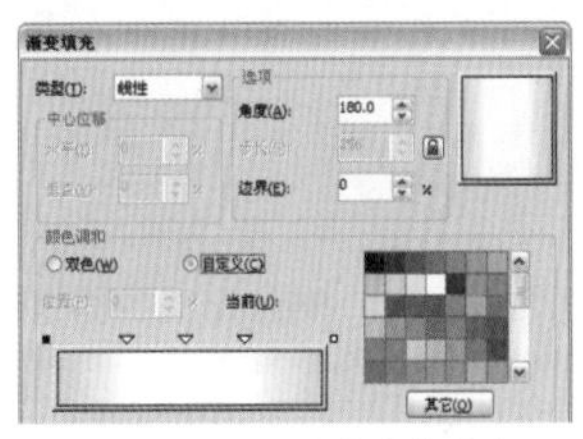
图14-1-46 设置渐变色参数

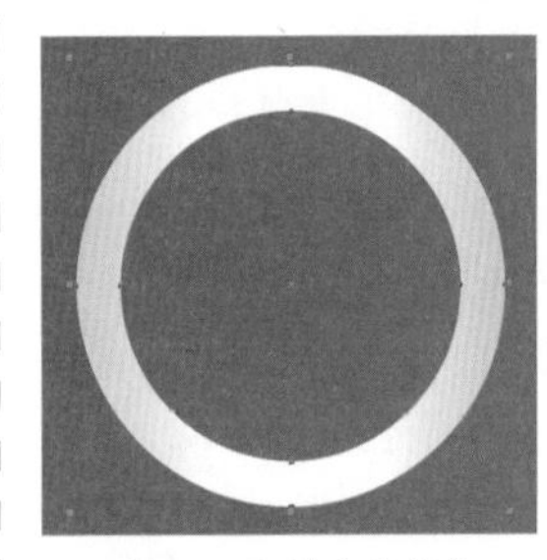
图14-1-47 填充渐变色

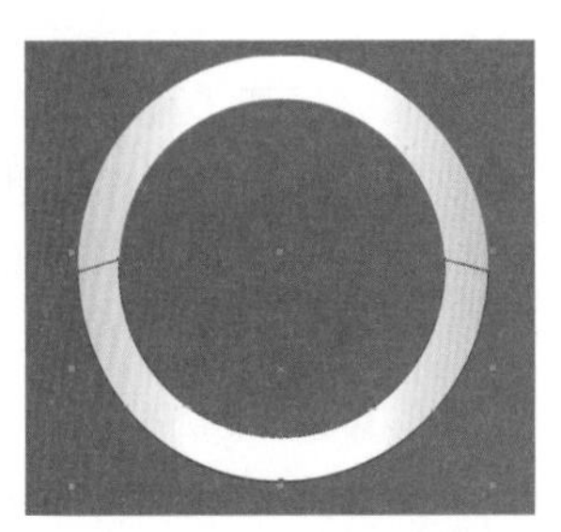
图14-1-48 绘制图形轮廓

48 按【F11】键，打开【渐变填充】对话框，在【选项】区域设置【角度】为 -90，设置【从】颜色为深灰色（C：0；M：0；Y：0；K：50），【到】的颜色为浅灰色（C：0；M：0；Y：0；K：10），设置【中点】为 73，如图 14-1-49 所示。单击【确定】按钮。

49 填充渐变色后，取消轮廓色。在渐变圆环中间绘制正圆，如图 14-1-50 所示。

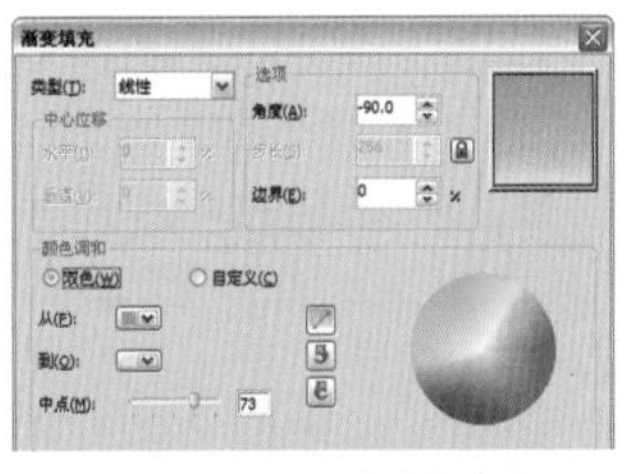
图14-1-49 设置渐变色参数

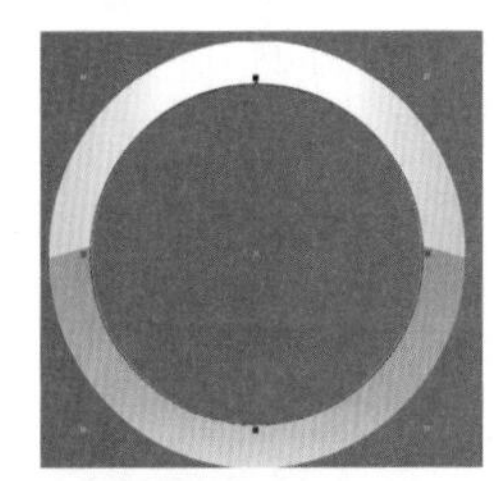
图14-1-50 填充渐变色并绘制正圆

50 按【F11】键，打开【渐变填充】对话框，在【选项】区域设置【角度】为 -90，在【颜色调和】选区中选择【自定义】单选项，分别设置如下。

位置：0　颜色（C：0；M：0；Y：0；K：60）；

位置：70　颜色（C：0；M：0；Y：0；K：0）；

位置：100　颜色（C：0；M：0；Y：0；K：0）。

如图 14-1-51 所示。单击【确定】按钮。

51 填充渐变色后，取消轮廓色，效果如图 14-1-52 所示。

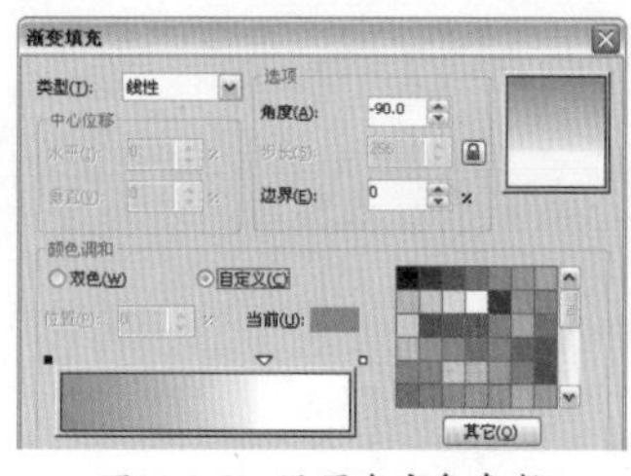

图14-1-51 设置渐变色参数

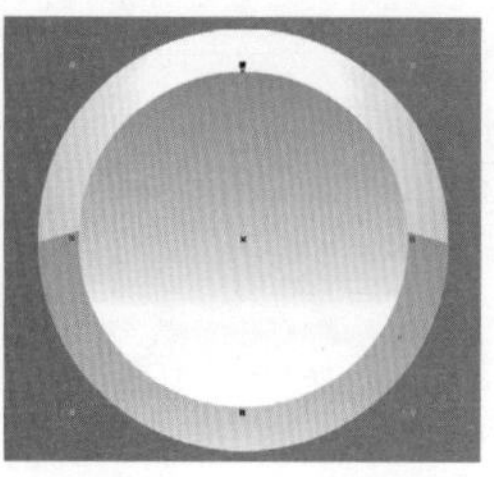

图14-1-52 填充渐变色

52 绘制一个略小的正圆，按【F11】键，打开【渐变填充】对话框，设置【类型】为辐射，在【中心位移】处设置【垂直】为 -80%，在【颜色调和】选区中选择【自定义】单选项，分别设置如下。

位置：0 颜色（C：100；M：60；Y：0；K：0）；

位置：45 颜色（C：100；M：40；Y：0；K：0）；

位置：71 颜色（C：100；M：0；Y：0；K：0）；

位置：100 颜色（C：80；M：0；Y：0；K：0）。

如图 14-1-53 所示。单击【确定】按钮。

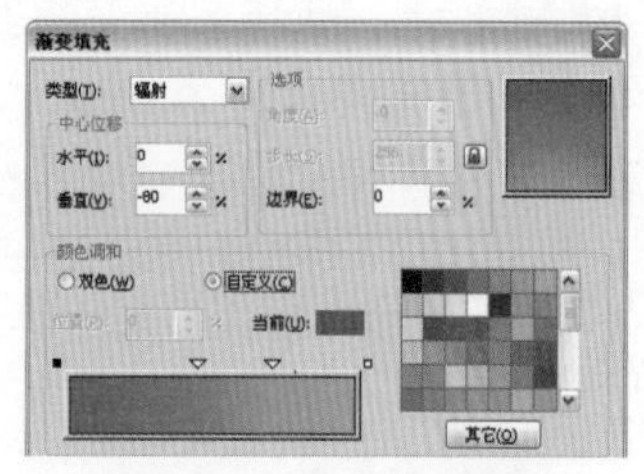

图14-1-53 设置渐变色参数

53 填充渐变色后，取消轮廓色。再次绘制一个略小的正圆，填充颜色为白色，取消轮廓色。选择【透明度工具】，按住鼠标左键不放并由上往下拖移，形成透明渐变效果，如图 14-1-54 所示。

54 选择【贝塞尔工具】绘制图形轮廓，设置群组绘制的图形填充颜色为白色，取消轮廓色。选择【透明度工具】，按住鼠标左键不放并由上往右下拖移，形成透明渐变效果，如图 14-1-55 所示。

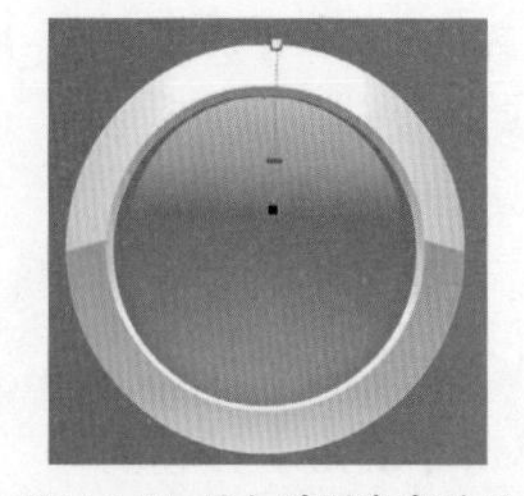

图14-1-54 添加透明渐变效果

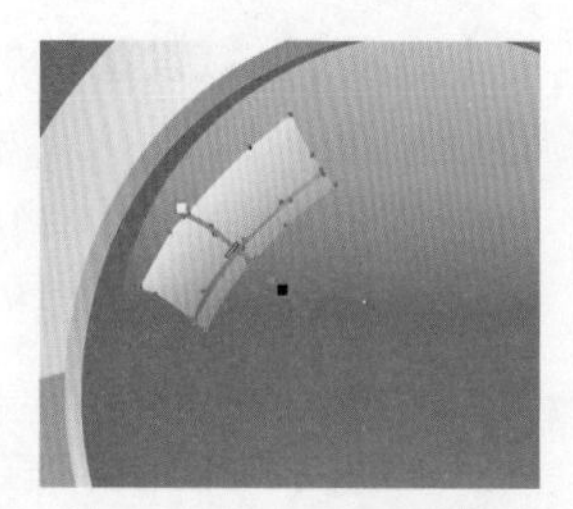

图14-1-55 制作高光效果

55 选择【文本工具】字并输入文字，填充颜色为白色。将之前制作的阴影效果复制到该按钮下，如图 14-1-56 所示。

图14-1-56 输入文字并制作阴影

56 使用同样的方法制作此排的其他色彩按钮效果，如图 14-1-57 所示。

57 选择【贝塞尔工具】绘制图形轮廓，填充颜色为白色，取消轮廓色。在白色图形上分别绘制两个图形轮廓，如图 14-1-58 所示。

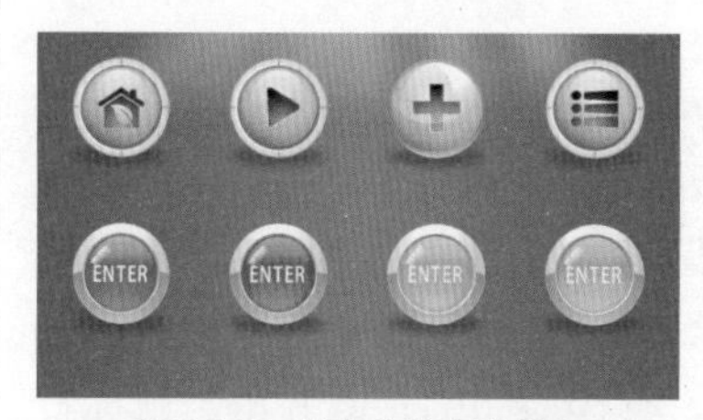

图14-1-57 制作其他颜色按钮

图14-1-58 绘制图形轮廓

58 选择上方的图形轮廓，按【F11】键，打开【渐变填充】对话框，在【选项】区域设置【角度】为 206.7，【边界】为 16%，在【颜色调和】选区中选择【自定义】单选项，分别设置如下。

位置：0 颜色（C：0；M：0；Y：0；K：40）；

位置：50 颜色（C：0；M：0；Y：0；K：10）；

位置：100 颜色（C：0；M：0；Y：0；K：30）。

如图 14-1-59 所示。单击【确定】按钮，取消轮廓色。

59 选择下方的图形轮廓，按【F11】键，打开【渐变填充】对话框，在【选项】区域设置【角度】为 91，【边界】为 5%，在【颜色调和】选区中选择【自定义】单选项，分别设置如下。

位置：0 颜色（C：0；M：0；Y：0；K：50）；

位置：50 颜色（C：0；M：0；Y：0；K：20）；

位置：100 颜色（C：0；M：0；Y：0；K：30）。

如图 14–1–60 所示。单击【确定】按钮，取消轮廓色。

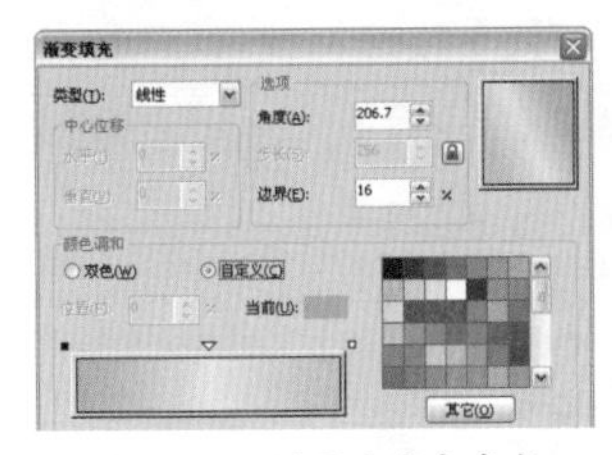
图14-1-59 设置渐变色参数

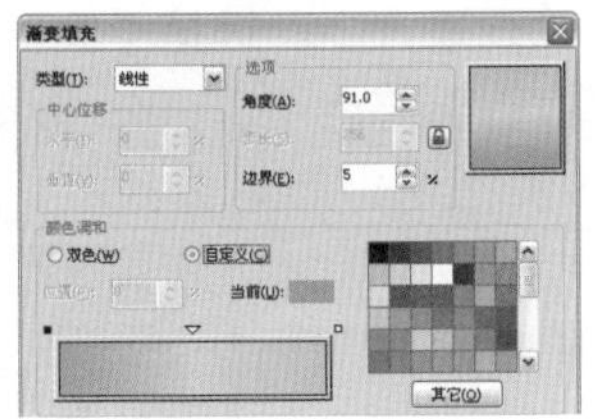
图14-1-60 设置渐变色参数

60 填充渐变色后，图像效果如图 14–1–61 所示。

61 绘制图形轮廓，填充颜色为深绿色（C：100；M：0；Y：100；K：20），取消轮廓色，如图 14–1–62 所示。

62 选择【轮廓工具】，选中深绿色图形并按住鼠标左键不放并向内进行拖动，完成操作后在属性栏上设置【轮廓图步长】为 1，【轮廓图偏移】为 0.6mm。选择【选择工具】，在图形上单击鼠标右键选择【拆分轮廓图群组】命令，选择拆分出的图形，填充颜色为绿色（C：80；M：0；Y：100；K：0），如图 14–1–63 所示。

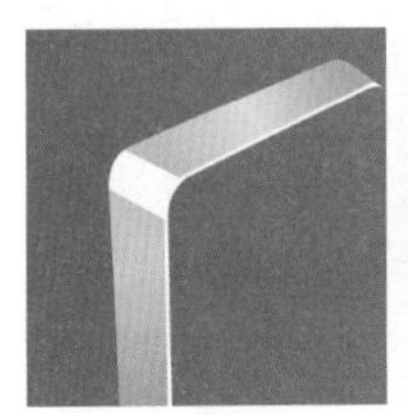
图14-1-61 填充渐变色

图14-1-62 绘制深绿色图形

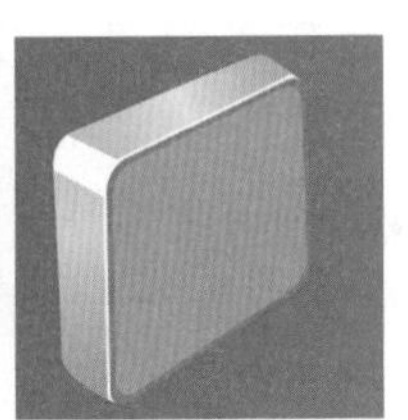
图14-1-63 制作绿色图形

63 在绿色图形上方绘制图形，填充颜色为浅绿色（C：20；M：0；Y：60；K：0），取消轮廓色。选择【透明度工具】，设置属性栏上的【透明度类型】为标准，【开始透明度】为 50，如图 14–1–64 所示。

64 框选制作的图形，选择【阴影工具】，按住图形不放，向外拖移形成阴影后，设置属性栏上【阴影的不透明度】为 50，【阴影羽化】为 15，【透明度操作】为乘，【阴影颜色】为蓝色（C：100；M：60；Y：0；K：0），其他保持默认值。如图 14–1–65 所示。

65 在阴影图像上单击鼠标右键，选择【拆分阴影群组】命令，选择拆分出的阴影并调整其大小、位置和形状，调整完成后的效果如图 14–1–66 所示。

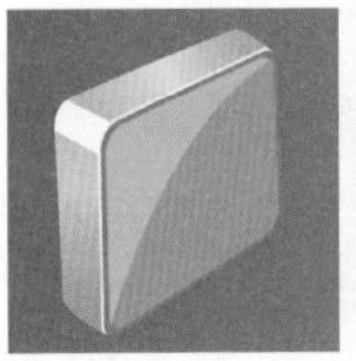
图14-1-64 绘制高光效果

图14-1-65 添加阴影效果

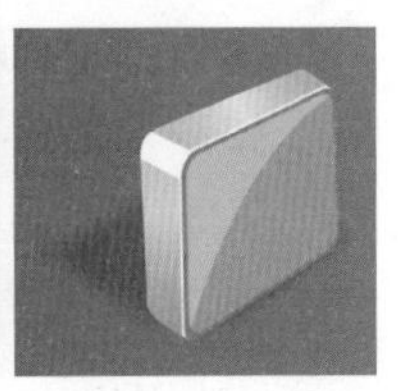
图14-1-66 编辑阴影图形

66 选择【文本工具】字并输入文字，填充颜色为白色。调整文字大小、形状和位置。复制文字到输入的文字后，填充颜色为黑色，如图 14–1–67 所示。

图14-1-67 输入文字并制作立体效果

67 使用同样的方法制作此排的其他色彩图形效果，如图 14–1–68 所示。

图14-1-68 制作其他样式图形

提示：

在制作略有不同的图形时，可以复制一个原图形进行修改，这样可以方便快捷地完成多个图形的制作。

68 使用之前制作按钮的方法制作第四排第一个水晶按钮。在第二个位置绘制一个白色光碟图形，再在光碟图形上绘制一个略小的空白圆环，如图 14–1–69 所示。

69 按【F11】键，打开【渐变填充】对话框，设置【类型】为圆锥，在【颜色调和】选区中选择【自定义】单选项，分别设置如下。

位置：0　颜色（C：0；M：0；Y：0；K：30）；

位置：29　颜色（C：0；M：0；Y：0；K：0）；

位置：71　颜色（C：0；M：0；Y：0；K：9）；

位置：100 颜色（C：0；M：0；Y：0；K：0）。

如图 14–1–70 所示。单击【确定】按钮。

图14-1-69 绘制水晶按钮及光碟图形

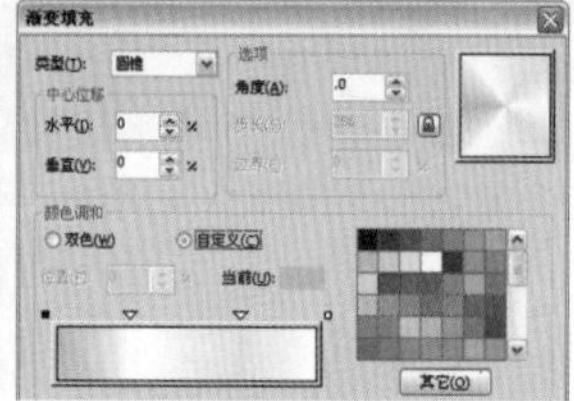

图14-1-70 设置渐变色参数

70 填充渐变色后，取消轮廓色，图像效果如图 14–1–71 所示。

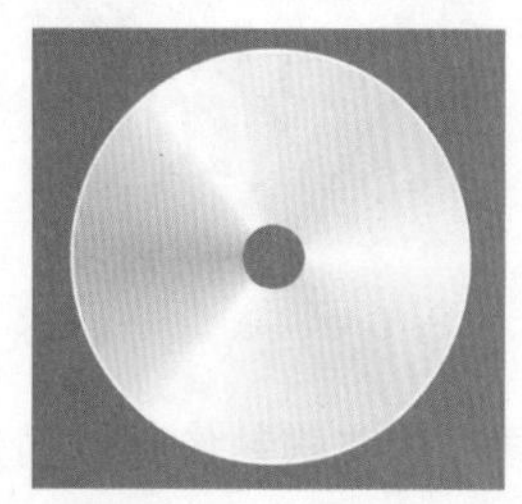

图14-1-71 填充渐变色

71 在光碟图形上绘制图像，分别填充颜色为浅黄色（C：7；M：5；Y：33；K：0）、浅粉色（C：17；M：37；Y：2；K：0）、浅绿色（C：33；M：4；Y：42；K：0），并取消图形的轮廓色，如图 14–1–72 所示。

提示：

一直按住调色板上的某一颜色不放，则可以出现该颜色与前后两种颜色所形成的颜色阶梯，用户可以单击并选择其中的颜色。另外，还可以按住【Ctrl】键，单击其他的某色块，则可以逐渐与该颜色混合。

72 在光盘中间绘制一个圆环，填充颜色为白色，取消轮廓色。将之前制作的阴影效果放置到光盘下方，如图 14–1–73 所示。

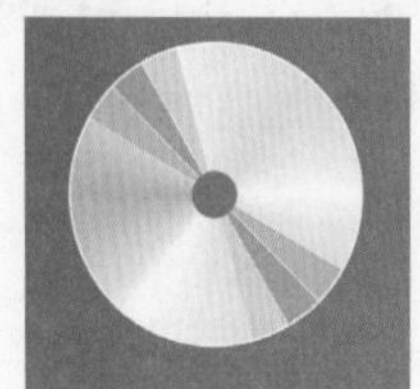

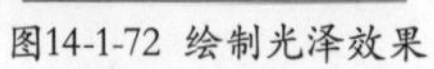

图14-1-72 绘制光泽效果

图14-1-73 绘制圆环及制作阴影

73 单击属性栏上的【导入】按钮，导入素材图片“手型图标 .tif”。将素材放置到图像右下方并调整大小。选择【文本工具】并输入文字，填充颜色为蓝色（C：60；M：0；Y：0；K：0），如图 14–1–74 所示。

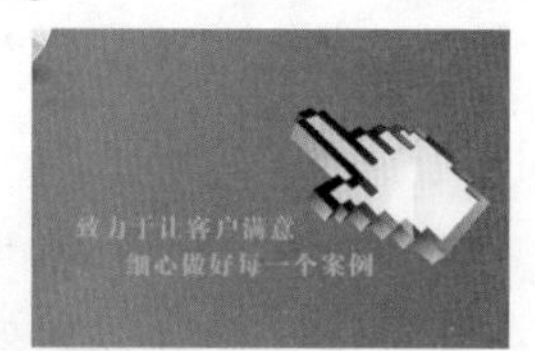

图14-1-74 导入素材并输入文字

74 选择【矩形工具】并绘制矩形，在属性栏上设置【圆角半径】为 2，制作出圆角矩形效果，如图 14–1–75 所示。

图14-1-75 绘制圆角矩形

75 按【F11】键，打开【渐变填充】对话框，设置【类型】为辐射，在【中心位移】区域设置【水平】为 30%，【垂直】为 100%，设置【从】颜色为深蓝色（C：85；M：80；Y：60；K：35），【到】的颜色为蓝色（C：75；M：31；Y：0；K：0），设置【中点】为 81，如图 14–1–76 所示。单击【确定】按钮。

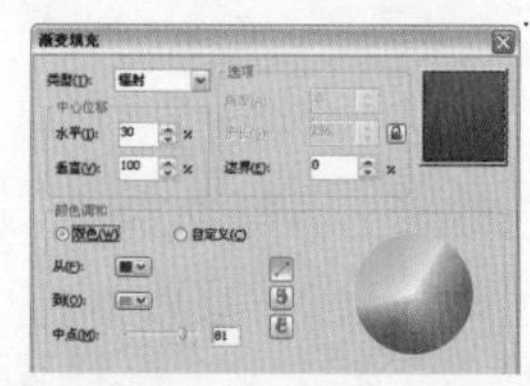

图14-1-76 设置渐变色参数

76 填充渐变色后，按【F12】键，打开【轮廓笔】对话框，设置【颜色】为浅蓝色（C：40；M：0；Y：100；K：0），【宽度】为 2mm，勾选【填充之后】复选项，其他参数保持默认，如图 14–1–77 所示。

图14-1-77 填充渐变色及轮廓色

77 选择【文本工具】并输入文字，填充颜色为白色。选择上行文字，选择【透明度工具】，设置属性栏上的【透明度类型】为标准,【开始透明度】为 50。选择下行文字，选择【透明度工具】，设置属性栏上的【透明度类型】为标准,【开始透明度】为 30。如图 14-1-78 所示。

78 单击属性栏上的【导入】按钮，导入素材图片“进度图表 .tif”。将素材放置到图像左下方圆角矩形上并调整其大小。本案例最终效果如图 14-1-79 所示。

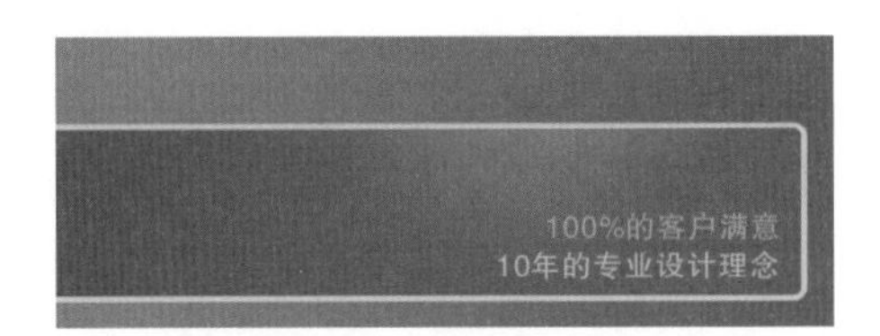

图14-1-78 输入文字并添加透明度效果

图14-1-79 最终效果

案例小结

通过学习本案例，读者能够掌握绘制图像时所使用的多种绘制工具和色彩的填充，并能学习到对金属光泽和玻璃通透感等图像的质感制作。想要将图形绘制得更加真实，需要在日常的生活中多细心地观察真实物品的高光、暗部、质感等效果的表现。

14.2 UI-点歌系统界面设计

本节将绘制在 KTV 中常见的点歌系统界面，运用在上个案例所学到的知识和要点，来完成本节中所需要绘制的各种图形，让读者能够将学习到的新知识实战运用，从而熟悉并掌握。

案例过程赏析

本案例的最终效果如图 14-2-1 所示。

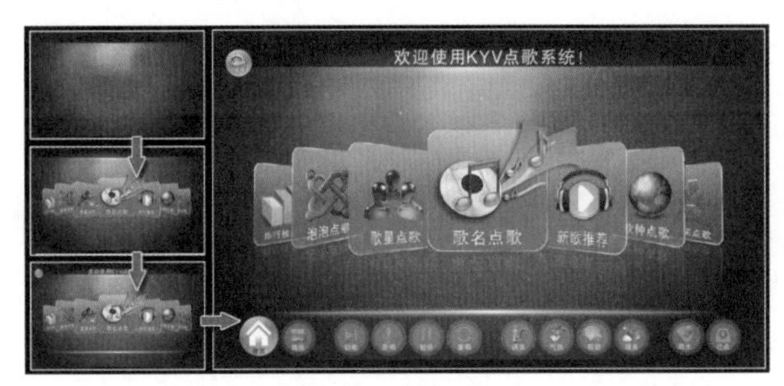

图14-2-1 最终效果图

案例技术思路

在制作本案例前，我们需要了解 KTV 点歌系统是以满足用户需求、减轻工作人员的负担为宗旨的。所以在设计时，应当先规划出其功能画面有哪些，如何进行布局设计才能使用户的使用方便舒适，并且令设计的视觉效果时尚美观。下面将详细讲解本案例，希望读者能跟随设计思路掌握本节的重点，并且思考还可以设计成哪些时尚美观的样式。

案例制作过程

01 按【Ctrl + N】快捷键，打开【创建新文档】对话框，设置【名称】为 UI- 点歌系统界面设计，单击【确定】按钮。选择【矩形工具】，用鼠标拖移绘制矩形，如图 14-2-2 所示。

02 按【F11】键，打开【渐变填充】对话框，设置【类型】为辐射,在【颜色调和】选区中选择【自定义】单选项，分别设置如下。

位置：0　颜色（C：0；M：0；Y：0；K：100）；

位置：20　颜色（C：0；M：0；Y：0；K：100）；

位置：90　颜色（C：100；M：60；Y：0；K：0）；

位置：100　颜色（C：100；M：60；Y：0；K：0）。

如图 14-2-3 所示。单击【确定】按钮。

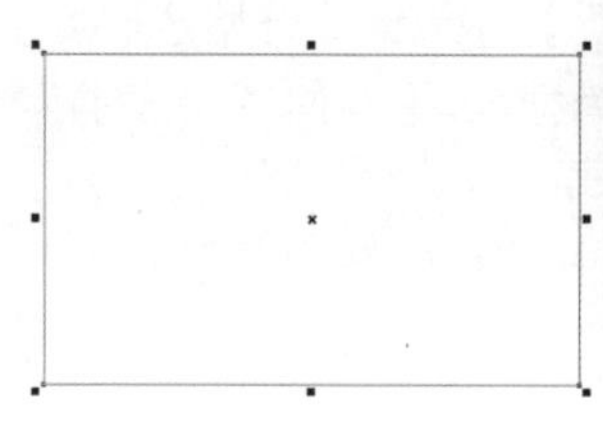

图14-2-2 绘制矩形

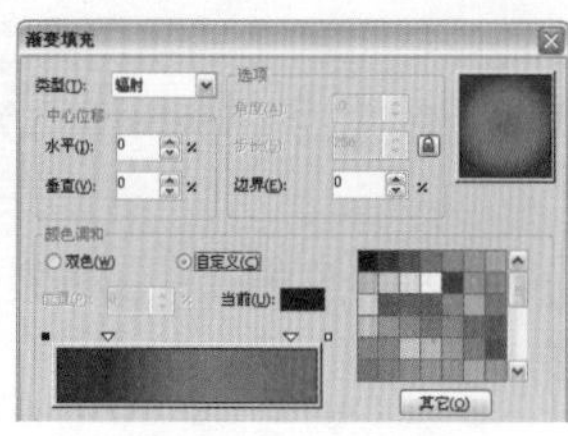

图14-2-3 设置渐变色参数

03 填充渐变后，取消轮廓色，图像效果如图 14-2-4 所示。

04 选择【椭圆工具】并绘制椭圆，填充颜色为绿色（C：60；M：0；Y：100；K：0），取消轮廓色，如图 14-2-5 所示。

图14-2-4 填充渐变色

图14-2-5 绘制绿色椭圆图形

05 执行【位图】|【转换为位图】命令，打开【转换为位图】对话框，设置【分辨率】为 300dip，勾选【透明背景】复选项，单击【确定】按钮。执行【位图】|【模糊】|【高斯式模糊】命令,打开【高斯式模糊】对话框，设置【半径】为 80 像素，单击【确定】按钮，效果如图 14-2-6 所示。

提示：

如不设置参数，直接单击【预览】按钮，将随机生成新的效果。

06 使用同样的方法制作其他颜色的模糊效果。框选制作的模糊图像，按【Ctrl+G】快捷键进行群组。选择【透明度工具】，按住鼠标左键不放由上往下拖移，形成透明渐变效果，如图 14-2-7 所示。

图14-2-6 【高斯式模糊】效果

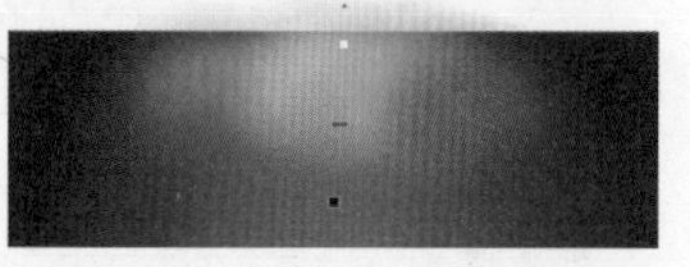

图14-2-7 制作其他色彩的模糊图形

07 将多色模糊图形放置到背景图像中，再选择【矩形工具】在背景图像上绘制黑色矩形，如图 14-2-8 所示。

图14-2-8 放置模糊图形到图框中并绘制黑色矩形

08 选择【贝塞尔工具】，在上方黑色矩形下绘制上弧图形，选择背景图像进行复制，选中复制的背景图像并单击鼠标右键，在弹出的快捷菜单中选择【提取内容】命令。选择提取内容后的背景图像，按【Delete】键进行删除。选择多色模糊图形取消透明度效果，并将图形放置到绘制的上弧图形中，如图 14-2-9 所示。

图14-2-9 放置模糊图形到弧形图框中

09 取消轮廓色，执行【转换为位图】命令。执行【高斯式模糊】命令，设置【半径】为 20 像素，单击【确定】按钮。选择【透明度工具】，设置属性栏上的【透明度类型】为标准，【透明度操作】为 Add，【开始透明度】为 50。效果如图 14-2-10 所示。

10 选择【矩形工具】，用鼠标拖移绘制矩形，在属性栏上设置【圆角半径】为 5。选择【轮廓工具】，选中圆角正方形，按住鼠标左键不放并向内进行拖动，完成操作后在属性栏上设置【轮廓图步长】为 1，【轮廓图偏移】为 0.5mm。选择【选择工具】，在图形上单击鼠标右键选择【拆分轮廓图群组】命令，按【Ctrl+L】快捷键进行合并，如图 14-2-11 所示。

提示：

在设置【边角圆滑度】时，单击旁边的锁，锁上时只要输入一个边角的度数，按回车键完成设置，其他三个角的度数也会自动变为所设置的大小。

图14-2-10 添加高斯式模糊效果和不透明度效果

图14-2-11 绘制圆角图形

11 按【F11】键，打开【渐变填充】对话框，在【选项】区域设置【角度】为 45，【边界】为 14%，在【颜色调和】选区中选择【自定义】单选项，分别设置如下。

位置：0 颜色（C：0；M：0；Y：0；K：0）；

位置：25 颜色（C：0；M：0；Y：0；K：60）；

位置：50 颜色（C：0；M：0；Y：0；K：0）；

位置：75 颜色（C：0；M：0；Y：0；K：60）；

位置：100 颜色（C：0；M：0；Y：0；K：0）。

如图 14-2-12 所示。单击【确定】按钮。

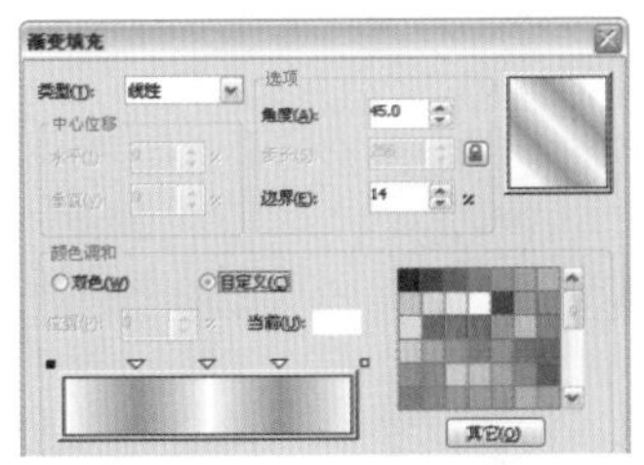
图14-2-12 设置渐变色参数

12 填充渐变色后，取消轮廓色。在图形上再次绘制一个圆角正方形，填充颜色为白色，取消轮廓色。选择【透明度工具】，设置属性栏上的【透明度类型】为标准，【开始透明度】为 80，如图 14-2-13 所示。

13 按【Ctrl+C】快捷键进行复制，再按【Ctrl+V】快捷键在原位上进行粘贴。选择【透明度工具】，按住鼠标左键不放并由上往下拖移，形成透明渐变效果，如图 14-2-14 所示。

图14-2-13 添加透明度效果

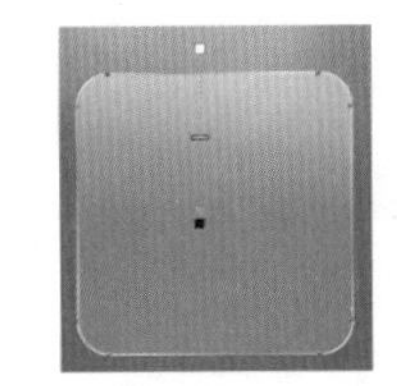
图14-2-14 制作高光效果

14 框选制作的透明方框，按【Ctrl+G】快捷键进行群组，向左移动并复制图形。等比例缩小图形，执行【效果】|【添加透视】命令，调整图像节点，对图像进行透视，如图 14-2-15 所示。

15 使用同样的方法制作其他透明方框效果，如图 14-2-16 所示。

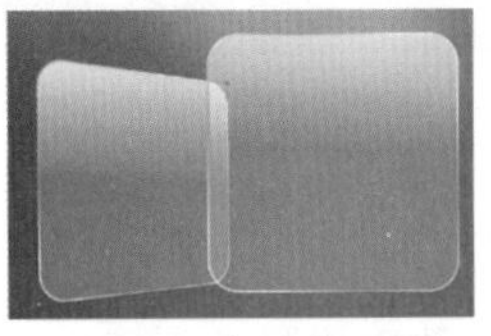
图14-2-15 复制透视图像

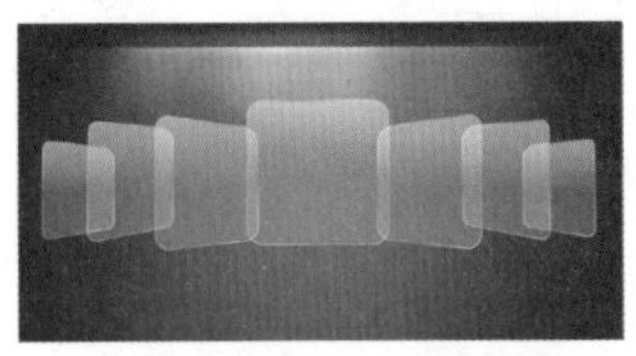
图14-2-16 制作多个透明图框

16 选择【文本工具】并输入文字，设置填充颜色为白色。选择【阴影工具】，按住图形不放，用鼠标向外拖移形成阴影后，设置属性栏上【阴影的不透明度】为 60，【阴影羽化】为 5，其他保持默认值，如图 14-2-17 所示。

图14-2-17 输入文字并添加阴影

17 继续输入文字，并使用【添加透视】命令对其进行透视处理，制作后再为文字添加阴影效果，如图 14-2-18 所示。

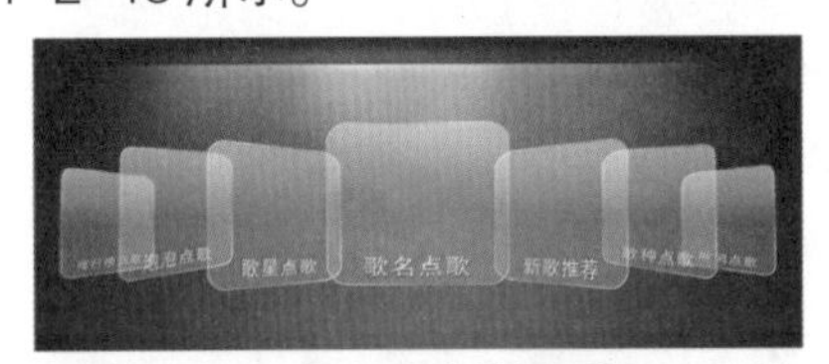

图14-2-18 制作透视文字

18 框选制作的所有透明方框复制到一旁。选择背景图形上的歌星点歌透明方框，按住【Shift】键不放，同时选择歌名点歌透明方框，单击属性栏上的【相交】按钮。选择歌名点歌透明方框，按住【Shift】键不放，同时选择歌星点歌透明方框，单击属性栏上的【修剪】按钮。选择相交图形，选择【透明度工具】，设置属性栏上的【透明度类型】为标准，【开始透明度】为 85，如图 14-2-19 所示。

19 使用同样的方法对透明方框的重叠处进行编辑处理。选择之前复制的透明方框，单击属性栏上【垂直镜像】按钮进行翻转并调整其位置。如

图 14-2-20 所示。

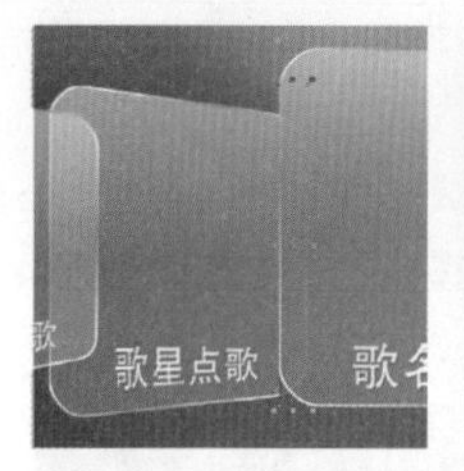

图14-2-19 透明相交处图形

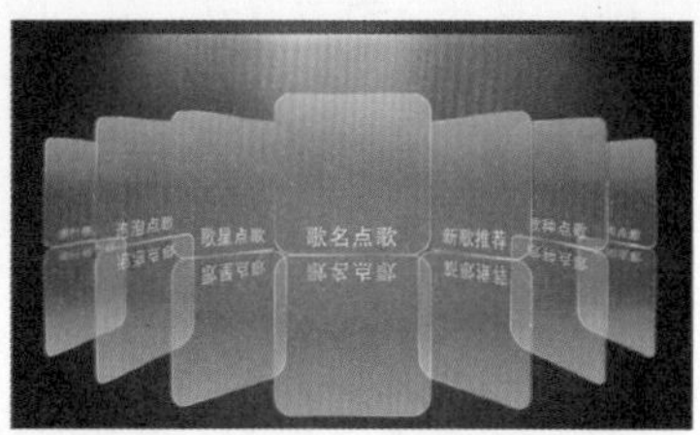

图14-2-20 复制翻转编辑图形

提示：

按【Shift】键，可同时选取多个对象；按【Ctrl】键，可对群组或群组内的对象进行选取。

20 框选翻转的图形进行群组，执行【转换为位图】命令。选择【透明度工具】，按住鼠标左键不放并由上往下拖移，形成透明渐变效果，如图 14-2-21 所示。

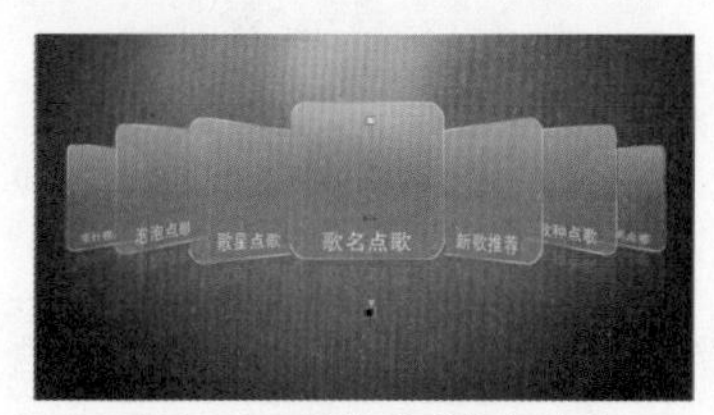

图14-2-21 添加透明渐变效果

21 单击属性栏上的【导入】按钮，分别导入对应的名称图标，并调整位置、大小和形状，如图 14-2-22 所示。

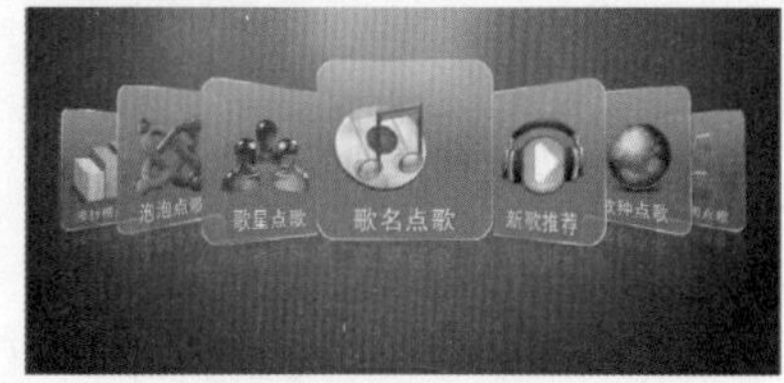

图14-2-22 导入素材

22 选择【贝塞尔工具】绘制图像轮廓，将图形放置到图标图层下方，如图 14-2-23 所示。

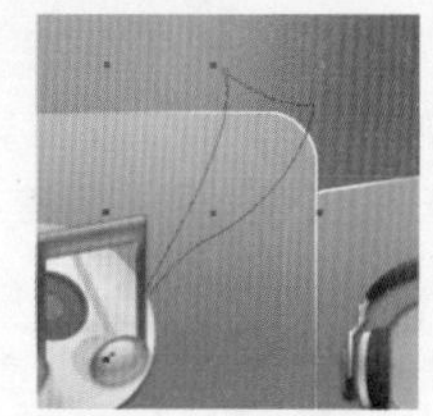
图14-2-23 绘制图形

23 按【F11】键，打开【渐变填充】对话框，在【选项】选区设置【角度】为 259.8，【边界】为 4%，设置【从】的颜色为橙色（C：0；M：60；Y：100；K：0），【到】的颜色为黄色（C：0；M：0；Y：100；K：0），如图 14-2-24 所示。单击【确定】按钮。

24 填充渐变色后，取消轮廓色，图像效果如图 14-2-25 所示。

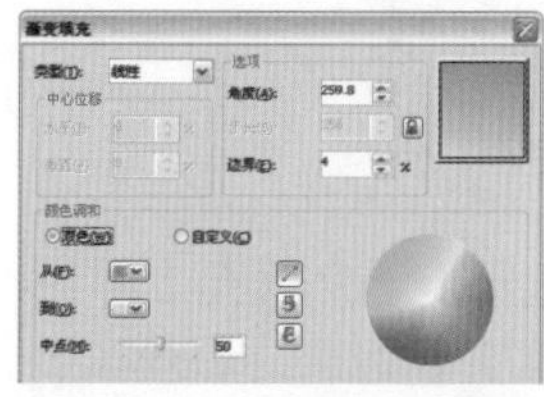
图14-2-24 设置渐变色参数

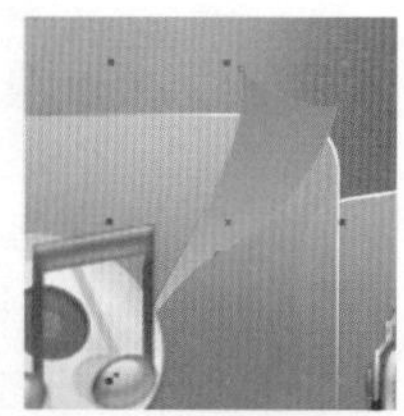
图14-2-25 填充渐变色

25 继续绘制图像轮廓，将图形放置到图标图层下方，选择渐变橙色图形，按住鼠标右键不放移动到绘制的图形上，松开鼠标右键选择【复制填充】命令，复制渐变色到绘制的图形，如图 14-2-26 所示。

26 取消轮廓色，在渐变图形上绘制图形轮廓，将图形放置到图标图层下方，填充颜色为黄色（C：0；M：0；Y：100；K：0），取消轮廓色，如图 14-2-27 所示。

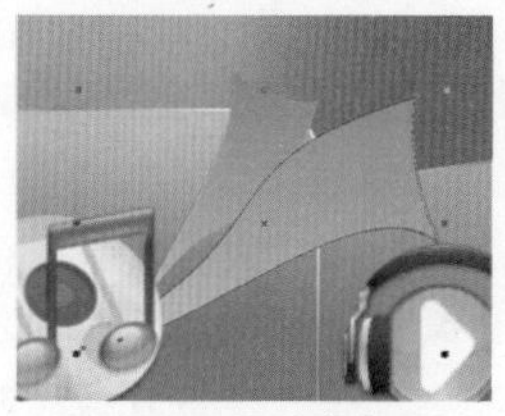
图14-2-26 绘制渐变图形

图14-2-27 绘制黄色飘带

27 在渐变图形下方绘制图形轮廓，将图形放置到图标图层下方，填充颜色为浅绿色（C：20；M：0；Y：60；K：0），取消轮廓色，如图 14-2-28 所示。

28 单击属性栏上的【导入】按钮，分别导入素材图片“音符 1.tif”、“音符 2.tif” 和 “音符 3.tif”，分别调整其大小、位置和旋转角度，如图 14-2-29 所示。

图14-2-28 绘制浅绿色飘带

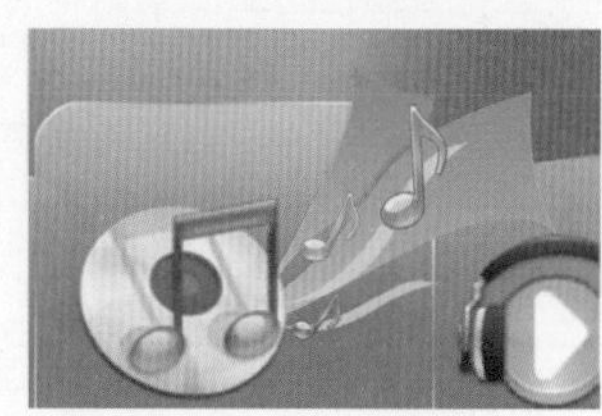
图14-2-29 导入素材

29 选择图标素材和绘制的图形进行群组，选择【阴影工具】，按住图形不放，用鼠标向外拖移形成阴影后，设置属性栏上【阴影的不透明度】为 50，【阴影羽化】为 5，其他参数保持默认值，如图 14–2–30 所示。

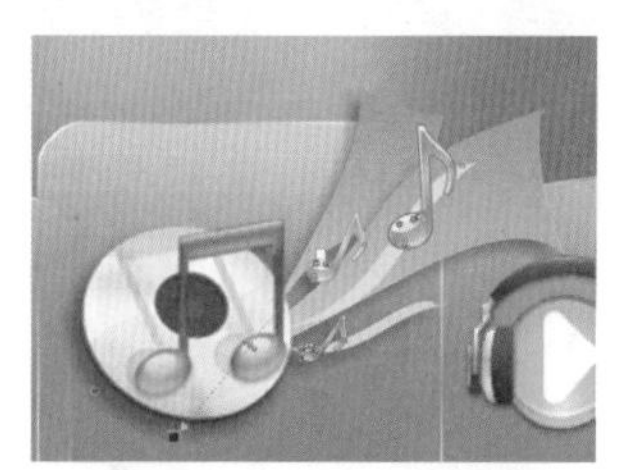
图14-2-30 添加阴影效果

30 选择“音符 1”素材，选择【阴影工具】，按住图形不放，用鼠标向外拖移形成阴影后，设置属性栏上【阴影的不透明度】为 50，【阴影羽化】为 10，其他参数保持默认值，如图 14–2–31 所示。

31 使用同样的方法为其他两个音符素材添加阴影效果，如图 14–2–32 所示。

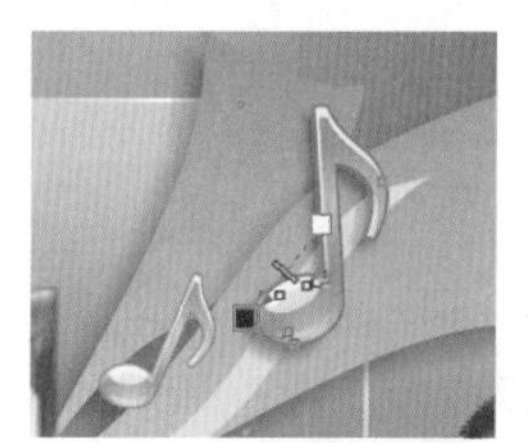
图14-2-31 为蓝色音符添加阴影

图14-2-32 添加阴影效果

32 选择【椭圆工具】，在图像左上角绘制正圆，设置填充颜色为白色，取消轮廓色。选择【透明度工具】，设置属性栏上的【透明度类型】为标准，【开始透明度】为 50。效果如图 14–2–33 所示。

33 按【Ctrl+C】快捷键进行复制，再按【Ctrl+V】快捷键在原位上进行粘贴。选择【透明度工具】，按住鼠标左键不放由左上往右下拖移，形成透明渐变效果，如图 14–2–34 所示。

34 再次按【Ctrl+C】快捷键进行复制，按

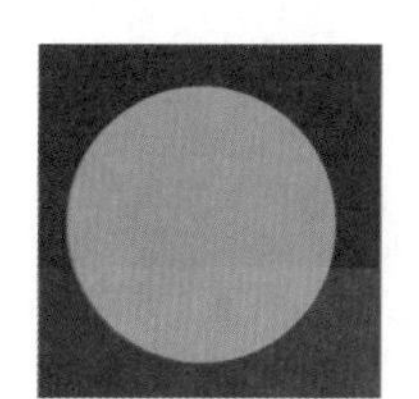
图14-2-33 绘制透明正圆

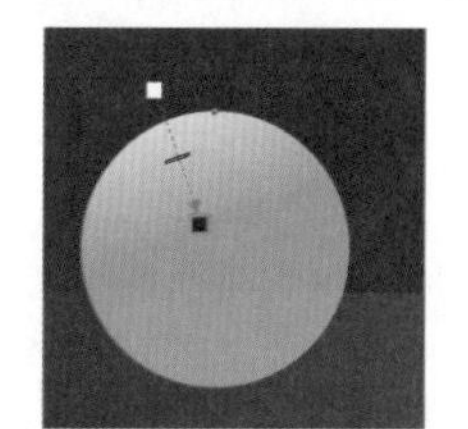
图14-2-34 制作上部高光效果

【Ctrl+V】快捷键在原位上进行粘贴。调整色块位置，如图 14–2–35 所示。

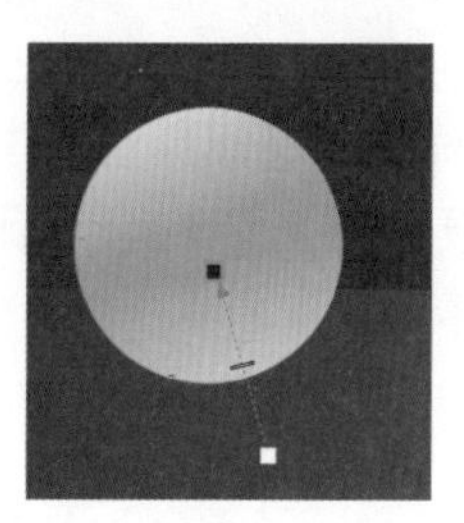
图14-2-35 制作下部高光效果

35 单击属性栏上的【导入】按钮，分别导入素材图片“声音图标 .tif”。将素材放置到正圆中，如图 14–2–36 所示。

36 选择【贝塞尔工具】，在图像下方绘制图像轮廓，设置填充颜色为蓝色（C：100；M：0；Y：0；K：0），取消轮廓色，如图 14–2–37 所示。

图14-2-36 导入素材

图14-2-37 绘制蓝色线条图形

37 按【Ctrl+C】快捷键进行复制，再按【Ctrl+V】快捷键在原位上进行粘贴。执行【转换为位图】命令。再执行【高斯式模糊】命令，设置【半径】为 10 像素，单击【确定】按钮，效果如图 14–2–38 所示。

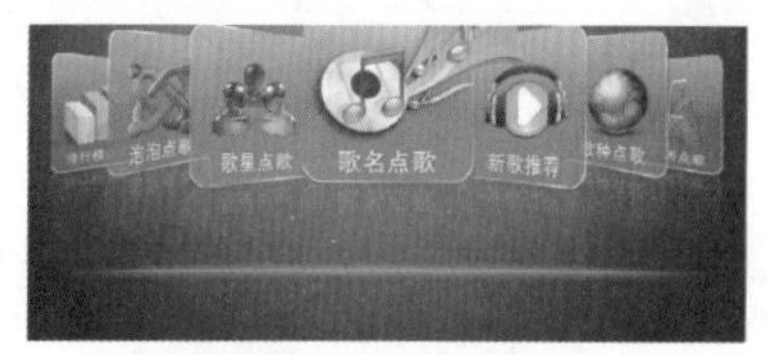

图14-2-38 高斯模糊式效果

提示：

复制的图像将处于整个图像图层的最上面。

38 选择【贝塞尔工具】在模糊图像上绘制白色图像，如图 14–2–39 所示。

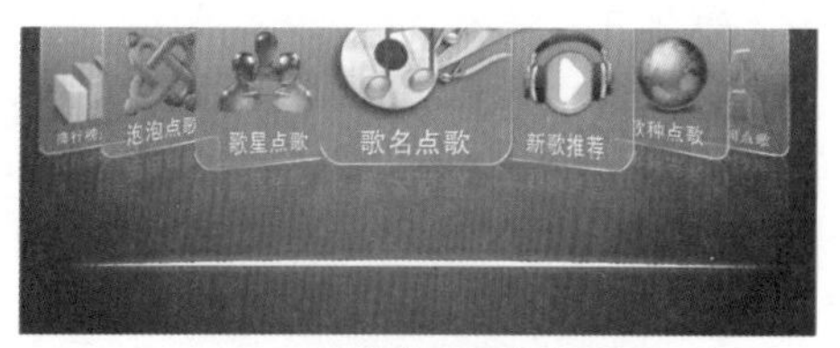

图14-2-39 绘制白色线条图像

39 执行【转换为位图】命令。执行【高斯式模糊】命令。选择【透明度工具】，在属性栏上设置【透明度类型】为辐射，选择黑色色块，在属性栏上设置【透明中心点】为 0，选择白色色块，在属性栏上设置【透明中心点】为 100，调整色块位置，如图 14-2-40 所示。

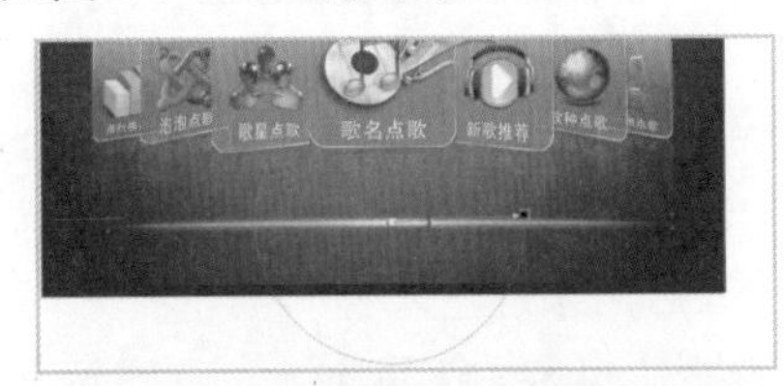

图14-2-40 高斯式模糊效果和不透明度效果

40 选择【椭圆工具】，在图像左下角绘制正圆，如图 14-2-41 所示。

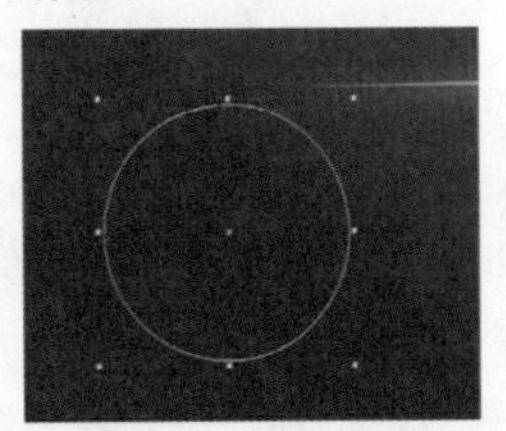
图14-2-41 绘制正圆

41 按【F11】键，打开【渐变填充】对话框，设置【类型】为辐射，设置【从】的颜色为深蓝色（C：100；M：60；Y：0；K：0），【到】的颜色为白色，设置【中点】为 73，如图 14-2-42 所示。单击【确定】按钮。

42 填充渐变色后，取消轮廓色，图像效果如图 14-2-43 所示。

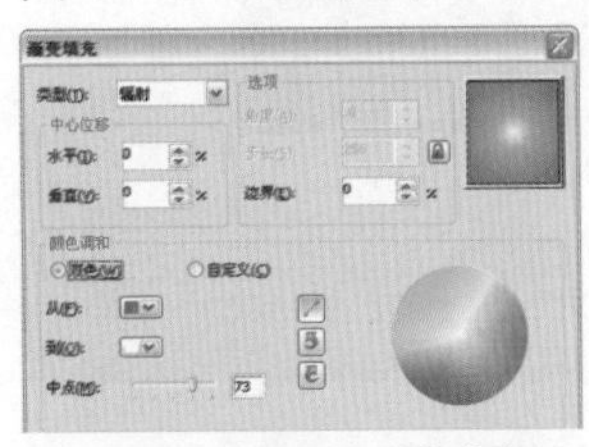
图14-2-42 设置渐变色参数

图14-2-43 填充渐变色

43 选择【贝塞尔工具】，绘制房子图形轮廓，设置填充颜色为白色，取消轮廓色。选择【文本工具】并输入文字，设置填充颜色为黑色，如图 14-2-44 所示。

44 选择蓝色渐变正圆，按【Ctrl+C】快捷键进行复制，再按【Ctrl+V】快捷键在原位上进行粘贴。设置填充颜色为白色，选择【透明度工具】，按住鼠标左键不放并由左上往右下拖移，形成透明渐变效果，如图 14-2-45 所示。

图14-2-44 绘制图形并输入文字

图14-2-45 制作上部高光效果

45 再次按【Ctrl+C】快捷键进行复制，按【Ctrl+V】快捷键在原位上进行粘贴。调整色块位置，如图 14-2-46 所示。

图14-2-46 制作下部高光效果

46 选择【椭圆工具】绘制正圆，设置填充颜色为白色，取消轮廓色。选择【透明度工具】，设置属性栏上的【透明度类型】为标准，【开始透明度】为 80。等比例缩小正圆图形，效果如图 14-2-47 所示。

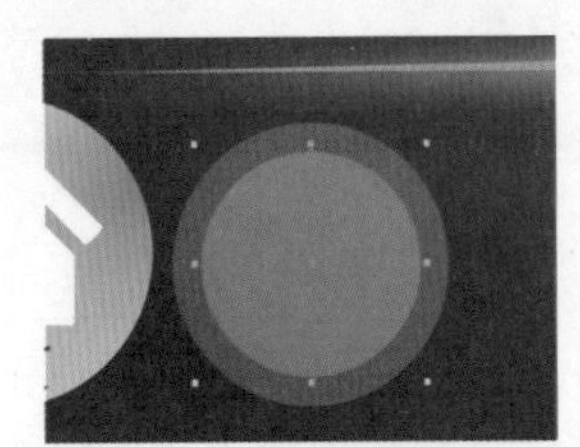
图14-2-47 绘制透明正圆图形

47 框选制作的透明正圆并进行群组，向右进行复制多个透明正圆。在透明正圆中输入文字并导入和绘制相应的图标。本案例的最终效果如图 14-2-48 所示。

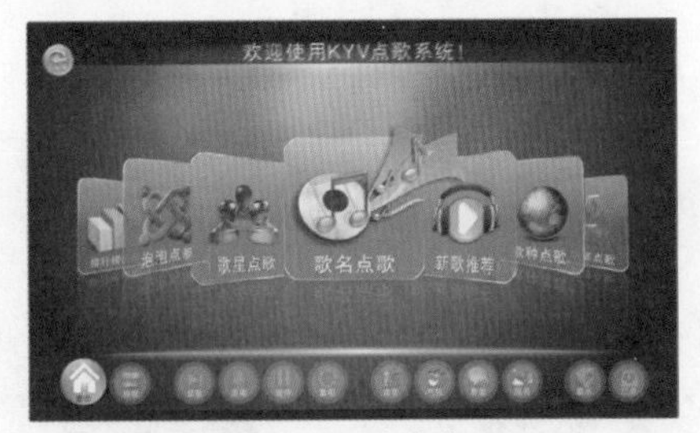

图14-2-48 最终效果

案例小结

通过学习本案例，读者应该对 UI 的设计有更深刻的认识。同时读者应该能对透明度工具的使用方法的多样性有更多的了解，对于透明度的设置，不仅能将图像处理成透明效果，还能增强图像的质感和层次感。希望读者认真学习，通过理论知识和实际练习相结合，对功能的应用能够熟练掌握、得心应手。

14.3 VI–名片设计

本节将使用各种图形工具和图形编辑功能设计制作出 VI 名片，其中会绘制出复杂的时尚树矢量图形，如何有效地将繁多的图形进行编辑管理，加强图形与图形之间、图形图层之间的各项管理，以便在工作中能够井井有条，并且大幅度提高工作效率，这将是本案例讲解的重点。

案例过程赏析

本案例的最终效果如图 14–3–1 所示。

图14-3-1 最终效果图

案例技术思路

VI 名片是商业交往中相互认识、自我介绍的一张宣传单，不仅能够体现设计者自身的品味，还能够展现出公司的文化和气质，所以在制作时应当考虑简洁大气又不失时尚的设计方案，既能突出名片上的称呼、职位、公司名称等内容，还能够有精美的画面进行衬托，使名片美观漂亮，使人过目不忘。不知道各位读者是否已经有了自己的想法呢？下面请跟随以下思路，再对比看看自己的创意是否更加精彩。

案例制作过程

01 按【Ctrl + N】快捷键，打开【创建新文档】对话框，设置【名称】为 VI– 名片设计，单击【确定】按钮。选择【贝塞尔工具】，绘制花纹图形轮廓，设置填充颜色为绿色（C：39；M：2；Y：95；K：0），取消轮廓色，如图 14–3–2 所示。

02 选择【椭圆工具】，在花纹尖角部按住【Ctrl】键不放并绘制正圆。设置填充颜色为绿色（C：39；M：2；Y：95；K：0），取消轮廓色，如图 14–3–3 所示。

03 框选绘制的花纹图形，按【Ctrl + G】快捷键进行群组。选择【贝塞尔工具】，在花纹下方绘制树叶图形轮廓，设置填充颜色为绿色（C：39；M：2；Y：95；K：0），如图 14–3–4 所示。

图14-3-2 绘制绿色花纹图形

图14-3-3 绘制绿色正圆

图14-3-4 绘制树叶图形

04 取消树叶图形轮廓色，再在树叶上绘制图形并填充颜色为嫩绿色（C：20；M：3；Y：92；K：0），取消轮廓色。框选绘制的树叶图形，按【Ctrl + G】快捷键进行群组。单击鼠标右键选择【顺序】|【到图层后面】命令，效果如图 14–3–5 所示。

05 将绘制的花纹图形和树叶图形进行复制多个图形并进行大小、角度和位置的调整。调整后再在图像中绘制枝藤图形并填充颜色为绿色（C：39；M：2；Y：95；K：0），取消轮廓色，如图 14–3–6 所示。

图14-3-5 调整图层位置　　图14-3-6 复制多个图形进行编辑

06 选择【螺纹工具】，在属性栏上设置【螺纹回圈】为 3，在图形上绘制螺纹线条并调整形状成正圆状，如图 14–3–7 所示。

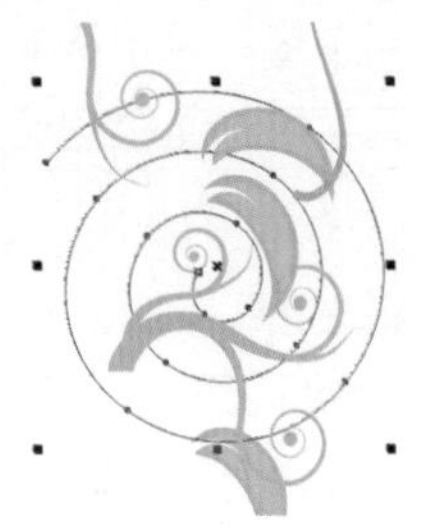

图14-3-7 绘制螺纹线条

07 按【F12】键，打开【轮廓笔】对话框，设置【颜色】为绿色（C：40；M：0；Y：100；K：0），【宽度】为4mm，勾选【随对象缩放】复选项，其他参数保持默认，如图14-3-8所示。单击【确定】按钮。

提示：

在设置线条宽度参数时，需要根据实际情况进行设置，参数并不固定。

08 设置【轮廓笔】参数后，选择【椭圆工具】，在螺纹中间按住【Ctrl】键不放并绘制正圆。设置填充颜色为绿色（C：40；M：0；Y：100；K：0），取消轮廓色。如图14-3-9所示。

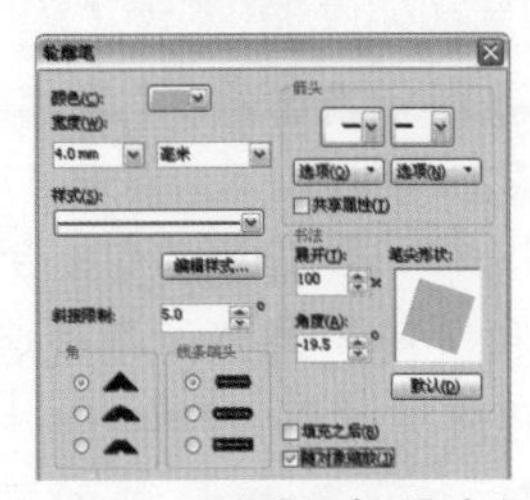

图14-3-8 设置【轮廓笔】参数

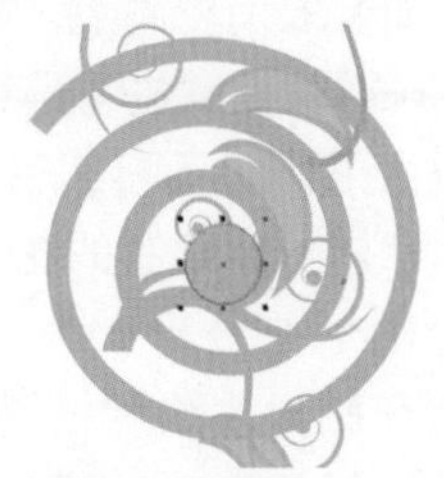

图14-3-9 绘制绿色正圆

09 选择【椭圆工具】，按住【Ctrl】键不放并绘制正圆。设置填充颜色为蓝色（C：25；M：0；Y：0；K：0），取消轮廓色，如图14-3-10所示。

图14-3-10 绘制蓝色正圆

10 选择【贝塞尔工具】，在蓝色正圆上绘制树枝主干图形，设置填充颜色为黑色。取消轮廓色，如图14-3-11所示。

图14-3-11 绘制树枝主干

11 继续使用【贝塞尔工具】，绘制树枝其他分枝，如图14-3-12所示。

12 选择【椭圆工具】绘制椭圆形，按【Ctrl+Q】快捷键将图形进行转曲，选择【形状工具】将中间两边的节点进行删除，选择下端节点，单击属性栏上的【尖突节点】按钮，再对节点进行调整。调整后填充颜色为红色（C：0；M：99；Y：93；K：0），取消轮廓色。选择【选择工具】，单击图形，将旋转中心点移动到下方节点处，如图14-3-13所示。

图14-3-12 绘制树枝图形

图14-3-13 绘制红色花瓣

提示：

使用其他工具时，按空格键可在原工具和选择工具之间进行快速切换。

13 对图形进行向右旋转，在旋转的同时单击鼠标右键进行复制，如图14-3-14所示。

14 旋转复制后，按【Ctrl+R】快捷键重复上一步复制操作，再复制出5个图形，并分别对复制的图形填充其他不同的颜色。框选绘制的多彩花朵进行群组，如图14-3-15所示。

15 选择【复杂星形工具】，在属性栏上设置【点数或边数】为16，【锐度】为1，按住【Ctrl】键，同时在图形中绘制复杂星形图形，如图14-3-16所示。

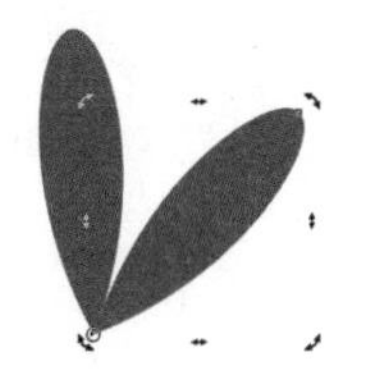

图14-3-14 旋转复制图形

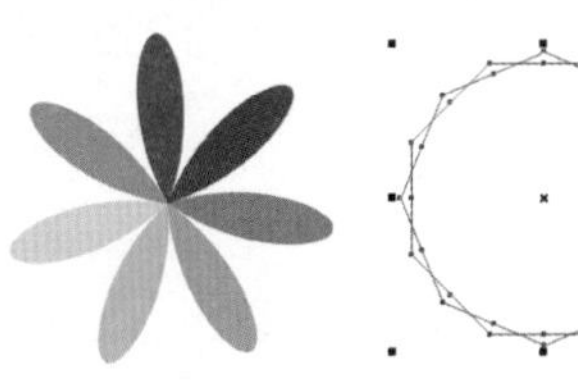

图14-3-15 修改颜色并群组图形

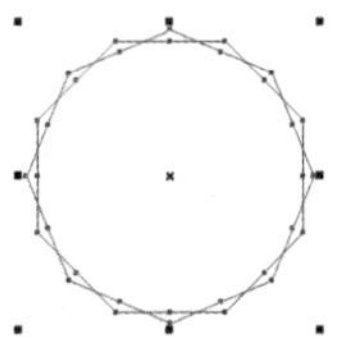

图14-3-16 绘制复杂星型图形

16 按【Ctrl+Q】快捷键将线条进行转曲，再按【Ctrl+K】快捷键拆分曲线，单击属性栏上的【合并】按钮将拆分的曲线进行合并，设置填充颜色为绿色（C：47；M：6；Y：93；K：0），取消轮廓色，如图 14-3-17 所示。

17 选择【贝塞尔工具】绘制图像，设置填充颜色为黄色（C：4；M：6；Y：93；K：0），取消轮廓色。选择【选择工具】单击图形，将旋转中心点移动到下方绿色图形中心点处，如图 14-3-18 所示。

图14-3-17 合并图形并填充颜色

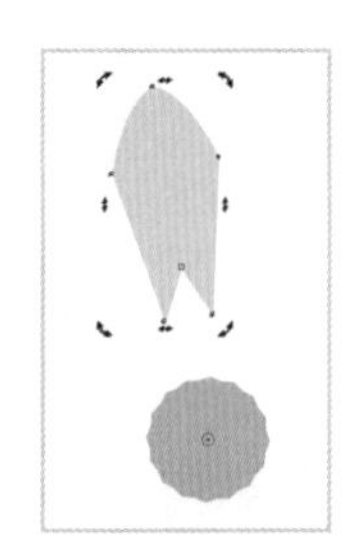

图14-3-18 绘制黄色花瓣

18 对黄色图形进行旋转复制，组合成花瓣图形，框选绘制的黄色花朵进行群组，如图 14-3-19 所示。

图14-3-19 旋转复制花瓣

19 选择【贝塞尔工具】，绘制花瓣图形轮廓，设置填充颜色为绿色（C：39；M：2；Y：95；K：0），取消轮廓色，如图 14-3-20 所示。

20 选择【基本形状工具】，在属性栏上单击【完美形状】按钮，打开功能面板，在面板中选择三角形，按住【Ctrl】键不放并绘制等边三角形，在属性栏上设置【旋转角度】为：225，填充颜色为黄色（C：4；M：6；Y：93；K：0），按【Ctrl+Q】快捷键将进行转曲，选择【形状工具】在三角形下端中间双击添加节点并向上移动，如图 14-3-21 所示。

图14-3-20 绘制绿色花瓣

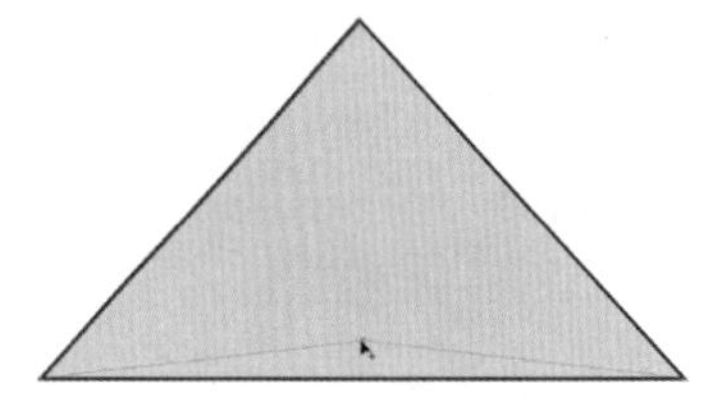

图14-3-21 调整节点

提示：

对于使用形状工具绘制的图形轮廓都需要先进行转曲，才能使用形状工具对轮廓进行随意编辑。

21 调整后取消图形轮廓色，旋转图形角度并放置到绿色花瓣图形下，框选图形进行群组，如图 14-3-22 所示。

图14-3-22 编辑图形

22 绘制一个正圆，将图形放置到正圆圆边上，选择【选择工具】单击群组的花瓣图形，将旋转中心点移动到下方正圆中心点处，旋转图形并进行复制。旋转组成花瓣后将中间的正圆进行删除，并将部分花瓣颜色改为蓝色，如图 14-3-23 所示。

23 选择花瓣图形中的三角图形进行复制并翻转，设置填充颜色为橙色（C：2；M：51；Y：94；K：0）。选择【贝塞尔工具】，绘制花蕊图形，设置填充颜色为红色（C：0；M：93；Y：99；K：0），取消轮廓色，如图 14-3-24 所示。

24 将制作的花蕊图形进行群组，选择【选择工具】单击图形，将旋转中心点移动到下方花蕊尖角处，再对图形进行旋转复制，完成后选择部分图形，按【Ctrl+U】快捷键取消群组，修改三角形颜色为紫色（C：35；M：95；Y：1；K：

0），框选制作的花朵图形进行群组，图像效果如图 14-3-25 所示。

图14-3-23 旋转复制花瓣并修改颜色　图14-3-24 绘制花蕊图形

图14-3-25 旋转复制花蕊并修改颜色

25 使用以上所述方法制作出其他几种不同样式的多彩矢量花朵，如图 14-3-26 所示。

图14-3-26 绘制不同样式的花朵

26 选择【贝塞尔工具】绘制螺纹线条，如图 14-3-27 所示。

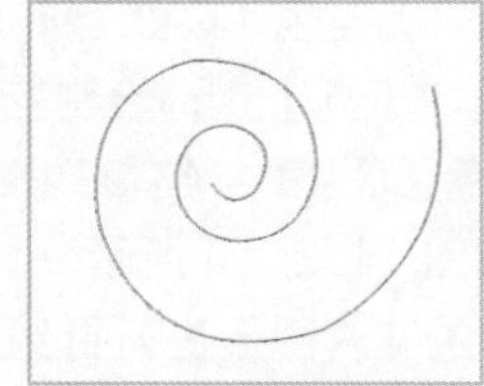

图14-3-27 绘制螺纹线条

27 选择【椭圆工具】绘制正圆，设置填充颜色为黄色（C：0；M：0；Y：100；K：0），取消轮廓色。将绘制的正圆沿绘制的螺纹线条进行复制摆放，制作后删除绘制的螺纹线条，效果如图 14-3-28 所示。

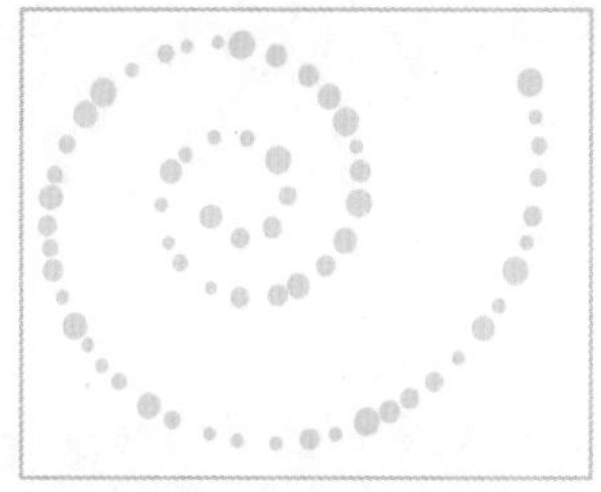

图14-3-28 制作螺纹圆点图形

28 选择第一个制作的多彩矢量花朵进行复制，取消复制的图形群组。删除除红色图形以外的其他颜色图形。重新对图形进行向右旋转复制一次，将图形进行群组。复制图像并调整其大小、角度和位置，如图 14-3-29 所示。

29 再次对图像进行复制，并调整其大小、角度和位置。修改复制的图形颜色为粉色（C：2；M：22；Y：23；K：0），并将复制的图形放置到红色图形图层下方，如图 14-3-30 所示。

图14-3-29 绘制红色翅膀

图14-3-30 绘制粉色翅膀

30 选择【贝塞尔工具】，绘制蝴蝶身体图形，设置填充颜色为咖啡色（C：47；M：73；Y：94；K：5），取消轮廓色。群组绘制的蝴蝶图形，如图 14-3-31 所示。

图14-3-31 绘制蝴蝶

31 将之前绘制的各种样式的多彩矢量花朵和蝴蝶放置到树枝上，并复制多个矢量花朵和蝴蝶图形，再进行随意摆放，制作出多彩的时尚矢量树图形效果，如图 14-3-32 所示。框选图形进行群组。

32 选择【矩形工具】拖移绘制矩形，如图 14-3-33 所示。

提示：

目前国内标准的名片尺寸是90mm×54mm，但是加上出血上下左右各2mm，所以制作尺寸必须设定为94 mm X 58mm。

图14-3-32 复制多个图形并进行编辑

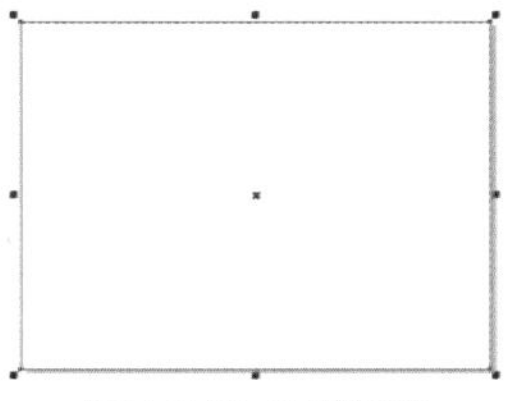

图14-3-33 绘制矩形

33 按【F11】键，设置【类型】为辐射，在【颜色调和】选区中选择【自定义】单选项，分别设置如下。

位置：0　颜色（C：0；M：0；Y：0；K：100）；

位置：100　颜色（C：100；M：100；Y：0；K：0）。

如图 14-3-34 所示。单击【确定】按钮。

34 填充渐变色后，取消轮廓色，图像效果如图 14-3-35 所示。

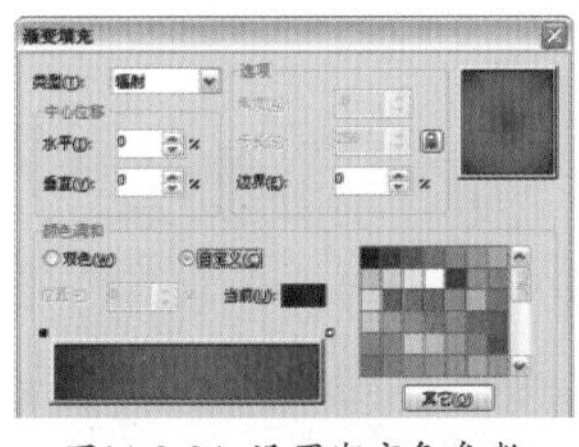

图14-3-34 设置渐变色参数

图14-3-35 填充渐变色

35 选择【矩形工具】，并绘制一个竖式矩形，在属性栏上设置【圆角半径】为 100，【旋转角度】为 135，填充颜色为黑色，取消轮廓色。选择图形，将光标移动到左侧中间黑色方块上，按住【Ctrl】键和鼠标左键不放，向右进行移动进行翻转，如图 14-3-36 所示。在翻转后单击鼠标右键进行复制。

36 框选图形，再次向右进行翻转复制操作，再按【Ctrl+R】快捷键重复上一步操作，复制出一排图形，再选择该排图形，向下进行翻转复制操作，再按【Ctrl+R】快捷键重复上一步操作，制作出底纹图形，如图 14-3-37 所示。

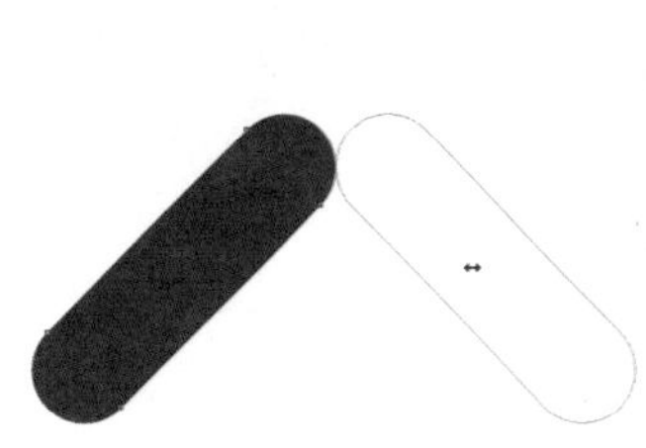

图14-3-36 制作底纹图案　图14-3-37 复制排列底纹图案

37 框选制作的底纹图形，执行【位图】|【转换为位图】命令，打开【转换为位图】对话框，设置【分辨率】为 300dip，勾选【透明背景】复选项，单击【确定】按钮。选择【透明度工具】，设置属性栏上的【透明度类型】为标准，【开始透明度】为 85。将其放置到渐变矩形中，如图 14-3-38 所示。

38 选择【矩形工具】绘制矩形，设置填充颜色为白色，取消轮廓色。单击属性栏上的【导入】按钮，导入素材图片“花纹 .tif”。将素材放置到白色矩形中并调整大小，效果如图 14-3-39 所示。

图14-3-38 放置底纹到图框中并添加不透明度效果

图14-3-39 绘制白色矩形并导入素材

39 选择【阴影工具】，按住图形不放，用鼠标向外拖移形成阴影后，设置属性栏上的【阴影的不透明度】为 50，【阴影羽化】为 15，其他参数保持默认值，如图 14-3-40 所示。

40 选择【文本工具】字并输入文字，如图 14-3-41 所示。

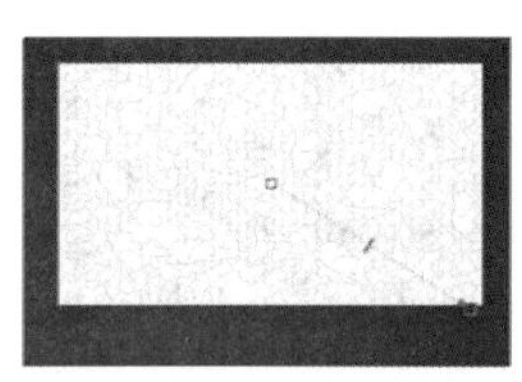

图14-3-40 添加阴影效果

图14-3-41 输入文字

41 按【F11】键，打开【渐变填充】对话框，在【选项】选区中设置【角度】为90%，【边界】为20%，设置【从】的颜色为洋红色（C：0；M：100；Y：0；K：0），【到】的颜色为紫色（C：40；M：100；Y：0；K：0），如图14-3-42所示。单击【确定】按钮。

42 填充渐变色后，在文字下方再次输入文字并设置填充颜色为洋红色（C：0；M：100；Y：0；K：0），如图14-3-43所示。

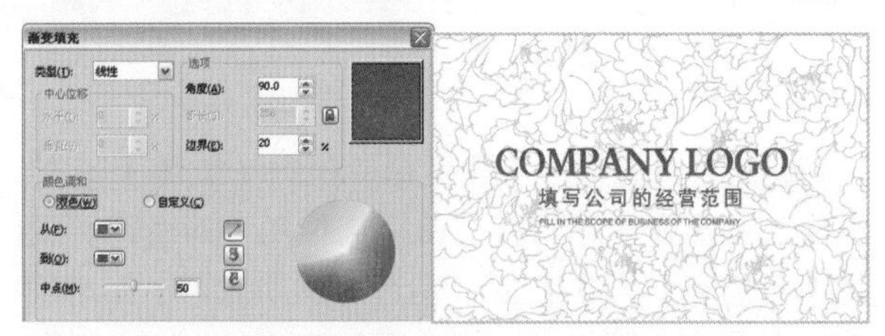

图14-3-42 设置渐变色参数　　图14-3-43 输入文字并填充颜色

43 复制之前制作的时尚矢量树图形，将其放置到制作的名片图形中，调整大小和位置。再次进行复制并水平翻转，放置图形到名片另一端，如图14-3-44所示。

图14-3-44 放置矢量树到图框中进行编辑

44 调整完成后退出图框编辑模式。复制名片到左下方，删除除素材花纹以外的其他图形。调整名片阴影方向，复制上方渐变文字到该图形上并调整大小和位置。再选择【文本工具】字并输入文字，再选择部分文字设置其填充颜色为洋红色（C：0；M：100；Y：0；K：0），如图14-3-45所示。

图14-3-45 输入文字

45 选择之前制作的时尚矢量树图形，将其放置到制作的名片图形中，调整大小和位置。选择【椭圆工具】绘制正圆，设置填充颜色为绿色（C：40；M：0；Y：100；K：0），取消轮廓色，如图14-3-46所示。

图14-3-46 绘制绿色椭圆

46 执行【转换为位图】命令，执行【位图】|【模糊】|【高斯式模糊】命令，打开【高斯式模糊】对话框，设置【半径】为5像素，单击【确定】按钮。将图像放置到时尚矢量树图形图层下方，本案例最终效果如图14-3-47所示。

图14-3-47 最终效果

案例小结

本节主要讲解在绘制复杂图形时，对绘制的图形进行各种编辑，如图形的旋转、形状修改、图形图层顺序的调整等操作。希望读者能够熟练掌握本节所讲解的知识和各种图形工具的绘制功能，只有掌握好这些工具，才能在今后的设计工作中畅通无阻。

本章小结

通过对本章的学习，读者能够了解到UI与VI的区别，掌握制作的构思与设计的理念，并根据各自的特点制作出精美的作品，而对软件中各种绘制工具及渐变填充的使用更加熟练。希望读者能将掌握的知识和操作技巧，灵活运用，举一反三，做出更好的作品。

第15章

装修与小区规划设计

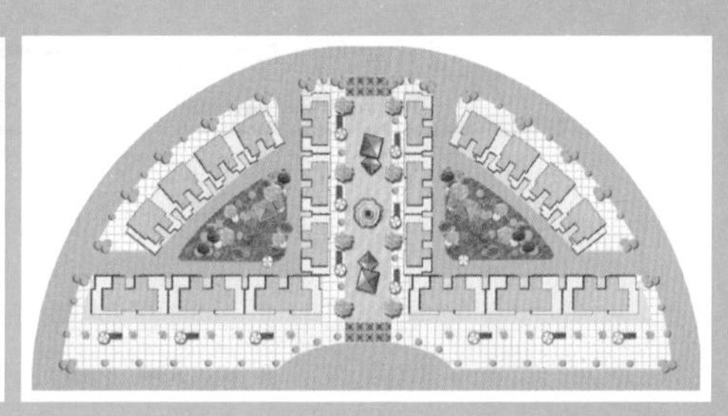

本章将向读者介绍装修与规划的设计制作流程，其中包含室内装修设计的家装平面图绘制和小区平面图的绘制。通过这些案例，可以加深读者对之前学习的知识的了解，还可以将之前学到的各种绘制技巧和工具操作贯通运用。

15.1 家装平面图

本节将绘制家装平面图，在绘制中主要对家具的制作进行详细介绍，使读者对图样、底纹填充等工具的应用有更深入的了解，认识到其功能的强大。

案例过程赏析

本案例的最终效果如图 15-1-1 所示。

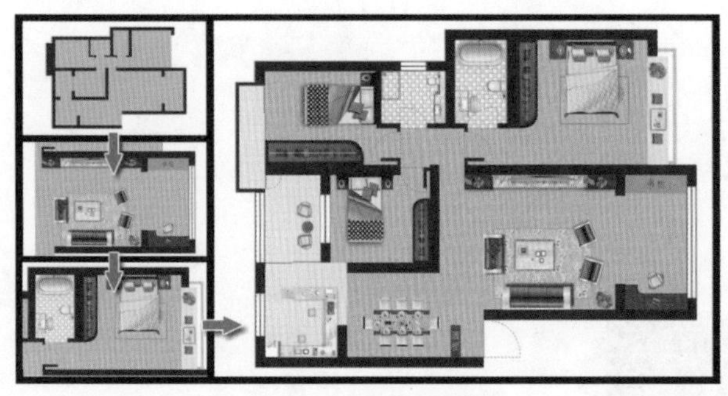

图15-1-1 最终效果图

案例技术思路

在绘制家装平面图时，先需要绘制出墙面与地板，将大体轮廓与房间的规划绘制出来，再将划分出来的房间进行分类，在客厅处制作出沙发、电视等，而在卧室则制作出床、衣柜等图形，当每个房间都制作出相应的家具及装饰后，家装平面图的整体效果也就制作完成了。当然在制作时，家具的样式与色彩的选择也是很重要的。下面我们将详细地讲解本案例的制作流程。

案例制作过程

01 按【Ctrl + N】快捷键打开【创建新文档】对话框，设置【名称】为家装平面图，单击【确定】按钮。选择【矩形工具】绘制出室内墙面，如图 15-1-2 所示。

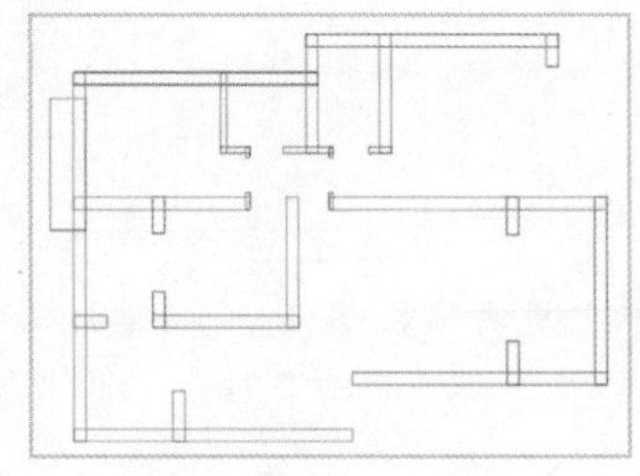

图15-1-2 绘制墙面图形

02 框选绘制的墙面图形，单击属性栏上的【合并】按钮进行合并，填充颜色为黑色。使用同样的方法绘制出地板轮廓图形，单击属性栏上的【导入】按钮，导入素材图片“地板纹理 .tif”。选择【透明度工具】，设置属性栏上的【透明度类型】为标准，【开始透明度】为 20。调整素材大小并放置到地板轮廓图形中，再将地板图形放置到墙面图层下方并取消轮廓色，如图 15-1-3 所示。

03 使用【矩形工具】在墙面上绘制白色矩形，制作出窗户位置示意图，如图 15-1-4 所示。

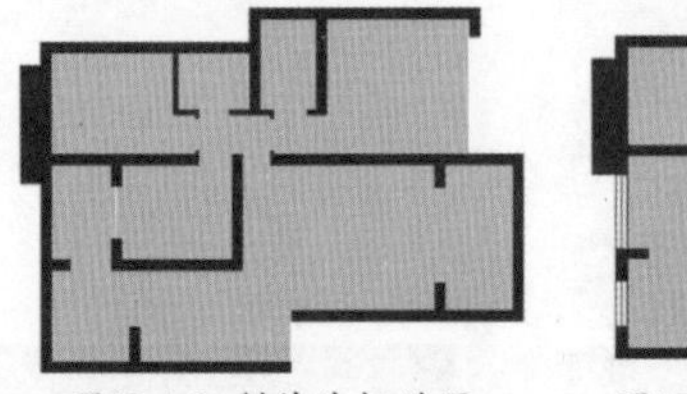

图15-1-3 制作地板效果

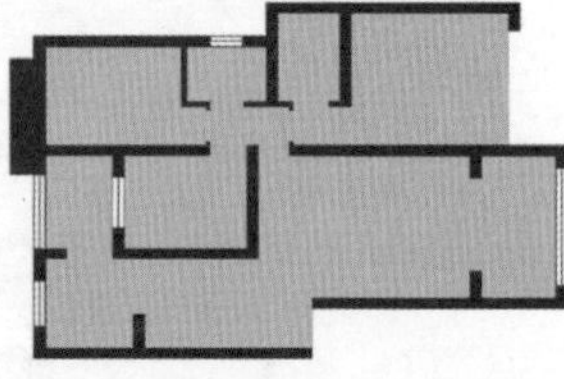

图15-1-4 绘制窗户位置示意图

04 绘制一个矩形，按【F12】键，打开【轮廓笔】对话框，设置【颜色】为褐色（C：0，M：20，Y：40，K：40），【宽度】为：0.5mm，勾选【随对象缩放】单选项，其他参数保持默认，单击【确定】按钮。如图 15-1-5 所示。

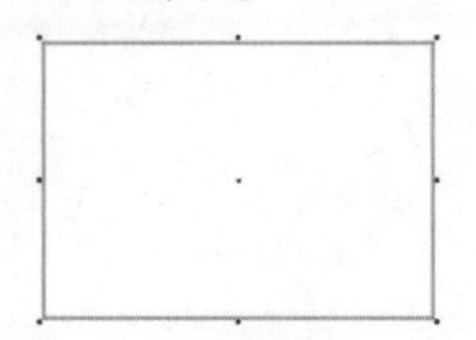

图15-1-5 绘制地毯轮廓

05 选择【图样填充】，打开【图样填充】对话框，选择【全色】单选项，选择图案样式为，设置【宽度】为 15，【高度】为 14，其他参数为默认值，如图 15-1-6 所示。单击【确定】按钮。

06 填充图样样式后，在图样矩形左侧绘制沙发轮廓，如图 15-1-7 所示。

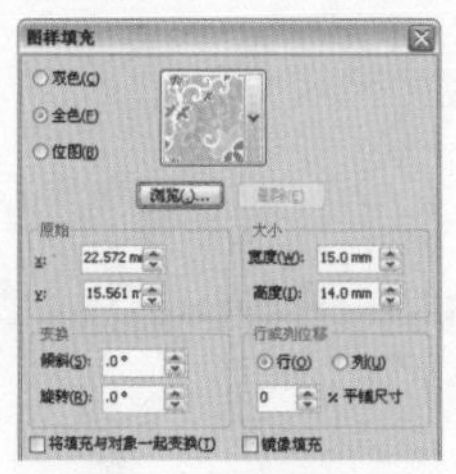

图15-1-6 设置【图样填充】参数

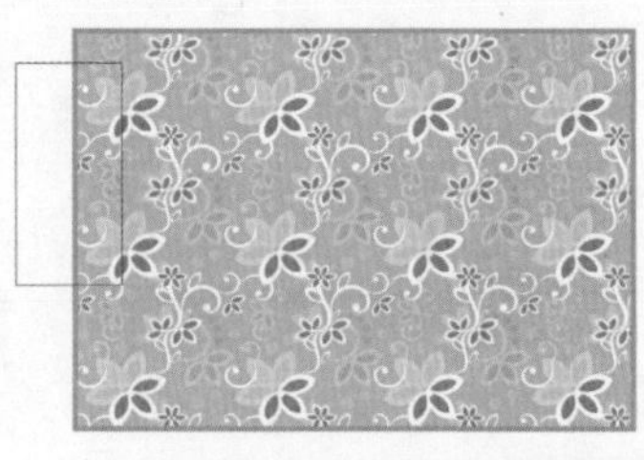

图15-1-7 填充图样并绘制沙发轮廓

07 按【F11】键，打开【渐变填充】对话框，在【选项】区域设置【角度】为 -3,【边界】为 3%，在【颜色调和】选区中选择【自定义】单选项，分别设置如下。

位置：0 颜色（C：0；M：0；Y：0；K：10）；
位置：21 颜色（C：0；M：0；Y：0；K：10）；
位置：37 颜色（C：0；M：0；Y：0；K：30）；
位置：70 颜色（C：0；M：0；Y：0；K：0）；
位置：100 颜色（C：0；M：0；Y：0；K：40）。

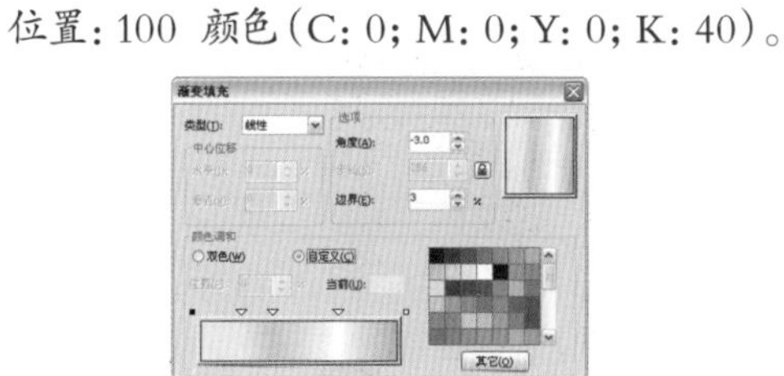
图15-1-8 设置渐变色参数

如图 15-1-8 所示。单击【确定】按钮。

08 取消轮廓色，选择【阴影工具】，按住图形不放，向外拖移形成阴影后，设置属性栏上的【阴影的不透明度】为 85,【阴影羽化】为 12，其他参数保持默认值，如图 15-1-9 所示。

09 在阴影图形上单击右键选择【拆分阴影群组】命令，选择阴影进行调整。调整后在轮廓上绘制坐垫图形，如图 15-1-10 所示。

图15-1-9 添加阴影效果

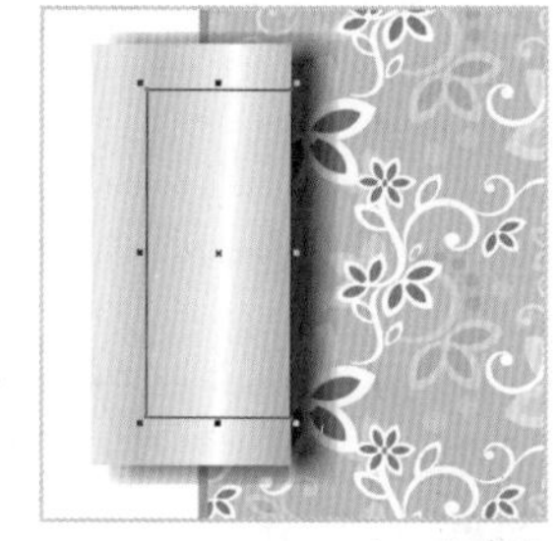
图15-1-10 添加阴影并绘制坐垫轮廓

提示：

有时制作添加的阴影效果并不能达到理想，此时可以将阴影图像进行拆分，将拆分后的阴影进行单独的编辑，以达到需要的效果。

10 按【F11】键，打开【渐变填充】对话框，在【选项】区域设置【边界】为 24%，在【颜色调和】选区中选择【自定义】单选项，分别设置如下。

位置：0 颜色（C：68；M：92；Y：91；K：35）；
位置：76 颜色（C：21；M：61；Y：47；K：1）；
位置：100 颜色（C：62；M：92；Y：90；K：21）。

如图 15-1-11 所示。单击【确定】按钮。

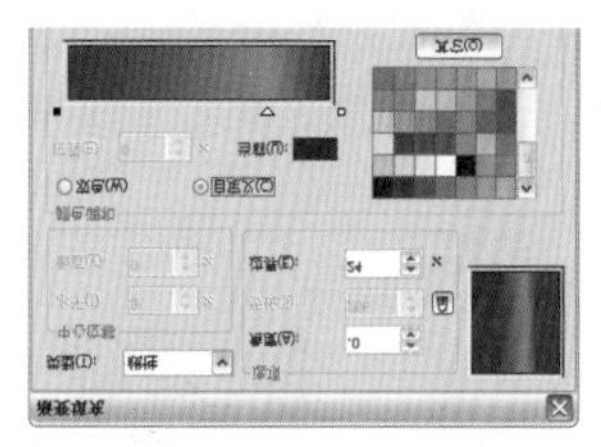
图15-1-11 设置渐变色参数

11 填充渐变色后，绘制沙发靠垫图形，如图 15-1-12 所示。

12 按【F11】键，打开【渐变填充】对话框，在【颜色调和】选区中选择【自定义】单选项，分别设置如下。

位置：0 颜色（C：47；M：97；Y：80；K：6）；
位置：27 颜色（C：47；M：97；Y：80；K：6）；
位置：53 颜色（C：9；M：48；Y：29；K：0）；
位置：64 颜色（C：43；M：98；Y：94；K：5）；
位置：100 颜色（C：69；M：92；Y：90；K：36）。

如图 15-1-13 所示。单击【确定】按钮。

图15-1-12 绘制靠垫轮廓

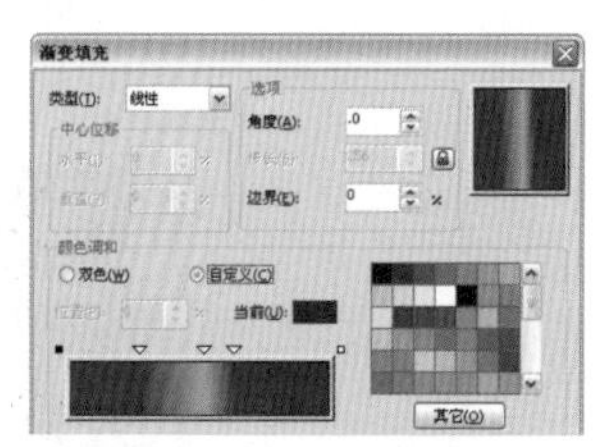
图15-1-13 设置渐变色参数

13 填充渐变色后，选择【阴影工具】，按住图形不放，向外拖移形成阴影后，设置属性栏上【阴影的不透明度】为 80,【阴影羽化】为 10。在阴影图形上单击鼠标右键并选择【拆分阴影群组】命令，选择阴影进行调整，效果如图 15-1-14 所示。

14 使用【贝塞尔工具】绘制靠垫图形，如图 15-1-15 所示。

15 按【F11】键，打开【渐变填充】对话框，设置【类型】为正方形，在【选项】区域设置【角度】为 181，在【颜色调和】选区中选择【自定义】单选项，分别设置如下。

位置：0　颜色（C：65；M：94；Y：93；K：29）；
位置：26　颜色（C：43；M：81；Y：74；K：2）；
位置：62　颜色（C：44；M：99；Y：96；K：5）；
位置：84　颜色（C：65；M：94；Y：93；K：29）；
位置：100　颜色（C：32；M：90；Y：80；K：1）。
如图 15-1-16 所示。单击【确定】按钮。

图15-1-14 添加阴影效果

图15-1-15 绘制靠垫轮廓

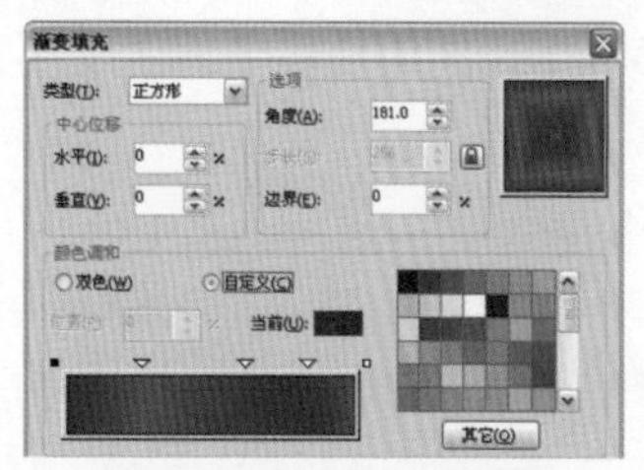
图15-1-16 设置渐变色参数

16 填充渐变色后，为绘制的靠垫添加阴影效果。将制作的靠垫图形进行群组，向下移动并复制图像并进行旋转和调整位置，如图 15-1-17 所示。

图15-1-17 复制编辑图形

17 在靠垫下方绘制靠枕图形，如图 15-1-18 所示。

18 按【F11】键，打开【渐变填充】对话框，在【选项】区域设置【角度】为 -90，在【颜色调和】选区中选择【自定义】单选项，分别设置如下。
位置：0　颜色（C：65；M：94；Y：93；K：29）；
位置：47　颜色（C：16；M：73；Y：56；K：0）；
位置：62　颜色（C：44；M：99；Y：96；K：5）；
位置：100　颜色（C：65；M：94；Y：93；K：29）。
如图 15-1-19 所示。单击【确定】按钮。

图15-1-18 绘制靠枕轮廓

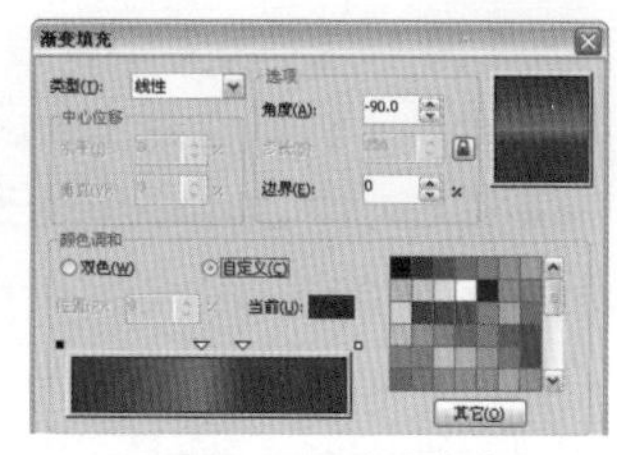
图15-1-19 设置渐变色参数

19 填充渐变色后，为绘制的小靠枕添加阴影效果，如图 15-1-20 所示。

图15-1-20 添加阴影效果

20 使用同样的方法绘制其他样式的沙发。在地毯中间绘制矩形，如图 15-1-21 所示。

21 选择【底纹填充】，打开【底纹填充】对话框，设置【底纹库】为样本 6，【底纹列表】为瀑布，【底纹 #】为 29，【亮度 ±%】为 16，【背景】颜色为浅紫色（R：161；G：153；B：191），【前景】颜色为白色。单击【平铺】按钮，打开【平铺】对话框，设置【宽度】为 14，【高度】为 17，【倾斜】为 -15°，【旋转】为 -73°，其他参数保持默认值，如图 15-1-22 所示。单击【确定】按钮。

图15-1-21 绘制茶几轮廓

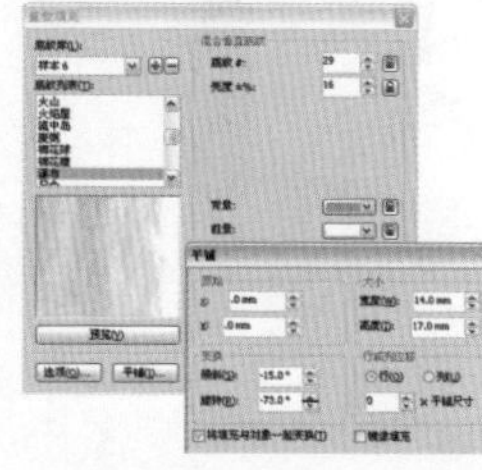
图15-1-22 设置【底纹填充】参数

22 填充底纹样式后，按【F12】键，打开【轮廓笔】对话框，设置【颜色】为灰黑色（C：0；M：0；Y：0；K：80），【宽度】为 0.2mm，其他参数保持默认，单击【确定】按钮。为茶几添加阴影效果，并使用【矩形工具】和【椭圆工具】绘制茶杯、茶垫及装饰效果图，如图 15-1-23 所示。

23 选择【椭圆工具】绘制正圆，填充颜色为浅绿色（C：40；M：0；Y：40；K：0），按【F12】

键,打开【轮廓笔】对话框,设置【宽度】为 0.2mm,勾选【随对象缩放】复选项，其他参数保持默认，单击【确定】按钮。等比例缩小复制图形并修改颜色为黑色，轮廓色为白色，轮廓宽度为 0.3mm，为花瓶添加阴影效果，如图 15-2-24 所示。

24 选择【椭圆工具】绘制椭圆，填充颜色为绿色（C：40；M：0；Y：100；K：0），取消轮廓色。调整图形的中心点进行旋转复制，如图 15-2-25 所示。

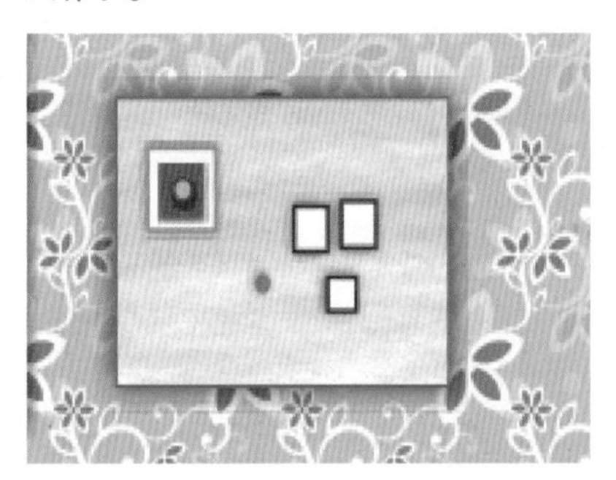

图15-2-23 绘制茶几装饰

图15-2-24 绘制花瓶

图15-2-25 绘制树叶图形

提示：

在对图形进行旋转时，图形将以中心点的位置进行旋转。

25 框选绘制的树叶图形并进行群组，将图形进行等比例缩放并旋转复制图形，为最上层图形添加阴影效果，制作后将图形进行群组，如图 15-1-26 所示。

26 复制多个图形修改颜色并调整大小、位置和颜色，制作出盆栽图形，如图 15-1-27 所示。

27 单击属性栏上的【导入】按钮，导入素材图片“电视柜 .tif”。调整素材大小和位置，将之前制作的盆栽图形放置到电视柜上，如图 15-1-28 所示。

图15-1-26 添加阴影

图15-1-27 制作室内盆栽

图15-1-28 制作电视墙

28 选择【贝塞尔工具】在客厅右侧绘制电脑桌图形轮廓，如图 15-1-29 所示。

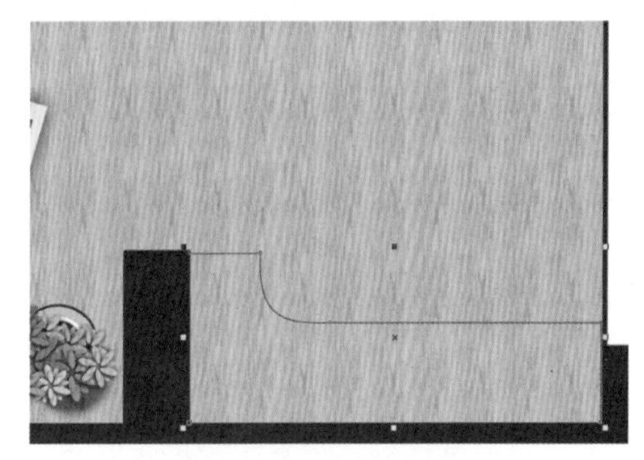

图15-1-29 绘制电脑桌轮廓

29 选择【底纹填充】，打开【底纹填充】对话框，设置【底纹库】为样本 7,【底纹列表】为丝绒般的午夜,【底纹 #】为 8,【密度 %】为 100,【背景】颜色为深褐色（R：64；G：41；B：23),【前景】颜色为褐色（R：138；G：97；B：61）。单击【平铺】按钮，打开【平铺】对话框，设置【宽度】为 6,【高度】为 15,【旋转】为 90°，其他参数保持默认值，如图 15-1-30 所示。单击【确定】按钮。

30 填充底纹样式后，取消轮廓色。将图形向右上移动并单击右键进行复制，将复制的图形放置到木纹电脑桌图层下方，填充颜色为白色，如图 15-1-31 所示。

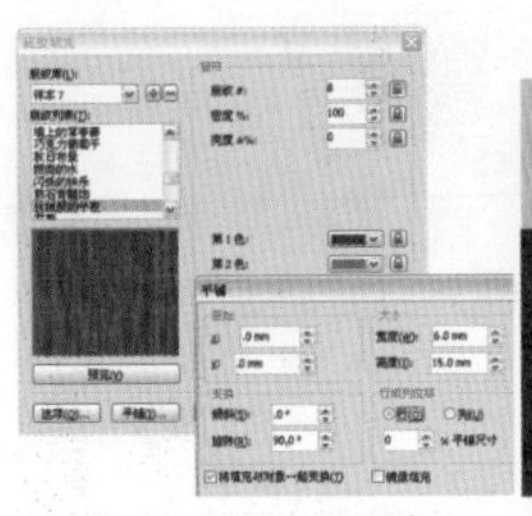
图15-1-30 设置【底纹填充】参数

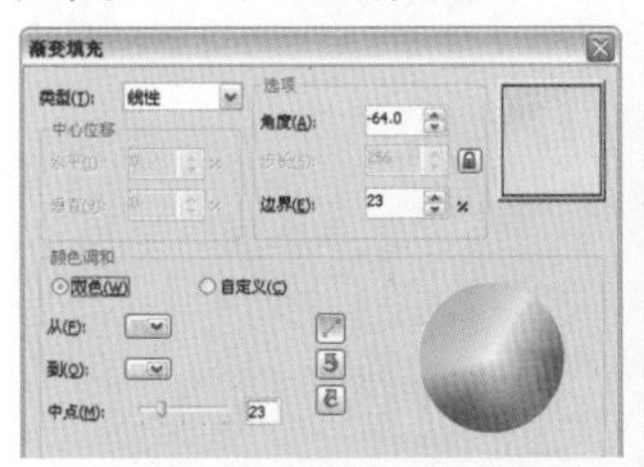
图15-1-31 复制编辑图形

31 按【F11】键，打开【渐变填充】对话框，在【颜色调和】选项中选择【自定义】单选项，分别设置如下。

位置：0　颜色（C：75；M：80；Y：100；K：65）；
位置：22　颜色（C：65；M：73；Y：100；K：44）；
位置：36　颜色（C：52；M：76；Y：100；K：21）；
位置：51　颜色（C：75；M：80；Y：100；K：65）；
位置：77　颜色（C：52；M：76；Y：100；K：21）；
位置：100　颜色（C：75；M：80；Y：100；K：65）。
如图 15-1-32 所示。单击【确定】按钮。

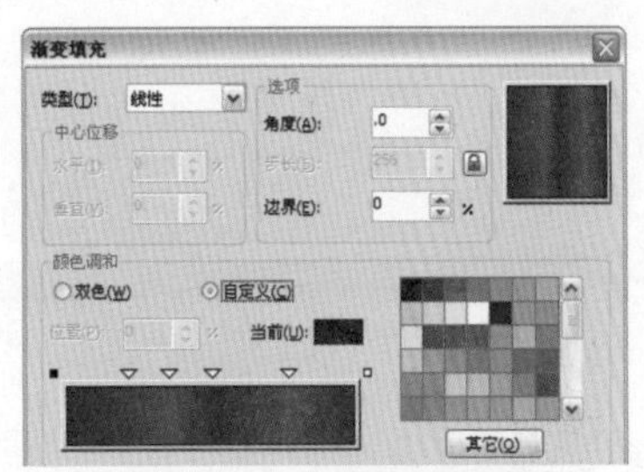
图15-1-32 设置渐变色参数

32 填充渐变色后，选择【矩形工具】在木纹电脑桌上绘制矩形，分别填充颜色为黑灰色（C：0；M：0；Y：0；K：50）、黑色和深蓝色（C：88；M：77；Y：56；K：25），取消轮廓色并添加阴影效果，如图 15-1-33 所示。

33 选择【贝塞尔工具】绘制椅子图形轮廓，如图 15-1-34 所示。

图15-1-33 绘制电脑图形

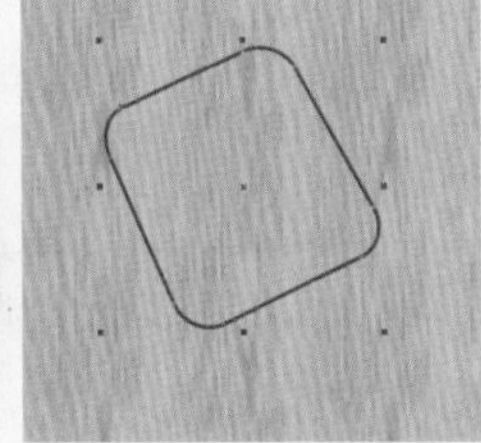
图15-1-34 绘制椅子轮廓

34 按【F11】键，打开【渐变填充】对话框，在【选项】区域设置【角度】为 -64，【边界】为 23%，设置【从】的颜色为浅灰色（C：13；M：16；Y：24；K：0），【到】的颜色为浅黄色（C：4；M：8；Y：19；K：0），【中点】为 23，如图 15-1-35 所示。单击【确定】按钮。

35 选择【贝塞尔工具】绘制椅子靠背轮廓，如图 15-1-36 所示。

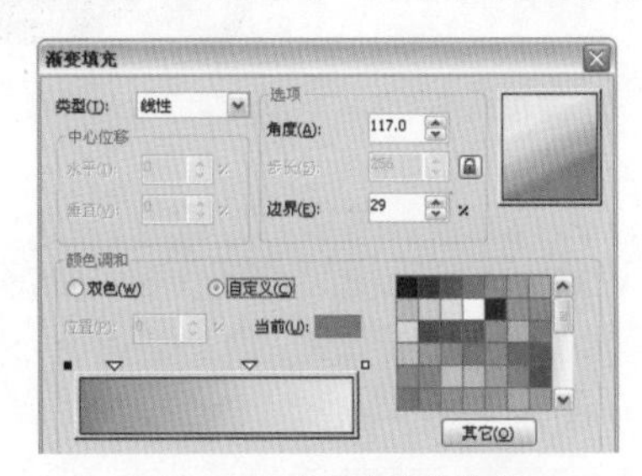
图15-1-35 设置渐变色参数

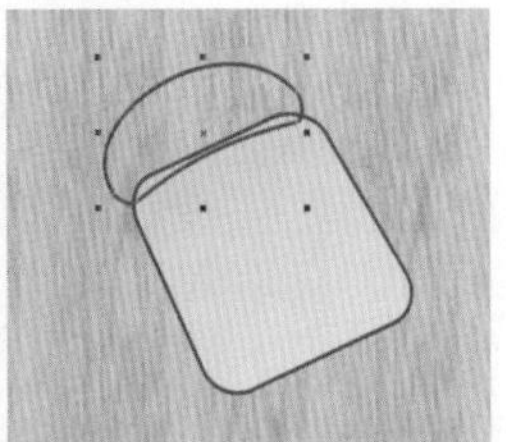
图15-1-36 绘制椅子靠背轮廓

36 按【F11】键，打开【渐变填充】对话框，在【选项】区域设置【角度】为 117，【边界】为 29%，在【颜色调和】选区中选择【自定义】单选项，分别设置如下。

位置：0　颜色（C：45；M：57；Y：88；K：3）；
位置：13　颜色（C：29；M：38；Y：65；K：2）；
位置：62　颜色（C：6；M：11；Y：30；K：0）；
位置：100　颜色（C：3；M：4；Y：10；K：0）。
如图 15-1-37 所示。单击【确定】按钮。

图15-1-37 设置渐变色参数

37 填充渐变色后，选择【阴影工具】，按住图形不放，向外拖移形成阴影，效果如图 15-1-38 所示。

38 继续在椅子两侧绘制扶手，填充颜色为浅黄色（C：3；M：7；Y：22；K：0），并分别为扶手添加阴影效果，如图 15-1-39 所示。

39 选择【矩形工具】绘制正方形，填充颜色为黑色，将右下角进行切除。选择【阴影工具】，按住图形不放，向外拖移形成阴影，如图 15-1-40 所示。

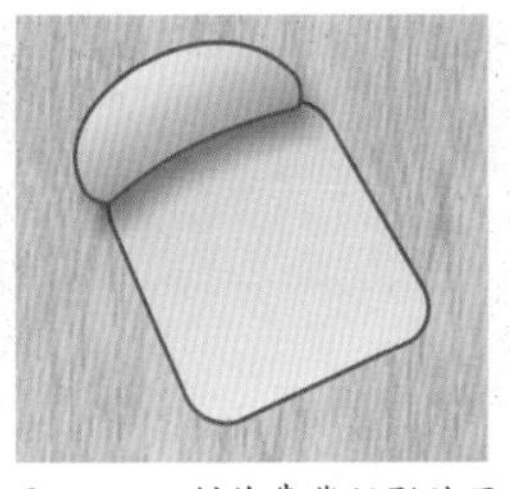

图15-1-38 制作靠背阴影效果

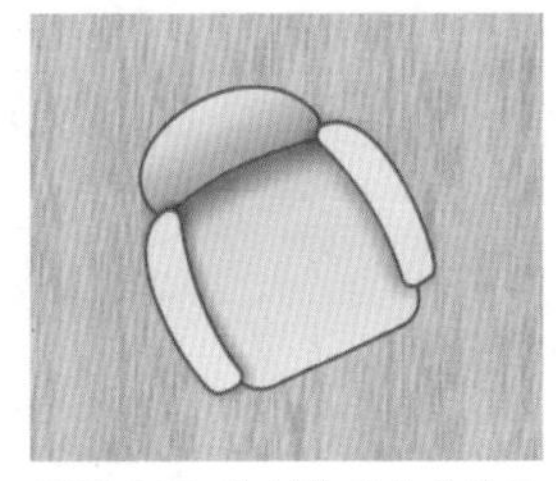

图15-1-39 绘制椅子扶手图形

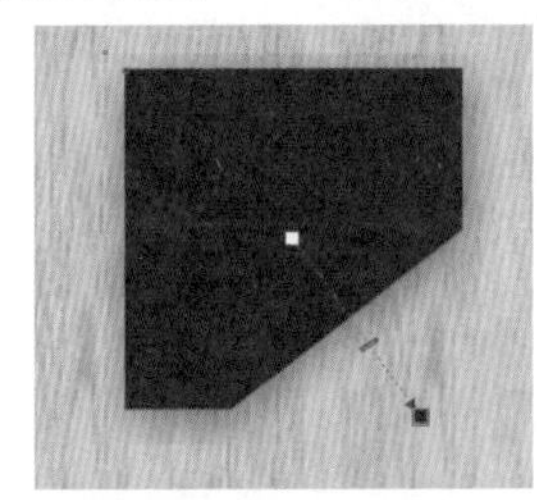

图15-1-40 添加阴影效果

40 在阴影图形上单击右键并选择【拆分阴影群组】命令，将制作的阴影图形放置到椅子图层下方，制作出阴影效果，删除黑色图形，图像效果如图 15-1-41 所示。

41 在电脑桌上方绘制矩形，填充颜色为沙黄色（C：18；M：48；Y：76；K：0），取消轮廓色。使用【文本工具】字输入文字，如图 15-1-42 所示。

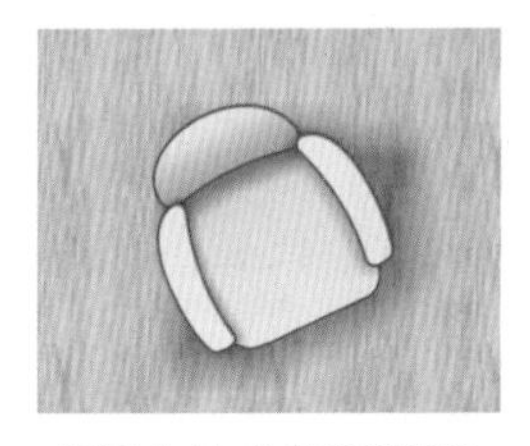

图15-1-41 编辑阴影图形

图15-1-42 绘制书柜

42 在书柜上方卧室阳台处使用【矩形工具】绘制图形，分别填充颜色为深灰色（C：0；M：0；Y：0；K：30）和灰色（C：0；M：0；Y：0；K：10），取消轮廓色，如图 15-1-43 所示。

图15-1-43 绘制生活阳台

43 在灰色图形上使用【贝塞尔工具】绘制坐垫轮廓，填充颜色为咖啡色（C：72；M：69；Y：83；K：33），取消轮廓色，如图 15-1-44 所示。

44 将图形向右上进行微移，在移动的同时单击鼠标右键进行复制，选择【底纹填充】，打开【底纹填充】对话框，设置【底纹库】为样本 6，【底纹列表】为折皱，【底纹 #】为 13，【软度 %】为 16，【背景】颜色为咖啡色（R：110；G：82；B：56），【前景】颜色为浅咖色（R：186；G：171；B：145）。单击【平铺】按钮，打开【平铺】对话框，设置【宽度】为 5，【高度】为 5，【旋转】为 -16°，其他参数保持默认值，如图 15-1-45 所示。单击【确定】按钮。

图15-1-44 绘制坐垫

图15-1-45 设置【底纹填充】参数

提示：

底纹填充实际上也是位图的填充，会形成比较大的文件。所以通常不宜在一个文件中过多地使用材质填充。

45 填充底纹样式后，为该底纹样式图形添加阴影效果，如图 15-1-46 所示。

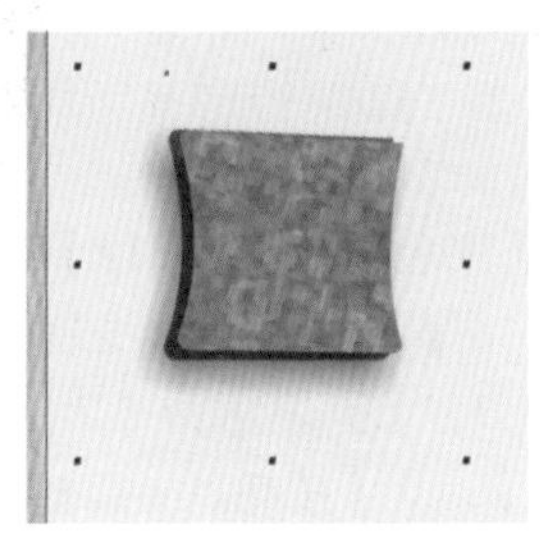

图15-1-46 添加阴影效果

46 框选制作的坐垫图形并进行群组，向下移动并单击右键进行复制。将之前制作的客厅茶几进行复制，调整其大小并旋转角度，并放置到坐垫中间，如图 15-1-47 所示。

47 单击属性栏上的【导入】按钮，分别导入素材图片“双人床.tif”和“衣柜.tif”。分别调整素材大小和位置，如图15-1-48所示。

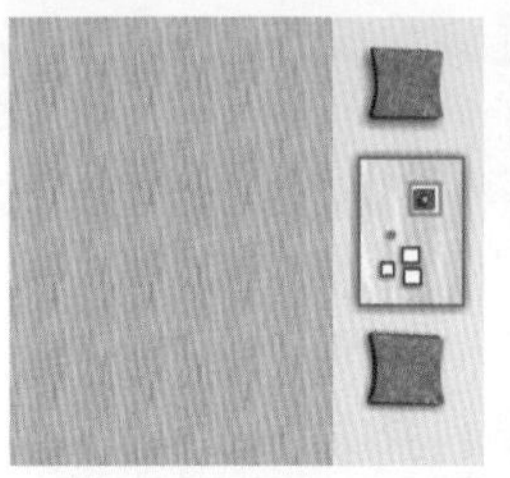
图15-1-47 复制茶几进行编辑

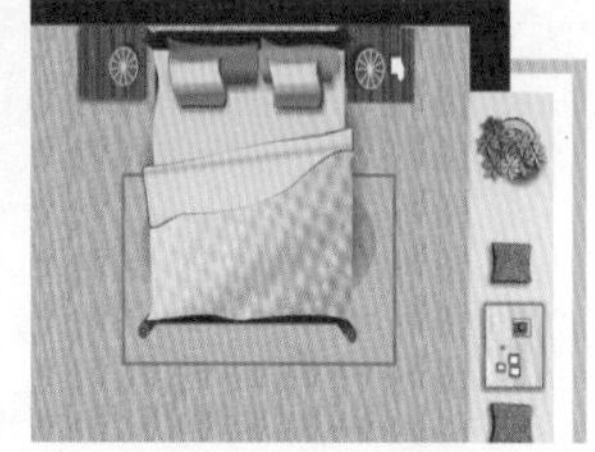
图15-1-48 导入素材

48 选择【矩形工具】绘制蓝白交叉正方形，蓝色颜色为（C：25；M：0；Y：0；K：0），框选绘制的所有正方形，按【F12】键，打开【轮廓笔】对话框，设置【颜色】为灰色（C：0；M：0；Y：0；K：40），其他参数保持默认，单击【确定】按钮。群组对象并将图形放置到卧室左侧墙面图层下方，如图15-1-49所示。

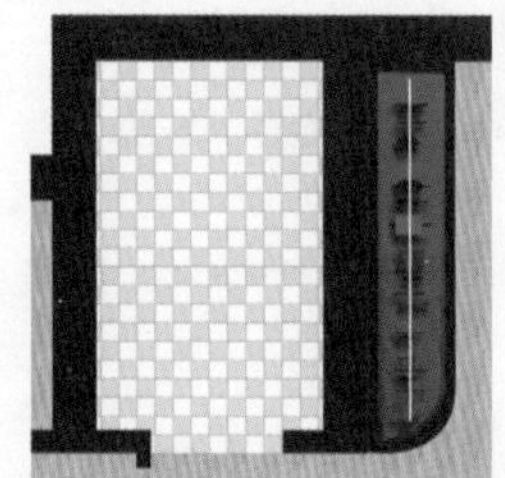
图15-1-49 制作地砖纹理

49 在洗手间上方绘制矩形，在属性栏上设置【圆角半径】为100，效果如图15-1-50所示。

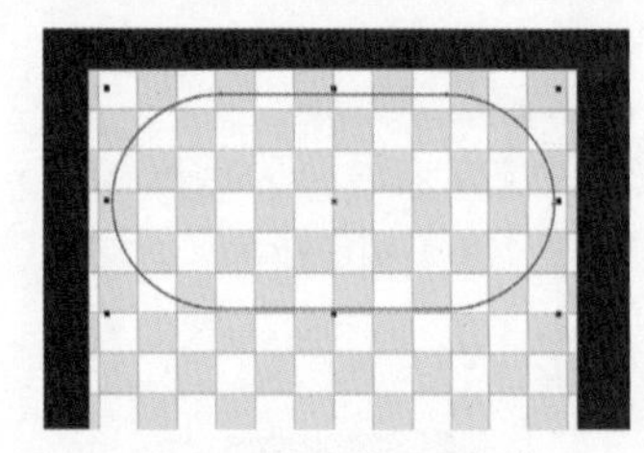
图15-1-50 绘制浴缸轮廓

51 填充渐变色后，按【F12】键，打开【轮廓笔】对话框，设置【颜色】为浅灰色（C：13；M：11；Y：4；K：0），【宽度】为0.2mm，其他参数保持默认，单击【确定】按钮。为图形添加阴影效果，如图15-1-52所示。

50 按【F11】键，打开【渐变填充】对话框，在【选项】区域设置【角度】为-90，设置【从】的颜色为灰色（C：66；M：52；Y：44；K：4），【到】的颜色为白色，如图15-1-51所示。单击【确定】按钮。

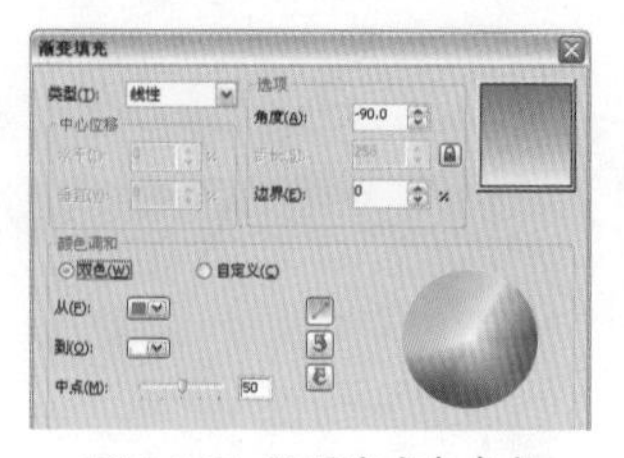
图15-1-51 设置渐变色参数

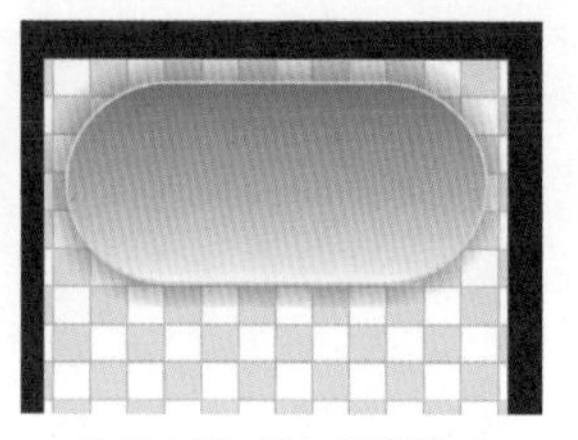
图15-1-52 添加阴影效果

52 等比例缩小复制图形，使用【椭圆工具】和【矩形工具】绘制水龙头图形，填充颜色为灰蓝色（C：29；M：18；Y：5；K：0），取消轮廓色并添加阴影效果，如图15-1-53所示。

提示：

在对图像进行修剪、相交等操作后会生成新的图像，所以需要将多余的图像进行删除。

53 选择【矩形工具】绘制矩形，在属性栏上单击【同时编辑所有角】按钮，设置左上和左下【圆角半径】为100，图形效果如图15-1-54所示。

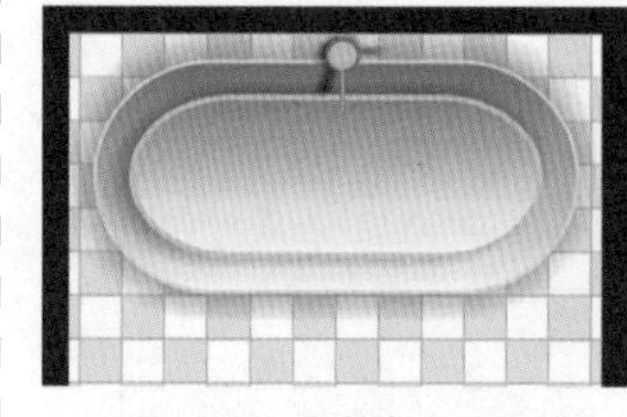
图15-1-53 绘制水龙头图形

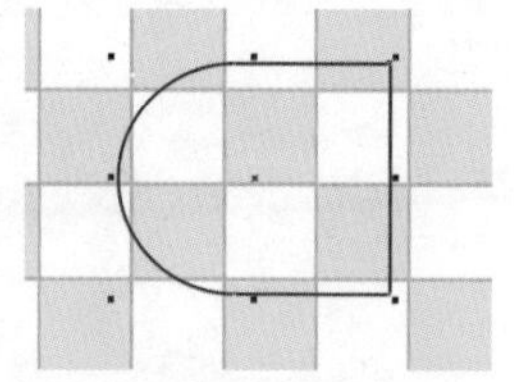
图15-1-54 绘制马桶盖轮廓

54 按【F11】键，打开【渐变填充】对话框，设置【类型】为辐射，在【中心位移】处设置【水平】为-12%，【垂直】为-1%，设置【从】颜色为灰色（C：24；M：13；Y：41；K：0），【到】的颜色为白色，【中点】为20，如图15-1-55所示。单击【确定】按钮。

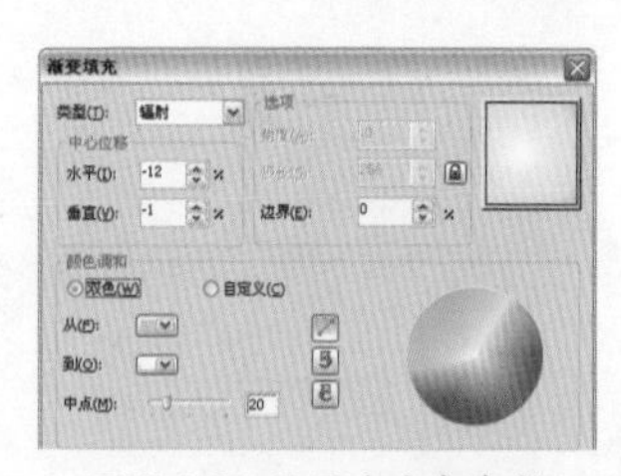
图15-1-55 设置渐变色参数

55 填充渐变色后，按【F12】键，打开【轮廓笔】对话框，设置【颜色】为灰色（C：0；M：0；Y：0；K：70），【宽度】为0.1mm，其他参数保持默认，单击【确定】按钮，效果如图 15-1-56 所示。

56 在图形右侧绘制矩形，选择半圆角矩形，按住右键不放移动到绘制的矩形上松开右键，选择【复制所有属性】命令，复制颜色及轮廓色。按【F11】键，打开【渐变填充】对话框，在【中心位移】区域设置【水平】为 0%，【垂直】为 0%，单击【确定】按钮。框选图形并添加阴影效果，如图 15-1-57 所示。

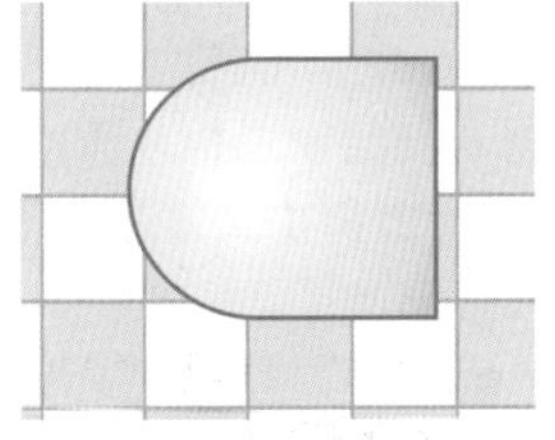
图15-1-56 填充渐变色和轮廓色

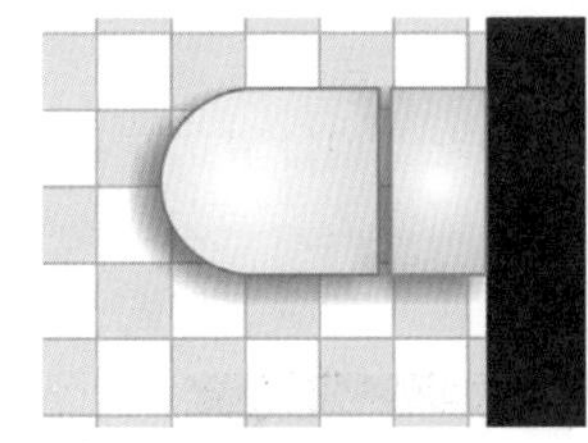
图15-1-57 添加阴影

57 选择【矩形工具】在绘制的马桶图形下方绘制矩形，分别填充颜色为灰色（C：13；M：11；Y：4；K：0）和褐色（C：63；M：85；Y：90；K：21），并分别为图形添加阴影效果，如图 15-1-58 所示。

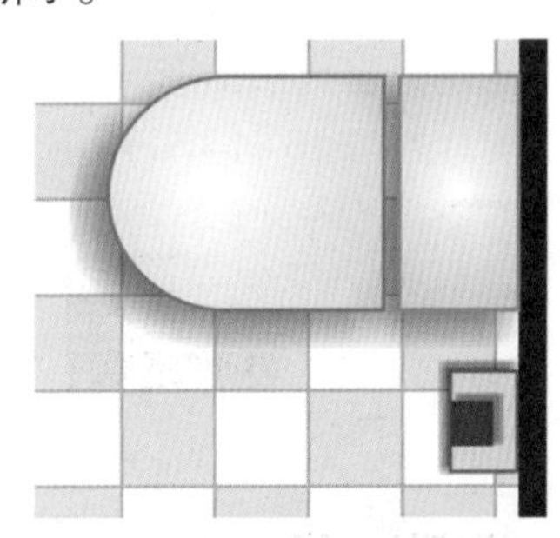
图15-1-58 绘制抽纸图形

58 在卫生间左侧绘制矩形，使用制作茶几的方法制作洗漱台，在洗漱台上绘制矩形，填充颜色为白色，按【F12】键，打开【轮廓笔】对话框，设置【颜色】为灰色（C：0；M：0；Y：0；K：70），【宽度】为 0.1mm，其他参数保持默认，单击【确定】按钮。为图形添加阴影效果，如图 15-1-59 所示。

59 等比例缩小图形并单击右键进行复制，按【F11】键，打开【渐变填充】对话框，在【颜色调和】选区中选择【自定义】单选项，分别设置如下。

位置：0　颜色（C：20；M：0；Y：0；K：60）；

位置：16　颜色（C：2；M：1；Y：0；K：2）；

位置：100　颜色（C：0；M：0；Y：0；K：0）。

如图 15-1-60 所示。单击【确定】按钮。

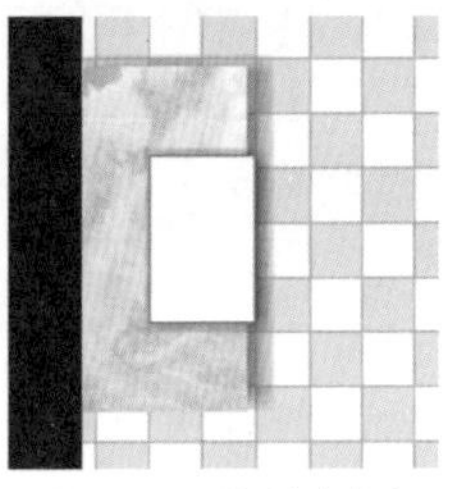
图15-1-59 绘制洗漱台

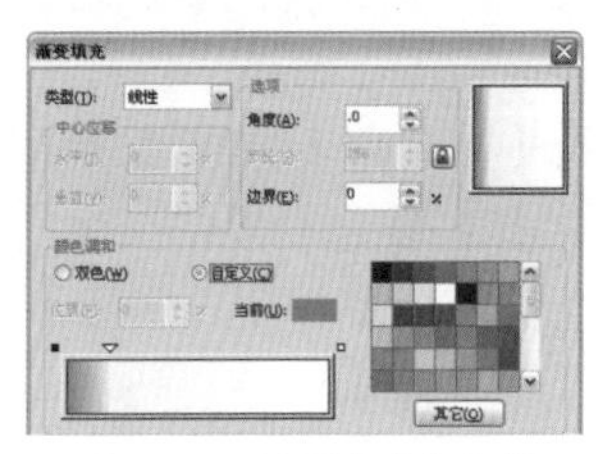
图15-1-60 设置渐变色参数

60 填充渐变色后，按【F12】键，打开【轮廓笔】对话框，设置【颜色】为灰蓝色（C：70；M：56；Y：37；K：2），其他参数保持默认，单击【确定】按钮。选择【透明度工具】，按住鼠标左键不放并由左往右拖移，形成透明渐变效果，如图 15-1-61 所示。

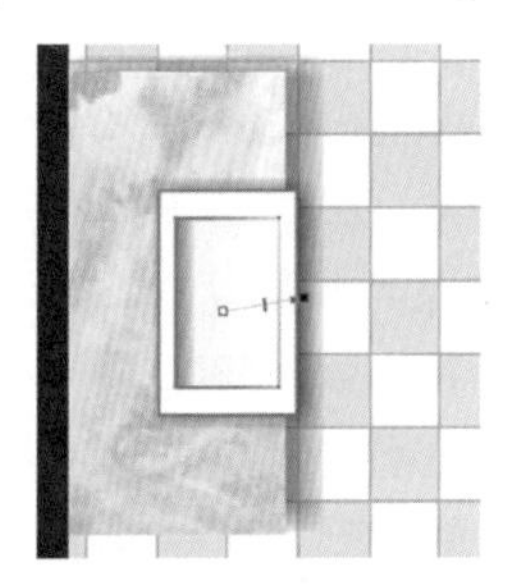
图15-1-61 添加透明渐变效果

61 选择【矩形工具】绘制水龙头图形，填充颜色为浅蓝色（C：20；M：20；Y：0；K：0），取消轮廓色并添加阴影效果。在洗漱台右侧绘制矩形，如图 15-1-62 所示。

62 选择【图样填充】，打开【图样填充】对话框，选择【双色】单选项，选择图案样式为 ╋，设置【前部】颜色为沙黄色（C：20；M：32；Y：53；K：0），【后部】颜色为浅黄色（C：4；M：5；Y：15；K：0），【宽度】为 2.54，【高度】为 2.54，【旋转】为 -17°，其他参数为默认值，如图 15-1-63 所示。单击【确定】按钮。

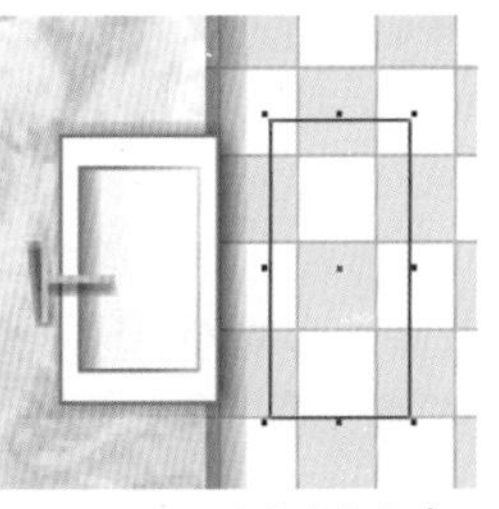
图15-1-62 绘制地垫轮廓

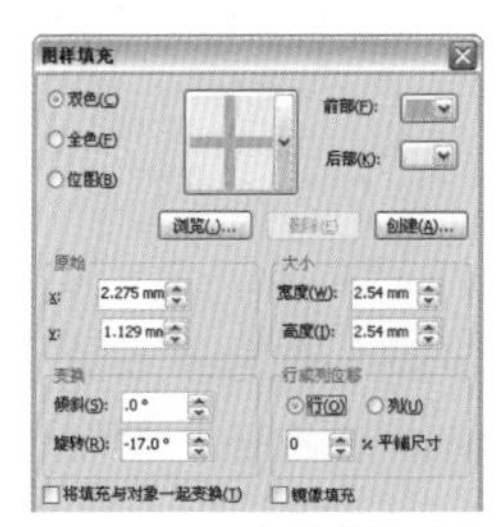
图15-1-63 设置【图样填充】参数

63 填充图样样式后，取消轮廓色并添加阴影效果。在图形上方绘制白色正圆，执行【位图】|【转换为位图】命令，打开【转换为位图】对话框，设置【分辨率】为300dip，勾选【透明背景】复选项，单击【确定】按钮。执行【位图】|【模糊】|【高斯式模糊】命令，打开【高斯式模糊】对话框，设置【半径】为20像素，单击【确定】按钮。效果如图15-1-64所示。

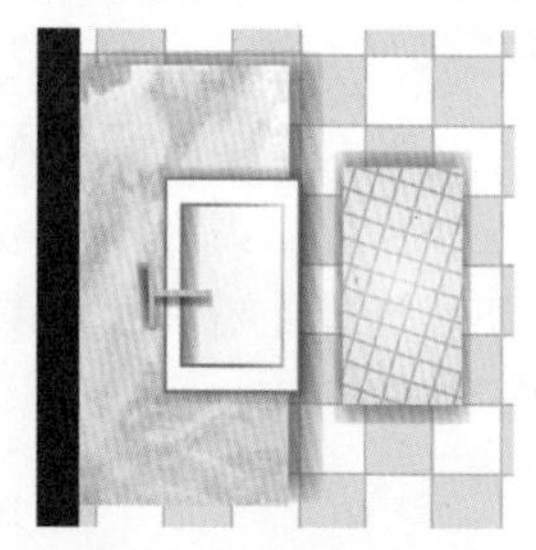

图15-1-64 制作地垫纹理

64 使用同样的制作方法制作卫生间左侧客房卫生间的效果图形。单击属性栏上的【导入】按钮，导入素材图片“单人床.tif”。编辑调整并复制素材，将素材分别放置到两间客房中，在主卧中复制出两个衣柜，分别放置到两间客房中进行编辑调整，调整后的效果如图15-1-65所示。

65 选择【矩形工具】沿客房阳台、露天阳台及厨房墙面绘制矩形并进行合并，将合并的图形放置到墙面图层下方。单击属性栏上的【导入】按钮，导入素材图片“地砖.tif”。调整素材大小并放置到图形框中，并绘制灰色矩形做出推拉门示意效果，如图15-1-66所示。

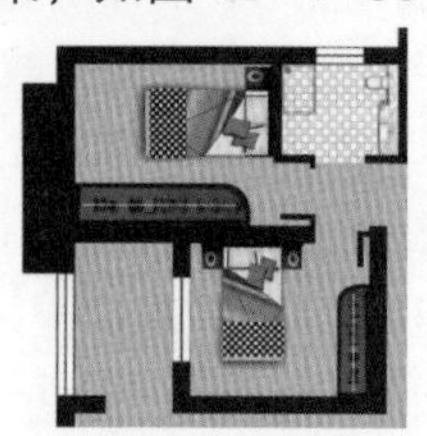

图15-1-65 导入素材

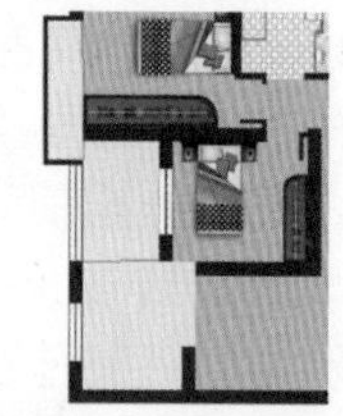

图15-1-66 制作地砖纹理

66 在露天阳台上绘制正圆，填充颜色为褐色（C：51；M：81；Y：96；K：9），按【F12】键，打开【轮廓笔】对话框，设置【颜色】为深褐色（C：63；M：90；Y：89；K：21），【宽度】为0.2mm，勾选【随对象缩放】复选项，其他参数保持默认，单击【确定】按钮。选择【透明度工具】，按住左键不放并由右往左拖移，形成透明渐变效果，如图15-1-67所示。

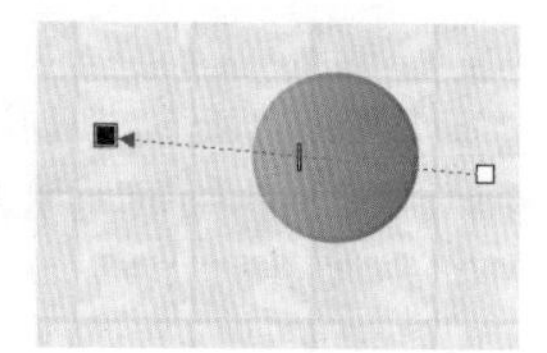

图15-1-67 制作圆桌图形

67 将之前制作的椅子图形复制两个并放置到露天阳台上，如图15-1-68所示。

68 单击属性栏上的【导入】按钮，分别导入素材图片“厨具.tif”和“餐桌.tif”。调整导入的素材大小和位置，在餐桌素材右侧绘制酒柜，酒柜木纹制作的方法与电脑桌一样，选择【文本工具】字并输入文字，如图15-1-69所示。

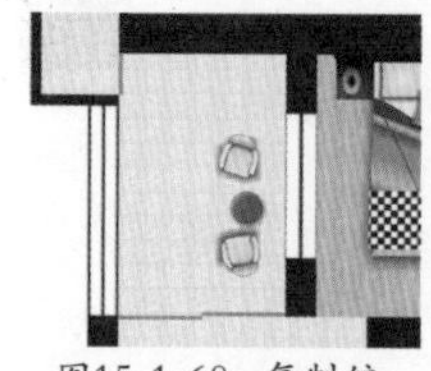

图15-1-68 复制编辑图形

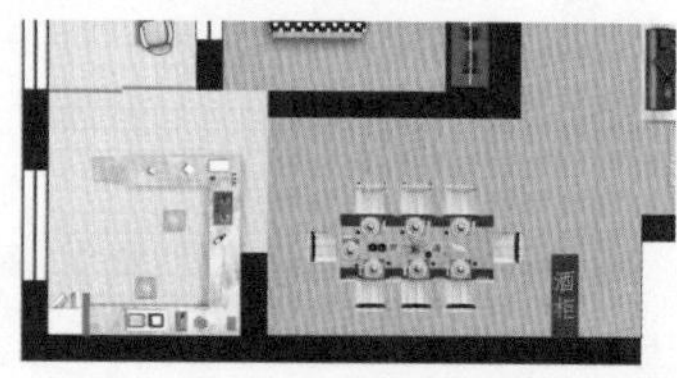

图15-1-69 导入素材并绘制酒柜

69 选择【椭圆工具】绘制正圆，单击属性栏上的【饼圆】按钮，选择【形状工具】，调整饼圆图形节点制作出扇形图形，调整图像大小并放置到酒柜右侧，如图15-1-70所示。

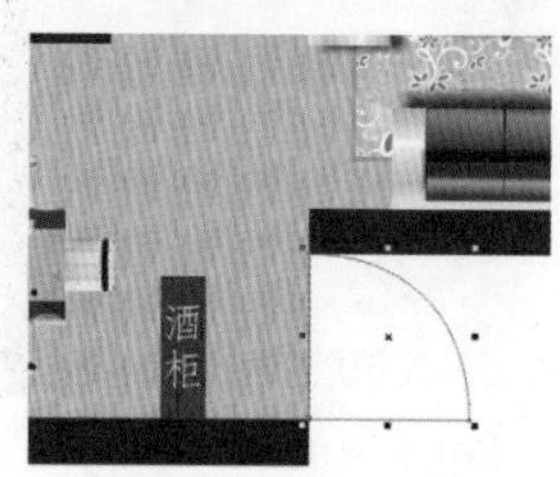

图15-1-70 绘制扇形线条

70 按【F12】键，打开【轮廓笔】对话框，设置【宽度】为2mm，【样式】为，其他参数保持默认，如图15-1-71所示。单击【确定】按钮。

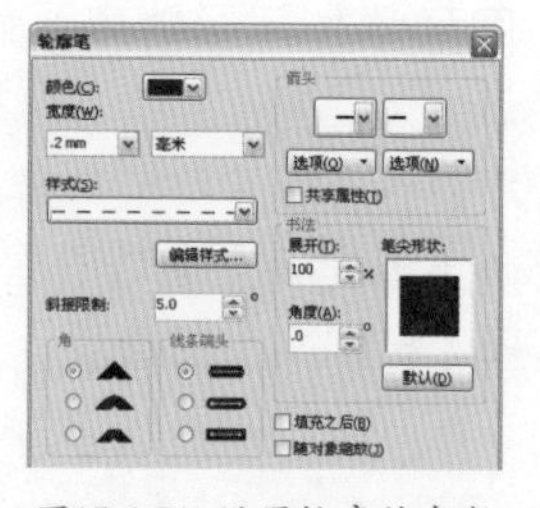

图15-1-71 设置轮廓笔参数

71 设置轮廓笔参数后，复制虚线到平面图中需要安装门的位置，标示出门的开关方向。本案例最终效果如图 15–1–72 所示。

图15-1-72 最终效果

案例小结

通过学习本案例，读者可以了解到家装平面图的绘制顺序，并掌握如何精细地绘制一件物品。希望读者能够在绘制图像时考虑到物品的各项细节，如阴影的方向、物品的层次感和反光等，只有掌握好这些问题的表现，才能制作出好的设计作品。

15.2 小区平面图

本节将绘制小区平面图的设计效果，希望读者通过本案例，可以将之前所学习到的知识进行综合运用，并对所学的操作技巧进行巩固，为今后的设计道路打下坚实的基础。

案例过程赏析

本案例的最终效果如图 15–2–1 所示。

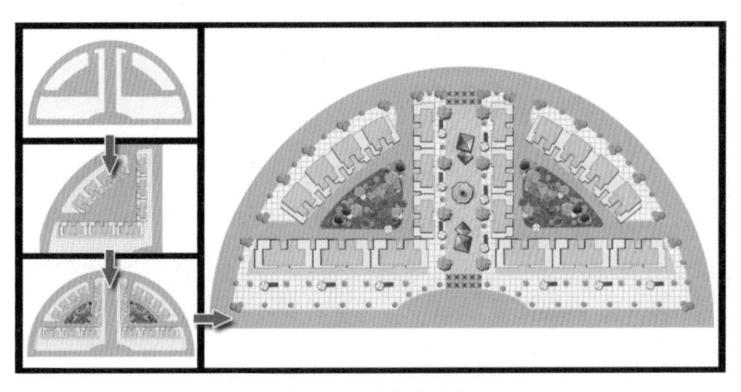

图15-2-1 最终效果图

案例技术思路

在制作小区平面图时，可以将住宅小区进行迂回的设计，增强其空间层次感，设计出以园林绿化为主题的大片室外空间，表现出更外向开放的住宅模式。并通过不同颜色的区分，将各个空间规划出来，并制作出各种户外设施，使平面图一目了然，让观众更能理解平面图所要表达的意思。

案例制作过程

01 按【Ctrl + N】快捷键，打开【创建新文档】对话框，设置【名称】为小区平面图，单击【确定】按钮。选择【椭圆工具】，按住【Ctrl】键不放并绘制正圆，填充颜色为灰色（C：0；M：0；Y：0；K：

40)，取消轮廓色，如图 15-2-2 所示。

02 单击属性栏上的【饼圆】按钮，选择【形状工具】，调整饼圆图形下端节点，制作出扇形图形，如图 15-2-3 所示。

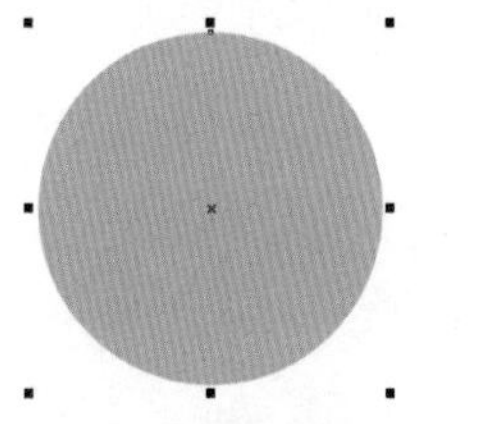
图15-2-2 绘制灰色正圆

图15-2-3 制作扇形半圆

03 选择【贝塞尔工具】，绘制居民楼位置区域图形，框选绘制的图形进行合并，设置填充颜色为浅黄色（C：0；M：0；Y：25；K：0），取消轮廓色，如图 15-2-4 所示。

04 向右进行翻转以复制图形，调整复制图形位置，框选浅黄色图形并进行合并，如图 15-2-5 所示。

图15-2-4 绘制居民楼位置区域图

图15-2-5 翻转复制图形并进行编辑

05 选择【表格工具】，在属性栏上设置【行数】为 30，【列数】为 30，在图形上绘制表格，按【Ctrl+K】快捷键拆分表格，按【F12】键，打开【轮廓笔】对话框，设置【颜色】为灰色（C：0；M：0；Y：0；K：40），其他参数保持默认，单击【确定】按钮。将图形进行群组，如图 15-2-6 所示。

06 复制多个表格并进行拼接，选择所有表格进行群组。将表格放置到浅黄色图框中，如图 15-2-7 所示。

提示：

在对表格进行拉伸或挤压后，表格的轮廓宽度会出现参数不一的情况，此时可以先取消轮廓色，再重新添加轮廓色和轮廓宽度，使所有的图形轮廓保持一致。

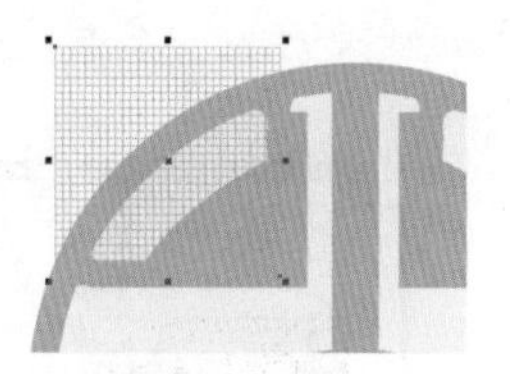
图15-2-6 绘制表格

图15-2-7 放置纹理到图框中

07 选择【贝塞尔工具】，绘制居民楼图形，设置填充颜色为浅黄色（C：0；M：0；Y：60；K：0），取消轮廓色。将图形向右下进行拖移，在移动时单击鼠标右键进行复制，设置填充颜色为：黑色，将图形放置到浅黄色图层下方，如图 15-2-8 所示。

08 继续使用【贝塞尔工具】绘制居民楼顶楼图形，设置填充颜色为橙黄色（C：0；M：20；Y：100；K：0），取消轮廓色。将图形向右下进行拖移，在移动时单击鼠标右键进行复制，设置填充颜色为黑色，将图形放置到橙黄色图层下方，如图 15-2-9 所示。

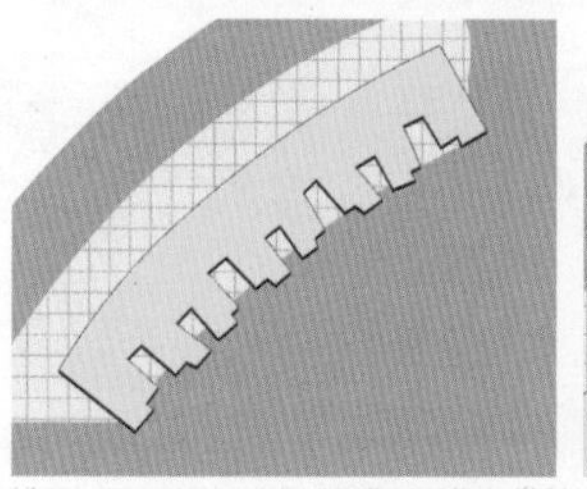
图15-2-8 绘制居民楼

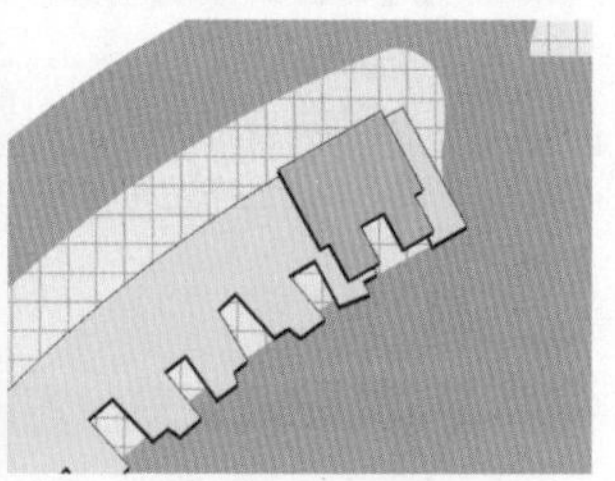
图15-2-9 绘制楼顶图形

09 使用同样的方法制作其他楼顶效果图，在居民楼上绘制图形，设置填充颜色为蓝色（C：40；M：0；Y：0；K：0），取消轮廓色。将蓝色图形放置到楼层图层下方，如图 15-2-10 所示。

10 使用同样的方法绘制左侧居民楼的图形效果，如图 15-2-11 所示。

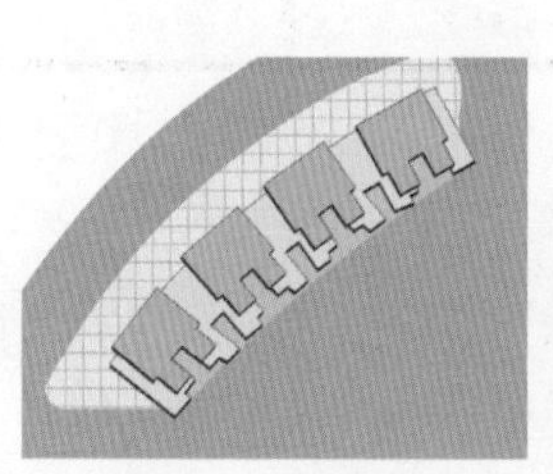
图15-2-10 绘制图形

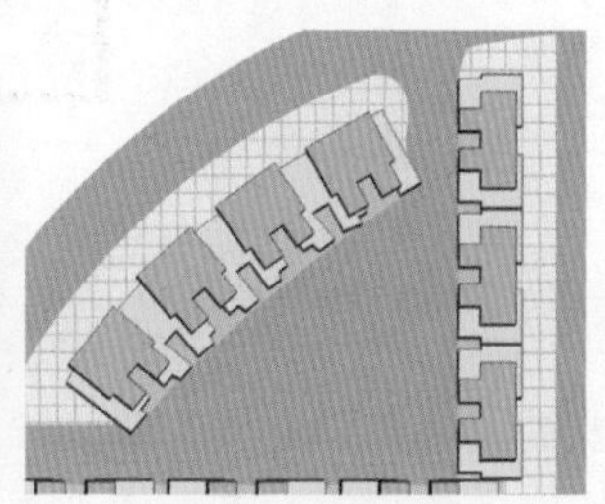
图15-2-11 绘制其他位置的居民楼

11 选择【贝塞尔工具】绘制花园图形轮廓，如图 15-2-12 所示。

12 选择【底纹填充】，打开【底纹填充】

对话框，设置【底纹库】为样本 7,【底纹列表】为苔藓，其他参数保持默认值，如图 15-2-13 所示。单击【确定】按钮。

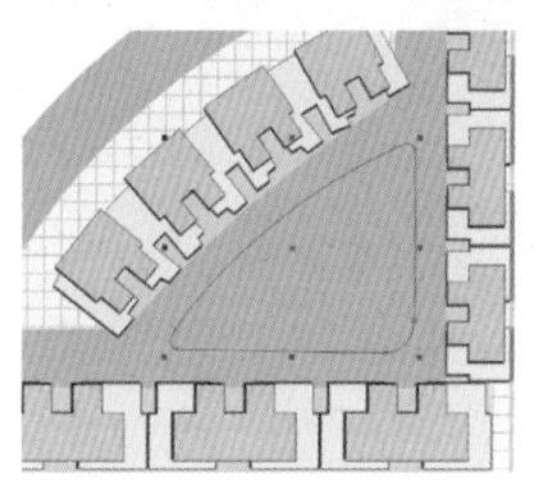

图15-2-12 绘制花园轮廓

图15-2-13 设置【底纹填充】参数

提示：

在底纹填充的样本库中有多种图像纹理，善于利用这些纹理，可以制作出更多更丰富的图像。

13 填充底纹样式后，取消轮廓色，图像效果如图 15-2-14 所示。

14 选择【贝塞尔工具】，绘制草丛图形轮廓和暗部轮廓，填充草丛颜色为绿色(C：80；M：0；Y：100；K：0)，填充暗部颜色为深绿色（C：100；M：0；Y：100；K：20)，取消图形轮廓色，效果如图 15-2-15 所示。

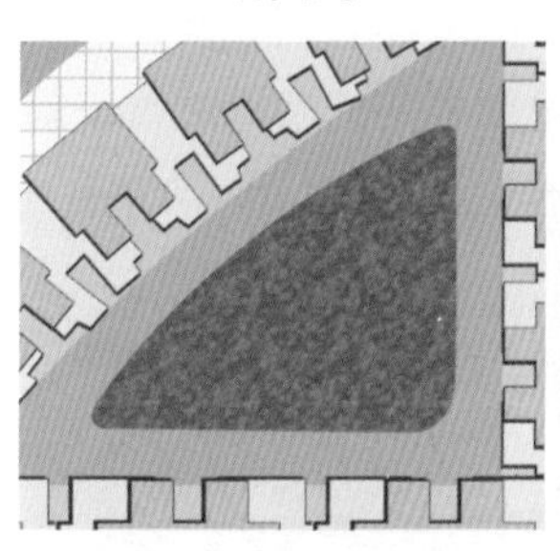

图15-2-14 填充底纹样式

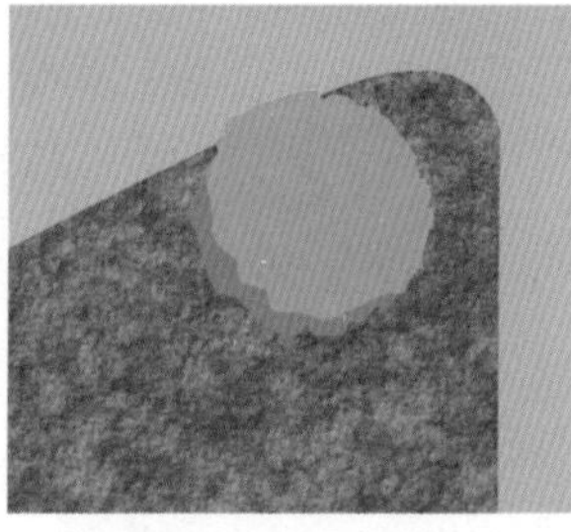

图15-2-15 绘制草丛

15 继续绘制草丛高光图形和阴影图形，分别填充颜色为浅绿色（C：60；M：0；Y：100；K：0）和黑色，取消图形轮廓色，如图 15-2-16 所示。

16 框选制作的草丛图形进行群组，复制多个图形进行大小和位置的调整，并对部分草丛颜色进行修改，效果如图 15-2-17 所示。

图15-2-16 制作草丛高光与阴影

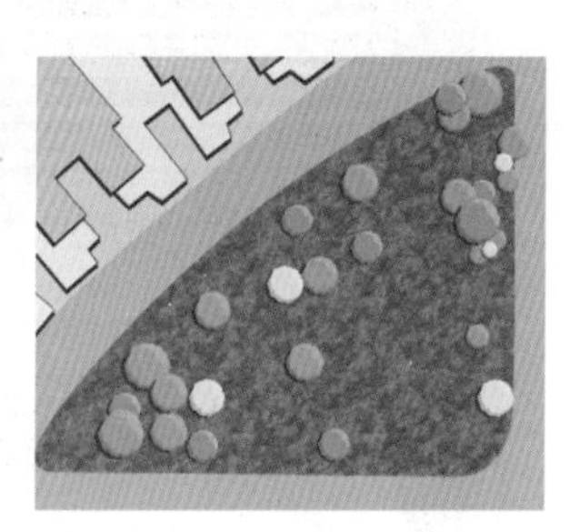

图15-2-17 复制多个图形进行编辑

17 选择【矩形工具】绘制 5 个竖条矩形，填充颜色为灰褐色（C：54；M：44；Y：63；K：0)，如图 15-2-18 所示。

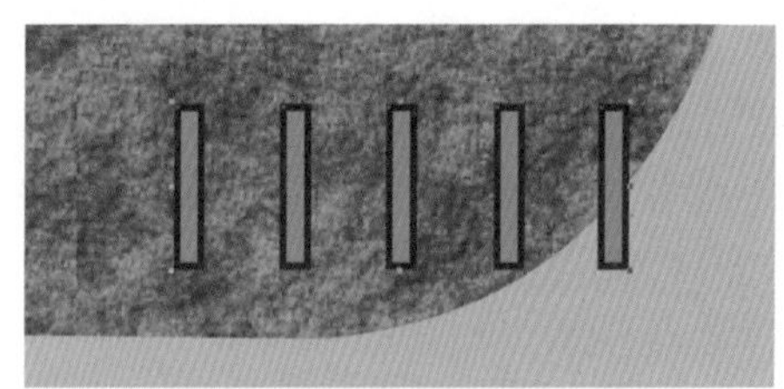

图15-2-18 绘制矩形

18 继续在竖条矩形上绘制横条矩形，填充颜色为浅黄色（C：8；M：4；Y：29；K：0)，如图 15-2-19 所示。

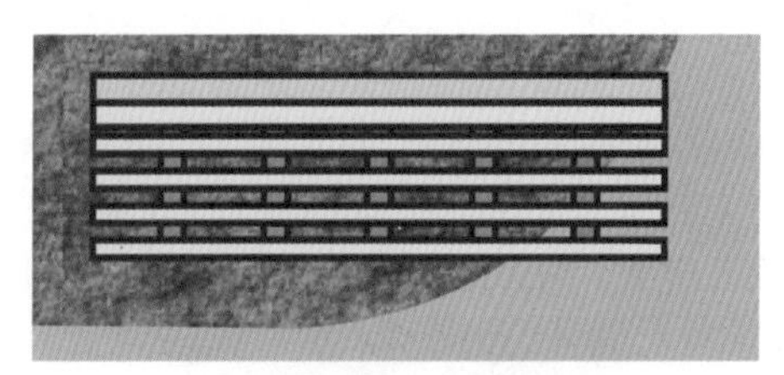

图15-2-19 绘制长椅

19 在横条矩形两侧绘制扶手图形，填充颜色为灰色（C：0；M：0；Y：0；K：70)，如图 15-2-20 所示。

20 选择【多边形工具】，在属性栏上设置【点数或边数】为 8，按住【Ctrl】键绘制多边形，按【Ctrl+Q】快捷键进行转曲，选择【选择工具】，将直线上的节点进行删除。选择【变形工具】，按住左键不放并向外拖移，制作出弧形效果，如图 15-2-21 所示。

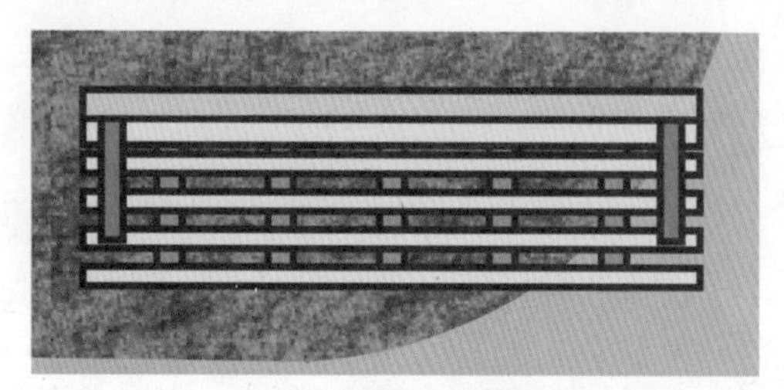

图15-2-20 绘制扶手

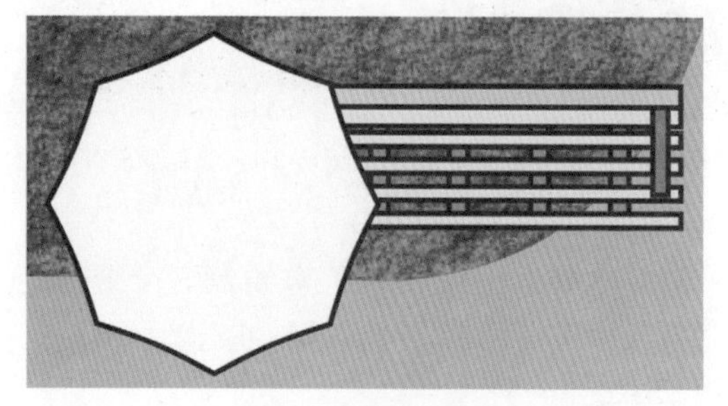

图15-2-21 绘制遮阳伞

21 选择【多边形工具】，在属性栏上设置【点数或边数】为 3，绘制三角形。将图形中心点放置到尖角处进行旋转复制。填充颜色为粉色（C：0；M：40；Y：20；K：0），框选图形取消轮廓色并进行群组，如图 15-2-22 所示。

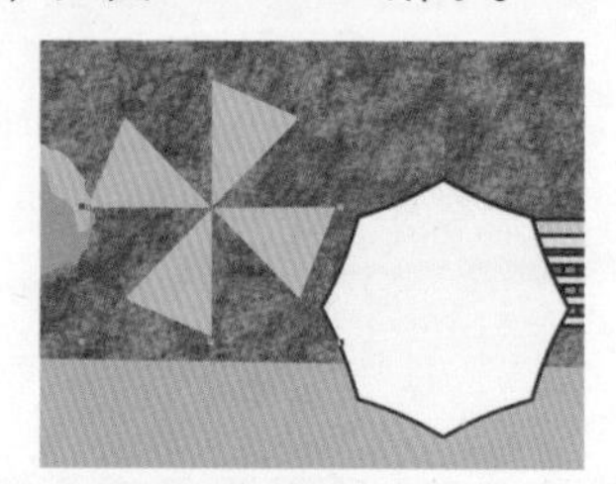

图15-2-22 绘制遮阳伞图案

22 将制作的粉色图形放置到八边形图框中，框选制作的休闲长椅图形进行群组，在属性栏上设置【旋转角度】为 26.4，如图 15-2-23 所示。

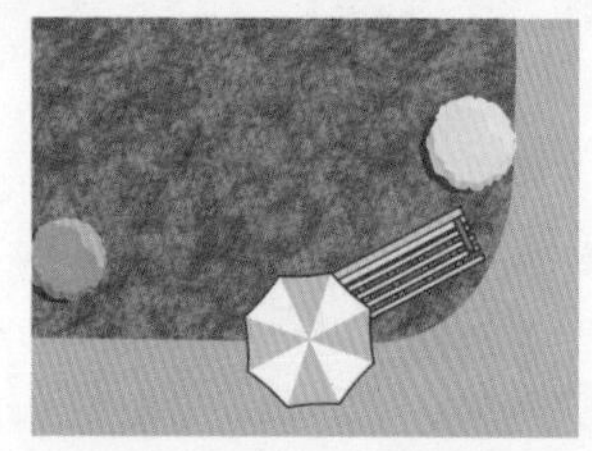

图15-2-23 旋转休闲长椅

23 单击属性栏上的【导入】按钮，分别导入素材图片“石子路 .tif”、“方形亭顶 .tif”和“圆形亭顶 .tif”。将“石子路”素材放置到草丛图层下方，分别对方形屋顶和圆形屋顶调整大小和位置，并复制调整，效果如图 15-2-24 所示。

24 选择【贝塞尔工具】绘制长廊轮廓，将图形放置到亭子图层下方，如图 15-2-25 所示。

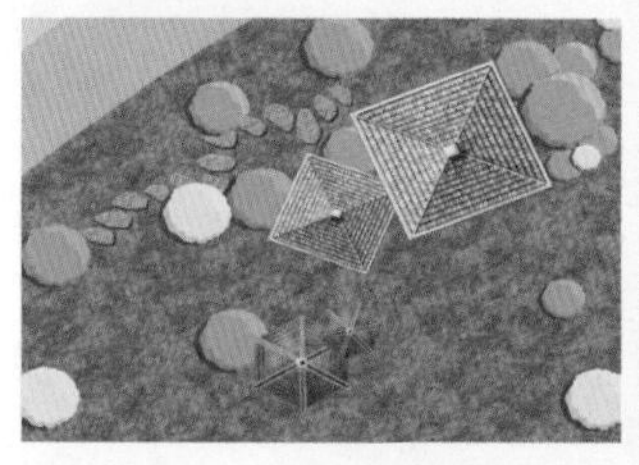

图15-2-24 导入素材并进行编辑

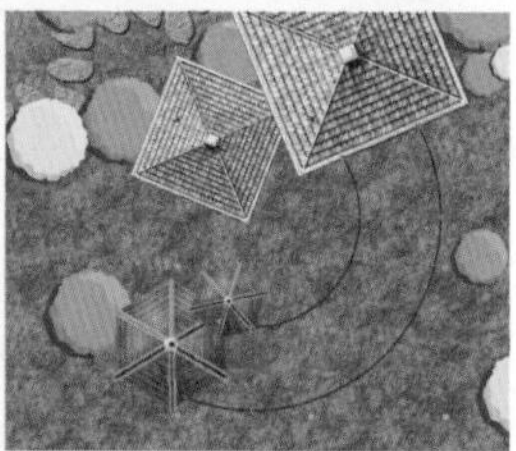

图15-2-25 绘制长廊地面轮廓

25 选择【图样填充】，打开【图样填充】对话框，选择【位图】单选项，选择图案样式为 ，设置【宽度】为 5,【高度】为 5，其他参数为默认值，如图 15-2-26 所示。单击【确定】按钮。

26 填充图样样式后，图像效果如图 15-2-27 所示。

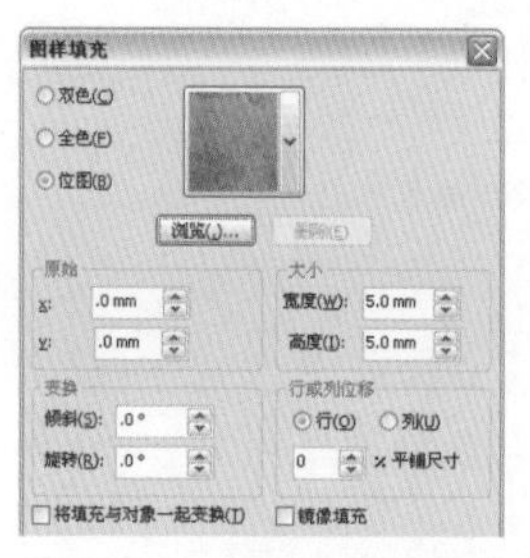

图15-2-26 设置【图样填充】参数

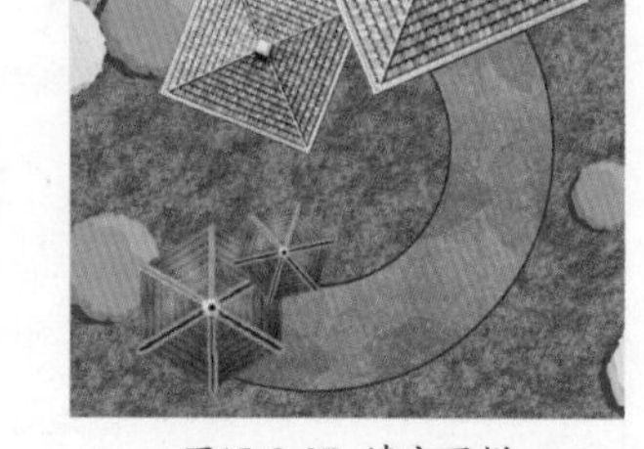

图15-2-27 填充图样

27 使用【贝塞尔工具】、【矩形工具】和【椭圆工具】工具绘制出长廊顶视效果图形，设置填充颜色为浅黄色（C：4；M：0；Y：25；K：0），如图 15-2-28 所示。

28 单击属性栏上的【导入】按钮，分别导入素材图片“绿色树木 .tif”、“黄色树木 .tif”、“红色树木 .tif”和“粉色树木 .tif”。将导入的素材进行调整大小和位置，并将复制导入的素材进行编辑，对花园进行美化点缀，效果如图 15-2-29 所示。

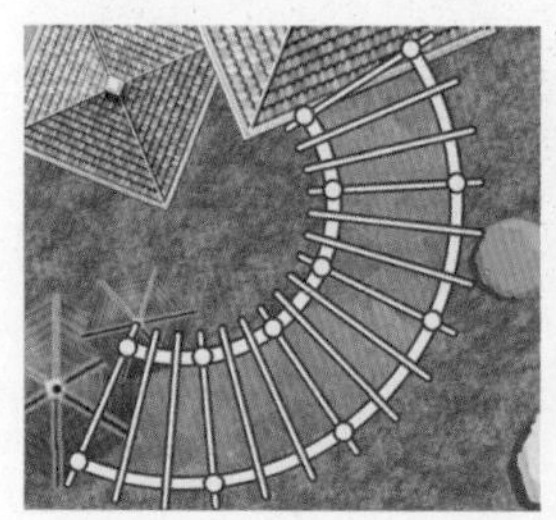

图15-2-28 绘制长廊顶视图形

图15-2-29 导入素材并进行编辑

29 框选制作的居民楼和花园图形，将光标移动到左侧中间节点上，按住【Ctrl】键不放，向右进行水平翻转，在翻转的同时单击鼠标右键进行复制。将复制的图形进行对称摆放，如图15-2-30所示。

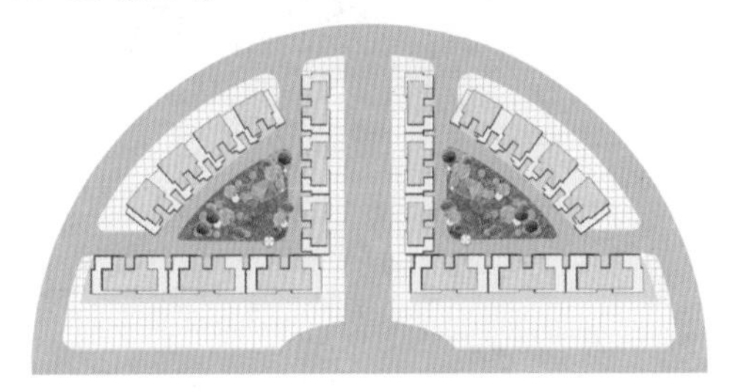

图15-2-30 翻转复制图形

30 选择【矩形工具】，在图像中间绘制矩形，如图15-2-31所示。

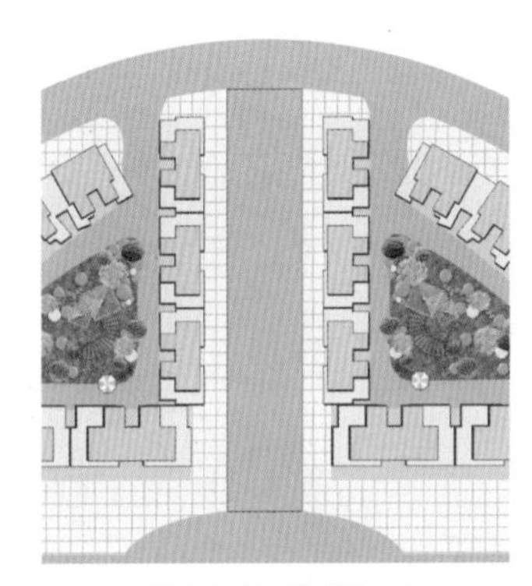

图15-2-31 绘制矩形

31 选择【图样填充】，打开【图样填充】对话框，选择【位图】单选项，选择图案样式为，设置【宽度】为8，【高度】为8，【旋转】为45°，其他参数为默认值，如图15-2-32所示。单击【确定】按钮。

32 填充图样样式后，取消轮廓色，图像效果如图15-2-33所示。

图15-2-32 设置【图样填充】参数

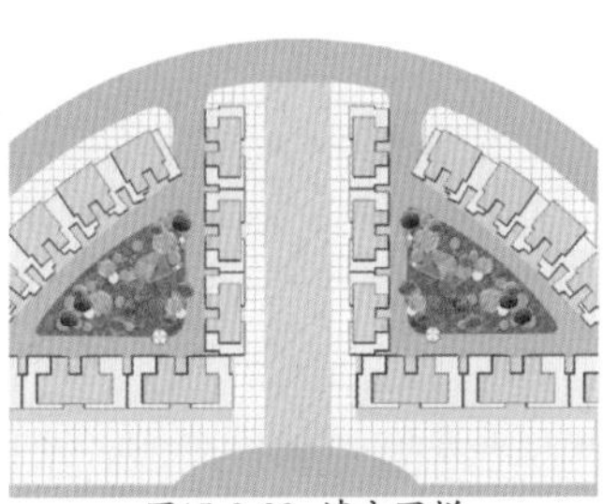

图15-2-33 填充图样

33 复制花园中的草丛图形到图像上方，再次复制两个并进行调整编辑，调整后的效果如图15-2-34所示。

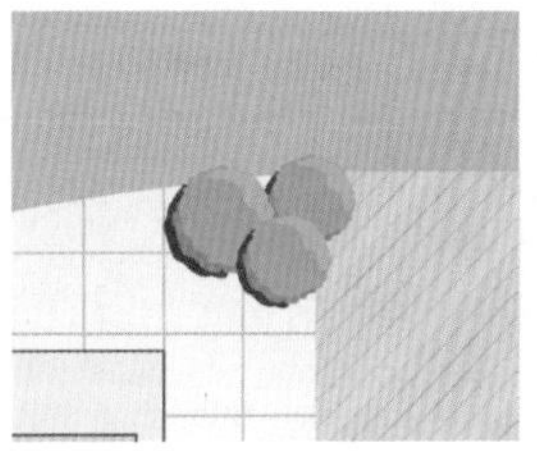

图15-2-34 制作草丛图形

34 复制草丛沿道路进行摆放，效果如图15-2-35所示。

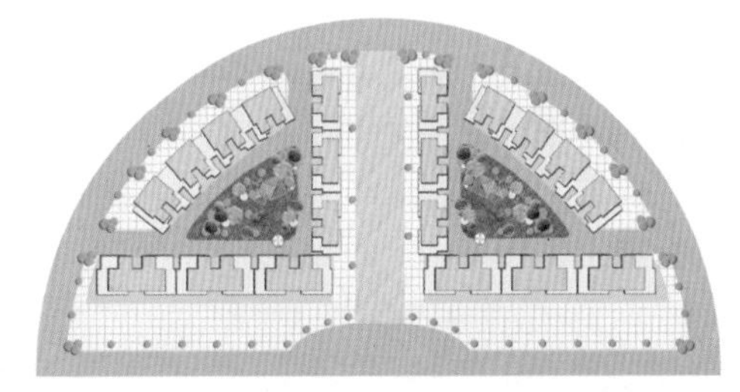

图15-2-35 复制多个图形进行编辑

35 使用【矩形工具】绘制正方形，填充颜色为绿色（C：100；M：0；Y：100；K：40），取消轮廓色。使用【贝塞尔工具】绘制叶子轮廓，如图15-2-36所示。

36 按【F11】键，打开【渐变填充】对话框，在【选项】区域设置【角度】为28，【边界】为24%，在【颜色调和】选区中选择【自定义】单选项，分别设置如下。

位置：0　颜色（C: 80; M: 0; Y: 100; K: 20）；

位置：80　颜色（C: 40; M: 0; Y: 100; K: 0）；

位置：100　颜色（C: 40; M: 0; Y: 100; K: 0）。

如图15-2-37所示。单击【确定】按钮。

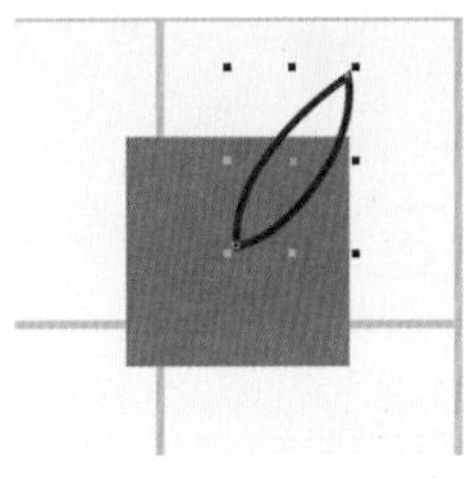

图15-3-36 绘制树叶轮廓

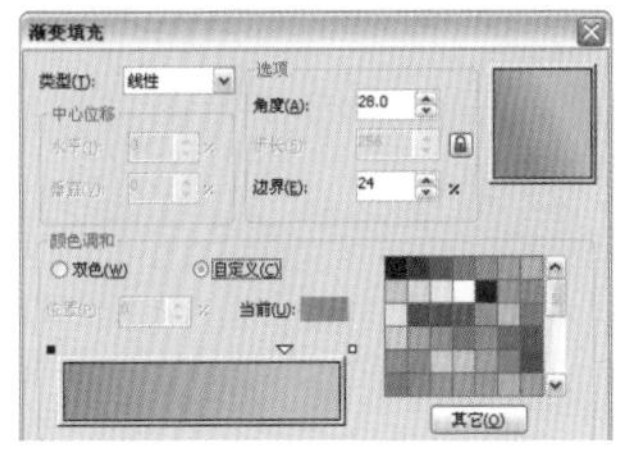

图15-3-37 设置渐变色参数

37 填充渐变色后，取消轮廓色。将中心点放置到图形下方尖角处进行旋转复制，效果如图15-2-38所示。

38 选择制作的叶子图形进行群组，等比例缩放复制图形并进行旋转，效果如图 15-2-39 所示。

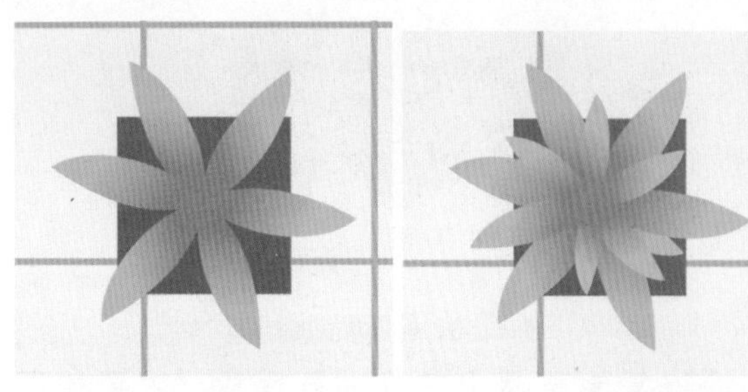

图15-2-38 旋转复制图形　　图15-2-39 复制编辑图形

39 框选制作的盆栽图形，将其放置到小区住宅左下方人行道上，向右复制多个进行摆放。选择花园中的长椅图形进行复制，在属性栏上设置【旋转角度】为 0，并复制多个，将其分别放置到小区中的人行道上，如图 15-2-40 所示。

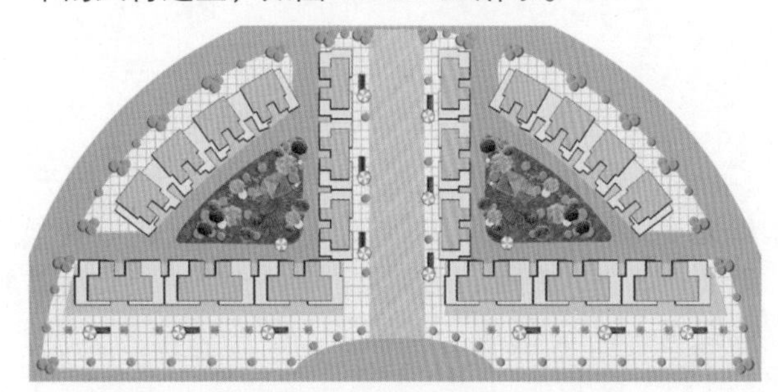

图15-2-40 复制多个花坛与休闲长椅并进行编辑

40 单击属性栏上的【导入】按钮，分别导入素材图片“橙色亭顶 .tif”和“喷泉 .tif”，将橙色亭顶复制 3 个，再分别对导入的素材及复制的素材进行调整大小和旋转角度，并放置到图形中间，如图 15-2-41 所示。

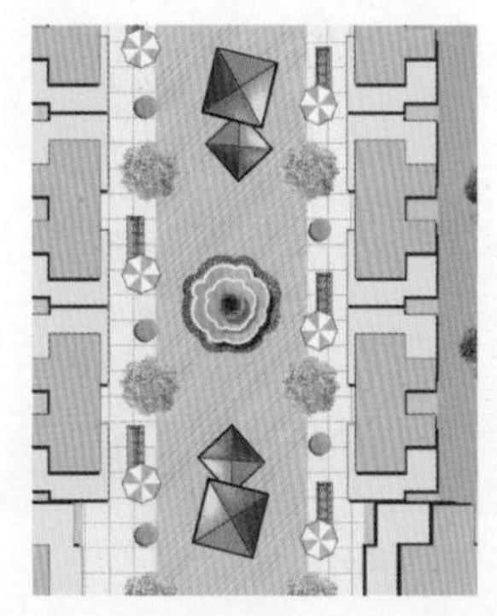

图15-2-41 导入素材并进行编辑

41 选择【矩形工具】，在图形上方绘制矩形，如图 15-2-42 所示。

42 选择【图样填充】，打开【图样填充】对话框，选择【位图】单选项，选择图案样式为，设置【宽度】为 4,【高度】为 4, 其他参数为默认值，如图 15-2-43 所示。单击【确定】按钮。

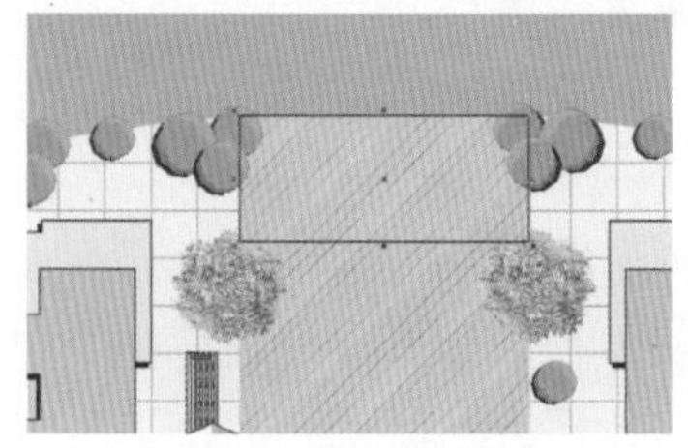

图15-2-42 绘制矩形

图15-2-43 设置【图样填充】参数

43 填充图样样式后，取消轮廓色。将地砖纹理放置到草丛图层下方，再将地砖纹理图形向下移动并进行复制，将复制的图形放置到下方，如图 15-2-44 所示。

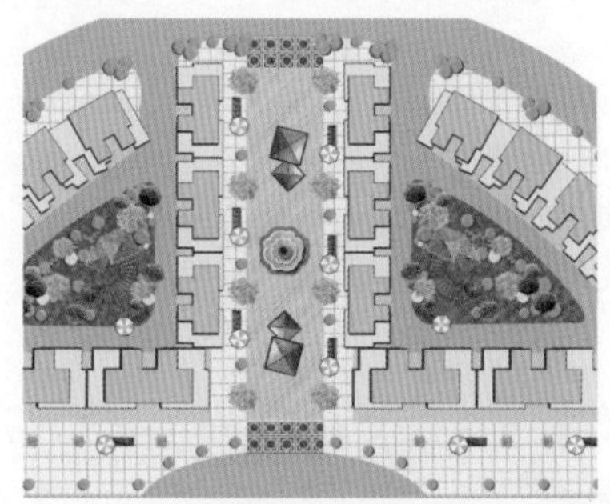

图15-2-44 复制图形

44 选择盆栽图形，选择【阴影工具】，按住图形不放，向外拖移形成阴影后，设置属性栏上【阴影的不透明度】为 50,【阴影羽化】为 15，其他保持默认值，如图 15-2-45 所示。使用同样的方法为其他盆栽图形添加阴影效果。

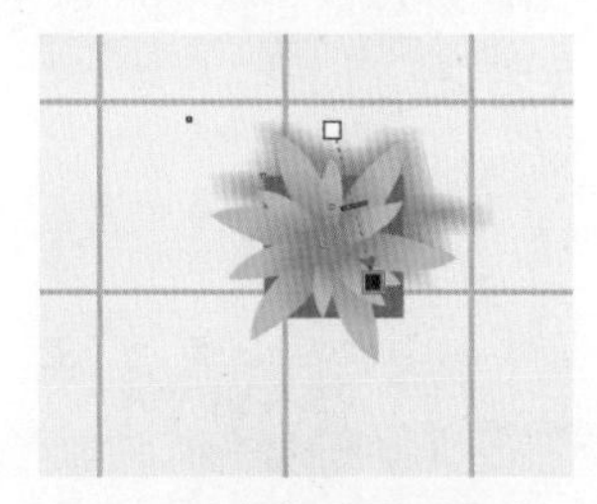

图15-2-45 为花坛添加阴影效果

45 选择长椅图形，选择【阴影工具】，按住图形不放，向外拖移形成阴影后，设置属性栏上【阴影的不透明度】为 80,【阴影羽化】为 5，其他保持默认值，如图 15-2-46 所示。使用同样的方法为其他长椅图形添加阴影效果。

46 使用【阴影工具】为其他图形添加阴影效果，加强小区平面图的俯视效果。本案例最终效果如图 15–2–47 所示。

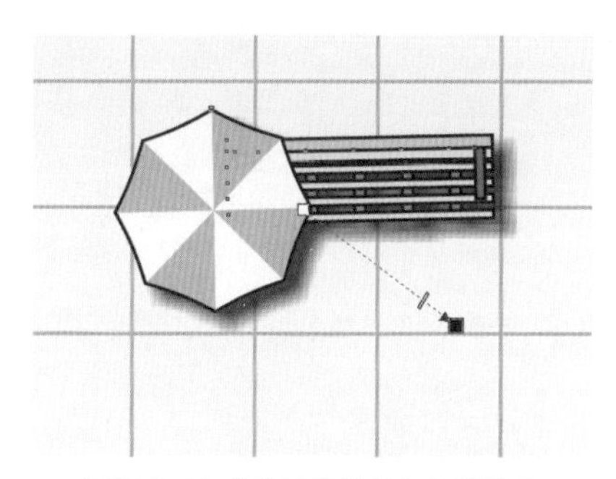

图15-2-46 为休闲长椅添加阴影效果

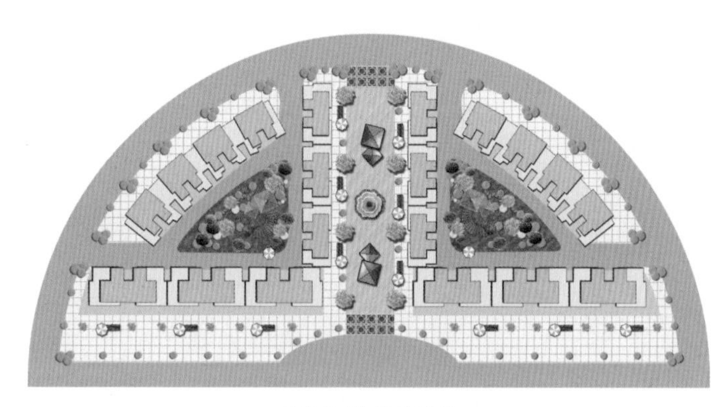

图15-2-47 最终效果

案例小结

通过学习本案例，相信大家已经对 CorelDRAW X6 软件有了详细的认识和了解，希望读者朋友在设计作品时注意整体的布局和搭配，只有掌握好这些问题，才能使设计出来的作品漂亮美观。

本章小结

通过本章的学习，能使读者对图像的规划与布局搭配有深入的了解，并且在绘制过程中对之前学习到的知识和操作进行巩固，还可以学会将不同的工具进行配合使用，从而得到特殊效果。希望读者在绘制图像的同时，能够考虑到各种细节的表现，并能熟练地运用各种工具和命令，以便在今后的设计中能够通过不同功能的相互配合使用，制作出更好的设计作品。